辐射安全手册

潘自强　主　编

科学出版社
北　京

内 容 简 介

本书涉及辐射防护和辐射安全的方方面面，共包括13章和9个附录，1～4章为有关辐射安全的基础知识，其他9章为实用的辐射安全技术和要求。本书主要以表格和条目的形式编写，包含大量的数据信息，兼具权威性和实用性，可供在核电站、核燃料循环、核与辐射技术应用和可能存在人为活动引起辐射水平升高的工业、科研等活动中从事辐射安全工作的技术人员和研究人员参考，也可供从事核与辐射相关专业的教师、政府工作人员和环境保护工作者参考。

图书在版编目(CIP)数据

辐射安全手册 / 潘自强主编．—北京：科学出版社，2011.11
ISBN 978-7-03-032550-1

Ⅰ．辐… Ⅱ．潘… Ⅲ．辐射防护-手册 Ⅳ．TL7-62

中国版本图书馆CIP数据核字(2011)第209182号

责任编辑：沈红芬 / 责任校对：包志虹
责任印制：赵　博 / 封面设计：范璧合

版权所有，违者必究。未经本社许可，数字图书馆不得使用

科学出版社 出版
北京东黄城根北街16号
邮政编码：100717
http://www.sciencep.com

北京凌奇印刷有限责任公司印刷
科学出版社发行　各地新华书店经销
*
2011年11月第　一　版　　开本：787×1092　1/16
2024年 6 月第六次印刷　　印张：28 1/4
字数：700 000

定价：108.00元

(如有印装质量问题，我社负责调换)

《辐射安全手册》编写人员

主　　编　潘自强

副 主 编　夏益华

编 委 会　（按姓氏笔画排序）

白　光　刘新华　夏益华　康玉峰　潘自强

编写人员　（按姓氏笔画排序）

白　光　刘新华　刘福东　孙全富　杨茂春

杨俊武　张庆利　张建岗　赵兰才　夏益华

徐勇军　康玉峰　廖运璇　潘自强

前　言

近年来，我国核电和核与辐射技术应用取得了较大发展，今后还可能有更大的发展。在核设施、辐射装置和放射性核素实验等的选址、设计、运行和退役中都会遇到大量辐射安全问题。我国辐射安全管理和研究也取得了一些新的成果。另外，在辐射安全理念和技术方面，又有许多新的进展，国际放射防护委员会发布了"国际放射防护委员会 2007 年建议书"。在这种情况下，我们编写了这本《辐射安全手册》。

《辐射安全手册》全书包括 13 章和 9 个附录。1～4 章为有关辐射安全的基础知识，其他 9 章为实用的辐射安全技术和要求。

近些年，核与辐射技术在医学领域的应用得到了较快的发展，放射诊断和放射治疗以及核医学在诊断和治疗中得到了更为广泛的应用，我国公众所受医学照射已成为除天然辐射照射外的最大者，一些发达国家则已超过天然辐射。因此，手册中专门有一章"医学应用中的辐射防护"，提请大家关注医疗照射的防护问题。

人为活动引起的天然照射的升高是近年来广为关注的另一问题，近 20 年来，我国居民室内氡浓度明显升高，提高了氡在我国公众天然辐射照射中的份额。为此，在《辐射安全手册》中专列了"人为活动引起的天然照射增加"这一章。

《辐射安全手册》在数据和资料选取上，我们考虑的原则是：

(1) 对于基础资料，尽可能采用新的数据，例如对用于剂量计算的核衰变数据，我们采用了国际放射委员会 2008 年出版的国际放射防护委员会第 107 号出版物"用于剂量计算的核衰变数据"。有关辐射效应的资料主要取自国际放射防护委员会第 103 号"国际放射委员会 2007 年建议书"和联合国原子辐射效应科学委员会 2006 年和 2008 年报告。

(2) 对于实用的辐射安全规定和要求，均引用国内的最新规定和要求，但同时也列出国际上的一些新的要求，例如工作场所和室内氡浓度的标准，同时列出了国际放射防护委员会 2009 年关于氡浓度标准的声明。对于辐射防护测量仪器的要求，有些方面我国尚无明确规定，因此引用了国际电工组织(IEC)等国际组织的要求。

(3) 对辐射水平现状的数据基本上采用国内的资料，但同时也列出了世界范围内的一些主要数据。

本书数据较多，又来自多种文献，部分数据保留了非法定单位。一是担心改动带来的错乱，二也考虑到职业习惯。但书末附有相应的物理量换算关系表，供读者换算。

编写《辐射安全手册》时，我们设想的主要读者对象是：在核电站、核燃料循环、核与辐射技术应用和可能存在人为活动引起辐射水平升高的工业、科研等活动中从事辐射安全工作的技术人员和研究人员，但本书对核与辐射相关专业的教师、政府工作人员和环境保护工作者也有一定的参考价值。

《辐射安全手册》的出版得到了中国核工业集团公司、中国广东核电集团公司、环境保护部核与辐射安全中心、中国原子能科学研究院、中国辐射防护研究院和中国疾控中心辐射防护与核安全所的支持,在此表示衷心的感谢。

《辐射安全手册》涉及辐射防护和辐射安全的方方面面,编者的知识面和深度均有所限制,不免使本书存在一些问题和不足,敬望读者提出意见。

潘自强

2011 年 5 月

目　　录

1 物理量、辐射防护量和运行实用量

1.1 物理量

· **半衰期**(half-life)

半衰期为放射性原子核数目衰减到原来数目的一半所需的时间,用 $T_{1/2}$ 表示。与它关系密切的量是衰变常数 λ,它表示放射性原子核在单位时间内发生衰变的概率,其倒数就是放射性原子核的平均寿命。半衰期和衰变常数的关系是

$$T_{1/2}=\frac{\ln 2}{\lambda}$$

· **活度**(activity)

在给定时刻处于某给定能态的一定量的某种放射性核素的活度 A 定义为

$$A=\frac{\mathrm{d}N}{\mathrm{d}t}$$

式中:$\mathrm{d}N$ 为在时间间隔 $\mathrm{d}t$ 内该核素从该能态发生自发核跃迁数目的期望值。活度的 SI 单位是秒的倒数(1/s),称为贝可[勒尔](Bq)。

· **比释动能**(Kerma)

比释动能 K 定义为

$$K=\frac{\mathrm{d}E_{\mathrm{tr}}}{\mathrm{d}m}$$

式中:$\mathrm{d}E_{\mathrm{tr}}$ 为不带电电离粒子在质量为 $\mathrm{d}m$ 的某一物质内释出的全部带电粒子的初始动能的总和。比释动能的 SI 单位是焦耳每千克(J/kg),称为戈[瑞](Gy)。

· **注量**(fluence,φ)

注量 φ 定义为在给定时间间隔内进入以空间某点为中心的适当小球体的粒子数除以该球体的最大截面积得到的商,即

$$\varphi=\frac{\mathrm{d}N}{\mathrm{d}a}$$

· **吸收剂量**(absorbed dose)

吸收剂量 D 是一个基本的剂量学量,定义为

$$D=\frac{\mathrm{d}\bar{\varepsilon}}{\mathrm{d}m}$$

式中:$\mathrm{d}\bar{\varepsilon}$ 为电离辐射授予某一体积元中的物质的平均能量;$\mathrm{d}m$ 为在这个体积元中的物质的质量。

能量可以对任何确定的体积加以平均,平均剂量等于授予该体积的总能量除以该体积的质量而得到的商。吸收剂量的 SI 单位是焦耳每千克(J/kg),称为戈[瑞](Gy)。

1.2 防护量

当量剂量和有效剂量等防护量只适用于描述随机效应,不应当用来定量描述较高的辐射剂

量，或者用于需要对有关组织反应（确定效应）进行任何治疗方面的决策。用于描述确定效应时，应当用吸收剂量（以戈瑞为单位，Gy）来评估剂量，而涉及高 LET 辐射（即中子或 α 粒子）时，则应当采用适当的 RBE 加权的吸收剂量。

各个剂量学量的相互关系见图 1.1。

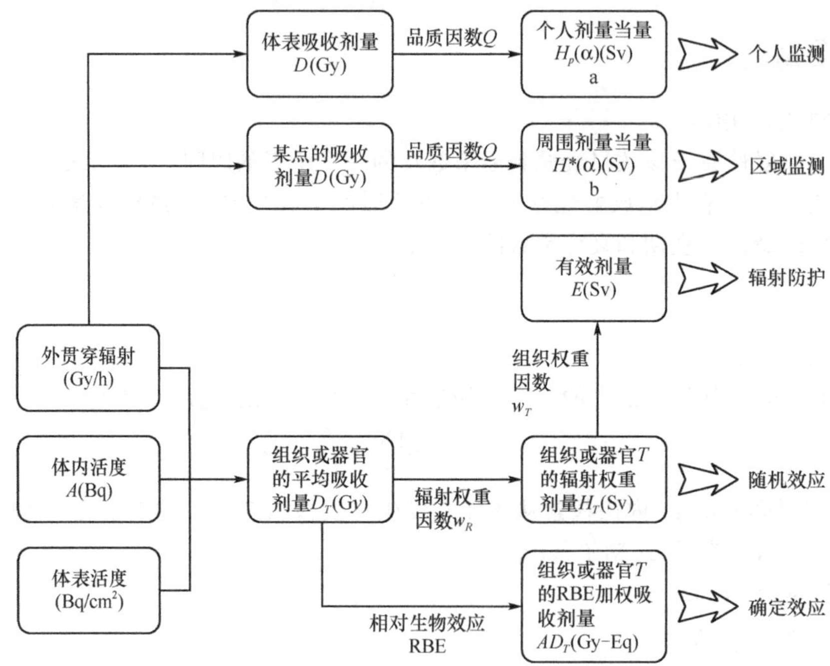

图 1.1 剂量学量和它们的应用示意图

a. 在体表下某一点；b. 在 ICRU 球模内某点

· **当量剂量** (equivalent dose)(GB18871-2002)

当量剂量 $H_{T,R}$定义为

$$H_{T,R}=w_R \cdot D_{T,R}$$

式中：$D_{T,R}$为辐射 R 在器官或组织 T 内产生的平均吸收剂量；w_R 为辐射 R 的辐射权重因数。

当辐射场是由具有不同 w_R 值的不同类型的辐射所组成时，当量剂量为

$$H_T=\sum_R w_R \cdot D_{T,R}$$

当量剂量的单位是 J/kg，称为希[沃特]（Sv）。

· **辐射权重因数** (radiation weighting factor)

(1) 由国家标准(GB18871-2002)给出的辐射权重因数：为辐射防护目的，对吸收剂量乘以的因数（如表 1.1 所示），用以考虑不同类型辐射的相对危害效应（包括对健康的危害效应）。

如果需要使用连续函数计算中子的辐射权重因数，则可使用下列近似公式：

$$w_R=5+17\exp\{-[\ln(2E)]^2/6\}$$

式中：E 为中子的能量（以 MeV 为单位）。

对于未包括在表 1.1 中的辐射类型和能量，可以取 w_R 等于 ICRU 球中 10mm 深处的 $\bar{Q}$ 值，并可由下式求得：

$$\bar{Q}=\frac{1}{D}\int_0^{\infty} Q(L)D_L\,dL$$

式中：D 为吸收剂量；D_L 为 D 随 L 的分布；$Q(L)$ 为 ICRP-60 号出版物中规定的水中非定限传能线密度为 L 时的辐射品质因数。

Q-L 关系式如表 1.2 所示。

表 1.1　辐射权重因数

辐射的类型及能量范围	辐射权重因数 w_R
光子，所有能量	1
电子及介子，所有能量[a]	1
中子，能量<10keV	5
10～100keV	10
100keV～2MeV	20
2～20MeV	10
>20MeV	5
质子(不包括反冲质子)，能量>2MeV	5
α粒子、裂变碎片、重核	20

a. 不包括由原子核向 DNA 发射的俄歇电子，此种情况下需进行专门的微剂量测定考虑。

表 1.2　Q-L 关系式

水中的非定限传能线密度 L(keV/μm)	$Q(L)$[a]
≤10	1
10～100	$0.32L-2.2$
≥100	$300/\sqrt{L}$

a. L 的单位是 keV/μm。

(2) 由 ICRP 第 103 号报告书(ICRP 103，2008)给出的不同辐射类型的辐射权重因数 w_R 如表 1.3 所示，中子的辐射权重因数 w_R 与中子能量的关系见表 1.3 和图 1.2。

表 1.3　不同辐射类型的辐射权重因数

辐射类型	辐射权重因数
光子	1
电子和μ介子	1
质子和带电π介子	2
α粒子，裂变碎片，重核	20
中子	公式：$w_R=\begin{cases}2.5+18.2\exp\{-[\ln(E_n)]^2/6\}, & E_n<1\text{MeV}\\ 5.0+17.0\exp\{-[\ln(2E_n)]^2/6\}, & 1\text{MeV}\leqslant E_n\leqslant 50\text{MeV}\\ 2.5+3.25\exp\{-[\ln(0.04E_n)]^2/6\}, & E_n>50\text{MeV}\end{cases}$ 或图 1.2

· **有效剂量**　(effective dose)(GB18871-2002)

有效剂量 E 被定义为人体各组织或器官的当量剂量乘以相应的组织权重因数后的和，即

$$E=\sum_T w_T \cdot H_T$$

式中：H_T 为组织或器官 T 所受当量剂量；w_T 为组织或器官 T 的组织权重因数。

由当量剂量的定义，可以得到

$$E=\sum_T w_T \cdot \sum_R w_R \cdot D_{T,R}$$

式中：w_R 为辐射 R 的辐射权重因数；$D_{T,R}$ 为

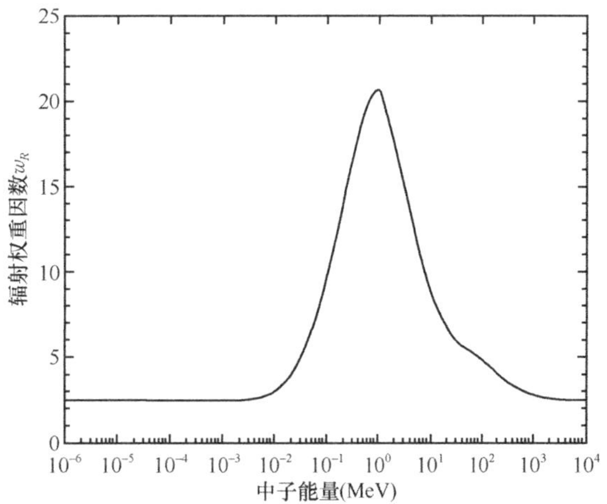

图 1.2　中子的辐射权重因数 w_R 与中子能量的关系

组织或器官 T 内的平均吸收剂量。有效剂量的单位是 J/kg，称为希[沃特](Sv)。

· **组织权重因数** (tissue weighting factor)

(1) 由国家标准(GB18871-2002)给出的组织权重因数：为辐射防护的目的，器官或组织的当量剂量所乘以的因数(表 1.4)，乘以该因数是为了考虑不同器官或组织对发生辐射随机性效应的不同敏感性。

表 1.4 组织或器官的组织权重因数 w_T

组织或器官	组织权重因数 w_T	组织或器官	组织权重因数 w_T
性腺	0.20	肝	0.05
(红)骨髓	0.12	食道	0.05
结肠[a]	0.12	甲状腺	0.05
肺	0.12	皮肤	0.01
胃	0.12	骨表面	0.01
膀胱	0.05	其余组织或器官[b]	0.05
乳腺	0.05		

a. 结肠的权重因数适用于在大肠上部和下部肠壁中当量剂量的质量平均。

b. 进行计算时用，表中其余组织或器官包括肾上腺、脑、外胸区域、小肠、肾、肌肉、胰、脾、胸腺和子宫。在上述其余组织或器官中有一单个组织或器官受到超过 12 个规定了权重因数的器官的最高当量剂量的例外情况下，该组织或器官应取权重因数 0.025，而余下的上列其余组织或器官所受的平均当量剂量亦应取权重因数 0.025。

(2)由 ICRP 第 103 号报告书(ICRP 103，2008)给出的组织权重因数(表 1.5)：

表 1.5 ICRP103 给出的组织权重因数 w_T

组织或器官	w_T	Σw_T
(红)骨髓、结肠、肺、胃、乳腺 其余组织[a]	0.12	0.72
性腺	0.08	0.08
膀胱、食管、肝、甲状腺	0.04	0.16
骨表面、脑、唾液腺、皮肤	0.01	0.04

a. 其余组织：肾上腺、外胸(ET)区、胆囊、心脏、肾、淋巴结、肌肉、口腔黏膜、胰腺、前列腺(♂)、小肠、脾、胸腺、子宫/子宫颈(♀)。对其余组织的 w_T(0.12)是应用于上述 14 个器官和组织的算术平均剂量。

· **集体剂量** (collective dose)(GB18871-2002)

集体剂量是群体所受总辐射剂量的一种表示，定义为在某一时段内受某一辐射源照射的群体的成员数与他们所受的平均辐射剂量的乘积。集体剂量用人 · 希[沃特](人 · Sv)表示。集体剂量包括与组织或器官剂量相关的集体当量剂量 S_T，以及集体有效剂量 S。

由处在 E_1 和 E_2 之间的个人有效剂量所相应的集体有效剂量定义如下：

$$S(E_1, E_2, \Delta T) = \int_{E_1}^{E_2} E \frac{\mathrm{d}N}{\mathrm{d}E} \mathrm{d}E$$

式中：$\frac{\mathrm{d}N}{\mathrm{d}E}\mathrm{d}E$ 为所受有效剂量处在 E 和 $E+\mathrm{d}E$ 之间的人员数目；ΔT 为对其间的有效剂量求和的时间段。

ICRP 第 103 号报告书(ICRP103,2008)提出集体剂量只能作为辐射防护优化、不同辐射防护方法和防护程序之间进行比较的工具,不能用于流行病学危险评价中的危险预估,特别不能作为计算受到极低照射的大规模人群中癌症死亡数的基础。

集体剂量的计算要防止信息的不适当凝并(例如,非常低的个人剂量在很长的时间段和很宽广的地域内不加分组地凝并)。

· **待积剂量** (committed dose)(GB18871-2002)

待积剂量是待积有效剂量和(或)待积当量剂量的简称。

· **待积吸收剂量** (committed absorbed dose)(GB18871-2002)

待积吸收剂量 $D(\tau)$ 定义为

$$D(\tau)=\int_{t_0}^{t_0+\tau}\dot{D}(t)\,\mathrm{d}t$$

式中:t_0 为摄入放射性物质的时刻;$\dot{D}(t)$ 为 t 时刻的吸收剂量率;τ 为摄入放射性物质之后经过的时间。

未对 τ 加以规定时,对成年人 τ 取 50 年;对儿童的摄入要算至 70 岁。

· **待积当量剂量** (committed equivalent dose)(GB18871-2002)

待积当量剂量 $H_T(\tau)$ 定义为

$$H_T(\tau)=\int_{t_0}^{t_0+\tau}\dot{H}_T(t)\,\mathrm{d}t$$

式中:t_0 为摄入放射性物质的时刻;$\dot{H}_T(t)$ 为 t 时刻器官或组织 T 的当量剂量率;τ 为摄入放射性物质之后经过的时间。

未对 τ 加以规定时,对成年人 τ 取 50 年;对儿童的摄入要算至 70 岁。

· **待积有效剂量** (committed effective dose)(GB18871-2002)

待积有效剂量 $E(\tau)$ 定义为

$$E(\tau)=\sum_T w_T \cdot H_T(\tau)$$

式中:$H_T(\tau)$ 为积分至 τ 时间时器官或组织 T 的待积当量剂量;w_T 为器官或组织 T 的组织权重因数。

未对 τ 加以规定时,对成年人 τ 取 50 年;对儿童的摄入则要算至 70 岁。

· **器官剂量**(organ dose)(GB18871-2002)

人体某一特定器官或组织 T 内的平均剂量 D_T,由下式给出:

$$D_T=(1/m_T)\int_{m_T}D\,\mathrm{d}m$$

式中:m_T 为器官或组织 T 的质量;D 为质量元 dm 内的吸收剂量。

· **剂量当量**(dose equivalent)(GB18871-2002)

国际辐射单位与测量委员会(ICRU)所使用的一个量,用以定义实用量:周围剂量当量、定向剂量当量和个人剂量当量。组织中某点处的剂量当量 H 是 D、Q 和 N 的乘积,即

$$H=DQN$$

式中:D 为该点处的吸收剂量;Q 为辐射的品质因数;N 为其他修正因数的乘积。

1.3 运行实用量

1.3.1 区域监测运行实用量(GB18871-2002)

· **周围剂量当量** (ambient dose equivalent)

辐射场中某点处的周围剂量当量 $H^*(d)$定义为相应的扩展齐向场在 ICRU 球内逆齐向场的半径上深度 d 处所产生的剂量当量。对于强贯穿辐射，推荐 $d=10$mm。

· 定向剂量当量 (directional dose equivalent)

辐射场中某点处的定向剂量当量 $H'(d,\Omega)$是相应的扩展场在 ICRU 球体内、沿指定方向 Ω 的半径上深度 d 处产生的剂量当量。对弱贯穿辐射，推荐 $d=0.07$mm。

1.3.2 个人监测运行实用量(GB18871-2002)

· 个人剂量当量 (personal dose equivalent)

人体某一指定点下面适当深度 d 处的软组织内的剂量当量 $H_p(d)$，这一剂量当量既适用于强贯穿辐射，也适用于弱贯穿辐射。对强贯穿辐射，推荐深度 $d=10$mm；对弱贯穿辐射，推荐深度 $d=0.07$mm。

1.3.3 有关氡或钍射气的量

· 氡或钍射气的照射量(GB18871-2002)

氡或钍射气的照射量(E_{Rn}或 E_{Tn})定义为氡或钍射气的活度浓度与照射时间的乘积，即

$$E_{\text{Rn}}(\text{或 } E_{\text{Tn}})=\bar{C}_{\text{Rn}}(\text{或 } \bar{C}_{\text{Tn}})\cdot T$$

式中：E_{Rn}(或 E_{Tn})为氡(或钍射气)照射量，Bq·h/m^3；$\bar{C}_{\text{Rn}}$(或 $\bar{C}_{\text{Tn}}$)为受照期间空气中氡(或钍射气)的平均活度浓度，Bq/m^3；T 为受照时间，单位 h，按国家标准(GB18871-2002)的推荐，全年受照时间，对工作场所 $T=2000$h；居室 $T=7000$h。

· 氡或钍射气子体的 α 潜能浓度 C_p 及其照射量 E_p(潘自强，2007)

(1) α 潜能浓度：用于描述氡(或钍射气)的危害大小，α 潜能浓度 C_p 等于单位体积空气中存在的短寿命氡(或钍射气)子体的全部子体原子在衰变到^{210}Pb(RaD)(对钍射气是^{208}Pb)的过程中所发射出的总 α 粒子能量，即单位体积空气中短寿命氡(或钍射气)子体的 α 潜能总和，因此有

$$C_p=\sum_i C_i\cdot \varepsilon_{p_i}/\lambda_i$$

式中：C_i 为第 i 种原子在空气中的放射性活度浓度，Bq/m^3；i 为 $a,b,\cdots\cdots$；$\varepsilon_{p_i}/\lambda_i$ 为第 i 种原子每贝可勒尔放射性的 α 潜能，J。

计算氡子体的 α 潜能浓度 C_p 时，由于^{214}Po 寿命太短，可忽略，只需考虑^{218}Po、^{214}Pb 和^{214}Bi 三项即可，即

$$C_p=0.578C_a+2.86C_b+2.096C_c \qquad (\mu\text{J/m}^3)$$

式中：C_a、C_b 和 C_c 分别为空气中^{218}Po、^{214}Pb 和^{214}Bi 的放射性浓度，Bq/m^3。α 潜能浓度 C_p 的 SI 单位为 J/m^3，专用单位有 MeV/L 和“工作水平”(WL)。

(2) 照射量：氡(或钍射气)子体的照射量是它们的 α 潜能浓度对照射时间的积分，即

$$E_p=\int_0^T C_p(t)\text{d}t \qquad (\text{或分时间段求和：}E_p=\sum_i C_{pi}\cdot T_i)$$

式中：$C_p(t)$为 α 潜能浓度随时间的分布，J/m^3；T 为人员受照时间，h。

子体照射量(α 潜能照射量)的 SI 单位为 J·h/m^3。

· 工作水平(working level，WL)(GB18871-2002)

工作水平是氡(或钍射气)子体引起的 α 潜能浓度的非 SI 单位(WL)，相当于每升空气中发射出的 α 粒子能量为 1.3×10^5MeV。在 SI 单位中，1WL 对应于 2.1×10^{-5}J/m^3。

· **工作水平小时**(working level hour,WLH)**和工作水平月**(working level month,WLM)(GB18871-2002)

工作水平小时或工作水平月是氡(或钍射气)子体照射量的非 SI 单位,定义为工作水平与受照射时间的乘积。

$$1WLM=170WLH(相当于 3.54mJ \cdot h/m^3)$$

(夏益华　徐勇军 编写,刘新华 审阅)

参考文献

潘自强.2007.电离辐射环境监测与评价.北京:原子能出版社

GB18871-2002.中华人民共和国国家标准·电离辐射防护与辐射源安全基本标准

ICRP 74.1997.Conversion Coefficients for Use in Radiological Protection against External Radiation.ICRP Publication 74.Ann ICRP,26(3)

ICRP 103.2008.国际放射防护委员会2007年建议书.潘自强等译.北京:原子能出版社

2 放射性及环境辐射水平

2.1 放射性

本节汇编了辐射安全中常用的放射性数据表，包括常用核素的半衰期及比活度（表2.1），按α射线能量分组的常用α放射性核素（表2.2），常用β放射性核素及其能量（表2.3），不同元素发射的X射线能量（表2.4），常用核素的半衰期、衰变类型和衰变子体（表2.5），四个放射性衰变链（表2.6～表2.9），宇生放射性核素在大气层中的产生率及浓度（表2.10）和不同富集度铀同位素丰度及比活度（表2.11）。富集铀中的同位素组成取决于铀同位素分离方式以及天然铀的来源，有些天然铀中含有^{236}U，因此表2.11中的同位素组成仅供参考。

表2.1 常用核素的比活度

核素	半衰期	比活度（TBq/g）	核素	半衰期	比活度（TBq/g）	核素	半衰期	比活度（TBq/g）
^{3}H	12.32a	3.58E+02[a]	^{55}Fe	2.737a	8.79E+01	^{99m}Tc	6.015h	1.95E+05
^{11}C	20.39min	3.10E+07	^{59}Fe	44.495d	1.84E+03	^{103}Ru	39.26d	1.19E+03
^{14}C	5700a	1.66E−01	^{57}Co	271.74d	3.12E+02	^{106}Ru	373.59d	1.22E+02
^{7}Be	53.22d	1.30E+04	^{59}Ni	1.01E+05a	2.22E−03	^{110m}Ag	249.76d	1.76E+02
^{13}N	9.965min	5.37E+07	^{60}Co	5.2713a	4.18E+01	^{110}Ag	24.6s	1.54E+08
^{16}N	7.13s	3.66E+09	^{63}Ni	100.1a	2.10E+00	^{123}I	13.27h	7.10E+04
^{18}F	109.77min	3.52E+06	^{65}Ni	2.51719h	7.09E+05	^{125}I	59.4d	6.51E+02
^{22}Na	2.6019a	2.31E+02	^{64}Cu	12.7h	1.43E+05	^{129}I	1.57E+07a	6.54E−06
^{24}Na	14.959h	3.23E+05	^{65}Zn	244.06d	3.05E+02	^{131}I	8.0207d	4.60E+03
^{32}P	14.263d	1.06E+04	^{72}Ga	14.1h	1.14E+05	^{132}Te	76.896h	1.14E+04
^{35}S	87.51d	1.58E+03	^{76}As	25.8672h	5.90E+04	^{132}I	2.295h	3.83E+05
^{36}Cl	3.01E+05a	1.22E−03	^{82}Br	35.3h	4.01E+04	^{133}I	20.8h	4.19E+04
^{41}Ar	1.827h	1.55E+06	^{86}Rb	18.642d	3.01E+03	^{133}Xe	5.243d	6.93E+03
^{40}K	1.251E+09a	2.65E−07	^{89}Sr	50.53d	1.07E+03	^{133}Te	12.5min	4.18E+06
天然钾	—	3.09E−11	^{90}Sr	28.79a	5.11E+00	^{135}I	6.57h	1.31E+05
^{42}K	12.36h	2.23E+05	^{90}Y	64.1h	2.01E+04	^{133}Ba	10.52a	9.46E+00
^{45}Ca	162.67d	6.60E+02	^{92}Sr	2.66h	4.74E+05	^{134}Cs	2.0648a	4.78E+01
^{46}Sc	83.79d	1.25E+03	^{92}Y	3.54h	3.56E+05	^{136}Cs	13.16d	2.70E+03
^{51}Cr	27.7025d	3.42E+03	^{95}Zr	64.032d	7.94E+02	^{137}Cs	30.1671a	3.20E+00
^{54}Mn	312.12d	2.87E+02	^{95}Nb	34.991d	1.45E+03	^{137m}Ba	2.552min	1.99E+07
^{56}Mn	2.5789h	8.03E+05	^{99}Mo	65.94h	1.78E+04	^{140}Ba	12.752d	2.71E+03

续表

核素	半衰期	比活度(TBq/g)	核素	半衰期	比活度(TBq/g)	核素	半衰期	比活度(TBq/g)
^{140}La	40.2744h	2.06E+04	^{210}Pb	22.2a	2.84E+00	^{232}U	68.9a	8.28E−01
^{141}Ce	32.508d	1.05E+03	^{210}Bi	5.013d	4.59E+03	^{233}U	1.59E+05a	3.57E−04
^{143}Ce	33.039h	2.45E+04	^{210}Po	138.376d	1.66E+02	^{234}U	2.46E+05a	2.30E−04
^{143}Pr	13.57d	2.49E+03	^{212}Po	2.99E−07s	6.59E+15	^{235}U	7.04E+08a	8.00E−08
^{144}Ce	284.91d	1.18E+02	^{224}Ra	3.66d	5.89E+03	^{236}U	2.34E+07a	2.40E−06
^{144}Pr	17.28min	2.80E+06	^{226}Ra	1600a	3.66E−02	^{237}U	6.75d	3.02E+03
^{147}Pm	2.6234a	3.43E+01	^{228}Ra	5.75a	1.01E+01	^{238}U	4.47E+09a	1.24E−08
^{181}W	121.2d	2.20E+02	^{228}Ac	6.15h	8.27E+04	天然铀	—	2.53E−08
^{182}Ta	114.43d	2.32E+02	^{228}Th	1.9116a	3.04E+01	^{238}Pu	8.77E+01a	6.34E−01
^{185}W	75.1d	3.48E+02	^{227}Th	18.68d	1.14E+03	^{239}Np	2.3565d	8.58E+03
^{192}Ir	73.827d	3.41E+02	^{229}Th	7340a	7.87E−03	^{239}Pu	24110a	2.30E−03
^{198}Au	2.69517d	9.05E+03	^{230}Th	75380a	7.63E−04	^{240}Pu	6564a	8.40E−03
^{199}Au	3.139d	7.73E+03	^{231}Th	25.52h	1.97E+04	^{241}Pu	14.35a	3.83E+00
^{203}Hg	46.612d	5.11E+02	^{232}Th	1.41E+10a	4.05E−09	^{241}Am	432.2a	1.27E−01
^{204}Tl	3.78a	1.72E+01	^{234}Th	24.1d	8.57E+02	^{252}Cf	2.645a	1.99E+01
^{207}Tl	4.77min	7.05E+06	天然钍	—	4.05E−09			

a. 3.58E+02=3.58×10^{2}，为了尊重原文献，本书中科学记数法采用了“E”和“指数”两种表示方法。

注：钾有三种天然同位素^{39}K、^{40}K和^{41}K，相对丰度分别为93.2581%、0.01167%和6.73021%，其中^{40}K是放射性同位素。天然钍中的主要同位素是^{232}Th，因此天然钍的比活度就是^{232}Th的比活度。天然铀中主要含有^{234}U、^{235}U和^{238}U三个放射性同位素，相对丰度分别为0.0054%、0.72%和99.27%，本表的天然铀比活度按以上丰度计算。

半衰期资料来源：ICRP Publication 107. 2009. Nuclear Decay Data for Dosimetric Calculations. Elsevier。

表 2.2 按 α 射线能量(MeV)分组的常用 α 放射性核素

	3.8~4.0	4.0~4.2	4.2~4.4	4.4~4.6	4.6~4.8	4.8~5.0	5.0~5.2	5.2~5.4	5.4~5.6	5.6~5.8	5.8~6.0	6.0~6.2	6.2~6.4
铀系：		^{238}U			^{234}U			^{210}Po	^{222}Rn			^{218}Po	
					^{230}Th								
					^{226}Ra								
钍系：													
	^{232}Th	^{232}Th						^{228}Th	^{228}Th	^{212}Bi	^{212}Bi	^{220}Rn	
									^{224}Ra	^{224}Ra			
锕系：			^{235}U	^{235}U	^{231}Pa	^{231}Pa	^{231}Pa			^{223}Ra			
										^{227}Th	^{227}Th	^{227}Th	
镅系：													
					^{237}Np			^{241}Am	^{241}Am	^{225}Ac	^{225}Ac	^{221}Fr	^{221}Fr
					^{233}U	^{233}U							
						^{229}Th	^{229}Th						

续表

3.8～4.0	4.0～4.2	4.2～4.4	4.4～4.6	4.6～4.8	4.8～5.0	5.0～5.2	5.2～5.4	5.4～5.6	5.6～5.8	5.8～6.0	6.0～6.2	6.2～6.4
所有辐射体：												
^{232}Th	^{232}Th	^{235}U	^{210m}Bi	^{226}Ra	^{209}Po	^{208}Po	^{206}Po	^{222}Rn	^{212}Bi	^{211}At	^{212}Bi	^{211}Bi
	^{238}U		^{235}U	^{230}Th	^{210m}Bi	^{229}Th	^{210}Po	^{223}Ra	^{223}Ra	^{225}Ac	^{218}Po	^{220}Rn
			^{236}U	^{231}Pa	^{229}Th	^{231}Pa	^{228}Th	^{224}Ra	^{224}Ra	^{227}Th	^{221}Fr	^{221}Fr
			^{244}Pu	^{233}U	^{231}Pa	^{239}Pu	^{232}U	^{228}Th	^{225}Ac	^{230}U	^{227}Th	^{240}Cm
				^{234}U	^{233}U	^{240}Pu	^{241}Am	^{238}Pu	^{227}Th	^{243}Cm	^{242}Cm	^{248}Cf
				^{237}Np	^{237}Np	^{243}Am	^{243}Am	^{241}Am	^{236}Pu	^{244}Cm	^{243}Cm	^{254}Es
					^{242}Pu	^{248}Cm	^{245}Cm	^{247}Bk	^{243}Cm	^{249}Cf	^{249}Cf	^{255}Es
					^{247}Cm		^{246}Cm		^{244}Cm	^{250}Cf	^{250}Cf	
							^{247}Cm		^{247}Bk	^{251}Cf	^{251}Cf	
									^{251}Cf		^{252}Cf	

6.4～6.6	6.6～6.8	6.8～7.0	7.0～7.2	7.2～7.4	7.4～7.6	7.6～7.8	7.8～8.0	8.0～8.2	8.2～8.4	8.4～8.6	8.6～8.8
铀系：											
						^{214}Po					
钍系：											
	^{216}Po										^{212}Po
锕系：											
^{219}Rn	^{211}Bi	^{219}Rn		^{215}Po							
镎系：											
			^{217}At						^{213}Po		
所有辐射体：											
^{219}Rn	^{211}Bi	^{219}Rn	^{217}At	^{215}Po		^{214}Po			^{213}Po		^{212}Po
^{252}Es	^{216}Po	^{252}Fm	^{252}Fm								
^{253}Es	^{246}Cf	^{253}Fm	^{253}Fm								
^{254}Es	^{252}Es	^{255}Fm	^{255}Fm								
^{257}Fm	^{253}Es										
	^{253}Fm										
	^{257}Fm										
	^{258}Md										

资料来源：US EML. 1997. HASL-300. 28th ed。

表 2.3 常用β放射性核素及其能量

核素	分支比最大的β射线[a]			除分支比最大β射线外的β射线最大能量(keV)[b]	分支比第二大的β射线[c]		β射线条数
	最大能量(keV)	平均能量(keV)	分支比(%)		最大能量(keV)	分支比(%)	
^{187}Re	2.64	0.7	100.0				1
^{210}Pb	16.5	4.1	80.2	63	63	19.8	2
^{3}H	18.6	5.7	100.0				1
^{241}Pu	20.81	5.2	100.0				1
^{107}Pd	33	9.3	100.0				1
^{250}Cm	37	9.0	14.0				1
^{228}Ra	38.9	9.9	100.0				1

续表

核素	分支比最大的β射线[a]			除分支比最大β射线外的β射线最大能量(keV)[b]	分支比第二大的β射线[c]		β射线条数
	最大能量(keV)	平均能量(keV)	分支比(%)		最大能量(keV)	分支比(%)	
^{106}Ru	39.4	10.0	100.0				1
^{227}Ac	43.7	11.1	54.0	34	34	35.0	3
^{93}Zr	61.5	19.5	100.0				1
^{63}Ni	65.87	17.1	100.0				1
^{166m}Ho	72	18.7	73.4	1314	32	17.2	7
^{151}Sm	76.1	19.7	99.1	55	55	0.9	2
^{110}Ag	83.9	21.8	67.3	531	531	30.5	3
^{171}Tm	96.7	25.2	97.8	30	30	2.2	2
^{249}Bk	126.4	33.0	100.0				1
^{191}Os	139	36.7	100.0				1
^{155}Eu	141	37.4	46.0	246	159	26.0	6
^{79}Se	149	52.2	100.0				1
^{246}Pu	150	40.0	73.0	330	330	27.0	3
^{177m}Lu	151.8	40.5	78.5				1
^{129}I	152	40.9	100				1
^{14}C	156.478	49.5	100.0				1
^{95m}Nb	159.8	43.4	100.0				
^{35}S	167.47	48.8	100.0				1
^{234}Th	188.6	50.6	72.5	96	96	18.5	4
^{236}Np	195	52.3	5.0	355	355	5.0	2
^{135}Cs	205	56.3	100.0				1
^{203}Hg	212.2	57.7	100.0				1
^{32}Si	213	64.7	100.0				1
^{132}Te	215	59.4	100.0				1
^{147}Pm	224.7	62.0	100.0				1
^{103}Ru	226	63.2	90.0	723	113	6.4	4
^{91}Nb	234	108.7+	0.2				1
^{237}U	238	64.8	53.1	252	252	43.7	5
^{33}P	249	76.6	100.0				1
^{126}Sn	250	70.0	100.0				1
^{194m}Ir	252.5	69.7	100.0				1
^{45}Ca	256.9	77.2	100.0				1
^{196}Au	258	71.3	6.9				1
^{233}Pa	260.4	71.4	33.0	232	232	28.0	4
^{87}Rb	273.3	78.8	100.0				1
^{255}Es	280	76.7	92.0				1

续表

核素	分支比最大的β射线[a]			除分支比最大β射线外的β射线最大能量(keV)[b]	分支比第二大的β射线[c]		β射线条数
	最大能量(keV)	平均能量(keV)	分支比(%)		最大能量(keV)	分支比(%)	
^{253}Cf	287	97.0	99.7				1
^{231}Th	287.6	79.6	49.0	311	305	35.0	7
^{99}Tc	293.6	84.6	100.0				1
^{199}Au	294.6	82.4	66.2	453	245	20.5	3
^{125}Sb	303.4	87.0	39.9	622	131	18.1	7
^{60}Co	317.9	95.8	100.0	1550	1550	0.2	2
^{144}Ce	318.2	91.1	77.2	238	185	19.6	3
^{113}Cd	322	93.3	100.0				1
^{225}Ra	322	90.0	72.0	362	362	28.0	2
^{65}Zn	329.9	143.0+	1.4				1
^{212}Pb	334	94.4	85.1	573	573	9.9	3
^{136}Cs	341	98.8	95.1	682	174	2.5	4
^{77}Br	343	151.7+	0.7				1
^{133}Xe	346	100.3	99.3	267	267	0.7	2
^{188}W	349	99.7	99.0	285	58	0.8	3
^{169}Er	350.2	100.6	55.0	342	342	45.0	2
^{46}Sc	357.3	112.0	100.0				1
^{95}Zr	366	109.3	55.4	1123	399	43.7	4
^{126}Sb	370	109.0	29.0	1790	1790	19.0	14
^{134}Te	376.568	110.8	42.9	453	453	41.1	3
^{244}Am	387	109.6	100.0				1
^{67}Cu	390	121.0	57.0	575	482	22.0	4
^{98}Tc	394	118.0	100.0				1
^{166}Dy	402	117.5	92.0	484	484	7.0	3
^{181}Hf	407	118.7	93.0	403	403	7.0	2
^{148m}Pm	407	120.0	54.0	1007	695	22.0	4
^{185}W	432.4	126.8	99.9				1
^{141}Ce	434.6	129.6	70.5	580	580	29.5	2
^{239}Np	435.9	125.3	52.0	714	330	35.0	5
^{240}U	440	125.0	100.0				1
^{47}Sc	441.1	142.7	68.0	601	601	32.0	2
^{82}Br	444.3	137.8	97.9	265	265	1.4	2
^{131m}Te	451	136.2	36.9	2431	532	16.6	18
^{87}Y	451.3	200.5+	0.2				1
^{28}Mg	458.9	155.9	95.1	860	212	4.7	3
^{59}Fe	465.8	149.2	53.1	1565	273	45.2	4

续表

核素	分支比最大的β射线[a]			除分支比最大β射线外的β射线最大能量(keV)[b]	分支比第二大的β射线[c]		β射线条数
	最大能量(keV)	平均能量(keV)	分支比(%)		最大能量(keV)	分支比(%)	
^{175}Yb	467.9	139.2	86.5	354	72	10.3	3
^{94}Nb	471	145.8	100.0				1
^{58}Co	475	201.2+	14.9				1
^{254}Es	477	137.3	67.0	1126	437	19.0	3
^{234}Pa	484	141.0	24.0	1259	654	16.0	18
^{156}Eu	487	147.0	32.0	2453	2453	27.0	14
^{115}In	495	152.0	100.0				1
^{177}Lu	497.1	148.9	78.7	384	176	12.3	3
^{230}Pa	507	148.7	9.3	192	192	0.2	2
^{137}Cs	511.6	156.8	94.6	1173	1173	5.4	2
^{88}Kr	521	165.0	67.0	2913	2913	14.0	15
^{182}Ta	522	157.2	40.8	590	258	28.9	8
^{236m}Np	536	158.0	39.7	491	491	8.3	2
^{22}Na	545.5	215.5+	89.8				1
^{90}Sr	546	195.8	100.0				1
^{92}Sr	550	174.0	96.0	1930	1930	4.0	4
^{10}Be	555.8	202.5	100.0				1
^{117}Sb	564	258.0+	1.7				1
^{39}Ar	565	218.8	100.0				1
^{105}Rh	567	179.4	75.0	261	248	19.7	3
^{160}Tb	568.7	175.0	45.6	1747	867	24.6	11
^{154}Eu	569.4	175.7	36.5	1844	247	27.9	15
^{52a}Mn	575.3	241.6+	29.4				1
^{64}Cu	578.2	190.2	37.2	653	653	17.9	2
^{211}Bi	579	174.6	0.3				1
^{243}Pu	582	172.7	59.0	590	498	29.0	6
^{113m}Cd	586	185.4	100.0				1
^{131}I	606.3	191.6	89.3	807	334	7.4	5
^{79}Kr	609	265.0+	6.9	348	348	0.2	2
^{124}Sb	611.3	194.0	52.8	2302	2302	21.9	12
^{242}Am	619	184.8	42.0	661	661	41.0	2
^{187}W	626.7	193.5	58.7	1313	1313	25.1	10
^{18}F	633.5	249.8+	96.7				1
^{117}Cd	636	204.0	32.2	2213	2213	21.0	22
^{197}Pt	641.6	197.7	82.0	719	719	11.0	3
^{209}Pb	644.6	197.6	100.0				1

续表

核素	分支比最大的β射线[a]			除分支比最大β射线外的β射线最大能量(keV)[b]	分支比第二大的β射线[c]		β射线条数
	最大能量(keV)	平均能量(keV)	分支比(%)		最大能量(keV)	分支比(%)	
^{129}Sb	650	208.0	26.6	2271	534	22.5	22
^{48}Sc	657	226.5	89.0	482	482	10.0	2
^{134}Cs	657.9	210.1	70.1	415	89	27.4	3
^{117a}Cd	667	216.0	46.9	1916	569	21.6	16
^{192}Ir	672	208.9	48.3	845	536	41.4	4
^{214}Pb	672	207.0	48.0	1024	729	42.5	5
^{85b}Kr	687	251.4	99.6	173	173	0.4	2
^{77}As	690	231.8	97.1	451	451	1.5	4
^{47}Ca	690	240.9	81.7	1988	1988	18.0	2
^{127}Te	694	224.7	98.8	276	276	1.2	2
^{152}Eu	696	221.8	13.6	1475	1475	8.4	7
^{48}V	697	291.4+	50.1				1
^{153}Sm	702	224.4	44.1	805	632	34.1	4
^{197m}Pt	709	221.8	3.3				1
^{36}Cl	709.6	251.3	99.0				1
^{138}Xe	710	231.0	32.6	2730	2290	20.1	15
^{95}Tc	717	341.0+	0.3	513	513	0.2	2
^{127m}Te	725	252.9	1.8				1
^{117}In	743	245.0	99.8	1140	1140	0.2	2
^{250}Bk	748	228.0	83.1	1780	709	5.9	4
^{96}Nb	749	250.6	95.9	746	746	2.8	4
^{88}Y	755	355.2+	0.2				1
^{101}Mo	763	256.0	20.7	2603	849	11.7	38
^{204}Tl	763.4	243.9	97.4				1
^{84}Rb	777	338.5+	13.7	1658	1658	13.5	3
^{240m}Np	780	241.0	100.0				1
^{146}Pm	795	259.9	34.1	162	162	2.2	2
^{52}Fe	804	340.0+	56.0				1
^{147}Nd	804.7	264.0	81.1	485	365	15.3	5
^{132}Cs	814	270.0	1.6	421	247	0.4	3
^{43}K	827	298.0	92.2	1817	1224	3.6	4
^{85a}Kr	840.7	290.4	78.6	711	711	0.3	2
^{151}Pm	843	278.0	42.7	1188	1188	10.0	22
^{57}Ni	843	359.0+	33.1	716	716	5.7	4
^{115m}In	861	291.0	3.6				1
^{126}I	862	289.7	27.2	1251	1251	9.0	5

续表

核素	分支比最大的β射线[a]			除分支比最大β射线外的β射线最大能量(keV)[b]	分支比第二大的β射线[c]		β射线条数
	最大能量(keV)	平均能量(keV)	分支比(%)		最大能量(keV)	分支比(%)	
^{249}Cm	891	279.0	96.3	522	257	1.8	5
^{127}Sb	896	304.1	34.9	1493	1108	22.8	13
^{245}Am	896.1	281.0	77.4	643	643	15.6	3
^{89}Zr	904.7	396.9+	22.9				1
^{69}Zn	905	320.9	100.0				1
^{135}Xe	909	308.0	96.1	751	551	3.1	4
^{83}Br	918	323.0	98.6	389	389	1.3	2
^{245}Pu	930	295.0	57.0	1210	370	15.0	10
^{143}Pr	935.3	315.6	100.0				1
^{74}As	944.5	408.0+	26.6	1540	1353	18.8	4
^{72}Ga	956	341.8	27.9	3158	667	21.5	16
^{162}Gd	960	320.0	100.0				1
^{11}C	960.1	385.6+	99.8				1
^{198}Au	960.7	314.6	98.7	285	285	1.3	2
^{170}Tm	967.9	323.1	76.0	884	884	24.0	2
^{159}Gd	974.7	328.6	70.0	917	917	21.0	4
^{140}Ba	991	340.0	37.0	1005	454	26.0	5
^{142}Ba	1000	340.0	40.0	2120	1120	18.0	13
^{116}In	1009	351.0	50.8	871	871	32.8	6
^{109}Pd	1027.9	361.0	99.9				1
^{111}Ag	1028	360.4	91.9	783	686	7.0	3
^{130}I	1040	361.0	47.5	1176	622	46.7	9
^{45}Ti	1040.6	439.1	84.8				1
^{81}Rb	1050	458.0	31.4	600	600	1.7	2
^{200}Tl	1064	495.0	0.3				1
^{171}Er	1065.5	362.2	94.0	1485	1485	2.3	6
^{149}Pm	1071	369.0	96.2	785	785	3.4	3
^{186}Re	1076.6	362.0	71.0	939	939	22.0	2
^{223}Fr	1097	361.1	57.0	1068	1017	17.0	9
^{143}Ce	1104	384.6	48.0	1398	1398	38.0	7
^{91}Sr	1104	398.9	33.9	2684	2684	30.8	11
^{115}Cd	1111.3	394.4	60.1	850	583	35.2	4
^{251}Bk	1120	360.5	100.0				1
^{193}Os	1132	383.1	53.0	1059	1059	19.4	11
^{210}Bi	1161.4	389.0	100.0				1
^{228}Ac	1168	386.0	32.0	2079	1741	12.0	31

续表

核素	分支比最大的β射线[a]			除分支比最大β射线外的β射线最大能量(keV)[b]	分支比第二大的β射线[c]		β射线条数
	最大能量(keV)	平均能量(keV)	分支比(%)		最大能量(keV)	分支比(%)	
^{26}Al	1174.2	543.9+	81.8				1
^{132}I	1185	422.0	18.9	2140	2140	16.9	23
^{239}U	1191	392.0	68.0	1266	1266	28.0	7
^{105}Ru	1193	432.2	49.9	1525	1112	20.0	13
^{41}Ar	1198.3	459.3	99.2	2492	2492	0.8	2
^{13}N	1198.5	491.8+	99.8				1
^{99}Mo	1214	442.7	82.7	848	436	17.3	5
^{94m}Nb	1215	444.0	0.5				1
^{61}Cu	1216.4	524.2+	51.3	1149	933	5.6	4
^{246}Am	1220	400.0	37.6	2260	1460	16.3	23
^{133}I	1230	441.0	83.5	1530	880	4.2	10
^{233}Th	1238.6	412.1	51.0	1245	1245	30.0	11
^{238}Np	1247.8	412.4	45.0	329	263	42.4	7
^{86}Y	1254	550.0+	12.4	3174	1578	5.6	14
^{61}Co	1254.7	474.4	96.3	414	414	3.7	2
^{97}Nb	1274.9	469.8	98.3	908	908	1.1	5
^{134}I	1280	460.0	32.5	2420	1560	16.3	14
^{165}Dy	1285	453.1	83.4	1190	1190	14.6	4
^{73}Se	1290	562.0+	64.6	1651	1651	0.7	3
^{40}K	1311.6	508.5	89.3				1
^{101}Tc	1318	487.0	89.0	1080	1080	6.5	7
^{140}La	1348.2	487.4	44.5	2164	1677	20.7	9
^{211}Pb	1373	473.3	93.0	968	541	5.0	4
^{162}Tb	1380	490.0	96.0	2530	2530	0.4	6
^{24}Na	1390.2	553.9	99.9				1
^{123}Sn	1397	523.1	99.4	308	308	0.6	2
^{122}Sb	1417	522.4	67.3	1981	1981	25.7	3
^{213}Bi	1420	491.0	64.0	1127	980	32.0	4
^{207}Tl	1422	494.1	99.8	524	524	0.3	2
^{135}I	1450	535.0	23.6	2180	1030	21.8	20
^{49}Cr	1453	625.5+	46.3	1606	1515	34.6	3
^{56}Co	1460.5	631.9+	18.7	423	423	1.1	2
^{129}Te	1470	544.5	90.0	1220	1011	8.6	6
^{44}Sc	1476.3	632.9+	94.4				1
^{149}Nd	1478	539.8	26.4	1500	1151	24.0	10
^{194}Au	1487	679.0+	1.0	1159	1159	0.6	2

续表

核素	分支比最大的β射线[a]			除分支比最大β射线外的β射线最大能量(keV)[b]	分支比第二大的β射线[c]		β射线条数
	最大能量(keV)	平均能量(keV)	分支比(%)		最大能量(keV)	分支比(%)	
^{31}Si	1490.8	595.6	100.0				1
^{89}Sr	1491	583.0	100.0				1
^{90}Nb	1500	662.2+	53.0				1
^{123}Xe	1505	674.0+	17.2	1476	1476	3.9	3
^{214}Bi	1540	539.0	17.9	3270	1505	17.7	30
^{91}Y	1543	603.8	99.7	338	338	0.3	2
^{129m}Tc	1604	607.3	32.8	908	908	3.3	4
^{115m}Cd	1621	615.0	98.0	687	687	1.1	4
^{108}Ag	1650	629.0	95.9	1017	1017	1.8	3
^{93}Sr	1690	660.0	17.9	3620	2730	15.5	29
^{32}P	1710.4	694.9	100.0				1
^{15}O	1731.9	735.2+	99.9				1
^{182}Re	1738	789.0+	1.8				1
^{27}Mg	1765.5	724.4	71.0	1595	1595	29.0	2
^{117a}In	1770	680.0	34.5	1612	1612	18.3	2
^{86}Rb	1774.4	709.3	91.2	698	698	8.8	2
^{208}Tl	1794	646.5	49.3	1517	1283	23.2	7
^{126m}Sb	1810	694.0	81.0	1190	1190	3.3	4
^{209}Tl	1825	659.0	100.0				1
^{166}Ho	1854.3	693.8	51.0	1774	1774	48.0	4
^{152m}Eu	1865	704.1	67.3	1521	1521	1.8	4
^{210}Tl	1870	680.0	56.0	2340	1320	25.0	3
^{68}Ga	1899.1	836.0+	87.7	822	822	1.2	2
^{97}Zr	1914.1	756.6	86.0	1406	552	5.5	10
^{114}In	1985	776.9	99.3	685	685	0.2	2
^{49}Sc	2004	823.1	99.9				1
^{80}Br	2006	805.0	85.0	1390	1390	6.2	5
^{240}Np	2070	733.0	52.0	1510	1510	31.9	14
^{77}Ge	2070	838.9	20.6	2486	1512	19.2	26
^{131}Te	2099	825.0	59.2	1756	1647	21.8	11
^{142}La	2119	826.0	21.5	4517	1974	20.1	25
^{188}Re	2119.7	795.1	71.4	1965	1965	25.3	7
^{128}I	2127	835.7	80.2	1684	1684	13.0	3
^{124}I	2135	973.6+	12.0	1532	1532	11.0	3
^{65}Ni	2137	875.7	60.7	1022	655	28.1	5
^{51}Ti	2146	888.2	91.9	1537	1537	8.1	2

续表

核素	分支比最大的β射线[a]			除分支比最大β射线外的β射线最大能量(keV)[b]	分支比第二大的β射线[c]		β射线条数
	最大能量(keV)	平均能量(keV)	分支比(%)		最大能量(keV)	分支比(%)	
^{142}Pr	2159	832.8	96.3	583	583	3.7	2
^{49}Ca	2184	908.6	91.5	2896	1196	7.1	6
^{89}Rb	2223	903.1	34.0	4503	1275	33.0	10
^{212}Bi	2246	831.6	48.4	1519	1519	8.0	6
^{133}Te	2250	890.0	33.3	2660	2660	28.6	11
^{194}Ir	2251	847.5	85.4	1923	1923	9.2	9
^{234m}Pa	2281	825.4	98.6	1471	1236	0.7	3
^{90}Y	2283.9	934.8	100.0				1
^{139}Ba	2306	912.0	78.0	2140	2140	22.0	3
^{125}Sn	2350	938.0	83.0	1261	460	5.9	11
^{141}Ba	2380	947.0	24.5	2840	2560	19.0	24
^{133m}Te	2390	960.0	38.2	1740	1740	29.3	3
^{141}La	2430	967.0	97.0	1080	1080	2.6	3
^{148}Pm	2464	975.0	55.5	1914	999	33.3	5
^{72}As	2495	1115.0+	65.7	3329	3329	16.6	6
^{85}Rb	2500	1030.0	95.7	1690	770	2.2	6
^{90m}Rb	2511	1038.0	16.2	5828	5828	15.0	30
^{52}V	2542.42	1074.0	99.2	1209	1209	0.6	3
^{90}Kr	2610	1086.0	62.0	4390	4390	29.0	19
^{52b}Mn	2632.8	1173.8+	96.4	905	905	0.2	2
^{57}Mn	2678	1135.0	80.8	2556	2556	11.5	7
^{56}Mn	2848.6	1216.7	56.2	1038	1038	27.8	4
^{28}Al	2864.2	1242.3	100.0				1
^{138}Cs	2880	1179.0	44.1	3890	3430	13.8	26
^{93}Y	2890	1214.0	90.2	2623	2623	4.6	8
^{110m}Ag	2892.8	1199.3	95.2	2235	2235	4.4	2
^{62}Cu	2927	1316.0+	97.6	1754	1754	0.1	2
^{76}As	2968.6	1266.9	51.0	2410	2410	34.7	8
^{144}Pr	2996	1221.4	97.7	2300	2300	1.2	3
^{122}I	3120	1414.0+	63.0	2550	2550	12.0	5
^{82}Rb	3356	1524.0+	83.3	2580	2580	11.7	4
^{91}Mo	3416	1553.0+	93.4	1835	1779	0.2	3
^{87}Kr	3486	1502.0	40.7	3889	3889	30.4	13
^{42}K	3521.1	1563.9	82.1	1996	1996	17.5	3
^{106}Rh	3541	1509.0	78.7	3029	2407	9.8	6
^{92}Y	3634	1563.0	85.7	2700	1294	6.5	8

续表

核素	分支比最大的β射线[a]			除分支比最大β射线外的β射线最大能量(keV)[b]	分支比第二大的β射线[c]		β射线条数
	最大能量(keV)	平均能量(keV)	分支比(%)		最大能量(keV)	分支比(%)	
^{126}Cs	3810	1740.0+	51.0	3420	3420	24.0	6
^{66}Ga	4153	1904.1+	49.3	1780	924	3.7	6
^{139}Cs	4204	1794.0	84.0	2921	2921	6.3	30
^{16}N	4288.3	1941.2	68.0	10419	10419	26.0	4
^{137}Xe	4344	1862.0	67.0	3889	3889	30.0	7
^{136}I	4370	1880.0	35.4	5690	5690	30.4	26
^{84}Br	4670	2072.0	32.0	3790	3790	13.7	18
^{38}Cl	4917	2244.1	56.0	2749	1107	32.5	3
^{89}Kr	4970	2210.0	23.0	4470	2370	14.4	47
^{88}Rb	5315	2372.4	78.0	3479	2581	13.3	9
^{90}Rb	6553	2976.0	37.0	5721	5721	14.3	21

注:(1)+表示正电子发射。

(2)一种β辐射体通常发射几条β射线,其分支比、最大能量和平均能量各不相同。a所示为该核素中分支比最大的β射线的分支比、最大能量和平均能量;b所示为除分支比最大的β射线外(即a所示的β射线外),其余β射线中能量最大的β射线的最大能量;c所示为该核素中分支比第二大的β射线的最大能量和分支比。因此,b、c所示有可能为该核素的同一条β射线,如^{246}Pu、^{230}Pa等,也有可能为该核素的不同β射线,如^{155}Eu、^{234}Pa等,但b、c所指β射线均是除a所指的β射线以外的β射线。

资料来源:Bernard Shleien et al. 1998. Handbook of Health Physics and Radiological Health. 3rd ed。

表 2.4 不同元素发射的 X 射线能量

原子序数	元素	能量(keV)			原子序数	元素	能量(keV)		
		K_α	$K'_{\beta1}$	$K'_{\beta2}$			K_α	$K'_{\beta1}$	$K'_{\beta2}$
3	Li	0.05			20	Ca	3.69	4.01	
4	Be	0.11			21	Sc	4.09	4.46	
5	B	0.18			22	Ti	4.51	5.93	
6	C	0.28			23	V	4.95	5.43	
7	N	0.40			24	Cr	5.42	5.95	
8	O	0.53			25	Mn	5.90	6.49	
9	F	0.68			26	Fe	6.40	7.06	
10	Ne	0.85			27	Co	6.93	7.65	
11	Na	1.04			28	Ni	7.47	8.26	
12	Mg	1.25			29	Cu	8.03	8.91	
13	Al	1.49			30	Zn	8.63	9.57	
14	Si	1.74			31	Ga	9.24	10.3	
15	P	2.01			32	Ge	9.88	11.1	
16	S	2.31			33	As	10.5	11.7	
17	Cl	2.62			34	Si	11.2	12.5	
18	Ar	2.96	3.19		35	Br	11.9	13.3	
19	K	3.31	3.59		36	Kr	12.6	14.1	

续表

原子序数	元素	能量(keV)			原子序数	元素	能量(keV)		
		K_α	$K'_{\beta1}$	$K'_{\beta2}$			K_α	$K'_{\beta1}$	$K'_{\beta2}$
37	Rb	13.4	15.0		71	Lu	53.5	61.3	62.9
38	Sr	14.1	15.8	16.1	72	Hf	55.2	63.2	64.9
39	Y	14.9	16.7	17.0	73	Ta	57.1	65.2	67.0
40	Zr	15.7	17.7	18.0	74	W	58.8	67.2	69.1
41	Nb	16.6	18.6	19.0	75	Re	60.6	69.3	71.2
42	Mo	17.4	19.6	20.0	76	Os	62.4	71.4	73.4
43	Te	18.3	20.6	21.0	77	Ir	64.3	73.6	75.6
44	Ru	19.2	21.6	22.1	78	Pt	66.2	75.7	77.8
45	Rh	20.2	22.7	23.2	79	Au	68.2	78.0	80.1
46	Pd	21.1	23.8	24.3	80	Hg	70.1	80.1	82.5
47	Ag	22.1	24.9	25.5	81	Tl	72.1	82.4	84.9
48	Cd	23.1	26.1	26.6	82	Pb	74.2	84.7	87.3
49	In	24.1	27.3	27.9	83	Bi	76.3	87.1	89.8
50	Sn	25.1	28.4	29.1	84	Po	78.4	89.6	92.3
51	Sb	26.3	29.7	30.4	85	At	80.5	92.7	95.0
52	Te	27.3	31.0	31.7	86	Rn	82.8	94.7	97.5
53	1	28.5	32.3	33.0	87	Fr	85.0	97.3	100.2
54	Xe	29.6	33.6	34.4	88	Ra	87.3	99.9	103.0
55	Cs	30.8	34.9	35.8	89	Ac	89.7	102.6	105.7
56	Ba	32.0	36.4	37.2	90	Th	92.1	105.3	108.6
57	La	33.3	37.8	38.7	91	Pa	94.5	108.1	111.4
58	Ce	34.5	39.3	40.2	92	U	97.0	111.0	114.5
59	Pr	35.9	40.7	41.8	93	Np	99.5	113.9	117.5
60	Nd	37.2	42.3	43.3	94	Pu	102.1	116.9	120.5
61	Pm	38.5	43.8	44.9	95	Am	104.7	119.9	123.6
62	Sm	39.8	45.4	46.6	96	Cm	107.5	123.0	126.9
63	Eu	41.3	47.0	48.2	97	Bk	110.2	126.2	130.2
64	Cd	42.7	48.7	49.9	98	Cf	113.0	129.4	133.5
65	Tb	44.1	50.4	51.7	99	Es	115.9	132.7	136.9
66	Dy	45.6	52.1	53.4	100	Fm	118.8	136.0	140.4
67	Ho	47.1	53.8	55.3	101	Md	122.8	139.4	144.9
68	Er	48.7	55.6	57.1	102	No	124.8	142.7	147.5
69	Tm	50.3	57.5	59.0	103	Lw	127.9	146.2	151.2
70	Yb	51.9	59.4	60.9	104	Rf	130.5	149.7	154.5

注：K 壳层的空位可被能量更高壳层的电子所填充，在这个过程中，释放出能量 E_k-E_a，它不是以射线就是以俄歇电子

(Auger electron)形式释放。最主要的 X 射线跃迁由以下各式确定：

$$K_{\alpha 1}=K-L_{\text{III}}$$

$$K_{\alpha 2}=K-L_{\text{II}}$$

$$K_{\beta 1}=K-M_{\text{III}}$$

$$K_{\beta 2}=K-N_{\text{III}}$$

$$K_{\beta 3}=K-M_{\text{II}}$$

$$K_{\beta 4}=K-N_{\text{II}}$$

$$K_{\beta 5}=K-M_{\text{IV}}$$

中等分辨率的测量装置，只能分辨 $K_{\beta 1}{}'$ 和 $K_{\beta 2}{}'$，

$$K_{\beta 1}{}'=K_{\beta 1}+K_{\beta 3}+K_{\beta 5}$$

$$K_{\beta 2}{}'=K_{\beta 2}+K_{\beta 4}$$

同样，对于 K_{α} 也是这样的：

$$K_{\alpha}=K_{\alpha 1}+K_{\alpha 2}$$

资料来源：US EML. 1997. HASL-300. 28th ed。

表 2.5 常用核素的半衰期、衰变类型和衰变子体

核素	物理半衰期	衰变类型	衰变子体	分支比	核素	物理半衰期	衰变类型	衰变子体	分支比
^{3}H	12.32a	B−	^{3}He	1.00	^{39}Ar	269a	B−	^{39}K	1.00
^{7}Be	53.22d	EC	^{7}Li	1.00	^{41}Ar	109.61min	B−	^{41}K	1.00
^{10}Be	1.51E+06a	B−	^{10}B	1.00	^{40}K	1.251E+09a	B−ECB+	^{40}Ca	8.9140E−01
^{14}C	5.70E+03a	B−	^{14}N	1.00				^{40}Ar	1.0860E−01
^{13}N	9.965min	ECB+	^{13}C	1.00	^{42}K	12.360h	B−	^{42}Ca	1.00
^{16}N	7.13s	B−	^{16}O	1.00	^{43}K	22.3h	B−	^{43}Ca	1.00
^{15}O	122.24s	ECB+	^{15}N	1.00	^{41}Ca	1.02E+05a	EC	^{41}K	1.00
^{19}O	26.464s	B−	^{19}F	1.00	^{45}Ca	162.67d	B−	^{45}Sc	1.00
^{18}F	109.77min	ECB+	^{18}O	1.00	^{47}Ca	4.536d	B−	^{47}Sc	1.00
^{22}Na	2.6019a	ECB+	^{22}Ne	1.00	^{44}Sc	3.97h	ECB+	^{44}Ca	1.00
^{24}Na	14.9590h	B−	^{24}Mg	1.00	^{44m}Sc	58.61h	ITEC	^{44}Sc	9.8800E−01
^{28}Mg	20.915h	B−	^{28}Al	1.00				^{44}Ca	1.2000E−02
^{26}Al	7.17E+05a	ECB+	^{26}Mg	1.00	^{46}Sc	83.79d	B−	^{46}Ti	1.00
^{31}Si	157.3min	B−	^{31}P	1.00	^{47}Sc	3.3492d	B−	^{47}Ti	1.00
^{32}Si	132a	B−	^{32}P	1.00	^{48}Sc	43.67h	B−	^{48}Ti	1.00
^{32}P	14.263d	B−	^{32}S	1.00	^{44}Ti	60.0a	EC	^{44}Sc	1.00
^{33}P	25.34d	B−	^{33}S	1.00	^{45}Ti	184.8min	ECB+	^{45}Sc	1.00
^{35}S	87.51d	B−	^{35}Cl	1.00	^{48}V	15.9735d	ECB+	^{48}Ti	1.00
^{36}Cl	3.01E+05a	B−ECB+	^{36}Ar	9.8100E−01	^{49}V	330d	EC	^{49}Ti	1.00
			^{36}S	1.9000E−02	^{48}Cr	21.56h	ECB+	^{48}V	1.00
^{38}Cl	37.24min	B−	^{38}Ar	1.00	^{51}Cr	27.7025d	EC	^{51}V	1.00
^{37}Ar	35.04d	EC	^{37}Cl	1.00	^{51}Mn	46.2min	ECB+	^{51}Cr	1.00

续表

核素	物理半衰期	衰变类型	衰变子体	分支比
^{52}Mn	5.591d	ECB+	^{52}Cr	1.00
^{52m}Mn	21.1min	ECB+IT	^{52}Mn	1.7500E−02
			^{52}Cr	9.8250E−01
^{53}Mn	3.70E+06a	EC	^{53}Cr	1.00
^{54}Mn	312.12d	ECB+B−	^{54}Cr	1.00
			^{54}Fe	2.9000E−06
^{56}Mn	2.5789h	B−	^{56}Fe	1.00
^{52}Fe	8.275h	ECB+	^{52m}Mn	1.00
^{55}Fe	2.737a	EC	^{55}Mn	1.00
^{59}Fe	44.495d	B−	^{59}Co	1.00
^{60}Fe	1.50E+06a	B−	^{60m}Co	1.00
^{55}Co	17.53h	ECB+	^{55}Fe	1.00
^{56}Co	77.23d	ECB+	^{56}Fe	1.00
^{57}Co	271.74d	EC	^{57}Fe	1.00
^{58}Co	70.86d	ECB+	^{58}Fe	1.00
^{58m}Co	9.04h	IT	^{58}Co	1.00
^{60}Co	5.2713a	B−	^{60}Ni	1.00
^{61}Co	1.650h	B−	^{61}Ni	1.00
^{56}Ni	6.075d	ECB+	^{56}Co	1.00
^{57}Ni	35.6h	ECB+	^{57}Co	1.00
^{59}Ni	1.01E+05a	ECB+	^{59}Co	1.00
^{63}Ni	100.1a	B−	^{63}Cu	1.00
^{65}Ni	2.51719h	B−	^{65}Cu	1.00
^{66}Ni	54.6h	B−	^{66}Cu	1.00
^{64}Cu	12.7000h	ECB+B−	^{64}Ni	6.1000E−01
			^{64}Zn	3.9000E−01
^{67}Cu	61.83h	B−	^{67}Zn	1.00
^{65}Zn	244.06d	ECB+	^{65}Cu	1.00
^{69m}Zn	13.76h	ITB−	^{69}Zn	9.9967E−01
			^{69}Ga	3.3000E−04
^{72}Zn	46.5h	B−	^{72}Ga	1.00
^{67}Ga	3.2612d	EC	^{67}Zn	1.00
^{72}Ga	14.10h	B−	^{72}Ge	1.00
^{68}Ge	270.95d	EC	^{68}Ga	1.00
^{69}Ge	39.05h	ECB+	^{69}Ga	1.00
^{71}Ge	11.43d	EC	^{71}Ga	1.00
^{71}As	65.28h	ECB+	^{71}Ge	1.00
^{73}As	80.30d	EC	^{73}Ge	1.00
^{74}As	17.77d	ECB+B−	^{74}Ge	6.6000E−01
			^{74}Se	3.4000E−01
^{76}As	1.0778d	B−	^{76}Se	1.00
^{77}As	38.83h	B−	^{77}Se	1.00
^{75}Se	119.779d	EC	^{75}As	1.00
^{79}Se	2.95E+05a	B−	^{79}Br	1.00
^{77}Br	57.036h	ECB+	^{77}Se	1.00
^{82}Br	35.30h	B−	^{82}Kr	1.00
^{83}Br	2.40h	B−	^{83m}Kr	9.9845E−01
			^{83}Kr	1.5519E−03
^{84}Br	31.80min	B−	^{84}Kr	1.00
^{85}Br	2.90min	B−	^{85m}Kr	9.9779E−01
			^{85}Kr	2.2112E−03
^{74}Kr	11.50min	ECB+	^{74}Br	1.00
^{76}Kr	14.8h	EC	^{76}Br	9.9189E−01
			^{76m}Br	8.1144E−03
^{77}Kr	74.4min	ECB+	^{77}Br	9.0386E−01
			^{77m}Br	9.6135E−02
^{79}Kr	35.04h	ECB+	^{79}Br	1.00
^{81}Kr	2.29E+05a	EC	^{81}Br	1.00
^{83m}Kr	1.83h	IT	^{83}Kr	1.00
^{85}Kr	10.756a	B−	^{85}Rb	1.00
^{85m}Kr	4.480h	B−IT	^{85}Kr	2.1400E−01
			^{85}Rb	7.8600E−01
^{87}Kr	76.3min	B−	^{87}Rb	1.00
^{88}Kr	2.84h	B−	^{88}Rb	1.00
^{89}Kr	3.15min	B−	^{89}Rb	1.00
^{83}Rb	86.2d	EC	^{83m}Kr	7.4292E−01
			^{83}Kr	2.5708E−01
^{84}Rb	32.77d	ECB+B−	^{84}Kr	9.6200E−01
			^{84}Sr	3.8000E−02
^{86}Rb	18.642d	B−EC	^{86}Sr	9.9995E−01
			^{86}Kr	5.2000E−05
^{86m}Rb	1.017min	IT	^{86}Rb	1.00

续表

核素	物理半衰期	衰变类型	衰变子体	分支比	核素	物理半衰期	衰变类型	衰变子体	分支比
^{87}Rb	4.923E+10a	B—	^{87}Sr	1.00	^{96}Nb	23.35h	B—	^{96}Mo	1.00
^{88}Rb	17.78min	B—	^{88}Sr	1.00	^{97}Nb	72.1min	B—	^{97}Mo	1.00
^{89}Rb	15.15min	B—	^{89}	1.00	^{98m}Nb	51.3min	B—	^{98}Mo	1.00
^{82}Sr	25.36d	EC	^{82}Rb	1.00	^{90}Mo	5.56h	ECB+	^{90}Nb	1.00
^{83}Sr	32.41h	ECB+	^{83}Rb	1.00	^{93}Mo	4.0E+03a	EC	^{93m}Nb	8.8000E—01
^{85}Sr	64.84d	EC	^{85}Rb	1.00				^{93}Nb	1.2000E—01
^{85m}Sr	67.63min	ITECB+	^{85}Sr	8.6600E—01	^{93m}Mo	6.85h	ITEC	^{93}Mo	9.9880E—01
			^{85}Rb	1.3400E—01				^{93}Nb	1.2000E—03
^{87m}Sr	2.815h	ITEC	^{87}Rb	3.0000E—03	^{99}Mo	65.94h	B—	^{99m}Tc	8.7730E—01
			^{87}Sr	9.9700E—01				^{99}Tc	1.2270E—01
^{89}Sr	50.53d	B—	^{89}Y	1.00	^{101}Mo	14.61min	B—	^{101}Tc	1.00
^{90}Sr	28.79a	B—	^{90}Y	1.00	^{95}Tc	20.0h	EC	^{95}Mo	1.00
^{91}Sr	9.63h	B—	^{91m}Y	5.8247E—01	^{95m}Tc	61.0d	ECB+IT	^{95}Tc	3.8800E—02
			^{91}Y	4.1753E—01				^{95}Mo	9.6120E—01
^{92}Sr	2.66h	B—	^{92}Y	1.00	^{96}Tc	4.28d	EC	^{96}Mo	1.00
^{87}Y	79.8h	ECB+	^{87m}Sr	1.00	^{96m}Tc	51.5min	ITECB+	^{96}Tc	9.8000E—01
^{88}Y	106.65d	ECB+	^{88}Sr	1.00				^{96}Mo	2.0000E—02
^{90}Y	64.10h	B—	^{90}Zr	1.00	^{97}Tc	2.60E+06a	EC	^{97}Mo	1.00
^{90m}Y	3.19h	ITB—	^{90}Y	9.9998E—01	^{97m}Tc	91.1d	IT	^{97}Tc	1.00
			^{90}Zr	1.8000E—05	^{98}Tc	4.20E+06a	B—	^{98}Ru	1.00
^{91}Y	58.51d	B	^{91}Zr	1.00	^{99}Tc	2.111E+05a	B—	^{99}Ru	1.00
^{91m}Y	49.71min	IT	^{91}Y	1.00	^{99m}Tc	6.015h	ITB—	^{99}Tc	9.9996E—01
^{92}Y	3.54h	B—	^{92}Zr	1.00				^{99}Ru	3.7000E—05
^{93}Y	10.18h	B—	^{93}Zr	1.00	^{97}Ru	2.90d	EC	^{97}Tc	9.9958E—01
^{88}Zr	83.4d	EC	^{88}Y	1.00				^{97m}Tc	4.2179E—04
^{89}Zr	78.41h	ECB+	^{89}Y	1.00	^{103}Ru	39.26d	B—	^{103m}Rh	9.8755E—01
^{93}Zr	1.53E+06a	B—	^{93m}Nb	9.7500E—01				^{103}Rh	1.2453E—02
			^{93}Nb	2.5000E—02	^{105}Ru	4.44h	B—	^{105}Rh	1.00
^{95}Zr	64.032d	B—	^{95}Nb	9.8920E—01	^{106}Ru	373.59d	B—	^{106}Rh	1.00
			^{95m}Nb	1.0802E—02	^{99}Rh	16.1d	ECB+	^{99}Ru	1.00
^{97}Zr	16.744h	B—	^{97}Nb	1.00	^{99m}Rh	4.7h	ECB+	^{99}Ru	1.00
^{93m}Nb	16.13a	IT	^{93}Nb	1.00	^{100}Rh	20.8h	ECB+	^{100}Ru	1.00
^{94}Nb	2.03E+04a	B—	^{94}Mo	1.00	^{101}Rh	3.3a	EC	^{101}Ru	1.00
^{95}Nb	34.991d	B—	^{95}Mo	1.00	^{101m}Rh	4.34d	ECIT	^{101}Rh	6.4000E—02
^{95m}Nb	3.61d	ITB—	^{95}Nb	9.4400E—01				^{101}Ru	9.3600E—01
			^{95}Mo	5.6000E—02	^{102}Rh	207d	ECB+B—	^{102}Ru	7.8000E—01

续表

核素	物理半衰期	衰变类型	衰变子体	分支比	核素	物理半衰期	衰变类型	衰变子体	分支比
			^{102}Pd	2.2000E−01				^{113}In	2.2352E−05
^{102m}Rh	3.742a	ECB+IT	^{102}Rh	2.3300E−03	^{117m}Sn	13.76d	IT	^{117}Sn	1.00
			^{102}Ru	9.9767E−01	^{119m}Sn	293.1d	IT	^{119}Sn	1.00
^{103m}Rh	56.114min	IT	^{103}Rh	1.00	^{121m}Sn	43.9a	ITB−	^{121}Sn	7.7600E−01
^{105}Rh	35.36h	B−	^{105}Pd	1.00				^{121}Sb	2.2400E−01
^{106}Rh	29.80s	B−	^{106}Pd	1.00	^{121}Sn	27.03h	B−	^{121}Sb	1.00
^{106m}Rh	131min	B−	^{106}Pd	1.00	^{123}Sn	129.2d	B−	^{123}Sb	1.00
^{100}Pd	3.63d	EC	^{100}Rh	1.00	^{125}Sn	9.64d	B−	^{125}Sb	1.00
^{103}Pd	16.991d	EC	^{103m}Rh	9.9875E−01	^{126}Sn	2.30E+05a	B−	^{126m}Sb	1.00
			^{103}Rh	1.2512E−03	^{119}Sb	38.19h	EC	^{119}Sn	1.00
^{107}Pd	6.50E+06a	B−	^{107}Ag	1.00	^{120m}Sb	5.76d	EC	^{120}Sn	1.00
^{109}Pd	13.7102h	B−	^{109}Ag	1.00	^{122}Sb	2.7328d	B−ECB+	^{122}Te	9.7590E−01
^{105}Ag	41.29d	EC	^{105}Pd	1.00				^{122}Sn	2.4100E−02
^{106m}Ag	8.28d	EC	^{106}Pd	1.00	^{124}Sb	60.20d	B−	^{124}Te	1.00
^{108m}Ag	418a	ECIT	^{108}Ag	8.7000E−02	^{125}Sb	2.75856a	B−	^{125m}Te	2.3136E−01
			^{108}Pd	9.1300E−01				^{125}Te	7.6864E−01
^{110}Ag	24.6s	B−EC	^{110}Cd	9.9700E−01	^{126}Sb	12.35d	B−	^{126}Te	1.00
			^{110}Pd	3.0000E−03	^{127}Sb	3.85d	B−	^{127}Te	8.2320E−01
^{110m}Ag	249.76d	B−IT	^{110}Ag	1.3600E−02				^{127m}Te	1.7680E−01
			^{110}Cd	9.8640E−01	^{129}Sb	4.40h	B−	^{129}Te	7.7381E−01
^{111}Ag	7.45d	B−	^{111}Cd	1.00				^{129m}Te	2.2619E−01
^{109}Cd	461.4d	EC	^{109}Ag	1.00	^{121}Te	19.16d	EC	^{121}Sb	1.00
^{113}Cd	7.7E+15a	B−	^{113}In	1.00	^{121m}Te	154d	ITEC	^{121}Te	8.8600E−01
^{113m}Cd	14.1a	B−IT	^{113}Cd	1.4000E−03				^{121}Sb	1.1400E−01
			^{113}In	9.9860E−01	^{123}Te	6.00E+14a	EC	^{123}Sb	1.00
^{115}Cd	53.46h	B−	^{115m}In	1.00	^{123m}Te	119.25d	IT	^{123}Te	1.00
^{115m}Cd	44.6d	B−	^{115}In	9.9989E−01	^{125m}Te	57.40d	IT	^{125}Te	1.00
			^{115m}In	1.0578E−04	^{127}Te	9.35h	B−	^{127}I	1.00
^{111}In	2.8047d	EC	^{111m}Cd	4.9998E−05	^{127m}Te	109d	ITB−	^{127}Te	9.7600E−01
			^{111}Cd	9.9995E−01				^{127}I	2.4000E−02
^{113m}In	1.6579h	IT	^{113}In	1.00	^{129}Te	69.6min	B−	^{129}I	1.00
^{114m}In	49.51d	ITEC	^{114}In	9.6750E−01	^{129m}Te	33.6d	ITB−	^{129}Te	6.3000E−01
			^{114}Cd	3.2500E−02				^{129}I	3.7000E−01
^{115m}In	4.486h	ITB−	^{115}In	9.5000E−01	^{131}Te	25min	B−	^{131}I	1.00
			^{115}Sn	5.0000E−02	^{131m}Te	30h	B−IT	^{131}I	7.7800E−01
^{113}Sn	115.09d	EC	^{113m}In	9.9998E−01				^{131}Te	2.2200E−01

续表

核素	物理半衰期	衰变类型	衰变子体	分支比	核素	物理半衰期	衰变类型	衰变子体	分支比
^{132}Te	3.204d	B—	^{132}I	1.00	^{127m}Xe	69.2s	IT	^{127}Xe	1.00
^{133}Te	12.5min	B—	^{133}I	1.00	^{129m}Xe	8.88d	IT	^{129}Xe	1.00
^{133m}Te	55.4min	B—IT	^{133}I	8.2500E—01	^{131m}Xe	11.84d	IT	^{131}Xe	1.00
			^{133}Te	1.7500E—01	^{133m}Xe	2.19d	IT	^{133}Xe	1.00
^{134}Te	41.8min	B—	^{134}I	1.00	^{133}Xe	5.243d	B—	^{133}Cs	1.00
^{120}I	81.6min	ECB+	^{120}Te	1.00	^{135m}Xe	15.29min	ITB—	^{135}Xe	9.9400E—01
^{121}I	2.12h	ECB+	^{121}Te	9.9714E—01				^{135}Cs	6.0000E—03
			^{121m}Te	2.8631E—03	^{135}Xe	9.14h	B—	^{135}Cs	1.00
^{123}I	13.27h	EC	^{123}Te	9.9996E—01	^{137}Xe	3.818min	B—	^{137}Cs	1.00
			^{123m}Te	4.4420E—05	^{138}Xe	14.08min	B—	^{138}Cs	1.00
^{124}I	4.1760d	ECB+	^{124}Te	1.00	^{129}Cs	32.06h	ECB+	^{129}Xe	1.00
^{125}I	59.400d	EC	^{125}Te	1.00	^{131}Cs	9.689d	EC	^{131}Xe	1.00
^{126}I	12.93d	ECB+B—	^{126}Te	5.2700E—01	^{132}Cs	6.479d	ECB+B—	^{132}Xe	9.8130E—01
			^{126}Xe	4.7300E—01				^{132}Ba	1.8700E—02
^{128}I	24.99min	B—ECB+	^{128}Xe	9.3100E—01	^{134}Cs	2.0648a	B—EC	^{134}Ba	1.00
			^{128}Te	6.9000E—02				^{134}Xe	3.0000E—06
^{129}I	1.57E+07a	B—	^{129}Xe	1.00	^{134m}Cs	2.903h	IT	^{134}Cs	1.00
^{130}I	12.36h	B—	^{130}Xe	1.00	^{135}Cs	2.30E+06a	B—	^{135}Ba	1.00
^{131}I	8.02070d	B—	^{131m}Xe	1.1759E—02	^{136}Cs	13.16d	B—	^{136}Ba	1.00
			^{131}Xe	9.8824E—01	^{137}Cs	30.1671a	B—	^{137m}Ba	9.4399E—01
^{132}I	2.295h	B	^{132}Xe	1.00				^{137}Ba	5.6005E—02
^{132m}I	1.387h	ITB—	^{132}I	8.6000E—01	^{138}Cs	33.41min	B—	^{138}Ba	1.00
			^{132}Xe	1.4000E—01	^{128}Ba	2.43d	EC	^{128}Cs	1.00
^{133}I	20.8h	B—	^{133}Xe	9.7115E—01	^{131}Ba	11.50d	EC	^{131}Cs	1.00
			^{133m}Xe	2.8846E—02	^{133}Ba	10.52a	EC	^{133}Cs	1.00
^{134}I	52.5min	B—	^{134}Xe	1.00	^{133m}Ba	38.9h	ITEC	^{133}Ba	9.9990E—01
^{134m}I	3.60min	ITB—	^{134}I	9.7700E—01				^{133}Cs	9.6000E—05
			^{134}Xe	2.3000E—02	^{135m}Ba	28.7h	IT	^{135}Ba	1.00
^{135}I	6.57h	B—	^{135}Xe	8.3432E—01	^{137m}Ba	2.552min	IT	^{137}Ba	1.00
			^{135m}Xe	1.6568E—01	^{139}Ba	83.06min	B—	^{139}La	1.00
^{120}Xe	40.0min	ECB+	^{120}I	1.00	^{140}Ba	12.752d	B—	^{140}La	1.00
^{121}Xe	40.1min	ECB+	^{121}I	1.00	^{134}La	6.45min	ECB+	^{134}Ba	1.00
^{122}Xe	20.1h	EC	^{122}I	1.00	^{135}La	19.5h	ECB+	^{135}Ba	1.00
^{123}Xe	2.08h	ECB+	^{123}I	1.00	^{137}La	6.00E+04a	EC	^{137}Ba	1.00
^{125}Xe	16.9h	ECB+	^{125}I	1.00	^{138}La	1.02E+11a	ECB—	^{138}Ba	6.6400E—01
^{127}Xe	36.4d	EC	^{127}I	1.00				^{138}Ce	3.3600E—01

续表

核素	物理半衰期	衰变类型	衰变子体	分支比
^{140}La	1.6781d	B−	^{140}Ce	1.00
^{141}La	3.92h	B−	^{141}Ce	1.00
^{142}La	91.1min	B−	^{142}Ce	1.00
^{134}Ce	3.16d	EC	^{134}La	1.00
^{137}Ce	9.00h	ECB+	^{137}La	1.00
^{137m}Ce	34.4h	ITEC	^{137}Ce	9.9220E−01
			^{137}La	7.8000E−03
^{139}Ce	137.641d	EC	^{139}La	1.00
^{141}Ce	32.508d	B−	^{141}Pr	1.00
^{143}Ce	33.039h	B−	^{143}Pr	1.00
^{144}Ce	284.91d	B−	^{144}Pr	9.9023E−01
			^{144m}Pr	9.7699E−03
^{142}Pr	19.12h	B−EC	^{142}Nd	9.9984E−01
			^{142}Pr	1.6400E−04
^{143}Pr	13.57d	B−	^{143}Nd	1.00
^{144}Pr	17.28min	B−	^{144}Nd	1.00
^{147}Nd	10.98d	B−	^{147}Pm	1.00
^{149}Nd	1.728h	B−	^{149}Pm	1.00
^{143}Pm	265d	EC	^{143}Nd	1.00
^{144}Pm	363d	EC	^{144}Nd	1.00
^{145}Pm	17.7a	ECA	^{145}Nd	1.00
			^{141}Pr	2.8000E−09
^{146}Pm	5.53a	ECB−	^{146}Sm	3.4000E−01
			^{146}Nd	6.6000E−01
^{147}Pm	2.6234a	B−	^{147}Sm	1.00
^{148}Pm	5.368d	B−	^{148}Sm	1.00
^{148m}Pm	41.29d	B−IT	^{148}Sm	9.5800E−01
			^{148}Pm	4.2000E−02
^{149}Pm	53.08h	B−	^{149}Sm	1.00
^{151}Pm	28.4h	B−	^{151}Sm	1.00
^{145}Sm	340d	EC	^{145}Pm	1.00
^{146}Sm	1.03E+08a	A	^{142}Nd	1.00
^{147}Sm	1.06E+11a	A	^{143}Nd	1.00
^{151}Sm	90.0a	B−	^{151}Eu	1.00
^{153}Sm	46.50h	B−	^{153}Eu	1.00
^{145}Eu	5.93d	ECB+	^{145}Sm	1.00
^{146}Eu	4.61d	ECB+	^{146}Sm	1.00
^{147}Eu	24.1d	ECB+A	^{147}Sm	9.9998E−01
			^{143}Pm	2.2000E−05
^{148}Eu	54.5d	ECB+A	^{148}Sm	1.00
			^{144}Pm	9.4000E−09
^{149}Eu	93.1d	EC	^{149}Sm	1.00
^{150}Eu	36.9a	ECB+	^{150}Sm	1.00
^{150m}Eu	12.8h	B−ECB+	^{150}Gd	8.9000E−01
			^{150}Sm	1.1000E−01
^{152}Eu	13.537a	ECB+B−	^{152}Gd	2.7900E−01
			^{152}Sm	7.2100E−01
^{152m}Eu	9.3116h	B−ECB+	^{152}Gd	7.2000E−01
			^{152}Sm	2.8000E−01
^{152n}Eu	96min	IT	^{152}Eu	1.00
^{154}Eu	8.593a	B−EC	^{154}Gd	9.9980E−01
			^{154}Sm	2.0000E−04
^{155}Eu	4.7611a	B−	^{155}Gd	1.00
^{156}Eu	15.19d	B−	^{156}Gd	1.00
^{157}Eu	15.18h	B−	^{157}Gd	1.00
^{146}Gd	48.27d	EC	^{146}Eu	1.00
^{147}Gd	38.1h	ECB+	^{147}Eu	1.00
^{148}Gd	74.6a	A	^{144}Sm	1.00
^{149}Gd	9.28d	ECB+	^{149}Eu	1.00
^{151}Gd	124d	ECA	^{147}Sm	1.0000E−08
			^{151}Eu	1.00
^{152}Gd	1.08E+14a	A	^{148}Sm	1.00
^{153}Gd	240.4d	EC	^{153}Eu	1.00
^{159}Gd	18.479h	B−	^{159}Tb	1.00
^{153}Tb	2.34d	ECB+	^{153}Gd	1.00
^{154}Tb	21.5h	ECB+	^{154}Gd	1.00
^{155}Tb	5.32d	EC	^{155}Gd	1.00
^{156}Tb	5.35d	EC	^{156}Gd	1.00
^{156m}Tb	24.4h	IT	^{156}Tb	1.00
^{157}Tb	71a	EC	^{157}Gd	1.00
^{158}Tb	180a	ECB−	^{158}Gd	8.3400E−01
			^{158}Dy	1.6600E−01

续表

核素	物理半衰期	衰变类型	衰变子体	分支比	核素	物理半衰期	衰变类型	衰变子体	分支比
^{160}Tb	72.3d	B—	^{160}Dy	1.00	^{181}Hf	42.39d	B—	^{181}Ta	1.00
^{161}Tb	6.906d	B—	^{161}Dy	1.00	^{182}Hf	9.00E+06a	B—	^{182}Ta	1.00
^{159}Dy	144.4d	EC	^{159}Tb	1.00	^{182m}Hf	61.5min	B—IT	^{182}Ta	4.9070E—01
^{165}Dy	2.334h	B—	^{165}Ho	1.00				^{182}Hf	4.2000E—01
^{166}Dy	81.6h	B—	^{166}Ho	1.00				^{182m}Ta	8.9280E—02
^{166}Ho	26.80h	B—	^{166}Er	1.00	^{177}Ta	56.56h	EC	^{177}Hf	1.00
^{166m}Ho	1.20E+03a	B—	^{166}Er	1.00	^{179}Ta	1.82a	EC	^{179}Hf	1.00
^{169}Er	9.40d	B—	^{169}Tm	1.00	^{182}Ta	114.43d	B—	^{182}W	1.00
^{171}Er	7.516h	B—	^{171}Tm	1.00	^{178}W	21.6d	EC	^{178}Ta	1.00
^{172}Er	49.3h	B—	^{172}Tm	1.00	^{181}W	121.2d	EC	^{181}Ta	1.00
^{167}Tm	9.25d	EC	^{167}Er	1.00	^{185}W	75.1d	B—	^{185}Re	1.00
^{170}Tm	128.6d	B—EC	^{170}Yb	9.9869E—01	^{187}W	23.72h	B—	^{187}Re	1.00
			^{170}Er	1.3100E—03	^{188}W	69.78d	B—	^{188}Re	1.00
^{171}Tm	1.92a	B—	^{171}Yb	1.00	^{182}Re	64.0h	EC	^{182}W	1.00
^{172}Tm	63.6h	B—	^{172}Yb	1.00	^{182m}Re	12.7h	ECB+	^{182}W	1.00
^{166}Yb	56.7h	EC	^{166}Tm	1.00	^{184}Re	38.0d	ECB+	^{184}W	1.00
^{169}Yb	32.026d	EC	^{169}Tm	1.00	^{184m}Re	169d	ITEC	^{184}Re	7.5400E—01
^{175}Yb	4.185d	B—	^{175}Lu	1.00				^{184}W	2.4600E—01
^{169}Lu	34.06h	ECB+	^{169}Yb	1.00	^{186}Re	3.7183d	B—EC	^{186}Os	9.2530E—01
^{170}Lu	2.012d	ECB+	^{170}Yb	1.00				^{186}W	7.4700E—02
^{171}Lu	8.24d	ECB+	^{171}Yb	1.00	^{186m}Re	2.00E+05a	IT	^{186}Re	1.00
^{172}Lu	6.70d	ECB+	^{172}Yb	1.00	^{187}Re	4.12E+10a	B—	^{187}Os	1.00
^{173}Lu	1.37a	EC	^{173}Yb	1.00	^{188}Re	17.0040h	B—	^{188}Os	1.00
^{174}Lu	3.31a	ECB+	^{174}Yb	1.00	^{185}Os	93.6d	EC	^{185}Re	1.00
^{174m}Lu	142d	ITEC	^{174}Lu	9.9380E—01	^{191}Os	15.4d	B—	^{191}Ir	1.00
			^{174}Yb	6.2000E—03	^{191m}Os	13.10h	IT	^{191}Os	1.00
^{176}Lu	3.85E+10a	B—	^{176}Hf	1.00	^{193}Os	30.11h	B—	^{193m}Ir	3.4757E—03
^{176m}Lu	3.635h	B—EC	^{176}Hf	9.9905E—01				^{193}Ir	9.9652E—01
			^{176}Yb	9.5000E—04	^{194}Os	6.00a	B—	^{194}Ir	1.00
^{177}Lu	6.647d	B—	^{177}Hf	1.00	^{188}Ir	41.5h	ECB+	^{188}Os	1.00
^{177m}Lu	160.4d	B—IT	^{177}Lu	2.1700E—01	^{189}Ir	13.2d	EC	^{189m}Os	7.4264E—02
			^{177}Hf	7.8300E—01				^{189}Os	9.2574E—01
^{172}Hf	1.87a	EC	^{172m}Lu	1.00	^{190}Ir	11.78d	EC	^{190}Os	1.00
^{175}Hf	70.0d	EC	^{175}Lu	1.00	^{192}Ir	73.827d	B—EC	^{192}Pt	9.5130E—01
^{178m}Hf	31.0a	IT	^{178}Hf	1.00				^{192}Os	4.8700E—02
^{179m}Hf	25.05d	IT	^{179}Hf	1.00	^{193m}Ir	10.53d	IT	^{193}Ir	1.00

续表

核素	物理半衰期	衰变类型	衰变子体	分支比	核素	物理半衰期	衰变类型	衰变子体	分支比
^{194}Ir	19.28h	B-	^{194}Pt	1.00	^{203}Pb	51.873h	EC	^{203}Tl	1.00
^{188}Pt	10.2d	ECA	^{188}Ir	1.00	^{205}Pb	1.53E+07a	EC	^{205}Tl	1.00
			^{184}Os	2.9000E-07	^{209}Pb	3.253h	B-	^{209}Bi	1.00
^{191}Pt	2.802d	EC	^{191}Ir	1.00	^{210}Pb	22.20a	B-A	^{210}Bi	1.00
^{193}Pt	50.0a	EC	^{193}Ir	1.00				^{206}Hg	1.9000E-08
^{193m}Pt	4.33d	IT	^{193}Pt	1.00	^{211}Pb	36.1min	B-	^{211}Bi	1.00
^{195m}Pt	4.02d	IT	^{195}Pt	1.00	^{212}Pb	10.64h	B-	^{212}Bi	1.00
^{197}Pt	19.8915h	B-	^{197}Au	1.00	^{205}Bi	15.31d	ECB+	^{205}Pb	1.00
^{197m}Pt	95.41min	ITB-	^{197}Pt	9.6700E-01	^{206}Bi	6.243d	ECB+	^{206}Pb	1.00
			^{197}Au	3.3000E-02	^{207}Bi	32.9a	ECB+	^{207}Pb	1.00
^{194}Au	38.02h	ECB+	^{194}Pt	1.00	^{210}Bi	5.013d	B-A	^{210}Po	1.00
^{195}Au	186.098d	EC	^{195}Pt	1.00				^{206}Tl	1.3200E-06
^{198}Au	2.69517d	B-	^{198}Hg	1.00	^{210m}Bi	3.04E+06a	A	^{206}Tl	1.00
^{198m}Au	2.27d	IT	^{198}Au	1.00	^{211}Bi	2.14min	AB-	^{207}Tl	9.9724E-01
^{199}Au	3.139d	B-	^{199}Hg	1.00				^{211}Po	2.7600E-03
^{194}Hg	440a	EC	^{194}Au	1.00	^{212}Bi	60.55min	B-A	^{212}Po	6.4060E-01
^{195}Hg	10.53h	ECB+	^{195}Au	1.00				^{208}Tl	3.5940E-01
^{195m}Hg	41.6h	ITECB+	^{195}Hg	5.4200E-01	^{213}Bi	45.59min	B-A	^{213}Po	9.7910E-01
			^{195}Au	4.5800E-01				^{209}Tl	2.0900E-02
^{197}Hg	64.94h	EC	^{197}Au	1.00	^{214}Bi	19.9min	B-A	^{214}Po	9.9979E-01
^{197m}Hg	23.8h	ITEC	^{197}Hg	9.1400E-01				^{210}Tl	2.1000E-04
			^{197}Au	8.6000E-02	^{203}Po	36.7min	ECB+A	^{203}Bi	9.9890E-01
^{203}Hg	46.612d	B-	^{203}Tl	1.00				^{199}Pb	1.1000E-03
^{200}Tl	26.1h	ECB+	^{200}Hg	1.00	^{205}Po	1.66h	ECB+A	^{205}Bi	9.9900E-01
^{201}Tl	72.912h	EC	^{201}Hg	1.00				^{201}Pb	4.0000E-04
^{202}Tl	12.23d	EC	^{202}Hg	1.00	^{207}Po	5.80h	ECB+A	^{207}Bi	9.9979E-01
^{204}Tl	3.78a	B-EC	^{204}Pb	9.7100E-01				^{203}Pb	2.1000E-04
			^{204}Hg	2.9000E-02	^{210}Po	138.376d	A	^{206}Pb	1.00
^{206}Tl	4.200min	B-	^{206}Pb	1.00	^{211}Po	0.516s	A	^{207}Pb	1.00
^{207}Tl	4.77min	B-	^{207}Pb	1.00	^{212}Po	2.99E-7s	A	^{208}Pb	1.00
^{208}Tl	3.053min	B-	^{208}Pb	1.00	^{213}Po	4.2E-6s	A	^{209}Pb	1.00
^{210}Tl	1.30min	B-	^{210}Pb	1.00	^{214}Po	1.643E-4s	A	^{210}Pb	1.00
^{202}Pb	5.25E+04a	ECA	^{202}Tl	9.9000E-01	^{215}Po	1.781E-3s	A	^{211}Pb	1.00
			^{198}Hg	1.0000E-02	^{216}Po	0.145s	A	^{212}Pb	1.00
^{202m}Pb	3.53h	ITEC	^{202}Pb	9.0500E-01	^{218}Po	3.10min	AB-	^{214}Pb	9.9980E-01
			^{202}Tl	9.5000E-02				^{218}At	2.0000E-04

续表

核素	物理半衰期	衰变类型	衰变子体	分支比	核素	物理半衰期	衰变类型	衰变子体	分支比
^{211}At	7.214h	ECA	^{211}Po	5.8200E−01	^{231}Pa	3.276E+04a	A	^{227}Ac	1.00
			^{207}Bi	4.1800E−01	^{232}Pa	1.31d	B−EC	^{232}U	1.00
^{215}At	1.00E−04s	A	^{211}Bi	1.00				^{232}Th	3.0000E−05
^{217}At	3.23E−02s	A	^{213}Bi	9.9988E−01	^{233}Pa	26.967d	B−	^{233}U	1.00
^{218}At	1.5s	AB−	^{214}Bi	9.9900E−01	^{234}Pa	6.70h	B−	^{234}U	1.00
			^{218}Rn	1.0000E−03	^{234m}Pa	1.17min	B−IT	^{234}U	9.9840E−01
^{219}Rn	3.96s	A	^{215}Po	1.00				^{234}Th	1.6000E−03
^{220}Rn	55.6s	A	^{216}Po	1.00	^{230}U	20.8d	A	^{226}Th	1.00
^{222}Rn	3.8235d	A	^{218}Po	1.00	^{231}U	4.2d	ECA	^{231}Pa	1.00
^{221}Fr	4.9min	A	^{217}At	1.00				^{227}Th	4.0000E−05
^{223}Fr	22.00min	B−A	^{223}Ra	1.00	^{232}U	68.9a	A	^{228}Th	1.00
			^{219}At	6.0000E−05	^{233}U	1.592E+05a	A	^{229}Th	1.00
^{223}Ra	11.43d	A	^{219}Rn	1.00	^{234}U	2.455E+05a	A	^{230}Th	1.00
^{224}Ra	3.66d	A	^{220}Rn	1.00	^{235}U	7.04E+08a	A	^{231}Th	1.00
^{225}Ra	14.9d	B−	^{225}Ac	1.00	^{236}U	2.342E+07a	A	^{232}Th	1.00
^{226}Ra	1600a	A	^{222}Rn	1.00	^{237}U	6.75d	B−	^{237}Np	1.00
^{227}Ra	42.2min	B−	^{227}Ac	1.00	^{238}U	4.468E+09a	ASF	^{234}Th	1.00
^{228}Ra	5.75a	B−	^{228}Ac	1.00				SF	5.4500E−07
^{225}Ac	10.0d	A	^{221}Fr	1.00	^{239}U	23.45min	B−	^{239}Np	1.00
^{226}Ac	29.37h	B−ECA	^{226}Th	8.3000E−01	^{240}U	14.1h	B−	^{240m}Np	1.00
			^{226}Ra	1.7000E−01	^{234}Np	4.4d	ECB+	^{234}U	1.00
			^{222}Fr	6.0000E−05	^{235}Np	396.1d	ECA	^{235}U	9.9598E−01
^{227}Ac	21.772a	B−A	^{227}Th	9.8620E−01				^{235m}U	3.9933E−03
			^{223}Fr	1.3800E−02				^{231}Pa	2.6000E−05
^{228}Ac	6.15h	B−	^{228}Th	1.00	^{236}Np	1.54E+05a	ECB−A	^{236}U	8.7300E−01
^{226}Th	30.57min	A	^{222}Ra	1.00				^{236}Pu	1.2500E−01
^{227}Th	18.68d	A	^{223}Ra	1.00				^{232}Pa	1.6000E−03
^{228}Th	1.9116a	A	^{224}Ra	1.00	^{236m}Np	22.5h	ECB−	^{236}U	5.2000E−01
^{229}Th	7.34E+03a	A	^{225}Ra	1.00				^{236}Pu	4.8000E−01
^{230}Th	7.538E+04a	A	^{226}Ra	1.00	^{237}Np	2.144E+06a	A	^{233}Pa	1.00
^{231}Th	25.52h	B−	^{231}Pa	1.00	^{238}Np	2.117d	B−	^{238}Pu	1.00
^{232}Th	1.405E+10a	A	^{228}Ra	1.00	^{239}Np	2.3565d	B−	^{239}Pu	1.00
^{234}Th	24.10d	B−	^{234m}Pa	1.00	^{240}Np	61.9min	B−	^{240}Pu	1.00
^{230}Pa	17.4d	ECB−A	^{230}Th	9.1600E−01	^{235}Pu	25.3min	ECA	^{235}Np	9.9997E−01
			^{230}U	8.4000E−02				^{231}U	2.7000E−05
			^{226}Ac	3.2000E−05	^{236}Pu	2.858a	ASF	^{232}U	1.00

续表

核素	物理半衰期	衰变类型	衰变子体	分支比
			SF	1.3700E-09
^{237}Pu	45.2d	ECA	^{237}Np	1.00
			^{233}U	4.2000E-05
^{238}Pu	87.7a	ASF	^{234}U	1.00
			SF	1.8500E-09
^{239}Pu	2.411E+04a	A	^{235m}U	9.9940E-01
			^{235}U	6.0000E-04
^{240}Pu	6564a	ASF	^{236}U	1.00
			SF	5.7500E-08
^{241}Pu	14.35a	B-A	^{241}Am	9.9998E-01
			^{237}U	2.4500E-05
^{242}Pu	3.75E+05a	ASF	^{238}U	1.00
			SF	5.5400E-06
^{243}Pu	4.956h	B-	^{243}Am	1.00
^{244}Pu	8.00E+07a	ASF	^{240}U	9.9879E-01
			SF	1.2100E-03
^{246}Pu	10.84d	B-	^{246m}Am	1.00
^{240}Am	50.8h	ECA	^{240}Pu	1.00
			^{236}Np	1.9000E-06
^{241}Am	432.2a	A	^{237}Np	1.00
^{242}Am	16.02h	B-EC	^{242}Cm	8.2700E-01
			^{242}Pu	1.7300E-01
^{242m}Am	141a	ITA	^{242}Am	9.9550E-01
			^{238}Np	4.5000E-03
^{243}Am	7.37E+03a	A	^{239}Np	1.00
^{240}Cm	27d	ASF	^{236}Pu	9.9700E-01
			SF	3.9000E-08
^{241}Cm	32.8d	ECA	^{241}Am	9.9000E-01
			^{237}Pu	1.0000E-02
^{242}Cm	162.8d	ASF	^{238}Pu	1.00
			SF	6.3700E-08
^{243}Cm	29.1a	AEC	^{239}Pu	9.9760E-01
			^{243}Am	2.4000E-03
^{244}Cm	18.10a	ASF	^{240}Pu	1.00
			SF	1.3710E-06
^{245}Cm	8.5E+03a	ASF	^{241}Pu	1.00
			SF	6.1000E-09
^{246}Cm	4.76E+03a	ASF	^{242}Pu	9.9974E-01
			SF	2.6300E-04
^{247}Cm	1.56E+07a	A	^{243}Pu	1.00
^{248}Cm	3.48E+05a	ASF	^{244}Pu	9.1610E-01
			SF	8.3900E-02
^{250}Cm	8300a	AB-SF	^{246}Pu	1.8000E-01
			^{250}Bk	8.0000E-02
			SF	7.4000E-01
^{245}Bk	4.94d	ECA	^{245}Cm	9.9880E-01
			^{241}Am	1.2000E-03
^{246}Bk	1.80d	EC	^{246}Cm	1.00
^{247}Bk	1.38E+03a	A	^{243}Am	1.00
^{249}Bk	330d	B-A	^{249}Cf	1.00
			^{245}Am	1.4500E-05
^{246}Cf	35.7h	ASF	^{242}Cm	1.00
			SF	2.5000E-06
^{248}Cf	334d	ASF	^{244}Cm	9.9997E-01
			SF	2.9000E-05
^{249}Cf	351a	ASF	^{245}Cm	1.00
			SF	5.0200E-09
^{250}Cf	13.08a	ASF	^{246}Cm	9.9923E-01
			SF	7.7000E-04
^{251}Cf	900a	A	^{247}Cm	1.00
^{252}Cf	2.645a	ASF	^{248}Cm	9.6908E-01
			SF	3.0920E-02
^{253}Cf	17.81d	B-A	^{253}Es	9.9690E-01
			^{249}Cm	3.1000E-03
^{254}Cf	60.5d	ASF	^{250}Cm	3.1000E-03
			SF	9.9690E-01
^{251}Es	33h	ECA	^{251}Cf	9.9500E-01
			^{247}Bk	5.0000E-03
^{253}Es	20.47d	ASF	^{249}Bk	1.00
			SF	8.9000E-08
^{254}Es	275.7d	AB-SF	^{250}Bk	1.00
			^{254}Fm	1.7400E-06

续表

核素	物理半衰期	衰变类型	衰变子体	分支比	核素	物理半衰期	衰变类型	衰变子体	分支比
			SF	3.0000E−08				^{249}Cf	1.2000E−01
^{254m}Es	39.3h	B−AECSF	^{254}Fm	9.8000E−01	^{254}Fm	3.240h	ASF	^{250}Cf	9.9941E−01
			^{250}Bk	3.2000E−03				SF	5.9200E−04
			^{254}Cf	7.6000E−04	^{255}Fm	20.07h	ASF	^{251}Cf	1.00
			SF	4.5000E−04				SF	2.3000E−07
^{252}Fm	25.39h	ASF	^{248}Cf	9.9998E−01	^{257}Fm	100.5d	ASF	^{253}Cf	9.9790E−01
			SF	2.3000E−05				SF	2.1000E−03
^{253}Fm	3.00d	ECA	^{253}Es	8.8000E−01					

注:(1) 表中所列核素的半衰期取自 ICRP Publication 107,共选取 536 个核素。

(2) 表中所列核素半衰期与 GB18871-2002 中核素半衰期相比,部分核素半衰期有所变化,其中:变化在 1%～10%的有 68 个,约占 12.7%;变化在 10%以上的有 27 个,约占 5.0%,分别为^{32}Si、^{41}Ca、^{44}Ti、^{60}Fe、^{59}Ni、^{79}Se、^{93m}Nb、^{93}Mo、^{102m}Rh、^{108m}Ag、^{113}Cd、^{121m}Sn、^{126}Sn、^{121}Te、^{123}Te、^{138}La、^{148}Gd、^{157}Tb、^{158}Tb、^{187}Re、^{193m}Ir、^{194}Hg、^{202}Pb、^{207}Bi、^{236}Np、^{250}Cm、^{252}Fm。

表 2.6 钍系放射性衰变链($4n$)[a]

核素	俗称	半衰期	主要射线能量(MeV)及分支比[b]					
			α		β		γ	
			MeV	%	MeV	%	MeV	%
$^{232}_{90}Th$	钍	1.405×10^{10} a	3.83	0.2			0.059	0.19
↓			3.95	23			0.0126	0.04
			4.01	76.8			0.0123	8.39
$^{228}_{89}Ra$ ↓	新钍 Ⅰ	5.75 a			0.0389	100	0.0067	6.21×10^{-5}
$^{228}_{89}Ac$	新钍 Ⅱ	6.15h			1.74	12	0.338	12.0
↓					2.08	8	0.911	29.0
					1.17	32	0.969	17.5
					1.11	3.4	1.588	3.71
					1.01	6.6		
					0.983	7		
					0.606	8		
					0.491	4.9		
					0.449	2.4		
$^{228}_{90}Th$	射钍	1.9116 a	5.34	26.7			0.084	1.19
↓			5.42	72.7			0.132	0.12
							0.216	0.27
$^{224}_{88}Ra$	钍 X	3.66 d	5.45	4.9			0.241	3.95
↓			5.686	95.1				
$^{220}_{86}Rn$ ↓	钍射气(Tn)	55.6s	6.288	99.9			0.55	0.07
$^{216}_{84}Po$ ↓	钍 A	0.145s	6.78	100			0.805	0.002

续表

核素	俗称	半衰期	主要射线能量(MeV)及分支比[b]					
			α		β		γ	
			MeV	%	MeV	%	MeV	%
$^{216}_{82}Pb$	钍 B	10.64h			0.158	5.2	0.239	44.6
↓					0.334	85.1	0.3	3.4
					0.573	9.9	0.077	18
$^{212}_{83}Bi$	钍 C	60.55min	6.05	25	1.52	8	0.04	1.0
			6.09	9.6	2.246	48.4	0.727	11.8
							0.785	1.99
							1.62	2.75
64.07% ↓ 35.93%								
$^{212}_{84}Po$	钍 C′	2.99×10⁻⁷s	8.785	100				
$^{208}_{81}Tl$	钍 C″	3.053min			1.28	23.2	0.277	6.8
					1.52	22.7	0.5108	21.6
					1.79	49.3	0.583	85.8
							0.86	12
↓							2.614	99.8
$^{208}_{82}Pb$	钍 D	稳定						

a. 该式为该系中任何一种核素质量数的表达式，这里 n 为整数。

例如：$^{232}_{90}Th(4n)\cdots4(58)=232$。

b. 分支比指的是核素自身蜕变的百分比，而非在该系所占的原始百分比。γ 分支比指的是测出的射线的百分比，而不是跃迁的百分比。

资料来源：Bernard Shleien et al. 1998. Handbook of Health Physics and Radiological Health. 3rd ed。

表 2.7 镎系放射性衰变链(4n+1)[a]

核素	俗称	半衰期	主要射线能量(MeV)及分支比[b]					
			α		β		γ	
			MeV	%	MeV	%	MeV	%
$^{241}_{94}Pu$	钚	14.35 a	4.85	0.0003	0.021	100	0.149	0.00019
100% ↓ 0.023%			4.90	0.002				
$^{241}_{95}Am$	镅	432.2 a	5.44	12.8			0.0263	2.4
			5.486	85.2			0.0595	35.7
							0.099	0.02
							0.103	0.02
$^{237}_{92}U$	铀	6.75 d			0.238	53.1	0.060	33.5
					0.252	43.7	0.097	15.9
							0.101	25.6
↓							0.208	21.7

续表

核素	俗称	半衰期	主要射线能量(MeV)及分支比[b]					
			α		β		γ	
			MeV	%	MeV	%	MeV	%
$^{237}_{93}Np$	镎	2.144×10^6 a	4.64	6.2			0.03	14
↓			4.766	8			0.0923	1.8
			4.772	25			0.0865	12.6
			4.789	47.1			0.143	0.4
$^{233}_{91}Pa$	镤	29.967 d			0.157	24.3	0.300	6.2
↓					0.173	15.7	0.312	36
					0.232	28.0	0.340	4.2
					0.26	33.0	0.098	16.3
$^{233}_{92}U$	铀	1.592×10^5 a	4.78	13.2			0.0424	0.088
↓			4.825	84.4			0.097	0.028
$^{229}_{90}Th$	钍	7340 a	4.846	56.3			0.031	4.1
↓			4.901	10.2			0.0854	16.4
			4.968	6			0.088	26.9
			4.979	3.2			0.100	12.4
			5.05	6.8			0.124	1.2
							0.137	1.6
							0.148	1.4
							0.156	1.1
							0.194	4.6
							0.211	3.26
$^{225}_{88}Ra$	镭	14.9 d			0.322	67.3	0.040	29
↓					0.362	32.7		
$^{225}_{89}Ac$	锕	10.0 d	5.73	10			0.0997	3.5
↓			5.79	27			0.157	0.35
			5.83	50.9			0.188	0.55
$^{221}_{87}Fr$	钫	4.9min	6.127	15			0.2176	12.5
↓			6.341	82.7			0.4095	0.12
$^{217}_{85}At$	砹	3.23×10^{-2} s	7.07	100			0.594	0.04
↓							0.259	0.023

续表

核素	俗称	半衰期	主要射线能量(MeV)及分支比[b]					
			α		β		γ	
			MeV	%	MeV	%	MeV	%
$^{213}_{83}Bi$	铋	45.59min	5.87	2.0	0.98	32	0.292	0.49
97.84% ↓ 2.16%			5.55	0.16	1.42	65	0.324	0.16
							0.4397	27.3
							1.101	0.39
$^{213}_{84}Po$	钋	4.2×10^{-6}s	8.376	100				
$^{209}_{81}Tl$	铊	3.053min			1.825	100	0.117	81.1
							0.467	81.1
							1.566	98.4
$^{209}_{82}Pb$	铅	3.253h			0.645	100		
$^{209}_{83}Bi$	铋	稳定						

a. 该式为该系中任何一种核素质量数的表达式，这里 n 为整数。

例如：$^{229}_{90}Th(4n+1)=229$。

b. 分支比指的是核素自身蜕变的百分比，而非在该系所占的原始百分比。γ 分支比指的是测出的射线的百分比，而不是跃迁的百分比。

资料来源：Bernard Shleien et al. 1998. Handbook of Health Physics and Radiological Health. 3rd ed。

表 2.8 铀系放射性衰变链($4n+2$)[a]

核素	俗称	半衰期	主要射线能量(MeV)及分支比[b]					
			α		β		γ	
			MeV	%	MeV	%	MeV	%
$^{238}_{92}U$	铀	4.468×10^{9}a	4.15	22.9			0.0496	0.07
↓			4.2	76.8			0.0196	0.178
$^{234}_{90}Th$	铀 X_1	24.1d			0.076	2.7	0.0633	3.8
					0.0958	6.8	0.0924	2.7
					0.0962	18.5	0.0928	2.7
					0.1886	72.5	0.1128	0.24
$^{234m}_{91}Pa$	铀 X_2	1.17min			2.28	98.6	0.766	0.207
99.87% ↓ 0.13%							1.001	0.59
$^{234}_{91}Pa$								
$^{234}_{91}Pa$ IT	铀 Z	6.7 h			22βs，E平均=0.0224，E最大=1.26		0.132	19.7
							0.57	10.7
							0.883	11.8
							0.926	10.9
↓							0.946	12

续表

核素	俗称	半衰期	主要射线能量(MeV)及分支比[b]					
			α		β		γ	
			MeV	%	MeV	%	MeV	%
$^{234}_{92}U$	铀Ⅱ	2.455×10^{5}a	4.72	27.4			0.053	0.12
			4.77	72.3			0.121	0.04
$^{230}_{90}Th$	钍	7.538×10^{4}a	4.621	23.4			0.0677	0.37
			4.688	76.2			0.142	0.07
							0.144	0.045
$^{226}_{88}Ra$	镭	1600a	4.6	5.55			0.186	3.28
			4.78	94.4				
$^{222}_{86}Rn$	氡射气	3.823d	5.49	99.9			0.510	0.078
$^{218}_{84}Po$	镭 A	3.10min	6.00	100	0.33	0.02	0.837	0.0011
99.98% / 0.02%								
$^{214}_{82}Pb$	镭 B	26.8min			0.67	48	0.2419	7.5
					0.73	42.5	0.295	19.2
					1.03	6.3	0.352	37.1
							0.786	1.1
$^{218}_{85}At$	砹	1.5 s	6.66	6.4			0.053	6.6
			6.7	89.9				
			6.757	3.6				
$^{214}_{83}Bi$	镭 C	19.9min	5.45	0.012	1.42	8.3	0.609	46.1
99.979% / 0.021%			5.51	0.008	1.505	17.7	1.12	15.0
					1.54	17.9	1.765	15.9
					3.27	17.7	2.204	5.0
$^{214}_{84}Po$	镭 C′	1.643×10^{-4}s	7.687	100			0.7997	0.010
$^{210}_{81}Tl$	镭 C″	1.3min			1.32	25	0.298	79.1
					1.87	56	0.7997	99
					2.34	19	0.86	6.9
							1.07	11.9
							1.110	6.9
							1.21	17
							1.310	21.0
							1.41	4.9
							2.010	6.9
							2.09	4.9

续表

核素	俗称	半衰期	主要射线能量(MeV)及分支比[b]					
			α		β		γ	
			MeV	%	MeV	%	MeV	%
$^{210}_{82}Pb$	镭 D	22.2a	3.72	0.000002	0.016	80	0.047	4.0
↓					0.063	20		
$^{210}_{83}Bi$	镭 E	5.013d	4.65	0.00007	1.161	100		
~100% ↓ 0.00013%			4.69	0.00005				
$^{210}_{84}Po$	镭 F	138.376d	5.305	100			0.802	0.0011
$^{206}_{81}Tl$	镭 E″	4.20min			1.571	100	0.803	0.0055
$^{206}_{82}Pb$	镭 G	稳定						

a. 该式为该系中任何一种核素质量数的表达式，这里 n 为整数。

例如：$^{206}_{90}Pb(4n+2)\cdots4(51)+2=206$。

b. 分支比指的是核素自身蜕变的百分比，而非在该系所占的原始百分比。γ 分支比指的是测出的射线的百分比，而不是跃迁的百分比。

资料来源：Bernard Shleien et al. 1998. Handbook of Health Physics and Radiological Health. 3rd ed。

表 2.9 锕系放射性衰变链(4n+3)[a]

核素	俗称	半衰期	主要射线能量(MeV)及分支比[b]					
			α		β		γ	
			MeV	%	MeV	%	MeV	%
$^{235}_{92}U$	锕铀	7.04×10^8a	4.2~4.32	10.3			0.1438	10.5
			4.366	17.6			0.163	4.7
			4.398	56			0.1857	54
↓			4.5~4.6	11.3			0.205	4.7
$^{231}_{90}Th$	铀 Y	25.52h			0.205	15	0.0256	14.8
					0.287	41	0.0842	6.5
↓					0.304	35		
$^{231}_{91}Pa$	镤	3.276×10^4a	4.63	10.0			0.0274	9.3
			4.95	23			0.2837	1.6
			5.01	25.6			0.300	2.3
			5.029	20.2			0.3027	4.6
↓			5.058	11.1			0.330	1.3

续表

核素	俗称	半衰期	主要射线能量(MeV)及分支比[b]					
			α		β		γ	
			MeV	%	MeV	%	MeV	%
$^{227}_{89}Ac$	锕	21.772a	4.94	0.53	0.019	10	0.070	0.017
98.87% ↓ 1.38%			4.95	0.66	0.034	35	0.100	0.032
					0.044	54	0.160	0.019
$^{227}_{90}Th$	射锕	18.68d	5.757	20.2			0.050	8.5
			5.978	23.3			0.236	11.2
			6.038	24.4			0.286	1.57
							0.256	6.78
							0.300	2.0
							0.304	1.1
							0.330	2.7
$^{223}_{87}Fr$	锕 K	22.00min	5.44	0.006	0.913	10.3	0.050	34
					1.017	17.0	0.080	9.2
					1.068	12.7	0.2349	3.4
					1.098	57.0		
$^{223}_{88}Ra$	锕 X	11.43d	5.607	24.1			0.144	3.3
			5.716	52.2			0.154	5.6
			5.747	9.45			0.269	13.6
							0.324	3.9
							0.338	2.8
$^{219}_{86}Rn$	锕射气(An)	3.96s	6.425	7.4			0.271	9.9
			6.55	12.1			0.4018	6.6
			6.819	80.3				
$^{215}_{84}Po$	锕 A	1.781×10^{-3}s	7.386	100	0.74	0.00023	0.439	0.04
~100% ↓ 0.00023%								
$^{211}_{82}Pb$	锕 B	36.1min			0.264	0.67	0.405	3
					0.54	5.0	0.427	1.38
					0.97	1.4	0.832	2.8
					1.37	92.9		
$^{215}_{85}At$	砹	1.0×10^{-4}s	8.026	100			0.404	0.047

续表

核素	俗称	半衰期	主要射线能量(MeV)及分支比[b]					
			α		β		γ	
			MeV	%	MeV	%	MeV	%
$^{211}_{83}Bi$ (0.273% | 99.73%)	锕 C	2.14min	6.28	16	0.579	0.27	0.351	12.7
			6.62	84			0.0729	1.24
$^{211}_{84}Po$	锕 C′	0.516s	7.45	98.9			0.570	0.54
							0.898	0.52
$^{207}_{81}Tl$	锕 C″	4.77min			1.42	99.8	0.897	0.24
$^{207}_{82}Pb$	锕 D	稳定						

a. 该式为该系中任何一种核素质量数的表达式，这里 n 为整数。

例如：$^{207}_{90}Pb(4n+3)\cdots4(51)+3=207$。

b. 分支比指的是核素自身蜕变的百分比，而非在该系所占的原始百分比。γ 分支比指的是测出的射线的百分比，而不是跃迁的百分比。

资料来源：Bernard Shleien et al. 1998. Handbook of Health Physics and Radiological Health. 3rd ed。

表 2.10 宇生放射性核素在大气层中的产生率及浓度

核素	产生率		全球总量(PBq)	在对流层中的份额	在对流层中的浓度(mBq/m³)
	原子数/(m²·s)	PBq/a			
^3H	2500	72	1275	0.004	1.4
^7Be	810	1960	413	0.11	12.5
^{10}Be	450	6.4×10^{-5}	230	0.0023	0.15
^{14}C	2.5×10^4	1.54	1.275×10^4	0.016	56.3
^{22}Na	0.86	0.12	0.44	0.017	2.1×10^{-3}
^{26}Al	1.4	1×10^{-6}	0.71	7.7×10^{-8}	1.5×10^{-8}
^{32}Si	1.6	8.7×10^{-4}	0.82	1.1×10^{-4}	2.5×10^{-5}
^{32}P	8.1	73	4.1	0.24	0.27
^{33}P	6.8	35	3.5	0.16	0.15
^{35}S	14	21	7.1	0.08	0.16
^{36}Cl	11	1.3×10^{-5}	5.6	6×10^{-8}	9×310^{-8}
^{37}Ar	8.3	31	4.2	0.37	0.43
^{39}Ar	56	0.074	28.6	0.83	6.5
^{40}Kr	0.01	1.7×10^{-8}	0.005	0.82	1.2×10^{-3}

注：假定对流层的体积为 $362275\times10^{18}m^3$；假定全地球表面面积为 $5.1005\times10^{14}m^2$。

资料来源：电离辐射源与效应．联合国原子辐射效应科学委员会(UNSCEAR)2000 年向联合国大会提交的报告及科学附件。

表 2.11 不同富集度铀同位素丰度及比活度

不同富集度铀	丰度(%)				比活度(Bq/g)
	^{238}U	^{236}U	^{235}U	^{234}U	
天然铀	99.27		0.72	0.0054	2.53E+04
典型贫化铀	99.75		0.25	0.0005	1.37E+04
3%	97.01		2.96	0.03	8.34E+04
5%	94.8768±0.0200	0.0383±0.0010	5.0383±0.0050	0.0466±0.0010	1.24E+05

续表

不同富集度铀	丰度(%)				比活度(Bq/g)
	^{238}U	^{236}U	^{235}U	^{234}U	
10%	89.72±0.10		10.19±0.10	0.09±0.04	2.26E+05
20%	78.713±0.050	0.211±0.003	20.920±0.050	0.156±0.003	3.90E+05
90%	9.13	0.18	89.55	1.14	2.70E+06

注:(1) 经富集后的铀同位素组分(同位素丰度)非定值,主要取决于天然铀的来源和富集方式。堆后铀的铀同位素组分差异更大。

(2) 铀丰度的资料来源:①Bernard Shleien et al. 1998. Handbook of Health Physics and Radiological Health. 3rd ed;②International Handbook of Evaluated Criticality Safety Benchmark Experiments,NEA/NSC/DOC/(95)03,1999。

(3) 比活度计算中采用的铀同位素半衰期取自 ICRP Publication 107. 2009. Nuclear Decay Data for Dosimetric Calculations。

2.2 天然环境辐射水平

本节汇编了天然环境辐射水平的一些基础数据,包括天然辐射源照射的世界平均值(表2.12),我国居民所受天然辐射年有效剂量(表2.13),我国各省、市、自治区原野、道路、室内γ辐射剂量率和陆地γ辐射所致人均年有效剂量(表2.14),以及我国土壤(干样)、水体和食品中天然放射性核素含量(表2.15和表2.16)。

表 2.12 天然辐射世界平均值

辐射源	年有效剂量(mSv) 平均	年有效剂量(mSv) 典型范围	辐射源	年有效剂量(mSv) 平均	年有效剂量(mSv) 典型范围
宇宙辐射			吸入照射		
直接电离及光子成分	0.28		铀、钍系	0.006	
中子成分	0.10		氡(^{222}Rn)	1.15	
宇生放射性核素	0.01[e]		钍(^{220}Rn)	0.10	
宇宙与宇生总计	0.39	0.3～1.0[a]	吸入照射总计	1.26	0.2～10[c]
陆地辐射外照射			食入照射		
室外	0.07		^{40}K	0.17	
室内	0.41		铀、钍系	0.12	
陆地辐射外照射总计	0.48	0.3～0.6[b]	食入照射总计	0.29	0.2～0.8[d]
			总计	2.4	1～10

a. 从海平面到高海拔地区的整个范围。

b. 与土壤和建材中的放射性核素的组成有关。

c. 氡气在室内的累积情况有关。

d. 与食品与饮水中放射性核素的组成有关。

e. 宇生放射性核素主要包括^{3}H、^{7}Be、^{14}C、^{22}Na,它们所致的年有效剂量分别为 0.01 μSv、0.03μSv、12μSv、0.15μSv。

资料来源:电离辐射源与效应. 联合国原子辐射效应科学委员会(UNSCEAR)2000 年向联合国大会提交的报告及科学附件。

表 2.13 我国居民所受天然辐射年有效剂量 (单位:μSv)

射线源			我国 现在	我国 20 世纪 90 年代初
外照射	宇宙射线	电离成分	260	260
		中子	100	57
	陆地γ辐射		540	540
内照射	氡及其短寿命子体		1560	916
	钍射气及其短寿命子体		185	185
	^{40}K		170	170
	其他核素		315	170
总计			～3100	～2300

资料来源:潘自强,刘森林等. 2010. 中国辐射水平。

表 2.14　我国各省、市、自治区原野、道路、室内 γ 辐射剂量率和陆地 γ 辐射所致人均年有效剂量

省、市自治区	人口数（百万）	面积（万 km²）	网格点数（个）	原野 γ 剂量率 $\dot{D}_{原}$(nGy/h)					道路 γ 剂量率 $\dot{D}_{道}$(nGy/h)			室内 γ 剂量率 $\dot{D}$(nGy/h)			人均年有效剂量 He(γ)(nSv)		
				范围	按面积加权		按人口加权		范围	按点平均		范围	按人口加权		范围	均值	标准差
					均值	标准差	均值	标准差		均值	标准差		均值	标准差			
北京	923	1.68	27	88.9～292	56.4	10.4	50.1	17.4	14.7～105.0	49.3	13.1	42.3～151.6	77.1	32.1	0.37～0.54	0.43	0.14
天津	7.76	1.13	18	36.0～99.7	57.5	11.0	59.5	14.3	20.8～104.0	49.2	14.3	48.0～140.0	92.7	16.6	0.26～0.79	0.49	0.08
河北	53.01	18.77	285	28.0～198.7	55.1	13.2	53.1	16.7	6.1～174.0	51.1	16.4	23.3～265.1	91.7	26.1	0.15～1.51	0.50	0.12
山西	25.29	15.63	262	31.1～85.7	54.1	9.3	54.3	16.0	25.7～86.2	48.4	10.4	41.3～125.2	82.4	17.3	0.24～0.67	0.46	0.08
内蒙古	19.27	118.30	1018	9.6～186.2	53.2	13.9	57.2	25.2	10.7～185.3	59.2	17.5	38.2～189.4	94.9	35.9	0.45～0.69	0.52	0.16
辽宁	35.72	14.57	232	19.8～178.3	61.7	13.5	57.4	18.4	10.7～260.8	56.4	18.9	48.4～253.8	92.5	24.5	0.26～1.35	0.51	0.11
吉林	22.56	18.74	300	18.9～128.6	54.5	15.6	58.1	19.5	17.6～119.9	57.6	15.3	30.8～208.6	94.4	24.8	～	0.52	0.11
黑龙江	32.67	45.39	221	21.6～196.9	53.5	15.2	58.5	19.0	21.8～127.4	58.4	11.8	26.2～134.4	85.2	16.7	0.16～0.93	0.48	0.08
上海	11.86	0.62	10	34.2～79.5	54.7	9.0	54.9	9.0	26.5～110.1	59.9	13.9	53.4～151.7	96.9	15.9	0.32～0.80	0.53	0.07
江苏	60.52	10.26	182	33.1～72.6	50.3	7.5	50.6	8.6	18.1～102.3	47.1	12.3	50.7～129.4	89.7	17.3	0.30～0.67	0.48	0.08
浙江	38.88	10.18	177	18.6～149.8	74.0	20.6	68.1	21.5	15.1～185.3	88.8	23.3	49.1～237.8	120.9	34.0	0.28～1.14	0.65	0.17
安徽	49.67	13.90	216	27.5～132.9	56.2	14.1	55.5	13.0	18.1～152.1	53.8	18.6	46.4～290.0	93.6	21.6	0.27～1.35	0.51	0.10
福建	25.93	12.14	173	25.9～334.3	92.3	41.3	87.1	53.1	39.4～399.1	106.4	47.1	70.9～351.7	156.5	59.5	0.39～1.92	0.84	0.28
江西	33.19	16.70	267	13.7～340.8	72.4	32.2	69.1	40.6	12.6～369.4	73.6	40.5	33.4～365.8	103.9	48.9	～	0.58	0.23
山东	74.42	15.38	246	16.9～162.6	56.5	12.6	56.6	14.9	10.3～204.1	51.7	18.2	29.6～238.9	93.4	24.4	0.18～1.37	0.51	0.11
河南	74.42	16.70	259	17.5～141.7	61.3	15.0	58.4	13.3	15.5～129.8	56.0	18.4	42.2～167.4	95.3	18.1	0.23～0.96	0.52	0.08
湖北	47.81	18.59	290	10.9～140.3	60.8	16.9	58.5	21.2	16.4～122.3	55.3	19.0	22.3～172.6	94.5	30.4	0.20～0.88	0.52	0.11
湖南	54.01	21.18	309	21.0～271.2	70.7	22.2	69.0	20.3	14.8～333.6	70.5	29.1	32.3～418.5	105.6	25.3	0.20～2.31	0.58	0.12
广东	59.30	21.20	336	17.7～193.1	84.8	28.5	85.5	33.3	26.9～178.8	91.0	29.6	35.3～338.3	136.8	43.3	～	0.77	0.21
广西	36.42	23.60	360	10.7～238.7	63.4	27.0	65.3	34.4	7.1～267.0	54.9	27.3	11.0～304.3	97.6	49.0	～	0.54	0.22
四川	99.71	56.70	516	2.4～214.0	62.8	37.4	62.5	24.3	3.0～215.0	63.0	20.2	32.0～204.1	91.6	27.8	0.15～1.27	0.51	0.13
贵州	28.55	17.61	253	13.1～142.3	63.5	17.5	64.9	21.1	11.3～131.0	48.8	18.9	11.3～192.9	85.1	31.0	～	0.49	0.14
云南	32.55	39.41	630	9.9～167.1	66.0	22.7	64.8	38.7	10.0～156.1	63.2	21.8	16.8～192.7	91.4	39.3	～	0.51	0.19
西藏	1.89	120.00	189	24.4～166.0	78.0	27.5	84.2	40.4	21.8～173.3	83.3	28.7	49.4～296.2	118.7	85.7	～	0.67	0.38
陕西	28.90	20.56	359	25.0～150.0	62.0	16.0	63.0	30.0	20.0～160.0	63.0	20.0	56.0～169.0	100.0	31.0	0.29～1.00	0.55	0.15
甘肃	19.57	45.40	647	16.9～128.4	62.9	12.5	64.5	19.8	20.1～129.7	60.8	15.6	33.5～166.6	101.6	18.0	0.19～1.06	0.56	0.08
青海	3.90	72.37	188	24.7～128.0	59.8	19.3	68.2	34.8	29.2～114.5	62.5	17.6	50.6～164.1	94.5	34.4	0.26～0.93	0.53	0.16
宁夏	3.90	6.64	95	38.8～87.6	61.0	11.0	60.8	19.8	34.7～104.1	54.5	12.0	62.3～137.8	100.4	24.3	0.35～0.75	0.55	0.11
新疆	13.08	166.04	740	11.7～326.4	59.4	16.6	57.6	13.0	10.2～230.9	56.3	16.9	43.3～320.8	98.6	19.5	0.27～1.67	0.53	0.09
总计	1004.00	959.39	8805	2.4～340.8	62.8	31.2	62.1	27.4	3.0～399.1	61.8	21.5	11.0～418.5	99.1	36.4	0.15～2.31	0.55	0.17

注：加权均值单次测量标准差均为由分层抽样所得均值标准差的$\sqrt{n}$倍，n 为省、市、自治区或全国的网格点数，全国平均每个网格点代表 11.4 万人口，代表 1090km² 面积。本表不包括香港、澳门、台湾、海南和重庆的数据。

资料来源：何振芸，罗国桢等．1992．辐射防护。

表 2.15　我国土壤(干样)中放射性核素含量

省、市、自治区	面积(万 km²)	网格点点数	^{238}U(Bq/kg)			^{226}Ra(Bq/kg)			^{232}Th(Bq/kg)			^{40}K(Bq/kg)		
			范围	按面积加权		范围	按面积加权		范围	按面积加权		范围	按面积加权	
				均值	标准差		均值	标准差		均值	标准差		均值	标准差
北京	1.68	30	8.2～34.5	19.4	5.7	10.0～40.0	21.4	4.7	17.0～63.0	34.1	8.0	315.0～895.0	662.3	100.6
天津	1.13	20	16.6～49.2	31.2	5.5	11.2～79.6	33.4	12.4	21.2～61.1	40.2	8.1	462.9～1002.1	690.3	88.7
河北	18.77	285	13.2～69.9	30.2	8.0	10.5～58.9	26.9	5.0	14.3～247.4	40.7	14.5	406.6～1202.2	612.4	62.7
山西	15.63	262	18.6～58.4	36.6	6.6	21.0～50.4	34.2	4.7	16.8～84.7	52.2	7.7	415.1～862.0	595.2	68.4
内蒙古	118.30	512	4.5～87.3	29.8	14.6	7.0～88.3	27.5	11.3	8.3～97.9	33.4	12.4	83.9～1526.0	655.6	92.6
辽宁	14.57	218	10.6～67.3	29.3	8.1	8.8～81.7	32.6	10.4	13.3～104.8	41.7	14.6	335.0～1088.0	685.5	15.2
吉林	18.74	300	6.3～96.0	25.2	9.4	5.5～100.3	35.6	10.3	16.8～140.0	47.9	14.2	299.8～1233.3	699.9	117.6
黑龙江	45.39	341	1.8～94.7	26.2	10.2	4.4～87.2	22.0	7.5	3.8～258.9	42.3	16.5	92.6～1096.1	546.0	139.3
上海	0.62	10	24.2～50.7	37.5	4.5	24.7～46.2	35.2	3.1	37.3～66.1	52.3	4.4	526.6～831.5	640.2	54.2
江苏	10.26	182	14.1～62.1	35.7	8.2	13.1～89.6	35.8	7.9	17.9～67.9	49.6	8.5	302.6～876.2	568.0	101.1
浙江	10.18	172	20.2～123.0	47.2	18.5	17.4～150.2	44.7	16.0	29.8～147.6	62.6	19.4	199.0～1368.0	689.0	224.0
安徽	13.90	216	8.6～127.1	41.8	16.2	6.1～99.1	41.2	12.7	10.1～118.1	53.0	11.8	175.7～1841.2	548.7	175.2
福建	12.14	143	13.9～136.0	55.2	29.1	18.0～201.0	62.0	36.0	19.5～260.0	96.3	51.8	24.0～1627.0	609.0	367.0
江西	16.70	270	17.0～354.4	55.9	36.3	13.0～425.8	52.9	34.7	10.2～199.5	67.5	41.0	45.4～1879.0	617.3	424.8
山东	15.38	260	15.7～90.1	33.5	8.4	9.8～50.0	30.3	7.5	20.8～202.0	45.2	15.0	391.7～1870.0	674.5	136.1
河南	16.70	258	10.0～63.4	33.9	6.7	9.8～45.4	28.2	3.6	16.0～147.7	50.4	9.3	214.9～1158.4	572.2	95.0
湖北	18.59	286	7.6～145.6	40.1	17.2	11.3～133.6	36.7	14.2	16.8～99.7	51.0	12.4	143.1～1004.2	555.4	149.8
湖南	21.18	309	14.7～431.5	47.8	33.9	20.3～296.8	59.4	30.2	9.7～437.8	54.2	41.3	161.6～1251.8	446.0	257.5
广东	21.20	144	12.4～186.8	71.2	3.6	2.4～134.6	50.8	2.2	1.0～152.7	57.2	2.6	35.8～1131.5	414.5	20.6
广西	23.60	360	9.1～206.2	53.0	32.7	13.9～301.6	53.1	35.2	15.5～270.2	69.1	34.6	11.5～2185.2	332.2	234.4
四川	56.70	357	7.7～146.7	34.8	23.0	8.7～142.3	36.2	18.1	11.0～199.9	52.1	18.2	105.0～1234.8	578.2	186.2
贵州	17.61	244	3.2～123.1	44.1	22.6	3.7～226.1	67.3	36.5	8.3～88.0	40.9	12.8	23.7～802.6	355.9	145.2
云南	39.41	425	6.8～306.5	47.1	33.1	7.9～421.8	48.3	38.2	8.2～206.0	65.2	29.8	66.3～1442.0	532.0	265.3
西藏	120.00	203	26.0～520.0	46.8	33.6	17.0～170.0	43.0	20.9	20.0～248.0	69.0	28.8	289.0～1009.0	626.8	182.1
陕西	20.56	359	6.0～163.7	34.8	16.0	5.0～187.7	35.4	12.5	1.8～99.3	47.3	9.5	285.0～1040.6	606.1	86.7
甘肃	45.40	600	17.8～200.0	53.5	23.8	14.4～65.3	29.9	5.9	16.4～105.5	42.4	7.6	115.5～807.3	526.3	88.0
青海	72.37	185	11.9～135.9	44.2	19.3	11.7～103.6	34.7	9.7	14.4～107.8	44.2	11.4	204.5～900.5	525.8	118.4
宁夏	6.64	95	10.2～49.9	30.9	9.2	6.4～72.3	30.4	8.8	27.8～61.2	41.8	6.4	478.6～931.6	699.9	62.0
新疆	166.04	731	5.2～153.7	33.8	16.1	10.9～203.4	31.4	8.2	10.4～190.4	39.0	10.6	190.5～1792.4	597.6	105.8
总计	959.39	7777	1.8～520.0	39.5	34.4	2.4～425.8	36.5	22.0	1.0～437.8	49.1	27.6	11.5～2185.2	580.0	202.0

注:加权均值单次测量标准差均为由分层抽样所得均值标准差的$\sqrt{n}$倍,n 为各省、市、自治区或全国的网格点数。本表不包括香港、澳门、台湾、海南和重庆的数据。

资料来源:全国环境天然放射性水平调查总结报告编写小组.1992.辐射防护。

表 2.16 我国水体中天然放射性核素浓度

类型	数目	U(μg/L)		Th(μg/L)		^{226}Ra(mBq/L)		^{40}K(mBq/L)	
		范围	均值	范围	均值	范围	均值	范围	均值
淡水湖	101	0.04～19.2	2.10[a]	0.02～0.93	0.24	<0.5～22.7	5.51	4.8～2.64×10³	102
咸水湖	270	1.07～3.87×10²	22.36[a]	0.04～8.60	0.64	1.30～43.2	11.27	54.8～22.4×10⁴	2108
水库	279	0.03～19.5	0.73[a]	<0.01～2.04	0.09	<0.5～65.6	4.69	3.2～1205	50
江河	9.531×10⁶km²(积水面积)	0.02～42.35	2.56	<0.01～9.07	0.33	<0.5～99.54	6.24	8～7149	133.5
温泉	130	0.02～18.6	0.87	0.02～4.85	0.25	<0.5～5940	204.22	5.1～8125	566.5
冷水泉	159	0.04～14.88	1.17	0.01～1.50	0.20	<0.5～290	10.65	2.9～1830	107.6
农村井水 浅井	713	<0.01～101.06	3.82	<0.01～6.29	0.15	<0.5～178	7.16	3.3～5867	191.9
农村井水 深井	76	0.02～358.87	2.95	<0.01～1.32	0.16	0.83～34.6	5.81	1～923.4	65.5
海水	55	0.07～5.20	2.21	<0.01～5.92	0.53	1.60～46.0	11.7	2500～21600	10320

a. 按水体容量加权平均。

资料来源:潘自强,刘森林等.2010.中国辐射水平。

表 2.17 我国食品中放射性核素含量 (单位:mBq/kg)

食品种类		^{226}Ra		^{210}Pb		^{210}Po		^{228}Ra	
		范围	均值	范围	均值	范围	均值	范围	均值
谷类	中国	11.6～20.7	17.2	ND～130.3	37.6	ND～86.3	33.7	ND～146	42.4
	世界典型值		80		50		60		60
肉类	中国	26.5～66.2	41	11.4～348	138	50.7～218	124	ND～263	123
	世界典型值		15		80		60		10
蔬菜	中国	39.2～122	74.9	6.2～71.3	360	68～841	426	ND～466	219
	世界典型值		50		80		100		40
水果	中国	5.6～63.8	26.7	4.1～82.9	32.7	ND～87	32.7	10.3～166	63
	世界典型值		30		30		40		20
鱼类	中国	ND～94.4	38.9	620～5350	3520	3320～7120	4920	61～721	322
	世界典型值		100		200		2000		100

注:ND 表示低于探测限。

资料来源:潘自强,刘森林等.2010.中国辐射水平。

2.3 人工环境辐射水平

本节汇编了人工环境辐射水平的一些基础数据,包括各国大气层核试验场址、爆炸次数及有关试验数据(表 2.18),全球大气核试验放射性核素释放量(表 2.19),全球核试验沉降物所致公众平均有效剂量(表 2.20),全球核试验北半球各纬度带^{90}Sr 累积沉降量与我国^{90}Sr 沉降量的比较(表 2.21),全球核试验我国^{90}Sr 和^{137}Cs 年沉降量的比较(表 2.22),世界主要核与辐射事故所致公众集体有效剂量(表 2.23),切尔诺贝利核事故主要放射性事故释放量(表 2.24),切尔诺贝利核事故后北京房山地区空气中放射性核素活度浓度(表 2.25),以及我国历年蔬菜中^{90}Sr 和^{137}Cs 活度浓度(表 2.26 和表 2.27)。

表 2.18 各国大气层核试验场址、爆炸次数及有关试验数据

场址	实验次数	产额(Mt)			裂变产额在大气层中的分配(Mt)		
		裂变	聚变	合计	实验场近区	平流层	同温层
				法国			
Algeria	4	0.073	0	0.073	0.036	0.035	0.001
Fangataufa	4	1.97	1.77	3.74	0.06	0.13	1.78
Mururoa	37	4.13	2.25	6.38	0.13	0.41	3.59
合计	45	6.17	4.02	10.19	0.23	0.58	5.37
				英国			
Monte Bello Island	3	0.1	0	0.1	0.05	0.049	0.0007
Emu	2	0.018	0	0.018	0.009	0.009	0
Marilinga	7	0.062	0	0.062	0.023	0.038	0
Malden Island	3	0.69	0.53	1.22	0	0.56	0.13
Christmas Island	6	3.35	3.3	6.65	0	1.09	2.26
合计	21	4.22	3.83	8.06	0.08	1.75	2.39
				美国			
New Mexico	1	0.021	0	0.021	0.011	0.01	0
Nevada	86	1.05	0	1.05	0.28	0.77	0.004
Bikini	23	42.2	34.6	76.8	20.3	1.07	20.8
Enewetak	42	15.5	16.1	31.7	7.63	2.02	5.85
Pacific	4	0.102	0	0.102	0.025	0.027	0.05
Atlantic	3	0.0045	0	0.0045	0	0	0.005
Johnston Island	12	10.5	10.3	20.8	0	0.71	9.76
Christmas Island	24	12.1	11.2	23.3	0	3.62	8.45
合计	195	81.5	72.2	153.8	28.2	8.23	44.9
				苏联			
Semipalatinsk	116	3.74	2.85	6.59	0.097	1.23	2.41
Novaya Zemlya	91	80.8	158.8	239.6	0.036	2.93	77.8
Totsk,Aralsk	2	0.04	0	0.04	0.00015	0.037	0.003
Kapustin Yar	10	0.68	0.3	0.98	0	0.078	0.61
合计	219	85.3	162	247.2	0.13	4.28	80.8
				中国			
罗布泊	22	12.2	8.5	20.72	0.15	0.66	11.4
总计	502	189	251	440	29	15	145

注:表中美国 22 次、英国 12 次和法国 5 次安全试验未列入。

资料来源:UNSCAER 2008. United Nations Scientific Committee on the Effects of Atomic Radiation. Effects of Ionizing Radiation. 2008 Report to the General Assembly with Scientific annexes. United Nations,New York。

表 2.19 全球大气核试验放射性核素释放量

核素	半衰期	全球释放量(PBq)	核素	半衰期	全球释放量(PBq)
^{3}H	12.33a	186000	^{125}Sb	2.76a	741
^{14}C	5730a	213	^{131}I	8.02d	675000
^{54}Mn	312.3d	3980	^{140}Ba	12.75d	759000
^{55}Fe	2.73a	1530	^{141}Ce	32.5d	263000
^{89}Sr	50.53d	117000	^{144}Ce	284.9d	30700
^{90}Sr	28.78a	622	^{137}Cs	30.07a	948
^{91}Y	58.51d	120000	^{239}Pu	24110a	6.52
^{95}Zr	64.02d	148000	^{240}Pu	6563a	4.35
^{103}Ru	39.26d	247000	^{241}Pu	14.35a	142
^{106}Ru	373.6d	12200			

资料来源:UNSCAER 2008. United Nations Scientific Committee on the Effects of Atomic Radiation. Effects of Ionizing Radiation. 2008 Report to the General Assembly with Scientific annexes. United Nations, New York。

表 2.20 全球核试验沉降物所致公众平均有效剂量 (单位:μSv)

核素	2000 年以前				2000~2100 年	2100 年后
	外照射	吸入内照射	食入内照射	合计		
^{3}H	—	—	24	24	0.1	
^{14}C	—	—	144	144	120	2230
^{54}Mn	19	0.1		19	—	
^{55}Fe	—	0.01	6.6	6.6	—	
^{89}Sr	—	2.6	1.9	4.5	—	
^{90}Sr	—	9.2	97	106	8.6	0.02
^{91}Y	—	4.1	—	4.1	—	
^{95}Zr	81	2.9	—	84	—	
^{103}Ru	12	0.9	—	13	—	
^{106}Ru	25	35	—	60	—	
^{125}Sb	12	0.1	—	12	0.003	
^{131}I	1.6	2.6	64	68	—	
^{140}Ba	27	0.4	0.5	28	—	
^{141}Ce	1.1	0.8	—	1.9	—	
^{144}Ce	7.9	52	—	60	—	
^{137}Cs	166	0.3	154	320	124[a]	13
^{239}Pu	—	20	—	20	—	
^{240}Pu	—	13	—	13	—	
^{241}Pu	—	5	—	5	—	
总计	353	149	492	994	253	2243

a. 114μSv 来自外照射,10μSv 来自内照射。

资料来源:UNSCAER 2008. United Nations Scientific Committee on the Effects of Atomic Radiation. Effects of Ionizing Radiation. 2008 Report to the General Assembly with Scientific Annexes. United Nations, New York。

表 2.21 全球核试验北半球各纬度带^{90}Sr 累积沉降量与我国^{90}Sr 沉降量的比较

纬度(°N)	北半球		中国	
	纬度带面积(10^4 km^2)	^{99}Sr 累积沉降量(PBq)	纬度带面积(10^4 km^2)	^{99}Sr 累积沉降量(PBq)
80～90	390	1.0		
70～80	1160	7.9		
60～70	1860	32.9		
50～60	2560	73.9		
40～50	3150	101.6	284(9.02%)	4.94(4.87%)
30～40	3640	85.3	453.7(12.46%)	8.34(9.78%)
20～30	4020	71.2	222.28(5.53%)	2.285(3.21%)
10～20	4280	50.9		
0～10	4410	35.7		
合计	25470	460	960	15.6

资料来源：潘自强，刘森林等.2010.中国辐射水平。

表 2.22 全球核试验我国^{90}Sr 和^{137}Cs 年沉降量的比较 [单位：Bq/(m^2 · a)]

年份	^{90}Sr	^{137}Cs	^{137}Cs/^{90}Sr	年份	^{90}Sr	^{137}Cs	^{137}Cs/^{90}Sr
1972	36.4	35.8	0.98	1980	12.2	14.5	1.19
1973	27.1	16.3	0.60	1981	16.4	15.3	0.93
1974	35.3	31.2	0.88	1982	11.6	11.6	1.0
1975	23.4	22.3	0.95	1983	8.6	11.3	1.41
1976	23.4	24.8	1.06	1984	8.6	5.7	0.66
1977	29.8	37.5	1.26	1985	7.4	5.4	0.73
1978	31.8	43.8	1.38	1986	7.6	55.8	7.34
1979	14.7	23.5	1.60	1987	4.8	4.7	0.98

资料来源：潘自强，刘森林等.2010.中国辐射水平。

表 2.23 世界主要核与辐射事故所致公众集体有效剂量

年份	事故	当地和区域集体有效剂量(人 · Sv)
1986	苏联，切尔诺贝利核事故	320000
1979	美国，三哩岛核事故	40
1978	Cosmos 954 卫星坠落事故[a]	20
1964	SNAP-9A 卫星坠落事故[a]	2100
1957	英国，温茨凯尔核事故	2000
1957	苏联，乌拉尔马雅克后处理厂事故	1200

a. 数据取自 UNSCEAR 1993 报告，其中 SNAP-9A 卫星坠落事故的^{238}Pu 释放量为 600TBq，约为大气核试验^{238}Pu 释放量 330 TBq 的两倍。

资料来源：UNSCAER 2008. 2011. United Nations Scientific Committee on the Effects of Atomic Radiation. Effects of Ionizing Radiation. 2008 Report to the General Assembly with Scientific Annexes. United Nations, New York。

表 2.24 切尔诺贝利核事故主要放射性事故释放量

核素	半衰期	释放量(PBq)	核素	半衰期	释放量(PBq)
	惰性气体			中等挥发性核素	
^{85}Kr	10.765a	33	^{106}Ru	373.59 d	>73
^{133}Xe	5.243 d	6500	^{140}Ba	12.752 d	240
	挥发性核素			难熔核素	
^{129m}Te	33.6 d	240	^{95}Zr	64.032 d	84
^{132}Te	3.204 d	~1150	^{99}Mo	65.94 h	>72
^{131}I	8.02 d	~1760	^{141}Ce	32.508 d	84
^{133}I	20.8 h	910	^{144}Ce	284.91 d	~50
^{134}Cs	2.06 a	~47	^{239}Np	2.357 d	400
^{136}Cs	13.16 d	36	^{238}Pu	87.7 a	0.015
^{137}Cs	30.17a	~85	^{239}Pu	24065 a	0.013
	中等挥发性核素		^{240}Pu	6564 a	0.018
^{89}Sr	50.53 d	~115	^{241}Pu	14.35 a	~2.6
^{90}Sr	28.79 a	~10	^{242}Pu	375000 a	0.00004
^{103}Ru	39.26 d	>168	^{242}Cm	162.8 d	~0.4

资料来源:UNSCAER 2008. 2011. United Nations Scientific Committee on the Effects of Atomic Radiation. Effects of Ionizing Radiation. 2008 Report to the General Assembly with Scientific Annexes. United Nations,New York。

表 2.25 切尔诺贝利核事故后北京房山地区空气中放射性核素活度浓度

(单位:mBq/m^3)

采样时间(年.月.日)	^{131}I	^{137}Cs	^{134}Cs	^{103}Ru	^{132}Te	^{132}I	^{99}Mo	^{99m}Tc	^{95}Zr	^{95}Nb	^{140}Ba	^{140}La	^{141}Ce	^{136}Cs	^{144}Ce	^{89}Sr
1986.05.02N	30	1.6	0.74		1.7											0.12
1986.05.03D	62	4.8		2.1	4.1											0.19
1986.05.03N	110	4.4	3.5	1.7	4.2	5.6	1.6	1.6		3.2		3.7				0.34
1986.05.04D	72	5.2	1.9	4.3	7.0		3.0	3.0		7.8		9.3	3.3		3.3	
1986.05.4N	120	9.6	5.6	7.0	15	15	V		3.0	1.1		5.6	V			
1986.05.5D	200	9.6	8.1	9.1	14	13	V			2.5			2.8			
1986.05.05N	240	14	8.5	25	34	30	4.0	4.0		7.0	5.9	6.1		3.2		
1986.05.8	290	15	8.1	15	17	14	V					8.5				
1986.05.13	270	11	5.9	15	4.4	4.2						3.7	V			
1986.05.15	130	8.8	4.1	12	2.6	3.0					20	6.0	V			
1986.05.19	87	6.0	1.3	9.8							3.0	2.8	1.3			
1986.05.27	44	2.7	1.8	15												
1986.05.30		4.0		9.8												

注:D. 白天采样,N. 夜间采样,V. 定性检出。

资料来源:宋绍仪,刘新华.1987. 苏联切尔诺贝利核电站事故对我国一些地区环境影响的监测. 中国核科技报告,S1。

表 2.26 我国历年蔬菜中^{90}Sr 活度浓度 (单位:Bq/kg)

年份	大白菜	菠菜	圆白菜	空心菜	青菜	油菜	萝卜	茄子	土豆	番茄
1971	1.47	1.07	0.24	0.44	1.03	0.71	0.62		0.81	
1972	0.93	1.15	0.47	0.95	1.04	0.94	0.57	0.86	1.43	0.37
1973	0.89	0.87	0.37	0.99	0.67	0.95	0.35	0.15	0.43	0.13
1974	0.76	0.90	0.57	0.78	0.95	0.30	0.52	0.23	0.49	0.21
1975	0.68	4.00	0.11	1.04	0.78	0.31	0.56	0.42	0.37	0.44
1976	0.65	0.85	0.25	0.75	0.70	0.49	0.52		0.29	0.14
1977	0.64	0.73	0.21	0.78	0.60	0.77	0.44	0.22	0.24	0.08
1978	0.58	0.62	0.19	0.69	0.51	0.38	0.45	0.12	0.21	0.05
1979	0.50	0.79	0.21	0.55	0.40	0.57	0.28	0.25	0.16	0.10
1980	0.43	0.54	0.14	0.64	0.52	0.66	0.38	0.12	0.14	0.08
1981	0.39	1.69	0.23	0.26	0.59		0.03	0.11	0.22	0.06
1982	0.49	0.48	0.13	0.43	0.26		0.38	0.92	0.19	0.12
1983	0.29	0.45	0.19	0.35	0.26		0.29	0.11	0.25	0.12
1984	0.37	0.41	0.15		0.14		0.30	0.99	0.23	0.06
1985	0.43	0.49	0.12	0.09	0.12		0.17	0.08	0.17	0.06
1986	0.37	0.33	0.03		0.28		0.25	0.59		
1987	0.29	0.35	0.13		0.29		0.23	0.09		

资料来源:潘自强,刘森林等.2010.中国辐射水平。

表 2.27 我国历年蔬菜中^{137}Cs 活度浓度 (单位:Bq/kg)

年份	大白菜	菠菜	萝卜	茄子	空心菜	圆白菜	番茄	青菜
1971		0.6						0.4
1972		0.44	0.38					0.52
1973	0.22	1.5	0.28	0.32				0.25
1974	0.19	0.35	0.12	0.13				0.28
1975	0.17	0.54	0.18	0.07				0.18
1976	0.16	0.4	0.21	0.14	0.38	0.07	0.16	0.3
1977	0.21	0.19	0.14	0.08	0.98	0.05	0.03	0.19
1978	0.26	0.24	0.17	0.11	0.74	0.21	0.19	0.15
1979	0.16	0.28	0.13	0.1	0.56	0.17	0.16	0.15
1980	0.17	0.39	0.19	0.1	0.43	0.15	0.11	0.04
1981	0.14	0.27	0.11	0.09	0.38	0.12	0.13	0.13
1982	0.16	0.23	0.17	0.11	0.11	0.18	0.12	0.1
1983	0.1	0.19	0.13	0.11	0.17	0.11	0.38	0.14
1984	0.08	0.31	0.07	0.05		0.09	0.19	0.04
1985	0.15	0.2	0.16	0.07	0.02	0.18	0.09	0.03
1986	0.18	0.4	0.14	0.17		0.05		0.17
1987	0.16	0.63	0.06	0.05				0.06

资料来源:潘自强,刘森林等.2010.中国辐射水平。

(刘新华 编写,夏益华 审阅)

参 考 文 献

电离辐射源与效应.2002. 联合国原子辐射效应科学委员会(UNSCEAR)2000 年向联合国大会提交的报告及科学附件.太原:山西科学技术出版社

何振芸,罗国桢,黄家矩.1992. 全国环境天然放射性水平调查研究(1983~1990 年)概况.辐射防护,12(2)

潘自强,刘森林等.2010. 中国辐射水平.北京:原子能出版社

全国环境天然放射性水平调查总结报告编写小组.1992. 全国土壤天然放射性核素含量调查研究(1983~1990). 辐射防护,12(2)

Bernard Shleien,Lester A Slaback,Jr Brian Kent Birky. 1998. Handbook of Health Physics and Radiological Health. 3rd ed. Maryland:Williams&Wilkins

ICRP Publication 107. 2009. Nuclear Decay Data for Dosimetric Calculations. Philadelphia:Elsevier

UNSCAER 2008. United Nations Scientific Committee on the Effects of Atomic Radiation. Effects of Ionizing Radiation. 2008 Report to the General Assembly with Scientific Annexes. United Nations,New York

3 辐射与物质相互作用

本章给出了光子与物质相互作用的分类和基本连续的 γ 光子与屏蔽物质(包括混凝土、有机玻璃、聚乙烯、胶木、硼硅酸玻璃、铅等)及相关的组成元素之间相互作用时的质量减弱系数和质能吸收系数。由于混合物或化合物的减弱系数可以分别由各组成元素的减弱系数按它们的质量百分组成加权后求和获得,因此本章同时给出了其他一些混合物和化合物中相关元素的质量份额。

除此以外,还给出了某些带电粒子的阻止本领和射程的数据。

3.1 光子与物质相互作用

表 3.1 光子与物质相互作用的分类(Hubbell, 1969)

作用对象	作用类型		
	吸收	弹性(相干)	非弹性(非相干)
Ⅰ. 原子电子	光电效应[a] $\tau_{pe}\begin{cases}\sim Z^4(\text{低能})\\ \sim Z^5(\text{高能})\end{cases}$	瑞利散射 $\sigma_R \sim Z^2$ (低能限)	康普顿散射[a] $\sigma \sim Z$
Ⅱ. 核子	光核反应 (γ,n),(γ,p),(γ,f)等 $\sigma_{pn} \sim Z$ ($h\nu > \approx 10$MeV)	弹性核散射	核共振散射
Ⅲ. 带电粒子周围电场	电子对产生[a] (1) 核场[a] $\kappa_n \sim Z^2$ ($h\nu \geqslant 1.02$MeV) (2)电子场 $\kappa_e \sim Z$($h\nu \geqslant 2.04$MeV)	德布吕克(Delbrück) 散射	
Ⅳ. 介子	光介子产生 $h\nu > \approx 140$MeV		

a. 光子在物质中减弱的主要效应,其他表示在特定能量范围内其贡献大于 1%的附加效应。

表 3.2 某些元素的质量减弱系数和质能吸收系数[a]

光子能量 (MeV)	氢 $\mu/\rho(cm^2/g)$	$Z=1$ $\mu_{en}/\rho(cm^2/g)$	光子能量 (MeV)	铍 $\mu_{en}/\rho(cm^2/g)$	$Z=4$ $\mu_{en}/\rho(cm^2/g)$
1.00000E-03	7.217E+00	6.820E+00	1.00000E-03	6.041E+02	6.035E+02
1.50000E-03	2.148E+00	1.752E+00	1.50000E-03	1.797E+02	1.791E+02
2.00000E-03	1.059E+00	6.643E-01	2.00000E-03	7.469E+01	7.422E+01
3.00000E-03	5.612E-01	1.693E-01	3.00000E-03	2.127E+01	2.090E+01
4.00000E-03	4.546E-01	6.549E-02	4.00000E-03	8.685E+00	8.367E+00
5.00000E-03	4.193E-01	3.278E-02	5.00000E-03	4.369E+00	4.081E+00
6.00000E-03	4.042E-01	1.996E-02	6.00000E-03	2.527E+00	2.260E+00
8.00000E-03	3.914E-01	1.160E-02	8.00000E-03	1.124E+00	8.839E-01
1.00000E-02	3.854E-01	9.849E-03	1.00000E-02	6.466E-01	4.255E-01
1.50000E-02	3.764E-01	1.102E-02	1.50000E-02	3.070E-01	1.143E-01
2.00000E-02	3.695E-01	1.355E-02	2.00000E-02	2.251E-01	4.780E-02
3.00000E-02	3.570E-01	1.863E-02	3.00000E-02	1.792E-01	1.898E-02
4.00000E-02	3.458E-01	2.315E-02	4.00000E-02	1.640E-01	1.438E-02
5.00000E-02	3.355E-01	2.709E-02	5.00000E-02	1.554E-01	1.401E-02
6.00000E-02	3.260E-01	3.053E-02	6.00000E-02	1.493E-01	1.468E-02
8.00000E-02	3.091E-01	3.620E-02	8.00000E-02	1.401E-01	1.658E-02
1.00000E-01	2.944E-01	4.063E-02	1.00000E-01	1.328E-01	1.836E-02
1.50000E-01	2.651E-01	4.813E-02	1.50000E-01	1.190E-01	2.157E-02
2.00000E-01	2.429E-01	5.254E-02	2.00000E-01	1.089E-01	2.353E-02
3.00000E-01	2.112E-01	5.695E-02	3.00000E-01	9.463E-02	2.548E-02
4.00000E-01	1.893E-01	5.860E-02	4.00000E-01	8.471E-02	2.620E-02
5.00000E-01	1.729E-01	5.900E-02	5.00000E-01	7.739E-02	2.639E-02
6.00000E-01	1.599E-01	5.875E-02	6.00000E-01	7.155E-02	2.627E-02
8.00000E-01	1.405E-01	5.739E-02	8.00000E-01	6.286E-02	2.565E-02
1.00000E+00	1.263E-01	5.556E-02	1.00000E+00	5.652E-02	2.483E-02
1.25000E+00	1.129E-01	5.311E-02	1.25000E+00	5.054E-02	2.373E-02
1.50000E+00	1.027E-01	5.075E-02	1.50000E+00	4.597E-02	2.268E-02
2.00000E+00	8.769E-02	4.650E-02	2.00000E+00	3.938E-02	2.083E-02
3.00000E+00	6.921E-02	3.992E-02	3.00000E+00	3.138E-02	1.806E-02
4.00000E+00	5.806E-02	3.523E-02	4.00000E+00	2.664E-02	1.617E-02
5.00000E+00	5.049E-02	3.174E-02	5.00000E+00	2.347E-02	1.479E-02
6.00000E+00	4.498E-02	2.905E-02	6.00000E+00	2.121E-02	1.377E-02
8.00000E+00	3.746E-02	2.515E-02	8.00000E+00	1.819E-02	1.233E-02
1.00000E+01	3.254E-02	2.247E-02	1.00000E+01	1.627E-02	1.138E-02
1.50000E+01	2.539E-02	1.837E-02	1.50000E+01	1.361E-02	1.001E-02
2.00000E+01	2.153E-02	1.606E-02	2.00000E+01	1.227E-02	9.294E-03

续表

光子能量 (MeV)	硼	Z=5	光子能量 (MeV)	碳	Z=6
	$\mu/\rho(cm^2/g)$	$\mu_{en}/\rho(cm^2/g)$		$\mu/\rho(cm^2/g)$	$\mu_{en}/\rho(cm^2/g)$
1.00000E−03	1.229E+03	1.228E+03	1.00000E−03	2.211E+03	2.209E+03
1.50000E−03	3.766E+02	3.759E+02	1.50000E−03	7.002E+02	6.990E+02
2.00000E−03	1.597E+02	1.591E+02	2.00000E−03	3.026E+02	3.016E+02
3.00000E−03	4.667E+01	4.617E+01	3.00000E−03	9.033E+01	8.963E+01
4.00000E−03	1.927E+01	1.886E+01	4.00000E−03	3.778E+01	3.723E+01
5.00000E−03	9.683E+00	9.332E+00	5.00000E−03	1.912E+01	1.866E+01
6.00000E−03	5.538E+00	5.223E+00	6.00000E−03	1.095E+01	1.054E+01
8.00000E−03	2.346E+00	2.072E+00	8.00000E−03	4.576E+00	4.242E+00
1.00000E−02	1.255E+00	1.006E+00	1.00000E−02	2.373E+00	2.078E+00
1.50000E−02	4.827E−01	2.698E−01	1.50000E−02	8.071E−01	5.627E−01
2.00000E−02	3.014E−01	1.084E−01	2.00000E−02	4.420E−01	2.238E−01
3.00000E−02	2.063E−01	3.506E−02	3.00000E−02	2.562E−01	6.614E−02
4.00000E−02	1.793E−01	2.084E−02	4.00000E−02	2.076E−01	3.343E−02
5.00000E−02	1.665E−01	1.737E−02	5.00000E−02	1.871E−01	2.397E−02
6.00000E−02	1.583E−01	1.680E−02	6.00000E−02	1.753E−01	2.098E−02
8.00000E−02	1.472E−01	1.785E−02	8.00000E−02	1.610E−01	2.037E−02
1.00000E−01	1.391E−01	1.940E−02	1.00000E−01	1.514E−01	2.147E−02
1.50000E−01	1.243E−01	2.255E−02	1.50000E−01	1.347E−01	2.449E−02
2.00000E−01	1.136E−01	2.453E−02	2.00000E−01	1.229E−01	2.655E−02
3.00000E−01	9.862E−02	2.654E−02	3.00000E−01	1.066E−01	2.870E−02
4.00000E−01	8.834E−02	2.731E−02	4.00000E−01	9.546E−02	2.950E−02
5.00000E−01	8.065E−02	2.749E−02	5.00000E−01	8.715E−02	2.969E−02
6.00000E−01	7.460E−02	2.737E−02	6.00000E−01	8.058E−02	2.956E−02
8.00000E−01	6.549E−02	2.671E−02	8.00000E−01	7.076E−02	2.885E−02
1.00000E+00	5.890E−02	2.586E−02	1.00000E+00	6.361E−02	2.792E−02
1.25000E+00	5.266E−02	2.472E−02	1.25000E+00	5.690E−02	2.669E−02
1.50000E+00	4.791E−02	2.362E−02	1.50000E+00	5.179E−02	2.551E−02
2.00000E+00	4.108E−02	2.171E−02	2.00000E+00	4.442E−02	2.345E−02
3.00000E+00	3.284E−02	1.889E−02	3.00000E+00	3.562E−02	2.048E−02
4.00000E+00	2.798E−02	1.698E−02	4.00000E+00	3.047E−02	1.849E−02
5.00000E+00	2.476E−02	1.562E−02	5.00000E+00	2.708E−02	1.710E−02
6.00000E+00	2.248E−02	1.461E−02	6.00000E+00	2.469E−02	1.607E−02
8.00000E+00	1.945E−02	1.322E−02	8.00000E+00	2.154E−02	1.468E−02
1.00000E+01	1.755E−02	1.232E−02	1.00000E+01	1.959E−02	1.380E−02
1.50000E+01	1.495E−02	1.104E−02	1.50000E+01	1.698E−02	1.258E−02
2.00000E+01	1.368E−02	1.039E−02	2.00000E+01	1.575E−02	1.198E−02

续表

光子能量 (MeV)	氮	Z=7	光子能量 (MeV)	氧	Z=8
	$\mu/\rho(cm^2/g)$	$\mu_{en}/\rho(cm^2/g)$		$\mu/\rho(cm^2/g)$	$\mu_{en}/\rho(cm^2/g)$
1.00000E−03	3.311E+03	3.306E+03	1.00000E−03	4.590E+03	4.576E+03
1.50000E−03	1.083E+03	1.080E+03	1.50000E−03	1.549E+03	1.545E+03
2.00000E−03	4.769E+02	4.755E+02	2.00000E−03	6.949E+02	6.926E+02
3.00000E−03	1.456E+02	1.447E+02	3.00000E−03	2.171E+02	2.158E+02
4.00000E−03	6.166E+01	6.094E+01	4.00000E−03	9.315E+01	9.221E+01
5.00000E−03	3.144E+01	3.086E+01	5.00000E−03	4.790E+01	4.715E+01
6.00000E−03	1.809E+01	1.759E+01	6.00000E−03	2.770E+01	2.708E+01
8.00000E−03	7.562E+00	7.170E+00	8.00000E−03	1.163E+01	1.116E+01
1.00000E−02	3.879E+00	3.545E+00	1.00000E−02	5.952E+00	5.565E+00
1.50000E−02	1.236E+00	9.715E−01	1.50000E−02	1.836E+00	1.545E+00
2.00000E−02	6.178E−01	3.867E−01	2.00000E−02	8.651E−01	6.179E−01
3.00000E−02	3.066E−01	1.099E−01	3.00000E−02	3.779E−01	1.729E−01
4.00000E−02	2.288E−01	5.051E−02	4.00000E−02	2.585E−01	7.530E−02
5.00000E−02	1.980E−01	3.217E−02	5.00000E−02	2.132E−01	4.414E−02
6.00000E−02	1.817E−01	2.548E−02	6.00000E−02	1.907E−01	3.207E−02
8.00000E−02	1.639E−01	2.211E−02	8.00000E−02	1.678E−01	2.468E−02
1.00000E−01	1.529E−01	2.231E−02	1.00000E−01	1.551E−01	2.355E−02
1.50000E−01	1.353E−01	2.472E−02	1.50000E−01	1.361E−01	2.506E−02
2.00000E−01	1.233E−01	2.665E−02	2.00000E−01	1.237E−01	2.679E−02
3.00000E−01	1.068E−01	2.873E−02	3.00000E−01	1.070E−01	2.877E−02
4.00000E−01	9.557E−02	2.952E−02	4.00000E−01	9.566E−02	2.953E−02
5.00000E−01	8.719E−02	2.969E−02	5.00000E−01	8.729E−02	2.971E−02
6.00000E−01	8.063E−02	2.956E−02	6.00000E−01	8.070E−02	2.957E−02
8.00000E−01	7.081E−02	2.886E−02	8.00000E−01	7.087E−02	2.887E−02
1.00000E+00	6.364E−02	2.792E−02	1.00000E+00	6.372E−02	2.794E−02
1.25000E+00	5.693E−02	2.669E−02	1.25000E+00	5.697E−02	2.669E−02
1.50000E+00	5.180E−02	2.550E−02	1.50000E+00	5.185E−02	2.551E−02
2.00000E+00	4.450E−02	2.347E−02	2.00000E+00	4.459E−02	2.350E−02
3.00000E+00	3.579E−02	2.057E−02	3.00000E+00	3.597E−02	2.066E−02
4.00000E+00	3.073E−02	1.867E−02	4.00000E+00	3.100E−02	1.882E−02
5.00000E+00	2.742E−02	1.734E−02	5.00000E+00	2.777E−02	1.757E−02
6.00000E+00	2.511E−02	1.639E−02	6.00000E+00	2.552E−02	1.668E−02
8.00000E+00	2.209E−02	1.512E−02	8.00000E+00	2.263E−02	1.553E−02
1.00000E+01	2.024E−02	1.434E−02	1.00000E+01	2.089E−02	1.483E−02
1.50000E+01	1.782E−02	1.332E−02	1.50000E+01	1.866E−02	1.396E−02
2.00000E+01	1.673E−02	1.285E−02	2.00000E+01	1.770E−02	1.360E−02

续表

光子能量	氟	Z=9
(MeV)	$\mu/\rho(cm^2/g)$	$\mu_{en}/\rho(cm^2/g)$
1.00000E−03	5.649E+03	5.615E+03
1.50000E−03	1.979E+03	1.969E+03
2.00000E−03	9.047E+02	9.005E+02
3.00000E−03	2.888E+02	2.870E+02
4.00000E−03	1.256E+02	1.244E+02
5.00000E−03	6.514E+01	6.424E+01
6.00000E−03	3.789E+01	3.716E+01
8.00000E−03	1.602E+01	1.548E+01
1.00000E−02	8.205E+00	7.776E+00
1.50000E−02	2.492E+00	2.186E+00
2.00000E−02	1.133E+00	8.796E−01
3.00000E−02	4.487E−01	2.451E−01
4.00000E−02	2.828E−01	1.036E−01
5.00000E−02	2.214E−01	5.747E−02
6.00000E−02	1.920E−01	3.903E−02
8.00000E−02	1.639E−01	2.676E−02
1.00000E−01	1.496E−01	2.394E−02
1.50000E−01	1.298E−01	2.417E−02
2.00000E−01	1.176E−01	2.554E−02
3.00000E−01	1.015E−01	2.729E−02
4.00000E−01	9.073E−02	2.800E−02
5.00000E−01	8.274E−02	2.815E−02
6.00000E−01	7.649F-02	2.801E−02
8.00000E−01	6.717E−02	2.734E−02
1.00000E+00	6.037E−02	2.645E−02
1.25000E+00	5.399E−02	2.527E−02
1.50000E+00	4.915E−02	2.416E−02
2.00000E+00	4.228E−02	2.226E−02
3.00000E+00	3.422E−02	1.964E−02
4.00000E+00	2.960E−02	1.797E−02
5.00000E+00	2.663E−02	1.685E−02
6.00000E+00	2.457E−02	1.607E−02
8.00000E+00	2.195E−02	1.508E−02
1.00000E+01	2.039E−02	1.451E−02
1.50000E+01	1.846E−02	1.382E−02
2.00000E+01	1.769E−02	1.357E−02

	光子能量	铝	Z=13
	(MeV)	$\mu/\rho(cm^2/g)$	$\mu_{en}/\rho(cm^2/g)$
	1.00000E−03	1.185E+03	1.183E+03
	1.50000E−03	4.022E+02	4.001E+02
	1.55960E−03	3.621E+02	3.600E+02
K	1.55960E−03	3.957E+03	3.829E+03
	2.00000E−03	2.263E+03	2.204E+03
	3.00000E−03	7.880E+02	7.732E+02
	4.00000E−03	3.605E+02	3.545E+02
	5.00000E−03	1.934E+02	1.902E+02
	6.00000E−03	1.153E+02	1.133E+02
	8.00000E−03	5.033E+01	4.918E+01
	1.00000E−02	2.623E+01	2.543E+01
	1.50000E−02	7.955E+00	7.487E+00
	2.00000E−02	3.441E+00	3.094E+00
	3.00000E−02	1.128E+00	8.778E−01
	4.00000E−02	5.685E−01	3.601E−01
	5.00000E−02	3.681E−01	1.840E−01
	6.00000E−02	2.778E−01	1.099E−01
	8.00000E−02	2.018E−01	5.511E−02
	1.00000E−01	1.704E−01	3.794E−02
	1.50000E−01	1.378E−01	2.827E−02
	2.00000E−01	1.223E−01	2.745E−02
	3.00000E−01	1.042E−01	2.816E−02
	4.00000E−01	9.276E 02	2.862E−02
	5.00000E−01	8.445E−02	2.868E−02
	6.00000E−01	7.802E−02	2.851E−02
	8.00000E−01	6.841E−02	2.778E−02
	1.00000E+00	6.146E−02	2.686E−02
	1.25000E+00	5.496E−02	2.565E−02
	1.50000E+00	5.006E−02	2.451E−02
	2.00000E+00	4.324E−02	2.266E−02
	3.00000E+00	3.541E−02	2.024E−02
	4.00000E+00	3.106E−02	1.882E−02
	5.00000E+00	2.836E−02	1.795E−02
	6.00000E+00	2.655E−02	1.739E−02
	8.00000E+00	2.437E−02	1.678E−02
	1.00000E+01	2.318E−02	1.650E−02
	1.50000E+01	2.195E−02	1.631E−02
	2.00000E+01	2.168E−02	1.633E−02

续表

	光子能量 (MeV)	硅 $\mu/\rho(cm^2/g)$	Z=14 $\mu_{en}/\rho(cm^2/g)$		光子能量 (MeV)	钙 $\mu/\rho(cm^2/g)$	Z=20 $\mu_{en}/\rho(cm^2/g)$
	1.00000E−03	1.570E+03	1.567E+03		1.00000E−03	4.867E+03	4.861E+03
	1.50000E−03	5.355E+02	5.331E+02		1.50000E−03	1.714E+03	1.710E+03
	1.83890E−03	3.092E+02	3.070E+02		2.00000E−03	7.999E+02	7.966E+02
K	1.83890E−03	3.192E+03	3.059E+03		3.00000E−03	2.676E+02	2.650E+02
	2.00000E−03	2.777E+03	2.669E+03		4.00000E−03	1.218E+02	1.197E+02
	3.00000E−03	9.784E+02	9.516E+02		4.03810E−03	1.187E+02	1.166E+02
	4.00000E−03	4.529E+02	4.427E+02	K	4.03810E−03	1.023E+03	8.887E+02
	5.00000E−03	2.450E+02	2.400E+02		5.00000E−03	6.026E+02	5.373E+02
	6.00000E−03	1.470E+02	1.439E+02		6.00000E−03	3.731E+02	3.387E+02
	8.00000E−03	6.468E+01	6.313E+01		8.00000E−03	1.726E+02	1.600E+02
	1.00000E−02	3.389E+01	3.289E+01		1.00000E−02	9.341E+01	8.744E+01
	1.50000E−02	1.034E+01	9.794E+00		1.50000E−02	2.979E+01	2.804E+01
	2.00000E−02	4.464E+00	4.076E+00		2.00000E−02	1.306E+01	1.220E+01
	3.00000E−02	1.436E+00	1.164E+00		3.00000E−02	4.080E+00	3.665E+00
	4.00000E−02	7.012E−01	4.782E−01		4.00000E−02	1.830E+00	1.538E+00
	5.00000E−02	4.385E−01	2.430E−01		5.00000E−02	1.019E+00	7.822E−01
	6.00000E−02	3.207E−01	1.434E−01		6.00000E−02	6.578E−01	4.520E−01
	8.00000E−02	2.228E−01	6.896E−02		8.00000E−02	3.656E−01	1.958E−01
	1.00000E−01	1.835E−01	4.513E−02		1.00000E−01	2.571E−01	1.085E−01
	1.50000E−01	1.448E−01	3.086E−02		1.50000E−01	1.674E−01	4.876E−02
	2.00000E−01	1.275E−01	2.905E−02		2.00000E−01	1.376E−01	3.639E−02
	3.00000E−01	1.082E−01	2.932E−02		3.00000E−01	1.116E−01	3.146E−02
	4.00000E−01	9.614E−02	2.968E−02		4.00000E−01	9.783E−02	3.060E−02
	5.00000E−01	8.748E−02	2.971E−02		5.00000E−01	8.851E−02	3.019E−02
	6.00000E−01	8.077E−02	2.951E−02		6.00000E−01	8.148E−02	2.979E−02
	8.00000E−01	7.082E−02	2.875E−02		8.00000E−01	7.122E−02	2.884E−02
	1.00000E+00	6.361E−02	2.778E−02		1.00000E+00	6.388E−02	2.780E−02
	1.25000E+00	5.688E−02	2.652E−02		1.25000E+00	5.709E−02	2.650E−02
	1.50000E+00	5.183E−02	2.535E−02		1.50000E+00	5.207E−02	2.532E−02
	2.00000E+00	4.480E−02	2.345E−02		2.00000E+00	4.524E−02	2.352E−02
	3.00000E+00	3.678E−02	2.101E−02		3.00000E+00	3.780E−02	2.147E−02
	4.00000E−00	3.240E−02	1.963E−02		4.00000E+00	3.395E−02	2.052E−02
	5.00000E−00	2.967E−02	1.878E−02		5.00000E+00	3.170E−02	2.007E−02
	6.00000E−00	2.788E−02	1.827E−02		6.00000E+00	3.035E−02	1.992E−02
	8.00000E+00	2.574E−02	1.773E−02		8.00000E+00	2.892E−02	1.997E−02
	1.00000E+01	2.462E−02	1.753E−02		1.00000E+01	2.839E−02	2.022E−02
	1.50000E+01	2.352E−02	1.746E−02		1.50000E+01	2.838E−02	2.088E−02
	2.00000E+01	2.338E−02	1.757E−02		2.00000E+01	2.903E−02	2.140E−02

续表

	光子能量 (MeV)	钛 $\mu/\rho(cm^2/g)$	$Z=22$ $\mu_{en}/\rho(cm^2/g)$		光子能量 (MeV)	铁 $\mu/\rho(cm^2/g)$	$Z=26$ $\mu_{en}/\rho(cm^2/g)$
	1.00000E−03	5.869E+03	5.860E+03		1.00000E−03	9.085E+03	9.052E+03
	1.50000E−03	2.096E+03	2.091E+03		1.50000E−03	3.399E+03	3.388E+03
	2.00000E−03	9.860E+02	9.824E+02		2.00000E−03	1.626E+03	1.620E+03
	3.00000E−03	3.323E+02	3.295E+02		3.00000E−03	5.576E+02	5.535E+02
	4.00000E−03	1.517E+02	1.494E+02		4.00000E−03	2.567E+02	2.536E+02
	4.96640E−03	8.380E+01	8.188E+01		5.00000E−03	1.398E+02	1.372E+02
K	4.96640E−03	6.878E+02	5.684E+02		6.00000E−03	8.484E+01	8.265E+01
	5.00000E−03	6.838E+02	5.657E+02		7.11200E−03	5.319E+01	5.133E+01
	6.00000E−03	4.323E+02	3.691E+02	K	7.11200E−03	4.076E+02	2.978E+02
	8.00000E−03	2.023E+02	1.793E+02		8.00000E−03	3.056E+02	2.316E+02
	1.00000E−02	1.107E+02	1.001E+02		1.00000E−02	1.706E+02	1.369E+02
	1.50000E−02	3.587E+01	3.311E+01		1.50000E−02	5.708E+02	4.896E+01
	2.00000E−02	1.585E+01	1.465E+01		2.00000E−02	2.568E+02	2.260E+01
	3.00000E−02	4.972E+00	4.488E+00		3.00000E−02	8.176E+00	7.251E+00
	4.00000E−02	2.214E+00	1.904E+00		4.00000E−02	3.629E+00	3.155E+00
	5.00000E−02	1.213E+00	9.737E−01		5.00000E−02	1.958E+00	1.638E+00
	6.00000E−02	7.661E−01	5.634E−01		6.00000E−02	1.205E+00	9.555E−01
	8.00000E−02	4.052E−01	2.422E−01		8.00000E−02	5.952E−01	4.104E−01
	1.00000E−01	2.721E−01	1.312E−01		1.00000E−01	3.717E−01	2.177E−01
	1.50000E−01	1.649E−01	5.393E−02		1.50000E−01	1.964E−01	7.961E−02
	2.00000E−01	1.314E−01	3.726E−02		2.00000E−01	1.460E−01	4.825E−02
	3.00000E−01	1.043E−01	3.007E−02		3.00000E−01	1.099E−01	3.361E−02
	4.00000E−01	9.081E−02	2.864E−02		4.00000E−01	9.400E−02	3.039E−02
	5.00000E−01	8.191E−02	2.804E−02		5.00000E−01	8.414E−02	2.914E−02
	6.00000E−01	7.529E−02	2.756E−02		6.00000E−01	7.704E−02	2.836E−02
	8.00000E−01	6.572E−02	2.661E−02		8.00000E−01	6.699E−02	2.714E−02
	1.00000E+00	5.891E−02	2.561E−02		1.00000E+00	5.995E−02	2.603E−02
	1.25000E+00	5.263E−02	2.439E−02		1.25000E+00	5.350E−02	2.472E−02
	1.50000E+00	4.801E−02	2.330E−02		1.50000E+00	4.883E−02	2.360E−02
	2.00000E+00	4.180E−02	2.166E−02		2.00000E+00	4.265E−02	2.199E−02
	3.00000E+00	3.512E−02	1.989E−02		3.00000E+00	3.621E−02	2.042E−02
	4.00000E+00	3.173E−02	1.913E−02		4.00000E+00	3.312E−02	1.990E−02
	5.00000E+00	2.982E−02	1.884E−02		5.00000E+00	3.146E−02	1.983E−02
	6.00000E+00	2.868E−02	1.879E−02		6.00000E+00	3.057E−02	1.997E−02
	8.00000E+00	2.759E−02	1.899E−02		8.00000E+00	2.991E−02	2.050E−02
	1.00000E+01	2.727E−02	1.933E−02		1.00000E+01	2.994E−02	2.108E−02
	1.50000E+01	2.762E−02	2.013E−02		1.50000E+01	3.092E−02	2.221E−02
	2.00000E+01	2.844E−02	2.067E−02		2.00000E+01	3.224E−02	2.292E−02

续表

	光子能量 (MeV)	铜 $\mu/\rho(cm^2/g)$	$Z=29$ $\mu_{en}/\rho(cm^2/g)$
	1.00000E−03	1.057E+04	1.049E+04
	1.04695E−03	9.307E+03	9.241E+03
	1.09610E−03	8.242E+03	8.186E+03
L1	1.09610E−03	9.347E+03	9.282E+03
	1.50000E−03	4.418E+03	4.393E+03
	2.00000E−03	2.154E+03	2.142E+03
	3.00000E−03	7.488E+02	7.430E+02
	4.00000E−03	3.473E+02	3.432E+02
	5.00000E−03	1.899E+02	1.866E+02
	6.00000E−03	1.156E+02	1.128E+02
	8.00000E−03	5.255E+01	5.054E+01
	8.97890E−03	3.829E+01	3.652E+01
K	8.97890E−03	2.784E+02	1.824E+02
	1.00000E−02	2.159E+02	1.484E+02
	1.50000E−02	7.405E+01	5.788E+01
	2.00000E−02	3.379E+01	2.788E+01
	3.00000E−02	1.092E+01	9.349E+00
	4.00000E−02	4.862E+00	4.163E+00
	5.00000E−02	2.613E+00	2.192E+00
	6.00000E−02	1.593E+00	1.290E+00
	8.00000E−02	7.630E−01	5.581E−01
	1.00000E−01	4.584E−01	2.949E−01
	1.50000E−01	2.217E−01	1.027E−01
	2.00000E−01	1.559E−01	5.781E−02
	3.00000E−01	1.119E−01	3.617E−02
	4.00000E−01	9.413E−02	3.121E−02
	5.00000E−01	8.362E−02	2.933E−02
	6.00000E−01	7.625E−02	2.826E−02
	8.00000E−01	6.605E−02	2.681E−02
	1.00000E+00	5.901E−02	2.562E−02
	1.25000E+00	5.261E−02	2.428E−02
	1.50000E+00	4.803E−02	2.316E−02
	2.00000E+00	4.205E−02	2.160E−02
	3.00000E+00	3.599E−02	2.023E−02
	4.00000E+00	3.318E−02	1.989E−02
	5.00000E+00	3.177E−02	1.998E−02
	6.00000E+00	3.108E−02	2.027E−02
	8.00000E+00	3.074E−02	2.100E−02
	1.00000E+01	3.103E−02	2.174E−02
	1.50000E+01	3.247E−02	2.309E−02
	2.00000E+01	3.408E−02	2.387E−02

	光子能量 (MeV)	镓 $\mu/\rho(cm^2/g)$	$Z=31$ $\mu_{en}/\rho(cm^2/g)$
	1.00000E−03	1.697E+03	1.692E+03
	1.05613E−03	1.492E+03	1.487E+03
	1.11540E−03	1.312E+03	1.307E+03
L3	1.11540E−03	3.990E+03	3.955E+03
	1.12877E−03	4.887E+03	4.842E+03
	1.14230E−03	5.664E+03	5.611E+03
L2	1.14230E−03	7.405E+03	7.332E+03
	1.21752E−03	7.138E+03	7.070E+03
	1.29770E−03	6.358E+03	6.299E+03
L1	1.29770E−03	7.206E+03	7.139E+03
	1.50000E−03	5.087E+03	5.044E+03
	2.00000E−03	2.515E+03	2.496E+03
	3.00000E−03	8.857E+02	8.782E+02
	4.00000E−03	4.130E−02	4.082E+02
	5.00000E−03	2.266E−02	2.229E+02
	6.00000E−03	1.382E−02	1.352E+02
	8.00000E−03	6.302E−01	6.082E+01
	1.00000E−02	3.421E−01	3.250E+01
	1.03671E−02	3.099E−01	2.936E+01
K	1.03671E−02	2.214E−02	1.344E+02
	1.50000E−02	8.537E+01	6.135E+01
	2.00000E−02	3.928E+01	3.059E+01
	3.00000E−02	1.281E+01	1.061E+01
	4.00000E−02	5.726E+00	4.810E+00
	5.00000E−02	3.076E+00	2.560E+00
	6.00000E−02	1.868E+00	1.518E+00
	8.00000E−02	8.823E−01	6.613E−01
	1.00000E−01	5.197E−01	3.497E−01
	1.50000E−01	2.387E−01	1.193E−01
	2.00000E−01	1.619E−01	6.463E−02
	3.00000E−01	1.123E−01	3.782E−02
	4.00000E−01	9.325E−02	3.156E−02
	5.00000E−01	8.236E−02	2.920E−02
	6.00000E−01	7.487E−02	2.793E−02
	8.00000E−01	6.466E−02	2.631E−02
	1.00000E+00	5.767E−02	2.506E−02
	1.25000E+00	5.139E−02	2.371E−02
	1.50000E+00	4.692E−02	2.260E−02
	2.00000E+00	4.113E−02	2.110E−02
	3.00000E+00	3.538E−02	1.986E−02
	4.00000E+00	3.280E−02	1.966E−02
	5.00000E+00	3.156E−02	1.985E−02
	6.00000E+00	3.099E−02	2.021E−02
	8.00000E+00	3.086E−02	2.108E−02
	1.00000E+01	3.120E−02	2.191E−02
	1.50000E+01	3.300E−02	2.339E−02
	2.00000E+01	3.479E−02	2.425E−02

续表

	光子能量 (MeV)	锗 $\mu/\rho(cm^2/g)$	$Z=32$ $\mu_{en}/\rho(cm^2/g)$		光子能量 (MeV)	钼 $\mu/\rho(cm^2/g)$	$Z=42$ $\mu_{en}/\rho(cm^2/g)$
	1.00000E-03	1.893E+03	1.887E+03		1.00000E-03	4.942E+03	4.935E+03
	1.10304E-03	1.502E+03	1.496E+03		1.50000E-03	1.925E+03	1.918E+03
	1.21670E-03	1.190E+03	1.185E+03		2.00000E-03	9.593E+02	9.531E+02
L3	1.21670E-03	4.389E+03	4.343E+03		2.52020E-03	5.415E+02	5.358E+02
	1.23215E-03	4.734E+03	4.684E+03	L3	2.52020E-03	1.979E+03	1.924E+03
	1.24780E-03	4.974E+03	4.922E+03		2.57212E-03	1.854E+03	1.802E+03
L2	1.24780E-03	6.698E+03	6.622E+03		2.62510E-03	1.750E+03	1.703E+03
	1.32844E-03	6.348E+03	6.279E+03	L2	2.62510E-03	2.433E+03	2.360E+03
	1.41430E-03	5.554E+03	5.495E+03		2.74267E-03	2.183E+03	2.119E+03
L1	1.41430E-03	6.287E+03	6.221E+03		2.86550E-03	1.961E+03	1.906E+03
	1.50000E-03	5.475E+03	5.420E+03	L1	2.86550E-03	2.243E+03	2.179E+03
	2.00000E-03	2.711E+03	2.688E+03		3.00000E-03	2.011E+03	1.956E+03
	3.00000E-03	9.613E+02	9.527E+02		4.00000E-03	9.703E+02	9.475E+02
	4.00000E-03	4.497E+02	4.445E+02		5.00000E-03	5.450E+02	5.328E+02
	5.00000E-03	2.472E+02	2.433E+02		6.00000E-03	3.373E+02	3.295E+02
	6.00000E-03	1.509E+02	1.477E+02		8.00000E-03	1.565E+02	1.522E+02
	8.00000E-03	6.890E+01	6.660E+01		1.00000E-02	8.576E+01	8.275E+01
	1.00000E-02	3.742E+01	3.564E+01		1.50000E-02	2.854E+01	2.684E+01
	1.11031E-02	2.811E+01	2.653E+01		1.99995E-02	1.308E+01	1.193E+01
K	1.11031E-02	1.981E+02	1.157E+02	K	1.99995E-02	7.950E+01	3.293E+01
	1.50000E-02	9.152E+01	6.256E+01		2.00000E-02	7.950E+01	3.293E+01
	2.00000E-02	4.222E+01	3.178E+01		3.00000E-02	2.810E+01	1.664E+01
	3.00000E-02	1.385E+01	1.126E+01		4.00000E-02	1.294E+01	8.757E+00
	4.00000E-02	6.207E+00	5.152E+00		5.00000E-02	7.037E+00	5.074E+00
	5.00000E-02	3.335E+00	2.759E+00		6.00000E-02	4.274E+00	3.178E+00
	6.00000E-02	2.023E+00	1.642E+00		8.00000E-02	1.962E+00	1.477E+00
	8.00000E-02	9.501E-01	7.184E-01		1.00000E-01	1.090E+00	8.042E-01
	1.00000E-01	5.550E-01	3.803E-01		1.50000E-01	4.208E-01	2.693E-01
	1.50000E-01	2.491E-01	1.288E-01		2.00000E-01	2.423E-01	1.316E-01
	2.00000E-01	1.661E-01	6.865E-02		3.00000E-01	1.379E-01	5.919E-02
	3.00000E-01	1.131E-01	3.891E-02		4.00000E-01	1.047E-01	4.117E-02
	4.00000E-01	9.327E-02	3.193E-02		5.00000E-01	8.848E-02	3.437E-02
	5.00000E-01	8.212E-02	2.930E-02		6.00000E-01	7.851E-02	3.104E-02
	6.00000E-01	7.452E-02	2.790E-02		8.00000E-01	6.619E-02	2.764E-02
	8.00000E-01	6.426E-02	2.618E-02		1.00000E+00	5.837E-02	2.567E-02
	1.00000E+00	5.727E-02	2.489E-02		1.25000E+00	5.167E-02	2.390E-02
	1.25000E+00	5.101E-02	2.353E-02		1.50000E+00	4.713E-02	2.263E-02
	1.50000E+00	4.657E-02	2.242E-02		2.00000E+00	4.163E-02	2.118E-02
	2.00000E+00	4.086E-02	2.094E-02		3.00000E+00	3.675E-02	2.046E-02
	3.00000E+00	3.524E-02	1.977E-02		4.00000E+00	3.496E-02	2.084E-02
	4.00000E+00	3.275E-02	1.962E-02		5.00000E+00	3.439E-02	2.153E-02
	5.00000E+00	3.158E-02	1.987E-02		6.00000E+00	3.440E-02	2.231E-02
	6.00000E+00	3.107E-02	2.027E-02		8.00000E+00	3.523E-02	2.382E-02
	8.00000E+00	3.103E-02	2.120E-02		1.00000E+01	3.650E-02	2.513E-02
	1.00000E+01	3.156E-02	2.208E-02		1.50000E+01	3.978E-02	2.731E-02
	1.50000E+01	3.340E-02	2.364E-02		2.00000E+01	4.264E-02	2.840E-02
	2.00000E+01	3.528E-02	2.452E-02				

续表

	光子能量 (MeV)	银 $\mu/\rho(cm^2/g)$	Z=47 $\mu_{en}/\rho(cm^2/g)$		光子能量 (MeV)	镉 $\mu/\rho(cm^2/g)$	Z=48 $\mu_{en}/\rho(cm^2/g)$
	1.00000E−03	7.039E+03	7.029E+03		1.00000E−03	7.350E+03	7.340E+03
	1.50000E−03	2.790E+03	2.782E+03		1.50000E−03	2.931E+03	2.922E+03
	2.00000E−03	1.401E+03	1.393E+03		2.00000E−03	1.473E+03	1.466E+03
	3.00000E−03	5.136E+02	5.073E+02		3.00000E−03	5.414E+02	5.350E+02
	3.35110E−03	3.887E+02	3.827E+02		3.53750E−03	3.575E+02	3.517E+02
L3	3.35110E−03	1.274E+03	1.223E+03	L3	3.53750E−03	1.152E+03	1.103E+03
	3.43632E−03	1.200E+03	1.151E+03		3.63101E−03	1.083E+03	1.036E+03
	3.52370E−03	1.126E+03	1.082E+03		3.72700E−03	1.013E+03	9.715E+02
L2	3.52370E−03	1.547E+03	1.479E+03	L2	3.72700E−03	1.389E+03	1.324E+03
	3.66203E−03	1.409E+03	1.348E+03		4.00000E−03	1.170E+03	1.118E+03
	3.80580E−03	1.282E+03	1.229E+03		4.01800E−03	1.157E+03	1.106E+03
L1	3.80580E−03	1.468E+03	1.406E+03	L1	4.01800E−03	1.324E+03	1.264E+03
	4.00000E−03	1.305E+03	1.252E+03		5.00000E−03	7.685E+02	7.383E+02
	5.00000E−03	7.385E+02	7.122E+02		6.00000E−03	4.793E+02	4.619E+02
	6.00000E−03	4.610E+02	4.457E+02		8.00000E−03	2.254E+02	2.174E+02
	8.00000E−03	2.164E+02	2.092E+02		1.00000E−02	1.244E+02	1.197E+02
	1.00000E−02	1.193E+02	1.149E+02		1.50000E−02	4.178E+01	3.952E+01
	1.50000E−02	3.998E+01	3.780E+01		2.00000E−02	1.920E+01	1.776E+01
	2.00000E−02	1.836E+01	1.695E+01		2.67112E−02	8.809E+00	7.863E+00
	2.55140E−02	9.527E+00	8.534E+00	K	2.67112E−02	5.065E+01	1.821E+01
K	2.55140E−02	5.539E+01	2.031E+01		3.00000E−02	3.765E+01	1.594E+01
	3.00000E−02	3.668E+01	1.660E+01		4.00000E−02	1.778E+01	9.812E+00
	4.00000E−02	1.720E+01	9.869E+00		5.00000E−02	9.779E+00	6.115E+00
	5.00000E−02	9.444E+00	6.066E+00		6.00000E−02	5.975E+00	4.001E+00
	6.00000E−02	5.766E+00	3.938E+00		8.00000E−02	2.751E+00	1.957E+00
	8.00000E−02	2.651E+00	1.907E+00		1.00000E−01	1.524E+00	1.096E+00
	1.00000E−01	1.470E+00	1.062E+00		1.50000E−01	5.593E−01	3.753E−01
	1.50000E−01	5.426E−01	3.622E−01		2.00000E−01	3.038E−01	1.813E−01
	2.00000E−01	2.972E−01	1.751E−01		3.00000E−01	1.571E−01	7.580E−02
	3.00000E−01	1.560E−01	7.392E−02		4.00000E−01	1.129E−01	4.868E−02
	4.00000E−01	1.131E−01	4.803E−02		5.00000E−01	9.250E−02	3.838E−02
	5.00000E−01	9.321E−02	3.822E−02		6.00000E−01	8.064E−02	3.339E−02
	6.00000E−01	8.153E−02	3.347E−02		8.00000E−01	6.670E−02	2.854E−02
	8.00000E−01	6.766E−02	2.881E−02		1.00000E+00	5.826E−02	2.597E−02
	1.00000E+00	5.921E−02	2.632E−02		1.25000E+00	5.129E−02	2.387E−02
	1.25000E+00	5.217E−02	2.425E−02		1.50000E+00	4.673E−02	2.247E−02
	1.50000E+00	4.754E−02	2.284E−02		2.00000E+00	4.139E−02	2.099E−02
	2.00000E+00	4.209E−02	2.135E−02		3.00000E+00	3.698E−02	2.051E−02
	3.00000E+00	3.754E−02	2.082E−02		4.00000E+00	3.559E−02	2.114E−02
	4.00000E+00	3.606E−02	2.142E−02		5.00000E+00	3.536E−02	2.206E−02
	5.00000E+00	3.577E−02	2.232E−02		6.00000E+00	3.563E−02	2.300E−02
	6.00000E+00	3.601E−02	2.324E−02		8.00000E+00	3.691E−02	2.477E−02
	8.00000E+00	3.723E−02	2.499E−02		1.00000E+01	3.853E−02	2.625E−02
	1.00000E+01	3.882E−02	2.647E−02		1.50000E+01	4.253E−02	2.869E−02
	1.50000E+01	4.276E−02	2.889E−02		2.00000E+01	4.587E−02	2.985E−02
	2.00000E+01	4.609E−02	3.005E−02				

续表

	光子能量 (MeV)	锡 $\mu/\rho(cm^2/g)$	$Z=50$ $\mu_{en}/\rho(cm^2/g)$
	1.00000E−03	8.157E+03	8.144E+03
	1.50000E−03	3.296E+03	3.287E+03
	2.00000E−03	1.665E+03	1.657E+03
	3.00000E−03	6.143E+02	6.077E+02
	3.92880E−03	3.114E+02	3.058E+02
L3	3.92880E−03	9.285E+02	8.845E+02
	4.00000E−03	9.393E+02	8.945E+02
	4.15610E−03	8.469E+02	8.074E+02
L2	4.15610E−03	1.145E+03	1.084E+03
	4.30764E−03	1.060E+03	1.002E+03
	4.46470E−03	9.712E+02	9.221E+02
L1	4.46470E−03	1.117E+03	1.059E+03
	5.00000E−03	8.471E+02	8.064E+02
	6.00000E−03	5.294E+02	5.065E+02
	8.00000E−03	2.500E+02	2.400E+02
	1.00000E−02	1.384E+02	1.327E+02
	1.50000E−02	4.664E+01	4.413E+01
	2.00000E−02	2.146E+01	1.990E+01
	2.92001E−02	7.760E+00	6.876E+00
K	2.92001E−02	4.360E+01	1.514E+01
	3.00000E−02	4.121E+01	1.490E+01
	4.00000E−02	1.942E+01	9.835E+00
	5.00000E−02	1.070E+01	6.314E+00
	6.00000E−02	6.564E+00	4.211E+00
	8.00000E−02	3.029E+00	2.101E+00
	1.00000E−01	1.676E+00	1.189E+00
	1.50000E−01	6.091E−01	4.119E−01
	2.00000E−01	3.260E−01	1.990E−01
	3.00000E−01	1.639E−01	8.179E−02
	4.00000E−01	1.156E−01	5.138E−02
	5.00000E−01	9.374E−02	3.980E−02
	6.00000E−01	8.113E−02	3.417E−02
	8.00000E−01	6.662E−02	2.878E−02
	1.00000E+00	5.800E−02	2.601E−02
	1.25000E+00	5.095E−02	2.379E−02
	1.50000E+00	4.638E−02	2.233E−02
	2.00000E+00	4.112E−02	2.085E−02
	3.00000E+00	3.686E−02	2.044E−02
	4.00000E+00	3.561E−02	2.115E−02
	5.00000E+00	3.548E−02	2.213E−02
	6.00000E+00	3.583E−02	2.312E−02
	8.00000E+00	3.724E−02	2.496E−02
	1.00000E+01	3.895E−02	2.649E−02
	1.50000E+01	4.315E−02	2.901E−02
	2.00000E+01	4.662E−02	3.018E−02

	光子能量 (MeV)	碲 $\mu/\rho(cm^2/g)$	$Z=52$ $\mu_{en}/\rho(cm^2/g)$
	1.00000E−03	8.434E+03	8.419E+03
	1.00300E−03	8.380E+03	8.365E+03
	1.00600E−03	8.326E+03	8.311E+03
M1	1.00600E−03	8.684E+03	8.668E+03
	1.50000E−03	3.608E+03	3.598E+03
	2.00000E−03	1.832E+03	1.824E+03
	3.00000E−03	6.792E+02	6.726E+02
	4.00000E−03	3.297E+02	3.240E+02
	4.34140E−03	2.678E+02	2.625E+02
L3	4.34140E−03	7.882E+02	7.460E+02
	4.47465E−03	7.504E+02	7.078E+02
	4.61200E−03	6.995E+02	6.629E+02
L2	4.61200E−03	9.445E+02	8.880E+02
	4.77280E−03	8.782E+02	8.237E+02
	4.93920E−03	8.062E+02	7.600E+02
L1	4.93920E−03	9.292E+02	8.744E+02
	5.00000E−03	9.014E+02	8.487E+02
	6.00000E−03	5.721E+02	5.423E+02
	8.00000E−03	2.702E+02	2.578E+02
	1.00000E−02	1.501E+02	1.433E+02
	1.50000E−02	5.078E+01	4.802E+01
	2.00000E−02	2.341E+01	2.175E+01
	3.00000E−02	7.878E+00	6.997E+00
	3.18138E−02	6.738E+00	5.929E+00
K	3.18138E−02	3.719E+01	1.251E+01
	4.00000E−02	2.064E+01	9.480E+00
	5.00000E−02	1.145E+01	6.330E+00
	6.00000E−02	7.041E+00	4.306E+00
	8.00000E−02	3.255E+00	2.195E+00
	1.00000E−01	1.801E+00	1.256E+00
	1.50000E−01	6.492E−01	4.409E−01
	2.00000E−01	3.429E−01	2.132E−01
	3.00000E−01	1.679E−01	8.646E−02
	4.00000E−01	1.163E−01	5.326E−02
	5.00000E−01	9.328E−02	4.055E−02
	6.00000E−01	8.022E−02	3.440E−02
	8.00000E−01	6.538E−02	2.854E−02
	1.00000E+00	5.669E−02	2.559E−02
	1.25000E+00	4.967E−02	2.327E−02
	1.50000E+00	4.518E−02	2.179E−02
	2.00000E+00	4.009E−02	2.033E−02
	3.00000E+00	3.606E−02	1.998E−02
	4.00000E+00	3.494E−02	2.075E−02
	5.00000E+00	3.492E−02	2.177E−02
	6.00000E+00	3.534E−02	2.279E−02
	8.00000E+00	3.683E−02	2.466E−02
	1.00000E+00	3.860E−02	2.620E−02
	1.50000E+01	4.290E−02	2.873E−02
	2.00000E+01	4.642E−02	2.989E−02

续表

	光子能量 (MeV)	钡 $\mu/\rho(cm^2/g)$	$Z=56$ $\mu_{en}/\rho(cm^2/g)$
	1.00000E-03	8.543E+03	8.521E+03
	1.03063E-03	7.990E+03	7.969E+03
	1.06220E-03	7.465E+03	7.445E+03
M3	1.06220E-03	8.547E+03	8.524E+03
	1.09882E-03	7.957E+03	7.935E+03
	1.13670E-03	7.404E+03	7.384E+03
M2	1.13670E-03	7.837E+03	7.815E+03
	1.21224E-03	6.861E+03	6.841E+03
	1.29280E-03	5.985E+03	5.968E+03
M1	1.29280E-03	6.255E+03	6.237E+03
	1.50000E-03	4.499E+03	4.485E+03
	2.00000E-03	2.319E+03	2.308E+03
	3.00000E-03	8.696E+02	8.622E+02
	4.00000E-03	4.246E+02	4.184E+02
	5.00000E-03	2.414E+02	2.361E+02
	5.24700E-03	2.135E+02	2.084E+02
L3	5.24700E-03	6.098E+02	5.689E+02
	5.43204E-03	5.634E+02	5.263E+02
	5.62360E-03	5.169E+02	4.835E+02
L2	5.62360E-03	7.016E+02	6.486E+02
	5.80333E-03	6.507E+02	6.025E+02
	5.98880E-03	6.013E+02	5.577E+02
L1	5.98880E-03	6.930E+02	6.412E+02
	6.00000E-03	6.898E+02	6.383E+02
	8.00000E-03	3.334E+02	3.127E+02
	1.00000E-02	1.860E+02	1.754E+02
	1.50000E-02	6.347E+01	5.972E+01
	2.00000E-02	2.938E+01	2.730E+01
	3.00000E-02	9.904E+00	8.875E+00
	3.74406E-02	5.498E+00	4.768E+00
K	3.74406E-02	2.919E+01	9.346E+00
	4.00000E-02	2.457E+01	8.842E+00
	5.00000E-02	1.379E+01	6.534E+00
	6.00000E-02	8.511E+00	4.660E+00
	8.00000E-02	3.963E+00	2.501E+00
	1.00000E-01	2.196E+00	1.470E+00
	1.50000E-01	7.828E-01	5.309E-01
	2.00000E-01	4.046E-01	2.583E-01
	3.00000E-01	1.891E-01	1.028E-01
	4.00000E-01	1.265E-01	6.125E-02
	5.00000E-01	9.923E-02	4.521E-02
	6.00000E-01	8.410E-02	3.743E-02
	8.00000E-01	6.744E-02	3.011E-02
	1.00000E+00	5.803E-02	2.657E-02
	1.25000E+00	5.058E-02	2.388E-02
	1.50000E+00	4.592E-02	2.224E-02
	2.00000E+00	4.078E-02	2.069E-02
	3.00000E+00	3.692E-02	2.044E-02
	4.00000E+00	3.598E-02	2.135E-02
	5.00000E+00	3.612E-02	2.250E-02
	6.00000E+00	3.669E-02	2.363E-02
	8.00000E+00	3.844E-02	2.566E-02
	1.00000E+01	4.042E-02	2.731E-02
	1.50000E+01	4.518E-02	3.003E-02
	2.00000E+01	4.902E-02	3.126E-02

	光子能量 (MeV)	钆 $\mu/\rho(cm^2/g)$	$Z=64$ $\mu_{en}/\rho(cm^2/g)$
	1.00000E-03	2.291E+03	2.281E+03
	1.08867E-03	1.960E+03	1.949E+03
	1.18520E-03	1.668E+03	1.658E+03
M5	1.18520E-03	1.931E+03	1.919E+03
	1.20109E-03	2.527E+03	2.510E+03
	1.21720E-03	3.961E+03	3.934E+03
M4	1.21720E-03	4.764E+03	4.731E+03
	1.50000E-03	5.041E+03	5.008E+03
	1.54400E-03	4.701E+03	4.670E+03
M3	1.54400E-03	5.432E+03	5.395E+03
	1.61454E-03	4.900E+03	4.867E+03
	1.68830E-03	4.421E+03	4.391E+03
M2	1.68830E-03	4.694E+03	4.662E+03
	1.78195E-03	4.164E+03	4.136E+03
	1.88080E-03	3.691E+03	3.666E+03
M1	1.88080E-03	3.854E+03	3.829E+03
	2.00000E-03	3.360E+03	3.337E+03
	3.00000E-03	1.292E+03	1.280E+03
	4.00000E-03	6.380E+02	6.296E+02
	5.00000E-03	3.653E+02	3.584E+02
	6.00000E-03	2.305E+02	2.246E+02
	7.24280E-03	1.429E+02	1.379E+02
L3	7.24280E-03	3.844E+02	3.452E+02
	7.57876E-03	3.427E+02	3.088E+02
	7.93030E-03	3.049E+02	2.755E+02
L2	7.93030E-03	4.149E+02	3.665E+02
	8.00000E-03	4.068E+02	3.595E+02
	8.37560E-03	3.631E+02	3.223E+02
L1	8.37560E-03	4.190E+02	3.702E+02
	1.00000E-02	2.693E+02	2.416E+02
	1.50000E-02	9.335E+01	8.538E+01
	2.00000E-02	4.363E+01	3.994E+01
	3.00000E-02	1.484E+01	1.333E+01
	4.00000E-02	6.920E+00	6.033E+00
	5.00000E-02	3.859E+00	3.242E+00
	5.02391E-02	3.812E+00	3.199E+00
K	5.02391E-02	1.864E+01	5.585E+00
	6.00000E-02	1.175E+01	4.722E+00
	8.00000E-02	5.573E+00	2.937E+00
	1.00000E-01	3.109E+00	1.849E+00
	1.50000E-01	1.100E+00	7.197E-01
	2.00000E-01	5.534E-01	3.584E-01
	3.00000E-01	2.410E-01	1.409E-01
	4.00000E-01	1.517E-01	8.039E-02
	5.00000E-01	1.139E-01	5.650E-02
	6.00000E-01	9.371E-02	4.483E-02
	8.00000E-01	7.252E-02	3.399E-02
	1.00000E+00	6.120E-02	2.893E-02
	1.25000E+00	5.262E-02	2.530E-02
	1.50000E+00	4.759E-02	2.325E-02
	2.00000E+00	4.228E-02	2.144E-02
	3.00000E+00	3.865E-02	2.129E-02
	4.00000E+00	3.802E-02	2.241E-02
	5.00000E+00	3.844E-02	2.374E-02
	6.00000E+00	3.928E-02	2.502E-02
	8.00000E+00	4.147E-02	2.725E-02
	1.00000E+01	4.384E-02	2.902E-02
	1.50000E+01	4.943E-02	3.188E-02
	2.00000E+01	5.385E-02	3.306E-02

续表

	光子能量 (MeV)	钨 $\mu/\rho(cm^2/g)$	$Z=74$ $\mu_{en}/\rho(cm^2/g)$		光子能量 (MeV)	汞 $\mu/\rho(cm^2/g)$	$Z=80$ $\mu_{en}/\rho(cm^2/g)$
	1.00000E−03	3.683E+03	3.671E+03		1.00000E−03	4.830E+03	4.817E+03
	1.50000E−03	1.643E+03	1.632E+03		1.50000E−03	2.174E+03	2.161E+03
	1.80920E−03	1.108E+03	1.097E+03		2.00000E−03	1.184E+03	1.172E+03
M5	1.80920E−03	1.327E+03	1.311E+03		2.29490E−03	8.773E+02	8.660E+02
	1.84014E−03	1.911E+03	1.883E+03	M5	2.29490E−03	9.925E+02	9.778E+02
	1.87160E−03	2.901E+03	2.853E+03		2.33947E−03	1.407E+03	1.378E+03
M4	1.87160E−03	3.170E+03	3.116E+03		2.38490E−03	2.151E+03	2.101E+03
	2.00000E−03	3.922E+03	3.853E+03	M4	2.38490E−03	2.316E+03	2.261E+03
	2.28100E−03	2.828E+03	2.781E+03		2.60577E−03	2.257E+03	2.202E+03
M3	2.28100E−03	3.279E+03	3.226E+03		2.84710E−03	2.080E+03	2.030E+03
	2.42350E−03	2.833E+03	2.786E+03	M3	2.84710E−03	2.400E+03	2.343E+03
	2.57490E−03	2.445E+03	2.407E+03		3.00000E−03	2.117E+03	2.069E+03
M2	2.57490E−03	2.599E+03	2.558E+03		3.27850E−03	1.704E+03	1.666E+03
	2.69447E−03	2.339E+03	2.301E+03	M2	3.27850E−03	1.808E+03	1.767E+03
	2.81960E−03	2.104E+03	2.071E+03		3.41712E−03	1.638E+03	1.600E+03
M1	2.81960E−03	2.194E+03	2.160E+03		3.56160E−03	1.486E+03	1.454E+03
	3.00000E−03	1.902E+03	1.873E+03	M1	3.56160E−03	1.549E+03	1.515E+03
	4.00000E−03	9.564E+02	9.405E+02		4.00000E−03	1.179E+03	1.153E+03
	5.00000E−03	5.534E+02	5.423E+02		5.00000E−03	6.869E+02	6.710E+02
	6.00000E−03	3.514E+02	3.428E+02		6.00000E−03	4.387E+02	4.272E+02
	8.00000E−03	1.705E+02	1.643E+02		8.00000E−03	2.140E+02	2.065E+02
	1.00000E−02	9.691E+01	9.204E+01		1.00000E−02	1.221E+02	1.164E+02
	1.02068E−02	9.201E+01	8.724E+01		1.22839E−02	7.266E+01	6.821E+01
L3	1.02068E−02	2.334E+02	1.966E+02	L3	1.22839E−02	1.780E+02	1.437E+02
	1.08548E−02	1.983E+02	1.684E+02		1.32113E−02	1.464E+02	1.197E+02
	1.15440E−02	1.689E+02	1.444E+02		1.42087E−02	1.209E+02	9.988E+01
L2	1.15440E−02	2.312E+02	1.889E+02	L2	1.42087E−02	1.663E+02	1.289E+02
	1.18186E−02	2.268E+02	1.797E+02		1.45206E−02	1.674E+02	1.233E+02
	1.20998E−02	2.065E+02	1.699E+02		1.48393E−02	1.501E+02	1.173E+02
L1	1.20998E−02	2.382E+02	1.948E+02	L1	1.48393E−02	1.728E+02	1.340E+02
	1.50000E−02	1.389E+02	1.172E+02		1.50000E−02	1.681E+02	1.307E+02
	2.00000E−02	6.573E+01	5.697E+01		2.00000E−02	8.123E+01	6.647E+01
	3.00000E−02	2.273E+01	1.901E+01		3.00000E−02	2.841E+01	2.410E+01
	4.00000E−02	1.067E+01	9.240E+00		4.00000E−02	1.342E+01	1.141E+01
	5.00000E−02	5.949E+00	5.050E+00		5.00000E−02	7.504E+00	6.321E+00
	6.00000E−02	3.713E+00	3.070E+00		6.00000E−02	4.683E+00	3.878E+00
	6.95250E−02	2.552E+00	2.049E+00		8.00000E−02	2.259E+00	1.782E+00
K	6.95250E−02	1.123E+01	3.212E+00		8.31023E−02	2.055E+00	1.607E+00
	8.00000E−02	7.810E+00	2.879E+00	K	8.31023E−02	8.464E+00	2.384E+00
	1.00000E−01	4.438E+00	2.100E+00		1.00000E−01	5.279E+00	2.043E+00
	1.50000E−01	1.581E+00	9.378E−01		1.50000E−01	1.909E+00	1.036E+00
	2.00000E−01	7.844E−01	4.913E−01		2.00000E−01	9.456E−01	5.661E−01
	3.00000E−01	3.238E−01	1.973E−01		3.00000E−01	3.834E−01	2.342E−01
	4.00000E−01	1.925E−01	1.100E−01		4.00000E−01	2.224E−01	1.304E−01
	5.00000E−01	1.378E−01	7.440E−02		5.00000E−01	1.555E−01	8.711E−02
	6.00000E−01	1.093E−01	5.673E−02		6.00000E−01	1.210E−01	6.536E−02
	8.00000E−01	8.066E−02	4.028E−02		8.00000E−01	8.679E−02	4.493E−02
	1.00000E+00	6.618E−02	3.276E−02		1.00000E+00	6.993E−02	3.563E−02
	1.25000E+00	5.577E−02	2.761E−02		1.25000E+00	5.814E−02	2.936E−02
	1.50000E+00	5.000E−02	2.484E−02		1.50000E+00	5.179E−02	2.605E−02
	2.00000E+00	4.433E−02	2.256E−02		2.00000E+00	4.575E−02	2.339E−02
	3.00000E+00	4.075E−02	2.236E−02		3.00000E+00	4.207E−02	2.307E−02
	4.00000E+00	4.038E−02	2.363E−02		4.00000E+00	4.172E−02	2.436E−02
	5.00000E+00	4.103E−02	2.510E−02		5.00000E+00	4.246E−02	2.586E−02
	6.00000E+00	4.210E−02	2.649E−02		6.00000E+00	4.362E−02	2.730E−02
	8.00000E+00	4.472E−02	2.886E−02		8.00000E+00	4.643E−02	2.975E−02
	1.00000E+01	4.747E−02	3.072E−02		1.00000E+01	4.937E−02	3.165E−02
	1.50000E+01	5.384E−02	3.360E−02		1.50000E+01	5.613E−02	3.460E−02
	2.00000E+01	5.893E−02	3.475E−02		2.00000E+01	6.154E−02	3.576E−02

续表

	光子能量 (MeV)	铅 $\mu/\rho(cm^2/g)$	Z=82 $\mu_{en}/\rho(cm^2/g)$		光子能量 (MeV)	铅 $\mu/\rho(cm^2/g)$	Z=82 $\mu_{en}/\rho(cm^2/g)$
	1.00000E-03	5.210E+03	5.197E+03	L1	1.58608E-02	1.548E+02	1.180E+02
	1.50000E-03	2.356E+03	2.344E+03		2.00000E-02	8.636E+01	6.899E+01
	2.00000E-03	1.285E+03	1.274E+03		3.00000E-02	3.032E+01	2.536E+01
	2.48400E-03	8.006E+02	7.895E+02		4.00000E-02	1.436E+01	1.211E+01
M5	2.48400E-03	1.397E+03	1.366E+03		5.00000E-02	8.041E+00	6.740E+00
	2.53429E-03	1.726E+03	1.682E+03		6.00000E-02	5.021E+00	4.149E+00
	2.58560E-03	1.944E+03	1.895E+03		8.00000E-02	2.419E+00	1.916E+00
M4	2.58560E-03	2.458E+03	2.390E+03		8.80045E-02	1.910E+00	1.482E+00
	3.00000E-03	1.965E+03	1.913E+03	K	8.80045E-02	7.683E+00	2.160E+00
	3.06640E-03	1.857E+03	1.808E+03		1.00000E-01	5.549E+00	1.976E+00
M3	3.06640E-03	2.146E+03	2.090E+03		1.50000E-01	2.014E+00	1.056E+00
	3.30130E-03	1.796E+03	1.748E+03		2.00000E-01	9.985E-01	5.870E-01
	3.55420E-03	1.496E+03	1.459E+03		3.00000E-01	4.031E-01	2.455E-01
M2	3.55420E-03	1.585E+03	1.546E+03		4.00000E-01	2.323E-01	1.370E-01
	3.69948E-03	1.442E+03	1.405E+03		5.00000E-01	1.614E-01	9.128E-02
	3.85070E-03	1.311E+03	1.279E+03		6.00000E-01	1.248E-01	6.819E-02
M1	3.85070E-03	1.368E+03	1.335E+03		8.00000E-01	8.870E-02	4.644E-02
	4.00000E-03	1.251E+03	1.221E+03		1.00000E+00	7.102E-02	3.654E-02
	5.00000E-03	7.304E+02	7.124E+02		1.25000E+00	5.876E-02	2.988E-02
	6.00000E-03	4.672E+02	4.546E+02		1.50000E+00	5.222E-02	2.640E-02
	8.00000E-03	2.287E+02	2.207E+02		2.00000E+00	4.606E-02	2.360E-02
	1.00000E-02	1.306E+02	1.247E+02		3.00000E+00	4.234E-02	2.322E-02
	1.30352E-02	6.701E+01	6.270E+01		4.00000E+00	4.197E-02	2.449E-02
L3	1.30352E-02	1.621E+02	1.291E+02		5.00000E+00	4.272E-02	2.600E-02
	1.50000E-02	1.116E+02	9.100E+01		6.00000E+00	4.391E-02	2.744E-02
	1.52000E-02	1.078E+02	8.807E+01		8.00000E+00	4.675E-02	2.989E-02
L2	1.52000E-02	1.485E+02	1.131E+02		1.00000E+01	4.972E-02	3.181E-02
	1.55269E-02	1.416E+02	1.083E+02		1.50000E+01	5.658E-02	3.478E-02
	1.58608E-02	1.344E+02	1.032E+02		2.00000E+01	6.206E-02	3.595E-02

a. μ/ρ 包括光电效应、相干(瑞利)和不相干(康普顿)散射，以及电子对生成三种效应的截面，后者包括在核场及原子电子场中生成两种情况。光核截面、核共振散射和德布吕克散射不包括在内，以下续表同。

资料来源：Bernard shleien et al，1998。

表 3.3 某些物质的质量减弱系数和质能吸收系数[a]

	光子能量(MeV)	空气(干燥,近海平面)		光子能量(MeV)	胶木	
		μ/ρ(cm^2/g)	μ_{en}/ρ(cm^2/g)		μ/ρ(cm^2/g)	μ_{en}/ρ(cm^2/g)
	1.00000E−03	3.606E+03	3.599E+03	1.00000E−03	2.484E+03	2.480E+03
	1.50000E−03	1.191E+03	1.188E+03	1.50000E−03	8.027E+02	8.010E+02
	2.00000E−03	5.279E+02	5.262E+02	2.00000E−03	3.512E+02	3.500E+02
	3.00000E−03	1.625E+02	1.614E+02	3.00000E−03	1.065E+02	1.057E+02
	3.20290E−03	1.340E+02	1.330E+02	4.00000E−03	4.494E+01	4.433E+01
18K	3.20290E−03	1.485E+02	1.460E+02	5.00000E−03	2.288E+01	2.237E+01
	4.00000E−03	7.788E+01	7.636E+01	6.00000E−03	1.315E+01	1.272E+01
	5.00000E−03	4.027E+01	3.931E+01	8.00000E−03	5.521E+00	5.162E+00
	6.00000E−03	2.341E+01	2.270E+01	1.00000E−02	2.860E+00	2.545E+00
	8.00000E−03	9.921E+00	9.446E+00	1.50000E−02	9.552E−01	6.961E−01
	1.00000E−02	5.120E+00	4.742E+00	2.00000E−02	5.089E−01	2.779E−01
	1.50000E−02	1.614E+00	1.334E+00	3.00000E−02	2.824E−01	8.135E−02
	2.00000E−02	7.779E−01	5.389E−01	4.00000E−02	2.241E−01	3.988E−02
	3.00000E−02	3.538E−01	1.537E−01	5.00000E−02	2.000E−01	2.754E−02
	4.00000E−02	2.485E−01	6.833E−02	6.00000E−02	1.866E−01	2.340E−02
	5.00000E−02	2.080E−01	4.098E−02	8.00000E−02	1.707E−01	2.200E−02
	6.00000E−02	1.875E−01	3.041E−02	1.00000E−01	1.602E−01	2.292E−02
	8.00000E−02	1.662E−01	2.407E−02	1.50000E−01	1.424E−01	2.594E−02
	1.00000E−01	1.541E−01	2.325E−02	2.00000E−01	1.300E−01	2.809E−02
	1.50000E−01	1.356E−01	2.496E−02	3.00000E−01	1.127E−01	3.033E−02
	2.00000E−01	1.233E−01	2.672E−02	4.00000E−01	1.009E−01	3.118E−02
	3.00000E−01	1.067E−01	2.872E−02	5.00000E−01	9.210E−02	3.138E−02
	4.00000E−01	9.549E−02	2.949E−02	6.00000E−01	8.516E−02	3.124E−02
	5.00000E−01	8.712E−02	2.966E−02	8.00000E−01	7.478E−02	3.049E−02
	6.00000E−01	8.055E−02	2.953E−02	1.00000E+00	6.723E−02	2.951E−02
	8.00000E−01	7.074E−02	2.882E−02	1.25000E+00	6.013E−02	2.821E−02
	1.00000E+00	6.358E−02	2.789E−02	1.50000E+00	5.472E−02	2.696E−02
	1.25000E+00	5.687E−02	2.666E−02	2.00000E+00	4.694E−02	2.479E−02
	1.50000E+00	5.175E−02	2.547E−02	3.00000E+00	3.761E−02	2.163E−02
	2.00000E+00	4.447E−02	2.345E−02	4.00000E+00	3.215E−02	1.951E−02
	3.00000E+00	3.581E−02	2.057E−02	5.00000E+00	2.854E−02	1.802E−02
	4.00000E+00	3.079E−02	1.870E−02	6.00000E+00	2.599E−02	1.692E−02
	5.00000E+00	2.751E−02	1.740E−02	8.00000E+00	2.264E−02	1.543E−02
	6.00000E+00	2.522E−02	1.647E−02	1.00000E+01	2.055E−02	1.447E−02
	8.00000E+00	2.225E−02	1.525E−02	1.50000E+01	1.775E−02	1.315E−02
	1.00000E+01	2.045E−02	1.450E−02	2.00000E+01	1.641E−02	1.249E−02
	1.50000E+01	1.810E−02	1.353E−02			
	2.00000E+01	1.705E−02	1.311E−02			

续表

	普通混凝土		
	光子能量(MeV)	$\mu/\rho(cm^2/g)$	$\mu_{en}/\rho(cm^2/g)$
	1.00000E−03	3.466E+03	3.456E+03
	1.03542E−03	3.164E+03	3.156E+03
	1.07210E−03	2.889E+03	2.880E+03
11K	1.07210E−03	2.978E+03	2.968E+03
	1.18283E−03	2.302E+03	2.295E+03
	1.30500E−03	1.775E+03	1.769E+03
12K	1.30500E−03	1.781E+03	1.775E+03
	1.50000E−03	1.227E+03	1.223E+03
	1.55960E−03	1.104E+03	1.100E+03
13K	1.55960E−03	1.176E+03	1.169E+03
	1.69350E−03	9.419E+02	9.365E+02
	1.83890E−03	7.525E+02	7.482E+02
14K	1.83890E−03	1.631E+03	1.587E+03
	2.00000E−03	1.368E+03	1.333E+03
	3.00000E−03	4.646E+02	4.552E+02
	3.60740E−03	2.804E+02	2.751E+02
19K	3.60740E−03	2.911E+02	2.844E+02
	4.00000E−03	2.188E+02	2.139E+02
	4.03810E−03	2.131E+02	2.084E+02
20K	4.03810E−03	2.520E+02	2.415E+02
	5.00000E−03	1.401E+02	1.348E+02
	6.00000E−03	8.401E+01	8.094E+01
	7.11200E−03	5.187E+01	4.995E+01
26K	7.11200E−03	5.415E+01	5.153E+01
	8.00000E−03	3.878E+01	3.689E+01
	1.00000E−02	2.045E+01	1.937E+01
	1.50000E−02	6.351E+00	5.855E+00
	2.00000E−02	2.806E+00	2.462E+00
	3.00000E−02	9.601E−01	7.157E−01
	4.00000E−02	5.058E−01	2.995E−01
	5.00000E−02	3.412E−01	1.563E−01
	6.00000E−02	2.660E−01	9.554E−02
	8.00000E−02	2.014E−01	5.050E−02
	1.00000E−01	1.738E−01	3.649E−02
	1.50000E−01	1.436E−01	2.897E−02
	2.00000E−01	1.282E−01	2.868E−02
	3.00000E−01	1.097E−01	2.969E−02
	4.00000E−01	9.783E−02	3.024E−02
	5.00000E−01	8.915E−02	3.033E−02
	6.00000E−01	8.236E−02	3.015E−02
	8.00000E−01	7.227E−02	2.940E−02
	1.00000E+00	6.495E−02	2.843E−02
	1.25000E+00	5.807E−02	2.716E−02
	1.50000E+00	5.288E−02	2.595E−02
	2.00000E+00	4.557E−02	2.395E−02
	3.00000E+00	3.701E−02	2.120E−02
	4.00000E+00	3.217E−02	1.951E−02
	5.00000E+00	2.908E−02	1.840E−02
	6.00000E+00	2.697E−02	1.763E−02
	8.00000E+00	2.432E−02	1.669E−02
	1.00000E+01	2.278E−02	1.617E−02
	1.50000E+01	2.096E−02	1.559E−02
	2.00000E+01	2.030E−02	1.539E−02

聚甲基丙烯酸甲酯(有机玻璃)		
光子能量(MeV)	$\mu/\rho(cm^2/g)$	$\mu_{en}/\rho(cm^2/g)$
1.00000E−03	2.794E+03	2.788E+03
1.50000E−03	9.153E+02	9.131E+02
2.00000E−03	4.037E+02	4.024E+02
3.00000E−03	1.236E+02	1.228E+02
4.00000E−03	5.247E+01	5.181E+01
5.00000E−03	2.681E+01	2.627E+01
6.00000E−03	1.545E+01	1.498E+01
8.00000E−03	6.494E+00	6.114E+00
1.00000E−02	3.357E+00	3.026E+00
1.50000E−02	1.101E+00	8.324E−01
2.00000E−02	5.714E−01	3.328E−01
3.00000E−02	3.032E−01	9.645E−02
4.00000E−02	2.350E−01	4.599E−02
5.00000E−02	2.074E−01	3.067E−02
6.00000E−02	1.924E−01	2.530E−02
8.00000E−02	1.751E−01	2.302E−02
1.00000E−01	1.641E−01	2.368E−02
1.50000E−01	1.456E−01	2.657E−02
2.00000E−01	1.328E−01	2.872E−02
3.00000E−01	1.152E−01	3.099E−02
4.00000E−01	1.031E−01	3.185E−02
5.00000E−01	9.410E−02	3.206E−02
6.00000E−01	8.701E−02	3.191E−02
8.00000E−01	7.641E−02	3.116E−02
1.00000E+00	6.870E−02	3.015E−02
1.25000E+00	6.143E−02	2.882E−02
1.50000E+00	5.591E−02	2.755E−02
2.00000E+00	4.796E−02	2.533E−02
3.00000E+00	3.844E−02	2.210E−02
4.00000E+00	3.286E−02	1.995E−02
5.00000E+00	2.919E−02	1.843E−02
6.00000E+00	2.659E−02	1.731E−02
8.00000E+00	2.317E−02	1.579E−02
1.00000E+01	2.105E−02	1.482E−02
1.50000E+01	1.820E−02	1.348E−02
2.00000E+01	1.684E−02	1.282E−02

续表

聚苯乙烯			液态水		
光子能量(MeV)	μ/ρ(cm^2/g)	μ_{en}/ρ(cm^2/g)	光子能量(MeV)	μ/ρ(cm^2/g)	μ_{en}/ρ(cm^2/g)
1.00000E－03	2.040E＋03	2.038E＋03	1.00000E－03	4.078E＋03	4.065E＋03
1.50000E－03	6.462E＋02	6.450E＋02	1.50000E－03	1.376E＋03	1.372E＋03
2.00000E－03	2.792E＋02	2.783E＋02	2.00000E－03	6.173E＋02	6.152E＋02
3.00000E－03	8.338E＋01	8.271E＋01	3.00000E－03	1.929E＋02	1.917E＋02
4.00000E－03	3.489E＋01	3.435E＋01	4.00000E－03	8.278E＋01	8.191E＋01
5.00000E－03	1.767E＋01	1.721E＋01	5.00000E－03	4.258E＋01	4.188E＋01
6.00000E－03	1.013E＋01	9.730E＋00	6.00000E－03	2.464E＋01	2.405E＋01
8.00000E－03	4.252E＋00	3.915E＋00	8.00000E－03	1.037E＋01	9.915E＋00
1.00000E－02	2.219E＋00	1.918E＋00	1.00000E－02	5.329E＋00	4.944E＋00
1.50000E－02	7.738E－01	5.200E－01	1.50000E－02	1.673E＋00	1.374E＋00
2.00000E－02	4.363E－01	2.075E－01	2.00000E－02	8.096E－01	5.503E－01
3.00000E－02	2.640E－01	6.246E－02	3.00000E－02	3.756E－01	1.557E－01
4.00000E－02	2.183E－01	3.264E－02	4.00000E－02	2.683E－01	6.947E－02
5.00000E－02	1.986E－01	2.421E－02	5.00000E－02	2.269E－01	4.223E－02
6.00000E－02	1.870E－01	2.172E－02	6.00000E－02	2.059E－01	3.190E－02
8.00000E－02	1.725E－01	2.160E－02	8.00000E－02	1.837E－01	2.597E－02
1.00000E－01	1.624E－01	2.296E－02	1.00000E－01	1.707E－01	2.546E－02
1.50000E－01	1.448E－01	2.632E－02	1.50000E－01	1.505E－01	2.764E－02
2.00000E－01	1.322E－01	2.857E－02	2.00000E－01	1.370E－01	2.967E－02
3.00000E－01	1.147E－01	3.088E－02	3.00000E－01	1.186E－01	3.192E－02
4.00000E－01	1.027E－01	3.175E－02	4.00000E－01	1.061E－01	3.279E－02
5.00000E－01	9.379E－02	3.196E－02	5.00000E－01	9.687E－02	3.299E－02
6.00000E－01	8.672E－02	3.182E－02	6.00000E－01	8.956E－02	3.284E－02
8.00000E－01	7.615E－02	3.106E－02	8.00000E－01	7.865E－02	3.206E－02
1.00000E＋00	6.847E－02	3.006E－02	1.00000E＋00	7.072E－02	3.103E－02
1.25000E＋00	6.123E－02	2.874E－02	1.25000E＋00	6.323E－02	2.965E－02
1.50000E＋00	5.573E－02	2.747E－02	1.50000E＋00	5.754E－02	2.833E－02
2.00000E＋00	4.777E－02	2.524E－02	2.00000E＋00	4.942E－02	2.608E－02
3.00000E＋00	3.822E－02	2.199E－02	3.00000E＋00	3.969E－02	2.281E－02
4.00000E＋00	3.261E－02	1.979E－02	4.00000E＋00	3.403E－02	2.066E－02
5.00000E＋00	2.889E－02	1.824E－02	5.00000E＋00	3.031E－02	1.915E－02
6.00000E＋00	2.626E－02	1.708E－02	6.00000E＋00	2.770E－02	1.806E－02
8.00000E＋00	2.278E－02	1.550E－02	8.00000E＋00	2.429E－02	1.658E－02
1.00000E＋01	2.060E－02	1.448E－02	1.00000E＋01	2.219E－02	1.566E－02
1.50000E＋01	1.763E－02	1.305E－02	1.50000E＋01	1.941E－02	1.441E－02
2.00000E＋01	1.620E－02	1.232E－02	2.00000E＋01	1.813E－02	1.382E－02

a. μ/ρ 包括光电效应、相干(瑞利)和不相干(康普顿)散射，以及电子对生成三种效应的截面，后者包括在核场及原子电子场中生成两种情况。光核截面、核共振散射及德布吕克散射不包括在内。

资料来源：Bernard Shleien et al，1998。

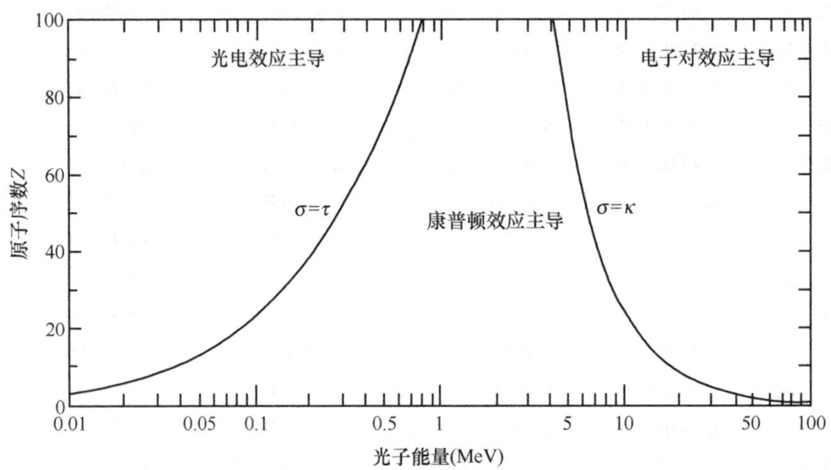

图 3.1 光子与物质相互作用的等截面线

横坐标是入射光子能量 $h\nu$。纵坐标 Z 是吸收物质原子的原子序数。在“康普顿效应占主导”的整个中能光子区，康普顿效应比任何其他效应具有更大的截面(NCRP 108,1991)

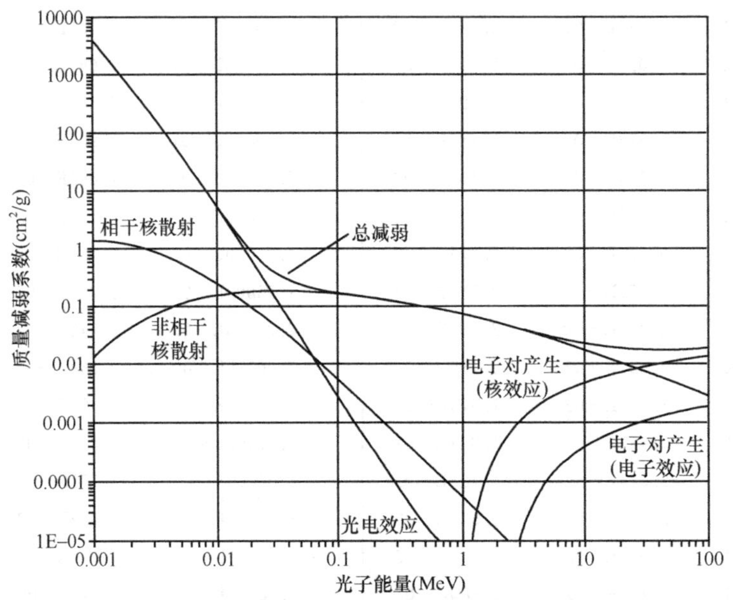

图 3.2 光子在水中的质量减弱系数

(Berger et al,1987)

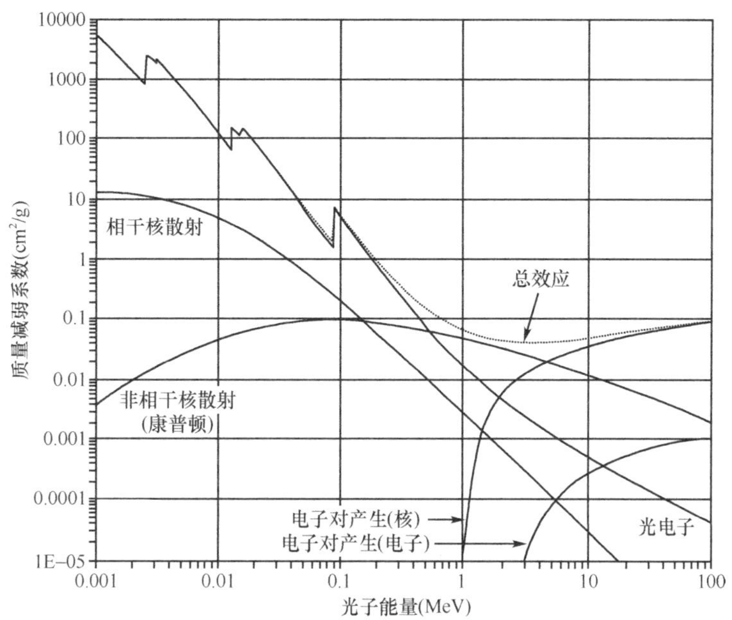

图 3.3　光子在铅中的质量减弱系数

(Berger et al,1987)

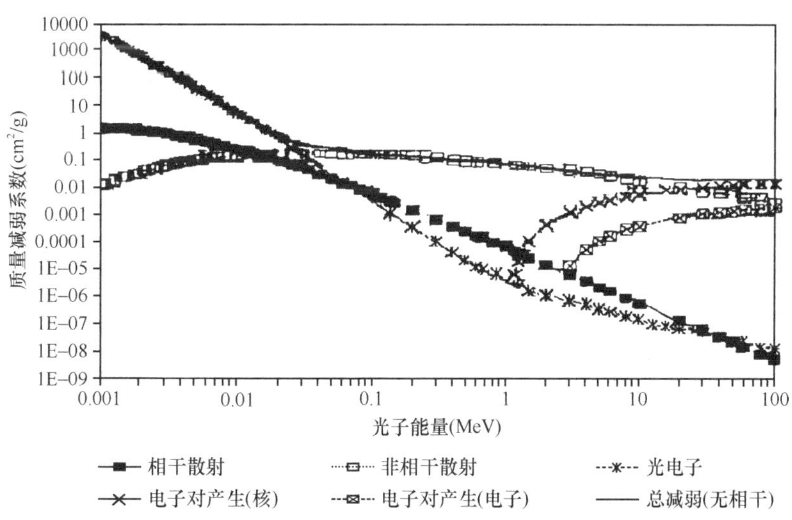

图 3.4　光子在空气中的质量减弱系数

(Berger et al,1987)

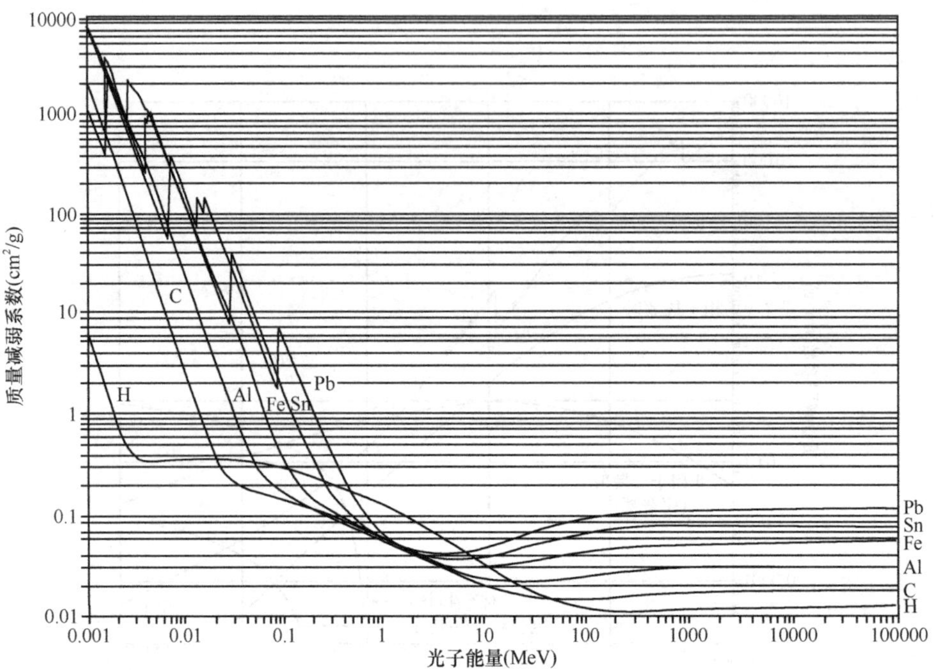

图 3.5 某些元素的质量减弱系数(不包括相干散射)

(Bernard Shleien et al,1998)

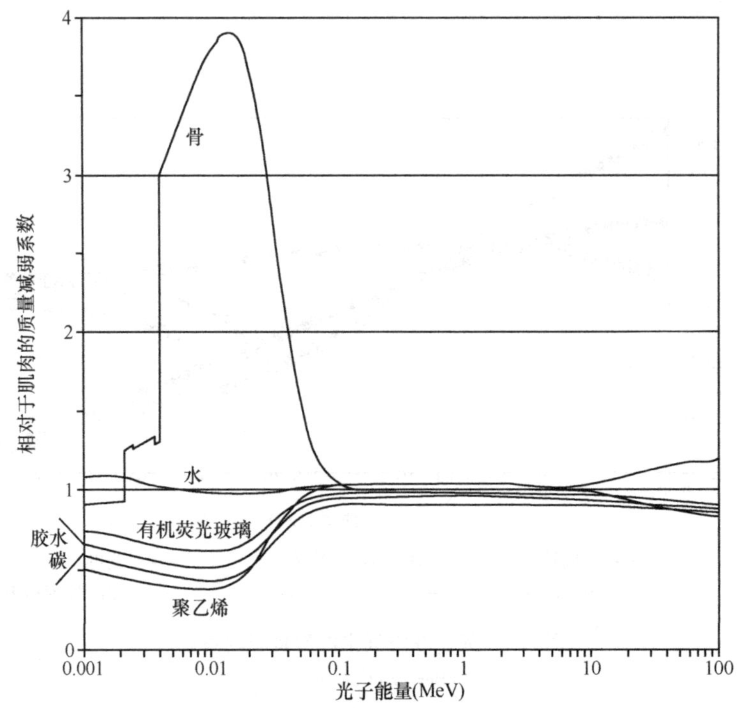

图 3.6 几种物质相对于肌肉的光子质量减弱系数(不包括相干散射)

(Bernard Shleien et al,1998)

3.2 带电粒子与物质相互作用

表 3.4 低 Z 物质中 β 射线剂量的相对减弱(与在空气中比较)

介质	相对阻止本领	$\overline{Z}$	相对减弱($\eta_{空气}$)	介质	相对阻止本领	$\overline{Z}$	相对减弱($\eta_{空气}$)
铍	0.927	4.0	0.83	甲烷	1.352	4.0	1.22
乙烷	1.288	4.33	1.18	蒽	1.088	5.47	1.03
聚乙烯	1.205	4.75	1.12	异丁烯酸甲脂(硬有机玻璃)	1.114	5.85	1.06
聚苯乙烯	1.118	5.29	1.04				
碳	1.007	6.00	0.96	聚脂薄膜	1.066	6.24	1.03
水	1.150	6.60	1.12	ICRP 肌肉	1.136	6.65	1.11
空气	1.00	7.36	1.00	ICRP 脂肪组织	1.169	5.35	1.10
“骨”[a]	1.063	8.74	1.09	CO_2	1.002	7.45	0.99
铝	0.890	13.0	1.00	聚四氟乙烯	1.032	8.25	1.05
氩	0.808	18.0	1.00				

a. 指平均原子序数为 8.74 的体模中组织等效骨骼。

注:原数据表的含义为,常用 β 点源(能量为 0.2～2MeV)在均匀低 Z 介质中距离 r(以 g/cm² 表示)处的剂量 $D_{介质}(r)$ 正比于空气中距离为($\eta_{空气}\cdot r$)处的剂量 $D_{空气}(\eta_{空气}\cdot r)$,其相互关系为:$D_{介质}(r)=\eta_{空气}^3\cdot(\rho_{介质}/\rho_{空气})^2\cdot D_{空气}(\eta_{空气}\cdot r)$,其中 $\rho_{介质}$ 和 $\rho_{空气}$ 分别为低 Z 介质和空气的密度。

资料来源:表中左半部分相对减弱值引自文献 Spencer LV. 1959. Energy Dissipiation by Fast Electrons. National Bureau of Standards, Monograph 1;其余引自 Cross WG,1982。

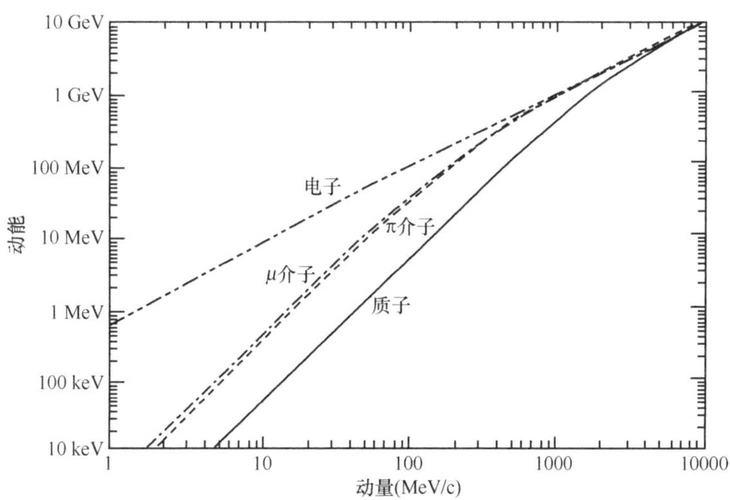

图 3.7 不同类型高能粒子的动能和动量之间的关系

(Bernard Shleien et al,1998)

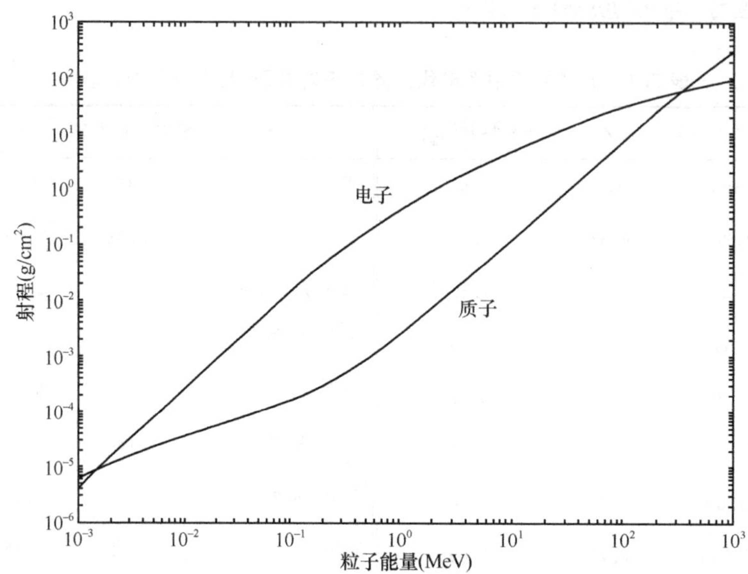

图 3.8 电子和质子在水中的射程与能量的关系

(ICRU 46,1992)

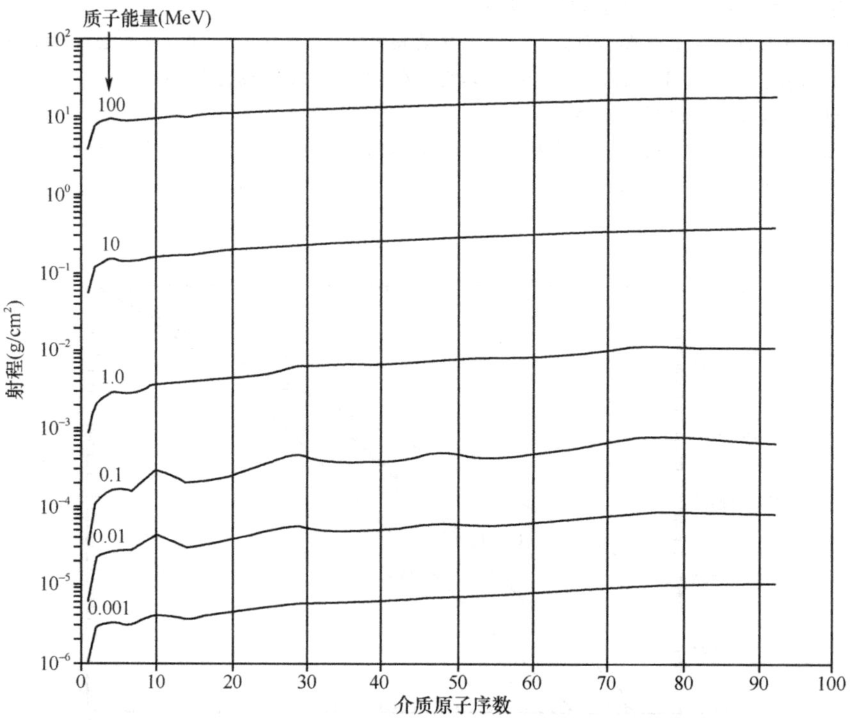

图 3.9 不同能量的质子在介质中的射程与介质原子序数的关系

(Berger, 1992)

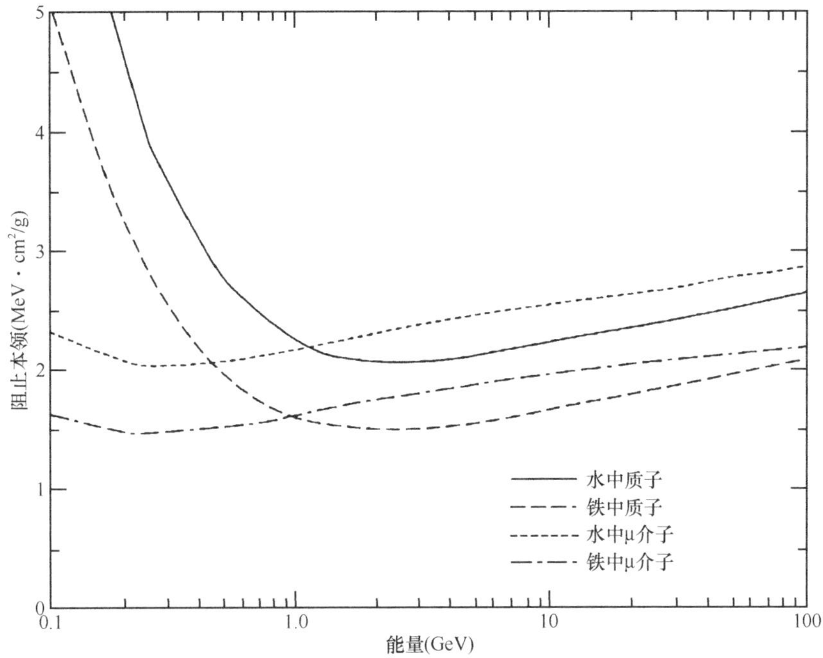

图 3.10　质子和 μ 介子在水和铅中的阻止本领与粒子能量的关系

(Bernard Shleien et al,1998)

3.3　某些物质的相关特性

表 3.5　某些混合物和化合物中的元素质量份额(Hubbel et al, 1995)

原子序数	元素符号	碘化钠	海平面空气(干)	混凝土			
				普通	重晶石	磁铁矿	磷铁矿
1	H			0.0056	0.0069	0.0062	0.0050
3	Li						
5	B						
6	C		0.000124				0.0005
7	N		0.755268				
8	O		0.231781	0.4981	0.3381	0.3345	0.0846
9	F						
11	Na	0.1534		0.0171			
12	Mg			0.0026	0.0011	0.0066	0.0010
13	Al			0.0457	0.0039	0.0273	0.0040
14	Si			0.3151	0.0100	0.0347	0.0280
15	P					0.0002	0.2066
16	S			0.0013	0.1039	0.0010	
17	Cl						
18	Ar		0.012827				

续表

原子序数	元素符号	碘化钠	海平面空气(干)	混凝土			
				普通	重晶石	磁铁矿	磷铁矿
19	K			0.0192			
20	Ca			0.0829	0.0477	0.0677	0.0421
22	Ti					0.0270	
23	V					0.0017	
24	Cr					0.0008	0.0005
25	Mn					0.0007	0.0250
26	Fe			0.0124	0.0457	0.4916	0.6028
28	Ni						
53	I	0.8466					
56	Ba				0.4426		

原子序数	元素符号	骨皮质(ICRU-44)	骨骼肌(ICRU-44)	聚苯乙烯	有机玻璃(人造荧光玻璃)	聚乙烯	胶木	硼硅酸盐耐热玻璃(派热克斯玻璃)	A-150组织等效塑料	脂肪组织(ICRU-44)
1	H	0.034	0.102	0.077421	0.0805	0.143716	0.057444		0.1013	0.114
3	Li									
5	B							0.0401		
6	C	0.155	0.143	0.922579	0.5999	0.856284	0.774589		0.7755	0.598
7	N	0.042	0.034						0.0351	0.007
8	O	0.435	0.71		0.3196		0.167968	0.5396	0.0523	0.278
9	F								0.0174	
11	Na	0.001	0.001					0.0282		0.001
12	Mg	0.002								
13	Al							0.0116		
14	Si							0.3772		
15	P	0.103	0.002							
16	S	0.003	0.003							0.001
17	Cl		0.001							0.001
18	Ar									
19	K		0.004					0.0033		
20	Ca	0.225							0.0184	
22	Ti									
23	V									
24	Cr									
25	Mn									
26	Fe									
28	Ni									
53	I									
56	Ba									

表 3.6 某些物质的密度(Bernard Shleien et al,1998) (单位:g/cm³)

物质	密度范围	标称密度
A-150 组织等效塑料	—	1.127
脂肪组织(ICRU-44)	—	0.95
空气	—	0.0012929
空气(干燥、海平面)	—	0.001205
铝	—	2.7
石棉	2.0～2.8	—
沥青	1.1～1.5	—
全身血液(ICRU-44)	—	1.06
骨皮质(ICRU-44)	—	1.92
胶木	1.2～1.7	—
乳房组织(ICRU-44)	—	1.02
砖(软)	1.4～1.9	1.65
砖(硬)	1.8～2.3	2.05
氟化钙	—	3.18
硫酸钙	—	2.96
水泥	2.7～3.0	—
碘化铯	—	4.51
黏土	1.8～2.6	—
混凝土		
普通(含硅酸盐)	2.2～2.4	2.35
重晶石	3.0～3.8	—
磷铁	—	4.68
钛铁矿	2.9～3.9	—
铁(弹丸、冲屑等)	4.0～6.0	—
褐铁矿石	2.6～3.7	—
磁铁矿石	2.9～4.0	—
铜		8.96
土壤	1.5～1.9	1.7
硬橡胶	—	1.15
眼晶状体(ICRU-44)	—	1.07
凝胶	—	1.27
玻璃(普通)	2.4～2.8	—
玻璃(电石)	2.9～5.9	—
花岗岩	2.60～2.76	2.65
石墨	2.30～2.72	—
石膏	2.31～2.33	—

续表

物质	密度范围	标称密度
铅	—	11.35
石灰石	1.87～2.76	2.46
油毡	—	1.18
氟化锂	—	2.635
有机玻璃(人造荧光树脂)	—	1.19
肺组织(ICRU-44)	—	1.05
大理石	2.47～2.86	2.7
骨骼肌(ICRU-44)	—	1.05
卵巢(ICRU-44)	—	1.05
石蜡	0.87～0.91	—
灰泥砂	—	1.54
聚苯乙烯	—	0.92
聚乙烯	1.05～1.07	—
压制木板:木浆板	—	0.19
硼硅酸盐耐热玻璃(派热克斯玻璃)	—	2.23
砂石	—	1.90
石板	2.6～3.3	—
钢	—	7.8
睾丸(ICRU-44)	—	1.04
瓦片	1.6～2.5	—
软组织(ICRU-44)	—	1.06
水	—	1
水(重)	—	1.105
木材		
橡木	0.60～0.90	—
白松	0.35～0.50	—
黄松	0.37～0.60	—

(夏益华　徐勇军 编写,刘新华 审阅)

参考文献

Berger MJ, Hubell JH. 1987. XCOM: Photon Cross Sections on a Personal Computer. NBSIR 87-3597. National Bureau of Standards

Berger MJ, Seltzer SM. 1964. Tables of Energy Losses and Ranges of Electrons and Positrons. Rep. NASA SP_3036, National Aeronautics and Space Administration. Washington, DC

Berger MJ, Seltzer SM. 1966. Additional Stopping Power and Range Tables for Protons, Mesons, and Electrons. Rep NASA Sp-3036, National Aeronautics and Space Administration. Washington, DC

Berger MJ. 1992. ESTAR, PSTAR and ASTAR: Computer Programs for Calculating Stopping-power and Range Tables for Electrons, Protons and Helium Ions. Report NISTIR-4999(National Institute of Standards and Technology, Gaithersburg, MD)

Bernard Shleien, Lester A Slaback, Jr Brian Kent Birky. 1998. Handbook of Health Physics and Radiological Health. 3rd ed. Maryland: Williams & Wilkins

Carlson PJ, Diddens AN, Monning F et al. 1973. Total nP and nN Cross Sections. In: Hellwege KH, ed. Numerical Data and Functional Relationships in Science and Technology. (Landolt-Bornstein), Group I; Nuclear and Particle Physics, Vol. 7, Elastic and Charge Exchange Scattering of Elementary Particles, 14-21; Berlin: Springer-Verlag

Cross WG, Ing H, Freedman NO et al. 1982. Tables of Beta-Ray Dose Distributions in Water, Air and Other Media. AECL-7617; Chalk River, Ontario

Hubbell JH, Seltzer SM. 1995. Tables of X-ray Mass Attenuation Coefficients and Mass Energy-absorption Coefficients for 1 keV to 20 MeV for Elements Z=1 to 92 and 48 Additional Substances of Dosimetric Interest. NISTIR-5632

IAEA TRS 188. 1979. Radiological Safety Aspects of the Operation of Electron Linear Accelerators. IAEA Technical Reports Series No. 188

ICRU 46. 1992. Photon, Electron, Proton and Neutron Interaction Data for Body Tissues. International Commission on Radiation Units and Measurements. ICRU Reports 46

NCRP 108. 1991. National Council on Radiation Protection and Measurements(NCRP). Conceptual Basis for Calculations of Absorbed Dose Distributions. NCRP Report No. 108. Bethesda, MD

Storm E and Israel HI. 1970. Photon Cross Sections from 0.001 to 100 MeV for Elements 1 through 100 Los Alamos Scientific Laboratory Rep. LA-3753, UC-34, Physics, TID4500(1967); Nucl Data Tables A7:565

4 电离辐射生物效应、参考人和参考生物

4.1 辐射效应

人体受到电离辐射照射,会导致组织和器官出现功能或结构的变化、损伤甚至损害。这些从变化到损害的种种变化统称为辐射效应。

辐射效应是个宽泛的概念,含有下述各术语带来的不同层面的含义:

变化(change)指辐射照射引起的轻微的效应,其可能有害,也可能无害。

损伤(damage)指辐射照射引起的某种程度的有害变化。

损害(harm)指辐射照射引起的临床上可观察到的有害效应。

危害(detriment)指照射组及其后代所经历的总的健康伤害,是人群组暴露于辐射源的结果。危害是一个多维的概念,其主要成分包括以下随机量:致死性癌症的归因概率、非致死性癌症的加权概率、严重遗传效应的加权概率及存在伤害时的寿命损失。

4.1.1 辐射效应分类(表 4.1)

表 4.1 辐射照射与生物效应的分类

分类方式	分类	定义
照射方式	外照射	放射源位于人体外对人体的照射,分全身照射和局部照射
	内照射	存在于人体内的放射性核素对人体的照射
照射持续时间	急性照射	短时间内(小于 1h)接受的照射
	慢性照射	多指环境中长寿命核素造成的持续(例如数年以上)照射
机体受照范围	局部照射	机体的局部(仅某一个或数个器官或组织)受到照射的情形
	全身照射	机体的所有组织或器官都受到照射的情形
效应表现的个体	躯体效应	指受照者个体身上出现的辐射效应。胚胎或胎儿在母体内受到照射,其后发生的辐射效应是特殊的躯体效应
	遗传效应	表现在受照者后代身上的辐射效应
发生率与剂量关系	组织反应	有剂量阈值特征的细胞群损伤,损伤的严重程度随剂量的增加而加重。也称为确定效应
	随机效应	效应的发生不存在剂量阈值,辐射效应发生概率与受照剂量成比例关系
效应出现时间	早期效应	照射后在数月内出现的辐射效应
	远期效应	照射后经过数年以后出现的辐射效应
辐射是否为单一危害因素	辐射效应	因电离辐射照射产生的效应
	放射复合伤	除电离辐射作为致病原因外,尚复合有其他致损伤因素,如冲击波、光辐射等

4.1.2 剂量-效应关系

组织反应的剂量-效应关系见图 4.1,不同照射水平与相应的辐射效应见表 4.2。

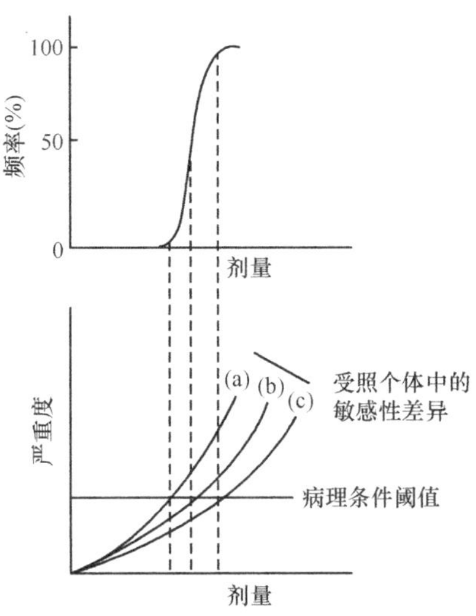

图 4.1 组织反应-剂量关系示意图

图中下半部分示敏感性不同的人群的组织反应严重程度曲线有不同的斜率,对电离辐射照射最为敏感的个体(a)其组织反应的严重性随剂量的增加最为显著,其出现病理状态的剂量阈值与较不敏感的个体(b 或 c)为低。上半部分表示人群的组织反应与剂量呈 S 形曲线上升,当超过最敏感个体(在一般人群中的比例要小于 1%)的剂量阈值时,人群中开始有人发病,随着剂量的增加,会有越来越多的人发病,当超过最不敏感者的剂量阈值时,100%的个体会出现组织反应(ICRP103,2007)

表 4.2 辐射照射水平和可能的人类健康效应

受照剂量(mSv/mGy)	目前的认识
3000～5000	50%的受照者未经治疗时,在 30～60 天死亡
1000	10%～25%的人发生急性放射病
500	约 5%的人出现症状
200	ICRP(1990)和 UNSCEAR(2000)定义其为小剂量照射上限值
100	大于 100mSv,已经观察到辐射致癌危险的增加
50	2003 年以前职业照射年剂量限值。现行职业照射剂量限值要求五年内的任何一年不得超过 50mSv
20	职业照射剂量限值:在限定的五年内年平均有效剂量不得超过 20mSv(五年内 100mSv)
2～3	天然辐射的年剂量水平

资料来源:IAEA Safety Report Series No. 2, 1998 和 ICRP 103 号出版物,2007。

4.1.3 组织反应(确定效应)

组织或器官受到超过一定剂量的照射会导致细胞因子的释放和细胞丢失,关键细胞群的辐射损伤超过一定量并持续一定时间,就会有临床表现。这样的效应过去称为确定效应(deterministic effect),现在称为组织反应(tissue reaction)(ICRP 2011)。

组织反应的特点是具有剂量阈值,效应的严重程度随剂量的增加而加重。小于 100mGy 的照射，无论是单次急性照射还是慢性小剂量照射均不可能导致组织反应。

4.1.3.1 剂量阈值

表征组织反应的量应使用吸收剂量，单位是 Gy。如果涉及高 LET 辐射，应采用 RBE 加权的吸收剂量，如 RBE · D(Gy)。

各种健康效应的阈剂量值分别列于表 4.3～表 4.7。

表 4.3 人体受到小于 1Gy 剂量照射后早期临床表现

受照剂量(Gy)	早期临床症状
<0.1	无症状
0.1～0.25	基本无症状
0.25～0.50	个别人(约 2%)出现轻微症状，如头晕、乏力、食欲不振、睡眠障碍等
0.50～1.00	少数人(约 5%)出现轻度症状，如头晕、乏力、不思食、失眠、口渴等

资料来源：核与放射事故干预及医学处理原则(GBZ113-2002)。

表 4.4 低 LET 全身非均匀急性照射(<数分钟)的主要急性效应

全身吸收剂量(Gy)	造成死亡的主要效应	照后死亡时间(d)
3～5	骨髓损伤($LD_{50/60}$)	30～60
5～15	胃肠道损伤	7～20
	肺和肾脏损伤	60～150
15～50	神经系统损伤	<5
50＋	神经系统与心血管系统急性损伤	数天内死于休克

注：如果剂量是在数小时或更长时间内给予的，则需要更大的剂量。比如，如果剂量是在一个月内给予的，骨髓损伤得更为严重，其 $LD_{50/60}$ 可能减少一半。

资料来源：主要引自 ICRP 103 号出版物附件 A 表 A.3.3。

表 4.5 单次和多次照射导致成人出现组织反应的剂量阈值

组织	组织反应	单次短暂照射总剂量(Gy)	多年中每年多次照射或迁延照射年剂量率(Gy/a)
睾丸	暂时不育	0.15	0.4
	永久不育	3.5～6.0	2
卵巢	不育	2.5～6.0	>0.2
	永久不育	3.0	
眼晶状体	可检出的混浊	0.5～2.0	>0.1
	视力障碍(白内障)[a]	2～10	>0.15
骨髓	造血功能低下	0.5	>0.4
皮肤	红斑	<3～6	
	烧伤	5～10	
	暂时脱发	～4	

a. ICRP 2011 年 4 月 21 日发表《关于组织反应的声明》，认为眼晶状体出现迟发型组织反应(白内障)的剂量阈值为 0.5Gy。

资料来源：综合 ICRP 103 号出版物附件 A 表 A.3.1 和 A.3.4。

表 4.6 急性放射病的初期反应和剂量阈值

<table>
<tr><th colspan="2">分型</th><th>初期表现</th><th>受照后 1～2d 淋巴细胞绝对数量最低值(×10⁹/L)[a]</th><th>受照剂量阈值(Gy)</th></tr>
<tr><td rowspan="4">骨髓型</td><td>轻度</td><td>乏力、不适、食欲减退</td><td>1.2</td><td>1.0</td></tr>
<tr><td>中度</td><td>头昏、乏力、食欲减退、恶心、1～2h 后呕吐，白细胞数短暂上升后下降</td><td>0.9</td><td>2.0</td></tr>
<tr><td>重度</td><td>1h 后多次呕吐，可有腹泻、腮腺肿大，白细胞数明显下降</td><td>0.6</td><td>4.0</td></tr>
<tr><td>极重度</td><td>1h 内多次呕吐和腹泻、休克、腮腺肿大，白细胞数急剧下降</td><td>0.3</td><td>6.0</td></tr>
<tr><td colspan="2">肠型</td><td>频繁呕吐和腹泻、腹痛、休克、血红蛋白升高</td><td><0.3</td><td>10.0</td></tr>
<tr><td colspan="2">脑型</td><td>频繁呕吐和腹泻、休克、共济失调、肌张力增加、震颤、抽搐、昏睡、定向和判断力减退</td><td><0.3</td><td>50.0</td></tr>
</table>

a. 淋巴细胞计数的正常范围：(1.3～3.5)×10^9/L。

资料来源：GBZ104-2002 外照射急性放射病诊断标准，2002。

表 4.7 成年人全身 γ 射线照射不同组织反应的急性照射剂量阈值

效应	器官/组织	发生效应时间	吸收剂量(Gy)
发病率			1%发生率
暂时不育	睾丸	3～9 周	约 0.1
永久不育	睾丸	3 周	约 6
永久不育	卵巢	<1 周	约 3
造血抑制	骨髓	3～7d	约 0.5
皮肤潮红	皮肤(大面积)	1～4 周	<3～6
皮肤烧伤	皮肤(大面积)	2～3 周	5～10
暂时脱发	皮肤	2～3 周	约 4
白内障[a]	眼	几年	约 1.5
死亡率			
骨髓综合征			
未进行医学治疗	骨髓	30～60d	约 1
良好医学治疗	骨髓	30～60d	2～3
胃肠道综合征			
未进行医学治疗	小肠	6～9d	约 6
良好医学治疗	小肠	6～9d	>6
肺炎	肺	1～7 个月	6

a. ICRP 2011 年 4 月 21 日发表《关于组织反应的声明》，认为眼晶状体出现迟发型组织反应(白内障)的吸收剂量阈值为 0.5Gy。

资料来源：ICRP 第 103 出版物(2007 年) 附件 A 表 A.3.4。

4.1.3.2 辐射损伤的早期剂量估计

辐射照射后早期临床症状和快速剂量估计是进行受照人员早期分类和实施个体救治的重要依据之一。

重要的早期临床症状有：恶心、呕吐、腹泻、颜面充血及腮腺肿大等。

一般认为，全身剂量在 1 Gy 以下的照射不会引起呕吐，出现呕吐者，可推测全身受照剂量在 1 Gy 以上。但是，要排除精神紧张、恐惧等因素影响而引起的呕吐。若发现淋巴细胞计数降低（$<1.3\times10^9$/L），也可能预示受照剂量大于 1Gy（表 4.8～表 4.10）。

表 4.8 辐射损伤早期临床症状及估计的剂量

方法	指标	发生时间	最小照射剂量(Gy)
临床观察	恶心、呕吐	48h 内	约 1
	红斑	数小时到数天内	约 3
	脱毛	2～3 周内	约 3
实验室检查			
血细胞计数	淋巴细胞绝对数$<(1\times10^9$/L)	24～72h 内	约 0.5
外周血染色体畸变分析	双着丝粒、环、断片	数小时内取血样	约 0.2

资料来源：IAEA Safety Report Series No. 2 Diagnosis and Treatment of Radiation Injury, Vienna, 1998。

表 4.9 辐射致皮肤损伤临床表现出现时间及受照剂量估计

受照射部位皮肤表现	估计的剂量范围(Gy)	出现时间(d)
红斑	3～10	14～21
脱毛	>3	14～18
干性脱皮	8～12	25～30
湿性脱皮	15～20	20～28
水疱形成	15～25	15～25
溃疡	>20	14～21
坏死	>25	>21

资料来源：IAEA Safety Report Series No. 2 Diagnosis and Treatment of Radiation Injury, Vienna, 1998。

表 4.10 早期临床症状及剂量估计与处理原则

临床症状		相应的剂量(Gy)		处理原则与预后
全身	局部	全身	局部	
无呕吐	无早期红斑	<1	<10	在一般医院门诊观察，预后好
呕吐(照后 2～3h)	照后 12～24h 早期红斑或异常感觉	1～2	8～15	在一般医院住院治疗，预后较好
呕吐(照后 1～2h)	照后 8～15h 早期红斑或异常感觉	2～4	15～30	在专科医院住院治疗，或转送放射性疾病治疗中心，预后一般
呕吐(照后<1h)和(或)其他严重症状，如低血压、颜面充血、腮腺肿大	照后 3～6h 或更早，皮肤和(或)黏膜早期红斑并伴有水肿	>4	>30	在专科医院治疗，尽快转送放射性疾病治疗中心，预后不好

资料来源：修改自 IAEA Safety Report Series No. 2 Diagnosis and Treatment of Radiation Injury, Vienna, 1998。

4.1.3.3 国内辐射事故照射人员伤害案例(表 4.11)

表 4.11 较严重辐射事故照射所致人员伤害案例汇总表

部门与应用	序号	事故类型	放射病			皮肤烧伤	
			总人数(人)	其中死亡(人)	其中截肢(人)	总人数(人)	其中植皮(人)
核设施	1	皮肤辐射损伤事故				52 人·次	2
核与辐射技术应用	2	密封源应用中失控,源未破坏	16	6	1		
	3	γ 辐照装置运行	25	4	1		
	4	工业探伤装置运行	1		1		
	5	医技人员受照	6		2		
	6	其他设施和活动	1		1		
	7	核与辐射技术应用领域				16	3
	8	小 计	49	10	6	16	3
医疗事故照射	9	1972 年 ^{60}Co 治疗机事故	15	2			
	10	1985 年医用加速器事故	24	13			
	11	除上述事故外的医疗活动中				19	3
	12	小 计	39	15		19	3
其他	13	误入放射性沾染区	2				
合计			90	25	6	87	8

资料来源:潘自强等.2010.中国辐射水平。

国内主要致死放射事故案例详见表 4.12。

4.1.4 随机效应

起源于单个细胞损伤的效应称为随机效应(stochastic effect),其特点是不存在剂量阈值,其严重程度与剂量大小无关,但效应发生的概率随着剂量的增大而升高。辐射致癌效应和遗传效应属随机效应。辐射致癌的生物学机制是电离辐射照射导致细胞 DNA 出现复杂性集簇损伤。

辐射防护中常用终生归因危险(lifetime attributable risk, LAR)描述辐射致癌危险估计,其含义是随访期间内受照射人员经历的超过未受照人员(对照人群)癌症基线发病率或死亡率的超额发病数或死亡数。

不同组织和器官的辐射致癌敏感性是不一样的,比如红骨髓(导致白血病)和甲状腺要比皮肤更为敏感。

辐射导致的癌症危险不仅与受照剂量和剂量率的大小有关,还与受照者受照时年龄(青年人更为敏感,胎儿尤其敏感)、性别、遗传易感性等因素有关。辐射防护中用代表性人群的男女平均和不同受照时年龄平均的终生危险估计来表征辐射致癌危险,称之为标称危险系数(nominal risk coefficient)。

4.1.4.1 随机效应的剂量-效应关系

在辐射研究领域,大量的实验和人群观察证实,在一定的剂量范围内,辐射随机性效应(辐射致癌是随机性效应之一)的发生率与接受的剂量 D 之间的函数关系为

$$P = (P_0 + \alpha D + \beta D^2)e^{-(\gamma D + \delta D^2)}$$

式中:P_0 为癌症的自然发生率(基线发生率);D 为接受的剂量;α 和 β 分别为线性项、平方项系数;指数项为大剂量情况下由于细胞致死效应致使癌症发生率下降而引入的一个修正项。

表 4.12　国内主要致死放射性事故受照剂量及效应

事故名称	时间（年．月．日）	事故经过	受照人数（人）	死亡人数（人）	估计的受照剂量	存活时间	主要治疗手段
安徽三里庵 ^{60}Co 源事故	1963.01.11	安徽农学院，^{60}Co，2.9×10^{11} Bq，装在 400kg 铅罐内，长期不用，后移放在河塘边。一位农民把源从罐中取出并带回家放置了 10 天，全家 6 人和村民 67 人受到照射，2 人死亡	67	2	80、40Gy	12、13d	
黑龙江省牡丹江市 ^{137}Cs 源事故	1985.09.25	新购源（^{137}Cs，3.7×10^{11} Bq），因不具备条件而未使用。后被学生盗走卖给收废品的人。裸源放在家中达 3 个月。致 332 人受照，3 人患急性放射病，其中 1 人死亡	332	1	—	22 个月	
上海“6.25” ^{60}Co 源事故	1990.06.25	某辐照室，^{60}Co，8.5×10^{14} Bq，9 时管理员在未降下钴源、未按规定进行安全检查、未携带个人剂量报警仪的情况下，直接用钥匙打开防护门，前后共有 7 人进入源室搬运物品。9:40，管理员在操纵室核对记录时发现源仍在工作位置，立即将源降入水井内。7 人患急性放射病	7	2	7 人受照射剂量分别为 2.0、2.4、2.5、4.1、5.2、11 和 12Gy。其中 5 人的生物剂量为 5.10、3.50、2.50、2.90 和 1.90Gy		7 人被诊断为骨髓型急性放射病。异基因骨髓移植
山西忻州 ^{60}Co 源事故	1992.11.19	辐照室于 1973 年建成，1980 年停用，1992 年清理辐照室期间 1 枚放射源（^{60}Co，4.7×10^{11} Bq）失控。雇用附近民工清理挖掘，民工张某捡拾一圆柱形金属物件，并带回家中，致张某及 3 名家人受照	165	3	确定发生放射事故时，3 名主要受照者已经死亡。4 人诊断为急性放射病，剂量为 2.30、0.87、0.63 和 0.55Gy	13、18、21d	
山东济宁辐照厂事故	2004.10.21	辐照厂 ^{60}Co（2.1×10^{15} Bq），辐照装置未达到安全要求，操作人员违章操作		2	20～25Gy 和 9～15Gy（生物剂量为 8.68～9.96Gy 和 8.15～10.56Gy）	33、75d	异基因外周血造血干细胞移植
山西太原辐照中心事故	2008.4.11	某辐照装置防护设施简陋，安全连锁装置功能失效，造成 5 人超剂量受照	5	1	＞10Gy	65d	造血干细胞移植

资料来源：潘自强等．2010．中国辐射水平；并结合其他资料做了补充。

目前，关于辐射致癌与剂量之间的关系，根据 1990 年 BEIR V 报告，认为除白血病以外的所有实体癌适用线性模型(L 模型)，白血病适用线性-平方模型(L-Q 模型)。相对于大剂量而言，小剂量(200 mGy 以下)和低剂量率(0.1mGy/min)照射的辐射致癌危险性要低一些，既往多采用剂量-剂量率效能因子(DDREF)来描述这一降低。UNSCEAR 从 2006 年报告开始，采用线性平方模型来外推小剂量辐射致癌危险。

4.1.4.2 辐射致癌危险估计所依据的主要人类观察研究(表 4.13)

表 4.13 ICRP 2007 年新建议书辐射致癌危险估计所依据的主要观察人群

人群	特征	主要贡献
日本原爆幸存者	1950 年尚健在的日本广岛、长崎受原子弹爆炸辐射照射者有 28.4 万人。癌症死亡率(1950～1997)、白血病发病率(1950～1987)、实体癌发病率(1958～1998)随访研究	是辐射致癌效应估计最主要的数据来源。从 ICRP103 号出版物开始主要基于其发病率数据
铀矿山及高氡矿山矿工	捷克斯洛伐克(铀矿 1)、美国(铀矿 2)、加拿大(铀矿 3，萤石 1)、瑞典(铁矿 1)、澳大利亚(铀矿 1)、法国(铀矿 1)和中国(锡矿 1)等 11 个高氡矿山队列；暴露组 91 万人·年，对照组 24 万人·年；男性	高氡与肺癌危险估计
接受钍造影剂的患者	1931 年投入使用以来，估计在全球有 200 万～1000 万患者使用过这一造影剂	ICRP60 号报告用其提供了内照射肝癌危险估计
医疗照射群体	美国产后急性乳腺炎患者、瑞典良性乳腺疾病患者、美国胸腺肥大婴儿、美国结核病患者、瑞典皮肤血管瘤患者队列；77527 人	乳腺癌危险估计
	4 个医疗照射队列研究(治疗头皮癣的儿童、扁桃腺增大治疗的 2 个儿童队列、因胸腺增大接受照射治疗的婴儿)、原爆幸存者队列和 2 个病例对照研究(子宫颈癌患者与儿童癌症患者)；约 12 万人	甲状腺癌危险估计
公众(低水平氡)	欧洲 13 个、北美 7 个、中国 2 个室内氡与肺癌病例对照研究的综合分析	公众氡暴露与肺癌危险估计

4.1.4.3 对原爆幸存者实体癌和白血病研究的主要结论

依据原爆幸存者流行病学研究的主要结论见图 4.2 和图 4.3、表 4.14～表 4.17。

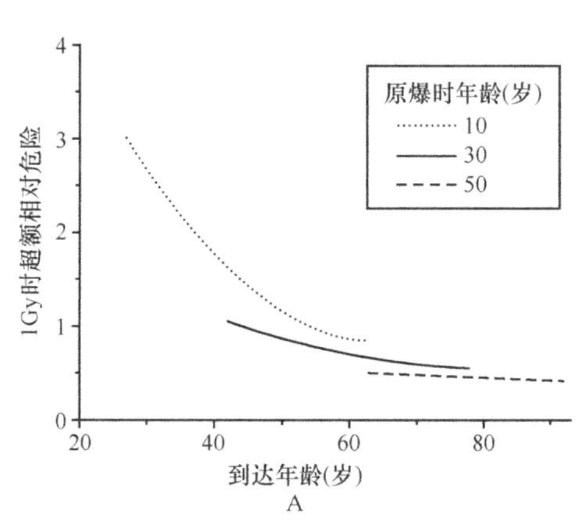

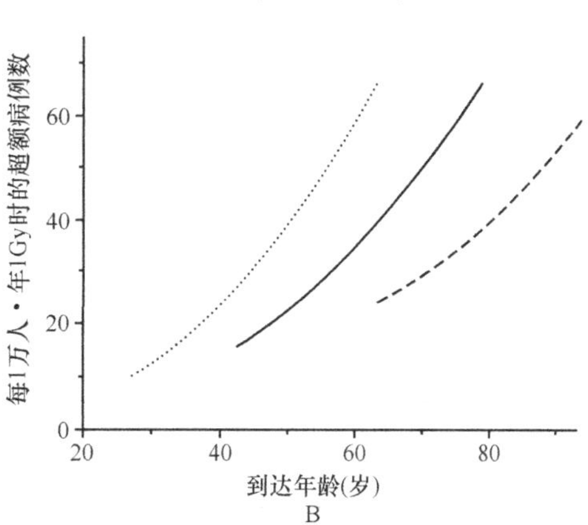

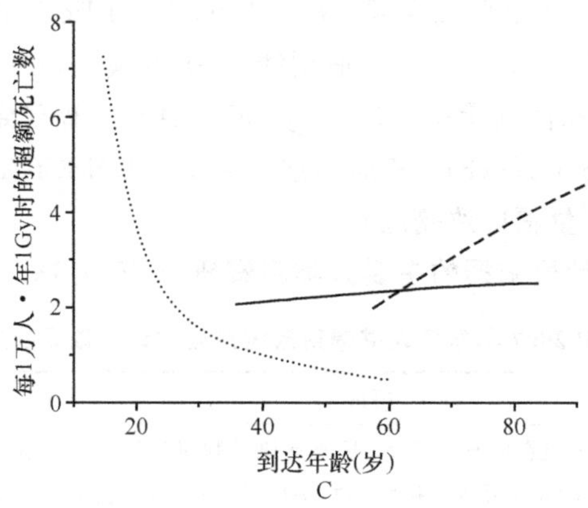

图 4.2　原爆幸存者不同受照时年龄及到达年龄对 1Gy 辐射照射致癌危险的影响

A. 实体癌超额相对危险(ERR);B. 实体癌超额绝对危险(EAR);C. 各种白血病超额死亡(EAR)

资料来源:日本放射线影响研究所.2008. 放射线影响研究所要览

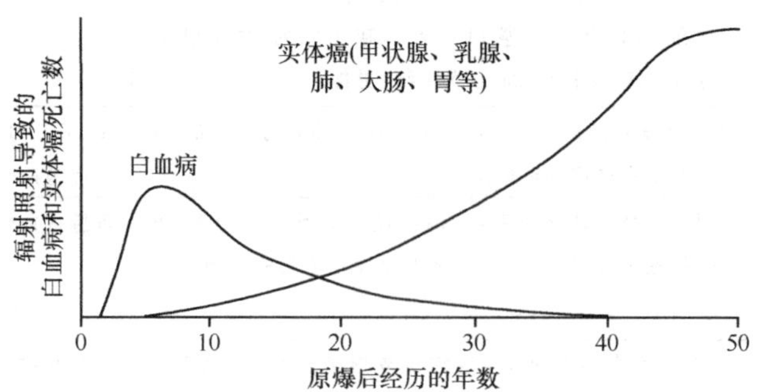

图 4.3　原爆幸存者白血病和实体癌超额病例随时间的变化(模式图)

资料来源:日本放射线影响研究所.2008. 放射线影响研究所要览

表 4.14　原爆幸存者研究超额相对危险(ERR)

癌症	ERR(Gy)
实体癌(发病率,1958～1998 年)	0.47，90% CI：0.40～0.54
白血病(死亡率,1950～1990 年)	
线性模型	3.15，95% CI：1.58～5.67
线性-平方模型	1.54，95% CI：－1.14～5.33

资料来源:Preston et al,2007(Ron E，2007 PPT NCI training course);Cardis et al,2005。

表 4.15　随机效应的危害调整标称危险系数　　(单位:10^{-2}/Sv)

受照人群	癌症		遗传效应		合计	
	ICRP 第 103 号出版物	第 60 号出版物	ICRP 第 103 号出版物	第 60 号出版物	ICRP 第 103 号出版物	第 60 号出版物
全部人群	5.5	6.0	0.2	1.3	5.7	7.3
成年	4.1	4.8	0.1	0.8	4.2	5.6

表 4.16 ICRP 103 号出版物给出的辐射致癌发病超额相对危险系数(ERR)

部位	性别	30 岁时受照、70 岁时每戈瑞的 ERR	受照时年龄每增加十年 ERR 变化(%)	影响 ERR 的到达年龄的幂
所有实体	男	0.35	−17	−1.65
	女	0.58		
食管	男	0.40	−17	−1.65
	女	0.65		
胃	男	0.23	−17	−1.65
	女	0.38		
结肠	男	0.68	−17	−1.65
	女	0.33		
肝	男	0.25	−17	−1.65
	女	0.40		
肺	男	0.29	+17	−1.65
	女	1.36		
乳腺	女	0.87	0	−2.26
卵巢	女	0.32	−17	−1.65
膀胱	男	0.67	−17	−1.65
	女	1.10		
甲状腺	男	0.53	−56	0.00
	女	1.05		
其他	男	0.22	−34	−1.65
	女	0.17		

表 4.17 ICRP 103 号出版物给出的辐射致癌发病超额绝对危险系数(EAR)

部位	性别	30 岁时受照、70 岁时每戈瑞每年每万人的超额死亡数	受照时年龄:每增加十年 EAR 变化(%)	影响 EAR 的到达年龄的幂	女男比值
所有实体	男	43.20	−24	2.38	1.38
	女	59.83			
食管	男	0.48	64	2.38	1.38
	女	0.66			
胃	男	6.63	−24	2.38	1.38
	女	9.18			
结肠	男	5.76	−24	2.38	0.42
	女	2.40			
肝	男	4.18	−24	2.38	0.31
	女	1.30			
肺	男	6.47	1	4.25	1.38
	女	8.97			

续表

部位	性别	30岁时受照70岁时每戈瑞每年每万人的超额死亡数	受照时年龄:每增加十年EAR变化(%)	影响EAR的到达年龄的幕	女男比值
乳腺	女	10.9	−39	3.5(<50岁) 1.0(>50岁)	—
卵巢	女	1.47	−24	2.38	—
膀胱	男	2.00	−11	6.39	1.38
	女	2.77			
甲状腺	男	0.69	−24	0.01	3.36
	女	2.33			
其他	男	7.55	−24	2.38	1.38
	女	10.45			

4.1.4.4 氡与肺癌

20世纪30年代人们就认识到矿工高氡暴露可以导致肺癌。世界各国开展的矿工高氡暴露与肺癌主要队列研究见表4.18。

表4.18 世界各国11个矿工氡与肺癌研究合并分析

研究地点	矿山类型	人·年		肺癌死亡数		WLM	暴露年数	ERR/WLM	95% CI
		暴露组	非暴露组	暴露组	非暴露组				
中国云南省	锡矿	135357	39985	936	44	277.4	12.9	0.0016	0.001～0.002
捷克西波西米亚	铀矿	103652	4216	656	5	198.7	7.3	0.0034	0.002～0.006
美国科罗拉多高原	铀矿	73509	7403	292	2	595.7	4.0	0.0042	0.003～0.007
加拿大安大略	铀矿	319701	61017	282	2	30.8	3.0	0.0089	0.005～0.015
加拿大纽芬兰	氟石矿	35029	13713	112	6	367.3	4.8	0.0076	0.004～0.013
瑞典 Malmberget	铁矿	32452	841	79	0	80.6	17.8	0.0095	0.001～0.041
美国新墨西哥 Grants	铀矿	46797	12152	68	1	110.3	7.4	0.0172	0.006～0.067
加拿大 Beaverlodge	铀矿	68040	50345	56	9	17.2	1.9	0.0221	0.009～0.056
加拿大镭港	铀矿	30454	22222	39	18	242.8	3.2	0.0019	0.001～0.006
澳大利亚镭岗	铀矿	25549	26301	32	22	7.6	1.1	0.0506	0.010～0.122
法国	铀矿	39487	4556	45	0	68.7	13.2	0.0036	0.001～0.013
合计		907459	242332	2597	109	158.0	5.7	0.0049	0.002～0.010

资料来源:Lubin JH et al,1995。

20世80年代以来,北欧和北美等国开始室内氡测量及室内氡与肺癌流行病学研究。据此,一些国家制定了室内氡浓度行动或参考水平,多在200～400Bq/m^3。

2009年,WHO对欧洲13个(7148个病例)、北美7个(3662个病例)和中国2个(沈阳市和陇东地区,1050个病例)地区共计11860例肺癌的病例对照研究进行了综合分析,提供了室内氡致肺癌的最重要流行病学证据。肺癌危险随着室内氡浓度的升高而成比例地增加,室内氡浓度升高100Bq/m^3,肺癌相对危险增加11%(95% CI:5%～19%)(UNSCEAR2006年报告书)。

WHO 2009 年估计，世界上 3%～14%的肺癌是由于氡照射引发的，具体数值取决于当地氡浓度和使用的模型，一些国家给出了肺癌氡归因危险，见表 4.19。

表 4.19 部分国家的肺癌氡归因危险

国家	室内平均氡浓度(Bq/m^3)	估计的每年氡导致的肺癌死亡数(人)[a]	归因于氡的肺癌比例(%)[a]
加拿大	28	1400	7.8
德国	49	1896	5
瑞士	78	231	8.3
英国	21	1089～2005	3.3～6
法国	89	1234～2913	5～12
美国	46	15400～21800	10～14

a. 使用不同的模型给出的氡致肺癌危险估计有所不同，因此有的国家给出的是范围值。

资料来源：WHO. 2009. WHO Handbook on Indoor Radon a Public Health Perspective。

4.1.4.5 居民癌症终生危险估计

辐射致癌危险估计与居民癌症基线发生率(终生危险)有关。表 4.20 列出了我国居民癌症终生危险，以及与美国和日本的比较。

表 4.20 中国、美国和日本癌症的终生发病危险 (单位：%)

部位	中国(2004 年)			美国(2004～2006 年)		日本(2001 年)	
	性别		合计	性别		性别	
	男	女		男	女	男	女
全癌	30.64	19.79	24.72	44.05	37.63	49.01	37.36
肺癌	7.14	3.11	4.97	7.73	6.46	8.00	3.52
乳腺癌	—	2.87		0.12	12.08	—	5.08
白血病	0.14	0.10	0.12	1.51	1.08	0.73	0.55
甲状腺癌	0.14	0.37	0.26	0.44	1.25	0.23	0.78

资料来源：中国，依据《中国肿瘤登记年报 2004》，按照通用的终生危险估计方法估计；美国，引自 http://www.cancer.org/docroot/CRI/content/CRI_2_6x_Lifetime_Probability_of_Developing_or_Dying_From_Cancer.asp [是由监测、流行病学和最终报告(SEER)给出的结果]；日本，引自 Kamo KI, et al. 2008。

4.1.5 辐射的遗传效应

尽管有大量证据表明，辐射照射在动物身上可以引起遗传效应，但是目前尚没有人类双亲受照导致后代遗传疾病增加的直接观察证据，人们过去的估计高估了遗传危险。与 ICRP60 号报告不同，ICRP103 号出版物采用了新方法估计遗传危险，且只估计到第 2 代。

目前全体人群的遗传危险标称系数只有原先 ICRP60 号报告估计的 15%(0.2%/Gy vs 1.3%/Gy)，详见表 4.15。

4.1.6 切尔诺贝利核电站事故的健康效应

1986 年 4 月 26 日夜间 01:24(当地时间)，苏联乌克兰境内的切尔诺贝利核电站 4 号机组在运行 25 个月后，发生了人类历史上最严重的核电站事故，4 号机组堆芯严重损坏，部分炸飞抛出，厂房严重受损，石墨燃烧和放射性物质释放持续了10天，释放了6.7t放射性物质进入外环境及周边地区。事故释放了大约有1.24×10^{19} Bq的放射性物质(超过一半是放射性惰性气体，重要的是碘与铯的放射性同位素)。

事故使约600名消防队员、应急救援人员和参加清理行动的约20万人及污染地区的广大居民受到了剂量不等的照射。2人在现场救援时死于事故；134人受到大剂量照射患急性放射病，28人在3个月内死亡。事故对环境造成了严重的影响。因为牛奶被污染特别是缺乏紧急有效的应对措施，导致儿童甲状腺受到大剂量照射(表4.21和表4.22)。

表4.21 切尔诺贝利核事故受影响人员及其剂量估计

人员类别	人数	平均剂量
事故第一天参加救火	600人，其中100余人为消防队员，其余为核电站工作人员和各种专业救援人员，包括医学应急人员	数戈瑞
清理行动	1986～1989年期间，有60万人参加了清理行动	
	其中约20万人参加了1986～1987年的现场工作	100mSv
Pripyat镇、反应堆30km内及其他地区1986年4～5月间撤离者	13.4万人	10 mSv，但甲状腺剂量大
^{137}Cs污染地区(^{137}Cs＞555kBq/m^2)居民	27万人	50mSv
污染地区的居民(^{137}Cs＞37.5kBq/m^2)	640万人	5～16mSv
苏联以外地区的居民(^{137}Cs 37～200kBq/m^2)	45000km^2	＜20 mGy(甲状腺)，全身剂量＜0.5 mSv

资料来源：Smith J, Nicholas A Beresford. 2005. Chernobyl: Catastrophe and Consequences; http://www.unscear.org/unscear/en/chernobyl.html#Summary; UNSCEAR 2008 Report: Volume II, Annex D。

表4.22 应急队员中的急性放射病

分度	剂量(Gy)	受照者数量(人)	死亡者数量(人)	死亡时间(d)
轻	0.8～2.1	41	0	—
中	2.2～4.1	50	1	96
重	4.2～6.4	22	7	16～48
极重	6.5～16	21	20	10～91
合计	0.8～16	134	28	10～96

注：(1) 4月26日在莫斯科和基辅医院对500余名应急队员进行了应急体检，237人初步诊断为急性放射病，最终134人被确诊患有急性放射病。3个月内死亡28人，23人主要死于β烧伤，5人死于骨髓恢复后期，第96天死亡者的死因是脑栓塞。

(2) 在160例非骨髓急性放射病患者中，口咽综合征、皮肤烧伤、胃肠道综合征和放射性肺炎各占69.5%、48.6%、14.7%和6.1%。

资料来源：Smith J, Nicholas A Beresford. 2005. Chernobyl: Catastrophe and Consequences; Guskova et al. 1986. Medical Radiology。

尽管人们对切尔诺贝利事故远期健康效应的估计和报导有很大差异，但是，我们引用联合国辐射效应科学委员会（UNSCEAR）于 2010 年就这一主题写给联合国大会的报告书内容，这些内容应该是科学的、正确的。UNSCEAR 的主要结论是：

（1）在 134 名急性放射病患者中，除事故后 3 个月死亡的 28 人外，1987～2006 年死亡的 19 人，其死亡原因多种多样，但与辐射照射无直接关系。

（2）在几十万应急工作人员和为恢复工作的抢修人员中，受到较高剂量照射人群中观察到白血病和白内障发生率有增加的迹象，没有发现可归因于辐射照射的其他健康效应。

（3）在白俄罗斯、乌克兰和俄罗斯受污染较严重的 4 个地区，受照儿童和幼儿的甲状腺癌显著增加。到 2006 年在受照的儿童和幼儿中观察到 6000 余例甲状腺癌，其中大部分与事故污染有关，但到 2005 年为止，仅有 15 人死亡。

（4）对于受照剂量较小和略高于天然本底辐射的居民，委员会不主张用高剂量受照人群算出的危险摸型推算和预估受到低剂量照射居民的健康危险，因为这样做所带来的不确定度是完全不可接受的。

4.1.7 辐射与妊娠

妊娠不同时段受照的健康效应见表 4.23。

表 4.23 辐射照射与人类妊娠

效应	阈值及主要结论	备注
器官畸形	100mGy。器官形成期（29～56d）和胚胎早期非常敏感，第 4～6 个月次之	远低于 100mGy 的宫内照射不会导致胎儿畸形。预防小于此阈值辐射照射导致的畸形不是终止妊娠的理由
智力严重障碍	300mGy。8～15 周最敏感，16～25 周次之	胎儿受 1000mGy 照射，严重智力障碍的发生率为 40% 胎儿受到大于 500mGy 的照射，而且是在 3～16 周受照，胎儿生长迟缓和中枢神经系统损伤发生概率较大，但胎儿仍可存活。应将这一风险告知胎儿父母
（宫内照射）出生后癌症危险增加	与儿童早期受照基本相同，大约数倍（比如 3 倍）于全人群危险	宫内受照者在 0～15 岁癌症绝对危险度增加，宫内受到 10mGy 照射的 1700 名儿童中有一例将死于辐射导致的癌症

资料来源：依据 ICRP 103 号报告 346 段、A83、A84；IAEA Training Material on Radiation Protection in Diagnostic and Interventional Radiology. L14：Radiation Exposure in Pregnancy；Maxcy－Rosenau－Last Public Health & Preventive Medicine. 15th ed. 汇总而成。

大多数的放射学诊断和核医学检查程序都低于致胎儿畸形的剂量阈值。3 次骨盆 CT 扫描，或者 20 次一般的腹部或骨盆 X 线诊断照射，胎儿受照剂量不大可能达到 100mGy。

在临床实践中，医疗机构应依法尽到对育龄妇女的医疗照射风险告知义务，尽量避免胎儿照射，给受检患者穿戴必要的个人防护用品。

妊娠期影响胎儿发育的因素很多，包括孕妇的年龄、感染、营养、饮酒、吸烟、服用某些药物等，辐射照射仅为若干影响因素之一。

4.1.8 生物剂量计——淋巴细胞染色体畸变率分析

过量外照射时，外周血淋巴细胞染色体体外培养畸变率分析是估计受照剂量最常用和最有效的方法。

染色体畸变可以分为非稳定畸变(双着丝粒染色体、无着丝粒环、断片等)和稳定畸变。

照射后要尽早取血,一般不要超过30d。取受照者的外周静脉血约1ml,将淋巴细胞在植物血凝素(PHA)刺激下培养约48h,达到分裂中期,制备染色体标本,通过显微镜观察细胞中期分裂相的非稳定畸变(双着丝粒体+无着丝粒环),再利用实验室已经建立的剂量-畸变效应关系曲线方程(一般是一元二次方程),估计照射剂量。

应分析的细胞数量与照射剂量有关。剂量小,分析的细胞数量要多,比如0.1Gy的照射,准确估计剂量大约需要分析1000个细胞。分析500个细胞,X射线剂量估算的下限是0.04 Gy,γ射线是0.1 Gy。事故情况下一般每例分析200～500个细胞。利用人类淋巴细胞染色体畸变分析可以确定的外照射剂量范围为0.1～5.0Gy。

外周血淋巴细胞染色体畸变率本底值,我国正常地区(除外高海拔地区)成年健康居民的外周血染色体非稳定畸变的检出率一般为(0.015±0.002)%。

急性照射后,带有非稳定畸变的淋巴细胞数量呈指数下降,其半衰期为110～160d,半衰期随着剂量的增加而缩短。照射后至470d这段期间内带有畸变的淋巴细胞下降迅速,之后下降变得非常缓慢。必要时,应对采血时间进行校正。

接受慢性照射的受照者,其稳定畸变(易位与插入)发生率与累积剂量(0.2～5.0Gy)之间存在剂量-效应关系。FISH或G显带稳定畸变分析可以用来进行慢性照射的剂量估计,一般需要调整吸烟、年龄等显著混杂因素的影响。

总体看来,淋巴细胞染色体畸变率分析作为生物剂量估算手段,特别适用于外照射事故的较大剂量的急性均匀照射。对于职业照射和慢性照射剂量估算,稳定染色体畸变分析意义大些。

4.1.9 行业间健康风险比较

为了更好地理解职业照射的健康风险,比较其与不同行业的健康风险是有益的。

经济合作与发展组织(OECD)核能局2010年统计,每年有>2500人死于能源相关的严重事故(死亡5人及以上)。尽管核能被视为高风险行业,但与其他能源行业相比,核能行业的死亡事故很少,见表4.24和表4.25。

表4.24 1969～2000年期间石化、水力及核能源链中发生的严重事故(≥5人死亡)汇总情况

能源链	OECD国家			非OECD国家		
	事故	死亡人数	死亡数/(GWe·a)	事故	死亡人数	死亡数/(GWe·a)
煤炭	75	2259	0.157	1044	18017	0.597
中国(1994～1999年)				819	11334	6.169
不含中国				102	4831	0.597
石油	165	3713	0.132	232	16505	0.897
天然气	90	1043	0.085	45	1000	0.111
液化气	59	1905	1.957	46	2016	14.896
水力	1	14	0.003	10	29924	10.285
核能	0	0	—	1	28*	0.048
合计	390	8934		1480	72321	

注:切尔诺贝利事故中,134人患急性放射病(0.8～16Gy),28人在3个月内死亡,另有19人在1987～2004年死亡,但不一定与核辐射照射有关。

资料来源:Nuclear Energy Agency,OECD. Comparing nuclear accident risks with those from other energy sources. OECD 2010,NEA No. 6861。

表 4.25 某些国家事故死亡率和工伤事故典型数据

国家	事故死亡率(1/10^5)	工伤事故指数
美国	4	47
日本	3.3	38
德国	3.42	40.2
法国	4.5	52.97
英国	0.7	8.2
中国	8.1	95.3
俄罗斯	14.4	169
巴西	18.5	218
韩国	19	224
阿根廷	21.6	254

注:(1) 数据来源于国际劳工组织(ILO)1999 年公报。

(2) 工伤事故指数是用每 10 万人死亡率为分析基数,以所有国家的统计平均数为 100。

资料来源:罗云.2009. 中国安全生产基本数据手册。

4.1.10 辐射相关的非癌症疾病

越来越多的流行病学研究证据表明,中、大剂量辐射照射后患非癌症疾病的危险增加。但是,人群中非癌症疾病基线发病率高,此类疾病受到吸烟、胆固醇水平和遗传易感性等非辐射因素的显著影响。

总的看法是,目前的研究尚不能证明远低于 1 Gy 剂量照射能显著增加非癌症疾病(如心脏病、脑卒中等)的危险,也不能用于 100 mSv 剂量照射的非癌症疾病风险估计。

4.2 参考人

ICRP 推出标准人(standard man)始于 1975 年(ICRP 23,1975),其定义为“标准人为生活在平均气温 10~20℃、年龄在 20~30 岁、体重 70kg、身高 170cm 的男性。他们是居住在西欧和北美,并有当地生活习惯的高加索人”。后来,改称参考人(reference man)。

近年来关于参考人解剖学和生理学参数国内外的主要出版物有 ICRP 89,2003;ICRP 88-3,2003;ICRP 100,2006;ICRP 110,2010;IAEA-TECDOC-1005,1998;GBZT200.1-2007;GBZT200.2-2007;GBZT200.4-2009。

参考人人体模型发展已经历 40 年,从程式化(stylized)模型发展到体素(voxel)模型(X George Xu,2009),体素模型比数学和模拟体模能更真实地反映人体,体素模型是基于真人的影像资料建立,体素模型是有性别的。

ICRP103 号出版物将参考人定义为“用平均参考男人和参考女人的相应剂量计算器官或组织当量剂量的典型人”,分为参考男人和参考女人。Zankl 等 2005 年根据 ICRP89 号出版物提供的人体参数,建立了成年男性(Golem)和成年女性(Laura)两个体素模型(ICRP 103,2007),其特征如表 4.26 所示。

表 4.26 ICRP 男性和女性体素模型

	性别	体素模型			ICRP89 号出版物	
		身高(cm)	体重(kg)	体素尺寸(cm³)	身高(cm)	体重(kg)
Golem	男	176	69.6	0.208×0.208×0.8	176	73
Laura	女	168.5	62	0.1875×0.1875×0.5	163	60

资料来源:Zankl,2007。

ICRP 第 110 号出版物详细地给出了成年男性参考人和女性参考人计算机模型的有关参数(ICRP 110,2010)。

4.2.1 参考人体格量参数:身高、体重和有关参数(表 4.27～表 4.30)

表 4.27 ICRP 参考人体格参数

年龄(岁)	身高(cm)		体重(kg)		体表面积(m²)	
	男	女	男	女	男	女
新生儿	51	51	3.5	3.5	0.24	0.24
1	76	76	10	10	0.48	0.48
5	109	109	19	19	0.78	0.78
10	138	138	32	32	1.12	1.12
15	167	161	56	53	1.62	1.55
成人	176	163	73	60	1.90	1.66

资料来源: ICRP 89,2003。

表 4.28 ICRP 参考人身高和体重与亚洲人的比较

国别	身高(cm)		体重(kg)	
	男	女	男	女
ICRP 参考人	176	163	73	60
日本(Tanaka)	170	155	60	51
巴基斯坦	171±6.4	158±6.7	63.9±8.1	52.6±8.5
中国	169±5.8	158±5.4	58.3±6.4	51.1±6.4
日本	168±5.7	155±5.2	63.6±8.8	52.3±7.4
韩国	167±5.5	155±4.9	63.8±7.7	54.5±6.5
印度	163±7.5	151±6.5	51.5±8.5	44.2±8.0

资料来源:IAEA,1998。

表 4.29 中国人体格参数 1989～2004 年间的变迁情况($\bar{x}\pm s$)
(中国 9 省区 1989～2004 年 30449 名成年人的测量值)

	1989 年	1991 年	1993 年	1997 年	2000 年	2004 年
身高(cm)	160.7±8.0	160.0±8.3	161.0±7.9	161.6±8.1	162.2±8.2	162.7±8.2
男性	166.4±6.2	163.8±7.5	166.7±6.0	167.0±6.4	167.7±6.7	168.4±6.4
女性	155.5±5.5	156.2±7.1	155.9±5.6	156.4±5.8	157.1±5.8	157.4±5.8
体重(kg)	55.6±8.2	55.4±9.0	56.1±8.7	57.8±9.5	59.3±10.3	60.3±10.7
男性	58.9±7.8	57.6±9.0	59.8±8.3	61.5±9.5	63.3±10.3	65.0±10.7
女性	52.7±7.3	53.1±8.5	52.8±7.5	54.3±8.1	55.6±8.6	56.0±8.8

资料来源:翟凤英,2008。

表 4.30 ICRP 参考人器官重量与日本参考人和中国人器官重量参考值的比较

器官/组织	ICRP 参考人		亚洲参考人		中国参考人	
	重量	%	重量	%	重量	%
体脂	14500	19.9	10000	16.7	9000	14.3
瘦体重	58500	80.1	50000	83.3	54000	85.7
皮肤	3300	4.52	2400	4.0	2400	3.81
骨骼	10500	14.38	8400	14.0	8000	12.70
红骨髓	1170	1.60	1000	1.67	1100	1.75
脑	1450	1.99	1470	2.45	1460	2.32
心脏	330	0.45	380	0.63	325	0.52
肝	1800	2.47	1600	2.67	1410	2.24
肺	1200	1.64	1200	0.33	1250	1.98
肾	310	0.42	320	0.53	290	0.46
胰	140	0.19	130	0.22	120	0.19
脾	150	0.21	140	0.23	165	0.26
肾上腺	14	0.02	14	0.02	14	0.022
甲状腺	20	0.03	19	0.03	23	0.036
胸腺	25	0.03	30	0.05	30	0.048
脑垂体	0.6	0.001	0.54	0.001	0.7	0.001
睾丸	35	0.05	37	0.06	42	0.066
眼	15	0.02	15	0.03	15	0.024
眼晶状体	—	—	0.4	0.001	0.4	0.001
体重	73000	100.0	60000	100.0	63000	100.0

资料来源:王继先等,2007。

4.2.2 参考人呼吸道模型(HRTM)

ICRP 的肺模型发展的三个阶段见表 4.31。

表 4.31 ICRP 肺模型发展的三个阶段

	发布时间(年)	ICRP 主要出版物
第一次 单区间模型	1959	ICRP 2
第二次 多库室模型	1979～1988	ICRP 30(1～4),48
第三次 新肺模型	1990～1996	ICRP 66,67,69,71,72

4.2.2.1 呼吸道解剖(图 4.1,表 4.32)

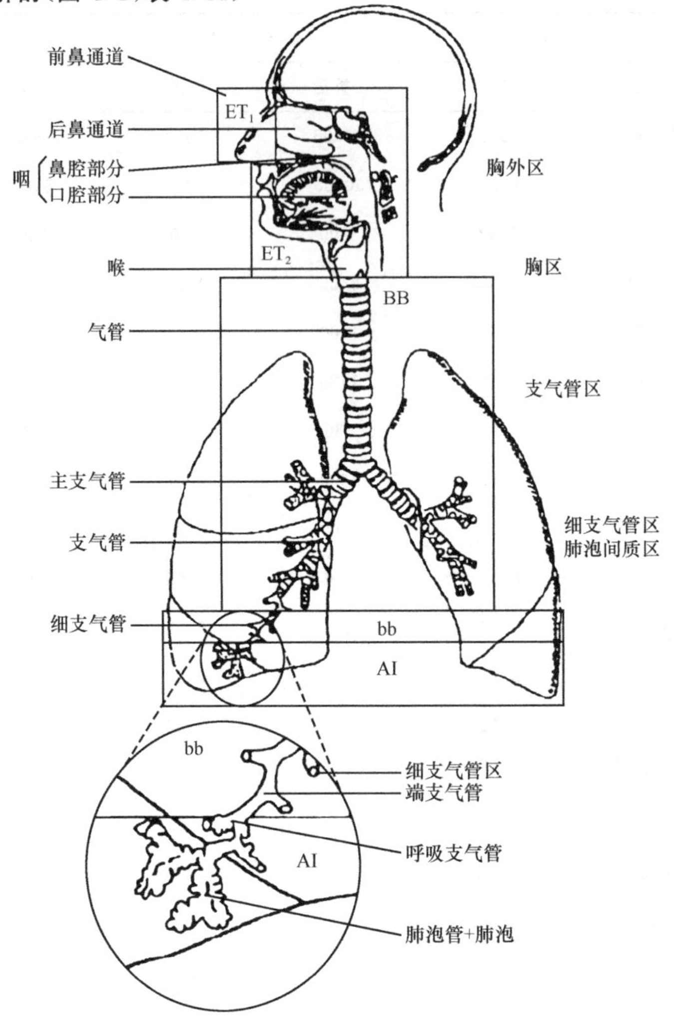

图 4.4 新肺模型的呼吸道解剖分区示意

资料来源:ICRP 66,1994

表 4.32 呼吸系统的分区和功能

分区	解剖学的	肺模型的	主要功能
胸腔外的 ET	鼻	ET_1	温暖、润湿和过滤吸入的空气
	咽	ET_2,止于喉的声门区	空气通道
	喉		发声器官
气管-支气管 TB	气管	BB,气管至 8 级细支气管	有纤细的绒毛,起到对吸入空气的过滤作用
	支气管	bb,自 9 级细支气管至 15 级终末细支气管	气管末端分成的左右两支,导入两侧肺部,对吸入空气起过滤作用
肺-间质区 AI	肺泡	AI,16～26 级终末细支气管至肺泡小管,小囊	肺泡表面积 140m^2,执行气体交换功能的呼吸单元
淋巴组织 LN	附属于上述三个区	LN_{ET}、LN_{TH}	负责排出 ET 区物质,负责排出 TB 和 AI 区物质

资料来源:ICRP 66,1994。

4.2.2.2 沉积模型

胸腔外区包括前鼻通道(ET_1)和后鼻通道(ET_2,口腔和咽喉)两个解剖区,胸腔内分三个解剖区:支气管区(BB)、细支气管区(bb)和肺泡区(AI),沉积在AI区的粒子又被分配在AI_1、AI_2和AI_3三个亚库室,见图4.5。图4.5中斜箭头表示沉积,其余箭头表示廓清,后者又分为快、慢两个时相。

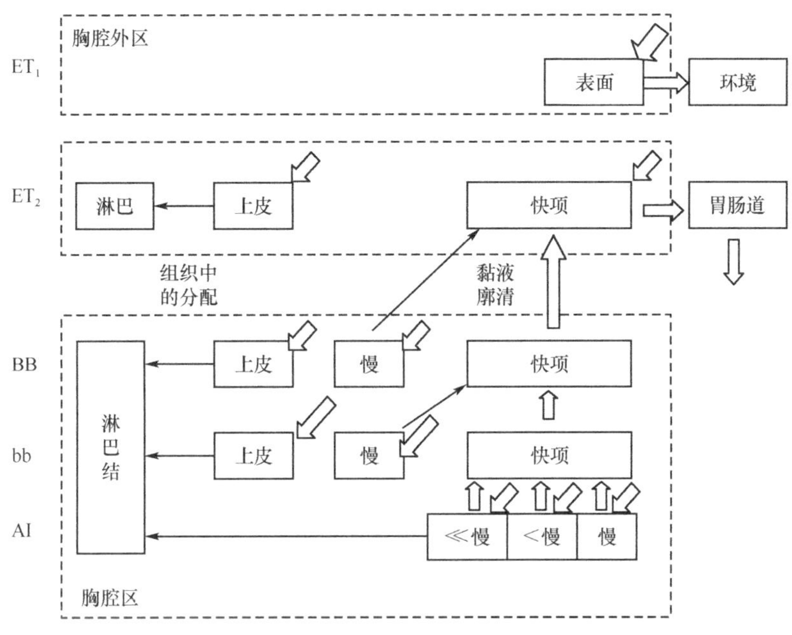

图4.5 吸入粒子沉积和廓清的库室模型

资料来源:ICRP 66,1994

粒子在呼吸道各区间的沉积份额主要取决于吸入粒子的活度中值空气动力学直径(AMAD,activity median aerodynamic diameter)的大小,AMAD为5μm粒子是职业性吸入放射性气溶胶的代表值(表4.33)。

表4.33 进入呼吸道粒子粒径的分级

粒子类型	粒径
灰尘,可吸入的粒子	≤100μm
肺模型考虑的粒径区间	6 nm~100μm
可达胸腔的粒子	≤10μm
可呼吸的粒子	≤4 μm
工作人员放射性气溶胶粒径默认设定值	5μm
公众成员放射性气溶胶粒径默认设定值	1μm

资料来源:ICRP66,1994。

表4.34给出轻体力劳动工作人员吸入AMAD为5μm粒子和公众吸入AMAD为1μm粒子在呼吸道各区域的沉积份额。

表 4.34 放射性气溶胶粒子在呼吸道各区域沉积份额的典型举例

呼吸道的区	工作人员(%)	男性公众(%)
ET_1	33.9	14.2
ET_2	33.9	17.9
BB	1.8	1.1
bb	1.1	2.1
AI	5.3	11.9
总计	82.0	47.2

注:(1) 工作人员职业照射,AMAD为(5±2.5)μm,AMTD=3.5μm,密度为 $3g/m^3$,形状因子 1.5,通过鼻吸入份额为 1。工作人员 69%为轻体力劳动,31%为坐姿。平均换气率为 $1.2m^3/h$。

(2) 公众于住宅内暴露,AMAD为(1±2.47)μm,AMTD=0.69μm,密度为 $3g/m^3$,形状因子 1.5,通过鼻吸入份额为 1。该公众成员 55%为睡觉,30%为轻体力劳动,15%为坐姿。平均换气率为 $0.78m^3/h$。

资料来源:ICRP 66,1994。

4.2.2.3 廓清模型

沉积在呼吸道的粒子廓清途径主要有三:吸收入血、通过吞咽入胃肠道和通过淋巴管进入各区淋巴结(图 4.6)。

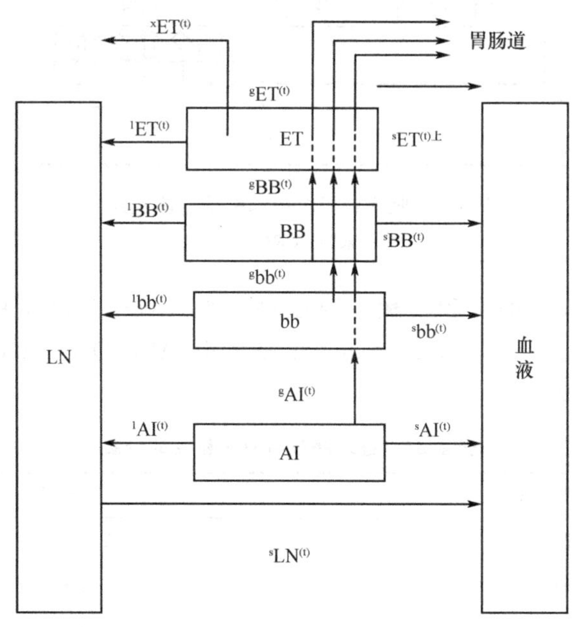

图 4.6 吸入粒子从呼吸道的廓清途径

$^si^{(t)}$. 从 i 区入血的吸收速率;$^gi^{(t)}$. 粒子向胃肠道的转移速率;$^li^{(t)}$. 粒子向淋巴结的转移速率;$^xET^{(t)}$. 因外力作用从 ET 区的廓清

资料来源:ICRP 66,1994

放射性核素从呼吸道的吸收量和速率与放射性核素的物理化学性质和溶解度有关,新肺模型将其分为 F 型(快速)、M 型(中速)和 S 型(慢速),替代了 ICRP30 号出版物的 D(天)、W(周)和 Y(年)的提法(表 4.35)。这些级别划分均指从肺的总廓清率。

表 4.35 吸收分类

	生物半排期(T_b)	实例
F 型	100%以 T_b 为 10min 被吸收。几乎所有沉积于 BB、bb 和 AI 区中的物质被快速吸收。沉积在 ET_2 的物质半数被吸收,半数廓清到胃肠道	Cs 和 I 的所有化合物
M 型	10%以 T_b 为 10min 被吸收。90%以 T_b 为 140d 被吸收。10%沉积于 BB、bb 的物质和 5%沉积于 ET_2 区的物质被快速吸收。70%沉积于 AI 区的物质吸收进入体液	Ra 和 Am 的所有化合物
S 型	0.1%以 T_b 为 10min 被吸收。99.9%以 T_b 为 7000d 被吸收。几乎不从 ET、BB 或 bb 吸收,沉积于 AI 区的物质约 10%吸收进入体液	U 和 Pu 的不可溶化合物

资料来源:ICRP 66,1994。

粒子在呼吸道的廓清模型和参数见图 4.7 和表 4.36。

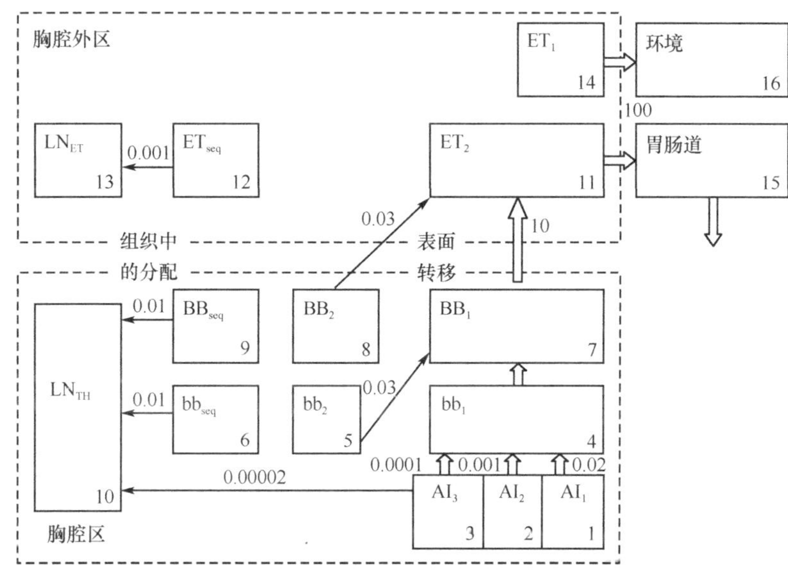

图 4.7 粒子在呼吸道区间转移的库室模型

库室右下角阿拉伯数字为库室序号,箭头旁边的数字为粒子的转移速率常数,单位为 1/d,这些数值列于表 4.36

资料来源:ICRP 66,1994

表 4.36 粒子在人呼吸道与时间相关的转移速率常数的参考值

方向	起点	终点	速率常数(1/d)	半转移期
m1,4	AI_1	bb_1	0.02	35d
M2,4	AI_2	bb_1	0.001	700d
m3,4	AI_3	bb_1	0.0001	7000d
m3,10	AI_3	LN_{TH}	0.00002	—
m4,7	bb_1	BB_1	2	8h
m5.7	bb_2	BB_1	0.03	23d
m6.10	bb_{seq}	LN_{TH}	0.01	70d
m7.11	BB_1	ET_2	10	100min
m8.11	BB_2	ET_2	0.03	23d
m9.11	BB_{seq}	LN_{TH}	0.01	70d

续表

方向	起点	终点	速率常数(1/d)	半转移期
m11,15	ET_2	胃肠道	100	10min
m12,13	ET_{seq}	LN_{ET}	0.01	700d
m14,16	ET_1	环境	1	17h

资料来源:ICRP 66,1994。

呼吸系统处于辐射危险的敏感细胞和靶组织参数见表 4.37,不同年龄组人员呼吸道靶组织的质量见表 4.38。

表 4.37　各呼吸道分区中处于辐射危险的敏感细胞和靶组织参数　(单位:μm)

分区	敏感的靶细胞	黏液厚度	上皮厚度	靶细胞核深度
ET_1	基底细胞	—	50	40～50
ET_2	基底细胞	15	50	40～50
BB 分泌细胞核部位	分泌细胞	5	55	10～40
BB 基底细胞核部位	基底细胞	5	55	35～50
bb	分泌细胞	2	15	4～12
AI	Clara 细胞和Ⅱ型肺泡细胞	—	—	—
LN_{ET}和 LN_{TH}	淋巴细胞、内皮和生发中心细胞	—	—	—

资料来源:ICRP 89,2003。

表 4.38　不同年龄组人员呼吸道靶组织的质量　(单位:kg)

年龄组	ET_1	ET_2	BB 分泌细胞	BB 基底细胞	bb	AI	LN_{ET}	LN_{TH}
新生儿	2.4×10^{-6}	5.3×10^{-5}	1.8×10^{-4}	9.1×10^{-5}	8.1×10^{-5}	0.052	7.0×10^{-4}	7.0×10^{-4}
3 个月	2.8×10^{-6}	6.3×10^{-5}	2.5×10^{-4}	1.3×10^{-4}	5.0×10^{-4}	0.090	1.2×10^{-3}	1.2×10^{-3}
1 岁	4.1×10^{-6}	9.3×10^{-5}	3.1×10^{-4}	1.6×10^{-4}	6.0×10^{-4}	0.15	2.1×10^{-3}	2.1×10^{-3}
5 岁	8.3×10^{-6}	1.9×10^{-4}	4.7×10^{-4}	2.3×10^{-4}	9.5×10^{-4}	0.30	4.1×10^{-3}	4.1×10^{-3}
10 岁	1.3×10^{-5}	2.8×10^{-4}	6.2×10^{-4}	3.1×10^{-4}	1.3×10^{-3}	0.50	6.8×10^{-3}	6.8×10^{-3}
15 岁,男	1.9×10^{-5}	4.2×10^{-4}	8.2×10^{-4}	4.1×10^{-4}	1.8×10^{-3}	0.86	1.2×10^{-2}	1.2×10^{-2}
15 岁,女	1.7×10^{-5}	3.8×10^{-4}	7.6×10^{-4}	3.8×10^{-4}	1.6×10^{-3}	0.80	1.1×10^{-2}	1.1×10^{-2}
成人,男	2.0×10^{-5}	4.5×10^{-4}	8.6×10^{-4}	4.3×10^{-4}	1.9×10^{-3}	1.1	1.5×10^{-2}	1.5×10^{-2}
成人,女	1.7×10^{-5}	3.9×10^{-4}	7.8×10^{-4}	3.9×10^{-4}	1.9×10^{-3}	0.90	1.2×10^{-2}	1.2×10^{-2}

资料来源:ICRP 89,2003。

4.2.2.4　呼吸的生理参数(表 4.39～表 4.41)

表 4.39　ICRP 参考人呼吸量参数　(单位:1/L)

	体积	
	男	女
肺总量(TLC)	7.0	5.0
功能残气量(FRC)	3.3	2.7
肺活量(VC)	5.0	3.6
死腔(V_D)	0.15	0.12

注:肺总量指深吸气后肺内所含总气量,功能残气量指平静呼气后肺内所含气量,肺活量指最大吸气后能呼出的最大气量,死腔指呼吸用不到的空间。

资料来源:ICRP 89,2003。

表 4.40 ICRP 参考人各种工作状况下的换气量

状态	成年男性			成年女性		
	时间(h)	通气量(m^3/h)	总气量(m^3)	时间(h)	通气量(m^3/h)	总气量(m^3)
睡眠	8.0	0.45	3.6	8.5	0.32	2.7
休息	6.0	0.54	3.2	5.4	0.39	2.1
轻体力活动	9.8	1.5	14.7	9.9	1.3	12.9
重体力活动	0.25	3.0	0.75	0.19	2.7	0.52
总计			22.2			18.2

资料来源:ICRP 89,2003。

表 4.41 ICRP 参考人各种工作状况下的换气量为剂量估算模式化参数

职业和状态	坐位工作人员		重体力工作者
	男	女	男
睡眠,8h	3.6	2.6	3.6
职业性的,8h			
1/3 休息,2/3 轻体力活动	9.6	7.9	
7/8 轻体力,1/8 重体力			13.5
非职业性的,8h			
4/8 休息,3/8 轻体力,1/8 重体力	9.7	8.0	9.7
总计	22.9	18.5	26.8

资料来源:ICRP 2003。

ICRP 给出了各种放射性核素估算摄入量的生物动力学模型,见表 4.42。

表 4.42 各种元素 ICRP 生物动力学模型的出处

元素(吸收类型)	ICRP 出版物编号
P(FM)、Mn(FM)	30(1)
F(FMS)、Na(F)、Cl(FM)、K(F)、Ca(M)、Cr(FMS)、Cu(FMS)、Br(FM)、Rb(F)、Y(MS)、Rh(FMS)、Cd(FMS)、In(FM)、Re(FM)、Os(FMS)、Ir(FMS)、Au(FMS)、Hg(FM)、Bi(FM)	30(2)
Be(MS)、Mg(FM)、Al(FM)、Sc(S)、Ti(FMS)、V(FM)、Ga(FM)、As(M)、Pa(FMS)、Sn(FM)、La(FM)、Pr(MS)、Nd(MS)、Pm(MS)、Sm(M)、Eu(M)、Gd(FM)、Tb(M)、Dy(M)、Ho(M)、Er(M)、Tm(M)、Yb(MS)、Lu(MS)、Hf(FM)、Ta(MS)、W(F)、Pt(F)、Tl(F)、At(FM)、Fr(F)、Ac(MS)、Pr(MS)、Si(FMS)	30(3)
Bk(M)、Cf(M)、Es(M)、Fm(M)、Md(M)	30(4)
H(G)、C(G)	56
Zr(FMS)、Nb(MS)、Ru((FSG)、Ce(M)、Cs(F)、I(FG)	56、67
S(FMG)、Co(MS)、Ni(FMG)、Zn(FMS)、Sr(FS)、Mo(FS)、Tc (F)、Ag(FMS)、Te(FMG)、Ba(F)、Pb(F)、Po(FM)、Ra(M)、Np(M)、Pu(MS)、Am(M)	67
Fe(FM)、Se(FM)、Sb(FM)、Th(FMS)、U(FMS)	69
Cm(M)	71

注:F. 快速;M. 中速;S. 慢速;G. 气体。

资料来源:IAEA,RS-G-1.2,1999。

4.2.3 参考人胃肠道模型(HATM)(图 4.8、表 4.43 和表 4.44)

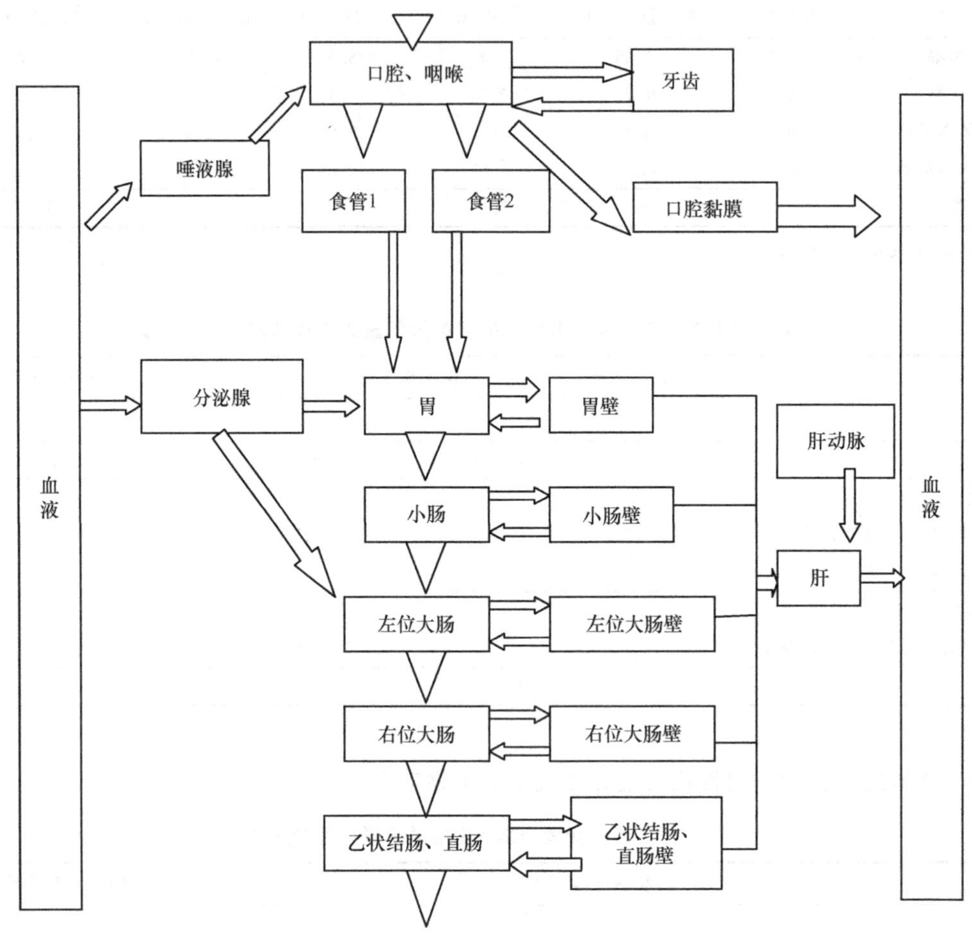

图 4.8 胃肠道模型示意图

表 4.43 ICRP 参考人食物通过消化道各段转移时间和份额

	转移份额(1/d)		
	固体食物	液体食物	总计
口腔	5760/5760	43200/43200	7200
食管	快速 10800/10800	快速 17280/17280	快速 12343/12343
	慢速 1920/1920	慢速 2880/2880	慢速 2160/2160
胃	男 19.2	有热量 32/24	男 20.57
	女 13.71	无热量 48/48	女 15.16
小肠			男 6,女 6
右位结肠			男 2,女 1.5
左位结肠			男 2,女 1.5
直肠乙状结肠			男 2,女 1.5

注:表中斜线(/)上下数字分别为男性的和女性的。

资料来源:ICRP 100,2006。

表 4.44 ICRP 参考人消化道长度、质量和靶细胞有关参数

部位	长度(cm)		内径	质量(g)		靶细胞深度(μm)	靶细胞质量[a](g)
	男	女	(cm)	男	女		
口腔	—	—	—	—	—	190～200	0.23
食管	28	26	1	40	35	190～200	0.091
胃	175cm^3			150	140	60～100	0.62
小肠	280	260	2	650	600	130～150	3.6
结肠	110	100					
右位结肠	34	30	6	150	145	280～300	1.3
左位结肠	38	35	5	150	145	280～300	1.2
直肠、乙状结肠	38	35	3	70		280～300	0.73
总质量				1210	1140		

a. 靶细胞质量的计算,假设组织密度为1g/cm^3。

资料来源:ICRP 100,2006。

4.2.4 参考人骨骼和骨髓有关参数(表 4.45～表 4.51)

表 4.45 ICRP 参考人骨骼重量和骨密度

年龄(岁)	婴儿	1	5	10	15		20	35	
					男	女		男	女
骨骼重量(g)	370	1170	2430	4500	7950	7180		10500	7800
骨骼密度(g/cm^3)	1.65	1.66	1.70	1.75	1.8	1.8	1.85	1.9	1.9

资料来源:ICRP 70,1995。

表 4.46 ICRP 参考人骨骼体积和表面积

骨组织体积(cm^3)	全骨骼	2710
	皮质骨	2130
	管状骨	580
骨组织表面积(m^2)	全骨骼	17
	皮质骨	6.5
	管状骨	10.5
骨表面积/骨体积比值(mm^2/mm^2)	皮质骨	3
	管状骨	18

资料来源:ICRP 70,1995。

表 4.47 参考人骨骼源器官和靶器官的重量比较 (单位:g)

	ICRP 参考人	中国参考人	日本参考人
骨骼的源器官			
无机骨	5000	4000	4500
骨小梁	1000	800	900
骨皮质	4000	3200	3600
骨骼的靶器官			
骨表面细胞	120	100	100
活性红骨髓	1500	1200	1000

资料来源:王继先等,1999。

表 4.48 参考人骨髓重量参考值 (单位:g)

年龄(岁)	全骨髓	红骨髓	黄骨髓
0	50	50	0
1	170	150	20
5	500	340	160
10	1260	630	630
15(男)	2560	1080	1480
15(女)	2380	1000	1380
35(男)	3650	1170	2480
35(女)	2700	900	1800

资料来源:ICRP 70,1995。

表 4.49 中国参考人估计的全骨髓、红骨髓和黄骨髓的相对重量(占体重的%)

年龄(岁)	全骨髓	红骨髓	黄骨髓
新生儿	1.3	1.3	0.0
1	1.7	1.5	0.2
5	2.5	1.7	0.8
10	3.8	1.9	1.9
15	4.5	1.9	2.6
35(男)	5.0	1.6	3.4
35(女)	4.5	1.5	3.0

资料来源:王继先等,1999。

表 4.50 中国参考人红骨髓在成年男子骨骼中的分布参考值 (单位:%)

部位	比例	部位	比例
头盖骨	7.6	胸椎骨	16.1
下颚骨	0.8	腰椎骨	12.3
肩胛骨	2.8	骶骨	9.9
锁骨	0.8	髋骨	17.5
胸骨	3.1	股骨上端	6.7
肋骨	16.1	肱骨上端	2.4
颈椎骨	3.9		

资料来源:GBZT200.2-2007。

表 4.51 ICRP 骨骼重量资料与中国成年人及日本参考人比较

性别	ICRP 第 70 号出版物		ICRP 第 23 号出版物		亚洲参考人		中国		日本	
	骨重(kg)	占体重(%)	骨重(kg)	占体重(%)	骨重(kg)	占体重(%)	骨重(kg)	占体重(%)	骨重(kg)	占体重(%)
男性	10.5	14.4	10.0	14.3	8.4	14.0	8.0 (6.9～8.5)	13.3	8.3	13.8
女性	7.8	13.0	6.8	11.3	6.3	12.6	5.7 (5.4～6.0)	11.0	5.8	11.3

资料来源:王继先等,1999。

4.2.5 参考人代谢参数(表 4.52～表 4.55)

表 4.52 ICRP 参考人基础代谢和能量消耗

年龄(岁)	基础代谢率(kcal/h)		能量消耗(kcal/d)	
	男	女	男	女
新生儿	8.5	8.5	500	500
1	24	23	800	750
5	45	43	1600	1400
10	53	48	1900	1700
15	63	51	2400	1800
成人	68	52	2800	1800

资料来源:ICRP 89,2003。

表 4.53 ICRP 参考人水平衡 (单位:ml/d)

水的来源和去向	男	女
摄入		
食物和液体中水摄入量	2600	1960
食物氧化作用产生水	300	225
消耗		
尿	1600	1200
无感知的损失(假设肺与皮肤间相等)	690	515
汗液	500	375
粪便	110	95

资料来源:ICRP 89,2003。

表 4.54 中国参考人水平衡 (单位:ml)

来源	入水量			去向	失水量		
	成年男性	7～12 岁儿童	2～7 岁儿童		成年男性	7～12 岁儿童	2～7 岁儿童
水和饮料	1000	700	500	尿液	1550	1200	950
食物含水	1200	1050	900	粪含水	150	100	50
物质氧化生水	300	250	200	肺	300	250	200
(内生水)				皮肤	500	450	400
总计	2500	2000	1600	总计	2500	2000	1600

资料来源:王继先等,1999。

表 4.55 中国成年人体液和各器官中的含水量

体液	含水量(%)	器官	含水量(%)
血液	83	心脏	79
血浆	92	肺脏	79
唾液	99.4	肝脏	70
胆汁	79	肾脏	82
尿液	95	肌肉	76
汗液	89	骨骼	16～46
乳汁	89	脂肪组织	25～30

续表

体液	含水量(%)	器官	含水量(%)
		结缔组织	60～80
		皮肤	72
		脑白质	70
		脑灰质	84

资料来源:王继先等,1999。

4.3 参考生物

人们认识到,为保护人类将来的利益,需要保护我们现在的环境。

应该从人类、生物和生态等全方位考虑生态系((ICRP 91 号出版物,2005)。即辐射防护的目标既要保护人类,也要保护非人类物种免受辐射危害。要用人类与环境共处的观点代替人类中心论。要做到可持续发展,现代发展不能以损害后代发展能力为代价。要注意保持生物多样性和生态系统的平衡(潘自强,2004)。为此,就要比照人类辐射防护体系的模式,建立对非人类物种的辐射防护体系。

首先应该建立非人类物种辐射效应评价框架,需要一套参考值来描述受照个体的形态学和生理学特征,即建立参考动物和参考植物体系。IAEA 专家会议也指出:"参考生物的应用,对于建立一个保护生物免致辐射效应的系统,是一个合理的方法。"

选择参考动物和参考植物时,应注意下述几点:

(1) 为保护野生动植物,参考生物中应包括鸟类、哺乳类、爬行类和两栖类动物。

(2) 为了评价环境开发,应注意到与渔类、农业和森林相关的生物。

(3) 为有利于污染评价,应注意到毒理学实验常用的典型生物。

(4) 应注意生态学评价需要,参考生物应包括陆地和水生生态系统的主要库室。

(5) 选择参考动植物时,也应注意到公众和决策者对其了解程度。

遵循前述原则,ICRP 参考动植物任务组初步选择了 12 个种类的动物和植物,它们代表了生活在陆地、淡水和海洋环境中的生物。将这 12 个种类的动物和植物及它们的生态相关性列于表 4.56。

表 4.56 目前 ICRP 推荐的参考动物和参考植物

序号	生物	陆地	淡水	海洋
1	啮齿动物(鼠科,小白鼠和大鼠):具有普通哺乳动物生命周期的小动物	√		
2	鸭(鸭科,鸭、鹅和天鹅):具有一般鸟类生命周期的鸟	√	√	
3	青蛙(蛙科):两栖动物,生命周期可与其他脊椎动物相比	√	√	
4	淡水鱼(鲑科,大马哈鱼和鳟鱼):生活在自由水体中的鱼		√	√
5	海洋比目鱼(鲽科,鲽类、欧碟和比目鱼):生活在海洋底质表面的鱼			√
6	海蜗牛(新腹足纲软体动物):生长期分为卵、幼年和成年阶段	√	√	√
7	蟹(爬行亚目,甲壳类动物):生活在近海和陆地,也偶住陆地		√	√
8	蜜蜂(蜜蜂科,雄蜂和蜜蜂):具有昆虫类生命周期,又具重要生态学价值的社会性昆虫	√		
9	蚯蚓(正蚯蚓,蚯蚓):现有一有限的有关效应和生物累积动力学的数据库	√	√	√
10	松树(松科,松树):一种对放射性敏感的裸子植物	√		
11	草(禾木科,草):有一有限的有关效应和生物累积动力学的数据库	√	√	
12	褐色海藻(孢子海藻,岩藻):没有关于效应的数据库,但有一个有关生物累积的完整的数据库			√

资料来源:L E Holm,2005。

ICRP 为参考动植物建立了一套参考剂量模型和导出考虑水平，见图 4.9。

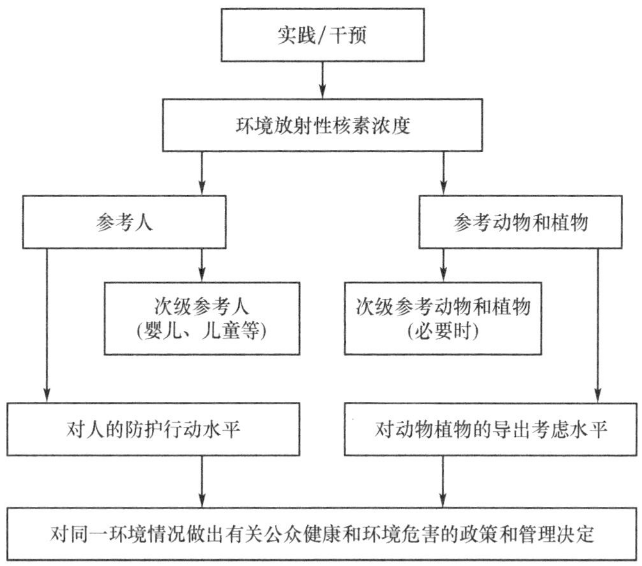

图 4.9　对人类和非人类生物体放射防护共同方法的发展

资料来源：ICRP 91，2005

当增加的剂量率仅为其本底的几分之一时，可以考虑为低度关注水平，当高于其本底几个量级时，因剂量率对个体生物的有害效应，可以考虑为关注水平在增加(图 4.10)。照射-剂量和剂量-效应的表述是用来提供一般建议的合适的透明的形式，这种形式可以用来支持国家层次的法律框架，或者用剂量率作为任何形式的导则的依据，或更为严格的法律控制的依据。

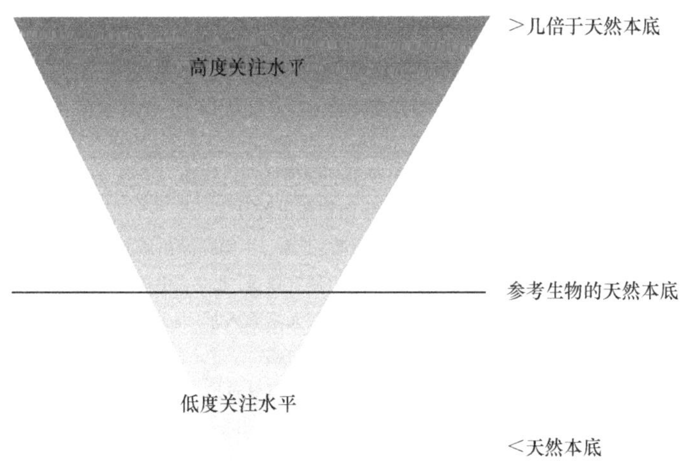

图 4.10　参考动植物的导出考虑水平

资料来源：ICRP 91，2005

UNSCEAR 2008 年报告书附录 E 评估非人类生物辐射效应时，摘要地给出植物、鱼和哺乳动物慢性辐射效应的剂量率估计值(表 4.57)。

表 4.57　植物、鱼和哺乳动物慢性辐射效应概要

	剂量率(μGy/h)	效应	终点
植物	100～1000	松树干生长减缓	致病性
	400～700	草本植物数量减少	致病性
鱼	100～1000	睾丸质量下降和精子生成减缓，低生殖力，延时产卵	生殖力
	200～499	睾丸中精原细胞和精子减少	生殖力
哺乳动物	<100	未见有害终点的描述	致病性，发病率，生殖力
生态系统(陆地的和水生的)	约 80	对于辐射效应数据，采用了一种新的统计学方法(物种敏感性分布，SSD)来估算有害剂量率(HDR_5)，即生态系统中 95%的物种得以保护的剂量率	致病性，发病率，生殖力

(白　光　孙全富 编写，潘自强 审阅)

参 考 文 献

国际辐射防护委员会第 103 号出版物 . 2008. 潘自强，周永增，周萍坤等译校 . 国际放射防护委员会 2007 年建议书 . 北京：原子能出版社

国际辐射防护委员会第 60 号出版物 . 1993. 李德平，孙世荃，陈明焌等译 . 国际放射防护委员会 1990 年建议书 . 北京：原子能出版社

国际辐射防护委员会第 41 号出版物 . 1985. 程违，李元敏译，李树德校 . 电离辐射的非随机性效应 . 北京：原子能出版社

联合国原子辐射效应科学委员会 . 2002. 潘自强，孙世荃总审校 . 电离辐射源与生物效应，联合国原子辐射效应科学委员会 2000 年报告(Ⅰ，Ⅱ卷). 太原：山西科学技术出版社

罗云 . 2009. 中国安全生产基本数据手册 . 北京：煤炭出版社

潘自强，刘森林等 . 2010. 中国辐射水平 . 北京：原子能出版社

潘自强 . 2006. 非人类物种电离辐射防护的进展 . 辐射防护，24(Supp12)

日本放射线影响研究所 . 2008. 放射线影响研究所要览

王继先，陈如松，诸洪达等 . 1999. 中国参考人解剖生理和代谢数据 . 北京：原子能出版社

叶根耀 . 2010. 外照射急性放射病诊断标准编制说明和讨论 . 见：卫生部卫生标准委员会编 . 放射性疾病诊断标准应用指南 . 北京：标准出版社

GBZ113-2002. 2002. 核与放射事故干预及医学处理原则. 北京：中国标准出版社

GBZ104-2002. 2002. 外照射急性放射病诊断标准. 北京：中国标准出版社

GBZT 200. 1-2007. 2007. 辐射防护用参考人第一部分：体格参数. 北京：中国标准出版社

GBZT 200. 2-2007. 2007. 辐射防护用参考人第二部分：主要组织器官质量. 北京：中国标准出版社

GBZT 200. 4-2009. 2009. 辐射防护用参考人第四部分：膳食组成和元素摄入量. 北京：中国标准出版社

Holm LE. 2005. ICRP 与非人类物种的放射防护 . 辐射防护通讯，2/3：57

ICRP 第 91 号出版物 . 2005. 评价非人类物种电离辐射影响的框架 . 辐射防护，24(Supp12)

BEIR VI. 1999. Health Effects of Exposure to Radon. Washington DC：National Academy Press.

Cardis E，Kesminiene A，Ivanov V，et al. 2005. Risk of thyroid cancer after exposure to ^{131}I in childhood. J Natl Cancer Inst，97：724～732

Cardis E，Vrijheid M，Blettner M，et al. 2005. Risk of cancer after low doses of ionizing radiation：retrospective cohort study in 15 countries. BMJ，331(7508)：77

Gianfranco Gualdrini. 2004. Monte carlo simulations for in vivo internal dosimetry(including phantom development). IRPA 11，Madrid-Spain

Guskova. 1986. Acute radiation effects in exposed persons at the chernobyl atomic power station accident. Medical Radiology，3～18

IAEA Safety Report Series No. 2. 1998. Diagnosis and treatment of radiation injury. Vienna

IAEA. 1998. Compilation of anatomical, physiological and metabolic characteristics for a reference Asian man, Vol 1, Vienna

ICPR. 2009. International Commission on Radiological Protection Statement on Radon

ICRP Publication 23. 1975. Report of the Task Group on Reference Man. Oxford: Pergamon Press

ICRP Publication 66. 1994. Human Respiratory tract model for radiological protection. Annals of the ICRP 24(1～3)

ICRP Publication 70. 1995. Basic anatomical and physiological data for use in radiological protection: the skeleton. Annals of the ICRP 25(2)

ICRP Publication 88-3, Supporting Guidance 3. 2003. Guide for the practical application of the ICRP human respiratory tract model

ICRP Publication 89. 2003. Basic Anatomical and physiological data for use in radiological protection: reference values. Annals of the ICRP 32(3/4)

ICRP Publication 100. 2006. Human alimentary tract model for radiological protection. Annals of the ICRP 36(1/2)

ICRP Publication 110. 2010. Adult Reference Computational Phantoms. Oxford: Pergamon Press

Jacob P, Bogdanova TI, Buglova E, et al. 2006. Thyroid cancer risk in areas of Ukraine and Belarus affected by the Chernobyl accident. Radiat Res, 165(1): 1～8

Ken-ichi Kamo, Kota Katanoda, Tomohiro Matsuda, et al. 2008. Lifetime and age-conditional probabilities of developing or dying of cancer in Japan. Jpn Clin Oncol, 38(8): 571～576

Lubin JH, Boice JD Jr, Edling C, et al. 1995. Lung cancer in radon-exposed miners and estimation of risk from indoor exposure. J Natl Cancer Inst, 87: 817～827

NCRP Publication 156. 2006. Development of biokinetic model for radionuclide-contaminated wounds and procedures for their assessment, dosimetry and treatment

Nuclear Energy Agency, OECD. 2010, Comparing nuclear accident risks with those from other energy sources. OECD 2010, NEA No. 6861

Preston DL, Ron E, Tokuoka S, et al. 2007. Solid cancer incidence in atomic bomb survivors: 1958-1998. Radiat Res, 168(1): 1～64

Smith J, Nicholas A Beresford. 2005. Chernobyl: Catastrophe and Consequences. Chichester UK: Springer

Tanaka G, Kawamura H. 1996. Anatomical and physiological characteristics for Asian reference man, NIRS-M-115, NIRS

X George Xu, Keith F Eckerman. 2009. Handbook of Anatomical Models for Radiation Dosimetry. Boca Raton CRC Press

Zankl M, Eckelman KF, Bolch WE. 2007. Voxel-based models representing the male and female ICRP reference adult-the skelaton. Radiat Prot Dosim, 127: 174

5 实用公式及数据

5.1 α粒子和质子

(1) 空气中α粒子射程(Bernard Shleien et al,1998):

$$R_\alpha = 1.24E - 2.62 \quad (4\text{MeV} < E < 8\text{MeV})$$

式中:R_α 为15℃和标准大气压下空气中α粒子射程(cm);E 为α粒子能量,MeV;R_α 的误差为(−10%,+4%)。

(2) 能穿透皮肤保护层的α粒子最小能量(LOS Alamos,2000):能穿透皮肤保护层(全身平均厚度约0.07mm)的α粒子最小能量为7.5MeV。

(3) α探测器的探测能量下限(LOS Alamos,2000):每 1mg/cm^2 的探测器窗厚度可以引起α粒子损失大约1MeV的能量。因此,具有 $3\ \text{mg/cm}^2$ 窗厚的探测器探测不到能量在3MeV以下的α粒子。

(4) 质子的射程与能量之间的近似关系式(Bernard Shleien et al,1998):

$$R = \left(\frac{E}{9.3}\right)^{1.8}$$

式中:R 为质子在标准状态下空气中的射程(m);E 为质子能量(MeV)(几个兆电子伏至200MeV)。

在 E=2~100MeV时,公式所给出的 R 值误差为±10%;在0.3~800MeV时,R 值误差为±50%。

5.2 β粒子和电子束

(1) β粒子的平均能量:

$$\bar{E}(\beta^-) \approx 1/3E_{max}$$

即β粒子能量分布的平均值近似等于其最大能量的1/3。

$$\bar{E}(\beta^+) \approx 0.44E_{max}$$

即正电子能量分布的平均值近似等于其最大能量的44%。

(2) β粒子在空气中的射程 R_{air}:

$$R_{air} \approx 12\text{ft/MeV}$$

或

$$R_{air} \approx 3.656\text{m/MeV}$$

例如:^{32}P的β粒子的最大能量为 E_{max}=1.71MeV,故空气中最大射程约为20ft(6.22m)。

(3) β粒子在物质中的射程

1) $1 \leqslant E_{max} \leqslant 4\text{MeV}$,则

$$R \approx E_{max}/2$$

式中:R 为β粒子在物质中的射程,g/cm^2;E_{max} 为β粒子的最大能量,MeV。

2) $0.01 \leqslant E_{max} \leqslant 2.5\text{MeV}$,则

$$R = 0.412E_{max}^{\ 1.265-0.0954\ln E_{max}}$$

3) $E_{max}>0.6$MeV,则

$$R=0.542E_{max}-0.133 \quad [\text{费瑟(Feather)规律}]$$

(4) 能穿透皮肤保护层的β粒子能量：

$$E_{\beta} \geqslant 70\text{keV}$$

(5) 来自于通量密度为ϕ[电子/(cm^2 · s)]的电子束的剂量当量率(IAEA TRS 188,1979)：

$$\dot{H}(\text{Sv/h}) = 1.6 \times 10^{-6}\phi$$

当电子能量为1～200Mev时,误差在±15%以内。

(6) 距β(±)点源1cm处的剂量率$\dot{H}_{1cm}$(Gy/h)(忽略自吸收和空气吸收)(Bernard Shleien et al,1998)：

$$\dot{H}_{1cm}=3\text{Gy/h}(\text{每 mCi})$$

或

$$\dot{H}_{1cm}=81.1\text{mGy/h}(\text{每 MBq})$$

例如:距1 MBq的^{32}P的β点源1cm处的剂量率约为81.1mGy/h。

剂量率值对β粒子能量变化的依赖较小。

(7) 距β辐射(β$^{\pm}$)源d处的剂量率(IAEA TRS 188,1979)：

$$\dot{H}(\text{mGy/h})\approx\dot{H}(\text{mSv/h})\approx 8 \cdot \eta \cdot A \cdot d^{-2}$$

式中:η为发射β粒子的蜕变分支比;A为活度(GBq);d为距离(m)。

(8) 放射性溶液中的β剂量率$\dot{H}$(mGy/h)：

$$\dot{H}(\text{溶液中})=\frac{0.573\bar{E} \cdot C}{\rho}\text{mGy/h}$$

式中:$\bar{E}$为β粒子平均能量(MeV);C为β活度浓度(kBq/cm^3);ρ为溶液密度(g/cm^3)。

例如:^{32}P的β粒子平均能量为0.7 MeV,β活度浓度为1kBq/cm^{3}的水溶液中的β剂量率近似为0.4mGy/h。

溶液表面的剂量率大约为上述剂量率的一半。

(9) 带有7mg/cm^{2}过滤片的铀源的β射线表面剂量率:见表5.1。

表5.1 带有7mg/cm^{2}过滤片的铀源的β射线表面剂量率 (单位:mGy/h)

源	β表面剂量率
天然U(金属)	2.29
UO_2(褐色氧化物)	2.07
UF_4(绿色盐类)	1.79
$UO_2(NO_3)_2 \cdot 6H_2O$(黄色六水合硝酸铀酰)	1.11
UO_3(橙色氧化物)	2.04
U_3O_8(黑色氧化物)	2.03
UO_2F_2(氟化铀酰)	1.76
$Na_2U_2O_7$(苏打盐或重铀酸钠)	1.67

资料来源:天然U(金属)的β表面剂量率数据引自陈丽姝.1987.β剂量刻度用的天然铀块外照射剂量分布.原子能科学技术,21(3);其余引自Los Alamos,2000。

5.3 韧致辐射

β粒子被自身源物质及周围其他物质阻止时分别产生的内、外韧致辐射有时是不可忽略的。在估算外照射剂量时，必须考虑外韧致辐射。

(1)（吸收体）“外”韧致辐射的平均能量（NCRP，1985）：

$$E_{平均} = 1.4 \times 10^{-7} Z E_{\beta}^{2} \quad \text{keV(每个 β 粒子)}$$

式中：Z 为吸收体的原子序数；E_β 为β粒子的最大能量（keV）。

例：对^{32}P，韧致辐射的平均能量为 0.4×Z keV，在铅中约 33.2keV。

(2)“内”韧致辐射的平均能量（NCRP，1985）：

$$E_{平均} = 1.5 \times 10^{-3} E_{\beta} \log(0.004E_{\beta} - 2.2) \quad \text{keV(每个 β 粒子)}$$

式中：E_β 为β粒子的最大能量（keV）。

例：对^{32}P，该韧致辐射的平均能量大约为 1.7 keV。

(3) 总韧致辐射剂量率（McLintock，1994）：

$$\frac{6AE_{\beta}^{2}}{d^{2}}(Z+I)\mu_{en} \quad \mu\text{Sv/h}$$

式中：A 为β辐射体的β辐射活度（MBq）；E_β 为β粒子最大能量（MeV）；Z 为吸收体的有效原子序数；I 为考虑到内韧致辐射贡献的修正因子（表 5.2）；μ_{en}为韧致辐射的质能吸收系数；d 为距源的距离（cm）。

表 5.2 不同外吸收体的 Z 值和 I 值

吸收体	Z	I^{a}	$Z+I$
有机玻璃	5.9	5.4	11.3
水	6.6	5.4	12
硼硅酸玻璃	10	4	14
钢	26	4.5	30.5
黄铜	30	4	34
铅	82	4	86

a. 对于β粒子能量从 0.16MeV(^{35}S)到 1.7MeV(^{32}P)的近似值。

5.4 γ剂量率

(1) 来自能量通量为 ψ[MeV/(cm^2·s)]的光子的剂量当量率$\dot{H}$（IAEA TRS 188，1979）：

$$\dot{H}(\text{Sv/h}) \approx 1.6 \times 10^{-8} \psi$$

当光子能量为 0.1～2.5MeV 时，误差约为±15%。

(2) 在被γ放射性物质均匀污染的无限大介质内对组织的剂量率$\dot{H}$：

$$\dot{H}(\text{mGy/h}) = \frac{0.573\bar{E} \cdot C}{\rho}$$

式中：$\bar{E}$ 为每次蜕变放出的平均γ能量（MeV）；C 为活度浓度（kBq/cm^3）；ρ 为介质密度（g/cm^3）。

5.5 非点状 γ 源在空气中比释动能率

5.5.1 线源(图 5.1)

线源总活度为 A(Bq),长度为 L(m)。比释动能率常数为 $\Gamma_k[\mathrm{Gy \cdot m^2/(Bq \cdot s)}]$。与线源垂直距离为 r(m)的以下各点的比释动能率(Gy/s)为:

(1) Q_1,线源端点的垂线上一点:

$$\dot{K}_1 = \frac{A \cdot \Gamma_k}{L \cdot r}\mathrm{tg}^{-1}\frac{L}{r}$$

(2) Q_2,线源中心的垂线上一点:

$$\dot{K}_2 = \frac{2A \cdot \Gamma_k}{L \cdot r}\mathrm{tg}^{-1}\frac{L}{2r}$$

(3) Q_3,与线源的垂直距离为 r,其在线源轴线上的投影与线源近端的距离为 L_1:

$$\dot{K}_3 = \frac{A \cdot \Gamma_k}{L \cdot r}\left[\mathrm{tg}^{-1}\left(\frac{L+L_1}{r}\right) - \mathrm{tg}^{-1}\frac{L_1}{r}\right]$$

(4) Q_4,线源轴线上一点(不考虑自吸收):

$$\dot{K}_4 = \frac{A \cdot \Gamma_k}{l^2 - (L/2)^2}$$

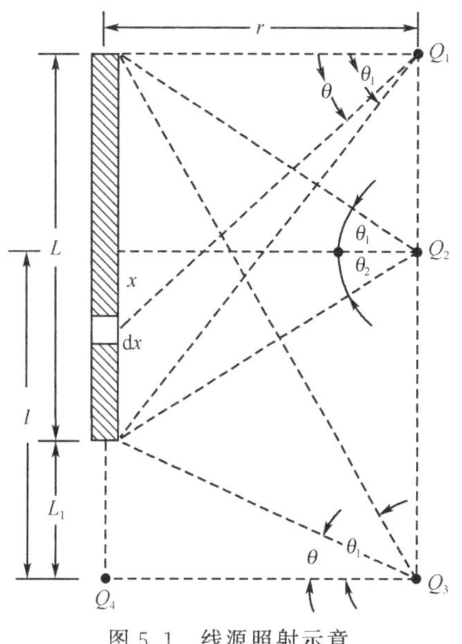

图 5.1 线源照射示意

5.5.2 圆盘面源(图 5.2)

设圆盘面源半径为 a,总活度为 A。

(1) Q_1,过圆盘源中心轴线上距源为 h 的一点:

$$\dot{K}_1 = \frac{A \cdot \Gamma_k}{a^2}\ln\left(\frac{h^2 + a^2}{h^2}\right)$$

(2) Q_2,离圆盘轴线距离为 a,轴线上投影与圆盘中心距离为 h 的一点:

$$\dot{K}_2 = \frac{A \cdot \Gamma_k}{a^2}\ln\left[\frac{h + \sqrt{h^2 + 4a^2}}{2h}\right]$$

(3) Q_3,离圆盘轴线距离为 d,轴线上投影与圆盘中心距离为 h 的一点:

$$\dot{K}_3 = \frac{A \cdot \Gamma_k}{a^2}\ln\left\{\frac{1}{2h^2}\left[(h^2 + a^2 - d^2) + \sqrt{a^4 + 2a^2(h^2 - d^2) + (h^2 + d^2)^2}\right]\right\}$$

(4) Q_4,过圆盘平面,与中心距离为 l 的一点:

$$\dot{K}_4 = \frac{A \cdot \Gamma_k}{a^2}\ln\left(\frac{l^2}{l^2 - a^2}\right)$$

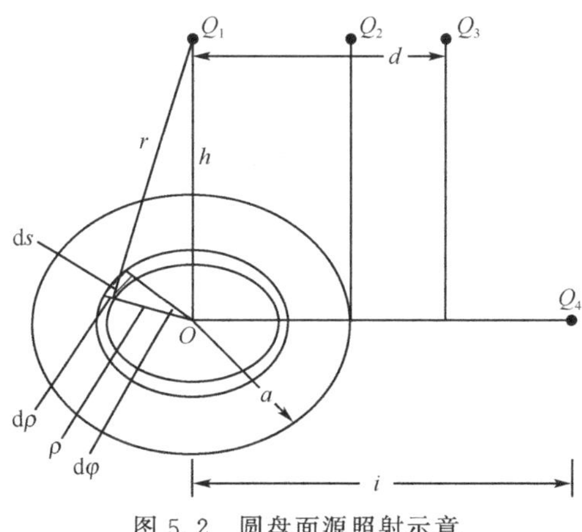

图 5.2 圆盘面源照射示意

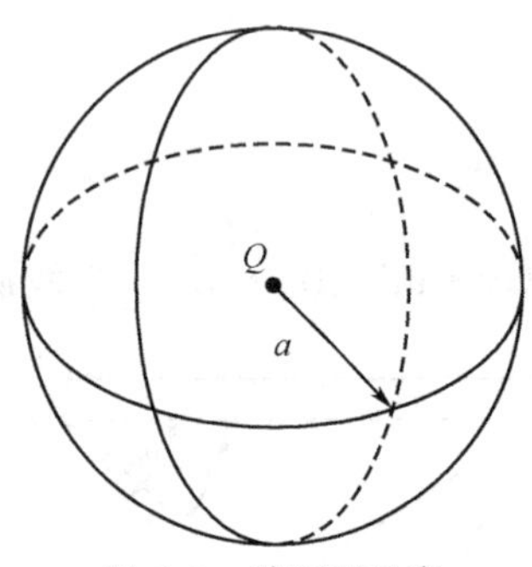

图 5.3 球面源示意

5.5.3 球面源(图 5.3)

设空心球半径为 a,总活度为 A。

球心点:

$$\dot{K}=\frac{A\cdot\Gamma_{\mathrm{k}}}{a^{2}}$$

5.5.4 圆柱状面源(图 5.4)

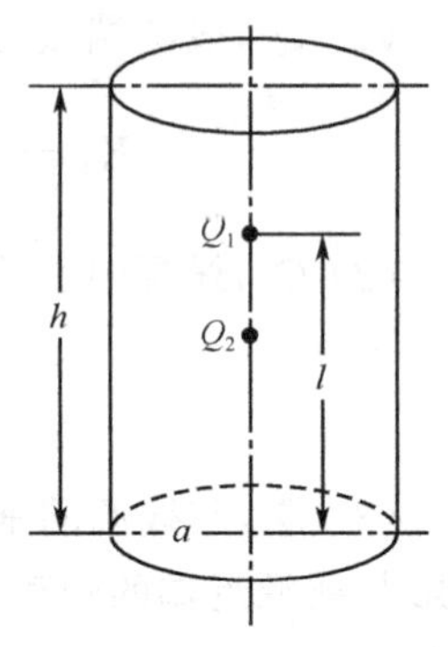

图 5.4 圆柱状面源示意

空心圆柱(不包括上下底)半径为 a,高度为 h,总活度为 A。

(1) Q_1,圆柱轴线上距底部 l 处:

$$\dot{K}_1=\frac{A\cdot\Gamma_{\mathrm{k}}}{ah}\left[\mathrm{tg}^{-1}\frac{l}{a}+\mathrm{tg}^{-1}\frac{h-l}{a}\right]$$

(2) Q_2,圆柱轴线中央点:

$$\dot{K}_2=\frac{2A\cdot\Gamma_{\mathrm{k}}}{ah}\mathrm{tg}^{-1}\frac{h}{2a}$$

5.6 空气取样

空气取样测量中,空气中放射性污染浓度的计算公式:

$$C=\frac{\lambda^{2}N_{n}}{EFK(1-\mathrm{e}^{-\lambda T_{s}})\mathrm{e}^{-\lambda T_{d}}(1-\mathrm{e}^{-\lambda T_{g}})}$$

式中:C 为空气中放射性污染浓度($\mathrm{Bq/m^3}$);λ 为待测核素的衰变常数($\mathrm{min^{-1}}$);R_{b} 为本底计数率;T_{g} 为样品计数时间(min);T_{s} 为取样时间(min);T_{b} 为本底计数时间(min);T_{d} 为取样结束到计数开始之间的延迟时间(min);N_{n} 为 $N_{\mathrm{g}}-R_{\mathrm{b}}T_{\mathrm{b}}$(净计数),$N_{\mathrm{g}}$ 为总计数;E 为取样效率;F 为取样流率(假定取样过程中保持不变,单位 $\mathrm{m^3/min}$);K 为样品探测器的探测效率(cpm/Bq)。

5.7 计数器分辨时间(死时间)(Bernard Shleien et al,1998)

(1) 分辨时间修正(非扩展的):

$$R=\frac{R_0}{1-R_0\tau}$$

式中:R 为真实计数率(c/s);R_0 为观察到的计数率(c/s);τ 为分辨时间(s)。

(2) 分辨时间修正(可扩展的):

$$R_0=R\mathrm{e}^{-R\tau}$$

(3) 分辨时间确定(双源法):

$$\tau=\frac{R_1+R_2-R_{1,2}}{2(R_1R_2)}\quad(\tau R_1\ll 1,\tau R_2\ll 1)$$

式中:τ 为分辨时间(s);R_1,R_2 为分别为对源 1 和源 2 测得的计数率(c/s);$R_{1,2}$ 为组合源 1 和源 2 的计数率(c/s)。

5.8 测量的几何因子(李德平等,1988)

由点源发出的射线是各向同性发射的,如果没有受到散射和吸收的作用,射线进入计数器灵敏体积的概率 G 有

$$G=\Omega/4\pi$$

式中:Ω 为灵敏体积对该点源所张的立体角;G 完全由几何条件决定,称为几何因子。

对非点源,可视作由大量不同位置的点源组成,其几何因子为各点的几何因子按强度加权的平均值。一般在制备测量样品时,总力求把测样做成均匀源,并按均匀分布源来计算几何因子。当源的均匀度不能保证时,就要求采用几何因子对源的分布较不敏感的测量条件。

5.8.1 几种典型计数条件的几何因子

(1) 矩形窗:如图 5.5 所示。矩形 $a\times b$ 对于在其一角上的垂线上的距离为 H 的点 p 的几何因子 G_p 为

$$G_p=\frac{1}{4\pi}\tan^{-1}\frac{ab}{HD}=\frac{1}{4\pi}\tan^{-1}\frac{ab}{H\sqrt{H^2+a^2+b^2}}$$

对于不处于角上方的点,可通过 p 到该平面的垂足划直线把矩形分为 4 块而后计算。

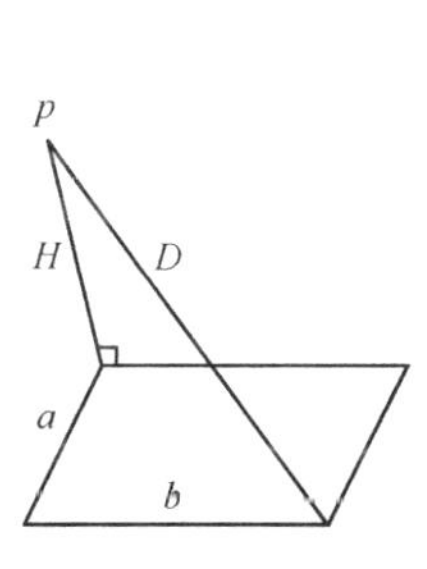

图 5.5 矩形窗

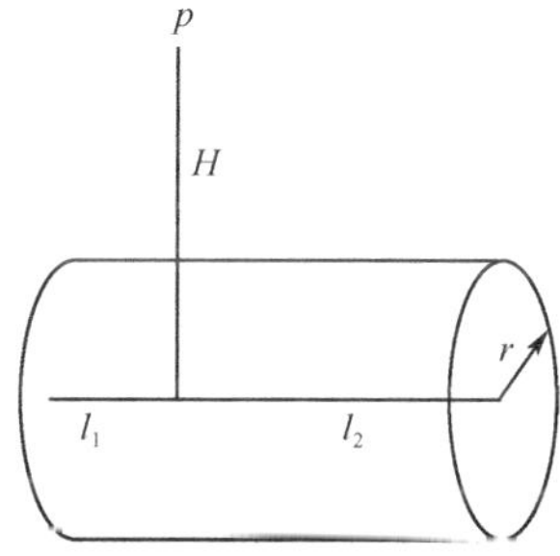

图 5.6 圆柱形计数管

(2) 圆柱形计数管:如图 5.6 所示。p 点到半径为 r 的计数管的轴线的距离为 H,其垂足把界长分为 l_1、l_2 两段。

$$\begin{aligned}G_p&=\phi(2-\cos\theta_1-\cos\theta_2)/2\pi\\&=\frac{\sin^{-1}\left(\frac{r}{H}\right)}{2\pi}\left(2-\frac{1}{\sqrt{1+X_1^2}}-\frac{1}{\sqrt{1+X_2^2}}\right)\end{aligned}$$

式中:$\phi=\sin^{-1}(r/H)$;$\tan\theta_i=x_i=l_i/(H-ur)=l_i/H\left(1+\Delta-\frac{r}{H}\right)$,$i=1,2$,$u$ 或 Δ 与端部的半圆有关,其值可从图 5.7 的曲线中查得,$4\pi G$ 的精确值见表 5.3。

(3) 圆窗:如图 5.8 所示。对位于圆窗轴上的点源 p',有

$$G_{p'}=\frac{1}{2}\left(1-\frac{H}{D}\right)=\frac{a^2}{2D(D+H)}$$

$$\begin{aligned}\mathrm{dln}G_{p'}&=-2(-G_{p'})(1-2G_{p'})\mathrm{dln}H\\&=-4G_{p'}^{1/2}(1-G_{p'})^{3/2}\mathrm{d}H/a\end{aligned}$$

对偏离轴的点源 p,令 ρ 为 p、p' 两点间的距离,当 $\rho/D<1$ 时,有

$$G_p = G_{p'} - \frac{3}{8}\frac{Ha^2}{b^5}\rho^2 + \frac{15}{32}\frac{Ha^2}{D^9}\left(H^2 - \frac{3}{4}a^2\right)\rho^4 + \cdots$$

$$= G_{p'}\left\{1 - \frac{3}{4}\frac{H(D+H)a^2}{(H^2+a^2)^2}\frac{\rho^2}{a^2}\left[1 - \frac{5}{4}\frac{a^2}{(H^2+a^2)^2}\left(H^2 - \frac{3}{4}a^2\right)\frac{\rho^2}{a^2}\cdots\right]\right\}$$

$$= G_{p'}\left[1 - C_1\left(\frac{\rho}{a}\right)^2 - C_2\left(\frac{\rho}{a}\right)^4 - \cdots\right]$$

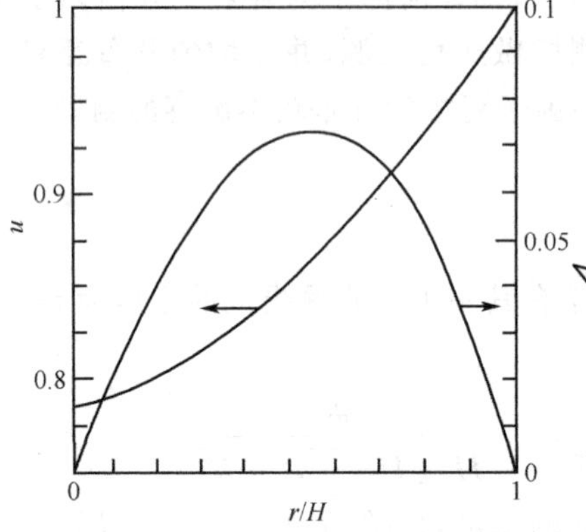

图 5.7　u-r/H 曲线

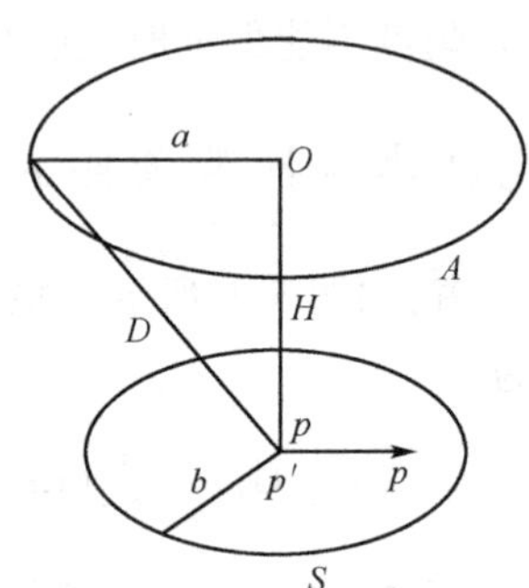

图 5.8　圆窗几何条件

表 5.3　圆柱壁所张的立体角(sr,球面度)

l_1/r \ H/r	1.1	1.2	1.5	2.0	2.5	3.0
0.2	1.852	1.208	0.4704	0.1845	0.09988	0.06300
0.5	2.182	1.733	0.9387	0.4267	0.2404	0.1540
0.7	2.279	1.835	1.108	0.5539	0.3233	0.2104
1.0	2.255	1.899	1.249	0.6950	0.4283	0.2865
1.5	2.270	1.937	1.352	0.8358	0.5546	0.3884
2.0	2.275	1.951	1.396	0.9106	0.6351	0.4622
2.5	2.278	1.958	1.417	0.9531	0.6868	0.5144
3	2.279	1.962	1.430	0.9790	0.7209	0.5515
5	2.281	1.967	1.449	1.021	0.7813	0.6237
7	2.282	1.969	1.454	1.034	0.8009	0.6433
10			1.457	1.040	0.8120	0.6643
20					0.8202	0.6757
30					0.8218	0.6779
50					0.8226	0.6790
100	2.282	1.970	1.459	1.047	0.8229	0.6795

续表

H/r \ l_1/r	5.0	7.0	10	15	20	30
0.2	0.01928	0.009266	0.004357	0.001879	0.001042	0.0004566
0.5	0.04790	0.02310	0.01088	0.004695	0.002604	0.001141
0.7	0.06661	0.03224	0.01521	0.006569	0.003644	0.001598
1.0	0.09382	0.04576	0.02166	0.009373	0.005202	0.002282
1.5	0.1362	0.06757	0.03226	0.01402	0.007790	0.003420
2.0	0.1740	0.08820	0.04258	0.01861	0.01036	0.004555
2.5	0.2068	0.1074	0.05256	0.02313	0.01291	0.005687
3	0.2349	0.1251	0.06214	0.02758	0.01544	0.006813
5	0.3089	0.1802	0.09570	0.04411	0.02521	0.01125
7	0.3457	0.2148	0.1213	0.05899	0.03426	0.01554
10	0.3715	0.2438	0.1475	0.07682	0.04620	0.02160
20	0.3942	0.2739	0.1820	0.1088	0.07216	0.03767
30	0.3989	0.2808	0.1925	0.1206	0.08425	0.04778
50	0.4013	0.2845	0.1970	0.1284	0.09339	0.05757
100	0.4024	0.2861	0.1995	0.1321	0.09825	0.06400

当$\frac{H}{a}$为0.6～0.8时，$G_p/G_{p'}$随ρ/a变化最大；当ρ/a值或ρ/D值足够小时，可以只保留第一项。

较准确的圆窗对偏心点源的立体角($4\pi G_p$)可查表5.4。

表5.4　圆窗口对偏心点源的立体角(*sr*,球面度)

ρ/a \ H/a	0	0.3	0.5	0.7	0.8	0.9	1.0
0.1	5.658	5.813	5.509	5.250	4.951	4.283	2.704
0.2	5.051	4.968	4.783	4.363	3.959	3.311	2.879
0.3	4.478	4.368	4.135	3.662	3.276	2.763	2.160
0.5	3.473	3.347	3.102	2.688	2.412	2.099	1.769
0.7	2.680	2.569	2.367	2.060	1.837	1.672	1.465
1.0	1.840	1.766	1.637	1.455	1.349	1.237	1.123
1.5	1.055	1.022	0.9666	0.8890	0.8442	0.7966	0.7472
2.0	0.6633	0.6484	0.6229	0.5870	0.5660	0.5434	0.5195
2.5	0.4494	0.4420	0.4292	0.4111	0.4003	0.3886	0.3760
3	0.3224	0.3184	0.3115	0.3016	0.2956	0.2891	0.2820
4	0.1876	0.1862	0.1837	0.1801	0.1779	0.1754	0.1728
5	0.1220	0.1214	0.1203	0.1187	0.1178	0.1167	0.1155
7	0.06319	0.06298	0.06269	0.06225	0.06197	0.06167	0.06133
10	0.03118	0.03114	0.03107	0.03096	0.03089	0.03081	0.03073

续表

H/a \ ρ/a	1.1	1.2	1.5	2	3	5
0.1	1.190	0.6062	0.1752	0.05382	0.01325	0.002630
0.2	1.539	0.9701	0.3301	0.1055	0.02634	0.005249
0.3	1.583	1.129	0.4525	0.1534	0.03910	0.007848
0.5	1.450	1.166	0.5969	0.2524	0.06306	0.01295
0.7	1.264	1.1076	0.6429	0.2865	0.08419	0.01785
1.0	1.009	0.9004	0.6191	0.3258	0.1094	0.02463
1.5	0.6971	0.6472	0.5058	0.3217	0.1335	0.03434
2.0	0.4949	0.4697	0.3944	0.2827	0.1396	0.04146
2.5	0.3629	0.3492	0.3068	0.2382	0.1348	0.04805
3	0.2745	0.2666	0.2414	0.1981	0.1246	0.04842
4	0.1699	0.1668	0.1567	0.1378	0.1002	0.04832
5	0.1142	0.1128	0.1081	0.09889	0.07863	0.04459
7	0.06098	0.06055	0.05917	0.05635	0.04939	0.03449
10	0.03063	0.03053	0.03018	0.02943	0.02746	0.02241

如果面源的分布不均匀，则要求减小 G_p 随 ρ/a 的变化，对给定的 H/a，要求 ρ/a 足够小，而对给定的 ρ/a，则要求选用足够大或足够小的 H/D 值。保持立体角为恒量的点处于一个凹面上，可以制成凹面样品盘以减少 ρ/a 变化的影响。一般可用适当的球面近似此凹面。

对半径为 b 的均匀的同轴面源，其几何因子 G 较精确的值可查表 5.5，表中 $\varphi^2=[1+(H/a)^2]^{-1}$，当 H/a 很小时对 H/a 或 $G_{p'}$（表中 $b/a=0$ 一列）内插，所以表 5.5A 是按 b/a 及 H/a 排列的。当 $b>a$ 时，可按倒易定律估算。

表 5.5　圆面源对圆窗的几何因子

A. $G(b/a,H/a)$

H/a \ b/a	0	0.1	0.2	0.3	0.4	0.5
0.05	0.47503	0.4749	0.4747	0.4741	0.4734	0.4721
0.10	0.45025	0.4501	0.4495	0.4486	0.4471	0.4447
0.15	0.42583	0.4256	0.4248	0.4234	0.4212	0.4180
0.20	0.40194	0.4016	0.4005	0.3988	0.3961	0.3921
0.25	0.37873	0.3783	0.3771	0.3749	0.3717	0.3672
0.30	0.35633	0.3559	0.3545	0.3521	0.3485	0.3436
0.40	0.31431	0.3138	0.3122	0.3095	0.3056	0.3001
0.50	0.27639	0.2759	0.2742	0.2717	0.2675	0.2621

续表

H/a \ b/a	0.6	0.7	0.8	0.85	0.9	0.95	1
0.05	0.4704	0.4679	0.4642	0.4616	0.4567	0.4500	0.4352
0.10	0.4415	0.4368	0.4302	0.4249	0.4177	0.4074	0.3923
0.15	0.4135	0.4070	0.3978	0.3913	0.3827	0.3717	0.3576
0.20	0.3866	0.3789	0.3680	0.3607	0.3518	0.3411	0.3282
0.25	0.3610	0.3524	0.3407	0.3332	0.3245	0.3143	0.3027
0.30	0.3369	0.3279	0.3158	0.3085	0.3001	0.2907	0.2802
0.40	0.2930	0.2840	0.2725	0.2659	0.2587	0.2508	0.2421
0.50	0.2552	0.2468	0.2365	0.2307	0.2245	0.2186	0.2111

B. $G(b/a,\varphi^2)$

φ^2 \ b/a	0	0.05	0.10	0.15	0.20	0.25	0.30	0.35	0.40	0.45	0.50
0.05	0.01266	0.0127	0.0127	0.0127	0.0126	0.0126	0.0126	0.0126	0.0126	0.0126	0.0126
0.10	0.02566	0.0257	0.0257	0.0256	0.0256	0.0256	0.0255	0.0255	0.0254	0.0253	0.0252
0.15	0.03902	0.0390	0.0390	0.0389	0.0388	0.0388	0.0387	0.0386	0.0384	0.0383	0.0381
0.20	0.05279	0.0528	0.0527	0.0526	0.0525	0.0523	0.0522	0.0520	0.0517	0.0514	0.0512
0.25	0.06699	0.0669	0.0669	0.0668	0.0666	0.0664	0.0661	0.0657	0.0653	0.0650	0.0645
0.30	0.08167	0.0816	0.0815	0.0814	0.0811	0.0808	0.0804	0.0800	0.0795	0.0789	0.0782
0.35	0.09689	0.0969	0.0967	0.0965	0.0962	0.0958	0.0952	0.0946	0.0940	0.0932	0.0924
0.40	0.11270	0.1126	0.1125	0.1122	0.1118	0.1113	0.1106	0.1099	0.1091	0.1081	0.1071
0.45	0.12919	0.1291	0.1289	0.1286	0.1281	0.1275	0.1267	0.1258	0.1247	0.1236	0.1223
0.50	0.14645	0.1464	0.1461	0.1457	0.1451	0.1444	0.1435	0.1424	0.1412	0.1398	0.1383
0.55	0.16459	0.1645	0.1642	0.1637	0.1631	0.1622	0.1612	0.1600	0.1586	0.1569	0.1551
0.60	0.18377	0.1837	0.1833	0.1828	0.1821	0.1811	0.1799	0.1785	0.1769	0.1751	0.1731
0.65	0.20142	0.2041	0.2037	0.2031	0.2023	0.2012	0.1999	0.1984	0.1966	0.1946	0.1923
0.70	0.22614	0.2260	0.2257	0.2250	0.2241	0.2230	0.2216	0.2199	0.2179	0.2157	0.2132
0.75	0.25000	0.2499	0.2495	0.2488	0.2479	0.2467	0.2452	0.2434	0.2413	0.2389	0.2362
0.80	0.27639	0.2763	0.2759	0.2752	0.2742	0.2730	0.2715	0.2696	0.2675	0.2649	0.2621
0.85	0.30635	0.3062	0.3058	0.3052	0.3042	0.3030	0.3015	0.2997	0.2975	0.2950	0.2920
0.90	0.34189	0.3418	0.3414	0.3408	0.3399	0.3388	0.3374	0.3357	0.3336	0.3312	0.3285
0.95	0.38820	0.3881	0.3878	0.3873	0.3866	0.3858	0.3846	0.3833	0.3816	0.3796	0.3773
1.00	0.50000	0.5000	0.5000	0.5000	0.5000	0.5000	0.5000	0.5000	0.5000	0.5000	0.5000

续表

φ^2 \ b/a	0.55	0.60	0.65	0.70	0.75	0.80	0.85	0.90	0.95	1.00
0.05	0.0126	0.0125	0.0125	0.0124	0.0124	0.0124	0.0123	0.0123	0.0123	0.0122
0.10	0.0251	0.0250	0.0249	0.0248	0.0247	0.0246	0.0244	0.0243	0.0241	0.0240
0.15	0.0379	0.0377	0.0375	0.0372	0.0369	0.0367	0.0364	0.0361	0.0358	0.0355
0.20	0.0508	0.0505	0.0501	0.0497	0.0492	0.0488	0.0483	0.0478	0.0473	0.0468
0.25	0.0640	0.0635	0.0629	0.0623	0.0616	0.0610	0.0602	0.0595	0.0588	0.0580
0.30	0.0776	0.0768	0.0760	0.0751	0.0742	0.0733	0.0723	0.0713	0.0703	0.0692
0.35	0.0915	0.0905	0.0894	0.0883	0.0871	0.0859	0.0546	0.0833	0.0819	0.0805
0.40	0.1059	0.1047	0.1033	0.1019	0.1004	0.0988	0.0972	0.0955	0.0935	0.0920
0.45	0.1209	0.1194	0.1178	0.1160	0.1142	0.1123	0.1103	0.1082	0.1061	0.1039
0.50	0.1366	0.1348	0.1329	0.1308	0.1286	0.1263	0.1238	0.1213	0.1187	0.1161
0.55	0.1532	0.1510	0.1488	0.1463	0.1437	0.1410	0.1381	0.1351	0.1321	0.1289
0.60	0.1708	0.1684	0.1658	0.1629	0.1599	0.1567	0.1533	0.1498	0.1462	0.1425
0.65	0.1898	0.1870	0.1840	0.1808	0.1773	0.1736	0.1697	0.1656	0.1614	0.1571
0.70	0.2104	0.2073	0.2039	0.2003	0.1963	0.1921	0.1877	0.1830	0.1781	0.1730
0.75	0.2332	0.2298	0.2260	0.2219	0.2175	0.2127	0.2077	0.2023	0.1967	0.1907
0.80	0.2588	0.2552	0.2512	0.2468	0.2419	0.2365	0.2307	0.2245	0.2180	0.2111
0.85	0.2887	0.2849	0.2807	0.2760	0.2707	0.2647	0.2581	0.2509	0.2438	0.2354
0.90	0.3252	0.3215	0.3173	0.3124	0.3068	0.3004	0.2932	0.2852	0.2763	0.2666
0.95	0.3746	0.3714	0.3676	0.3631	0.3579	0.3516	0.3442	0.3353	0.3249	0.3128
1.00	0.5000	0.5000	0.5000	0.5000	0.5000	0.5000	0.5000	0.5000	0.5000	0.5000

C. $G(b/a,\varphi^2)$,$(b/a>0.8,\varphi^2>0.8)$

φ^2 \ b/a	0.80	0.81	0.82	0.83	0.84	0.85	0.86	0.87	0.88	0.89	0.90
0.80	0.2365	0.2353	0.2343	0.2331	0.2320	0.2307	0.2297	0.2285	0.2273	0.2261	0.2245
0.81	0.2417	0.2405	0.2394	0.2382	0.2371	0.2359	0.2347	0.2335	0.2323	0.2310	0.2298
0.82	0.2471	0.2459	0.2447	0.2435	0.2423	0.2411	0.2399	0.2387	0.2374	0.2361	0.2348
0.83	0.2527	0.2515	0.2503	0.2491	0.2479	0.2466	0.2454	0.2441	0.2428	0.2415	0.2401
0.84	0.2585	0.2573	0.2561	0.2549	0.2536	0.2523	0.2510	0.2497	0.2484	0.2470	0.2458
0.85	0.2647	0.2634	0.2622	0.2609	0.2596	0.2581	0.2569	0.2556	0.2542	0.2528	0.2508
0.86	0.2711	0.2698	0.2685	0.2672	0.2659	0.2645	0.2632	0.2618	0.2603	0.2589	0.2574
0.87	0.2778	0.2765	0.2752	0.2738	0.2725	0.2711	0.2697	0.2683	0.2668	0.2653	0.2638
0.88	0.2849	0.2836	0.2822	0.2809	0.2795	0.2780	0.2766	0.2751	0.2736	0.2721	0.2705
0.89	0.2924	0.2911	0.2897	0.2883	0.2869	0.2854	0.2839	0.2824	0.2809	0.2793	0.2777
0.90	0.3004	0.2990	0.2976	0.2962	0.2948	0.2932	0.2918	0.2902	0.2886	0.2870	0.2852
0.91	0.3090	0.3076	0.3062	0.3047	0.3032	0.3017	0.3002	0.2986	0.2969	0.2953	0.2936

续表

b/a \ φ^2	0.80	0.81	0.82	0.83	0.84	0.85	0.86	0.87	0.88	0.89	0.90
0.92	0.3182	0.3168	0.3154	0.3139	0.3124	0.3109	0.3093	0.3076	0.3060	0.3042	0.3025
0.93	0.3282	0.3268	0.3254	0.3239	0.3224	0.3208	0.3192	0.3175	0.3158	0.3141	0.3123
0.94	0.3393	0.3379	0.3364	0.3350	0.3334	0.3318	0.3302	0.3285	0.3268	0.3250	0.3231
0.95	0.3516	0.3502	0.3488	0.3473	0.3458	0.3442	0.3425	0.3408	0.3391	0.3372	0.3353
0.96	0.3656	0.3643	0.3629	0.3614	0.3599	0.3583	0.3567	0.3550	0.3532	0.3513	0.3494
0.97	0.3821	0.3808	0.3795	0.3780	0.3766	0.3750	0.3734	0.3717	0.3700	0.3681	0.3662
0.98	0.4023	0.4011	0.3999	0.3986	0.3973	0.3958	0.3943	0.3927	0.3910	0.3893	0.3874
0.99	0.4298	0.4289	0.4279	0.4268	0.4257	0.4245	0.4233	0.4219	0.4205	0.4190	0.4173

b/a \ φ^4	0.91	0.92	0.93	0.94	0.95	0.96	0.97	0.98	0.99	1.00
0.80	0.2236	0.2224	0.2210	0.2197	0.2180	0.2169	0.2155	0.2141	0.2126	0.2111
0.81	0.2285	0.2272	0.2258	0.2244	0.2230	0.2216	0.2201	0.2186	0.2171	0.2155
0.82	0.2335	0.2321	0.2307	0.2293	0.2279	0.2264	0.2249	0.2233	0.2218	0.2202
0.83	0.2387	0.2373	0.2359	0.2344	0.2329	0.2314	0.2299	0.2283	0.2267	0.2250
0.84	0.2442	0.2427	0.2413	0.2397	0.2382	0.2366	0.2351	0.2334	0.2318	0.2301
0.85	0.2499	0.2484	0.2469	0.2453	0.2438	0.2421	0.2405	0.2388	0.2371	0.2354
0.86	0.2559	0.2544	0.2528	0.2512	0.2496	0.2479	0.2462	0.2445	0.2427	0.2409
0.87	0.2622	0.2606	0.2590	0.2574	0.2557	0.2540	0.2522	0.2504	0.2486	0.2468
0.88	0.2689	0.2673	0.2656	0.2639	0.2622	0.2604	0.2586	0.2567	0.2549	0.2530
0.89	0.2760	0.2743	0.2726	0.2708	0.2690	0.2672	0.2653	0.2634	0.2615	0.2595
0.90	0.2836	0.2819	0.2801	0.2783	0.2763	0.2745	0.2726	0.2706	0.2686	0.2666
0.91	0.2918	0.2900	0.2882	0.2863	0.2844	0.2824	0.2804	0.2783	0.2763	0.2741
0.92	0.3007	0.2988	0.2969	0.2950	0.2930	0.2910	0.2889	0.2868	0.2846	0.2824
0.93	0.3104	0.3085	0.3065	0.3045	0.3025	0.3004	0.2982	0.2960	0.3937	0.2914
0.94	0.3212	0.3192	0.3172	0.3151	0.3130	0.3108	0.3085	0.3062	0.3039	0.3014
0.95	0.3334	0.3314	0.3293	0.3271	0.3249	0.3226	0.3202	0.3178	0.3152	0.3128
0.96	0.3474	0.3454	0.3432	0.3410	0.3387	0.3363	0.3338	0.3313	0.3287	0.3260
0.97	0.3642	0.3621	0.3599	0.3576	0.3552	0.3528	0.3502	0.3475	0.3447	0.3418
0.98	0.3854	0.3834	0.3812	0.3788	0.3764	0.3738	0.3711	0.3683	0.3653	0.3622
0.99	0.4155	0.4136	0.4116	0.4093	0.4069	0.4043	0.4015	0.3985	0.3953	0.3919

注：a. 窗半径；b. 源半径；H. 距离；$\varphi^2=1/[1+(H/a)^2]$。

例：设有直径为 20mm 的半导体 α 探测器，样品盘直径为 20mm，样品盘与探测器灵敏体积之间的距离为 2.5mm，今在盘内放一活性半径为 8.0mm、衬底厚度为 0.5mm 的检验源，企图进行几何因子校正。按表 5.5 可查出，对检验源 $G_s=G(0.8,0.2)=0.3680$，对薄样品 $G_A=G(1,0.25)=0.3027$，即 $G_A/G_s=0.822$。

5.8.2 α 测量

α 粒子在介质中运动时，散射的影响较小，所以其径迹基本上为有确定射程的直线，这使有关 α 计数的计算比较简单而易于精确。为了计算方便，我们常把在不同介质中的径迹长度近似地折算成在同一物质(如空气)中的长度，当探测器的能量甄别阈为 ΔE，相应的 α 射程为 r，而所测 α 粒子的全射程为 R 时，则只有在进入灵敏体积前所经过的路径长度小于 $R_e=R-r$ 的粒子才能被计数。

5.8.2.1 无限大窗口，吸收与自吸收校正

对于∞窗口，决定计数效率的是源到灵敏体积表面之间的吸收物质厚度，如果这些折算厚度(折算到标准介质中)的总和为 T，以 Y 表示几何因子，则有

$$Y=\frac{1}{2}(1-\cos\theta)=\frac{1}{2}\left(1-\frac{T}{R_e}\right)$$

对于厚源，如果其折算厚度为 T_s，则有

$$Y=\begin{cases}\dfrac{1}{2}\left(1-\dfrac{2T+T_s}{2R_e}\right), & T_s+T\leqslant R_e\\ \dfrac{(R_e-T)^2}{4T_sR_e}, & T_s+T>R_e\end{cases}$$

如果源的放射性正比于 T_s，则计数将正比于 YT_s，当 $T+T_s\geqslant R_e$ 时即与 T_s 无关，此时认为 T_s 已达到了饱和厚度。

在前式中取 $T=0$ 即可求出由一侧射出源表面并具有大于 δ 的剩余射程的 α 粒子，在源内产生的 α 粒子中所占的份额。

如果源与窗的真实距离为 H，则由源上某一点射出的可被计数的 α 粒子，均在以该点在窗上之投影为中心，以 $H\sqrt{\left(\frac{R_e}{T}\right)^2-1}$ 为半径之圆内射入窗口，所以只要窗口各边均比源的边界的投影大出 $H\sqrt{\left(\frac{R_e}{T}\right)^2-1}$ 的距离，即可保证得到∞窗口的计数效率。

5.8.2.2 有限大窗口及有限射程下的几何因子

前节讨论的情况是计数效率完全取决于 α 粒子有限射程的情况，当窗口大小不能满足与无穷大窗口等效的条件时，则窗口所张的立体角也部分地起了作用，对于源与窗半径均为 a 的情况，令源窗距为 H，吸收物质的总厚度为 T，探测阈相当于剩余射程 r，$R_e=R-r$，则 $2Y(b/a, H/a, T/R_e)$ 的值如表 5.6 所示(当 $a=b$ 时)。

表 5.6 2$Y(T/R_e, H/a)$

T/R_e	H/a					
	0.05	0.10	0.15	0.20	0.25	0.30
1.0	0	0	0	0	0	0
0.9	0991	0980	0970	0960	0950	0940
0.8	1970	1941	1911	1881	1853	1822
0.7	2942	2885	2827	2769	2712	2654
0.6	3905	3810	3715	3620	3526	3432

续表

T/R_e	H/a					
	0.05	0.10	0.15	0.20	0.25	0.30
0.50	4856	4713	4570	4427	4285	4143
0.45	5327	5154	4982	4810	4639	4468
0.40	5793	5586	5380	5175	4971	4769
0.35	6254	6008	5763	5519	5277	5037
0.30	6707	6415	6125	5836	5550	5267
0.25	7153	6804	6459	6117	5781	5449
0.20	7586	7167	6755	6349	5953	5566
0.15	7994	7488	6993	6508	6043	5604
0.10	8366	7738	7135	6564		
0.05	8650	7846				
0	8740	7846	7152	6564	6054	5604
$(T/R_e)_{min}$	(0.0250)	(0.0499)	(0.0784)	(0.0995)	(0.1240)	(0.1483)

注：表中所示是对应不同 H/a 和 T/R_e 时 $2Y$ 值的小数点后数值，例如，$T/R_e=0.50$ 和 $H/a=0.05$ 时，$2Y=0.4856$。当 $T/R_e<(T/R_e)_{min}$时，$2Y=2Y(0,H/a)$。

图 5.9 表示在固定的 H/a 下，Y 随 T/R_e 变化的情况，亦即其吸收曲线。在 T/R_e 近于 1 时，与无穷大窗口的直线相近。而在 T 小时，即低于该直线，最终达到完全由立体角决定的几何因子值。图 5.10 实线表示，当 T 随 H 正比地增加时，计数随 H 的变化。作为对比，还用虚线与点虚线分别画出了无穷大窗口（只有射程限制）与无穷大射程（只有立体角限制）的计数率变化。

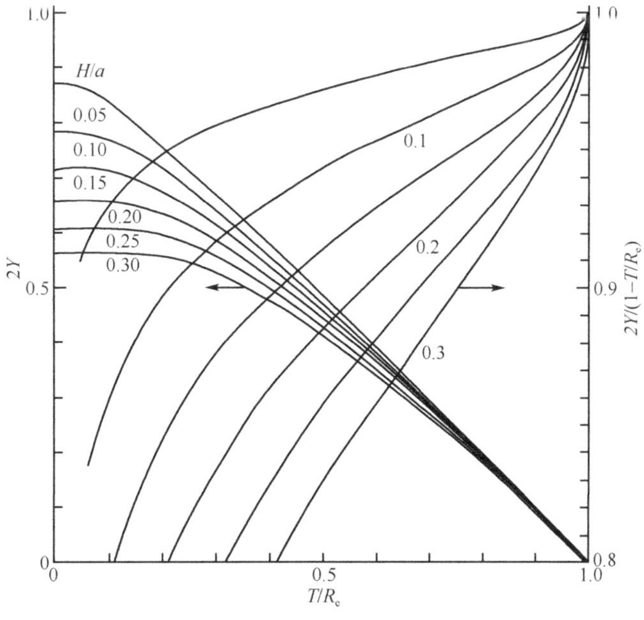

图 5.9 吸收曲线

Y. 计数产额；T. 吸收层厚；R_e. 有效射程

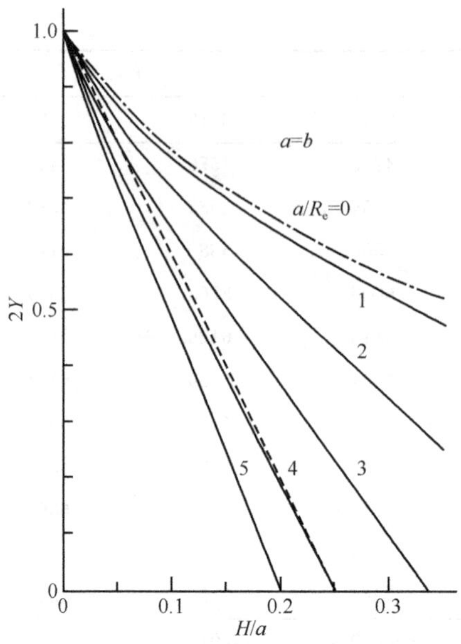

图 5.10 改变距离及吸收层厚度的影响

H. 距离正比于 *T*；*a*. 窗半径

5.9 放射性衰变公式

5.9.1 衰变法则

$$-\frac{dN}{dt}=\lambda N=A \quad N=N_0e^{-\lambda t} \quad A=A_0e^{-\lambda t}=A_0\left(\frac{1}{2}\right)^{t/T}$$

$$T=\frac{\ln 2}{\lambda}=\frac{0.693}{\lambda}，平均寿命：\tau=\frac{1}{\lambda}=\frac{T}{\ln 2}=1.443T$$

式中：N，N_0 分别为 t 时刻和初始时刻的放射性核素的原子数；A，A_0 分别为 t 时刻和初始时刻放射性核素的活度；λ 为放射性核素的衰变常数；T 为放射性核素的半衰期；τ 为放射性核素的平均寿命；t 为所经过的时间。

(1) 任何放射性核素的活度在 7 个半衰期后将降低到原活度的 1%以下，10 个半衰期以后降低到 0.1%以下。

(2) 对于半衰期大于 6d 的放射性核素在 24h 内的活度变化小于 10%。

5.9.2 比活度或 1Bq 放射性核素的质量

放射性核素的比活度：

$$S=1.16\times 10^{20}M^{-1}T^{-1}(\mathrm{Bq/g})$$

式中：S 为无载体放射性核素的比活度(Bq/g)；M 为核素的摩尔质量(g/mol)；T 为核素的半衰期(h)。

反过来，可以利用以下公式计算 1Bq 放射性物质所对应的质量：

$$m=8.62\times 10^{-21}MT(\mathrm{g})$$

式中：m 为 1Bq 核素的质量(g)。

5.9.3 分支衰变

$$A \begin{cases} \xrightarrow{\lambda_1} B \\ \xrightarrow{\lambda_2} C \end{cases} \qquad \lambda=\lambda_1+\lambda_2 \qquad \frac{1}{T}=\frac{1}{T_1}+\frac{1}{T_2}$$

式中:λ 为总衰变常数;λ_1,λ_2 分别为衰变向 B 和衰变向 C 的衰变常数;T 为总半衰期;T_1,T_2 分别为衰变向 B 和衰变向 C 的半衰期。

5.9.4 衰变系列

$$A \xrightarrow{\lambda_1} B \xrightarrow{\lambda_2} C$$

$$-\frac{\mathrm{d}N_1}{\mathrm{d}t} = \lambda_1 N_1 \qquad \frac{\mathrm{d}N_2}{\mathrm{d}t} = \lambda_1 N_1 - \lambda_2 N_2$$

$$N_1 = N_{10}\mathrm{e}^{-\lambda_1 t}$$

$$N_2 = \frac{\lambda_1}{\lambda_2-\lambda_1}N_{10}(\mathrm{e}^{-\lambda_1 t}-\mathrm{e}^{-\lambda_2 t}) + N_{20}\mathrm{e}^{-\lambda_2 t}$$

$$A_1 = A_{10}\mathrm{e}^{-\lambda_1 t}$$

$$A_2 = \frac{\lambda_2}{\lambda_2-\lambda_1}A_{10}(\mathrm{e}^{-\lambda_1 t}-\mathrm{e}^{-\lambda_2 t}) + A_{20}\mathrm{e}^{-\lambda_2 t}$$

式中:N_1,N_2 分别为 t 时刻放射性核素 A 和 B 的原子数;N_{10},N_{20} 分别为初始时刻放射性核素 A 和 B 的原子数;A_1,A_2 分别为 t 时刻放射性核素 A 和 B 的活度;A_{10},A_{20} 分别为初始时刻放射性核素 A 和 B 的活度;λ_1,λ_2 分别为放射性核素 A 和 B 的衰变常数。

(1) 暂时平衡:

$$\lambda_2 > \lambda_1,\text{即 } T_1 > T_2$$

当母体和子体核素都是放射性核素,母体核素的半衰期不是太长,但仍然大于子体核素的半衰期时,母体核随时间的减少不能忽略,此时母、子体核素之间将达到暂时平衡,且母、子体的活度之比为常数,母、子体的总活度随时间的变化规律只与母体的半衰期有关。

$$N_2 = \frac{\lambda_1}{\lambda_2-\lambda_1}N_{10}\mathrm{e}^{-\lambda_1 t} = \frac{\lambda_1}{\lambda_2-\lambda_1}N_1$$

$$A_2 = \frac{\lambda_2}{\lambda_2-\lambda_1}A_{10}\mathrm{e}^{-\lambda_1 t} = \frac{\lambda_1}{\lambda_2-\lambda_1}A_1$$

(2) 长期平衡:

$$\lambda_2 \gg \lambda_1 \approx 0,\text{即 } T_2 \gg T_1$$

当母体和子体核素都是放射性核素,而母体核素的半衰期很长且比子体核素的半衰期长很多时,母、子体之间所建立的放射性平衡称为长期平衡。此时,子体核的放射性活度与母体核的放射性活度相等,并随母体核的半衰期衰变。

$$\lambda_1 N_1 = \lambda_2 N_2 \qquad A_1 = A_2 \qquad \frac{N_1}{T_1} = \frac{N_2}{T_2}$$

当系列满足长期平衡时:

$$\lambda_1 N_1 = \lambda_2 N_2 = \cdots = \lambda_n N_n$$

$$\frac{N_1}{T_1} = \frac{N_2}{T_2} = \cdots = \frac{N_n}{T_n}$$

式中：$N_1, N_2, N_3, \cdots, N_n$ 为放射性平衡中各放射性核素的原子数；$\lambda_1, \lambda_2, \lambda_3, \cdots, \lambda_n$ 为放射性平衡中各放射性核素的衰变常数；$T_1, T_2, T_3, \cdots, T_n$ 为放射性平衡中各放射性核素的半衰期。

5.10 观测数据的几种平均值及误差(《数学手册》编写组，1979)

5.10.1 观测数据几种常用平均值的计算方法

设 $x_1, x_2, \cdots, x_n$ 是某观测对象的一组观测数据。表 5.7 给出了常用的几种平均值的计算方法。

表 5.7 常用平均值的计算方法

名称	定义与符号	用途与说明
算术平均值	$\bar{x} = \frac{1}{n}(x_1 + x_2 + \cdots + x_n) = \frac{1}{n}\sum_{i=1}^{n} x_i$	它在最小二乘法意义下是所求真值的最佳近似，是最常用的一种平均值
几何平均值	$\bar{x}_g = \sqrt[n]{x_1 x_2 \cdots x_n}$ 或 $\lg \bar{x}_g = \frac{1}{n}\sum_{i=1}^{n} \lg x_i$	当对一组观测值(x_i)取常用对数($\lg x_i$)所得图形的分布曲线更为对称[同(x_i)比较]时，常用此法
加权平均值	$\bar{x}_\omega = \frac{\omega_1 x_1 + \omega_2 x_2 + \cdots + \omega_n x_n}{\omega_1 + \omega_2 + \cdots + \omega_n}$ 式中 ω_i 是第 i 个观测值 x_i 的对应权	计算用不同方法或不同条件观测同一物理量的均值时，常对不同可靠程度的数据给予不同的“权”
中位数	依大小顺序排列后处在中间位置的观测值，当 n 为偶数时，取为中间两数的算术平均	它是一种顺序统计量，能反映匀称观测值的取值中心

5.10.2 算术平均值与离差

观测对象的真值 x 可以用 n 次观测值 $x_1, x_2, \cdots, x_n$ 的算术平均值近似代替，并可用离差

$$\upsilon_i = x_i - \bar{x}$$

代替误差 $\alpha_i = x_i - x$，离差与误差有如下关系：

$$\upsilon_i = \alpha_i - \frac{1}{n}\sum_{i=1}^{n} \alpha_i$$

$$\sum_{i=1}^{n} \upsilon_i^2 = \frac{n-1}{n}\sum_{i=1}^{n} \alpha_i^2 \quad (\text{当 } n \text{ 相当大})$$

5.10.3 平均值的精密度指标(表 5.8)

表 5.8 平均值的精密度指标

	相同精密度的观测	不同精密度的观测
观测值	$x_i(i=1,2,\cdots,n)$	$x_i(i=1,2,\cdots,n)$
权	1	$\omega_i(i=1,2,\cdots,n)$
平均值	算术平均值 $\bar{x}=\frac{1}{n}\sum_{i=1}^{n}x_i$	加权平均值 $\bar{x}_\omega=\sum_{i=1}^{n}\omega_i x_i/\sum_{i=1}^{n}\omega_i$
标准差	$\sigma=\sqrt{\frac{\sum_{i=1}^{n}(x_i-\bar{x})^2}{n-1}}$ (单次测量的标准差)	
真值 x 对算术平均值 $\bar{x}$ 的误差	$\delta=\lvert\bar{x}-x\rvert=\frac{\sigma}{\sqrt{n}}$ $=\sqrt{\frac{\sum_{i=1}^{n}(x_i-\bar{x})^2}{n(n-1)}}$	$\sigma=\sqrt{\frac{\sum_{i=1}^{n}\omega_i(x_i-\bar{x}_\omega)^2}{(n-1)\sum_{i=1}^{n}\omega_i}}$ (加权平均值的标准差)

σ 的值愈小,表明观测值的平均值 $\bar{x}$(或 $\bar{x}_w$)与真值 x 的偏差愈小,精密度愈高,即平均值可信赖的程度愈高。

5.10.4 误差的表示法(表 5.9)

设 $x_1,x_2,\cdots,x_n$ 是某观测对象的 组观测数据,其算术平均值为

$$\bar{x}=\frac{1}{n}\sum_{i=1}^{n}x_i$$

误差 $\alpha_i=x_i-x(i=1,2,\cdots,n)$,离差 $\upsilon_i=x_i-\bar{x}(i=1,2,\cdots,n)$,真值对平均值的误差 $\delta=\lvert\bar{x}-x\rvert$。

表 5.9 误差的表示法

名称与记号	定义与表示法	特点
[标准误差](中误差或均方误差)σ	各个误差平方和的平均值的平方根,即 $\sigma=\sqrt{\frac{\sum_{i=1}^{n}\alpha_i^2}{n}}=\sqrt{\frac{\sum_{i=1}^{n}(x_i-x)^2}{n}}$ 当观测次数较大时 $\sigma=\sqrt{\frac{\sum_{i=1}^{n}\upsilon_i^2}{n-1}}=\sqrt{\frac{\sum_{i=1}^{n}(x_i-\bar{x})^2}{n-1}}$ 显然 $\sigma=\sqrt{n}\delta$ (δ 见表 5.8)	不取决于观测中个别误差的符号,对观测值中的较大误差或较小误差比较灵敏,是表示精密度的较好方法

5.11 泊松分布及其标准差

泊松分布是离散型分布，当出现概率 $p\to 0$，试验次数 $n\to\infty$，且 $np\to\mu$ 为一个有限值时，它是二项式分布的近似结果。对变量 x 进行测量，测量值取 $x(x=0,1,2,\cdots)$时的概率为

$$p(x) = \mu^x e^{-\mu}/x!$$
$$p(x+1) = p(x)\mu/(x+1)$$

它的总体均值 $E(x)$和方差 σ^2 均为 μ，故标准差

$$\sigma = \sqrt{\mu}$$

应用中总是要用实测的平均值 N(平均计数)作为 μ 的估计值，所以有

$$均值 \pm 标准差：\bar{x} = N \pm \sqrt{N}$$
$$相对标准差：\sigma/\bar{x} = 1/\sqrt{N}$$

5.12 判断限和探测限(RS-G-1.2,2000)

(1) 最小有效放射性活度(MSA)——常常称为判断限或临界水平(L_C)，相当于显著超过特定测量方法本底响应的最小信号。

(2) 最小可探测放射性活度(MDA)——常常称为探测限(L_D)，当净信号大于判断限时，为了确保以某种选定的置信度 β 测得其净信号所需的放射性活度水平。如果 $\beta=\alpha$，并按通常惯例 α 和 β 都取为 0.05，那么，如下所示，数学处理是简单的。

(3) MSA 和 MDA 的评定：仅考虑那些同计数统计相关的变化。如果 n_b 是本底计数率，t_s 和 t_b 分别是样品和本底相关测量的计数时间，F 是校准因子(样品中每单位放射性活度的计数率)，而且假定 95%的置信区间仍适用(即 $\alpha=\beta=0.05$)，那么

$$\mathrm{MSA} = \frac{1.65}{F}\sqrt{\frac{n_b}{t_s}\left(1+\frac{t_s}{t_b}\right)}$$

如果以相等的计数时间测量样品和本底，即 $t_s=t_b$，公式可简化为

$$\mathrm{MSA} = \frac{2.33\sigma_b}{F}$$

式中：σ_b 是本底计数率的标准偏差。由下式给出：

$$\sigma_b = \sqrt{\frac{n_b}{t_b}}$$

测量的 MDA 值由下式给出：

$$\mathrm{MDA} = \frac{3}{Ft_s} + 2\mathrm{MSA}$$

5.13 光子、中子、电子照射到剂量的转换

入射几何说明：

AP——以和人体的长轴垂直的方向由人体前面入射向后方。

PA——以和人体的长轴垂直的方向由人体背面入射向前方。

LAT——以和人体的长轴垂直的方向由人体的某个侧面入射(RLAT 表示由右侧入射向左边,LLAT 表示由左侧入射向右边)。

ROT——平行束以与人体的长轴垂直的方向入射到人体上,而人体则围绕长轴匀速转动。另一种是人体匀速转动,而受到处在与人体长轴垂直的轴向上某个静止源的宽束照射。

ISO——辐射场中单位立体角中的粒子注量是与方向无关的(均匀的)。

5.13.1 光子(表 5.10 和表 5.11)

表 5.10 不同几何条件下入射到一个成人解剖学计算模型上的单能光子,在自由空气中单位空气比释动能的有效剂量(E/K_a)

光子能量(MeV)	E/K_a(Sv/Gy)					
	AP	PA	RLAT	LLAT	ROT	ISO
0.010	0.00653	0.00248	0.00172	0.00172	0.00326	0.00271
0.015	0.0402	0.00586	0.00549	0.00549	0.0153	0.0123
0.020	0.122	0.0181	0.0151	0.0155	0.0462	0.0362
0.030	0.416	0.128	0.0782	0.0904	0.191	0.143
0.040	0.788	0.370	0.205	0.241	0.426	0.326
0.050	1.106	0.640	0.345	0.405	0.661	0.511
0.060	1.308	0.846	0.455	0.528	0.828	0.642
0.070	1.407	0.966	0.522	0.598	0.924	0.720
0.080	1.433	1.019	0.554	0.628	0.961	0.749
0.100	1.394	1.030	0.571	0.641	0.960	0.748
0.150	1.256	0.959	0.551	0.620	0.892	0.700
0.200	1.173	0.915	0.549	0.615	0.854	0.679
0.300	1.093	0.880	0.557	0.615	0.824	0.664
0.400	1.056	0.871	0.570	0.623	0.814	0.667
0.500	1.036	0.869	0.585	0.635	0.812	0.675
0.600	1.024	0.870	0.600	0.647	0.814	0.684
0.800	1.010	0.875	0.628	0.670	0.821	0.703
1.000	1.003	0.880	0.651	0.691	0.831	0.719
2.000	0.992	0.901	0.728	0.757	0.871	0.774
4.000	0.993	0.918	0.796	0.813	0.909	0.824
6.000	0.993	0.924	0.827	0.836	0.925	0.846
8.000	0.991	0.927	0.846	0.850	0.934	0.859
10.000	0.990	0.929	0.860	0.859	0.941	0.868

表 5.11 由光子注量和自由空气中空气比释动能到周围剂量当量 $H^*(10)$和定向剂量当量 $H'(0.07,0°)$的转换系数

光子能量 (MeV)	$H^*(10)/K_a$ (Sv/Gy)	$H'(0.07,0°)/K_a$ (Sv/Gy)	K_a/Φ (pGy·cm²)	$H^*(10)/\Phi$ (pSv·cm²)	$H'(0.07,0°)/\Phi$ (pSv·cm²)
0.010	0.008	0.95	7.60	0.061	7.20
0.015	0.26	0.99	3.21	0.83	3.19
0.20	0.61	1.05	1.73	1.05	1.81
0.030	1.10	1.22	0.739	0.81	0.90
0.040	1.47	1.41	0.438	0.64	0.62
0.050	1.67	1.53	0.328	0.55	0.50
0.060	1.74	1.59	0.292	0.51	0.47
0.080	1.72	1.61	0.308	0.53	0.49
0.100	1.65	1.55	0.372	0.61	0.58
0.150	1.49	1.42	0.600	0.89	0.85
0.200	1.40	1.34	0.856	1.20	1.15
0.300	1.31	1.31	1.38	1.80	1.80
0.400	1.26	1.26	1.89	2.38	2.38
0.500	1.23	1.23	2.38	2.93	2.93
0.600	1.21	1.21	2.84	3.44	3.44
0.800	1.19	1.19	3.69	4.38	4.38
1	1.17	1.17	4.47	5.20	5.20
1.5	1.15	1.15	6.12	6.90	6.90
2	1.14	1.14	7.51	8.60	8.60
3	1.13	1.13	9.89	11.1	11.1
4	1.12	1.12	12.0	13.4	13.4
5	1.11	1.11	13.9	15.5	15.5
6	1.11	1.11	15.8	17.6	17.6
8	1.11	1.11	19.5	21.6	21.6
10	1.10	1.10	23.2	25.6	25.6

5.13.2 中子(表 5.12 和表 5.13)

表 5.12 单位中子注量对应的有效剂量(E/Φ)，单能中子入射到一个成人解剖计算模型上 (单位：pSv·cm²)

能量(MeV)	AP	PA	RLAT	LLAT	ROT	ISO
1.0×10^{-9}	5.24	3.52	1.36	1.68	2.99	2.40
1.0×10^{-8}	6.55	4.39	1.70	2.04	3.72	2.89
2.5×10^{-8}	7.60	5.16	1.99	2.31	4.40	3.30

续表

能量(MeV)	AP	PA	RLAT	LLAT	ROT	ISO
1.0×10^{-7}	9.95	6.77	2.58	2.86	5.75	4.13
2.0×10^{-7}	11.2	7.63	2.92	3.21	6.43	4.59
5.0×10^{-7}	12.8	8.76	3.35	3.72	7.27	5.20
1.0×10^{-6}	13.8	9.55	3.67	4.12	7.84	5.63
2.0×10^{-6}	14.5	10.2	3.89	4.39	8.31	5.96
5.0×10^{-6}	15.0	10.7	4.08	4.66	8.72	6.28
1.0×10^{-5}	15.1	11.0	4.16	4.80	8.90	6.44
2.0×10^{-5}	15.1	11.1	4.20	4.89	8.92	6.51
5.0×10^{-5}	14.8	11.1	4.19	4.95	8.82	6.51
1.0×10^{-4}	14.6	11.0	4.15	4.95	8.69	6.45
2.0×10^{-4}	14.4	10.9	4.10	4.92	8.56	6.32
5.0×10^{-4}	14.2	10.7	4.03	4.86	8.40	6.14
1.0×10^{-3}	14.2	10.7	4.00	4.84	8.34	6.04
2.0×10^{-3}	14.4	10.8	4.00	4.87	8.39	6.05
5.0×10^{-3}	15.7	11.6	4.29	5.25	9.06	6.52
1.0×10^{-2}	18.3	13.5	5.02	6.14	10.6	7.70
2.0×10^{-2}	23.8	17.3	6.48	7.95	13.8	10.2
3.0×10^{-2}	29.0	21.0	7.93	9.74	16.9	12.7
5.0×10^{-2}	38.5	27.6	10.6	13.1	22.7	17.3
7.0×10^{-2}	47.2	33.5	13.1	16.1	27.8	21.5
1.0×10^{-1}	59.8	41.3	10.4	20.1	34.8	27.2
1.5×10^{-1}	80.2	52.2	21.2	25.5	45.4	35.2
2.0×10^{-1}	99.0	61.5	25.6	30.3	54.8	42.4
3.0×10^{-1}	133	77.1	33.4	38.6	71.6	54.7
5.0×10^{-1}	188	103	46.8	53.2	99.4	75.0
7.0×10^{-1}	231	124	58.3	66.6	123	92.8
9.0×10^{-1}	267	144	69.1	79.6	144	108
1.0×10^{0}	282	154	74.5	86.0	154	116
1.2×10^{0}	310	175	85.8	99.8	17.3	130
2.0×10^{0}	383	247	129	153	234	178
3.0×10^{0}	432	308	171	195	283	220
4.0×10^{0}	458	345	198	224	315	250
5.0×10^{0}	474	366	217	244	335	272
6.0×10^{0}	483	380	232	261	348	282
7.0×10^{0}	490	391	244	274	358	290
8.0×10^{0}	494	399	253	285	366	297

续表

能量(MeV)	AP	PA	RLAT	LLAT	ROT	ISO
9.0×10^{0}	497	406	261	294	373	303
1.0×10^{1}	499	412	268	302	378	309
1.2×10^{1}	499	422	278	315	385	322
1.4×10^{1}	496	429	286	324	390	333
1.5×10^{1}	494	431	290	328	391	338
1.6×10^{1}	491	433	293	331	393	342
1.8×10^{1}	486	435	299	335	394	345
2.0×10^{1}	480	436	305	338	395	343
3.0×10^{1}	458	437	324	/	395	/
5.0×10^{1}	437	444	358	/	404	/
7.5×10^{1}	429	459	397	/	422	/
1.0×10^{2}	429	477	433	/	443	/
1.3×10^{2}	432	495	467	/	465	/
1.5×10^{2}	438	514	501	/	489	/
1.8×10^{2}	445	535	542	/	517	/

表 5.13 单位注量中子对应的周围剂量当量和个人剂量当量，$H^*(10)/\Phi$ 和 $H_{p,slab}/\Phi$ 单能中子在不同几何条件下入射到 ICRU 球和板模(Slab)上 (单位：pSv · cm²)

能量(MeV)	$H^*(10)/\Phi$	$H_{p,slab}(10,0°)/\Phi$	$H_{p,slab}(10,15°)/\Phi$	$H_{p,slab}(10,30°)/\Phi$	$H_{p,slab}(10,45°)/\Phi$	$H_{p,slab}(10,60°)/\Phi$	$H_{p,slab}(10,75°)/\Phi$
1.00×10^{-9}	6.60	8.19	7.64	6.57	4.23	2.61	1.13
1.00×10^{-8}	9.00	9.97	9.35	7.90	5.38	3.37	1.50
2.53×10^{-8}	10.6	11.4	10.6	9.11	6.61	4.04	1.73
1.00×10^{-7}	12.9	12.6	11.7	10.3	7.84	4.70	1.94
2.00×10^{-7}	13.5	13.5	12.6	11.1	8.73	5.21	2.12
5.00×10^{-7}	13.6	14.2	13.5	11.8	9.40	5.65	2.31
1.00×10^{-6}	13.3	14.4	13.9	12.0	9.56	5.82	2.40
2.00×10^{-6}	12.9	14.3	14.0	11.9	9.49	5.85	2.46
5.00×10^{-6}	12.0	13.8	13.9	11.5	9.11	5.71	2.48
1.00×10^{-5}	11.3	13.2	13.4	11.0	8.65	5.47	2.44
2.00×10^{-5}	10.6	12.4	12.6	10.4	8.10	5.14	2.35
5.00×10^{-5}	9.90	11.2	11.2	9.42	7.32	4.57	2.16
1.00×10^{-4}	9.40	10.3	9.85	8.64	6.74	4.10	1.99
2.00×10^{-4}	8.90	9.84	9.41	8.22	6.21	3.91	1.83
5.00×10^{-4}	8.30	9.34	8.66	7.66	5.67	3.58	1.68
1.00×10^{-3}	7.90	8.78	8.20	7.29	5.43	3.46	1.66
2.00×10^{-3}	7.70	8.72	8.22	7.27	5.43	3.46	1.67
5.00×10^{-3}	8.00	9.36	8.79	7.46	5.71	3.59	1.69

续表

能量(MeV)	$H^*(10)/\Phi$	$H_{p,slab}(10,0°)/\Phi$	$H_{p,slab}(10,15°)/\Phi$	$H_{p,slab}(10,30°)/\Phi$	$H_{p,slab}(10,45°)/\Phi$	$H_{p,slab}(10,60°)/\Phi$	$H_{p,slab}(10,75°)/\Phi$
1.00×10^{-2}	10.5	11.2	10.8	9.18	7.09	4.32	1.77
2.00×10^{-2}	16.6	17.1	17.0	14.6	11.6	6.64	2.11
3.00×10^{-2}	23.7	24.9	24.1	21.3	16.7	9.81	2.85
5.00×10^{-2}	41.1	39.0	36.0	34.4	27.5	16.7	4.78
7.00×10^{-2}	60.0	59.0	55.8	52.6	42.9	27.3	8.10
1.00×10^{-1}	88.0	90.6	87.8	81.3	67.1	44.6	13.7
1.50×10^{-1}	132	139	137	126	106	73.3	24.2
2.00×10^{-1}	170	180	179	166	141	100	35.5
3.00×10^{-1}	233	246	244	232	201	149	58.5
5.00×10^{-1}	322	335	330	326	291	226	102
7.00×10^{-1}	375	386	379	382	348	279	139
9.00×10^{-1}	400	414	407	415	383	317	171
1.00×10^{0}	416	422	416	426	395	332	180
1.20×10^{0}	425	433	427	440	412	355	210
2.00×10^{0}	420	442	438	457	439	402	274
3.00×10^{0}	412	431	429	449	440	412	306
4.00×10^{0}	408	422	421	440	435	409	320
5.00×10^{0}	405	420	418	437	435	409	331
6.00×10^{0}	400	423	422	440	439	414	345
7.00×10^{0}	405	432	432	449	448	425	361
8.00×10^{0}	409	445	445	462	460	440	379
9.00×10^{0}	420	461	462	478	476	458	399
1.00×10^{1}	440	480	481	497	493	480	421
1.20×10^{1}	480	517	519	536	529	523	464
1.40×10^{1}	520	550	552	570	561	562	503
1.50×10^{1}	540	564	565	584	575	579	520
1.60×10^{1}	555	576	577	597	588	593	535
1.80×10^{1}	570	595	593	617	609	615	561
2.00×10^{1}	600	600	595	619	615	619	570
3.00×10^{1}	515	/	/	/	/	/	/
5.00×10^{1}	400	/	/	/	/	/	/
7.50×10^{1}	330	/	/	/	/	/	/
1.00×10^{2}	285	/	/	/	/	/	/
1.25×10^{2}	260	/	/	/	/	/	/
1.50×10^{2}	245	/	/	/	/	/	/
1.75×10^{2}	250	/	/	/	/	/	/
2.01×10^{2}	260	/	/	/	/	/	/

5.13.3 电子(表 5.14)

表 5.14 单位注量电子产生的器官吸收剂量或有效剂量[a]

(电子以 AP 几何条件入射到一个成人解剖计算模型上)

能量(MeV)	0.1	0.4	0.6	1.0	1.5	2.0	4.0	10.0
器官								
皮肤	8	98	171	164	158	153	150	165
睾丸			0	1	14	37	214	345
骨髓			0	1	5	11	28	52
胃						0	3	184
乳腺			0	14	43	75	200	325
肝							0	97
甲状腺						0	121	297
有效剂量	0.1	1	1.5	2.7	5.9	11	44	131

a. 电子以 AP 几何条件入射到一个成人解剖计算模型上,表中所给数值是指单位注量电子所产生的器官吸收剂量 D_T/Φ (pGy · cm^2)或者单位注量电子产生的有效剂量 E/Φ(pSv · cm^2)。对于电子照射情况,两个量在数值上相等。

(夏益华 徐勇军 编写,刘新华 审阅)

参 考 文 献

国际原子能机构 . 2000. 摄入放射性核素引起的职业照射评估 . 国际原子能机构安全标准丛书——安全导则,No. RS-G-1. 2

李德平,潘自强 . 1988. 辐射防护手册 · 第二分册:辐射防护监测技术 . 北京:原子能出版社

《数学手册》编写组 . 1979. 数学手册 . 北京:高等教育出版社

Bernard Shleien,Lester A Slaback,Jr Brian Kent Birky. 1998. Handbook of Health Physics and Radiological Health. 3rd ed. Maryland: Williams&Wilkins

IAEA. 1979. Radiological Safety Aspects of the Operation of Electron Linear Accelerators. International Atomic Energy Agency (IAEA) Technical Reports Series No. 188. Vienna

ICRP 74. 1997. Conversion Coefficients for Use in Radiological Protection against External Radiation. ICRP Publication 74. Ann. ICRP 26(3)

Los Alamos. 2000. James T(Tom) Voss,Los Alamos Radiation Monitoring Notebook,LA-UR-00-2584

McLintock I S. 1994. Bremsstrahlung from Radionuclides (Practicle Guidance for Radiation Protection). HHSC Handbook No. 15. H and H Scientific Consultants Ltd.

NCRP. 1985. Handbook of Radioactivity Measurements Procedures. National Council on Radiation Protection and Measurements Report 58

6 外照射及屏蔽

本章针对辐射评价和防护中选择的重要核素，列出了γ射线的一些基本参数，一些X射线通过不同材料时的屏蔽参数，中子屏蔽的一些常用数据，以及几种常用屏蔽材料的基本数据。

6.1 外照射的屏蔽原则

6.1.1 源的几何条件

当源很小或受场地限制时，首先考虑局部屏蔽而不是区域屏蔽(即屏蔽源)。

6.1.2 γ屏蔽

对于空间和地面载重不受限制时，强γ屏蔽应使用混凝土。当屏蔽体必须减小时，考虑铁(钢)、铅或钨(按照价格顺序)。对于非常特殊的源谱，可能需要特别考虑高原子序数的屏蔽材料。

6.1.3 快/非热中子谱

为了将中子慢化到热中子并使之被俘获，需要使用含氢的材料。要根据代价和所要求的特性[硬度、可燃性、增加屏蔽添加剂(砂粒、硼等)的容易程度]选择材料。如果对空间的要求比较苛刻，首先要考虑材料的含氢量，高密度的聚乙烯是首选。如果中子通过散射而“移出”(如防护闸)，那么可将含氢和高原子序数元素材料组合起来使用。

6.1.4 热中子

热中子俘获材料的选择主要取决于被阻止的中子数，也要考虑γ混合场。当通量高时，使用^{6}Li化合物。通量较小或要在γ屏蔽内俘获中子，可使用硼。镉(2450靶)用于一些特殊场合，例如为了本底控制而减小低中子通量的场合，它的金属特性有利于“建立”严格限定的热中子场。当空间很小并需要得到最大减弱时，可使用高截面的材料——钆(49000靶)或浓缩的^{157}Gd(255000靶)。

6.1.5 γ-中子混合场

γ和中子混合场的屏蔽材料取决于辐射类型的相对强度。总的来说，混凝土作为整体屏蔽广泛应用于这种场合，一些非常特殊的场合除外，如高能加速器的屏蔽。对于任何需要优化到最小体积的屏蔽而获得预期的减小因子，不会有一个通用答案。在确保合理代价的情况下，使用比混凝土更好的屏蔽材料的原则是，需要较高含氢密度(加更多的水、石蜡等)、高质量密度

(加铁、铅)和更好的热中子吸收材料(B、Li)。石蜡-铅丸和聚乙烯-钢夹层两者都能达到这个目的。

6.1.6 特殊问题

中子撞击钢表面产生大量的很难屏蔽的高能瞬发γ源。用含硼的铝或Li化合物覆盖表面可减少这个问题。针对屏蔽目的,冷中子与热中子是相同的。

表 6.1 几种常用屏蔽材料的屏蔽特性

材料	主要屏蔽用途	优点	缺点
铁	γ	便宜,容易形成不同的形状和厚度,合理的密度(7.8),好的结构特性,容易成型	在中子场会被活化,单位厚度或单位重量的减弱不如铅(铅的密度较高,减弱系数较高)。泄漏中能中子
铅	γ	便宜,容易成型,密度较高(11.5)。如果杂质少,针对特定的反应堆,不会活化	有毒金属,重,作为放射性废物处置时受限制。一些杂质易被中子活化
钨	γ	在常用金属中密度最高(19.3),活化特性好	价格昂贵,难以成型
水	中子[a],γ	便宜,透明,对于中子屏蔽而言氢密度好,密度为1,γ屏蔽需要非常厚	能流动(泄露到容器外)和蒸发。减弱相同时,所需要的厚度是铅的12倍
石蜡	中子[a],γ	便宜,容易成型,氢密度好;用户可以加入不同的添加剂,没有中子活化问题	易燃,最终成型硬度差(可能流动或变形)。对γ的屏蔽与水相同。H俘获中子时产生很难屏蔽的2MeV的γ
聚乙烯	中子[a],γ	容易成型和加工;氢密度好;可以加入选定的添加物进行制造,不会活化	不便宜,只是半刚性的(面积大时需要支撑),在火焰中是燃料
混凝土	γ,中子[a]	便宜,结构特性好,密度为2.4[通过添加磁铁矿(铁矿石)可以增加到4以上],在不考虑空间时是最好的选择,可接受的屏蔽中子的氢密度,温升的稳定性好	活化,必须考虑空间问题,大的屏蔽体必须加固以避免裂缝,大的屏蔽体需要空间
H-0.33b	中子[a]	很多材料中都有,慢化中子好	热中子俘获截面低,产生高能γ
硼 天然 B-765b ^{10}B-3838b	热中子	截面高,容易添加到很多材料中。产生的γ(0.48MeV)比H俘获的γ(2MeV)容易屏蔽。不会产生放射性产物	难以很高的浓度加入到材料中,浓缩^{10}B(B的高截面同位素)价高
硼铝合金	热中子	硼铝合金(^{10}BAl)可以加工成不同形状	价格很高
锂(^{6}Li) 天然 Li-71b ^{6}Li-941b	热中子	中子吸收过程不产生任何γ。可与其他材料混合,可以得到浓缩^{6}Li	没有硼的截面高。每个吸收的中子会产生一个氚原子(但这是次要问题)。高吸收截面的同位素(^{6}Li)价高
镉 2450b	热中子	金属,易于针对射线束做成尖锐的边角,中子截面很高(一个薄片可以挡住几乎所有的中子)	金属有毒,产生长寿命核素,中子俘获产生很难屏蔽的高能γ

a. 氢用于中子的慢化,然后中子才能被俘获。用于俘获中子的元素(如H、B、Li)决定俘获过程产生辐射的特性。

资料来源:Bernard Shleien et al. 1998. Handbook of Health Physics and Radiological Health. 3rd ed。

6.2 γ射线及屏蔽

表 6.2 点源空气比释动能系数和空气比释动能率常数[a] [单位:Gy · m^2/(Bq · s)]

核素	半衰期	衰变方式[b]	点源空气比释动能系数	空气比释动能率常数	核素	半衰期	衰变方式[b]	点源空气比释动能系数	空气比释动能率常数
^{7}Be	53.22d	EC	1.89E−18	1.89E−18	^{58}Co	70.86d	ECB+	3.59E−17	3.02E−17
^{22}Na	2.6019a	ECB+	7.80E−17	4.32E−17	^{58m}Co	9.04h	IT	3.43E−21	3.43E−21
^{24}Na	14.9590h	B−	1.21E−16	1.21E−16	^{60}Co	5.2713a	B−	8.53E−17	8.53E−17
^{27}Mg	9.458min	B−	3.23E−17	3.23E−17	^{60m}Co	10.467min	ITB−	1.58E−19	1.58E−19
^{28}Mg	20.915h	B−	5.04E−17	5.04E−17	^{61}Co	1.650h	B−	3.43E−18	3.43E−18
^{26}Al	7.17E+05a	ECB+	8.87E−17	5.70E−17	^{56}Ni	6.075d	ECB+	6.17E−17	6.17E−17
^{28}Al	2.2414min	B−	5.54E−17	5.54E−17	^{57}Ni	35.60h	ECB+	6.56E−17	4.88E−17
^{31}Si	157.3min	B−	3.01E−20	3.01E−20	^{65}Ni	2.51719h	B−	1.87E−17	1.87E−17
^{38}Cl	37.24min	B−	4.36E−17	4.36E−17	^{61}Cu	3.333h	ECB+	3.08E−17	7.06E−18
^{41}Ar	109.61min	B−	4.34E−17	4.34E−17	^{62}Cu	9.673min	ECB+	3.81E−17	2.42E−19
^{40}K	1.251E+09a	B−ECB+	5.15E−18	5.11E−18	^{64}Cu	12.700h	ECB+B−	6.95E−18	2.14E−19
^{42}K	12.360h	B−	9.05E−18	9.05E−18	^{67}Cu	61.83h	B−	3.77E−18	3.77E−18
^{43}K	22.3h	B−	3.62E−17	3.62E−17	^{62}Zn	9.186h	ECB+	1.70E−17	1.38E−17
^{45}Ca	162.67d	B−	1.14E−24	1.14E−24	^{65}Zn	244.06d	ECB+	2.03E−17	1.97E−17
^{47}Ca	4.536d	B−	3.59E−17	3.59E−17	^{69}Zn	56.4min	B−	2.21E−22	2.21E−22
^{49}Ca	8.718min	B−	8.26E−17	8.26E−17	^{69m}Zn	13.76h	ITB−	1.57E−17	1.57E−17
^{44}Sc	3.97h	ECB+	7.71E−17	4.06E−17	^{66}Ga	9.49h	ECB+	7.67E−17	5.53E−17
^{46}Sc	83.79d	B−	7.14E−17	7.14E−17	^{67}Ga	3.2612d	EC	5.27E−18	5.27E−18
^{47}Sc	3.3492d	B−	3.51E−18	3.51E−18	^{68}Ga	67.71min	ECB+	3.58E−17	1.38E−18
^{48}Sc	43.67h	B−	1.17E−16	1.17E−16	^{72}Ga	14.10h	B−	8.86E−17	8.86E−17
^{49}Sc	57.2min	B−	3.27E−20	3.27E−20	^{68}Ge	270.95d	EC	2.80E−18	2.80E−18
^{44}Ti	60.0a	EC	4.55E−18	4.55E−18	^{71}Ge	11.43d	EC	2.84E−18	2.84E−18
^{45}Ti	184.8min	ECB+	3.30E−17	1.16E−19	^{77}Ge	11.30h	B−	3.94E−17	3.94E−17
^{51}Ti	5.76min	B−	1.36E−17	1.36E−17	^{72}As	26.0h	ECB+	6.58E−17	3.18E−17
^{48}V	15.9735d	ECB+	1.02E−16	8.29E−17	^{73}As	80.30d	EC	6.14E−18	6.14E−18
^{52}V	3.743min	B−	4.77E−17	4.77E−17	^{74}As	17.77d	ECB+B−	2.96E−17	1.83E−17
^{49}Cr	42.3min	ECB+	3.92E−17	3.35E−18	^{76}As	1.0778d	B−	1.52E−17	1.52E−17
^{51}Cr	27.7025d	EC	1.17E−18	1.17E−18	^{77}As	38.83h	B−	3.44E−19	3.44E−19
^{52}Mn	5.591d	ECB+	1.21E−16	1.10E−16	^{73}Se	7.15h	ECB+	5.54E−17	3.01E−17
^{52m}Mn	21.1min	ECB+IT	8.43E−17	4.69E−17	^{75}Se	119.779d	EC	4.25E−17	4.25E−17
^{54}Mn	312.12d	ECB+B−	3.06E−17	3.06E−17	^{77}Br	57.036h	ECB+	3.58E−17	3.55E−17
^{56}Mn	2.5789h	B−	5.65E−17	5.65E−17	^{80}Br	17.68min	B−ECB+	4.32E−18	3.46E−18
^{57}Mn	85.4s	B−	6.18E−18	6.18E−18	^{80m}Br	4.4205h	IT	3.31E−17	3.31E−17
^{52}Fe	8.275h	ECB+	2.71E−17	5.65E−18	^{82}Br	35.30h	B−	9.54E−17	9.54E−17
^{59}Fe	44.495d	B−	4.10E−17	4.10E−17	^{83}Br	2.40h	B−	2.61E−19	2.61E−19
^{56}Co	77.23d	ECB+	1.18E−16	1.11E−16	^{84}Br	31.80min	B−	5.35E−17	5.35E−17
^{57}Co	271.74d	EC	6.21E−18	6.21E−18	^{85}Br	2.90min	B−	2.34E−18	2.34E−18

续表

核素	半衰期	衰变方式[b]	点源空气比释动能系数	空气比释动能率常数	核素	半衰期	衰变方式[b]	点源空气比释动能系数	空气比释动能率常数
^{79}Kr	35.04h	ECB+	2.98E−17	2.72E−17	^{90}Nb	14.60h	ECB+	1.44E−16	1.24E−16
^{81}Kr	2.29E+05a	EC	2.12E−17	2.12E−17	^{91}Nb	680a	ECB+	1.41E−17	1.40E−17
^{83m}Kr	1.83h	IT	5.47E−18	5.47E−18	^{91m}Nb	60.86d	ITECB+	1.14E−17	1.14E−17
^{85}Kr	10.756a	B−	8.51E−20	8.51E−20	^{92}Nb	3.47E+07a	EC	6.85E−17	6.85E−17
^{85m}Kr	4.480h	B−IT	7.29E−18	7.29E−18	^{92m}Nb	10.15d	ECB+	4.86E−17	4.86E−17
^{87}Kr	76.3min	B−	2.52E−17	2.52E−17	^{93m}Nb	16.13a	IT	2.23E−18	2.23E−18
^{88}Kr	2.84h	B−	6.18E−17	6.18E−17	^{94}Nb	2.03E+04a	B−	5.74E−17	5.74E−17
^{89}Kr	3.15min	B−	6.15E−17	6.15E−17	^{94m}Nb	6.263min	ITB−	8.60E−18	8.60E−18
^{81}Rb	4.576h	ECB+	3.36E−17	2.31E−17	^{95}Nb	34.991d	B−	2.83E−17	2.83E−17
^{82}Rb	1.273min	ECB+	4.27E−17	5.77E−18	^{95m}Nb	3.61d	ITB−	1.06E−17	1.06E−17
^{83}Rb	86.2d	EC	3.84E−17	3.84E−17	^{96}Nb	23.35h	B−	8.95E−17	8.95E−17
^{84}Rb	32.77d	ECB+B−	4.71E−17	3.66E−17	^{97}Nb	72.1min	B−	2.49E−17	2.49E−17
^{86}Rb	18.642d	B−EC	3.28E−18	3.28E−18	^{91}Mo	15.49min	ECB+	3.76E−17	1.37E−18
^{88}Rb	17.78min	B−	2.00E−17	2.00E−17	^{93}Mo	4.0E+03a	EC	1.25E−17	1.25E−17
^{89}Rb	15.15min	B−	7.33E−17	7.33E−17	^{99}Mo	65.94h	B−	6.01E−18	6.01E−18
^{90}Rb	158s	B−	5.51E−17	5.51E−17	^{101}Mo	14.61min	B−	5.11E−17	5.11E−17
^{90m}Rb	258s	B−IT	9.91E−17	9.91E−17	^{95}Tc	20.0h	EC	4.08E−17	4.08E−17
^{82}Sr	25.36d	EC	1.81E−17	1.81E−17	^{95m}Tc	61d	ECB+IT	3.65E−17	3.63E−17
^{85}Sr	64.84d	EC	3.71E−17	3.71E−17	^{96}Tc	4.28d	EC	1.03E−16	1.03E−16
^{85m}Sr	67.63min	ITECB+	1.05E−17	1.05E−17	^{96m}Tc	51.5min	ITECB+	6.95E−18	6.95E−18
^{87m}Sr	2.815h	ITEC	1.49E−17	1.49E−17	^{97}Tc	2.6E+06a	EC	1.13E−17	1.13E−17
^{89}Sr	50.53d	B−	3.16E−21	3.16E−21	^{97m}Tc	91.0d	IT	7.81E−18	7.81E−18
^{91}Sr	9.63h	B−	2.55E−17	2.55E−17	^{98}Tc	4.2E+06a	B−	5.27E−17	5.27E−17
^{92}Sr	2.66h	B−	4.48E−17	4.48E−17	^{99}Tc	2.111E+05a	B−	1.05E−22	1.05E−22
^{93}Sr	7.423min	B−	8.06E−17	8.06E−17	^{99m}Tc	6.015h	ITB−	5.11E−18	5.11E−18
^{86}Y	14.74h	ECB+	1.35E−16	1.23E−16	^{101}Tc	14.2min	B−	1.26E−17	1.26E−17
^{87}Y	79.8h	ECB+	3.34E−17	3.34E−17	^{97}Ru	2.90d	EC	1.92E−17	1.92E−17
^{88}Y	106.65d	ECB+	1.04E−16	1.04E−16	^{103}Ru	39.26d	B−	1.89E−17	1.89E−17
^{90m}Y	3.19h	ITB−	2.51E−17	2.51E−17	^{105}Ru	4.44h	B−	2.93E−17	2.93E−17
^{91}Y	58.51d	B−	1.08E−19	1.08E−19	^{103m}Rh	56.114min	IT	9.62E−19	9.62E−19
^{91m}Y	49.71min	IT	2.07E−17	2.07E−17	^{105}Rh	35.36h	B−	2.90E−18	2.90E−18
^{92}Y	3.54h	B−	8.89E−18	8.89E−18	^{106}Rh	29.80s	B−	7.68E−18	7.68E−18
^{93}Y	10.18h	B−	3.24E−18	3.24E−18	^{103}Pd	16.991d	EC	9.04E−18	9.04E−18
^{86}Zr	16.5h	ECB+	3.94E−17	3.94E−17	^{109}Pd	13.7102h	B−	3.77E−18	3.77E−18
^{88}Zr	83.4d	EC	3.00E−17	3.00E−17	^{106m}Ag	8.28d	EC	1.09E−16	1.09E−16
^{89}Zr	78.41h	ECB+	5.40E−17	4.52E−17	^{108m}Ag	418a	ECIT	6.80E−17	6.80E−17
^{95}Zr	64.032d	B−	2.72E−17	2.72E−17	^{109m}Ag	39.6s	IT	3.73E−18	3.73E−18
^{97}Zr	16.744h	B−	3.26E−17	3.26E−17	^{110}Ag	24.6s	B−EC	1.17E−18	1.17E−18

续表

核素	半衰期	衰变方式[b]	点源空气比释动能系数	空气比释动能率常数	核素	半衰期	衰变方式[b]	点源空气比释动能系数	空气比释动能率常数
^{110m}Ag	249.76d	B—IT	9.94E—17	9.94E—17	^{129m}Te	33.6d	ITB—	2.97E—18	2.97E—18
^{111}Ag	7.45d	B—	9.96E—19	9.96E—19	^{131}Te	25.0min	B—	1.55E—17	1.55E—17
^{109}Cd	461.4d	EC	1.09E—17	1.09E—17	^{131m}Te	30h	B—IT	5.33E—17	5.33E—17
^{111m}Cd	48.50min	IT	1.35E—17	1.35E—17	^{132}Te	3.204d	B—	1.22E—17	1.22E—17
^{115}Cd	53.46h	B—	7.56E—18	7.56E—18	^{133}Te	12.5min	B—	4.15E—17	4.15E—17
^{115m}Cd	44.6d	B—	1.16E—18	1.16E—18	^{133m}Te	55.4min	B—IT	6.69E—17	6.69E—17
^{117}Cd	2.49h	B—	3.74E—17	3.74E—17	^{134}Te	41.8min	B—	3.36E—17	3.36E—17
^{117m}Cd	3.36h	B—	6.67E—17	6.67E—17	^{123}I	13.27h	EC	1.08E—17	1.08E—17
^{111}In	2.8047d	EC	2.14E—17	2.14E—17	^{124}I	4.1760d	ECB+	4.28E—17	3.40E—17
^{113m}In	1.6579h	IT	1.18E—17	1.18E—17	^{125}I	59.400d	EC	9.86E—18	9.86E—18
^{114}In	71.9s	B—ECB+	1.13E—19	1.11E—19	^{126}I	12.93d	ECB+B—	1.85E—17	1.82E—17
^{114m}In	49.51d	ITEC	5.79E—18	5.79E—18	^{128}I	24.99min	B—ECB+	2.85E—18	2.85E—18
^{115m}In	4.486h	ITB—	8.73E—18	8.73E—18	^{129}I	1.57E+07a	B—	4.38E—18	4.38E—18
^{116m}In	54.41min	B—	8.34E—17	8.34E—17	^{130}I	12.36h	B—	7.97E—17	7.97E—17
^{117}In	43.2min	B—	2.62E—17	2.62E—17	^{131}I	8.02070d	B—	1.45E—17	1.45E—17
^{117m}In	116.2min	B—IT	4.86E—18	4.86E—18	^{132}I	2.295h	B—	8.26E—17	8.26E—17
^{113}Sn	115.09d	EC	6.63E—18	6.63E—18	^{133}I	20.8h	B—	2.29E—17	2.29E—17
^{117m}Sn	13.76d	IT	9.96E—18	9.96E—18	^{134}I	52.5min	B—	9.30E—17	9.30E—17
^{119m}Sn	293.1d	IT	4.89E—18	4.89E—18	^{135}I	6.57h	B—	5.32E—17	5.32E—17
^{123}Sn	129.2d	B—	2.42E—19	2.42E—19	^{122}Xe	20.1h	EC	6.53E—18	6.53E—18
^{125}Sn	9.64d	B—	1.16E—17	1.16E—17	^{123}Xe	2.08h	ECB+	2.63E—17	1.76E—17
^{126}Sn	2.30E+05a	B—	4.39E—18	4.39E—18	^{125}Xe	16.9h	ECB+	1.50E—17	1.49E—17
^{117}Sb	2.80h	ECB+	1.21E—17	1.14E—17	^{127}Xe	36.4d	EC	1.44E—17	1.44E—17
^{122}Sb	2.7238d	B—ECB+	1.69E—17	1.69E—17	^{129m}Xe	8.88d	IT	7.91E—18	7.91E—18
^{124}Sb	60.20d	B—	6.32E—17	6.32E—17	^{131m}Xe	11.84d	IT	3.30E—18	3.30E—18
^{125}Sb	2.75856a	B—	1.94E—17	1.94E—17	^{133}Xe	5.243 d	B—	3.63E—18	3.63E—18
^{126}Sb	12.35d	B—	1.03E—16	1.03E—16	^{133m}Xe	2.19d	IT	4.07E—18	4.07E—18
^{126m}Sb	19.15min	B—IT	5.80E—17	5.80E—17	^{135}Xe	9.14h	B—	9.10E—18	9.10E—18
^{127}Sb	3.85d	B—	2.61E—17	2.61E—17	^{135m}Xe	15.29min	ITB—	1.67E—17	1.67E—17
^{129}Sb	4.40h	B—	5.16E—17	5.16E—17	^{137}Xe	3.818min	B—	6.95E—18	6.95E—18
^{121}Te	19.16d	EC	2.66E—17	2.66E—17	^{138}Xe	14.08min	B—	3.65E—17	3.65E—17
^{121m}Te	154d	ITEC	1.07E—17	1.07E—17	^{126}Cs	1.64min	ECB+	4.38E—17	1.25E—17
^{123}Te	6.00E+14a	EC	9.32E—21	9.32E—21	^{129}Cs	32.06h	ECB+	1.54E—17	1.54E—17
^{123m}Te	119.25d	IT	7.60E—18	7.60E—18	^{131}Cs	9.689d	EC	4.29E—18	4.29E—18
^{125m}Te	57.40d	IT	8.14E—18	8.14E—18	^{132}Cs	6.479d	ECB+B—	3.02E—17	3.00E—17
^{127}Te	9.35h	B—	1.89E—19	1.89E—19	^{134}Cs	2.0648a	B—EC	5.78E—17	5.78E—17
^{127m}Te	109d	ITB—	2.53E—18	2.53E—18	^{134m}Cs	2.903h	IT	2.67E—18	2.67E—18
^{129}Te	69.6min	B—	3.27E—18	3.27E—18	^{136}Cs	13.16d	B—	7.67E—17	7.67E—17

续表

核素	半衰期	衰变方式[b]	点源空气比释动能系数	空气比释动能率常数	核素	半衰期	衰变方式[b]	点源空气比释动能系数	空气比释动能率常数
^{137}Cs	30.1671a	B−	6.11E−23	6.11E−23	^{155}Eu	4.7611a	B−	2.27E−18	2.27E−18
^{138}Cs	33.41min	B−	7.74E−17	7.74E−17	^{156}Eu	15.19d	B−	4.10E−17	4.10E−17
^{139}Cs	9.27min	B−	9.58E−18	9.58E−18	^{153}Gd	240.4d	EC	5.48E−18	5.48E−18
^{131}Ba	11.50d	EC	2.15E−17	2.15E−17	^{159}Gd	18.479h	B−	2.24E−18	2.24E−18
^{133}Ba	10.52a	EC	1.98E−17	1.98E−17	^{162}Gd	8.4min	B−	1.58E−17	1.58E−17
^{133m}Ba	38.9h	ITEC	5.03E−18	5.03E−18	^{157}Tb	71a	EC	3.18E−19	3.18E−19
^{135m}Ba	28.7h	IT	4.19E−18	4.19E−18	^{160}Tb	72.3d	B−	4.02E−17	4.02E−17
^{137m}Ba	2.552min	IT	2.26E−17	2.26E−17	^{162}Tb	7.60min	B−	4.03E−17	4.03E−17
^{139}Ba	83.06min	B−	1.66E−18	1.66E−18	^{157}Dy	8.14h	EC	1.38E−17	1.38E−17
^{140}Ba	12.752d	B−	7.90E−18	7.90E−18	^{165}Dy	2.334h	B−	1.05E−18	1.05E−18
^{141}Ba	18.27min	B−	3.29E−17	3.29E−17	^{166}Dy	81.6h	B−	2.00E−18	2.00E−18
^{142}Ba	10.6min	B−	3.79E−17	3.79E−17	^{166}Ho	26.80h	B−	1.06E−18	1.06E−18
^{141}La	3.92h	B−	8.85E−19	8.85E−19	^{166m}Ho	1.20E+03a	B−	5.97E−17	5.97E−17
^{142}La	91.1min	B−	7.24E−17	7.24E−17	^{169}Er	9.40d	B−	1.12E−22	1.12E−22
^{139}Ce	137.641d	EC	8.05E−18	8.05E−18	^{171}Er	7.516h	B−	1.37E−17	1.37E−17
^{141}Ce	32.508d	B−	2.92E−18	2.92E−18	^{170}Tm	128.6d	B−EC	1.50E−19	1.50E−19
^{143}Ce	33.039h	B−	1.20E−17	1.20E−17	^{171}Tm	1.92a	B−	2.78E−20	2.78E−20
^{144}Ce	284.91d	B−	8.53E−19	8.53E−19	^{169}Yb	32.026d	EC	1.28E−17	1.28E−17
^{142}Pr	19.12h	B−EC	1.87E−18	1.87E−18	^{175}Yb	4.185d	B−	1.49E−18	1.49E−18
^{143}Pr	13.57d	B−	3.31E−25	3.31E−25	^{177}Lu	6.647d	B−	1.32E−18	1.32E−18
^{144}Pr	17.28min	B−	9.36E−19	9.36E−19	^{177m}Lu	160.4d	B−IT	3.77E−17	3.77E−17
^{144m}Pr	7.2min	ITB−	1.26E−18	1.26E−18	^{181}Hf	42.39d	B−	2.02E−17	2.02E−17
^{147}Nd	10.98d	B−	6.04E−18	6.04E−18	^{182}Ta	114.43d	B−	4.54E−17	4.54E−17
^{149}Nd	1.728h	B−	1.40E−17	1.40E−17	^{181}W	121.2d	EC	2.24E−18	2.24E−18
^{143}Pm	265d	EC	1.35E−17	1.35E−17	^{185}W	75.1d	B−	5.08E−21	5.08E−21
^{144}Pm	363d	EC	6.05E−17	6.05E−17	^{187}W	23.72h	B−	1.88E−17	1.88E−17
^{145}Pm	17.7a	ECA	2.91E−18	2.91E−18	^{188}W	69.78d	B−	1.02E−19	1.02E−19
^{146}Pm	5.53a	ECB−	2.93E−17	2.93E−17	^{182}Re	64.0h	EC	6.48E−17	6.48E−17
^{147}Pm	2.6234a	B−	1.79E−22	1.79E−22	^{182m}Re	12.7h	ECB+	4.35E−17	4.29E−17
^{148}Pm	5.368d	B−	1.99E−17	1.99E−17	^{183}Re	70.0d	EC	7.57E−18	7.57E−18
^{148m}Pm	41.29d	B−IT	7.44E−17	7.44E−17	^{184}Re	38.0d	ECB+	3.36E−17	3.36E−17
^{149}Pm	53.08h	B−	4.43E−19	4.43E−19	^{184m}Re	169d	ITEC	2.01E−17	2.01E−17
^{151}Pm	28.40h	B−	1.26E−17	1.26E−17	^{186}Re	3.7183d	B−EC	1.63E−18	1.63E−18
^{151}Sm	90a	B−	3.68E−21	3.68E−21	^{188}Re	17.0040h	B−	3.05E−18	3.05E−18
^{153}Sm	46.50h	B−	3.12E−18	3.12E−18	^{185}Os	93.6d	EC	3.20E−17	3.20E−17
^{152}Eu	13.537a	ECB+B−	4.26E−17	4.25E−17	^{190m}Os	9.9min	IT	6.68E−17	6.68E−17
^{152m}Eu	9.3116h	B−ECB+	1.11E−17	1.11E−17	^{191}Os	15.4d	B−	1.39E−17	1.39E−17
^{154}Eu	8.593a	B−EC	4.42E−17	4.42E−17	^{191m}Os	13.10h	IT	3.87E−18	3.87E−18

续表

核素	半衰期	衰变方式[b]	点源空气比释动能系数	空气比释动能率常数	核素	半衰期	衰变方式[b]	点源空气比释动能系数	空气比释动能率常数
^{193}Os	30.11h	B−	4.82E−18	4.82E−18	^{207}Bi	32.9a	ECB+	6.94E−17	6.93E−17
^{190}Ir	11.78d	EC	6.33E−17	6.33E−17	^{208}Bi	3.68E+05a	EC	8.58E−17	8.58E−17
^{190m}Ir	1.120h	IT	2.16E−18	2.16E−18	^{211}Bi	2.14min	AB−	2.21E−18	2.21E−18
^{190n}Ir	3.087h	ECIT	9.05E−18	9.05E−18	^{212}Bi	60.55min	B−A	7.05E−18	7.05E−18
^{192}Ir	73.827d	B−EC	3.18E−17	3.18E−17	^{213}Bi	45.59min	B−A	5.44E−18	5.44E−18
^{193m}Ir	10.53d	IT	2.53E−18	2.53E−18	^{214}Bi	19.9min	B−A	4.99E−17	4.99E−17
^{194}Ir	19.28h	B−	3.39E−18	3.39E−18	^{209}Po	102a	AEC	3.30E−19	3.30E−19
^{194m}Ir	171d	B−	9.06E−17	9.06E−17	^{210}Po	138.376d	A	3.60E−22	3.60E−22
^{191}Pt	2.802d	EC	2.31E−17	2.31E−17	^{211}Po	0.516s	A	3.05E−19	3.05E−19
^{193m}Pt	4.33d	IT	4.49E−18	4.49E−18	^{213}Po	4.2E−06s	A	1.41E−21	1.41E−21
^{195m}Pt	4.02d	IT	1.64E−17	1.64E−17	^{214}Po	1.643E−04s	A	3.07E−21	3.07E−21
^{197}Pt	19.8915h	B−	5.42E−18	5.42E−18	^{215}Po	1.781E−03s	A	6.88E−21	6.88E−21
^{197m}Pt	95.41min	ITB−	1.47E−17	1.47E−17	^{216}Po	0.145s	A	5.66E−22	5.66E−22
^{194}Au	38.02h	ECB+	4.16E−17	4.09E−17	^{211}At	7.214h	ECA	8.24E−18	8.24E−18
^{195}Au	186.098d	EC	1.47E−17	1.47E−17	^{217}At	3.23E−02s	A	1.42E−20	1.42E−20
^{195m}Au	30.5s	IT	1.58E−17	1.58E−17	^{218}Rn	3.5E−02s	A	2.88E−20	2.88E−20
^{196}Au	6.183d	ECB−	2.35E−17	2.35E−17	^{219}Rn	3.96s	A	2.54E−18	2.54E−18
^{198}Au	2.69517d	B−	1.54E−17	1.54E−17	^{220}Rn	55.6s	A	2.41E−20	2.41E−20
^{199}Au	3.139d	B−	6.31E−18	6.31E−18	^{222}Rn	3.8235d	A	1.50E−20	1.50E−20
^{197}Hg	64.94h	EC	1.30E−17	1.30E−17	^{221}Fr	4.9min	A	1.74E−18	1.74E−18
^{197m}Hg	23.8h	ITEC	1.19E−17	1.19E−17	^{223}Fr	22.00min	B−A	1.13E−17	1.13E−17
^{203}Hg	46.612d	B−	1.11E−17	1.11E−17	[illegible]Ra	38.0s	A	3.75E−19	3.75E−19
^{200}Tl	26.1h	ECB+	5.24E−17	5.23E−17	^{223}Ra	11.43d	A	1.32E−17	1.32E−17
^{201}Tl	72.912h	EC	1.15E−17	1.15E−17	^{224}Ra	3.66d	A	4.96E−19	4.96E−19
^{202}Tl	12.23d	EC	2.32E−17	2.32E−17	^{225}Ra	14.9d	B−	5.14E−18	5.14E−18
^{204}Tl	3.78 a	B−EC	1.92E−19	1.92E−19	^{226}Ra	1600a	A	5.23E−19	5.23E−19
^{207}Tl	4.77min	B−	8.63E−20	8.63E−20	^{225}Ac	10.0d	A	6.78E−18	6.78E−18
^{208}Tl	3.053min	B−	1.02E−16	1.02E−16	^{227}Ac	21.772a	B−A	1.01E−18	1.01E−18
^{209}Tl	2.161min	B−	7.52E−17	7.52E−17	^{228}Ac	6.15h	B−	3.99E−17	3.99E−17
^{210}Tl	1.30min	B−	1.02E−16	1.02E−16	^{226}Th	30.57min	A	2.40E−18	2.40E−18
^{203}Pb	51.873h	EC	2.74E−17	2.74E−17	^{227}Th	18.68d	A	2.11E−17	2.11E−17
^{204m}Pb	67.2min	IT	7.73E−17	7.73E−17	^{228}Th	1.9116a	A	2.82E−18	2.82E−18
^{205}Pb	1.53E+07a	EC	1.07E−17	1.07E−17	^{229}Th	7.34E+03a	A	2.73E−17	2.73E−17
^{210}Pb	22.20a	B−A	9.72E−18	9.72E−18	^{230}Th	7.538E+04a	A	2.45E−18	2.45E−18
^{211}Pb	36.1min	B−	2.60E−18	2.60E−18	^{231}Th	25.52h	B−	1.90E−17	1.90E−17
^{212}Pb	10.64h	B−	1.09E−17	1.09E−17	^{232}Th	1.405E+10a	A	2.26E−18	2.26E−18
^{214}Pb	26.8min	B−	1.48E−17	1.48E−17	^{233}Th	22.3min	B−	3.75E−18	3.75E−18
^{206}Bi	6.243d	ECB+	1.36E−16	1.36E−16	^{234}Th	24.10d	B−	2.87E−18	2.87E−18

续表

核素	半衰期	衰变方式[b]	点源空气比释动能系数	空气比释动能率常数	核素	半衰期	衰变方式[b]	点源空气比释动能系数	空气比释动能率常数
^{230}Pa	17.4d	ECB−A	3.98E−17	3.98E−17	^{244}Pu	8.00E+07a	ASF	3.50E−18	1.76E−18
^{231}Pa	3.276E+04a	A	1.66E−17	1.66E−17	^{245}Pu	10.5h	B−	1.80E−17	1.80E−17
^{233}Pa	26.967d	B−	2.05E−17	2.05E−17	^{246}Pu	10.84d	B−	1.44E−17	1.44E−17
^{234}Pa	6.70h	B−	7.43E−17	7.43E−17	^{241}Am	432.2a	A	9.80E−18	9.80E−18
^{234m}Pa	1.17min	B−IT	7.37E−19	7.37E−19	^{242}Am	16.02h	B−EC	6.37E−18	6.37E−18
^{230}U	20.8d	A	3.15E−18	3.15E−18	^{242m}Am	141a	ITA	5.20E−18	5.20E−18
^{231}U	4.2d	ECA	3.17E−17	3.17E−17	^{243}Am	7.37E+03a	A	6.45E−18	6.45E−18
^{232}U	68.9a	A	3.04E−18	3.04E−18	^{244}Am	10.1h	B−	4.74E−17	4.74E−17
^{233}U	1.592E+05a	A	1.56E−18	1.56E−18	^{245}Am	2.05h	B−	2.95E−18	2.95E−18
^{234}U	2.455E+05a	A	2.78E−18	2.78E−18	^{246}Am	39m	B−	5.22E−17	5.22E−17
^{235}U	7.04E+08a	A	1.32E−17	1.32E−17	^{242}Cm	162.8d	ASF	2.17E−18	2.17E−18
^{236}U	2.342E+07a	A	2.53E−18	2.53E−18	^{243}Cm	29.1a	AEC	1.51E−17	1.51E−17
^{237}U	6.75d	B−	1.95E−17	1.95E−17	^{244}Cm	18.10a	ASF	1.87E−18	1.86E−18
^{238}U	4.468E+09a	ASF	2.04E−18	2.04E−18	^{245}Cm	8.5E+03a	ASF	1.54E−17	1.54E−17
^{239}U	23.45min	B−	4.96E−18	4.96E−18	^{246}Cm	4.76E+03a	ASF	1.99E−18	1.48E−18
^{240}U	14.1h	B−	6.68E−18	6.68E−18	^{247}Cm	1.56E+07a	A	1.22E−17	1.22E−17
^{235}Np	396.1d	ECA	8.45E−18	8.45E−18	^{248}Cm	3.48E+05a	ASF	1.58E−16	1.39E−18
^{236}Np	1.54E+05a	ECB−A	3.59E−17	3.59E−17	^{249}Cm	64.15min	B−	7.85E−19	7.85E−19
^{236m}Np	22.5h	ECB−	7.97E−18	7.97E−18	^{250}Bk	3.212h	B−	3.56E−17	3.56E−17
^{237}Np	2.144E+06a	A	1.55E−17	1.55E−17	^{248}Cf	334d	ASF	1.63E−18	1.57E−18
^{238}Np	2.117d	B−	2.79E−17	2.79E−17	^{249}Cf	351a	ASF	1.65E−17	1.65E−17
^{239}Np	2.3565d	B−	1.83E−17	1.83E−17	^{250}Cf	13.08a	ASF	2.91E−18	1.20E−18
^{240}Np	61.9min	B−	5.75E−17	5.75E−17	^{251}Cf	900a	A	1.38E−17	1.38E−17
^{240m}Np	7.22min	B−IT	1.80E−17	1.80E−17	^{252}Cf	2.645a	ASF	7.54E−17	1.19E−18
^{236}Pu	2.858a	ASF	2.85E−18	2.85E−18	^{253}Cf	17.81d	B−A	3.44E−18	3.44E−18
^{237}Pu	45.2d	ECA	1.21E−17	1.21E−17	^{254}Cf	60.5d	ASF	2.53E−15	4.05E−21
^{238}Pu	87.7a	ASF	2.64E−18	2.64E−18	^{253}Es	20.47d	ASF	4.66E−19	4.65E−19
^{239}Pu	2.411E+04a	A	1.11E−18	1.11E−18	^{254}Es	275.7d	AB−SF	1.53E−17	1.53E−17
^{240}Pu	6564a	ASF	2.48E−18	2.48E−18	^{254m}Es	39.3h	B−AECSF	2.34E−17	2.24E−17
^{242}Pu	3.75E+05a	ASF	2.13E−18	2.12E−18	^{254}Fm	3.240h	ASF	2.53E−18	1.24E−18
^{243}Pu	4.956h	B−	3.39E−18	3.39E−18	^{255}Fm	20.07h	ASF	1.32E−17	1.32E−17

a. 空气比释动能率常数 Γ_δ 在 ICRP 107 中定义为

$$\Gamma_\delta = \frac{1}{4\pi}\sum_i (\mu_k/\rho)_i Y_i E_i$$

式中：$(\mu_k/\rho)_i$ 为核素产额为 Y_i、能量为 E_i 的光子在空气中的质量能量转移系数，δ 取 10keV。

点源空气比释动能系数 $K_{\mathrm{air},\delta}$ 在 ICRP 107 中定义为

$$K_{\mathrm{air},\delta} = \frac{1}{4\pi}\left[\sum_i (\mu_k/\rho)_i Y_i E_i + \sum_i Y(E_i, E_{i+1})\,\bar{k}(E_i, E_{i+1})\right]$$

式中第一项扩展到能量大于 δ(10keV)的所有光子，包括由正电子发射的湮灭光子，以及伴随自发裂变的缓发和瞬发 γ 辐射。式中第二项为每次核变化产额为 $Y(E_i, E_{i+1})$ 的伴随自发裂变的中子对比释动能的贡献，$\bar{k}(E_i, E_{i+1})$ 表示能量在 E_i 和 E_{i+1} 范围内中子的空气比释动能系数的平均值。只考虑能量大于 δ(10keV)的中子。若不计正电子发射和自发裂变，常数和系数在数值上是相等的。

b. 核素衰变方式：A. α 衰变；B−. β 负衰变；B+. β 正衰变；EC. 轨道电子俘获；IT. 同质异能跃迁；SF. 自发裂变。如 Es-254m 的衰变方式为 B−AECSF，表示同时存在 β 负衰变、α 衰变、轨道电子俘获和自发裂变。

资料来源：ICRP 107，2009。

表 6.3 部分 γ 源的半值层和十分之一值层

核素	原子序数	半值层			十分之一值层		
		混凝土(cm)	钢(cm)	铅(cm)	混凝土(cm)	钢(cm)	铅(cm)
^{137}Cs	55	4.8	1.6	0.65	15.7	5.3	2.1
^{60}Co	27	6.2	2.1	1.20	20.6	6.9	4.0
^{198}Au	79	4.1	—	0.33	13.5	—	1.1
^{192}Ir	77	4.3	1.3	0.60	14.7	4.3	2.0
^{226}Ra	88	6.9	2.2	1.66	23.4	7.4	5.5

资料来源:NCRP 49,1976。

表 6.4 γ 源积累因子

A. 各向同性 γ 点源在无限介质中的照射量积累因子

E_{tr}(MeV)	μt						
	1	2	4	7	10	15	20
				水			
0.5	2.44	4.88	12.8	32.7	62.9	139	252
1.0	2.08	3.62	7.68	15.8	26.1	47.7	74.0
2.0	1.83	2.81	4.98	8.65	12.7	20.1	28.0
3.0	1.71	2.46	4.00	6.43	8.97	13.3	17.8
4.0	1.63	2.24	3.46	5.30	7.16	10.3	13.4
6.0	1.51	1.97	2.84	4.12	5.37	7.41	9.42
8.0	1.43	1.80	2.49	3.48	4.44	5.99	7.49
10.0	1.37	1.68	2.25	3.07	3.86	5.14	6.38
				普通混凝土			
0.5	2.27	4.03	8.97	20.2	36.4	75.6	131
1.0	1.98	3.24	6.42	12.7	20.7	37.2	57.1
2.0	1.77	2.65	4.61	7.97	11.7	18.6	26.0
3.0	1.67	2.38	3.84	6.20	8.71	13.1	17.7
4.0	1.61	2.18	3.37	5.23	7.15	10.5	13.9
6.0	1.49	1.93	2.80	4.14	5.52	7.86	10.2
8.0	1.41	1.76	2.45	3.51	4.59	6.43	8.31
10.0	1.35	1.64	2.22	3.10	4.01	5.57	7.19
				铁			
0.5	1.99	3.12	5.96	11.7	19.1	35.1	55.4
1.0	1.85	2.85	5.30	10.0	15.8	27.5	41.3
2.0	1.71	2.49	4.25	7.33	10.8	17.4	24.6
3.0	1.64	2.28	3.68	6.09	8.80	13.8	19.4
4.0	1.57	2.12	3.29	5.31	7.60	11.9	16.8
6.0	1.47	1.87	2.76	4.33	6.18	9.85	14.2
8.0	1.39	1.71	2.41	3.71	5.30	8.64	12.9
10.0	1.33	1.59	2.16	3.27	4.69	7.88	12.3
				铅			
0.5	1.24	1.39	1.62	1.88	2.10	2.39	2.64
1.0	1.38	1.68	2.19	2.89	3.51	4.45	5.27
2.0	1.40	1.76	2.52	3.74	5.07	7.44	9.98
3.0	1.40	1.73	2.50	3.89	5.56	8.91	12.9

续表

E_{tr}(MeV)	μt						
	1	2	4	7	10	15	20
4.0	1.36	1.67	2.40	3.79	5.61	9.73	15.4
6.0	1.42	1.73	2.49	4.13	6.61	13.7	26.6
8.0	1.51	1.90	2.91	5.39	9.73	25.1	62.0
10.0	1.51	2.01	3.42	7.37	15.4	50.8	161

资料来源：ANSI/ANS-6.4.3-1991。

B. 各向同性 γ 点源在无限介质中的能量吸收积累因子

E_{tr}(MeV)	μt						
	1	2	4	7	10	15	20
				水			
0.5	2.45	4.87	12.7	32.2	61.8	137	247
1.0	2.08	3.62	7.66	15.7	26.0	47.4	73.5
2.0	1.83	2.82	4.99	8.66	12.7	20.1	28.0
3.0	1.71	2.47	4.01	6.45	8.98	13.4	17.8
4.0	1.63	2.26	3.48	5.33	7.20	10.3	13.5
6.0	1.55	1.98	2.87	4.16	5.43	7.49	9.52
8.0	1.44	1.82	2.52	3.53	4.51	6.08	7.61
10.0	1.38	1.70	2.29	3.13	3.94	5.24	6.51
				普通混凝土			
0.5	2.55	4.89	11.6	27.0	49.6	105	183
1.0	2.11	3.59	7.35	14.8	24.3	44.0	67.9
2.0	1.83	2.80	4.92	8.55	12.6	20.0	28.1
3.0	1.70	2.44	3.96	6.42	9.02	13.6	18.4
4.0	1.62	2.22	3.41	5.29	7.24	10.6	14.1
6.0	1.48	1.92	2.77	4.08	5.42	7.70	10.0
8.0	1.40	1.74	2.40	3.41	4.45	6.21	8.00
10.0	1.34	1.61	2.16	2.99	3.85	5.33	6.86
				铁			
0.5	2.66	4.57	9.25	18.8	31.4	58.8	93.9
1.0	2.14	3.50	6.79	13.2	21.1	37.1	56.2
2.0	1.84	2.76	4.80	8.37	12.4	20.0	28.5
3.0	1.70	2.39	3.86	6.39	9.23	14.5	20.4
4.0	1.59	2.12	3.27	5.23	7.46	11.7	16.4
6.0	1.42	1.79	2.57	3.93	5.54	8.72	12.5
8.0	1.33	1.60	2.17	3.22	4.50	7.18	10.6
10.0	1.27	1.48	1.93	2.78	3.87	6.29	9.59
				铅			
0.5	1.67	1.92	2.26	2.65	2.97	3.41	3.77
1.0	1.76	2.23	2.99	4.00	4.90	6.26	7.44
2.0	1.78	2.28	3.35	5.08	6.95	10.3	13.9
3.0	1.71	2.11	3.03	4.72	6.73	10.8	15.7
4.0	1.60	1.91	2.68	4.15	6.06	10.4	16.4
6.0	1.58	1.84	2.50	3.94	6.08	12.1	23.1
8.0	1.59	1.89	2.66	4.53	7.76	19.0	45.9
10.0	1.54	1.88	2.85	5.50	10.8	33.8	105

资料来源：ANSI/ANS-6.4.3-1991。

C. 单向平面 γ 源垂直入射情况下的照射量积累因子

E_{tr}(MeV)	μt					
	1	2	4	7	10	15
水						
0.5	1.93	2.97	5.70	11.52	11.99	33.88
1.0	1.78	2.64	4.69	8.02	12.26	21.51
2.0	1.65	2.27	3.58	5.75	8.45	12.89
3.0	1.57	2.15	3.36	4.94	6.33	9.52
4.0	1.49	1.97	2.81	4.25	5.53	7.71
6.0	1.41	1.79	2.51	3.62	4.30	6.36
8.0	1.36	1.73	2.40	3.21	3.75	4.93
10.0	1.32	1.59	2.11	2.84	3.61	4.91
普通混凝土						
0.5	1.90	2.87	5.07	9.32	13.44	28.56
1.0	1.77	2.58	4.46	7.55	11.20	18.57
2.0	1.64	2.25	3.55	5.72	8.36	12.34
3.0	1.56	2.13	3.30	4.87	6.40	9.53
4.0	1.49	1.93	2.86	4.15	5.34	8.06
6.0	1.38	1.77	2.47	3.71	4.71	6.04
8.0	1.33	1.65	2.33	3.12	3.94	5.11
10.0	1.28	1.56	2.01	2.84	3.64	4.36
铁						
0.5	1.82	2.58	4.18	6.89	9.64	16.53
1.0	1.71	2.44	4.14	6.70	9.91	16.35
2.0	1.61	2.19	3.44	5.60	8.17	12.78
3.0	1.54	2.07	3.15	4.89	6.46	9.96
4.0	1.45	1.86	2.82	4.25	5.00	8.55
6.0	1.33	1.69	2.33	3.73	4.84	7.80
8.0	1.27	1.55	2.16	3.22	4.47	6.49
10.0	1.22	1.46	1.93	2.93	4.00	6.38
铅						
0.5	1.22	1.36	1.56	1.78	1.89	2.05
1.0	1.35	1.64	2.07	2.67	3.15	3.64
2.0	1.38	1.73	2.35	3.41	4.32	6.01
3.0	1.32	1.63	2.25	3.27	4.40	6.52
4.0	1.30	1.58	2.20	3.41	4.80	6.60
6.0	1.19	1.39	1.88	2.95	4.28	8.36
8.0	1.15	1.31	1.71	2.53	3.79	8.56
10.0	1.11	1.24	1.56	2.33	3.60	7.48

资料来源:中国科学院工程力学研究所.1977.γ射线屏蔽参数手册。

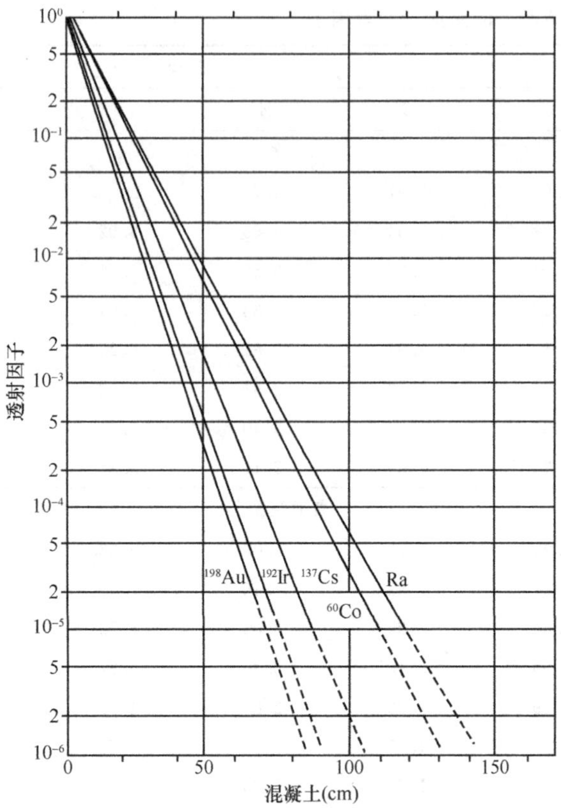

图 6.1 几种核素 γ 射线在混凝土中的透射因子

混凝土密度取 2.35g/cm^3

资料来源:Bernard Shleien et al. 1998. Handbook of Health Physics and Radiological Health. 3rd ed

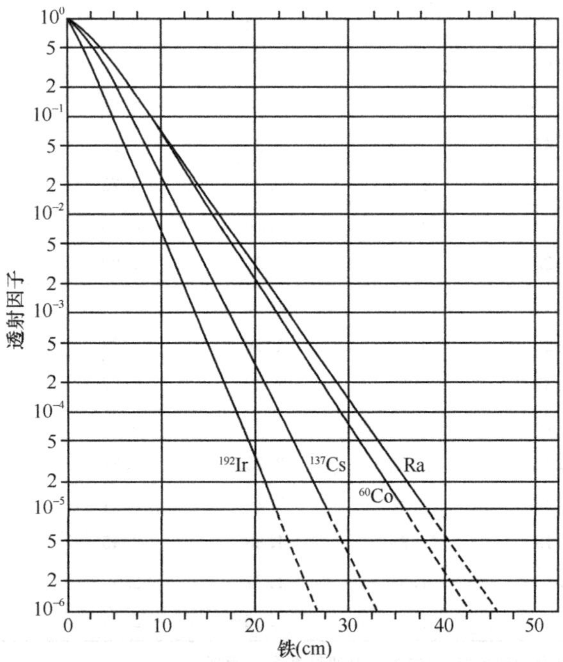

图 6.2 几种核素 γ 射线在铁中的透射因子

资料来源:Bernard Shleien et al. 1998. Handbook of Health Physics and Radiological Health. 3rd ed

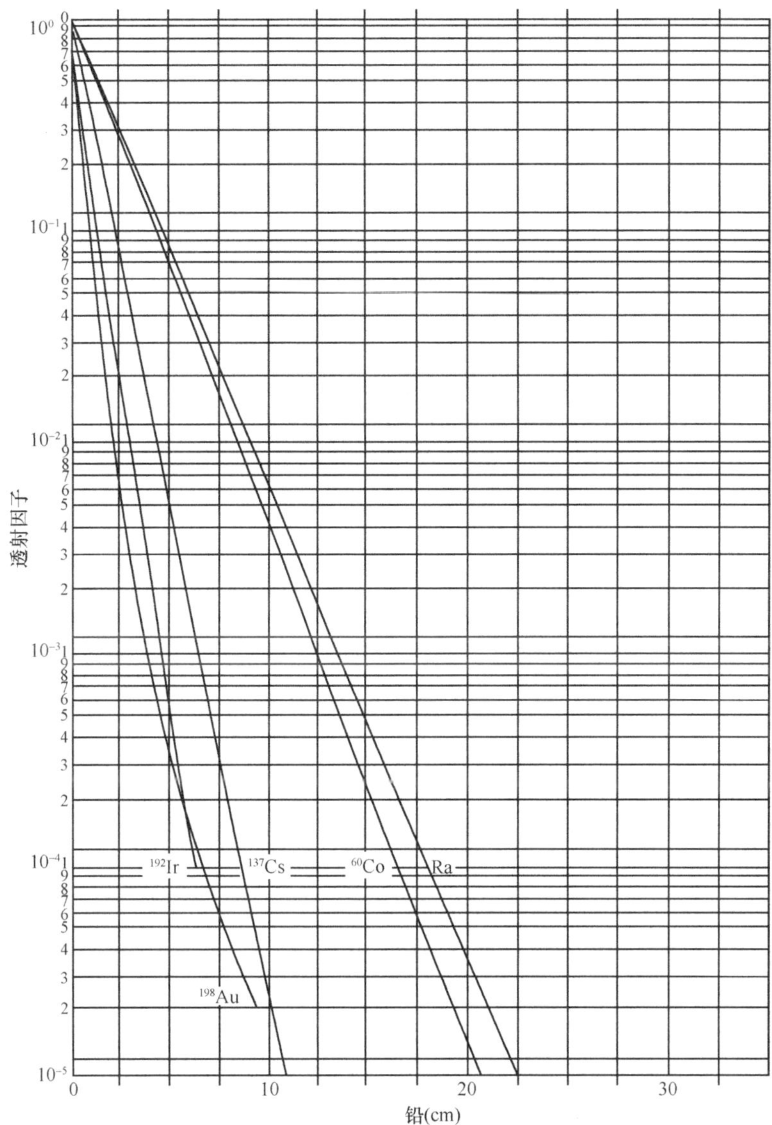

图 6.3 几种核素 γ 射线在铅中的透射因子

资料来源:Bernard Shleien et al. 1998. Handbook of Health Physics and Radiological Health. 3rd ed

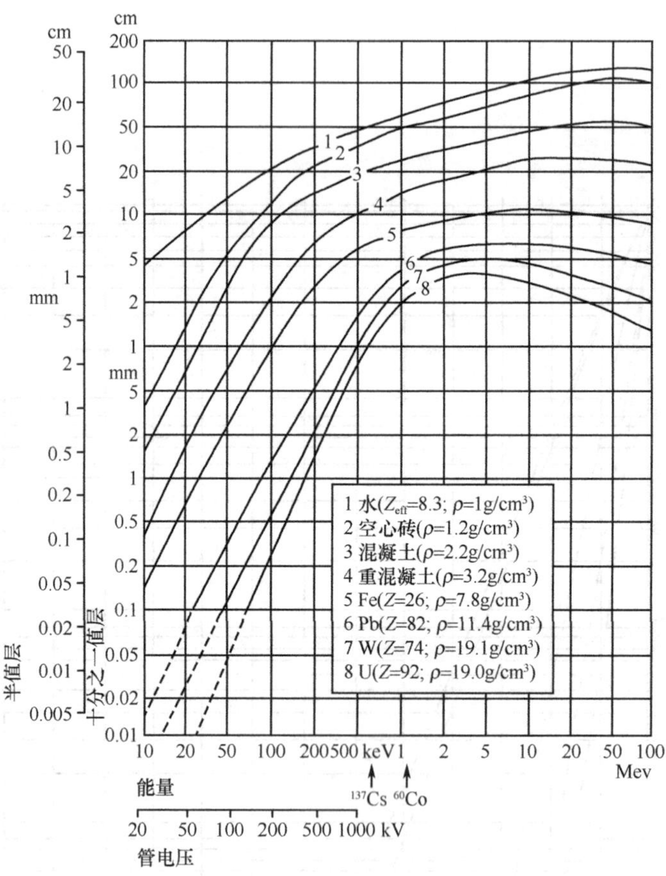

图 6.4 屏蔽材料的平均半值层和十分之一值层

资料来源:Bernard Shleien et al. 1998. Handbook of Health Physics and Radiological Health. 3rd ed

表 6.5 核医学用的放射性核素屏蔽数据

放射性核素	主要的 X 射线和 γ 射线能量[a](keV)	铅的半值层[b](mm)
^{123}I	27(72%),159(83%)[c]	0.04
^{133}Xe	30(41%),81 (38%)	0.2
^{201}Tl	71 (46%),167(10%)	0.23
^{99m}Tc	140(89 %)	0.3
^{67}Ga	93 (39%),184(21%),300(17%)	0.66
^{131}I	365(82%)	3.0
^{111}In	23 (69%),171(91%),245(94%)	1.3
^{82}Rb	511(192%),777(15%)	6.0
^{15}O	511(200%)	5.5
^{11}C	511(200%)	5.5
^{18}F	511(193%)	5.5
^{13}N	511(200%)	5.5

a. 此栏数据选自 ICRP 107. 2009。

b. 总体来说使用 10 个半值层后,强度将减为原来的 1/1000。

c. 百分数(%)表示每 100 次蜕变产生的射线数。

资料来源:Bernard Shleien et al. 1998. Handbook of Health Physics and Radiological. Health. 3rd ed。

6.3　X射线及屏蔽

表 6.6　峰值电压为 60kV 下各种屏蔽材料的十分之一值层　　(单位:g/cm^2)

夹布胶木板	混凝土	耐热玻璃	水	铅	石膏
1.75	2.1	4.6	13.1	0.96	1.86

资料来源:Bernard Shleien et al. 1998. Handbook of Health Physics and Radiological Health. 3rd ed。

表 6.7　铅和混凝土对 X 射线的半值层和十分之一值层　　(单位:mm)

管电压	半值层		十分之一值层	
	铅(ρ=11.34)	混凝土(ρ=2.2)	铅	混凝土
$50kV_p$	0.07	3.8	0.23	13.5
$50kV_p$	0.06		0.20	
$70kV_p$		10.2		35.6
$75kV_p$	0.17		0.58	
$75kV_{cp}$	0.19		0.63	
$100kV_p$	0.26	16.5	0.87	54.2
$100kV_{cp}$	0.30		0.95	
$125kV_p$	0.29	19.1	0.96	64
$150kV_p$	0.30	21.8	1.00	69.9
$150kV_{cp}$	0.32		1.04	
$200kV_p$	0.43	25.9	1.42	85.5
$200kV_{cp}$	0.43		1.42	
$250kV_p$	0.90	27.7	3.0	90.4
$250kV_{cp}$	0.98		3.18	
$300kV_p$	1.48	30.2	4.90	102
$300kV_{cp}$	1.33	28.7	4.4	94.5
$400kV_{cp}$	2.47	29.7	8.25	99.8
$500kV_p$	3.1	35.6	10.3	119
$1000kV_{cp}$	7.6	45.7	25.2	150

注:kV_p. 脉冲管电压(千伏);kV_{cp}. 恒定管电压(千伏)

资料来源:中国科学院工程力学研究所. 1977. γ射线屏蔽参数手册。

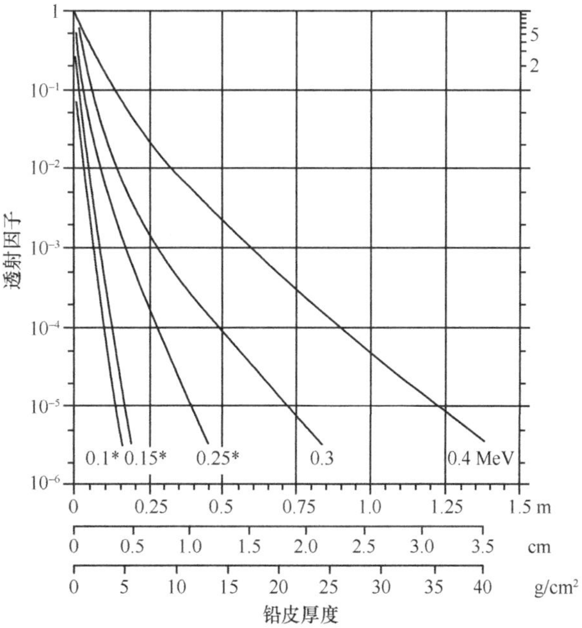

图 6.5　电子加速器产生的宽束 X 射线在铅中的透射因子(电子能量范围 0.1～0.4MeV)

在宽束条件下,由 0.1～0.4MeV 的电子产生的 X 射线对铅(密度 11.3g/cm^3)的透射。标有"*"号的电子能量是通过脉冲电压进行加速的,没有标记的电子能量是通过恒压管电压加速的。曲线表示按照剂量当量率的透射因子。资料来源:Bernard Shleien et al. 1998. Handbook of Health Physics and Radiological Health. 3rd ed

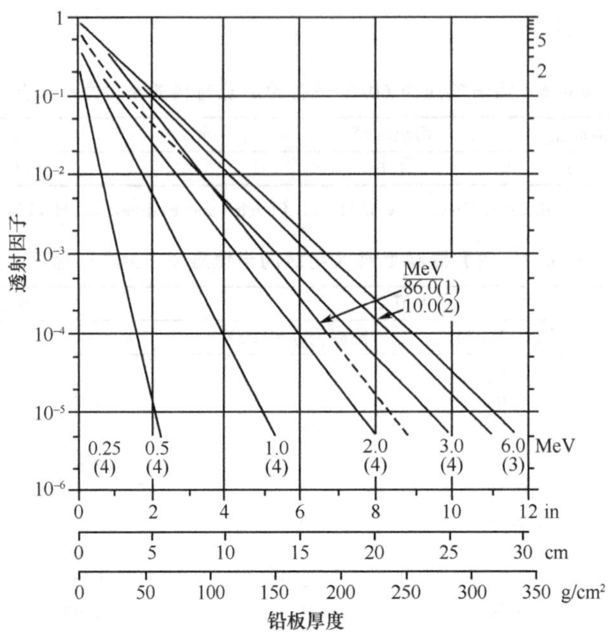

图 6.6 电子加速器产生的宽束 X 射线在铅中的透射因子(电子能量范围 0.5～86MeV)

在宽束 X 射线条件下，对厚靶铅(密度 11.3g/cm³)的透射。每条曲线(0.5～86MeV)上标注的能量是产生厚靶 X 射线的单能电子的能量。曲线表示按照剂量当量率的透射因子。资料来源：Bernard Shleien et al. 1998. Handbook of Health Physics and Radiological Health. 3rd ed

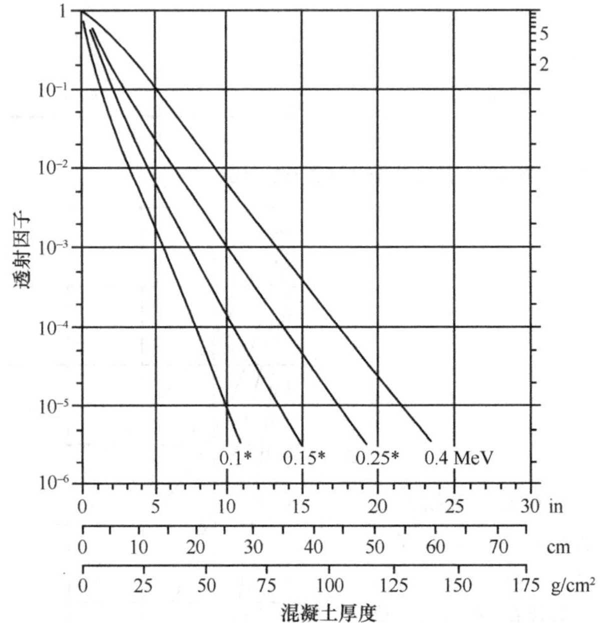

图 6.7 电子加速器产生的宽束 X 射线在混凝土中的透射因子(电子能量范围 0.1～0.4MeV)

在宽束条件下，由 0.1～0.4MeV 电子产生的 X 射线对混凝土(2.35g/cm³)的透射。标有“＊”号的电子能量是通过脉冲电压加速的，没有标记的电子能量是通过恒定管电压加速的。曲线表示按照剂量当量率的透射因子。资料来源：Bernard Shleien et al. 1998. Handbook of Health Physics and Radiological Health. 3rd ed

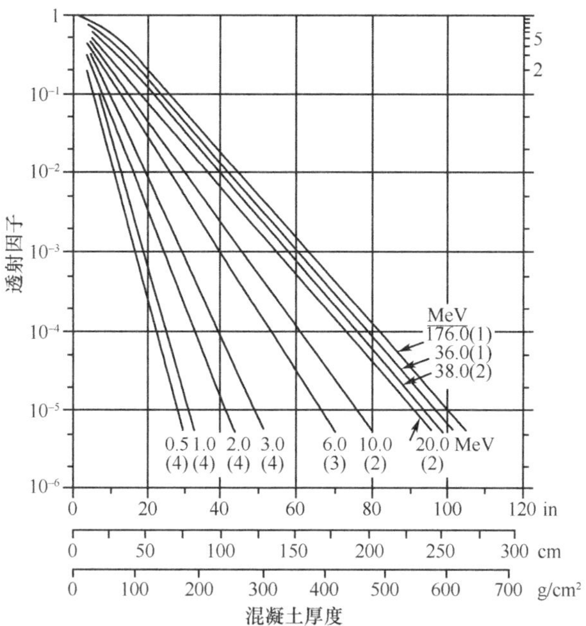

图 6.8　电子加速器产生的宽束 X 射线在混凝土中的透射因子(电子能量范围 0.5～176MeV)

在宽束 X 射线条件下，对厚靶普通混凝土(2.35g/cm³)的透射。每条曲线(0.5～176MeV)上标注的能量是产生厚靶 X 射线的单能电子的能量。曲线表示按照剂量当量率的透射因子。资料来源：Bernard Shleien et al. 1998. Handbook of Health Physics and Radiological Health. 3rd ed

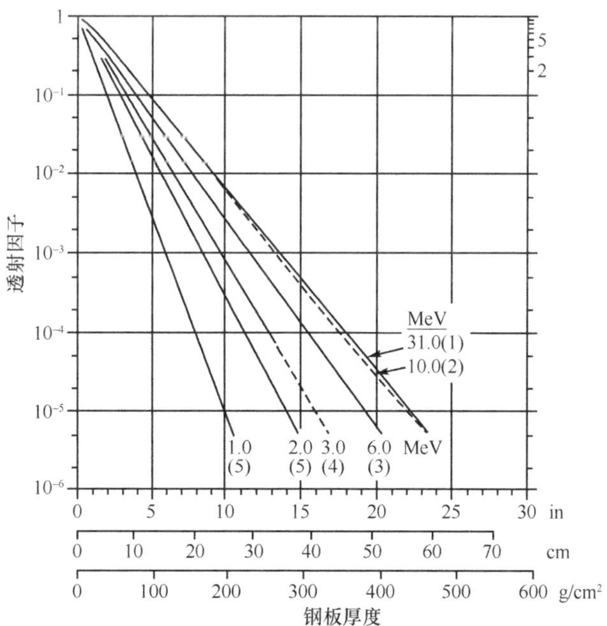

图 6.9　电子加速器产生的宽束 X 射线在钢中的透射因子(电子能量范围 1～31MeV)

在宽束 X 射线条件下，对厚靶钢(2.35g/cm³)的透射。每条曲线上标注的能量是产生厚靶 X 射线的单能电子的能量。曲线表示按照剂量当量率的透射因子。资料来源：Bernard Shleien et al. 1998. Handbook of Health Physics and Radiological Health. 3rd ed

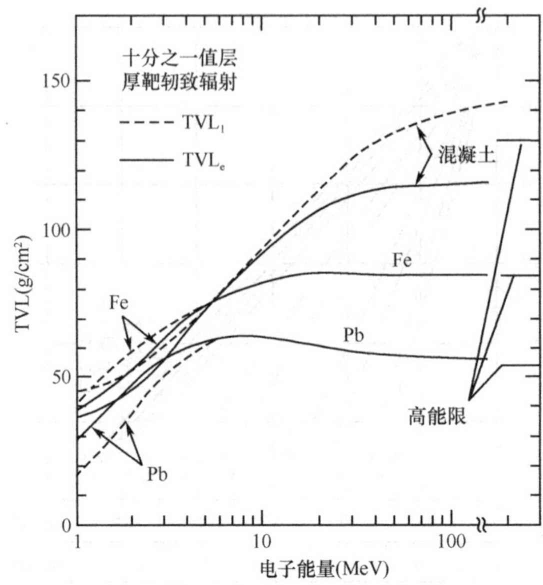

图 6.10 在普通混凝土、铁(钢)和铅中的厚靶韧致辐射剂量当量十分之一值层

在宽束条件下,厚靶韧致辐射以 0°入射,作为高 Z 靶上的电子能量之间的函数。实线所示的是平衡十分之一值层 TVL_e,虚线表示第一个十分之一值层 TVL_1,也就是与放射源最近的十分之一值层。十分之一值层使用 g/cm^2 为单位。平滑的曲线是根据几个源修正的,同时考虑低能和高能的情况。所示曲线代表了几个源的平均数据,可以相信这些数据对于大多数房间的屏蔽计算有足够的精确度。已有报导,屏蔽测量缺乏一致性(对于铁和铅,与曲线有 15%~20%的偏离)。这些变化可能表明材料的有效十分之一值层是与几何条件和能谱相关的。对于要求严格的应用,建议选用的材料厚度要根据特定的源和几何条件确定。资料来源:Bernard Shleien et al. 1998. Handbook of Health Physics and Radiological Health. 3rd ed

6.4 中子屏蔽

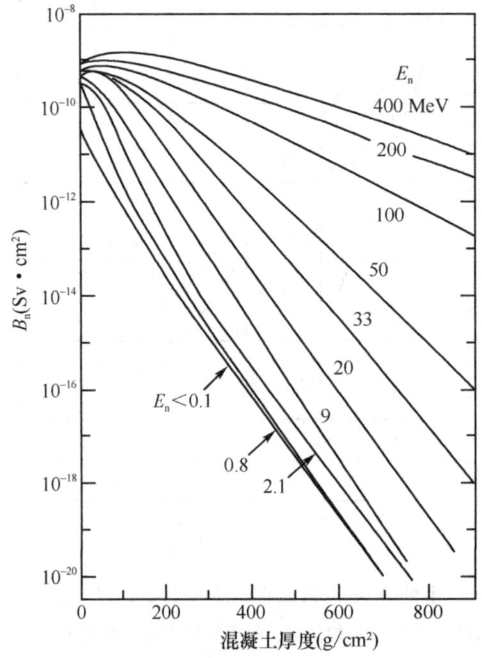

图 6.11 垂直入射的单能单向中子在普通混凝土中的衰减

横坐标是混凝土的厚度 x(g/cm^2),纵坐标 B_n(Sv · cm^2)为单位注量中子(1/cm^2)入射在屏蔽厚度 x 处的剂量当量(Sv)。不同屏蔽厚度下的中子剂量当量考虑了 γ 射线的贡献。资料来源:IAEA TRS 188,1979

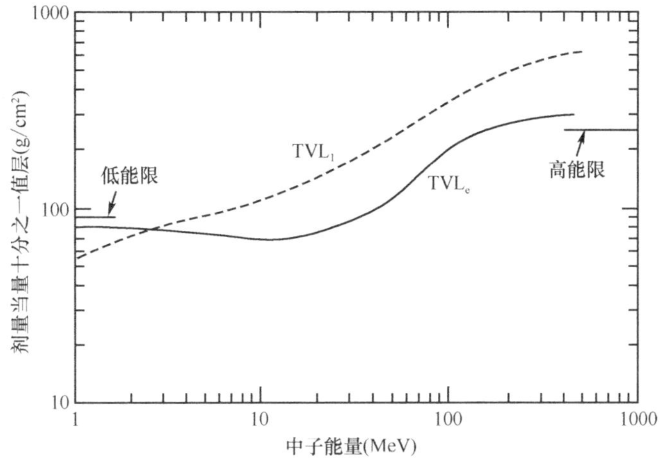

图 6.12 不同能量单能单向中子入射在普通混凝土中剂量当量十分之一值层

虚线代表第一个十分之一值层 TVL 值(TVL_1),实线对应于随后的 TVL 值(TVL_e)。考虑了中子俘获产生的 γ 射线对剂量当量的贡献。曲线基于 Roussin 等(1971)、Roussin 等(1973)和 Alsmiller 等(1969)对普通混凝土的计算,部分使用 Wyckoff 等(1973)平滑后的数据。低能限表示中子能量低于约 1MeV 时的 TVL_e 值,此时 TVL_e 不会有大的变化。高能限基于半经验公式的考虑。资料来源:IAEA TRS 188,1979

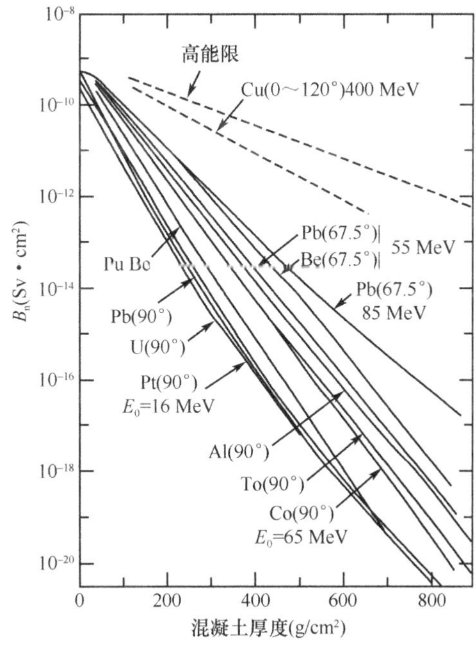

图 6.13 单向宽束中子在普通混凝土中的衰减

典型光中子谱入射在普通混凝土中的衰减。横坐标为混凝土厚度 x(g/cm²),纵坐标 B_n(Sv · cm²)为剂量当量与未屏蔽中子注量的比值。图中标注表示靶材料、实验室系中子发射角、轫致辐射的截止能量 E_0。剂量当量考虑了 γ 射线的贡献。实线由单能中子屏蔽数据和实验测量谱(Wyckoff et al,1973)导出。作为对照,同时给出了 Pu-Be 中子源、$E_0=400$MeV 的铜的光中子(未归一化;Alsmiller et al,1973)以及假定的高能中子限(未归一化)的衰减曲线。资料来源:IAEA TRS 188,1979

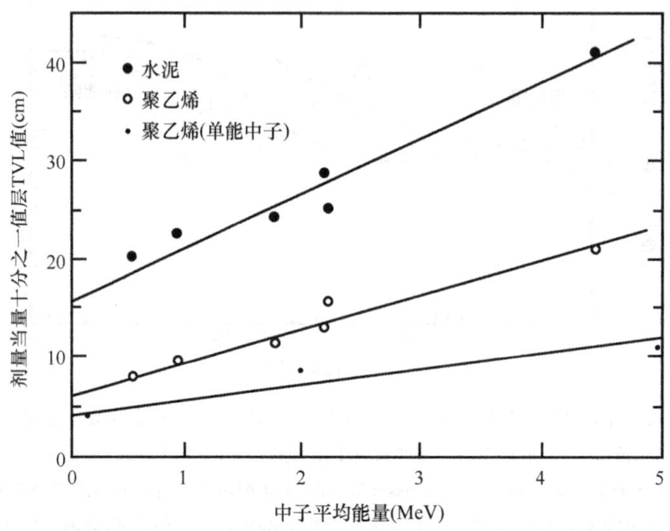

图 6.14　球壳屏蔽的中子剂量当量十分之一值层与中子平均能量的关系

数据点为计算值,实线是对计算值的最小二乘拟合。资料来源:NCRP 79,1987

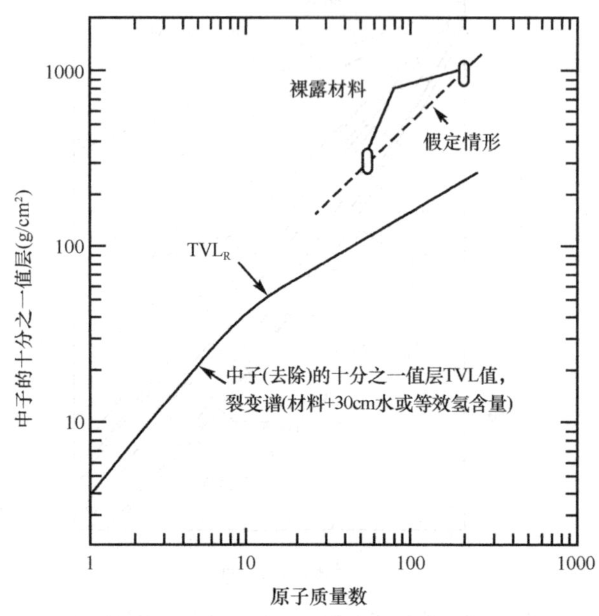

图 6.15　中子(去除)的十分之一值层与屏蔽材料原子质量数的关系

实线适用于裂变谱,假定具有 30cm 的水衬层或等效氢含量的衬层(由文献 Chapman et al,1955 导出)。点为裂变谱对铁和铅(无氢衬层)的 TVLs(Shure et al,1969),以作对比。虚线通过插值得出。

资料来源:IAEA TRS 188,1979

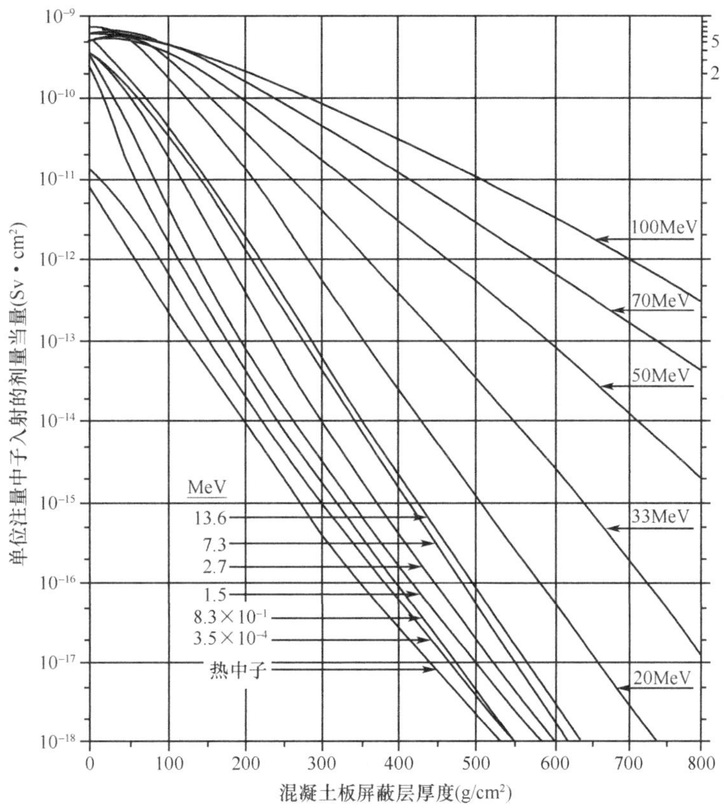

图 6.16 单能中子通过混凝土板屏蔽层后的剂量当量

垂直入射;剂量当量计算中考虑了中子在屏蔽层中多次碰撞所产生的 γ 射线的贡献。计算结果取自(Wyckoff et al,1973; Roussin et al,1971 和 Roussin et al,1973)。曲线中标注的能量是所选能区的中子平均能量,具体如下表:

能量区(MeV)	平均能量(MeV)	能量区(MeV)	平均能量(MeV)
0～4.14E－07	热中子	12.2～15.0	13.6
1.01E－04～5.38E－04	3.5E－04[a]	15.0～25.0	20
5.50E－01～1.11	0.83	25.0～40.0	33
1.11～1.83	1.5	40.0～60.0	50
2.46～3.01	2.7	60.0～80.0	70
6.36～8.19	7.3	80.0～125.0	100

a. 该平均能量的穿透曲线代表了 100eV 至 0.5MeV 能量范围的中子的情况。

资料来源:NCRP 51. 1977。

表 6.8 Po-Be 中子源在板状材料中的半值层

材料	半值层(cm)	材料	半值层(cm)
石蜡	6.6	钢(冷轧)	4.9
水	5.4	铅	6.8
含 12%硼砂的水	5.3	铝	7.8
黄铜	4.9		

资料来源:Bernard Shleien et al. 1998. Handbook of Health Physics and Radiological Health. 3rd ed。

表 6.9 Po-Be 中子源在石蜡屏蔽球表面的中子注量率

源强		指定直径的石蜡球表面中子注量率[中子/(s · cm^2)]			
GBq	中子/s	35.6cm	45.7cm	55.9cm	63.5cm
37	2.5E+06	80			
74	5.0E+06	161			
1.1E+02	7.5E+06	242			
1.5E+02	1.0E+07	322	108		
1.9E+02	1.25E+07	402	135		
2.2E+02	1.50E+07	483	162		
2.6E+02	1.75E+07	564	189		
3.0E+02	2.0E+07	644	216		
3.7E+02	2.5E+07		270		
4.4E+02	3.0E+07		324		
5.2E+02	3.5E+07		378		
5.6E+02	3.75E+07		405	150	
7.4E+02	5.0E+07			200	
8.9E+02	6.0E+07			240	
1.0E+03	7.0E+07			280	140
1.1E+03	7.5E+07				150
1.3E+03	8.75E+07				175
1.5E+03	1.0E+08				200

资料来源:Bernard Shleien et al. 1998. Handbook of Health Physics and Radiological Health. 3rd ed。

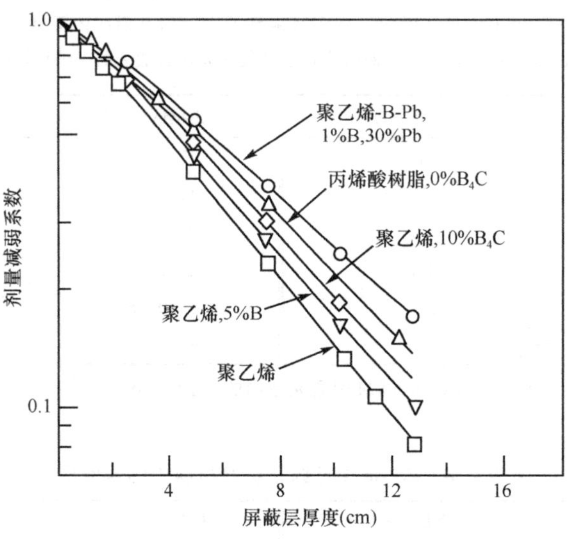

图 6.17 不同板状屏蔽材料对 PuF_4 中子源的剂量减弱系数

资料来源:PNL 6534,1988

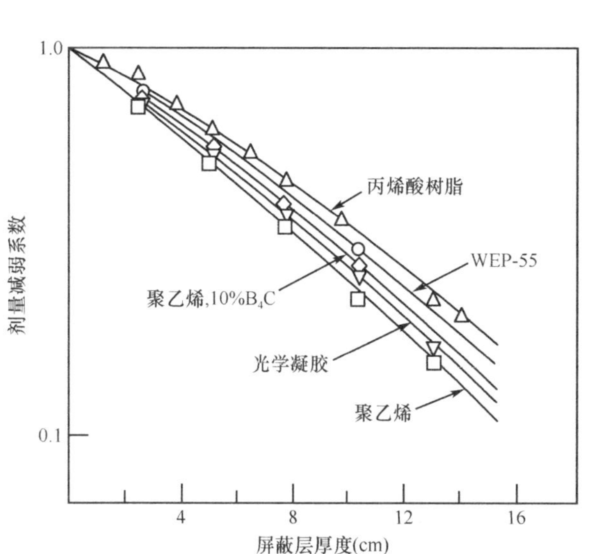

图 6.18 不同板状屏蔽材料对^{252}Cf 裂变中子源剂量减弱系数

资料来源:Engle. 1967. A User's Manual for ANISN,K-1693

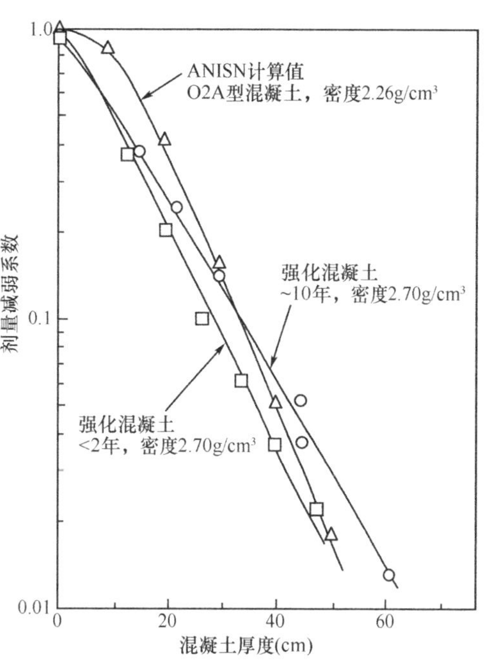

图 6.19 混凝土对^{252}Cf 裂变中子源的剂量减弱系数

对于 O2A 型混凝土,图中表示了使用 ANISN 计算的^{252}Cf 源的混凝土屏蔽效果。对于使用小于 2 年和约 10 年的混凝土,给出的是测量数据。资料来源:Engle. 1967. A User's Manual for ANISN,K-1693

6.5 某些混凝土的屏蔽特性

表 6.10 某些混凝土的密度、重量比和抗压强度

类型	密度[a](矿石、塑料等添加材料)	密度[a](混凝土)	重量比[a] C∶FA∶CA	耐压强度[b](MPa)	相对耐压强度[b](%)
普通混凝土	2.77	2.4	1∶1.5∶3	31.07	100.0
重晶石混凝土	4.04	2.9	1∶1.5∶4.49	33.40	107.5
黄铁矿混凝土	3.97	2.85	1∶1.5∶4.4	42.33	136.2
玄武岩混凝土	2.97	2.5	1∶1.5∶3.85	45.15	145.3
大理石混凝土	2.75	2.4	1∶1.5∶3	31.08	102.5
赤铁矿混凝土	2.41	2.1	1∶1.5∶3.18	15.34	49.4
聚乙烯混凝土	0.95	1.55	1∶1.5∶1.07	15.15	48.8
聚氯乙烯混凝土	1.4	1.8	1∶1.5∶1.72	22.62	72.8

a. 给出矿石、塑料和不同混凝土的密度,以及根据水泥(C)、细集料(FA)和粗集料(CA)的体积比为 1∶1.85∶3.5 得出的重量比。

b. 在窄束几何条件中水下使用 28 天后混凝土的抗压强度,它们是相对于普通混凝土的值。

资料来源:Abdul-Majid S et al 1994。

表 6.11 某些混凝土的γ和中子减弱系数

类型	γ射线(MeV)						^{241}Am-Be 中子谱	
	0.662		1.172		1.332			
	线减弱系数 (1/cm)	质量减弱系数 (cm^2/g)	线减弱系数 (1/cm)	质量减弱系数 (cm^2/g)	线减弱系数 (1/cm)	质量减弱系数 (cm^2/g)	线减弱系数 (1/cm)	质量减弱系数 (cm^2/g)
普通混凝土	0.168	0.070	0.141	0.059	0.132	0.055	0.085	0.035
重晶石混凝土	0.203	0.071	0.155	0.055	0.145	0.051	0.080	0.028
黄铁矿混凝土	0.203	0.070	0.157	0.054	0.149	0.051	0.085	0.029
玄武岩混凝土	0.174	0.070	0.142	0.057	0.131	0.053	0.083	0.033
大理石混凝土	0.166	0.069	0.138	0.058	0.129	0.054	0.088	0.037
赤铁矿混凝土	0.148	0.070	0.128	0.061	0.122	0.058	0.080	0.038
聚乙烯混凝土	0.110	0.071	0.096	0.062	0.090	0.058	0.095	0.061
聚氯乙烯混凝土	0.123	0.069	0.099	0.055	0.096	0.053	0.085	0.047

资料来源：Abdul-Majid S et al. 1994。

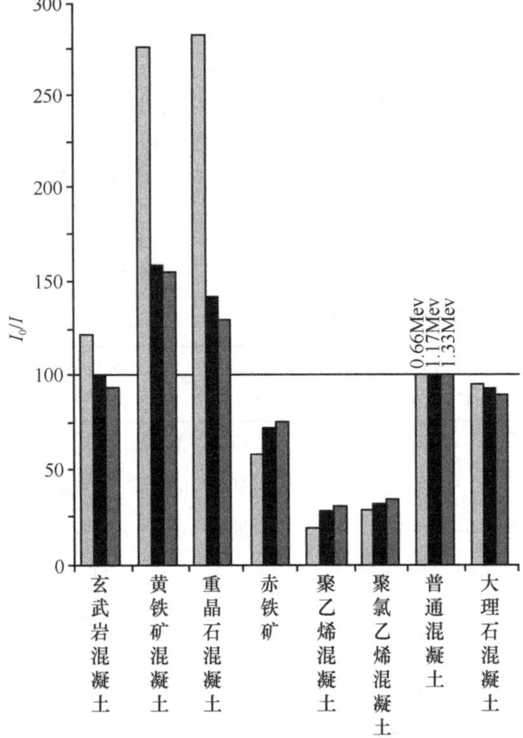

图 6.20 某些混凝土的相对γ屏蔽本领

I_0/I 为窄束γ射线穿过 30cm 厚普通混凝土与特定混凝土剂量率之比。资料来源：Abdul-Majid S et al，1994

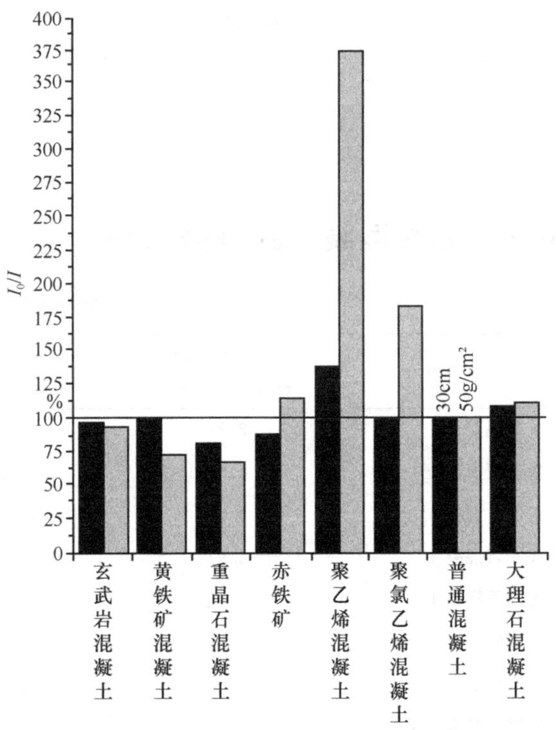

图 6.21 某些混凝土的相对中子屏蔽本领

I_0/I 为窄束中子穿过 30mm 或 50g/cm² 厚普通混凝土与特定混凝土剂量率之比。资料来源：Abdul-Majid S et al，1994

（张建岗 徐勇军 编写，夏益华 审阅）

参考文献

中国科学院工程力学研究所．1977．γ射线屏蔽参数手册．北京：原子能出版社

Abdul-Majid S, Othman F. 1994. Neutron attenuation characteristics of polyethylene, polyvinyl chloride, and heavy aggregate concrete and mortar. Health Phys, 66

Alsmiller R G, Barish J. 1973. Shielding against the neutrons produced when 400 MeV electrons are incident on a thick copper target. Part Accel, 5: 155

American Nuclear Society. 1991. Gamma-ray attenuation coefficients and build-up factors for engineering materials. An American National Standard, ANSI/ANS-6. 4. 3-1991

Bernard Shleien, Pharm D, M S Hyg et al. 1998. Handbook of Health Physics and Radiological Health. 3rd ed

Chapman G T, Storrs C L. 1955. Effective neutron removal cross sections for shielding. Oak Ridge National Laboratory Report AECD-3978

Engle. 1967. A User's Manual for ANISN, K-1693. Oak Ridge National Laboratory, Oak Ridge, TN

International Atomic Energy Agency (IAEA). 1979. Radiation Safety Aspects of the Operation of Electron Linear Accelerators. Technical Reports Series No. 188

International Commission on Radiological Protection (ICRP). 1982. Protection Against Ionizing Radiation from External Sources Used in Medicine. ICRP Publication 33

International Commission on Radiological Protection (ICRP). 1995. Conversion Coefficients for Use in Radiological Protection against External Radiation. ICRP Publication 74

International Commission on Radiological Protection (ICRP). 2009. Nuclear Decay Data for Dosimetric Calculation. ICRP Publication 107

National Council on Radiation Protection and Measurement (NCRP). 1976. Structural Shielding Design and Evaluation for Medical Use of X-Rays and Gamma Rays of Energies Up to 10MeV. NCRP Report No. 49, Bethesda, MD

National Council on Radiation Protection and Measurement (NCRP). 1977. Radiation protection design guidelines for 0. 1-100 MeV particle accelerator facilities. NCRP Report No. 51, Bethesda, MD

National Council on Radiation Protection and Measurement (NCRP). 1984. Neutron contamination from medical electron accelerators. NCRP Report No. 79, Bethesda, MD

Pacific Northwest Laboratory (PNL). 1988. Health Physics Manual of Good Practices for Plutonium Facilities. PNL-6534. Pacific Northwest Laboratory: Richland, WA

Roussin R W, Alsmiller R G J, Barish J. 1973. Calculations of the transport of neutrons and secondary gamma rays through concrete for incident neutrons in the energy range 15 to 75MeV. Nucl Eng Des, 24: 250

Roussin R W, Schmidt F A R. 1971. Adjoint S_N calculations of coupled neutron and gamma-ray transport through concrete slabs. Nucl Eng Des, 15: 319

Shure K, O'Brien J A, Rothberg D M. 1969. Neutron dose rate attenuation by ion and lead. Nucl Sci Eng, 35: 371

Wyckoff J M, Chilton A B. 1973. "Dose due to practical neutron energy incident on concrete shielding walls", in: Proceeding of the third international congress of the International Radiation Protection Association. In: Snyder W S ed. Report No. CONF-730907. National Technical Information Service, Springfield, VA

7 中子产生及中子活化

7.1 中子分类

表 7.1 按能量划分的中子类别

类别	划分依据	能量范围
冷中子	远低于 20℃的热环境中产生的中子	中子波长典型值>4Å,即能量小于 0.005eV
热中子	与周围环境达到热平衡的中子	20℃时,中子数密度分布的最可几能量为 0.025eV。20℃时的麦克斯韦分布扩展到大约 0.1eV
超热中子	能量高于热中子的中子	能量大于 0.2eV
镉下中子	可以被镉强烈吸收的中子	能量小于 0.4eV
镉上中子	不能被镉强烈吸收的中子	能量大于 0.6eV
慢中子	能量稍高于热中子的中子	通常指能量 1～10eV 以下的中子 某些情形指中子能量低于 1keV
共振中子	在反应堆中子物理中,通常指的是被^{238}U以及少数常用中子探测器如 In、Au 强烈捕获的中子	1～300eV 较宽范围内的中子 (NCRP 38 号报告中被称为中能中子)
中能中子	介于快慢中子之间的中子	从几百电子伏特到约 0.5MeV
快中子		能量大于约 0.5MeV
超快中子(相对论中子)	发生非弹性散射和核反应的概率可以与发生弹性散射的概率相比较的中子	能量大于 20MeV

资料来源:Bernard Shleien et al,1998。

7.2 中子源

表 7.2 一些同位素中子源的特性

中子源	反应类型	半衰期	中子平均能量(MeV)	每兆贝可勒尔(MBq)的产额(中子/s)	每居里(Ci)的产额(中子/s)
^{210}Po-Be	α,n	138.4d	4.2	68	2.5E+06
^{226}Ra-Be	α,n	1600a	4.0	351	1.3E+07
^{238}Pu-Be	α,n	87.7a	4.5	62	2.3E+06
^{241}Am-Be	α,n	432.2a	4.5	59	2.2E+06
^{210}Po-B	α,n	138.4d	^{10}B:6.3;^{11}B:4.5	16[a]	6.0E+05[a]
^{252}Cf	自发裂变	2.645a	2.35(裂变谱)	6.2E+07(1g 物质)[b]	2.3E+12(1g 物质)[b]

a. 相对单能的中子。

b. 比活度为 1.97E+13Bq/g(532Ci/g)。

资料来源:IAEA TRS 188,1979;半衰期数据引自 ICRP 107,2009。

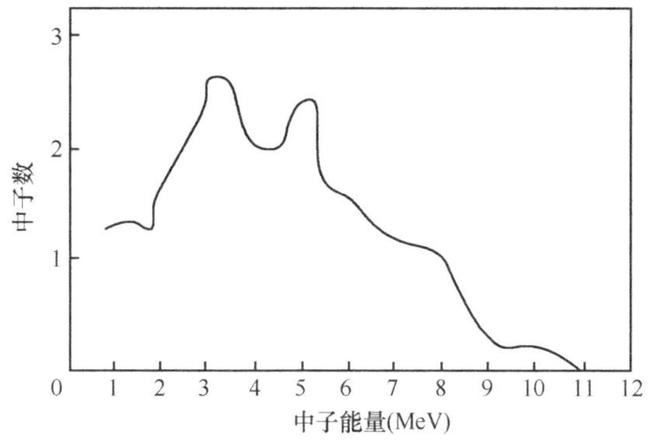

图 7.1 ^{210}Po-Be 中子源中子能谱

资料来源:Cai Shanyu,2009

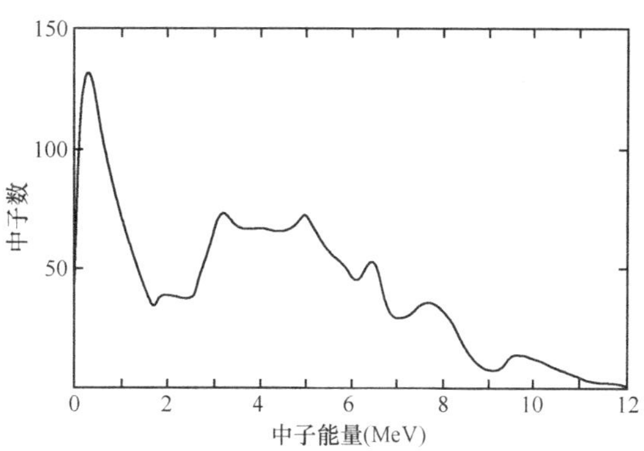

图 7.2 ^{226}Ra-Be 中子源中子能谱

资料来源:Geiger KW et al,1975

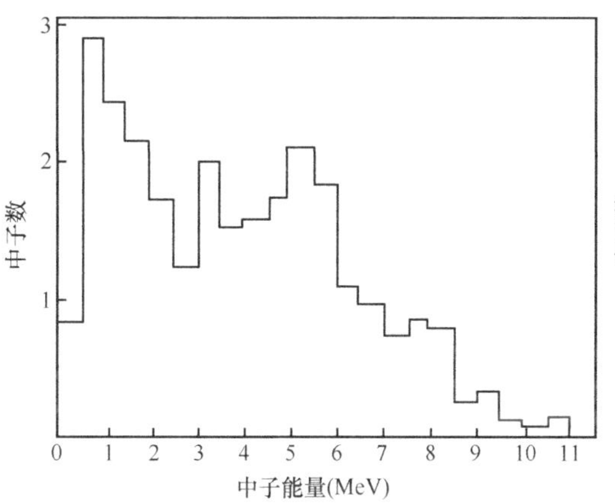

图 7.3 ^{238}Pu-Be 中子源中子能谱

资料来源:Cai Shanyu,2009

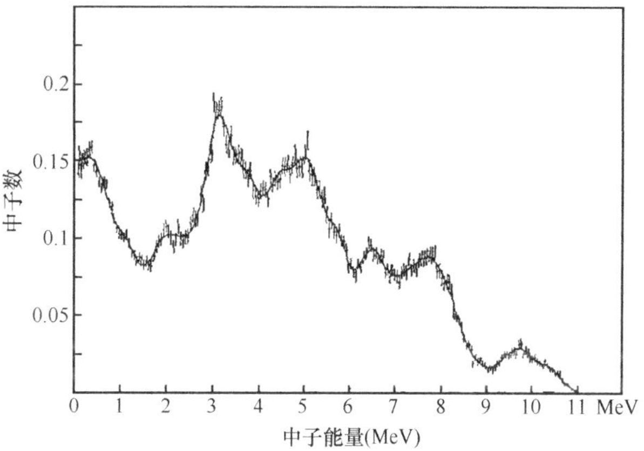

图 7.4 ^{241}Am-Be 中子源中子能谱

中子总数归一化为 1。资料来源:Kluge H and Weise K,1982

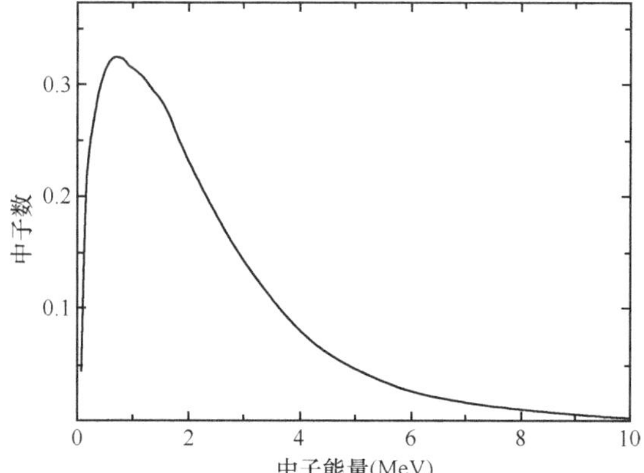

图 7.5 ^{252}Cf 自发裂变中子源中子能谱

裂变中子总数归一化为 1。资料来源:Bernard Shleien et al, 1998

表 7.3 ^{252}Cf 自发裂变 γ 射线

能量范围(MeV)	γ 射线产额[1/(s · g)]		
	瞬发 γ 射线	平衡裂变产物 γ 射线	总 γ 射线
0～0.5	3.3E+12	1.3E+12	4.6E+12
0.5～1.0	1.7E+12	4.0E+12	5.7E+12
1.0～1.5	7.7E+11	9.1E+11	1.7E+12
1.5～2.0	4.2E+11	3.5E+11	7.7E+11
2.0～2.5	2.2E+11		2.2E+11
2.5～3.0	1.1E+11		1.1E+11
3.0～3.5	5.6E+10		5.6E+10
3.5～4.0	3.0E+10		3.0E+10
4.0～4.5	1.7E+10		1.7E+10
4.5～5.0	8.2E+09		8.2E+09
5.0～5.5	4.9E+09		4.9E+09
5.5～6.0	1.8E+09		1.8E+09
6.0～6.5	1.0E+09		1.0E+09

资料来源:ICRU 26,1977。

表 7.4 一些核素的自发裂变中子数据

核素[a]	半衰期(a)	比活度(GBq/g)	自发裂变份额(%)	一次裂变释放中子数	计算的中子发射率[中子/(s · g)]
^{238}U	4.468E+09	1.24E−05	5.45E−05	1.98	0.013
^{238}Pu	87.7	634	1.85E−07	2.24	2.6E+03
^{239}Pu	24110	2.30	3.1E−10	2.877	0.0204
^{240}Pu	6564	8.40	5.75E−06	2.21	1.07E+03
^{242}Pu	3.75E+05	0.146	5.54E−05	2.153	173
^{244}Pu	8.00E+07	6.78E−04	0.123	2.3	1900
^{241}Am	432.2	127	4.3E−10		0.6
^{244}Cm	18.10	3.00E+03	1.347E−04	2.696	1.09E+07
^{246}Cm	4760	11.3	0.0263	2.95	8.8E+06
^{248}Cm	3.48E+05	0.153	8.39	3.157	4.2E+07
^{250}Cm	8300	6.37	86	3.17	1.6E+10
^{250}Cf	13.08	4.05E+03	0.077	3.51	1.1E+10
^{252}Cf	2.645	1.99E+04	3.09	3.767	2.3E+12
^{254}Cf	0.166	3.14E+05	99.7	3.83	1.2E+15
^{249}Bk	0.904	5.88E+04	4.76E−08	3.395	9.8E+04
^{257}Fm	0.275	1.87E+05	0.2	3.796	1.4E+12

a. 除 ^{249}Bk 为 β 放射性核素外,其他为 α 放射性核素。

资料来源:半衰期数据引自 ICRP 107,2009;Bernard Shleien et al,1998。

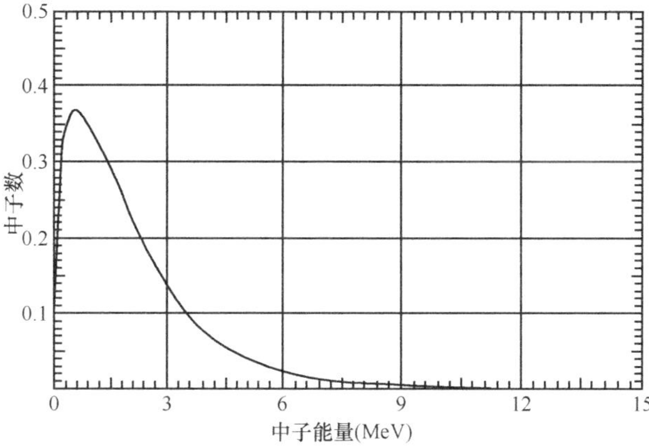

图 7.6 ^{235}U 裂变中子能谱

裂变中子总数归一化为 1。资料来源:Grundle and Lamaze,1988

7.3 中子活化

表 7.5 热中子俘获瞬发 γ 射线

原子序数	元素符号	γ 射线能量值的种数	平均每俘获一个中子产生的 γ 射线总数[b]	γ 射线平均能量[b](keV)	γ 射线最大能量(keV)	俘获截面(b)
1	H	1	1.000	2223	2223	0.332
3	Li	6	1.118	2094	7247	0.0363
4	Be	11	1.608	4239	6809	0.0092
5	B	4	1.975	5573	7005	0.103
5	B(n,α)[a]	1	0.937	478	478	767
6	C	3	1.293	3791	4945	0.00337
7	N	50	2.634	4386	10829	
8	O	4	2.820	1469	3271	0.00027
9	F	35	1.787	3692	6601	0.0095
10	Ne	119	3.451	2158	6760	0.038
11	Na	64	2.831	2457	6395	0.4
12	Mg	99	3.264	2785	9282	0.063
13	Al	172	1.826	3937	7724	0.23
14	Si	89	2.598	3699	10608	0.16
15	P	130	2.671	2971	7938	0.18
16	S	18	2.771	3118	8641	0.52
17	Cl	449	2.886	3293	8578	33.2
18	Ar	49	3.081	1988	8787	0.678
19	K	286	3.183	2660	7770	2.1
20	Ca	113	2.681	3134	7306	0.43

续表

原子序数	元素符号	γ射线能量值的种数	平均每俘获一个中子产生的γ射线总数[b]	γ射线平均能量[b](keV)	γ射线最大能量(keV)	俘获截面(b)
21	Sc	244	3.127	2805	8760	0.43
22	Ti	121	2.277	3096	10646	6.1
23	V	109	1.820	4015	7311	5.04
24	Cr	63	1.868	4953	9720	3.1
25	Mn	314	2.364	3173	7270	13.3
26	Fe	187	1.717	4620	10046	2.55
27	Co	132	2.081	2904	7491	37.2
28	Ni	120	1.436	5930	8999	4.43
29	Cu	130	1.987	3901	7915	3.79
30	Zn	104	1.130	3418	9118	1.1
31	Ga	144	2.019	3453	7003	2.9
32	Ge	126	1.837	2047	8733	2.3
33	As	192	0.917	2757	7283	4.3
34	Se	167	0.722	2800	9182	11.7
35	Br	129	0.792	1090	7894	6.8
36	Kr	150	3.175	2281	9636	25
37	Rb	201	0.609	2216	8651	0.37
38	Sr	250	2.167	2463	8379	1.21
39	Y	76	2.107	3261	6751	1.28
40	Zr	94	1.815	2227	8635	0.185
41	Nb	182	1.016	1912	7229	1.15
42	Mo	154	1.320	1737	8374	2.65
43	Tc	26	0.998	182	299.48	19
44	Ru	87	0.708	1893	9135.2	2.56
45	Rh	89	0.482	2019	6997.9	150
46	Pd	111	0.845	1246	8331.2	6.9
47	Ag	97	0.877	1300	7268.4	63.6
48	Cd	181	1.690	1522	9043.4	2450
49	In	158	0.931	1474	6411.4	193.5
50	Sn	231	0.786	2016	9326.1	0.63
51	Sb	82	0.341	1778	6804.8	5.4
52	Te	122	0.495	2612	8817.1	4.7
53	I	275	0.677	1673	6740.15	6.2
54	Xe	141	3.328	1413	9301.4	24.5
55	Cs	203	1.353	797	6715.6	29

续表

原子序数	元素符号	γ射线能量值的种数	平均每俘获一个中子产生的γ射线总数[b]	γ射线平均能量[b](keV)	γ射线最大能量(keV)	俘获截面(b)
56	Ba	130	1.564	2493	9120	1.2
57	La	274	2.090	1679	5160.9	9.14
58	Ce	61	4.085	1015	5403.5	0.63
59	Pr	164	1.019	2128	5842.9	11.5
60	Nd	130	2.195	1552	7111	50.5
61	Pm					
62	Sm	81	2.504	631	7214.2	5800
63	Eu	31	0.129	678	6418.7	4600
64	Gd	102	1.032	1440	7286.7	49000
65	Tb	361	1.337	731	6375.86	25.5
66	Dy	169	1.225	1529	5879.9	930
67	Ho	83	0.433	1203	6051.5	66.5
68	Er	91	1.228	1031	6951.4	162
69	Tm	93	0.425	1624	6552.6	103
70	Yb	179	1.040	1814	8017.6	36.6
71	Lu	71	0.366	965	6803.6	77.3
72	Hf	122	1.260	1196	6356.9	102
73	Ta	110	0.603	1526	6062.85	21.08
74	W	119	1.280	1758	7410.7	18.5
75	Re	71	0.450	824	6119.2	88
76	Os	151	1.353	1063	7990.5	15.3
77	Ir	77	0.427	2429	6081.3	426
78	Pt	190	0.999	2040	7920.9	10
79	Au	123	1.254	2675	6511.9	98.8
80	Hg	84	2.241	2360	6457.5	375.5
81	Tl	102	0.612	2957	6654.4	3.4
82	Pb	2	0.991	7336	7367.7	0.17
83	Bi	3	1.117	4118	4171.1	0.033
90	Th	112	0.656	3205	4769.6	7.4
94	Pu	20	0.027	5408	6535.4	268.8

a. 并非“瞬发γ”,但由于硼常在屏蔽材料中使用,故在此一并给出。

b. 对于很多核素,由这些γ射线数与其能量平均值的乘积所代表的总能量是不足的,特别是在 $Z>29$ 时,有80%以上的核素会出现总能量不足的这种情况。

资料来源:Lone MA, et al,1981。

表 7.6 快中子阈反应

反应	生成核半衰期[a]	截面σ(mb) 在有效阈值	截面σ(mb) 最大值	中子有效阈值能量(MeV)	第一个非零截面处中子阈值能量(MeV)
$^{19}F(n,2n)^{18}F$	1.83h	9.98	111	12.1	11
$^{24}Mg(n,p)^{24}Na$	15.0h	41.5	225	7.0	5.6
$^{27}Al(n,p)^{27}Mg$	0.158h	19.3	104	4.5	2.6
$^{27}Al(n,\alpha)^{24}Na$	15.0h	19.0	129	7.1	5.3
$^{31}P(n,p)^{31}Si$	2.62h	53.1	148	2.4	2.0
$^{32}S(n,p)^{32}P$	14.3d	97.5	385	2.7	1.2
$^{46}Ti(n,p)^{46}Sc$	83.8d	15.6	280	3.8	2.1
$^{54}Fe(n,p)^{54}Mn$	312d	187	590	3.3	1.4
$^{55}Mn(n,2n)^{54}Mn$	312d	259	900	11.5	10.3
$^{56}Fe(n,p)^{56}Mn$	2.58h	15.6	114	6.1	4.5
$^{58}Ni(n,p)^{58}Co,^{58m}Co$	70.86 d,9.04h	163	662	2.8	0.8
$^{58}Ni(n,2n)^{57}Ni$	35.6h	8.5	54.3	13.2	12.4
$^{63}Cu(n,2n)^{62}Cu$	0.161h	174	693	12.4	11.6
$^{64}Zn(n,p)^{64}Cu$	12.7h	127	301	4.0	1
$^{65}Cu(n,2n)^{64}Cu$	12.7h	234	1100	11.2	10
$^{103}Rh(n,n')^{103m}Rh$	0.935h	252	1090	0.7	0.2
$^{107}Ag(n,2n)^{106}Ag$	0.399h	662	1520	10.7	9.6
$^{115}In(n,n')^{115m}In$	4.49h	152	321	1.4	0.4
$^{127}I(n,2n)^{126}I$	12.93d	1070	1750	11.5	9.1
$^{232}Th(n,f)fp.$		66.7	364	1.4	1.2
$^{237}Np(n,f)fp.$		1080	2680	0.7	<0.1
$^{238}U(n,f)fp.$		226	1350	1.4	0.7

a. 半衰期数引自 ICRP 107,2009。

资料来源:Bernard Shleien et al,1998。

表 7.7 中子活化数据表

靶核	丰度(%)	生成核	半衰期	截面(b)	反应	快/热中子谱	照射一定时间后活度(kBq) 1h	1d	1a	饱和活度(kBq)
^{2}H	0.015	^{3}H	12.32a[a]	5E−04	n,γ	热	1.50E−09	3.61E−08	1.28E−05	2.35E−04
^{3}He	0.00013	^{3}H	12.32a[a]	5333	n,p	热	8.94E−05	2.14E−03	7.60E−01	1.39E+01
^{6}Li	7.5	^{3}H	12.32a[a]	940	n,α	热	4.56E−01	1.09E+01	3.86E+03	7.08E+04
^{7}Li	92.5	^{8}Li	0.84s[a]	0.045	n,γ	热	3.61E+01	3.61E+01	3.61E+01	3.61E+01
^{9}Be	100	^{10}Be	1.51E+06a[a]	0.008	n,γ	热	2.67E−10	6.39E−09	2.33E−06	5.37E+0
^{12}C	98.9	^{11}C	20.3min[a]	4E−10	n,2n	快	1.82E−07	2.08E−07	2.08E−07	2.08E−07
^{13}C	1.11	^{14}C	5700a[a]	0.001	n,γ	热	7.73E−11	1.86E−09	6.77E−07	5.22E−03
^{14}N	99.64	^{14}C	5700a[a]	0.002	n,p	热	1.09E−08	2.62E−07	9.53E−05	7.89E−01

续表

靶核	丰度(%)	生成核	半衰期	截面(b)	反应	快/热中子谱	照射一定时间后活度(kBq)			饱和活度(kBq)
							1h	1d	1a	
^{15}N	0.36	^{16}N	7.13s[a]	2E−05	n,γ	热	3.10E−05	3.10E−05	3.10E−05	3.10E−05
^{16}O	99.75	^{16}N	7.13s[a]	2E−05	n,p	快	7.14E−03	7.14E−03	7.14E−03	7.14E−03
^{16}O	99.75	^{15}O	122.24s[a]	5E−10	n,2n	快	1.99E−07	1.99E−07	1.99E−07	1.99E−07
^{17}O	0.039	^{14}C	5700a[a]	0.235	n,α	热	4.51E−10	1.08E−08	3.94E−06	3.27E−02
^{17}O	0.039	^{17}N	4.2s	9E−06	n,p	快	1.19E−06	1.19E−06	1.19E−06	1.19E−06
^{18}O	0.205	^{19}O	26.46s[a]	2E−04	n,γ	热	1.54E−04	1.54E−04	1.54E−04	1.54E−04
^{19}F	100	^{18}F	109.8min[a]	7E−06	n,2n	快	7.29E−04	2.31E−03	2.31E−03	2.31E−03
^{23}Na	100	^{24}Na	15h[a]	0.53	n,γ	热	6.25E+0	9.29E+01	1.39E+02	1.39E+02
^{24}Mg	78.99	^{24}Na	15h[a]	0.002	n,p	快	1.79E−02	2.66E−01	3.96E−01	3.96E−01
^{27}Al	100	^{24}Na	15h[a]	7E−04	n,α	快	7.30E−03	1.08E−01	1.62E−01	1.62E−01
^{30}Si	3.1	^{31}Si	2.62h[a]	0.107	n,γ	热	1.55E−01	6.66E−01	6.66E−01	6.66E−01
^{31}P	100	^{32}P	14.3d[a]	0.172	n,γ	热	6.73E−02	1.58E+0	3.34E+01	3.34E+01
^{31}P	100	^{31}Si	2.62h[a]	0.036	n,p	快	1.62E+0	6.99E+0	6.99E+0	6.99E+0
^{32}S	95.02	^{32}P	14.3d[a]	0.069	n,p	快	2.41E−02	5.66E−01	1.20E+01	1.20E+01
^{34}S	4.2	^{35}S	87.51d[a]	0.24	n,γ	热	5.90E−04	1.41E−02	1.68E+0	1.78E+0
^{35}Cl	75.77	^{36}Cl	3.01E+05a[a]	43.6	n,γ	热	1.50E−06	3.59E−05	1.31E−02	5.68E+03
^{35}Cl	75.77	^{35}S	87.51d[a]	0.078	n,p	快	3.36E−03	8.04E−02	9.59E+0	1.02E+01
^{35}Cl	75.77	^{32}P	14.3d[a]	0.009	n,α	快	2.32E−03	5.44E−02	1.15E+0	1.15E+0
^{39}K	93.3	^{36}Cl	3.01E+05a[a]	0.008	n,α	快	3.03E−10	7.27E−09	2.65E−06	1.15E+0
^{41}K	6.7	^{42}K	12.36h[a]	1.46	n,γ	热	7.84E−01	1.06E+01	1.44E+01	1.44E+01
^{41}K	6.7	^{41}Ar	1.827h[a]	0.002	n,p	快	6.52E−03	2.07E−02	2.07E−02	2.07E−02
^{40}Ca	96.94	^{41}Ca	1.02E+05a[a]	0.41	n,γ	热	4.64E−08	1.11E−06	4.07E−04	5.98E+01
^{40}Ca	96.94	^{37}Ar	35.04d[a]	0.013	n,α	快	1.56E−03	3.71E−02	1.88E+0	1.89E+0
^{44}Ca	2.08	^{45}Ca	162.7d[a]	0.88	n,γ	热	4.43E−04	1.06E−02	1.99E+0	2.54E+0
^{45}Sc	100	^{46}Sc	83.79d[a]	27.2	n,γ	热	1.25E+0	3.00E+01	3.47E+03	3.65E+03
^{45}Sc	100	^{45}Ca	162.7d[a]	0.015	n,p	快	3.56E−04	8.52E−03	1.59E+0	2.04E+0
^{45}Sc	100	^{42}K	12.36h[a]	2E−04	n,α	快	1.33E−03	1.80E−02	2.43E−02	2.43E−02
^{46}Ti	8	^{46}Sc	83.79d[a]	0.012	n,p	快	4.26E−05	1.01E−03	1.18E−01	1.24E−01
^{47}Ti	7.3	^{47}Sc	3.349d[a]	0.018	n,p	快	1.44E−03	3.16E−02	1.72E−01	1.72E−01
^{48}Ti	73.8	^{48}Sc	43.67h[a]	4E−04	n,p	快	5.77E−04	1.17E−02	3.68E−02	3.68E−02
^{50}Cr	4.35	^{51}Cr	27.7d[a]	15.9	n,γ	热	8.70E−02	2.06E+0	8.33E+01	8.33E+01
^{55}Mn	100	^{56}Mn	2.579h[a]	13.3	n,γ	热	3.43E+02	1.45E+03	1.46E+03	1.46E+03
^{55}Mn	100	^{54}Mn	312.1d[a]	3E−04	n,2n	快	2.62E−06	6.26E−05	1.57E−02	2.84E−02
^{54}Fe	5.8	^{55}Fe	2.737a[a]	2.25	n,γ	热	4.19E−04	1.01E−02	3.26E+0	1.43E+01
^{54}Fe	5.8	^{54}Mn	312.1d[a]	0.082	n,p	快	4.89E−05	1.17E−03	2.94E−01	5.30E−01

续表

靶核	丰度(%)	生成核	半衰期	截面(b)	反应	快/热中子谱	照射一定时间后活度(kBq)			饱和活度(kBq)
							1h	1d	1a	
^{54}Fe	5.8	^{51}Cr	27.7d[a]	6E−04	n,α	快	4.03E−06	9.58E−05	3.89E−03	3.89E−03
^{56}Fe	91.72	^{56}Mn	2.579h[a]	0.001	n,p	快	2.49E−02	1.05E−01	1.05E−01	1.05E−01
^{58}Fe	0.31	^{59}Fe	44.5d[a]	1.28	n,γ	热	2.68E−04	6.37E−03	4.12E−01	4.12E−01
^{59}Co	100	^{60}Co	5.271a[a]	37.45	n,γ	热	5.74E−02	1.38E+0	4.70E+02	3.81E+03
^{59}Co	100	^{59}Fe	44.5d[a]	0.001	n,p	快	9.42E−05	2.24E−03	1.44E−01	1.45E−01
^{59}Co	100	^{56}Mn	2.579h[a]	2E−04	n,α	快	3.74E−03	1.59E−02	1.59E−02	1.59E−02
^{59}Co	100	^{58}Co	70.86d[a]	4E−04	n,2n	快	1.66E−05	3.96E−04	3.96E−02	4.07E−02
^{58}Ni	67.76	^{59}Ni	1.01E+05a[a]	4.6	n,γ	热	2.54E−07	6.07E−06	2.22E−03	2.41E+02
^{58}Ni	67.76	^{55}Fe	2.737a[a]	0.003	n,α	快	6.10E−06	1.46E−04	4.71E−02	2.08E−01
^{58}Ni	67.76	^{58}Co	70.86d[a]	0.111	n,p	快	3.19E−03	7.61E−02	7.58E+0	7.80E+0
^{58}Ni	67.76	^{58m}Co+	9.04h[a]	0.035	n,p	快	1.84E−01	2.10E+0	2.51E+0	2.51E+0
^{60}Ni	26.1	^{60}Co	5.271a[a]	0.002	n,p	快	9.03E−07	2.17E−05	7.44E−03	6.03E−02
^{62}Ni	3.71	^{63}Ni	100.1a[a]	14.5	n,γ	热	4.14E−05	9.91E−04	3.61E−01	5.21E+01
^{64}Ni	0.95	^{65}Ni	2.517h[a]	1.58	n,γ	热	3.40E−01	1.41E+0	1.41E+0	1.41E+0
^{63}Cu	69.1	^{64}Cu	12.7h[a]	4.5	n,γ	热	1.58E+01	2.17E+02	2.97E+02	2.97E+02
^{63}Cu	69.1	^{60}Co	5.271a[a]	6E−04	n,α	快	5.96E−07	1.43E−05	4.88E−03	3.96E−02
^{65}Cu	30.9	^{65}Ni	2.517h[a]	5E−04	n,p	快	3.28E−03	1.36E−02	1.36E−02	1.36E−02
^{64}Zn	48.9	^{65}Zn	244.1d[a]	0.76	n,γ	热	4.14E−03	9.92E−02	2.33E+01	3.80E+01
^{64}Zn	48.9	^{64}Cu	12.7h[a]	0.031	n,p	快	7.59E−02	1.04E+0	1.43E+0	1.43E+0
^{66}Zn	27.9	^{65}Zn	244.1d[a]	0.005	n,2n	快	1.51E−05	3.62E−04	8.51E−02	1.38E−01
^{67}Zn	4.1	^{67}Cu	61.83h[a]	0.001	n,p	快	4.40E−05	9.30E−04	3.96E−03	3.96E−03
^{68}Zn	18.6	^{69m}Zn*	13.76h[a]	0.072	n,γ	热	5.83E−02	8.37E−01	1.20E+0	1.20E+0
^{69}Ga	60	^{69m}Zn[s]	13.76h[a]	5E−04	n,p	快	1.27E−03	1.83E−02	2.61E−02	2.61E−02
^{71}Ga	40	^{72}Ga	14.1h[a]	4.71	n,γ	热	7.66E+0	1.11E+02	1.60E+02	1.60E+02
^{70}Ge	20.7	^{69}Ge	39.05h[a]	0.002	n,2n	快	5.63E−04	1.11E−02	3.20E−02	3.20E−02
^{70}Ge	20.7	^{71}Ge	11.43d[a]	3.43	n,γ	热	1.54E−01	3.60E+0	5.99E+01	5.99E+01
^{74}Ge	36.4	^{75}Ge	82.78min	0.51	n,γ	热	5.98E+0	1.51E+01	1.51E+01	1.51E+01
^{76}Ge	7.7	^{77}Ge	11.3h	0.16	n,γ	热	5.81E−02	7.51E−01	9.77E−01	9.77E−01
^{85}Rb	72.17	^{84}Rb	32.77d[a]	2E−04	n,2n	快	8.99E−06	2.14E−04	1.02E−02	1.02E−02
^{85}Rb	72.17	^{86}Rb	18.64d[a]	0.48	n,γ	热	3.78E−02	8.95E−01	2.46E+01	2.46E+01
^{86}Sr	9.9	^{87m}Sr	2.815h[a]	0.84	n,γ	热	1.27E+0	5.80E+0	5.80E+0	5.80E+0
^{87}Sr	7	^{87m}Sr	2.815h[a]	0.112	n,n′	快	1.19E−01	5.39E−01	5.43E−01	5.43E−01
^{88}Sr	82.6	^{87m}Sr	2.815h[a]	0.01	n,2n	快	1.24E−01	5.61E−01	5.65E−01	5.65E−01
^{88}Sr	82.6	^{89}Sr	50.53d[a]	0.006	n,γ	热	1.88E−04	4.48E−03	3.26E−01	3.28E−01
^{89}Y	100	^{88}Y	106.65d[a]	2E−04	n,2n	快	2.86E−06	6.84E−05	9.58E−03	1.05E−02

续表

靶核	丰度(%)	生成核	半衰期	截面(b)	反应	快/热中子谱	照射一定时间后活度(kBq)			饱和活度(kBq)
							1h	1d	1a	
^{89}Y	100	^{90m}Y^{+}	3.19h^{a}	0.001	n,γ	热	1.32E−02	6.73E−02	6.77E−02	6.77E−02
^{89}Y	100	^{90}Y	64.1h^{a}	1.28	n,γ	热	9.32E−01	1.98E+01	8.66E+01	8.66E+01
^{89}Y	100	^{89}Sr	50.53d^{a}	3E−04	n,p	快	1.16E−05	2.86E−04	2.08E−02	2.10E−02
^{90}Zr	51.45	^{90}Y	64.1h^{a}	2E−04	n,p	快	6.66E−05	1.42E−03	6.22E−03	6.22E−03
^{92}Zr	17.1	^{93}Zr	1.53E+06a^{a}	0.22	n,γ	热	1.27E−10	3.06E−09	1.12E−06	2.41E+0
^{94}Zr	17.5	^{95}Zr^{s}	64.03d^{a}	0.05	n,γ	热	2.52E−04	6.03E−03	5.48E−01	5.59E−01
^{96}Zr	2.8	^{97}Zr^{s}	16.74h^{a}	0.023	n,γ	热	1.64E−03	2.55E−02	4.04E−02	4.04E−02
^{93}Nb	100	^{92m}Nb^{t}	10.15d	5E−04	n,2n	快	8.80E−05	2.05E−03	3.09E−02	3.09E−02
^{93}Nb	100	^{92}Nb	3.47E+07a	5E−04	b	快	1.01E−16	5.68E−14	5.96E−10	3.32E−02
^{93}Nb	100	^{94}Nb	20300a^{a}	1.15	n,γ	热	2.91E−07	6.97E−06	2.54E−03	7.33E+01
^{93}Nb	100	^{93m}Nb	16.13a^{a}	0.164	n,n′	快	5.22E−05	1.25E−03	4.45E−01	9.59E+0
^{92}Mo	14.8	^{93m}Mo^{+}	6.85h^{a}	0.019	n,γ	热	1.77E−02	1.69E−01	1.85E−01	1.85E−01
^{92}Mo	14.8	^{93}Mo	4000a^{a}	0.019	n,γ	热	3.62E−09	8.74E−08	3.19E−05	1.61E−01
^{92}Mo	14.8	^{92m}Nb^{t}	10.15d	0.007	n,p	快	1.93E−04	4.47E−03	6.76E−02	6.76E−02
^{92}Mo	14.8	^{92}Nb	3.47E+07a	0.007	b	快	2.20E−16	1.25E−13	1.30E−09	7.22E−02
^{95}Mo	15.92	^{95}Nb	34.99d^{a}	1E−04	n,p	快	1.17E−06	2.77E−05	1.41E−03	1.41E−03
^{96}Mo	23.4	^{96}Nb	23.35h^{a}	2E−04	n,p	快	9.86E−05	1.72E−03	3.39E−03	3.39E−03
^{98}Mo	24.4	^{99s}Mo^{t}	65.94h^{a}	0.13	n,γ	热	2.04E−02	4.33E−01	1.95E+0	1.95E+0
^{98}Mo	24.4	^{99}Tc	2.11E+05a^{a}	0.13	b	热	3.83E−12	2.04E−09	6.33E−06	1.94E+0
^{98}Tc	100	^{99m}Tc^{t}	6.015h^{a}	0.93	n,γ	热	6.23E+0	5.35E+01	5.69E+01	5.69E+01
^{98}Tc	100	^{99}Tc	2.11E+05a^{a}	2.6	n,γ	热	6.00E−08	1.43E−06	5.26E−04	1.59E+02
^{96}Ru	5.5	^{97}Ru^{t}	2.9d^{a}	0.29	n,γ	热	9.92E−03	2.13E−01	9.99E−01	9.99E−01
^{96}Ru	5.5	^{97}Tc	2.6E+06a^{a}	0.29	b	热	1.74E−13	9.31E−11	3.05E−07	1.15E+0
^{102}Ru	31.6	^{103}Ru	39.26d^{a}	1.21	n,γ	热	1.67E−02	3.97E−01	2.26E+01	2.27E+01
^{104}Ru	18.6	^{105}Ru^{t}	4.44h^{a}	0.32	n,γ	热	5.00E−01	3.37E+0	3.45E+0	3.45E+0
^{104}Ru	18.6	^{105}Rh	35.36h^{a}	0.32	b	热	4.97E−03	9.96E−01	3.45E+0	3.45E+0
^{103}Rh	100	^{103}Ru	39.26d^{a}	1E−04	n,p	快	4.61E−06	1.09E−04	6.27E−03	6.27E−03
^{102}Pd	1	^{103}Pd	16.99d^{a}	3.4	n,γ	热	3.41E−03	8.03E−02	2.01E+0	2.01E+0
^{106}Pd	27.3	^{107}Pd	6.5E+06a^{a}	0.305	n,γ	热	5.77E−11	1.38E−09	5.03E−07	4.74E+0
^{108}Pd	26.7	^{109}Pd	13.71h^{a}	8.483	n,γ	热	6.23E+0	8.81E+01	1.24E+02	1.24E+02
^{110}Pd	11.8	^{111m}Pd	5.5h	0.037	n,γ	热	2.83E−02	2.28E−01	2.39E−01	2.39E−01
^{110}Pd	11.8	^{111}Pd^{t}	22.0min	0.19	n,γ	热	1.04E+0	1.22E+0	1.22E+0	1.22E+0
^{110}Pd	11.8	^{111}Ag	7.45d^{a}	0.227	b	热	3.13E−03	1.27E−01	1.47E+0	1.47E+0
^{107}Ag	51.83	^{106m}Ag^{s}	8.28d^{a}	5E−04	n,2n	快	4.67E−05	1.08E−03	1.38E−02	1.38E−02
^{107}Ag	51.83	^{108m}Ag*	418a^{a}	0.33	n,γ	热	1.82E−06	4.38E−05	1.60E−02	9.62E+0

续表

靶核	丰度(%)	生成核	半衰期	截面(b)	反应	快/热中子谱	照射一定时间后活度(kBq)			饱和活度(kBq)
							1h	1d	1a	
^{109}Ag	48.17	^{110m}Ag*	249.76d[a]	4.7	n,γ	热	1.44E−02	3.46E−01	7.96E+01	1.25E+02
^{106}Cd	1.2	^{107}Cd	6.5h	1	n,γ	热	6.88E−02	6.29E−01	6.81E−01	6.81E−01
^{108}Cd	0.9	^{109}Cd	461.4d[a]	1.1	n,γ	热	3.46E−05	8.29E−04	2.32E−01	5.41E−01
^{110}Cd	12.4	^{111m}Cd	48.5min	0.14	n,γ	热	5.50E−01	9.61E−01	9.61E−01	9.61E−01
^{111}Cd	12.8	^{111m}Cd	48.5min	0.288	n,n′	快	1.15E+0	2.02E+0	2.02E+0	2.02E+0
^{112}Cd	24	^{111m}Cd	48.5min	4E−04	n,2n	快	3.13E−03	5.50E−03	5.50E−03	5.50E−03
^{112}Cd	24	^{113m}Cd	14.1a[a]	2.2	n,γ	热	1.59E−04	3.82E−03	1.37E+0	2.94E+01
^{112}Cd	24	^{113}Cd	7.7E+15a[a]	2.2	n,γ	热	2.92E−19	7.00E−18	2.56E−15	1.94E+01
^{114}Cd	28.8	^{115m}Cd[s]	44.6d[a]	0.036	n,γ	热	3.55E−04	8.44E−03	5.50E−01	5.50E−01
^{114}Cd	28.8	^{115}Cd[s]	53.46h[a]	0.3	n,γ	热	5.87E−02	1.22E+0	4.54E+0	4.54E+0
^{116}Cd	7.6	^{117m}Cd[s]	3.36h	0.025	n,γ	热	1.83E−02	9.65E−02	9.73E−02	9.73E−02
^{116}Cd	7.6	^{117}Cd[s]	2.49h	0.05	n,γ	热	4.78E−02	1.91E−01	1.91E−01	1.91E−01
^{113}In	4.3	^{114m1}In*	49.51d[a]	8.1	n,γ	热	1.08E−02	2.58E−01	1.85E+01	1.86E+01
^{115}In	95.7	^{116m1}In	54.41min	162.3	n,γ	热	4.34E+03	8.08E+03	8.08E+03	8.08E+03
^{115}In	95.7	^{115m}In	4.486h[a]	0.19	n,n′	快	1.40E+0	9.32E+0	9.51E+0	9.51E+0
^{112}Sn	1	^{113}Sn	115.1d[a]	0.98	n,γ	热	1.32E−04	3.17E−03	4.70E−01	5.25E−01
^{116}Sn	14.4	^{117m}Sn	13.76d[a]	0.006	n,γ	热	9.41E−05	2.21E−03	4.56E−02	4.56E−02
^{118}Sn	24.1	^{119m}Sn	293.1d[a]	0.01	n,γ	热	1.21E−05	2.90E−04	6.62E−02	1.03E−01
^{120}Sn	32.8	^{121m}Sn	43.9a[a]	0.001	n,γ	热	2.97E−08	7.14E−07	2.58E−04	2.07E−02
^{120}Sn	32.8	^{121}Sn	27.03h[a]	0.14	n,γ	热	5.84E−02	1.06E+0	2.31E+0	2.31E+0
^{122}Sn	4.7	^{123}Sn	129.2d[a]	0.18	n,γ	热	9.31E−05	2.23E−03	3.58E−01	4.17E−01
^{124}Sn	5.8	^{125}Sn[t]	9.64d[a]	0.004	n,γ	热	3.37E−05	7.81E−04	1.13E−02	1.13E−02
^{124}Sn	5.8	^{125}Sb	2.759a[a]	0.134	b	热	8.36E−06	2.57E−04	8.40E−02	3.77E−01
^{121}Sb	57.3	^{122}Sb	2.733d[a]	5.9	n,γ	热	1.77E+0	3.76E+01	1.66E+02	1.66E+02
^{123}Sb	42.7	^{124}Sb	60.2d[a]	4.145	n,γ	热	4.15E−02	9.94E−01	8.56E+01	8.67E+01
^{124}Te	4.6	^{125m}Te	57.4d[a]	0.04	n,γ	热	4.49E−05	1.07E−03	8.90E−02	9.04E−02
^{126}Te	18.7	^{127m}Te*	109d[a]	0.135	n,γ	热	3.20E−04	7.66E−03	1.09E+0	1.21E+0
^{126}Te	18.7	^{127}Te	9.35h[a]	0.9	n,γ	热	5.74E−01	6.70E+0	8.03E+0	8.03E+0
^{128}Te	31.8	^{129m}Te[s]	33.6d[a]	0.015	n,γ	热	1.93E−04	4.59E−03	2.24E−01	2.25E−01
^{128}Te	31.8	^{129}I	1.57E+07a[a]	0.2	b	热	3.72E−12	3.36E−10	1.32E−07	3.05E+0
^{130}Te	34.5	^{131m}Te	30h[a]	0.02	n,γ	热	7.29E−03	1.36E−01	3.20E−01	3.20E−01
^{130}Te	34.5	^{131}I	8.021d[a]	0.27	b	热	7.94E−03	3.49E−01	4.34E+0	4.34E+0
^{127}I	100	^{126}I	12.93d[a]	9E−04	n,2n	快	9.52E−05	2.23E−03	4.27E−02	4.27E−02
^{128}Xe	1.919	^{129m}Xe	8.88d[a]	0.48	n,γ	热	1.40E−03	3.26E−02	4.34E−01	4.34E−01
^{130}Xe	4.08	^{131m}Xe	11.84d[a]	0.45	n,γ	热	2.07E−03	4.83E−02	8.48E−01	8.48E−01

续表

靶核	丰度(%)	生成核	半衰期	截面(b)	反应	快/热中子谱	照射一定时间后活度(kBq)			饱和活度(kBq)
							1h	1d	1a	
^{132}Xe	26.89	^{133m}Xe^{+}	2.19d^{a}	0.05	n,γ	热	8.02E−03	1.67E−01	6.34E−01	6.34E−01
^{132}Xe	26.89	^{133}Xe	5.243d^{a}	0.45	n,γ	热	3.03E−02	6.86E−01	6.01E+0	6.01E+0
^{134}Xe	10.4	^{135}Xe	9.14h^{a}	0.265	n,γ	热	9.03E−02	1.04E+0	1.24E+0	1.24E+0
^{136}Xe	8.87	^{137}Xe^{t}	3.818min^{a}	0.26	n,γ	热	1.02E+0	1.02E+0	1.02E+0	1.02E+0
^{136}Xe	8.87	^{137}Cs^{s}	30.17a^{a}	0.26	b	热	2.43E−06	6.40E−05	2.32E−02	1.02E+0
^{133}Cs	100	^{134m}Cs^{+}	2.903h^{a}	2.5	n,γ	热	2.40E+01	1.12E+02	1.12E+02	1.12E+02
^{133}Cs	100	^{134}Cs	2.065a^{a}	29	n,γ	热	5.03E−02	1.21E+0	3.74E+02	1.30E+03
^{138}Ba	71.66	^{139}Ba	83.06min^{a}	0.36	n,γ	热	4.45E+0	1.12E+01	1.12E+01	1.12E+01
^{139}La	99.911	^{140}La	40.27h^{a}	8.93	n,γ	热	6.58E+0	1.31E+02	3.84E+02	3.84E+02
^{140}Ce	88.48	^{141}Ce	32.51d^{a}	0.57	n,γ	热	1.93E−02	4.59E−01	2.17E+01	2.17E+01
^{140}Ce	88.48	^{140}La	40.27h^{a}	0.004	n,p	快	2.80E−03	5.54E−02	1.64E−01	1.64E−01
^{142}Ce	11.07	^{143}Ce^{t}	33.04h^{a}	0.95	n,γ	热	9.28E−02	1.76E+0	4.47E+0	4.47E+0
^{142}Ce	11.07	^{143}Pr	13.57d^{a}	0.95	b	热	9.89E−05	4.81E−02	4.48E+0	4.48E+0
^{141}Pr	100	^{142}Pr	19.12h^{a}	11.5	n,γ	热	1.75E+01	2.86E+02	4.94E+02	4.94E+02
^{141}Pr	100	^{141}Ce	32.5d^{a}	1E−04	n,p	快	4.55E−06	1.08E−04	5.11E−03	5.14E−03
^{146}Nd	17.18	^{147}Nd^{t}	10.98d^{a}	1.4	n,γ	热	2.61E−02	6.07E−01	9.99E+0	9.99E+0
^{146}Nd	17.18	^{147}Pm	2.623a^{a}	1.4	b	热	3.89E−07	2.20E−04	2.21E+0	9.91E+0
^{148}Nd	5.72	^{149}Nd^{t}	1.73h^{a}	2.5	n,γ	热	1.86E+0	5.81E+0	5.81E+0	5.81E+0
^{148}Nd	5.72	^{149}Pm	53.08h^{a}	2.5	b	热	1.28E−02	1.42E+0	5.81E+0	5.81E+0
^{150}Nd	5.6	^{151}Nd^{t}	12min	1.2	n,γ	热	2.61E+0	2.70E+0	2.70E+0	2.70E+0
^{150}Nd	5.6	^{151}Pm	28.4h^{a}	1.2	b	热	4.70E−02	1.18E+0	2.70E+0	2.70E+0
^{144}Sm	3.16	^{145}Sm^{t}	340d^{a}	0.7	n,γ	热	7.84E−05	1.88E−03	4.85E−01	9.25E−01
^{144}Sm	3.16	^{145}Pm	17.7a^{a}	0.7	b	热	1.76E−10	1.01E−07	1.05E−02	9.25E−01
^{150}Sm	7.47	^{151}Sm	90a^{a}	102	n,γ	热	2.69E−04	6.46E−03	2.35E+0	3.16E+02
^{152}Sm	26.63	^{153}Sm	46.5h^{a}	206	n,γ	热	3.22E+01	6.55E+02	2.18E+03	2.18E+03
^{151}Eu	47.77	^{152m1}Eu	9.312h^{a}	3215	n,γ	热	4.39E+03	5.10E+04	6.13E+04	6.13E+04
^{151}Eu	47.77	^{152}Eu^{t}	13.54a^{a}	5935	n,γ	热	6.59E−01	1.59E+01	5.62E+03	1.06E+05
^{153}Eu	52.23	^{154}Eu	8.593a^{a}	603	n,γ	热	1.14E−01	2.74E+0	9.59E+02	1.23E+04
^{158}Gd	24.9	^{159}Gd	18.48h^{a}	2.5	n,γ	热	8.72E−01	1.39E+01	2.31E+01	2.31E+01
^{160}Gd	21.9	^{161}Gd^{t}	3.70min	0.77	n,γ	热	6.36E+0	6.36E+0	6.36E+0	6.36E+0
^{160}Gd	21.9	^{161}Tb	6.906d^{a}	0.77	b	热	2.41E−02	6.03E−01	6.36E+0	6.36E+0
^{159}Tb	100	^{160}Tb	72.3d^{a}	23.2	n,γ	热	3.51E−01	8.38E+0	8.49E+02	8.79E+02
^{164}Dy	28.18	^{165}Dy	2.334h^{a}	1000	n,γ	热	2.66E+03	1.04E+04	1.05E+04	1.05E+04
^{165}Ho	100	^{166m}Ho	1200a^{a}	3.5	n,γ	热	8.44E−06	2.02E−04	7.36E−02	1.28E+02
^{165}Ho	100	^{166}Ho	26.8h^{a}	61.2	n,γ	热	5.70E+01	1.04E+03	2.26E+03	2.26E+03

续表

靶核	丰度(%)	生成核	半衰期	截面(b)	反应	快/热中子谱	照射一定时间后活度(kBq)			饱和活度(kBq)
							1h	1d	1a	
^{168}Er	27.07	^{169}Er	9.4d[a]	1.95	n,γ	热	5.82E−02	1.35E+0	1.93E+01	1.93E+01
^{170}Er	14.88	^{171}Er[t]	7.516h[a]	5.7	n,γ	热	2.65E+0	2.68E+01	3.00E+01	3.00E+01
^{170}Er	14.88	^{171}Tm	1.92a[a]	5.7	b	热	5.55E−05	1.78E−02	9.10E+0	3.00E+01
^{169}Tm	100	^{170}Tm	128.6d[a]	103	n,γ	热	8.23E−01	1.97E+01	3.18E+03	3.71E+03
^{174}Yb	31.84	^{175}Yb	4.185d[a]	65	n,γ	热	4.94E+0	1.09E+02	7.21E+02	7.21E+02
^{176}Yb	12.73	^{177}Yb[t]	1.911h	2.4	n,γ	热	3.18E+0	1.04E+01	1.04E+01	1.04E+01
^{176}Yb	12.73	^{177}Lu	6.647d[a]	2.4	b	热	7.35E−03	9.23E−01	1.06E+01	1.06E+01
^{175}Lu	97.4	^{176m}Lu	3.635h[a]	15.1	n,γ	热	8.79E+01	5.08E+02	5.15E+02	5.15E+02
^{175}Lu	97.4	^{176}Lu	3.85E+10a[a]	7	n,γ	热	4.82E−13	1.16E−11	4.22E−09	2.01E+02
^{178}Hf	27.1	^{179m2}Hf	25.05d[a]	10	n,γ	热	1.05E−01	2.50E+0	9.20E+01	9.20E+01
^{179}Hf	13.75	^{180m}Hf	5.5h	0.34	n,γ	热	1.86E−01	1.49E+0	1.57E+0	1.57E+0
^{180}Hf	35.22	^{181}Hf	42.39d[a]	12.6	n,γ	热	1.01E−01	2.41E+0	1.48E+02	1.48E+02
^{181}Ta	99.9877	^{182}Ta	114.43d[a]	21.5	n,γ	热	1.80E−01	4.32E+0	6.40E+02	7.18E+02
^{184}W	30.6	^{185}W	75.1d[a]	1.8	n,γ	热	6.95E−03	1.66E−01	1.74E+01	1.80E+01
^{186}W	28.4	^{185}W	75.1d[a]	0.01	n,2n	快	3.54E−05	8.46E−04	8.87E−02	9.20E−02
^{186}W	28.4	^{187}W	23.72h[a]	37	n,γ	热	9.80E+0	1.72E+02	3.43E+02	3.43E+02
^{185}Re	37.07	^{184m}Re[s]	169d[a]	6E−04	n,2n	快	1.28E−06	3.07E−05	5.74E−03	7.29E−03
^{185}Re	37.07	^{184}Re	38d[a]	0.005	n,2n	快	4.22E−05	1.00E−03	5.55E−02	5.55E−02
^{185}Re	37.07	^{186}Re	89.24h[a]	112	n,γ	热	1.05E+01	2.30E+02	1.35E+03	1.35E+03
^{187}Re	62.93	^{186}Re	89.24h[a]	0.01	n,2n	快	1.56E−03	3.45E−02	2.02E−01	2.02E−01
^{187}Re	62.93	^{188}Re	17h[a]	75	n,γ	热	6.07E+01	9.41E+02	1.49E+03	1.49E+03
^{188}Os	13.3	^{189m}Os	5.8h	4.3	n,γ	热	2.06E+0	1.70E+01	1.80E+01	1.80E+01
^{190}Os	26.4	^{191m}Os+	13.0h[a]	13.2	n,γ	热	4.87E+0	7.21E+01	1.08E+02	1.08E+02
^{190}Os	26.4	^{191}Os	15.4d[a]	17.1	n,γ	热	2.68E−01	6.31E+0	1.39E+02	1.39E+02
^{192}Os	41	^{193}Os	30.11h[a]	1.97	n,γ	热	5.76E−01	1.09E+01	2.65E+01	2.65E+01
^{191}Ir	38.5	^{192m2}Ir*	241a	0.32	n,γ	热	1.28E−06	3.06E−05	1.11E−02	3.89E+0
^{191}Ir	38.5	^{192}Ir	73.83d[a]	924	n,γ	热	4.39E+0	1.05E+02	1.09E+04	1.13E+04
^{193}Ir	61.5	^{194m}Ir	171d	5.8	n,γ	热	1.88E−02	4.51E−01	8.58E+01	1.11E+02
^{193}Ir	61.5	^{194}Ir	19.28h[a]	110	n,γ	热	7.44E+01	1.21E+03	2.08E+03	2.08E+03
^{194}Pt	32.9	^{195m}Pt	4.02d[a]	0.09	n,γ	热	6.44E−03	1.43E−01	9.18E−01	9.18E−01
^{196}Pt	25.2	^{197m}Pt+	1.59h[a]	0.05	n,γ	热	1.35E−01	3.67E−01	3.67E−01	3.67E−01
^{196}Pt	25.2	^{197}Pt	19.89h[a]	0.74	n,γ	热	1.95E−01	3.13E+0	5.19E+0	5.19E+0

续表

靶核	丰度(%)	生成核	半衰期	截面(b)	反应	快/热中子谱	照射一定时间后活度(kBq)			饱和活度(kBq)
							1h	1d	1a	
^{198}Pt	7.19	^{199}Pt[t]	31.0min	3.7	n,γ	热	5.99E+0	8.10E+0	8.10E+0	8.10E+0
^{198}Pt	7.19	^{199}Au	3.139d[a]	3.7	b	热	3.33E−02	1.56E+0	8.10E+0	8.10E+0
^{197}Au	100	^{196}Au	6.183d	0.003	n,2n	快	4.29E−04	9.73E−03	9.18E−02	9.18E−02
^{197}Au	100	^{198}Au	2.695d[a]	98.8	n,γ	热	3.22E+01	6.86E+02	3.03E+03	3.03E+03
^{196}Hg	0.146	^{197m}Hg*	23.8h[a]	120	n,γ	热	1.54E−01	2.71E+0	5.45E+0	5.45E+0
^{196}Hg	0.146	^{197}Hg	64.94h[a]	3080	n,γ	热	1.47E+0	3.12E+01	1.38E+02	1.38E+02
^{198}Hg	10.02	^{199m}Hg	42.66min	0.018	n,γ	热	3.43E−02	5.52E−02	5.52E−02	5.52E−02
^{202}Hg	29.8	^{203}Hg	46.61d[a]	4.9	n,γ	热	2.70E−02	6.44E−01	4.36E+01	4.40E+01
^{203}Tl	29.5	^{202}Tl	12.23d[a]	0.003	n,2n	快	6.16E−05	1.45E−03	2.62E−02	2.62E−02
^{203}Tl	29.5	^{204}Tl	3.78a[a]	11	n,γ	热	2.02E−03	4.85E−02	1.61E+01	9.62E+01
^{204}Pb	1.4	^{203}Pb	51.87h[a]	0.002	n,2n	快	1.34E−05	2.78E−04	1.01E−03	1.01E−03
^{204}Pb	1.4	^{204m}Pb	67.2min	0.38	n,n′	快	7.22E−02	1.56E−01	1.56E−01	1.56E−01
^{204}Pb	1.4	^{205}Pb	1.53E+07a[a]	0.661	n,γ	热	1.41E−12	3.39E−11	1.24E−08	2.50E−01
^{208}Pb	52.3	^{209}Pb	3.253h[a]	0.487	n,γ	热	1.42E+0	7.44E+0	7.47E+0	7.47E+0
^{209}Bi	100	^{210m}Bi[s]	3.04E+06a[a]	0.019	n,γ	热	1.43E−11	3.42E−10	1.24E−07	6.31E−01
^{209}Bi	100	^{210}Bi[t]	5.013d[a]	0.014	n,γ	热	2.32E−03	5.22E−02	4.03E−01	4.03E−01
^{209}Bi	100	^{210}Po	138.4d[a]	0.014	b	热	2.42E−07	1.33E−04	3.36E−01	4.03E−01

a. 半衰期数据引自 ICRP 107,2009。

注:(1) 关于核素名。

m,m1,m2 表示处于亚稳态,可能衰变至基态或其他核素。

+表示在子核表中已经包含了放射性子核产物,需要几倍于母核半衰期的时间来计算其活度。在多数场合子核的活度较小。

*表示未将放射性子核产物考虑在内,近似存在长期平衡。

s 表示经过几倍于子核半衰期的时间后达到长期平衡时该核素的放射性子核。

t 表示通过 β 衰变达到暂时平衡。照射时产生这类核的总量进行单独计算。

(2) 反应:b 表示该行中的生成核是表中上一行所列活化反应生成的母核衰变时的衰变产物,而不是活化反应的直接产物。

(3) 计算条件:1g 样品(假定 100%的天然元素);等效热中子注量率 1×10^{7} n/(cm^{2} · s);未考虑中子照射过程中靶核数目减少引起的修正。

(4) 其他:通常情况下,对于一个衰变系列,如果通过中子反应同时也生成子核(同质异能素),当子核半衰期很长(大多数情形均如此)并且母核半衰期相对较短如小于 1d 时,母核的活度被加到子核中,因此所有子核的生成将相对较快。不满足以上条件的情形,紧跟核素名右上方加上一个*号以表示未考虑子核(大多数情形下,子核处于简单的衰变平衡状态)。

衰变产物为新的核素时,数据库中加入新的一行以说明,在反应方式一列中用 b 表示。如果激发态 m 和基态 g 均对衰变产生的子核有贡献,简化为一种母核(取较大的反应截面,或较长的半衰期及截面之和)。

少数情形下母核的半衰期很短,所有产物均作为子体,不再单独给出母核数据。

表中未列出快中子引起的所有(n,2n)反应。

资料来源:Bernard Shleien et al,1998。

表 7.8 不同元素的热中子吸收截面

元素	热中子吸收截面(b)[a]	元素	热中子吸收截面(b)[a]
H	0.3326±0.0007	Tc	—
He	7.3mb	Ru	2.56±0.13
Li	44.8mb±3.0mb	Rh	145±2
Be	7.6mb±0.8mb	Pd	6.9±0.4
B	0.10±0.04	Ag	63.3±0.4
C	3.50mb±0.07mb	Cd	2520±50
N	1.83±0.03	In	193.8±1.5
O	0.19mb±0.02mb	Sn	0.626±0.009
F	9.6mb±0.5mb	Sb	5.1±0.1
Ne	39mb±4mb	Te	4.7±0.1
Na	0.530±0.005	I	6.2±0.2
Mg	63mb±3mb	Xe	23.9±1.2
Al	0.231±0.003	Cs	29±15
Si	0.171±0.003	Ba	1.2±0.1
P	0.172±0.006	La	8.97±0.05
S	0.52±0.01	Ce	0.63±0.04
Cl	33.1±0.3	Pr	11.5±0.3
Ar	0.675±0.009	Nd	50.5±2.0
K	2.1±0.1	Pm	—
Ca	0.43±0.02	Sm	5670±100
Sc	27.2±0.2	Eu	4565±100
Ti	6.09±0.13	Gd	48890±104
V	5.08±0.04	Tb	23.4±0.4
Cr	3.07±0.08	Dy	940±15
Mn	13.3±0.2	Ho	64.7±1.2
Fe	2.56±0.03	Er	159.2±3.6
Co	37.18±0.06	Tm	105±2
Ni	4.49±0.16	Yb	35.5±1.4
Cu	3.78±0.02	Lu	76.4±2.1
Zn	1.11±0.02	Hf	104.1±0.5
Ga	2.9±0.1	Ta	20.6±0.5
Ge	2.3±0.2	W	18.4±0.3
As	4.5±0.1	Re	89.7±1.4
Se	11.7±0.2	Os	16.0±0.4
Br	6.9±0.2	Ir	425.3±2.4
Kr	25±1	Pt	10.3±0.3
Rb	0.38±0.04	Au	98.65±0.09
Sr	1.28±0.06	Hg	372.3±4.0
Y	1.28±0.02	Tl	3.43±0.06
Zr	0.185±0.003	Pb	0.171±0.002
Nb	1.15±0.05	Bi	33.8mb±0.7mb
Mo	2.55±0.05	Th	7.37±0.06

a. 截面单位为 mb 时,表中已注明,其余情况截面单位为 b。

资料来源:The Japan Radioisotope Association. 2001. Radioisotope Pocket Data Book(Revised Edition 10)。

表 7.9 一些与中子探测和反应堆有关的热中子反应截面

核素	同位素丰度(原子数比)	半衰期	(n,γ)截面	裂变或其他反应截面
^{1}H	99.985		332.6(7)mb	
^{2}H	0.015		0.519(7)mb	
^{3}He	0.000137		0.031(9)mb	(n,p)5333b
^{6}Li	7.59		38.5(30)mb	(n,α)940b
^{7}Li	92.41		45.4(3)mb	
^{10}B	19.8		0.5(2)b	(n,α)3837b
^{11}B	80.2		6(3)mb	
^{12}C	98.89		3.53(7)mb	
^{13}C	1.11		1.37(4)mb	
^{14}N	99.634		75(8)mb	
^{15}N	0.366		0.024(8)mb	
^{16}O	99.762		0.190(19)mb	
^{17}O	0.038		0.54(6)mb	
^{18}O	0.200		0.16(1)mb	
^{149}Sm	13.82		4.01(6)E+04 b	
^{232}Th	100	1.405E+10a	7370(60)mb	
^{233}U		1.592E+05a	45.5(7)b	(n,f)529.1b
^{234}U	0.0054	2.455E+05a	99.8(13)b	
^{235}U	0.7204	7.038E+08a	98.3(8)b	(n,f)582.6b
^{236}U		2.342E+07a	5.11(21)b	
^{238}U	99.2742	4.468E+09a	2.68(19)b	
^{239}U		23.45min	22(5)b	(n,f)14b
^{239}Pu		2.411E+04a	269(3)b	(n,f)748.1b
^{240}Pu		6561a	289(14)b	(n,f)0.056b
^{241}Pu		14.29a	358(5)b	(n,f)1011.1b
^{242}Pu		3.73E+05a	18.5(0.5)b	(n,f)<0.2b

资料来源:同位素丰度和(n,γ)截面数据引自格拉希维里等,2004;半衰期数据引自 ICRP 107,2009;裂变或其他反应截面数据引自 Kaye & Laby Online. Version 2.0(2010). www.kayelaby.npl.co.uk。

(徐勇军 夏益华 编写,刘新华 审阅)

参考文献

Bernard Shleien,Lester A Slaback,Jr Brian Kent Birky. 1998. Handbook of Health Physics and Radiological Health. 3rd ed. Maryland:Williams&Wilkins

Cai Shanyu. 2009. A half-century of radioisotope neutron sources in China. Engineering Sciences,7(4):22~34

Geiger K W,L Van Der Zwan. 1975. Radioactive neutron source spectra from $^{9}Be(\alpha,n)$ cross section data. Nuclear Instruments and Methods,131(2):315~321

Grundle JA,Lamaze GP. 1988. Activation Foil Irradiation by Reactor Cavity Fission Sources. NBS Special Publication 250-14;

National Bureau of Standards;Gaithersburg,MD

IAEA TRS 188. 1979. Radiological Safety Aspects of the Operation of Electron Linear Accelerators. IAEA Technical Reports Series No. 188

ICRP 107. 2009. Nuclear Decay Data for Dosimetric Calculations. ICRP Publication 107. Oxford:Elesevier Science Ltd

ICRU 26. 1977. International Commission on Radiation Units and Measurements. Neutron Dosimetry for Biology and Medicine. ICRU Report 26. Bethesda,MD

Lone M A, Leavitt R A, Harrison D A. 1981. Prompt gamma rays from thermal neutron capture. Atomic Data Nucl Data Tables,26:511

8 辐射防护测量仪器

8.1 辐射防护监测的目的、分类和仪器选择

8.1.1 辐射防护监测的目的(IAEA RS-G-1.1,2006)

辐射防护监测是为估算和控制辐射或放射性物质的照射而进行的测量。但辐射防护监测不同于一般单纯的测量,它本身不是目的,而是辐射防护的重要组成部分。它应当包括监测计划的制定、测量(分析)和测量结果的解释三个环节。其中监测计划的制定必须以辐射防护原则为指导,充分考虑到防护评价的要求。监测计划的规模和要求应随具体实践和设施的性质和规模而异,应区别以控制操作为目的和以满足监管要求而进行的正式剂量评价为目的的监测。具体来讲可用于以下一些特殊目的:

(1) 对良好的工作实践(充分的监督和培训)及工程标准的确认。

(2) 提供以下方面的信息:有关工作场所和环境的安全状况;安全状况得到满意控制的确认方法;有关操作工艺的改变已经改善或恶化了放射工作条件的确认方法。

(3) 估计人员受到的照射,以证明符合监管要求。

(4) 通过对个人和群体监测的数据,评价和建立更为安全的辐射作业程序。

(5) 提供工作人员是如何、何时、何地受到照射的信息,以促进他们减少所受的照射。

(6) 为评价事故性照射的剂量提供信息。

(7) 用于风险利益分析。

(8) 补充医学记录。

(9) 受照人群的流行病学研究。

8.1.2 辐射防护监测的分类(IAEA RS-G-1.1,2006)

依据监测目的,辐射防护监测可分为三种:

(1) 常规监测:它与连续操作有关,其目的是论证工作条件(包括个人剂量水平)是令人满意的,并符合监管要求。因此,常规监测本质上大都是证实性的,可对某些操作的监测计划起支持作用。

(2) 与任务相关的监测:它适用于非常规性的特殊操作,为支持对操作管理及时做出决定提供依据,也可能对辐射防护最优化提供支持。

(3) 特殊监测:实质上是调研性的,通常适用于工作场所没有足够的信息证明控制是充分的情况。其目的是为阐明某些问题,以及为确定今后的操作程序提供详细的信息。通常应在新设施试运行阶段、在设施或程序做了重大变更后,或在异常(如事故)情况下进行特殊监测。

根据监测对象,辐射防护监测又可以分为:

(1) 个人监测:利用个人所佩戴的器件或者其他的测量设备,对人员受到的外照射剂量、内照射和皮肤污染所进行的监测。

(2) 工作场所监测:利用固定的或可移动测量设备,对工作场所中的外照射水平、空气污

染、地面和设备污染所进行的监测。

(3) 环境监测:利用直接测量、取样后实验室测量等各种方法,对操作放射性物质的设施周界之外的辐射和放射性水平所进行的与核设施运行有关的测量,监测的对象是环境介质和生物。

(4) 流出物监测:为控制和评价核设施放射性流出物对周围环境和居民产生的辐射影响,通过对流出物进行采样、分析或测量,以弄清流出物特征而进行的监视性测量。

8.1.3 辐射防护监测仪器的选择

监测的辐射种类包括:X、γ、β、α、n、质子、高能粒子等。测量仪器的探测器类型主要包括盖革-弥勒(GM)计数管、电离室、正比计数器、闪烁探测器、半导体探测器等。一些典型探测器及场所监测仪的特点见表 8.1 和表 8.2。

表 8.1 辐射探测器应用

<table>
<tr><th colspan="2">探测器类型</th><th>可测辐射种类</th><th>能量范围</th><th>总探测效率</th><th>说明</th></tr>
<tr><td colspan="2" rowspan="5">电离室</td><td>α</td><td>计数和谱测量的所有能量</td><td>高</td><td rowspan="5">优点:稳定,寿命长,量程宽,能响特性好
缺点:要求极弱电流测量,电子线路和环境条件要求较高</td></tr>
<tr><td>β</td><td>所有能量</td><td>中</td></tr>
<tr><td>γ</td><td>所有能量</td><td>＜0.1%</td></tr>
<tr><td>中子</td><td>BF_3 气体或硼衬里测量热中子,裂变材料,含氢材料的快反冲质子</td><td>中</td></tr>
<tr><td>X 射线</td><td>辐射安全中常见能量</td><td>测量低能射线依赖于窗的厚度</td></tr>
<tr><td colspan="2" rowspan="5">正比计数器</td><td>α</td><td>所有能量,能谱测量</td><td>依赖于窗厚度,高</td><td rowspan="5">优点:脉冲幅度大,灵敏度高,可作能谱测量
缺点:易受外界因素干扰,对电源稳定性要求高</td></tr>
<tr><td>β、电子</td><td>所有能量,能谱测量,低能区＜200keV</td><td>中</td></tr>
<tr><td>γ</td><td>所有能量</td><td>＜ 1%</td></tr>
<tr><td>中子</td><td>^3He 气体、BF_3 气体或硼衬里测量热中子</td><td>中</td></tr>
<tr><td>X 射线</td><td>能量甄别,谱,辐射安全,衍射研究</td><td></td></tr>
<tr><td colspan="2" rowspan="5">盖革-弥勒(GM)计数器</td><td>α</td><td>与能量无关</td><td>中</td><td rowspan="5">优点:结构简单,对线路和使用要求不高
缺点:阻塞效应,不能鉴别粒子和能量</td></tr>
<tr><td>β、电子</td><td>与能量无关,＜3MeV</td><td>中</td></tr>
<tr><td>γ</td><td>所有能量</td><td>＜1%</td></tr>
<tr><td>中子</td><td>反冲质子或(n、α)反应</td><td>不常用</td></tr>
<tr><td>X 射线</td><td>常用巡测仪器</td><td>依赖于窗厚度</td></tr>
<tr><td rowspan="9">闪烁探测器</td><td rowspan="5">无机</td><td>α</td><td>所有能量,ZnS;无能量甄别</td><td>高</td><td rowspan="9">所有闪烁探测器可用于能谱测量,分辨率适中
优点:能量分辨率适中、经济
缺点:受使用环境(温、湿度)影响较大</td></tr>
<tr><td>β</td><td>低能,CsI(Tl)</td><td>中</td></tr>
<tr><td>γ</td><td>所有能量 NaI(Tl),CsI(Tl)</td><td>中</td></tr>
<tr><td>中子</td><td>热中子,LiI(Eu)</td><td>中</td></tr>
<tr><td>X 射线</td><td>超薄铍窗,薄(1～3mm) NaI(Tl)</td><td>高</td></tr>
<tr><td rowspan="4">有机</td><td>α</td><td>所有能量,蒽</td><td>中</td></tr>
<tr><td>β、电子</td><td>所有能量,蒽、芪、塑料</td><td>中</td></tr>
<tr><td>γ</td><td>所有能量,塑料</td><td>差</td></tr>
<tr><td>中子</td><td>塑料、闪烁液</td><td>低</td></tr>
</table>

续表

探测器类型	可测辐射种类	能量范围	总探测效率	说明
半导体探测器	α	所有能量，能量分辨率好，面垒型、扩散结型	低	能谱测量的分辨率较闪烁探测器好十倍以上 优点：高能量分辨率是其最突出的优点 缺点：价格高、辐射损伤严重、液氮（或电）制冷
	β、电子	2MeV 以下所有能量，能量分辨率好，面垒型、扩散结型、锂漂移硅	低	
	X 射线、γ	所有能量，能量分辨率好，面垒型、扩散结型、锂漂移锗	中(γ) 高(X 射线)	

资料来源：Bernard Shleien. 1998. Handbook of Health Physics and Radiological Health。

表 8.2 某些类型场所辐射监测仪器的特性

仪器类型	可测辐射种类	量程范围	说明
GM 计数器型	β、γ	2 μGy/h ～0.2mGy/h	探测 β>150keV，X>20keV 响应快 能量依赖性强 强辐射场下阻塞 对微波辐射灵敏 受紫外线干扰
电离室型	β、γ、X	0.1μGy/h ～200Gy/h	有些需预热 有些有 β 测量窗 >50keV 可估计积分剂量 受意外放电影响
正比计数器型	空气 α	100～100000cpm 500～500000cpm	效率：50%(2π)
	流气 α、低能 β		效率：50% (α) 30% (β)
	无窗气体 α、低能 β		氚污染
闪烁探测器型	α	0～2000kcpm 0～2000000cpm	ZnS(Ag) 线性-对数刻度
	低能 γ		薄NaI(Tl)，10～70keV，用于 X 射线、^{239}Pu、^{241}Am、^{125}I
	热中子	60cpm/(n · cm^{-2} · s^{-1})	ZnS(Ag) (n、α)反应
	快中子	15cpm/(n · cm^{-2} · s^{-1})	ZnS(Ag) 质子
中子雷姆仪	热中子、快中子	热中子～20MeV 或更高，剂量率：1μSv/h ～1Sv/h	由中子探测器[如^{3}He 和 BF_3 正比计数器、$^{6}LiI(Eu)$闪烁体]和特殊结构的慢化体组成。BF_3 成本低、光子抑制能力强，^{3}He 灵敏度较高、性能稳定但价格高，$^{6}LiI(Eu)$ 灵敏度高、光子抑制能力差。常见的慢化体结构有 Bonner 球(雷姆球)型和 Andersson-Braun(A-B)型。Bonner 球雷姆仪设计常采用 20～30cm 直径的球形慢化体，经典的 A-B 型雷姆仪采用圆柱形慢化体

续表

仪器类型	可测辐射种类	量程范围	说明
连续β、γ空气污染监测仪	β、γ	导出空气浓度(DAC)	不区分β、γ
连续α空气污染监测仪	α、β		报警基于活度的增加率、样品的衰变率以及由于氡衰变引起的α/γ比的变化。应注意考虑氡的问题
连续氚空气污染监测仪	氚	10^{-2}～10倍的DAC(氚)	对其他放射性气体也有响应
快中子剂量计	裂变中子	从可允许照射的1/10起	组织等效电离室、可用检验源检验
阈探测器单元	热中子、裂变中子	高通量中子	是报警仪的补充。报警仪只给出剂量率报警,不测量剂量
手脚监测仪	β、γ	低辐射水平	同时测量手脚的β、γ污染,不测量α。配辅助探头,可测量衣物
液态流出物监测仪	β、γ	低辐射水平	可监测废水和冷却剂。可连接到率表、记录仪、报警系统或阀门。由于淤泥、海藻和探测器的放射性污染的影响,都会使测量过程复杂化
气态流出物"堆栈式"监测仪	依赖于探测器类型	低辐射水平	粗略估计流出物的放射性水平。要求复杂昂贵的采样、收集、探测、计数和数据分析设备
门式辐射检测仪	β、γ、n	低辐射水平	用于控制区出口控制,被监测物体缓慢通过监测通道,监测仪应有高响应灵敏度

资料来源:Bernard Shleien. 1998. Handbook of Health Physics and Radiological Health。

仪器选择应考虑监测目的、监测对象、辐射类型、使用环境、仪器性能指标等综合因素。

仪器选择至少应考虑以下事项(IAEA NS-G-1.13,2005):剂量率或活度浓度的范围;灵敏度;被监测同位素/辐射性质;报警阈值;电源及其备份;环境条件;测试、校准和易于维护;异常情况下的功能;过载响应;故障指示;其他核素对测量结果的潜在影响(特别在进行中子、氚和其他β辐射源监测时)。

关于辐射防护监测仪器的现行IEC和国家标准见表8.3。

表8.3 辐射防护监测仪器的国际电工委员会(IEC)标准和国家标准

分类			IEC	国家标准
个人监测	个人剂量	外照射	热释光TLD:IEC 61066 ed2.0 (2006)	GB/T 10264-1988参照 IEC 61066:1991前期文件
			用于个人和环境监测的被动式累积剂量测量:IEC 62387-1 ed1.0 (2007-07)	
			个人报警仪:IEC 61344 ed1.0 (1996)	GB/T 14323-1993参照 IEC 61344:1996前期文件
			直读式个人剂量当量仪:IEC 61526 ed3.0 (2010)替代IEC 61283:1995	GB/T 13161-2003等效采用IEC 61283:1995
		内照射	活体计数器:IEC 61582 ed1.0 (2004)	
	体表污染	便携式	α、β表面污染仪:IEC60325 ed3.0 (2002)	GB/T 5202-2008等效采用IEC 60325 (2002)
		固定式	体表污染监测装置:IEC 61098 ed2.0 (2003)	EJ/T 586-1991

续表

分类			IEC	国家标准
场所监测	剂量率	中央连续监测系统	通用要求：IEC 61559-1 ed1.0 (2009)	EJ/T 1097-1999
			排放、环境、事故、事故后监测要求：IEC 61559-2 ed1.0 (2002)	EJ/T 1097-1999
		便携式	用于场所和环境监测的β、X、γ周围和定向剂量当量率仪：IEC 60846-1 ed1.0 (2009)	GB/T 4835-2008 等效采用 IEC 60846：2002
			用于应急监测的高量程β、X、γ周围和定向剂量当量率仪：IEC 60846-2 ed1.0 (2007)	GB/T 4835-2008 等效采用 IEC60846：2002
			用于应急监测的可携式高量程β、光子剂量和剂量率仪：IEC 61018 ed1.0 (1991)	GB/T 11683-1989 参照 IEC 61018：1991 前期文件
			中子周围剂量当量率仪：IEC 61005 ed2.0 (2003)	GB/T 14318-2008 等效采用 IEC 61005：2003
		固定式	X、γ剂量当量率仪和报警装置：IEC 60532 ed3.0 (2010)	GB/T 14054-1993 等效采用 IEC 60532：1992
			固定、可携、可移动空气比释动能方向和空气比释动能率测量装置：IEC 61584 ed1.0 (2001)	
			事故和事故后辐射监测： 通用要求：IEC 60951-1 ed2.0 (2009) 连续高量程区域γ监测：IEC 60951-3 ed2.0 (2009)	GB/T 12726.1-1991 等效采用 IEC 60951-1：1988 GB/T 12726.3-1992 等效采用 IEC 60951-3：1990
			中子剂量当量率仪、报警装置和监测仪：IEC 61322 ed1.0 (1994)	EJ/T 1011-1996 参照采用 IEC 61322 (1994)
	表面污染	便携式	α、β表面污染仪：IEC60325 ed3.0 (2002)	GB/T 5202-2008 等效采用 IEC 60325：2002
		固定式	洗衣房污染监测仪：IEC 61256 ed1.0 (1996)	EJ/T 1155-2002 修改采用 IEC 61256 ed1.0 (1996)
	空气污染	正常运行	参照气载流出物监测的相关标准	
		事故及事故后	辐射监测通用要求：IEC 60951-1 ed2.0 (2009)	GB/T 12726.1-1991 等效采用 IEC 60951-1：1988
			气态流出物和通风连续离线监测设备：IEC 60951-2 ed2.0 (2009)	GB/T 12726.2-1991 等效采用 IEC 60951-2：1988
环境监测	剂量测量		参照个人监测和场所监测的相关标准	
			用于环境监测的可携、可移动、固定式X、γ辐射率表：IEC 61017-1 ed1.0 (1991)	EJ/T 984-1995
			用于环境监测的可携、可移动、固定式X、γ辐射积分式监测装置：IEC 61017-2 ed1.0 (1994)	EJ/T 985-1995
			用于环境监测的移动式光子、中子辐射测量仪器：IEC 62438 ed1.0 (2010)	
	环境介质	大气	环境中放射性惰性气体取样和监测设备：IEC 62302 ed1.0 (2007)	
			气载氚监测设备：IEC 62303 ed1.0 (2008)	EJ/T 1077-1998 参照采用 IEC710 和 GB 7162-87
			环境中大气放射性碘监测设备：IEC 61171 ed1.0 (1992)	GB/T 13162-1991
			环境中放射性气溶胶监测设备：IEC 61172 ed1.0 (1992)	

续表

分类			IEC	国家标准
环境监测	环境介质	水	液态流出物和地表水监测设备:IEC 60861 ed2.0 (2006)	GB/T 10253-2001 参照采用 IEC 60861:1987 和 IEC 61311:1995
		食物	食物中 β 核素比活度测量仪:IEC 61562 ed1.0 (2001)	
			食物中 γ 核素比活度测量仪:IEC 61563 ed1.0 (2001)	
			环境中核素测量-锗就地 γ 谱仪:IEC 61275 ed1.0 (1997)	EJ/T 1091-1999
	氡及子体监测		用于矿山快速测量的可携式 α 潜能测量仪:IEC 61263 ed1.0 (1994)	EJ/T 825-1994
			通用要求:IEC 61577-1 ed2.0 (2006) 氡监测仪器:IEC 61577-2 ed2.0 (2006) 氡子体监测仪器:IEC 61577-3 ed2.0 (2006) 包含氡及其子体的参考大气的产生设备:IEC 61577-4 ed1.0 (2009)	GB/T 13163.1-2009 等效采用 IEC 61577-1:2006 GB/T 13163.2-2005 等效采用 IEC 61577-2:2000
流出物监测	气载流出物		气载流出物放射性连续监测: 通用要求:IEC 60761-1 ed2.0 (2002) 气溶胶监测仪:IEC 60761-2 ed2.0 (2002) 惰性气体监测仪:IEC 60761-3ed2.0 (2002) 碘监测仪:IEC 60761-4 ed2.0 (2002) 氚监测仪:IEC 60761-5 ed2.0 (2002)	GB/T 7165.1-2005～ GB/T 7165.5-2008 等效采用 IEC 60761-1 (2002)～ IEC60761-5 (2002)
	液态流出物		液态流出物和地表水监测设备:IEC 60861 ed2.0 (2006)	GB/T 10253-2001 参照采用 IEC 60861:1987 和 IEC 61311:1995
安保监测	袖珍式		用于探查放射性物质非法贩运的个人辐射报警装置:IEC 62401 ed1.0 (2007)	
	便携式		手持式 γ 核素探测识别及周围剂量当量率仪 IEC 62327 ed1.0 (2006)	
			可携式光子污染监测仪:IEC 62363 ed1.0 (2008)	
			手持式高灵敏放射性物质光子探测仪:IEC 62533 ed1.0 (2010)	
			手持式高灵敏放射性物质中子探测仪:IEC 62534 ed1.0 (2010)	
	固定式		车辆运输的循环或非循环物质中的 γ 辐射监测仪:IEC 62022 ed1.0 (2004)	
			用于国界放射性及特殊核材料检测的固定式辐射监测仪 IEC 62244 ed1.0 (2006)	
			用于放射性物质非法贩运的探查和识别的谱仪型门式监测仪:IEC 62484 ed1.0 (2010)	
			用于安保的个人和非法携带物件的 X 射线扫描系统:IEC 62463 ed1.0 (2010)	GB 15208-2005 GB 12664-2003
			货物车辆辐射影像检查系统:IEC 62523 ed1.0 (2010)	GB 19211-2003

资料来源:http://www.iec.ch。

8.2 个人监测

GB18871-2002 要求：注册者、许可证持有者和用人单位应负责安排工作人员的职业照射监测和评价。对职业照射的评价主要应以个人监测为基础。

对于任何在控制区工作的人员，或有时进入控制区工作并可能受到显著职业照射的人员，或其职业照射剂量可能大于 5mSv/a 的人员，均应进行个人监测。在进行个人监测不现实或不可行的情况下，经审管部门认可后可根据工作场所监测的结果和受照地点与时间的资料对工作人员的职业受照做出评价。

对在监督区或只偶尔进入控制区工作的工作人员，如果预计其职业照射剂量在 1～5mSv/a 范围内，则应尽可能进行个人监测。应对这类人员的职业受照进行评价，这种评价应以个人监测或工作场所监测的结果为基础。

如果可能，对所有受到职业照射的人员均应进行个人监测。但对于受照剂量始终不可能大于 1mSv/a 的工作人员，一般可不进行个人监测。

应根据工作场所辐射水平的高低与变化和潜在照射的可能性与大小，确定个人监测的类型周期和不确定度要求。

注册者、许可证持有者和用人单位应对可能受到放射性物质体内污染的工作人员（包括使用呼吸防护用具的人员）安排相应的内照射监测，以证明所实施的防护措施的有效性，并在必要时为内照射评价提供所需要的摄入量或待积当量剂量数据。

个人监测是利用个人所佩带的剂量计或其他测量设备，对个人受到的外照射剂量、体内污染和体表污染所进行的测量。对于个人剂量监测机构来说，定期参加国际、国内比对是质量保证的有效手段。

(1) 外照射个人剂量监测：外照射个人剂量监测是实现辐射防护目的的重要环节之一，是用工作人员佩带的剂量计所进行的测量以及对这些测量结果做出解释。个人剂量计的选择与监测对象和监测目的密切相关。人们可以使用下述类型的剂量计：①光子剂量计，仅能给出关于个人剂量当量 $H_P(10)$ 的信息；②β-光子剂量计，可给出关于个人剂量当量 $H_P(0.07)$ 和 $H_P(10)$ 的信息；③甄别型光子剂量计，除给出关于 $H_P(10)$ 的资料外，还给出某些关于辐射类型、有效能量以及高能电子探测方面的指示性信息；④肢端剂量计，对于 β-光子辐射给出关于 $H_P(0.07)$ 的信息；⑤中子剂量计，给出关于 $H_P(10)$ 的信息。个人剂量计的能量响应特性以及过载特性应引起使用者的足够重视（表 8.4～表 8.6）。

表 8.4 外照射个人剂量计的性能和应用

类型	适用辐射类型	标称量程	应用	说明
胶片剂量计	γ、β、n	0.001～10^2 Gy	剂量值永久记录	易受环境因素影响
热释光剂量计	γ、β、n	0.001～10^2 mGy	可重复使用	能量响应好、普遍应用
玻璃荧光剂量计	γ	0.05～10^1 Gy	大范围 γ 剂量测量	可永久或长期积累数据、消退小
光激发光剂量计	X、γ、β	探测下限可达到 1μSv	辐射剂量范围宽	灵敏度高、测量过程简便、可以反复测量
电子剂量计	β、γ、n	0.001～10^2 mGy	直读、剂量、报警	便于实时掌握工作人员剂量

续表

类型	适用辐射类型	标称量程	应用	说明
核径迹乳胶	n	饱和剂量约 50mSv	快中子测量	能量阈值高、能量响应差、消退率高、易受环境的影响
固体核径迹探测器	n	灵敏度为 10^{-6} ~ 10^{-5}径迹/中子	中子剂量监测	包括裂变径迹探测器、反冲径迹探测器和(n,α)径迹探测器。径迹尺寸和形状与粒子类型、能量和入射角、探测器材料类型和蚀刻条件密切相关
TLD 反照率剂量计	n	探测下限约 100μSv	中子剂量监测	能量从热中子到 10keV 之间有较高和恒定的响应，超过 10keV 后，响应迅速下降
气泡剂量计	n	0.01～50μSv	可制成能量无关的剂量计或能量相关的谱测量仪	灵敏度高，对 γ 辐射不灵敏，温度影响大，能量和剂量率范围窄
个人报警中子剂量计	n	10～10^6μSv/h	中子个人剂量实时监测	探测器种类多，如^{3}He 管、Rossi 计数器、半导体探测器、反冲质子计数器等

资料来源：Bernard Shleien. 1998. Handbook of Health Physics and Radiological Health; International Atomic Energy Agency. 1999. No. RS-G-1. 3。

表 8.5　一些市售热释光材料的特性

热释光剂量计类型	有效原子序数，$Z_{有效}$	主峰(℃)	最大发射率(nm)	相对灵敏度	消退(在 25℃时)
LiF:Ti,Mg	8.3	200	400	1	5%/年
LiF:Na,Mg	8.3	200	400	1	5%/年
LiF:Mg,Cu,P	8.3	210	400	25	5%/年
$Li_2B_4O_7$:Mn	7.3	220	605	0.20[a]	4%/月
Li2B_4O_7:Cu	7.3	205	368	2[a]	10%/2 个月
MgB_4O_7:Dy	8.4	190	490	10[a]	4%/月
BeO	7.1	190	200～400	0.20[a]	8%/2 个月
$CaSO_4$:Dy	14.5	220	480～570	30[a]	1%/2 个月
$CaSO_4$:Tm	14.5	220	452	30[a]	1%～2%/2 个月
CaF_2:Mn	16.3	260	500	5[a]	16%/2 周
CaF_2(天然的)	16.3	260	380	23	极小
CaF_2:Dy	16.3	215	480～570	15[a]	8%/2 个月
Al_2O_3	10.2	360	699	4[a]	5%/2 周

a. 光敏感。

资料来源：International Atomic Energy Agency. 1999. No. RS-G-1. 3。

表 8.6　一些典型电子剂量计的测试结果

性能参数	技术要求(IEC 61526)	变化范围	
		最好	最差
读数保持	±5%，掉电 24h 后变化	0%，无变化	数据丢失
跌落	±10%，以 1.5m 高处跌落至坚硬表面	0%，无损伤	数据丢失，损坏

续表

性能参数	技术要求(IEC 61526)	变化范围	
		最好	最差
外部电磁场	±10%，100V/m（100kHz～500MHz）和1V/m(500MHz～1GHz)	无可见变化	不可使用
外部磁场	±10%,60A/m(50Hz)	无可见变化	
静电放电	±10%,8kV(2mJ)	无可见变化	读数混乱
有效测量范围	1μSv～1Sv, 1μSv/h～1Sv/h	1μSv～40Sv, 1μSv/h～16Sv/h	1μSv～1Sv, 1μSv/h～0.5Sv/h
光子辐射固有误差(^{137}Cs)	±15%(剂量当量) ±20%(剂量当量率)	±1% ±3%	±10% ±12%
β辐射固有误差(^{90}Sr/^{90}Y)	±15%(剂量当量) ±20%(剂量当量率)	6% 10%	−20% −17%
过载响应	过载指示	有	无
剂量率线性	±20%（直到1Sv/h)	2%	饱和(0.5Sv/h)
响应时间	±10%,<5s(增加) ±10%,<10s(降低)	1.5%(5s) 0.5%(10s)	57%(5s) 2%(10s)
光子辐射报警阈值精度(^{137}Cs)	±15%(剂量当量) ±20%(剂量当量率)	1% ±20%	13% 14%
β辐射报警阈值精度(^{90}Sr/^{90}Y)	±15%(剂量当量) ±20%(剂量当量率)	10%	−20%设定值
角响应(0～60^0)	±30%(^{90}Sr/^{90}Y) ±20%(^{137}Cs) ±50%(^{241}Am)	±30% ±2% ±7%	±50%(60^0) ±11% ±60%
能量响应	±30%(β,E_{max}>0.78MeV) ±30%(20keV～1.5MeV) ±30%(60keV～1.5MeV)	±25% ±15% ±15%	−40% >100% ±60%

资料来源：X Ortega. 2001. Radiation Protection Dosimetry. 96(1～3)。

(2) 体内污染监测：体内污染监测是为估算由于摄入放射性核素产生的内照射剂量而进行的监测，可分为直接测量法和间接测量法。直接测定仪器包括全身计数器、器官(肺、肝、甲状腺、骨等)计数器等。测量时应特别注意要清除体表污染的干扰，对计数器进行良好的效率刻度是获得准确测量结果的关键因素之一。间接测量法包括对生物样品(尿、粪便、呼气、血液、鼻涕、组织样品)和实物样品(空气样品、表面擦拭样品)的测量。选择何种测量方法，在很大程度上取决于要测量的辐射类型(表8.7～表8.10)。

表8.7 摄入放射性核素的直接测量

定义和适用范围	定义：对沉积于体内的放射性核素所发射的γ或X射线(包括轫致辐射)的直接测量通常称为活体测量、全身监测或全身计数。测量仪器包括全身计数器、器官(肺、肝、甲状腺、骨等)计数器等 范围：直接测量只适用于那些发射足够能量和数量的光子的放射性核素，不能发射高能光子的放射性核素(例如^{3}H、^{14}C、^{90}Sr/^{90}Y、^{239}Pu)通常只能用间接法测量

续表

测量的几何条件	• 对于全身分布的核素，全身或大部分身体的测量可得到最大探测灵敏度。全身计数可用静态几何条件；也可进行扫描，移动测量对象或移动探测器 • 对于集中在特定器官或组织中的核素，应监测该器官或部位。如甲状腺、肺、伤口等，需要测定体内核素的分布时，也采用局部监测 • 良好的校准具有非常重要的作用
探测方法	• 对于来自许多裂变产物和活化产物 100keV 以上的高能光子，常用无机闪烁探测器，如 NaI(T1) • 对于低能光子，如^{239}Pu 和^{241}Am 发射的光子，常用薄 NaI(T1)晶体。它与大晶体的探测效率相近，但本底低得多。再引入 CsI(T1)晶体作为反符合保护构成的夹层(Phoswich)探测器，可消除高能光子的影响，将探测限降低一个多数量级 • 在单一核素测量、混合核素成分已知、人体中天然^{40}K 干扰可忽略或可以由前期测量推出的情况下，可采用有机闪烁探测器 • 半导体探测器的能量分辨率高，但灵敏度比无机晶体和其他闪烁体低。紧凑排列的 3～6 个探测器已成为监测特定器官(如肺)中污染的标准方法 • 小型半导体探测器广泛应用于活体监测，特别是可在室温下工作的碲化镉探测器，对低能光子具有灵敏度高、尺寸小的特点，成为局部伤口监测的理想探测器，可用于快速评定外科切除操作是否成功。但小尺寸探测器不适用于能谱测量及核素识别

资料来源：International Atomic Energy Agency. 1999. No. RS-G-1. 2。

表 8.8　直接测量法的实验室能力验证的最低检测水平(MTL)

测量类别	测量部位	放射性核素	MTL[a,b](kBq)
Ⅰ. 超铀元素(测量 X 射线)	肺	^{238}Pu	9
Ⅱ. ^{241}Am	肺	^{241}Am	0. 1
Ⅲ. ^{234}Th	肺	^{234}Th 与其母体^{238}U 平衡	0. 5
Ⅳ. ^{235}U	肺	^{235}U	30
Ⅴ. 裂变和活化产物	肺	任何两种： ^{54}Mn ^{58}Co ^{60}Co ^{144}Ce	 3 3 3 30
		加上： ^{134}Cs[c] ^{137}Cs/^{137m}Ba[c]	 3 3
Ⅵ. 裂变和活化产物	全身	所有： ^{134}Cs ^{137}Cs/^{137m}Ba ^{60}Co[c] ^{54}Mn[c]	3
Ⅶ. 甲状腺中的放射性核素	甲状腺	^{131}I 或^{125}I	3

a. 测试范围的上限不应超过规定的 MTL 的 20 倍。

b. 任何一个测试体模中，最高和最低放射性核素活度(不包括^{40}K)彼此都应在 3 倍范围之内，而对第Ⅴ类中^{144}Ce，其活度应不超过其他放射性核素的 30 倍。

c. 这些放射性核素因存在于体模中起干扰作用，但不必包括在测试范围内。

资料来源：International Organization for Standardization. 2001. ISO12790-1。

表 8.9 摄入放射性核素的间接测量

<table>
<tr><td colspan="2">定义和适用范围</td><td>间接测量是测量从体内分离出来的生物物质(尿、粪便、呼气或血液)或取自工作环境的实物样品(诸如空气、表面污染样品)中的放射性浓度。间接法适用于不发射强贯穿辐射的核素或直接法的灵敏度和不确定度不能满足要求时</td></tr>
<tr><td rowspan="4">生物样品</td><td>尿</td><td>在解释急性摄入后不久获得的尿样的放射性核素水平时,应特别谨慎。摄入后应立即排空膀胱,然后获取第二个样品和随后的样品,所有样品都应分析。在常规监测具有立即排出成分的放射性核素时,应考虑取样日期,因为在接受照射前后哪怕很短一段时间,所取样品也会有很大差异</td></tr>
<tr><td>粪便</td><td>放射性物质每日从粪便的排出率的可靠估算通常仅能根据 3～4 天内总的收集量,在大多数情况下,单个样品只应用于筛选的目的。当监测长期受长寿命核素照射的人员时,最理想的是应在假期之后(至少离岗 10 天)和返回工作环境之前收集粪便样品</td></tr>
<tr><td>呼气</td><td>呼气仅对直接呼出或代谢成气体或挥发性液体的少量物质才是重要的排出途径。但是,对于这些情况,测量呼气样品能提供测量排出的放射性活度的简便方法,它排除了大多数其他放射性污染源</td></tr>
<tr><td>其他</td><td>• 血液样品可为估算全身循环中的核素提供直接的信息,但因医学限制而不常使用
• 鼻分泌物在任务有关和特殊监测以表明需要附加取样和分析时非常有用,特别在可能发生锕系元素照射时
• 组织样品能提供关于核素及其相对浓度的信息。其他诸如毛发和牙齿可用于评定摄入量,但一般不用于定量的剂量评估。尸体解剖时所取的组织样品也可用于评定放射性核素的体内含量</td></tr>
<tr><td rowspan="2">实物样品</td><td>空气样品</td><td>• 用固定取样器从室内大气中提取,或用个人空气取样器(PASs)从工作人员的呼吸带提取
• 对于易弥散化合物固定取样器能合理地代表吸入的放射性物质,否则可能有一个数量级或更多误差。PASs 获得的样品也可能高估或低估摄入量,取决于颗粒大小和呼吸速率的假设的可适用性
• 收集介质是专门针对要收集的物质的,例如,微粒物质能被过滤在粗纤维滤纸上,活性炭过滤层可用于氡气和碘蒸气取样,而氚化水可收集在吸水器中</td></tr>
<tr><td>表面样品</td><td>• 由于为放射性物质从表面转移到体内制定模型存在很大的不确定性,表面放射性核素浓度样品主要用于指明大量摄入的可能性及个人监测的必要性</td></tr>
<tr><td colspan="2">样品处理</td><td>在处理要用于评估内照射的样品时,应避免处理过程中放射性污染或生物污染的转移,要确保分析结果和原始样品之间的可追溯联系。还应考虑来自污染的潜在危害,包括生物污染和放射性污染。为保证可追溯性,对样品收集、运输和分析中的每一个步骤,都要编制好相应的文件,以描述和检验已发生的转移</td></tr>
<tr><td rowspan="2">分析方法</td><td>测量</td><td>测量仪器可分为三类,即用于测量 α、β、光子的仪器:
• α 粒子探测:利用 ZnS 探测器或流气正比计数器可进行总 α 计数,使用半导体探测器或屏栅电离室的 α 能谱学方法,可进行核素测量
• β 粒子探测:常用液闪计数器进行低能 β 发射体。在某些情况下设置能量窗可区分混合物中两个或两个以上 β 发射体。用流气型 GM 计数器或正比探测器能获得沉积在样品盘或过滤器上的高能 β 发射体的总体结果
• 光子探测:常用 NaI(T1)闪烁体或半导体探测器,对于极低能量 X 射线需要特殊的计数方法
非放射测量技术:如紫外荧光测定法用于铀分析、裂变径迹分析、中子活化分析和感应耦合等离子体质谱法(ICP/MS)测量特定的放射性核素分析</td></tr>
<tr><td>放化分离</td><td>放射性核素在计数之前应从样品基体中或者从其他元素的放射性同位素中分离出来,以便可靠地确定放射性活度。应跟踪该放射性核素通过每一步的回收,以便可靠地同原始样品中的浓度关联起来</td></tr>
</table>

资料来源:International Atomic Energy Agency. 1999. No. RS-G-1. 2。

表 8.10 生物样品放射测定的实验室能力验证的最低检测水平(MTL)

测量类别	放射性核素[a]	MTL [b,c](每升或每个样品)
Ⅰ. β 放射性:平均能量＜100keV	^{3}H	2kBq
	^{14}C	2kBq
	^{35}S	20kBq
	^{228}Ra	0. 9Bq

续表

测量类别	放射性核素[a]	MTL[b,c]（每升或每个样品）
Ⅱ. β放射性：平均能量≥100keV	^{32}P	4Bq
	$^{89}Sr/^{90}Sr$	4Bq
	或^{90}Sr	4Bq
Ⅲ. α放射性：同位素分析	$^{228}Th/^{230}Th$	0.02Bq
	或^{232}Th	0.02Bq
	$^{234}U/^{235}U$	0.02Bq
	或^{238}U	0.02Bq
	^{237}Np	0.01Bq
	^{238}Pu	0.01Bq
	或$^{239}Pu/^{240}Pu$	0.01Bq
	^{241}Am	0.01Bq
Ⅳ. 元素（质量/体积）	U	20μg
Ⅴ. γ（光子）放射性	$^{137}Cs/^{137m}Ba$	2Bq
	^{60}Co	2Bq
	^{125}I	0.4Bq

a. 间接生物测定服务实验室可以就特定放射性核素或选择一定的类别接受能力验证。如果选择某个类别，测试实验室选择该类别的测试核素。

b. 测试范围的上限不应超过规定的 MTL 的 20 倍。

c. 当测试活动涉及铀和钍的天然放射性核素时，可能需要人工配制样品基质。

资料来源：International Organization for Standardization. 2001. ISO12790-1。

(3) 体表污染监测：体表污染监测可有效防止工作人员将放射性物质带出控制区，避免可能经口或皮肤渗透转移到体内。主要监测仪器包括全身 α、β、γ 污染监测仪，手脚 α、β 污染监测仪等（表 8.11）。

表 8.11　固定式体表污染监测设备的基本要求

特性		技术要求
设备分类		根据辐射类型：α、β、γ、α/β、β/γ、α/β/γ 根据表面类型：全身、手、脚、手/脚 根据测量方式：有环境本底扣除、无环境本底扣除
设计		设置位置传感器确保 α/β 测量时手、脚和身体的准确定位 手部探测器灵敏区面积不小于 12cm×20cm，防护栅遮挡面积不大于 40% 脚部探测器灵敏区面积不小于 15cm×30cm，防护栅遮挡面积不大于 60% 探测器灵敏体积与防护栅外沿之间的总质量厚度不超过 6mg/cm²（对 α 和低能 β 不超过 2mg/cm²） 探测器布置应监测全部身体表面，包括头部和最外层衣服的外表面
位置响应	人体或衣着	α 监测装置：制造厂说明 β 监测装置：（^{36}Cl），制造厂说明 • 垂直响应：在距探测器 5cm 的垂直线上，以步距小于或等于 2cm 移动 • 水平响应：在空心人体躯干体模（周长 95cm、长轴 35cm、壁厚不小于 0.5g/cm²）上，在最大垂直响应的位置上，以 10°为间隔移动 γ 监测装置：（^{137}Cs）或 低能 γ（^{129}I），制造厂说明 • 垂直响应：在距探测器 5cm 的垂直线上，以步距小于或等于 5cm 移动 • 水平响应：在实心人体躯干体模（周长 95cm、长轴 35cm）上，在最大垂直响应的位置上，以 20°为间隔移动

续表

特性		技术要求
位置响应	手	参考核素：γ(^{137}Cs)或低能 γ(^{129}I)、β(^{36}Cl)、α(^{241}Am) 在 15cm×10cm 的面积上，24 个点上的最大响应不超过平均值的 2 倍
	脚	参考核素：γ(^{137}Cs)或低能 γ(^{129}I)、β(^{36}Cl)、α(^{241}Am) 在 30cm×10cm 的面积上，44 个点上的最大响应不超过平均值的 2 倍
本底		• 无补偿：应规定可允许本底变化范围 • 同时补偿：设置本底探测器 • 连续补偿：当设备不使用时，把每个监测道的信号作为本底储存，从后续测量信号中扣除
判断阈	人体或衣着	测量时间 10s，最小可探测表面发射率应小于：β(200/s)、γ(2000/s)
	手	测量时间 10s，最小可探测表面发射率应小于：α(10/s)、β(100/s)、γ(2000/s)
	脚	测量时间 10s，最小可探测表面发射率应小于：α(20/s)、β(200/s)、γ(1000/s)
能量响应	β	至少在小于 0.2MeV、0.2～0.5MeV、大于 0.5MeV 的能量区间内各选一个源，变化由制造厂说明
	α	天然铀(4.8MeV)、贫铀(4.2MeV)，变化由制造厂说明
	γ	至少在 5～10keV(低能监测设备)、50～150keV(低、高能监测设备)、150～500keV(高能监测设备)、500keV 以上(高能监测设备)能量区间内各选一个源，变化由制造厂说明
线性		对于给出污染水平指示的监测设备，在制造厂指定的量程范围内，响应的线性好于 20%
过载特性		以活度大于 10^6Bq^{137}Cs、10^5Bq^{90}Sr+^{90}Y、10^4Bq^{241}Am 源照射仪器，监测设备满刻度报警
γ 辐射影响		对 α 监测装置，在 10μGy/h 辐射场下，指示值无变化 对 β 监测装置，影响由制造厂说明
β/γ 辐射影响		对 α 监测装置，影响由制造厂说明
α 辐射影响		对 β/γ 监测装置，影响由制造厂说明
电源故障		在电源故障不超过 1h 情况下，电源恢复后 5min 内可正常工作
预热时间		30min
环境温度		5～40℃；±30%
相对湿度		35℃，40%～85%；±10%

资料来源：International Electrotechnical Commission. 2003. IEC61098. 2003。

8.3 场所监测

GB18871-2002 要求：注册者和许可证持有者应在合格专家和辐射防护负责人的配合下(必要时还应在用人单位的配合下)制定、实施和定期复审工作场所监测大纲。

工作场所监测的内容和频度应根据工作场所内辐射水平及其变化和潜在照射的可能性与大小来确定，并应保证：能够评估所有工作场所的辐射状况；可以对工作人员受到的照射进行评价；能用于审查控制区和监督区的划分是否适当。

工作场所监测大纲应规定：拟测定的量；测量的时间、地点和频度；最合适的测量方法与程序；参考水平和超过参考水平时应采取的行动。

场所监测的目的在于保证该场所的辐射水平及放射性污染水平低于预定的要求，以确保工作人员处于满足防护要求的工作环境，同时能及时发现偏离上述要求的情况，以便采取措施，防止或及时发现超剂量事件的发生。

根据监测对象，场所监测又可分为外照射剂量监测、表面污染监测和空气污染监测。

(1) 外照射剂量率监测：在工作人员逗留于某个特定区域时，或在他们被允许进入该区域前，需要了解不同工作区内的剂量当量率,以评估和控制职业照射。固定式区域监测仪通常配备远距离显示器和声光报警器,除某些工程上的差别外,其探测器和操作方法均与便携式巡测仪相类似。从实用观点看,区域监测仪器可分为下述类别:①光子用仪器;②β粒子和低能量光子用仪器;③中子用仪器;④无源γ监测仪;⑤无源中子巡测仪;⑥能谱测定系统。主要的监测仪器包括各类β、X和γ周围/定向剂量当量率仪,中子周围剂量当量率仪。在仪器选择和使用过程中,应特别关心其能量响应、角响应、线性及过载特性。根据测量对象的能量范围和剂量率范围,选择合适的监测仪,确定合理的检定与校准方案,尽量不使用早期无"抗阻塞"设计的剂量仪,避免超剂量事故时发生漏计。如选用的仪表无"抗阻塞"能力,监测人员应按照剂量从弱到强的顺序进行监测,以判断读数下降是由于剂量率的变化还是由于"阻塞"所致(表 8.12~表 8.15)。

表 8.12 几种国产防护水平 X、γ 剂量仪的能量响应

平均能量(keV)		33	48	83	118	161	205	662	1250	说明
仪器编号	1	1.16	1.07	1.10	1.14	1.10	1.08	1.00	0.98	电离室
	2	0	0.06	0.14	0.68	0.62	0.50	1.15	1.01	半导体探测器
	3	1.81	5.52	5.57	2.73	1.33	0.87	0.74	0.81	GM 计数管
	4	1.96	6.04	7.69	2.20	1.93	1.41	0.57	0.39	GM 计数管
	5	1.00	1.13	1.10	1.00	1.03	1.10	0.91	0.93	GM 计数管

资料来源:李景云.1990. 辐射防护,10(5)。

表 8.13 几种国产环境水平 X、γ 剂量仪的能量响应

平均能量(keV)		48	60	87	109	148	185	211	662	1250	说明
仪器编号	1	0.98	0.91	0.83	0.89	0.91	0.92	0.95	0.92	1.00	塑料闪烁体+ZnS
	2	0.94	0.91	0.90	0.91	0.93	0.92	0.90	0.93	0.99	塑料闪烁体+ZnS
	3	1.15	1.13	1.08	0.99	1.04	1.03	1.03	1.07	1.12	塑料闪烁体+ZnS
	4	1.14	1.05	0.97	0.92	0.91	0.95	0.94	0.98	1.03	ST401 塑料闪烁体+ ZnS
	5	1.06	1.09	1.00	0.96	0.96	0.97	0.94	0.95	0.96	ST401 塑料闪烁体+ ZnS
	6	0	0.17	1.31	0.67	2.09	3.36	3.32	1.32	0.61	NaI+塑料
	7	1.15	8.07	9.68	8.94	5.92	4.70	3.66	0.56	0.27	NaI 闪烁体
	8	9.75	8.72	4.70	2.91	0.59	0.96	0.78	0.68	0.84	GM 计数管

资料来源:李景云.1990. 辐射防护,10(5)。

表 8.14 β、X 和 γ 辐射周围/定向剂量当量(率)仪的基本要求

特性	定向剂量当量(率)仪	周围剂量当量(率)仪
相对固有误差	±20%(四个数量级)	±20%(四个数量级)
统计涨落	变异系数: • 15%, $H'(0.07)<1\mu Sv$ • $[16-H'(0.07)/1\mu Sv]\%$, $1\mu Sv \leqslant H'(0.07)<11\mu Sv$ • 5%, $H'(0.07)>11\mu Sv$	变异系数: • 15%, $H^*(10)<1\mu Sv$ • $[16-H^*(10)/1\mu Sv]\%$, $1\mu Sv \leqslant H^*(10)<11\mu Sv$ • 5%, $H^*(10)>11\mu Sv$
β 辐射能量和入射角	±40%,β 辐射最大能量 500keV~4MeV,相对于参考方向 0°~±45°	
X 和 γ 辐射能量和入射角	±40%,10~30keV,相对于参考方向 0°~±45°	±40%,80keV~1.25MeV 或 20~150keV

续表

特性	定向剂量当量(率)仪	周围剂量当量(率)仪
β辐射入射角	由制造厂说明,相对于参考方向 0°～90°	
X和γ辐射入射角	由制造厂说明,相对于参考方向 0°～90°	由制造厂说明,相对于参考方向 0°～90°
过载特性	当受到大于测量量程最大值的剂量当量率照射时,剂量当量率的指示值应在满刻度之外或指示过载。对于具有多个测量量程的仪器,这一要求适用于每个测量量程。试验方法如下: • 在量程最大值不大于 0.1Sv/h 条件下,以 100 倍量程最大值的剂量当量率照射 5min • 在量程最大值大于 0.1Sv/h 条件下,以 10 倍量程最大值或 10 Sv/h 中较大的剂量当量率照射 5min 在整个照射期间,指示值应在满刻度外或给出过载指示。完成试验后 5min,仪器功能应满足规定要求	与对定向剂量当量(率)仪的过载特性的要求相同
响应时间	<10s(1μSv/h～10mSv/h) <2s(>10mSv/h)	<10s(1μSv/h～10mSv/h) <2s(>10mSv/h)
电源	±5%(电池连续使用 12h,交流标称电压88%～110%)	±5%(电池连续使用 12h,交流标称电压88%～110%)
杂散辐射干扰	不大于制造厂指定值	不大于制造厂指定值
环境温度	±10%(室内:5～40℃) ±20%(室外:－10～40℃) ±30%(室外:－25～50℃)	±10%(室内:5～40℃) ±20%(室外:－10～40℃) ±30%(室外:－25～50℃)
相对湿度	±10%(85%,30℃)或(95%,35℃)	±10%,(85%,30℃)或(95%,35℃)
大气压力	±10%,70～106kPa	±10%,70～106kPa

资料来源:中华人民共和国国家质量监督检验检疫总局.2008. GB/T4835。

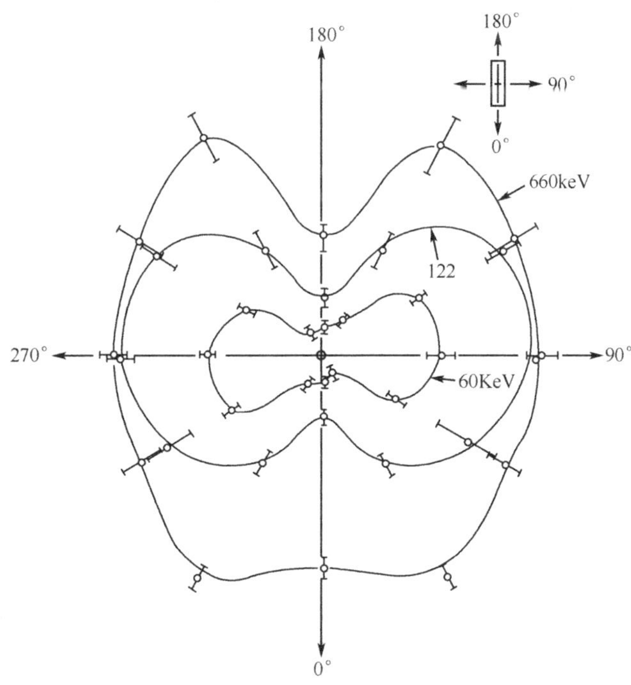

图 8.1 一种 GM 探测器对三种不同能量的角响应

资料来源:Bernard Shleien. 1998. Handbook of Health Physics and Radiological Health

表 8.15 中子周围剂量当量(率)仪的基本要求

特性	技术要求
相对固有误差	±20%
统计涨落	变异系数小于 20%
响应时间	• 小于 30s,周围剂量当量率小于 0.1mSv/h • 小于 30s,周围剂量当量率在 0.1～1mSv/h • 小于 4s,周围剂量当量率大于 1mSv/h
零点漂移	仪器连续工作 8h(经 30min 预热) • 对模拟显示仪器:不大于满刻度偏转角的±5% • 对数字显示仪器:最小有效数字位的指示值不大于 5
过载特性	当受到大于仪器测量量程最大值的照射时,仪器的指示值应在满刻度之外或指示过载。对于多量程的仪器,这一要求适用于每个量程。试验方法如下:用 10 倍于满刻度或 250mSv/h 的周围剂量当量率(取两者中较小)持续照射仪器 5min,指示值保持在满刻度外或给出过载指示
报警阈值	• 仪器受到剂量当量率报警阈值 0.8 倍的辐射场照射 10min,误报警的时间总和不应超过 1min • 仪器受到剂量当量率报警阈值 1.2 倍的辐射场照射 10min,应在大于 90% 的试验期间内报警,此时报警启动时间应小于 5s 或报警启动时间与报警阈剂量当量率的乘积小于 10μSv
中子能量	制造厂应针对下列几个能区说明指示值的相对固有误差:热中子、1～50keV、50～600keV、1～5MeV、13.5～16MeV
入射角	• ±25%,0°～90° • 制造厂说明,±90°～±180°
光子辐射	• 由 10m Sv/h 的 ^{137}Cs 辐射场产生的指示值小于 0.1m Sv/h • 在 1m Sv/h 的中子辐射场中再加 10m Sv/h 的 ^{137}Cs 辐射场,指示值变化小于±10% • 对高能光子的响应,由制造厂说明
电源	±10%,电池间断性使用 40h ±10%,电池连续使用 12h ±10%,交流标称电压 88%～110% ±10%,交流频率 47～53Hz
环境温度	±10%,10～35℃ ±20%,−10～45℃ ±30%,−25～50℃
相对湿度	±10%,35℃,95%
电磁兼容	±10%,在规定的试验条件下,包括静电放电、射频电磁场、由射频引起的传导干扰、由浪涌和振荡波引起的传导干扰、由快速瞬变和脉冲群引起的传导干扰、外磁场等

资料来源:中华人民共和国国家质量监督检验检疫总局. 2008. GB/T14318。

(2) 工作场所表面污染监测:表面污染的监测方法可粗略分为直接监测法和间接监测法。直接监测法的主要监测仪器是各类 α、β 表面污染测量仪,间接监测法包括擦拭法(干、湿)和表面置样检查法。直接监测法可简便快速地获得测量结果,适用于面积较大而又光滑的表面;当污染表面形状复杂、为容器管道内部或为难以直接监测的特殊低能 β 核素(如 ^{3}H)时,宜采用间接监测法。直接监测法不能确定污染的类型,欲区分"固定"和"松散"污染,应辅以间接监测法。在各类 α、β 表面污染测量仪的使用过程中,仪器的能量响应特性、待测表面与监测仪的距离、扫描速度、被污染基体材料的特性等都会影响监测结果,科学合理的检定与校准方法对提高表面污染监测水平有关键作用(表 8.16～表 8.23)。

表 8.16 α/β(β 能量大于 60keV)表面污染测量仪与监测仪的基本要求

特性	技术要求
仪器效率	表面发射率响应在制造厂规定值的 20% 以内(探测装置) 表面发射率响应在制造厂规定值的 25% 以内(污染测量仪和监测仪)

续表

特性	技术要求
探测器表面响应的变化	探测器表面各位置的响应应大于最大响应的 50%
相对固有误差	±25%(测量仪和监测仪) ±10%(测量装置)
统计涨落	变异系数小于 0.2
工作坪	工作电压变化±3%,计数率变化不超过±15%(探测装置)
阈值	触发阈值变化±10%,计数率变化不超过±2%(探测装置)
γ 辐射	• 10mGy/h 的 γ 辐射场引起 α 测量仪、监测仪和探测装置的指示值变化限值为±25% • 10μGy/h 的 γ 辐射场引起 β 测量仪、监测仪和探测装置的指示值变化限值由制造厂说明 • 10μGy/h 的 γ 辐射场引起 α 和 β 测量仪、监测仪的指示值变化限值由制造厂说明
β 辐射	在 5cm 距离内,放置一个不小于 370kBq 的源: • 对 α 测量仪、监测仪和探测装置,指示值变化限值±25% • 对 α 和 β 测量仪、监测仪,指示值变化限值由制造厂说明
α 辐射	α 发射体在距探测器 1cm 处,影响由制造厂说明
过载特性	用大于相应于指示值最大量程活度的放射源照射,仪器的指示值保持在满刻度外或指示过载。对于多个测量量程的仪器,这一要求适用于每个量程。试验方法如下:用活度至少 10 倍于每个量程满刻度或相当于 10^6/s 的放射源(取两者中较大的)照射仪器 1min,来确定仪器是否符合要求。移走过载放射源 5min 后,仪器性能应恢复正常
响应时间	<7s
电源	当交流电压在标称值的 88%~110%变化: 指示值的±10%(测量仪和监测仪) 指示值的±5%(测量装置) 高压变化的±1%(测量装置) 阈值的±10%(测量装置) 当交流频率在 47~51Hz 变化: 指示值的±5%(测量仪和监测仪) 指示值的±2.5%(测量装置) 高压变化的±0.5%(测量装置) 阈值的±10%(测量装置)
杂散辐射干扰	不大于制造厂指定值
环境温度	室内,10~35℃:±15%(测量仪和监测仪) ±5%(测量装置) ±5%(探测装置) 室外,−10~40℃:±20%(测量仪和监测仪) ±7%(测量装置) ±10%(探测装置)
相对湿度	35℃,40%~85%:±7.5%(测量仪和监测仪) ±2.5%(测量装置) ±2.5%(探测装置)
大气压力	±10%,70~106kPa

资料来源:中华人民共和国国家质量监督检验检疫总局.2008.GB/T5202。

表 8.17 放射性碘(I)的监测方法

• I 有 35 种同位素和 8 种同质异能素，除^{127}I为稳定同位素外，其余均为放射性同位素，其中重要的有^{131}I、^{129}I和^{125}I。I 可以多种化学形式存在，如元素碘(I_2)、有机碘(CH_3I)和各种碘酸(HI、HIO、HIO_3)等
取样方法：
• ^{131}I、^{129}I和^{125}I的分离和浓集方法基本相同，只是测量方法稍有不同。常用的分离和浓集方法有浸渍活性炭法、阴离子交换法、四氯化碳萃取法和碘化银沉淀法等
• 用取样器收集空气中微粒碘、无机碘和有机碘。微粒碘被收集在玻璃纤维滤纸上，元素碘和非元素无机碘主要收集在活性碳滤纸上，有机碘主要收集在浸渍活性炭滤筒内。采样时间的长短取决于采样器的最大采样流量和探测器的最低探测限
• 水和牛奶样品中的碘用阴离子交换树脂吸附、次氯酸钠溶液解吸；植物和动物甲状腺样品中的碘用 NaOH-KOH 固定后于 450℃灰化，用水浸取。解析液或浸取液用四氯化碳萃取，在亚硫酸氢钠存在下用水反萃取，碘化银沉淀制源
测量方法：
• ^{131}I测量：分为单次和连续测量。常利用低本底 β 测量装置或低本底 γ 谱仪测量。对于可能出现异常高浓度或者必须知道碘的总排放量的场合，往往需要连续监测
• ^{129}I和^{125}I测量：^{129}I和^{125}I的 γ 和 X 射线能量很低，需采用对低能射线灵敏的仪器。可分为直接测量法和活化分析法两种。测量仪器包括井型或薄 NaI(Tl)γ 谱仪、液闪计数器、本征锗探测器和硅锂探测器等。NaI(Tl)γ 谱仪设备简单，分辨率较差；液闪计数器灵敏度较高；本征锗探测器的分辨率很高；硅锂探测器对低能 γ 或 X 射线更灵敏且分辨率高。活化分析法的灵敏度更高，但需要对样品进行适当处理并在反应堆中用中子照射

资料来源：潘自强 . 2007. 电离辐射环境监测与评价；李德平 . 1988. 辐射防护手册(第二分册)：辐射防护监测技术。

表 8.18 氚的监测方法

• 在反应堆、后处理厂、同位素生产及应用场所都存在氚的监测问题。使用氚靶场合中氚的监测也应引起重视 • 氚是纯 β 辐射体(最大能量约 18.6keV，平均能量约 6keV)，由于氚的 β 能量极低，不能用通常的有窗探测器来测量，必须把氚引入到探测器的灵敏体积中。直接测空气中的氚，常用的探测器有流气式电离室、流气式正比计数器、闪烁计数器。对于取样获得的水样，则主要用液闪计数器测量。也有制备出 HT 气再测量的情况 • 除氚浓度较高的空气可引入电离室或计数器直接测量外，当氚浓度很低，又存在着其他放射性气体时，就只能先进行取样分离，而后再进行分析测量		
取样	• 环境空气中的^3H主要以氚化水(HTO)形态出现，而以 T_2、HT、CH_3T 等形态存在的^3H极少。并且氚化水对人体危害大，是重要的监测项目。对氚化水的取样方法有干燥剂吸附法、冷冻法、鼓泡法和除湿器采样法等 • 干燥剂吸附法：常用的干燥剂是硅胶(变色硅胶更常用)、矾土或分子筛。装置简单、操作方便，但吸附终点很难准确控制，样品解析较麻烦 • 冷冻法：将待测气流引入到冷阱中，气流中的氚化水蒸气就在冷阱中凝结下来，达到取样的目的。对设备要求较高，采样较费时间，不便携带 • 鼓泡法：使待测气流流经鼓泡器，通过鼓泡期间气液两相交换，气流中的氚化水蒸气就可收集到液相中。与冷冻法、干燥法相比，具有简单、准确和快速等优点。缺点是由于取样液的稀释作用，可探测下限不如冷冻法和干燥法低 • 除湿器采样法：设备价格不高，容易得到，操作较方便	
测量	电离室	电离室是最常用的测氚仪器，随着电子技术的进步，电离室的体积已经大大缩小。虽然大部分电离室采用泵将待测空气引入，也有采用开窗或室壁打孔的结构而不需要泵，用于监测房间、通风橱、手套箱和管道
	正比计数器	在氚测量中不如电离室的应用广泛，但正比计数器具有高灵敏度，适合低水平氚样分析
	闪烁计数器	可用于测量气体样品中氚的总摩尔百分比，与在气体中氚的化学形态无关(HT、DT、T_2、CH_xT_y)，也常用于高浓度氚测量
	质谱仪	扇形磁铁质谱仪、四极矩质谱仪、飞行时间(漂移管)质谱仪可用于气体成分高灵敏度测量，飞行时间(漂移管)质谱仪昂贵，需要专业人员操作

续表

测量	液闪计数器	用于表面擦拭样、液体样品和固体溶解样品中的氚测量
	可携式室内空气监测仪	功能和量程随设计用途变化，连接一个小管，可方便地探测氚泄漏
	固定式室内空气监测仪	安装于固定位置监测室内空气中氚浓度，具有多量程测量能力、多报警点设置和声光报警功能
	手套箱大气监测仪	用于手套箱高水平氚监测，极易污染导致错误的高读数，需要频繁清洗或调节报警阈值
	通风橱和排气管空气监测仪	量程和特点与固定式室内空气监测仪相同
	排气管空气监测仪	除采用大电离室提高灵敏度外，与固定式室内空气监测仪相同
	远距离现场氚分析系统	可现场部署的氚分析系统（FDTAS）用于地表水和地下水中氚的就地分析，采用自动化液闪计数技术，水中氚测量的灵敏度可达到 10Bq/L（100min 测量）
	表面活度监测仪	新型的表面活度监测仪（SAM）可用于金属（电导体）和非金属（非电导体）表面的氚监测。通过在污染表面和收集电极板之间加入电场，收集污染表面向外发射的电子流在空气中的初级电离来实现氚测量。该方法也已在纸、混凝土、花岗岩和木材等非导电材料表面进行了测试
	呼吸测定仪	类似于酒精测定仪的氚监测装置，呼吸测定仪可实现 5 分钟取样的呼出氚水平测量。灵敏度足以实现对体内氚是否超过应该引起注意的水平作快速判定

资料来源：潘自强，2007. 电离辐射环境监测与评价；International Atomic Energy Agency. 2004. Technical Reports Series. No. 421。

表 8.19 几种现场可携式氚监测仪的特性

• 由于氚的 β 能量极低，需要特殊的监测设备和监测技术。由于实验室分析成本高、非就地测量、耗时等缺点，对现场氚监测仪器有很大的需求 • 由于氚的 β 在空气中的射程仅为 1mm，在固体/液体中的射程仅为 1μm，在理想情况下，待测样品应该与探测器密切接触或非常靠近探测器；样品与探测器设置应有 4π 的几何效率；探测器应设计成薄窗或无窗、低噪声；本底应尽量低，包括采用针对其他核素（如氡和其他 α、β、γ 发射体）的补偿措施；另外可携式仪器还应具有轻便、耐用、可靠等特点		
气体探测器	电离室：采用电流、电荷积分或脉冲测量方式，LoD[a] 依赖于电离室体积、电子学、计数时间、本底。为消除记忆效应，采用抗污染电离室；采用入口过滤、γ 补偿等措施，可大幅提高探测能力。电离室的体积大，低水平测量时记忆效应的影响大	$400cm^3$，LoD～51 Bq/cm^3 $1000cm^3$，采取抗污染措施，LoD～18.5 Bq/cm^3 采用入口过滤、γ 补偿等，商用监测仪 LoD～0.037Bq/cm^3
	正比计数器：具有自身放大能力，可给出能量信息，但需要气体供应，产生废物。以空气作为探测介质时易受温度、气压和湿度的影响	采用 β/γ 补偿等措施，LoD～0.037 Bq/cm^3
	GM 计数管：采用 10～40$\mu g/cm^2$ 超薄聚碳酸脂窗	效率可达到无窗 2π 计数器效率的 6%～15%
闪烁探测器	固态闪烁体：可重复使用	液体测量：LoD 可达到 37 Bq/ml（5min.） 气态测量：LoD 可达到 0.8 Bq/cm^3 商用监测仪 LoD 可达到 3.7Bq/ml
	液态闪烁体：具有更高的效率，但会产生废物流	取样监测：LoD 可达到 6.4 mBq/ml（100min，本底 0.025cps） 实时监测：LoD 可达到 9.8 Bq/ml（20min.）
固体探测器	PIN 光二极管或雪崩光二极管（APD），APD 具有自身放大能力。采用大面积 APD，测量能力可到解控水平	PIN 光二极管 LoD～10 Bq/cm^2 大面积 APD：LoD～0.17 Bq/cm^2（96h）

a. LoD. limit of detection，探测限。

资料来源：Richard Marsh. 2007. 34th IRMF，NPL。

表 8.20 端窗计数管β粒子计数的影响因素及修正

修正因素	说明
几何影响	由于计数管的灵敏体积未知，由计数管和源构成的立体角通常不等于物理的立体角
源大小	由于源边缘的放射性具有较小的几何立体角，因此扩展源较点源具有较小的几何立体角。考虑该因素和源表面均匀覆膜的困难性，测量会产生较大误差
反散射	在离开源向着计数管相反方向发射的粒子中，有一部分被源所依托的基体散射进入计数器。该效应可将源置于 0.2～0.5mg/cm² 薄膜上，在有无衬底材料时测量得到。当同位素发射β粒子的最大能量超过 0.6MeV 时，对相同的衬底材料，散射因子是一个常数
窗吸收	由于β源发射的粒子是连续谱，一部分粒子被计数管的云母窗和源与计数管之间的空气所吸收。由于β发射体吸收曲线中的第一部分在半对数坐标中近似线性，利用几个薄吸收体测量源的计数，将云母窗和空气厚度外推到零可测量该效应
自吸收	当样品包含足够多的材料时，一部分粒子被样品自身吸收。该效应可通过制备一系列样品（相同的放射性同位素和不同数量的稳定材料）测量
符合损失	在高计数率情况下，当第二个粒子到达时，前一个放电过程没有完成，计数管处于非工作状态，可出现符合损失。符合损失的修正因子可通过先分别测量几个低活度源，然后同时测量这几个源得到

资料来源：Bernard Shleien. 1998. Handbook of Health Physics and Radiological Health。

表 8.21 正比计数器的效率确定

由于内充气正比计数器不能探测到样品发射的所有β射线，要确定总β发射率，必须用净计数率除以适当的效率修正因子。该效率(E)是三个因子的乘积，即几何因子(G)、反散射因子(B)和透射因子(T)，$E=G\times B\times T$。其中：

- 几何因子(G)：不是来自样品的所有辐射都朝向探测器的方向发射，几何因子考虑了源在适当方向上的发射分量，对半球形的内充气正比计数器，该因子等于 0.5
- 反散射因子(B)：β射线的反散射是其能量和计数托盘原子序数(Z)的函数
- 自吸收或透射因子(T)：由样品发射的一部分粒子被样品自身吸收。该损失被认为是自吸收，随样品厚度的增加而增加。作为计数目的，可方便地用透射因子表述。表示发射的β粒子中没有被样品自身吸收的份额

资料来源：Bernard Shleien. 1998. Handbook of Health Physics and Radiological Health。

表 8.22 单能电子垂直入射的反散射因子

反散射因子：$\eta=c_1/\{\tau_0{}^{c_2}[1+(c_3/\tau_0)^{c_4}][+(\tau_0/c_5)^{c_6-c_2}]\}$

其中：$\tau_0=T/mc^2$

$c_1=9.41\times10^{-3}+1.132\exp[-(57.1/Z)^{0.579}]$

$c_2=3.47/[1+(Z/0.163)^{0.833}]$

$c_3=7.30\times10^{-4}/[1+(58.5/Z)^{5.14}]$

$c_4=0.574$

$c_5=1.43Z^{0.447}$

$c_6=1.108+0.417/[1+(13.0/Z)^{1.76\times10^2}]$

T 为入射电子能量

mc^2 为电子静止能量

Z 为原子系数

资料来源：Rinsuke Ito. 1993. Bulletin of University of Osaka Prefecture V41，No2。

表 8.23 几种反衬材料的^{90}Sr+^{90}Y 探测效率及反散射因子

反衬材料	气体正比计数器(0.4mg/cm^2 窗)		气体正比计数器(3.8mg/cm^2 窗)	
	总效率(c/Bq)	反散射因子	总效率(c/Bq)	反散射因子
空气	0.28	1.00	0.25	1.00
木材	0.34	1.20	0.29	1.14
不锈钢	0.40	1.43	0.35	1.37
干砌墙	0.35	1.24	0.28	1.11
碳钢	0.40	1.42	0.33	1.32
地板瓷砖	0.35	1.25	0.31	1.23
混凝土	0.37	1.30	0.31	1.22
混凝土砖	0.35	1.25	0.31	1.22

资料来源:US Nuclear Regulatory Commission. 1997. NUREG-1507。

(3) 工作场所空气污染监测:空气污染监测的任务是对工作场所内的气载污染物的种类和浓度进行测量。可采用固定式、移动式、个人取样器进行监测,根据需要选择一种或几种监测手段。主要监测仪器是各类放射性气溶胶监测仪、放射性惰性气体监测仪、放射性碘监测仪、放射性氚监测仪、个人或固定式取样器等。可参考有关各种气态流出物监测仪的技术要求。

核电站的固定式辐射监测系统见表 8.24。

表 8.24 核电站固定式辐射监测系统

<table>
<tr><td rowspan="3">监测系统功能</td><td>区域辐射监测</td><td>实时监测和显示核电厂各重要区域的辐射水平和空气放射性污染水平,使工作人员免受不必要的辐射照射</td></tr>
<tr><td>流出物监测</td><td>通过对核电厂气态和液态流出物的连续监测,向电厂有关系统提供报警信息,以控制气态和液态流出物向环境的排放,并能估算和控制总的排放量,实现排出流活度浓度和总量控制</td></tr>
<tr><td>工艺监测</td><td>通过监测工艺介质或某些位置放射性水平的变化,监督核电厂某些重要系统和设备的工作状态,工艺监测包括安全屏障(燃料元件包壳、反应堆冷却剂承压边界和安全壳)的完整性监测</td></tr>
<tr><td rowspan="5">监测系统组成</td><td colspan="2">监测系统由各自独立的测量通道和集中信息管理系统组成,测量通道可分为:区域外照射监测、空气放射性浓度监测、流出物监测和工艺监测</td></tr>
<tr><td>区域外照射监测</td><td>监测工作场所中某一点的 γ、中子辐射剂量率</td></tr>
<tr><td>空气放射性浓度</td><td>监测工作场所空气中所含惰性气体、气溶胶和碘的放射性浓度</td></tr>
<tr><td>流出物</td><td>连续监测气、液态流出物中的放射性活度</td></tr>
<tr><td>工艺监测</td><td>监测厂房内重要设备或其附近的 γ 辐射、空气放射性或工艺流的放射性</td></tr>
<tr><td rowspan="5">监测设备布置</td><td colspan="2">监测点应有代表性,便于试验、校准和维护,环境条件较好,报警指示明显</td></tr>
<tr><td>区域 γ 监测</td><td>工作人员经常出入或接近的地方,或辐射剂量率变化较大的地方。探测器应置于一般人的胸部高度</td></tr>
<tr><td>空气活度浓度监测</td><td>取样点应设置在工作人员所到之处,取样口的高度一般位于人的头部高度。取样管管应尽可能短、避免或减少弯头数量;采用合适的材料以便减少空气阻力和放射性物质在管管上的吸附和沉积</td></tr>
<tr><td>流出物监测</td><td>气载流出物取样点应设置在烟囱和其他向环境排放的风道中,应具有代表性,取样管道尽可能短,应了解取样管道损失情况。液态流出物取样或监测点应具有代表性,应设置在液态流出物排放管线中</td></tr>
<tr><td>工艺监测</td><td>γ 监测点应布置在安全壳内、化学和容积控制系统下泄管路的外面;气体和气溶胶监测点应布置在安全壳内和乏燃料水池表面,离可能的泄露源最近的地点,或布置在当燃料包壳和冷却剂压力边界的泄漏将会引起空气中放射性浓度升高的位置;工艺流监测点可设置在工艺管内或工艺管旁或将工艺流引至合适位置进行测量</td></tr>
</table>

续表

<table>
<tr><td rowspan="3">测量通道要求</td><td>通用要求</td><td>连续监测;输出数字信号或模拟信号供显示和记录;用于事故及事故后监测的通道应符合单一故障准则,在电气上和实体上必须相互独立;报警阈值应在量程的 0～100%范围内连续可调,应至少设置两个报警阈值,并提供报警输出信号;宜设有各自的检验源、通道自检操作和指示功能;应具有通道故障自诊断及报警指示功能;所有可接触导电部件均应可靠接地</td></tr>
<tr><td>安全分级</td><td>测量通道分为安全级、安全有关和非安全重要,属于安全级和安全有关的设备应符合相应要求</td></tr>
<tr><td>抗震分级</td><td>安全级设备应按规定的要求进行抗震鉴定试验,安全有关设备建议与安全级设备一样进行抗震鉴定试验</td></tr>
<tr><td rowspan="3">测量通道要求</td><td>质量保证</td><td>测量通道的质量保证可分为 QA1、QA2、QA3 和 QA 四级,并应满足相应的质量保证要求</td></tr>
<tr><td>质量鉴定</td><td>核电厂电气设备质量鉴定分为三个级别:A、B、C</td></tr>
<tr><td>量程范围</td><td>• 能量范围:对 γ 至少应覆盖 80keV～1.5MeV,在 ^{16}N 是主要辐射源的情况下,应了解仪器对 ^{16}N 的 γ 射线的响应
• 剂量率范围:10^{-6}～10^{3}Gy/h,考虑严重事故应达到 10^{6}Gy/h
• 活度浓度范围:10～10^{9}Bq/m^{3},考虑严重事故应达到 10^{15}Bq/m^{3}</td></tr>
<tr><td>系统交付</td><td colspan="2">监测系统和设备应通过型式检验、制造过程中试验、现场验收试验、运行前试验、交付试运行等进行演示验证。运行前试验应对仪器的每一个量程进行校准,还应包括声、光报警检查、阈值设置、安装检查等</td></tr>
<tr><td rowspan="3">运行试验维护</td><td>运行</td><td>包括正常运行状态和事故情况。在核电厂运行期间,系统及设备状态应进行例行控制。为此应针对系统及设备进行预防性维护、状态监控和定期试验</td></tr>
<tr><td>试验</td><td>定期进行的系统及设备相关的各种功能试验,以验证其符合设计要求</td></tr>
<tr><td>维护</td><td>采取预防性维护措施确保系统及设备功能可靠,符合设计要求</td></tr>
<tr><td>管理控制</td><td colspan="2">包括设计评审;制造、安装和运行前试验中的控制;运行中的控制</td></tr>
</table>

资料改编自:国防科学技术工业委员会 . 2005. EJ/T 1180;STUK. 2004. Guide YVL 7. 11。

8.4 环境监测

辐射环境监测是指对操作放射性物质的设施周界之外的辐射和放射性水平所进行的与该设施运行有关的测量,辐射环境监测的对象是环境介质和生物。辐射环境监测的目的在于检验核设施运行在周围环境中造成的辐射和放射性水平是否符合国家和地方的有关规定,并对人为的核活动所引起的环境辐射的长期变化趋势进行监视。

根据监测任务、目的、阶段等的不同,可对辐射环境监测作以下分类:从管理角度可分为监督性环境监测和排污(营运)单位监测;从设施(或活动)的运行状态可分为正常状态环境监测和事故应急监测;从运行阶段可分为运行前辐射环境调查(辐射本底调查)、运行辐射环境监测、退役辐射环境监测(运行后辐射环境监测)(表 8. 25)。

表 8. 25 流出物监测和环境监测量的手段及应用

监测量	测量手段	应用
	流出物监测	
γ 剂量率(源)	固定式在线监测设备,连续监测	实践、应急
气体(排放空气)	固定式在线监测设备,连续监测	实践、应急
气溶胶(排放空气)[a]	在线监测设备和(或)取样;核素分析、总 α 和总 β	实践、应急
放射性活度(排放水)	在线监测设备和(或)取样;核素分析、总 α 和总 β	实践、应急

续表

监测量	测量手段	应用
	环境监测	
γ 剂量率(地面)	现场测量;移动式或固定式装置	实践、应急、持续性照射
气溶胶活度(空气)	过滤器取样;核素分析	实践、应急、持续性照射
放射性碘(空气)	针对特定物理和化学形态的取样;核素分析	实践、应急
放射性活度(雨)	雨水收集器取样;核素分析	实践、应急
沉积放射性活度	就地 γ 谱分析;取样和核素分析	实践、应急
放射性活度(土壤)	就地 γ 谱分析;现场取样和核素分析	实践、应急、持续性照射
放射性活度(食物、饲料、水、沉积物)	现场取样;核素分析	实践、应急、持续性照射

a. 如果针对某一实践的排放限值是以总 α 和(或)总 β 放射性活度,而不是以特定核素给出,在常规监测中可不必进行针对特定核素的测量。

资料来源:IAEA. 2005. IAEA Safety Standards Series No. RS-G-1. 8。

辐射环境监测的介质一般包括空气、水体及水生物、土壤及沉积物、动植物及其产品等。监测内容包括 α/β/γ 总活度、α/γ 核素分析、剂量或剂量率、环境介质中核素活度、沉降率等(表 8.26)。

表 8.26 不同环境介质测量方法的优缺点

取样类型			优点	缺点
大气环境	直接测量	物理量强度(如辐射或噪声)的实时现场测量	监测仪可以放置在相关位置,以评价时间-积分照射,并及时反映其变化	监测仪通常会对待测场产生一定干扰;某些监测设备(如评价电磁场)是比较昂贵和复杂的
	气载微尘	确定空气可吸入份额	直接收集与剂量相关的介质;提供有关对肺可能照射的信息	忽略了较大的粒子,但当它们沉积在鼻、嘴和咽喉中时,可能是重要的
		确定总微尘	提供用于评价对肺的剂量,以及对皮肤的可能效应和食入量的有关信息	并不是被测到的所有污染物是可吸入的
		沉降微尘的收集	代表已知时段和地理区域内的积分样品	气候可能对结果产生影响,只有大粒子沉降被收集到
		气体积分(浓缩)样品	样品的浓缩允许探测到空气中较低的浓度	样品通常必须在实验室中分析;化学反应可能改变收集到的成分特性
		直接测量	提供实时数据	探测下限可能不够低
陆地环境	牛奶		直接剂量相关介质;数据容易解释	牛奶样品并不是始终可以获得的
	食物		直接剂量相关介质;数据容易解释	样品并不是始终可从相关区域内获得;气候和处理过程可能影响样品性质
	野生生物		直接剂量相关介质	高流动性;并不是始终能获得;数据解释较难
	植物		样品容易获得;污染累积途径的多样性(直接沉积,叶和根摄入)	数据解释较困难;气候可引起污染的损失;不是所有季节可以获得
	土壤取样		很好反映随时间的累积沉降	分析费用高;数据用于解释人群照射和剂量时有一定难度
水环境	地表水(非饮用)		容易获得;指示污染水生植物和水生动物的可能性	不是直接剂量相关的,数据解释有难度
	地下水(非饮用)		可作为废物管理不够满意的指示	并不始终可获得;数据解释有难度,因为可能存在多个污染源
	饮用水		直接剂量相关介质;为所有人群组所消费	污染浓度通常十分低

续表

取样类型		优点	缺点
水环境	水生植物	较灵敏	数据解释有难度;不是所有季节可获得
	沉积物	较灵敏,可反映过去污染的累积	数据解释有难度,因为可能存在多个污染源
	鱼和贝壳类	直接剂量相关介质,是很好的污染指示物	经常不可获得;高流动性
	水禽类	直接剂量相关介质	经常不可获得;高流动性;数据解释有难度

资料来源:潘自强.2007.电离辐射环境监测与评价。

辐射环境监测技术总体上可以分为就地测量和取样后实验室分析两大类;也可分为物理方法和化学分析方法;物理方法包括了环境辐射场的直接测量和环境样品的测量分析,环境辐射场的直接测量主要是测量环境中的放射性核素发射出的γ射线在空气中的吸收剂量率;环境样品的测量分析是对各种环境介质中核素的测量分析,从而得到核素在环境介质中的活度浓度。放射化学分析是利用核素或核反应的特性及化学分离和核辐射测量的方法进行核素或元素分析。应该随着监测目的的不同,选择不同的监测方法(表8.27~表8.29)。

表8.27 几种环境γ剂量监测用探测器比较

探测器种类	测量范围	能量响应	备注
高压电离室	0.01μSv/h~100mSv/h	较好	美国、中国广泛采用
NaI探测器	0.01μGy/h~100mGy/h	经能量补偿和温度校正后,在50keV~2MeV内小于±10%	日本原子力研究所、丹麦环境监测网等采用,可测剂量也可作γ核素分析
硅半导体探测器	0.01μGy/h~0.5Gy/h(两个半导体)	不理想	有些电厂过去采用过
盖革-弥勒计数器	0.01μGy/h~30mGy/h可以有更高量程	较差,在42keV~1.3MeV内约±30%	德国国家环境监测网中采用1850对GM管
正比计数管	0.05μSv/h~25mSv/h可扩展至7Sv/h	在30keV~1MeV内±30%	荷兰、德国等全国环境监测网中采用

资料来源:潘自强.2007.电离辐射环境监测与评价。

表8.28 八台用于监测网络的探测器比对结果

探测器类型		本底(nGy/h)	线性	能量响应	烟羽模拟(较环境本底增加10%)	辐射场测量(nGy/h)		
						地面(38 nGy/h)	宇宙射线(32 nGy/h)	合计(70 nGy/h)
PC	1	0.8	一般	较好,>1MeV过响应	可以区分	32.0	38.4	70.4
	2	3.5				42.5	55.6	98.1
	3	8.5				34.1	43.5	77.6
GM	1	−3.8	一般	较好,>1MeV过响应	不能区分	27.2	51.8	89.0
	2	−0.7						78.9
	3	16.2				35.9	53.2	89.1
IC		1.9	极好	低能响应不好	可以区分	—	—	73.1
SC		0.6	—	较差	—	—	—	37.7

注:PC.正比计数器;GM.盖革-弥勒计数器;IC.高压电离室;SC.NaI探测器。

资料来源:潘自强.2007.电离辐射环境监测与评价。

表 8.29 ^{14}C 测量方法比较

	内充气正比计数器	液闪测量苯	液闪测量 $BaCO_3$	固体源测量 $BaCO_3$
单个测量样品含 C 量(g)	1	1	0.5	0.125
单个测量样品对应累积空气取样体积 $V(m^3)$	7	7	4	1
计数效率 E	0.95	0.80	0.35	0.018
本底 N_b[(计数/min)]	23	40	28	7
测量时间 t(min)	100	100	100	100
最低可探测浓度 DLD(Bq/m^3)	5.6×10^{-3}	8.8×10^{-3}	2.9×10^{-2}	1.2

注:$DLD=4.65\times(N_b/t)^{1/2}/(60\times E\times V)$。

资料来源:潘自强.2007.电离辐射环境监测与评价。

氡的测量是评价氡辐射危害的基础。氡作为一种广泛存在的天然辐射源,与其子体一起对人产生的辐射剂量,占天然辐射源产生的总辐射剂量中的50%左右。氡测量方法和仪器大致可分为三类:瞬时测量方法、连续测量方法和累积测量方法及相关仪器。按采样方法还可分为主动测量、被动测量和联合测量等。测量氡的方法虽然很多,但每种方法也都有其适用的范围和局限性。环境中的温度、湿度、气压,以及仪器的本底、灵敏度、响应时间等因素都会对测量结果造成影响。在高钍地区,当 Tn 浓度较高时,其对氡的测量将造成干扰(表 8.30)。

表 8.30 氡测量装置及特性

探测器类型	工作方式	典型 MDC[a](Bq/m^3)	典型不确定度[b](%)	典型取样周期	费用
α 径迹探测器(ATD)	被动式	～30	10～25	1～12 个月	低
活性碳探测器(ACD)	被动式	～20	10～30	2～7d	低
驻极体探测器(EIC)	被动式	～150	8～15	5d～1a	中
静电收集装置(EID)	主动式	～20	～25	2d[illegible]a	中
连续氡监测仪(CRM)	主动式	～5	～10	1h～1a	高

a. 最小可探测浓度。

b. 在 $200Bq/cm^3$ 氡浓度,取最佳暴露时间的测量条件下。

资料来源:Hajo Zeeb. 2009. WHO Handbook on Indoor Radon:A Public Health Perspective。

8.5 流出物监测

核设施在运行过程中,通过烟囱排出的气载放射性污物流,或通过管道、水渠排入污水接纳体的液体放射性污物流都称为放射性流出物。为了控制和评价核设施放射性流出物对周围环境和居民产生的辐射影响,通过对流出物进行采样、分析或测量,以弄清流出物特征而进行的监视性测量,称为放射性流出物监测。流出物监测的根本目的是要验证设施运行期间周围的公众和环境可以得到足够的保护;验证设施的运行可以满足国家和地方有关流出物排放相关标准和规定的要求。

核设施放射性流出物监测计划的规模和要求,应根据设施的规模、特征及释放风险来确定。一方面要把预计或可能有放射性污染的所有流出物都置于监测计划之中;另一方面,除了考虑正常情况(设施运行和正常环境条件)下的常规释放,还必须考虑异常情况(净化装置完全失效和恶略环境条件)下的潜在释放。

为了合理地评价监测结果,除了放射性监测以外,还应根据需要测量其他的有关参数(例如,流出物的化学成分、粒度分布、排风量、污水流量、烟囱和取样管道内的温度和湿度,以及排风口的风向、风速度等)。应对流出物监测中取样系统的代表性、监测的质量保证等问题给予足够的重视。

表 8.31 不同核设施运行期间的流出物监测内容

设施	流出物	监测点	监测项目	取样方式	测量方式
压水堆核电厂	气载流出物	烟囱	惰性气体	连续	连续
			气溶胶、^{131}I	累积/连续	定期/连续
			^{3}H、^{14}C	累积	定期
	液态流出物	储存罐	^{3}H、γ 核素分析、放射性活化产物	排放前	不定期
		排放口	^{3}H、γ 核素分析、放射性活化产物	定期/等比	定期
铀矿山及水冶	气载流出物	作业场所排放口	气溶胶:U、^{226}Ra、^{210}Pb、^{210}Po		定期
			废气:氡及其子体		定期
	液态流出物	排放口	总 α、总 β、U、^{226}Ra、^{210}Pb、^{210}Po		定期
	废渣	尾矿库废石场	γ 空气吸收剂量率、氡及其子体、氡析出率、U、Th、^{226}Ra、^{210}Pb、^{210}Po		定期
铀转化、浓缩及元件制造设施	气载流出物	作业场所排放口	U 和 U 的氟化物		
	液态流出物	排放口	总 α、总 β、U		
核燃料后处理设施	气载流出物	排放口	^{85}Kr、^{90}Sr、^{99}Tc、^{129}I、^{131}I、^{137}Cs、^{239}Pu、^{3}H		
	液态流出物	排放口	^{63}Ni、^{90}Sr、^{99}Tc、^{129}I、^{131}I、^{137}Cs、^{239}Pu、^{3}H、U		
放射性同位素生产与应用设施	气载流出物	排放口	由同位素生产与应用活动涉及的工艺和主要放射性同位素种类来决定		
	液态流出物	排放口			
伴生放射性矿物资源开发利用设施	气载流出物	排放口	氡及其子体(含钍量高的还应包括 Tn 及其子体)浓度、放射性气溶胶浓度		
	液态流出物	排放口	铀、钍、镭、总 α、总 β		

资料来源:中华人民共和国环境保护总局 . 2001. HJ/T61。

表 8.32 气态流出物活度连续监测设备:放射性气溶胶监测仪的基本要求

特性	技术要求
参考响应	技术规格书±20%
线性	在有效测量范围内指示值相对误差小于 10%
过载特性	当受到 10 倍最大可测量指示值的活度照射时(至少持续 10min),指示值保持在满刻度外或给出过载指示,当过载照射撤销后设备应正常工作
统计涨落	变异系数小于 10%
指示值稳定性	在 100h 内指示值变化小于 10%
报警阈范围	在整个有效测量范围内,应提供可调的高值报警

续表

特性	技术要求
报警阈稳定性	在100h内工作点变化小于5%
设备故障报警	应提供探测器信号丢失、取样回路故障和电路系统故障的报警，应尽可能多地指出其他故障报警来源，并具有自诊断系统
β辐射能量	指示值的变化由制造厂说明
其他电离辐射影响	• ≤25%，α参考源(^{239}Pu、^{241}Am)对β测量装置的影响 • ≤2%，β参考源(^{90}Sr+^{90}Y)对α测量装置的影响
其他放射性气体响应	由制造厂说明
^{137}Cs源外部γ辐射	• 制造厂规定值(在源与探测器为参考取向，10μGy/h的^{137}Cs照射条件下) • 不大于上述值2倍(在源与探测器为其他取向，10μGy/h的^{137}Cs照射条件下)
其他源外部γ辐射	• 不大于制造厂规定值(^{137}Cs)的2倍(在源与探测器为参考取向，10μGy/h的其他源的照射条件下)
流量稳定性	在取样部件标称预热30min后，取样流量指示值与约定真值的偏差应不超过约定流量的±10%，并且取样流量在其后100h内的变化不超过±10%
过滤器压降影响	由于过滤器产生的压降导致的设备流量指示的变化应不超过约定真值流量的−10%
外部泄漏	入口流量和出口流量之差小于5%
监测仪取样效率	制造厂说明值的±10%
电源	±10%，交流标称电压88%～110%，标称流量的±5% ±10%，交流频率47～53Hz，标称流量的±10%
环境温度	±10%，10～35℃；中点，22℃，正常值±10% ±20%，−10～40℃；中点，15℃，正常值±10% ±50%，−25～50℃；中点，12℃，正常值±10%
相对湿度	±10%，35℃，90%

资料来源：中华人民共和国国家质量监督检验检疫总局．2008．GB/T7165．2。

表8.33 气态流出物活度连续监测设备：放射性惰性气体监测仪的基本要求

特性	技术要求
参考响应	技术规格书±15%
线性	在有效测量范围内指示值相对误差小于10%
过载特性	当受到10倍最大可测量指示值的放射源照射时(至少持续10min)，指示值保持在满刻度外或给出过载指示，当过载照射撤销后设备应正常工作
统计涨落	变异系数小于10%
指示值稳定性	在100h内指示值变化小于10%
报警阈范围	在整个有效测量范围内，应提供可调的高值报警
报警阈稳定性	在100h内工作点变化小于5%
设备故障报警	应提供探测器信号丢失、取样回路故障和电路系统故障的报警，应尽可能多地指出其他故障报警来源，并具有自诊断系统
其他放射性气体的响应	对于特定核素(如碘、氚等))监测仪，小于拟测气体响应的15% 对于非特定核素监测仪，由制造厂说明
^{137}Cs源外部γ辐射	制造厂规定值(在源与探测器为参考取向，10μGy/h的^{137}Cs照射条件下) 不大于上述值2倍(在源与探测器为其他取向，10μGy/h的^{137}Cs照射条件下)

续表

特性	技术要求
其他源外部 γ 辐射	不大于制造厂规定值(^{137}Cs)的 2 倍(在源与探测器为参考取向,10μGy/h 的其他源的照射条件下)
流量稳定性	在取样部件标称预热 30min 后,取样流量指示值与约定真值的偏差应不超过约定流量的±10%,并且取样流量在其后 100h 内的变化不超过±10%
过滤器压降影响	由于过滤器产生的压降导致的设备流量指示的变化应不超过约定真值流量的−10%
电源	±10%,交流标称电压 88%~110%,标称流量的±5% ±10%,交流频率 47~53Hz,标称流量的±10%
环境温度	±10%,10~35℃;中点,22℃,正常值±10% ±20%,−10~40℃;中点,15℃,正常值±10% ±50%,−25~50℃;中点,12℃,正常值±10%
相对湿度	±10%,35℃,90%

资料来源:中华人民共和国国家质量监督检验检疫总局 . 2008. GB/T7165. 3。

表 8.34 气态流出物活度连续监测设备:放射性碘监测仪的基本要求

特性	技术要求
参考响应	技术规格书±20%
线性	在有效测量范围内指示值相对误差小于 10%
过载特性	当受到 10 倍最大可测量指示值的放射源照射时(至少持续 10min),指示值保持在满刻度外或给出过载指示,当过载照射撤销后设备应正常工作
统计涨落	变异系数小于 10%
指示值稳定性	在 100h 内指示值变化小于 10%
报警阈范围	在整个有效测量范围内,应提供可调的高值报警
报警阈稳定性	在 100h 内工作点变化小于 5%
设备故障报警	应提供探测器信号丢失、取样回路故障和电路系统故障的报警,应尽可能多地指出其他故障报警来源,并具有自诊断系统
其他放射性气体的响应	由制造厂说明
^{137}Cs 源外部 γ 辐射	制造厂规定值(在源与探测器为参考取向,10μGy/h 的 ^{137}Cs 照射条件下) 不大于上述值 2 倍(在源与探测器为其他取向,10μGy/h 的 ^{137}Cs 照射条件下)
其他源外部 γ 辐射	不大于制造厂规定值(^{137}Cs)的 2 倍,(在源与探测器为参考取向,10μGy/h 的其他源的照射条件下)
流量稳定性	在取样部件标称预热 30min 后,取样流量指示值与约定真值的偏差应不超过约定流量的±10%,并且取样流量在其后 100h 内的变化不超过±10%
过滤器压降影响	由于过滤器产生的压降导致的设备流量指示的变化应不超过约定真值流量的−10%
外部泄漏	入口流量和出口流量之差小于 5%
收集效率	制造厂说明值的±10%
电源	±10%,交流标称电压 88%~110%,标称流量的±5% ±10%,交流频率 47~53Hz,标称流量的±10%
环境温度	±10%,10~35℃;中点,22℃,正常值±10% ±20%,−10~40℃;中点,15℃,正常值±10% ±50%,−25~50℃;中点,12℃,正常值±10%
相对湿度	±10%,35℃,90%

资料来源:中华人民共和国国家质量监督检验检疫总局 . 2008. GB/T7165. 4。

表 8.35 气态流出物活度连续监测设备:放射性氚监测仪的基本要求

特性	技术要求
参考响应	技术规格书±15%
线性	在有效测量范围内指示值相对误差小于10%
响应时间	制造厂技术规格书
过载特性	当受到10倍最大可测量指示值的放射源照射时(至少持续10min),指示值保持在满刻度外或给出过载指示,当过载照射撤销后设备应正常工作
气体滞留的灵敏度	在受到大于1000倍判断阈的体积活度照射以后,小于由其所产生的最大读数的1%
统计涨落	变异系数小于10%
指示值稳定性	在100h内指示值变化小于10%
报警阈范围	在整个有效测量范围内,应提供可调的高值报警
报警阈稳定性	在100h内工作点变化小于5%
设备故障报警	应提供探测器信号丢失、取样回路故障和电路系统故障的报警,应尽可能多地指出其他故障报警来源,并具有自诊断系统
对其他化学形态氚的响应	按照技术规格书,一般小于拟测量化学形态氚在相同比活度时读数的15%
其他放射性气体的响应	由制造厂说明
^{137}Cs源外部γ辐射	制造厂规定值(在源与探测器为参考取向,10μGy/h的^{137}Cs照射条件下) 不大于上述值2倍(在源与探测器为其他取向,10μGy/h的^{137}Cs照射条件下)
其他源外部γ辐射	不大于制造厂规定值(^{137}Cs)的2倍(在源与探测器为参考取向,10μGy/h的其他源的照射条件下)
流量稳定性	在取样部件标称预热30min后,取样流量指示值与约定真值的偏差应不超过约定流量的±10%,并且取样流量在其后100h内的变化不超过±10%
过滤器压降影响	由于过滤器产生的压降导致的设备流量指示的变化应不超过约定真值流量的−10%
电源	±10%,交流标称电压88%~110%,标称流量的±5% ±10%,交流频率47~53Hz,标称流量的±10%
环境温度	±10%,10~35℃;中点,22℃,正常值±10% ±20%,−10~40℃;中点,15℃,正常值±10% ±50%,−25~50℃;中点,12℃,正常值±10%
相对湿度	±10%,35℃,90%

资料来源:中华人民共和国国家质量监督检验检疫总局.2008.GB/T7165.5。

表 8.36 液态流出物和地表水中放射性核素监测设备的技术要求

特性	技术要求
参考响应	相对固有误差小于10%
固体源灵敏度	与制造厂规定值的偏差小于10%
线性	相对固有误差小于15%,在最小值2.5倍到有效量程的75%范围内变化
指示值的重复性	变异系数小于10%
指示值的复现性	100小时以上,指示值的变化小于10%
响应时间	制造厂指定
β探测器防护屏的一致性	对于不同防护屏,指示值的变化小于10%
过载特性	当受到10倍满刻度的放射源照射时,指示值保持在满刻度,当过载照射撤销后设备应正常工作

续表

特性	技术要求
报警分离机构的稳定性	100 小时以上,好于设置点的 5%
报警分离机构的范围	在整个有效测量范围内
故障报警	在取样回路故障和电路系统故障的情况下,1min 内报警 在探测器故障下,在制造厂指定时间内报警
液体中除参考核素之外的其他核素	不超过制造厂规定值的 20%
水中^{222}Rn 子体	在有足够的活度,保证测量不确定度小于 10%条件下,不超过制造厂规定值的 20%
外部^{60}Coγ 辐射(规定的源和探测器几何条件)	在空气比释动能率分别为 1μGy/h(环境监测仪)或 10μGy/h(流出物监测仪)的条件下,不超过制造厂规定值
外部^{60}Coγ 辐射(其他几何条件)	在空气比释动能率分别为 1μGy/h(环境监测仪)或 10μGy/h(流出物监测仪)的条件下,不超过制造厂规定值的 2 倍
悬浮物	当浓度>100mg/l 时,与无悬浮物相比,5 小时内指示值变化小于 10%
预热时间	±10%,最大 30min
电源	±10%,交流标称电压 88%~110%,标称流量的±5% ±10%,交流频率 47~53Hz,标称流量的±10%
环境温度	±20%,10~40℃;中点,20℃,正常值±10% ±40%,0~50℃;中点,25℃,正常值±10%
相对湿度	±10%,35℃,90%RH

资料来源:International Electrotechnical Commission. 2006. IEC60861。

8.6 退役监测

退役监测涉及的射线种类主要是 α、β、γ,但需要测量的量程范围宽,待测介质种类繁多,包括木材、土壤、混凝土、墙面、钢材、水等。应选取合理的测量方法、监测仪器,并对测量结果给予合理解释(表 8.37)。

表 8.37 退役所需要的源项数据、数据的用途及数据采集方法

需要的源项数据	数据的用途	数据采集方法
辐射(α、β、γ)剂量或照射量率	判别辐射危害、出入限制、确定退役步骤和方法、估算废物体积	直接测量、空气监测
表面的松散和固定污染	评价初步去污效果、制定气溶胶防护计划、确定个人防护措施	擦拭样品分析、关联辐射测量
辐射源和污染定位(热点)	评价退役行动的设计顺序、确定退役步骤和方法	直接扫描,历史数据
墙壁或地板内污染物	评价退役行动的设计顺序、确定退役步骤和方法	扫描和内部样品分析
设施下或附近土壤中污染水平	确定退役步骤和方法、评价地基清除和挖掘的危害	土壤样品分析、历史土壤取样数据

资料来源:International Atomic Energy Agency. 1998. Technical Reports Series No. 389。

监测技术可分为扫描测量和定点测量,定点测量包括就地测量和取样测量。扫描测量是在距待测物体表面一定的距离上以一定的速度移动可携式探测器,或在探测器保持不动的条件下移动待测物体,扫描过程中速度和距离的变化会提高测量方法的不确定度。就地测量是将探测器置于距待测物体表面一定距离的固定位置上进行预定时间间隔的测量，由于核素分布的不均匀、待测物体形状的多样性会使确定校准因子的过程变得非常复杂并提高了测量方法的不确定度。取样测量是取下待测物体的一部分样品送实验室分析测量，适用于复杂同位素混合物、难以测量的放射性核素、极低残余放射性浓度的测量，但时间长、成本高，针对松散污染的擦拭法测量是取样测量的一种形式。常用的典型监测仪器可分为手持式仪器、容积计数系统（桶、箱、4π 计数系统）、传送带式监测系统、就地 γ 谱仪、门式检测仪、实验室分析仪器等（表 8.38～表 8.46）。

表 8.38 反应堆退役源项调查的方法和技术

调查方法	说明
活化产物估算	• 反应堆内中子通量的空间和能量分布计算程序：对于简单几何条件，采用一维中子输运程序 ANISN 或 XSDRNPM；对于较复杂几何条件，采用二维中子输运程序，如 DOT/DORT、COROUT、TWODANT；三维中子输运程序可采用 TORT；对于极复杂几何条件，采用基于蒙特卡罗方法的程序、如 MCBEND、MORSE、KENO5、MCNP、TRIPOLI 等 • 反应堆内所有材料中由中子诱发的放射性空间分布计算程序，如 ORIGEN2、ORIGEN-S。根据计算的放射性分布可得出关键部件的剂量率水平
就地测量	就地测量可分为三种：剂量率测量、污染测量和能谱测量。测量方法的选择应充分考虑到待测物体的几何形状、表面条件、放射性污染物的性质和污染程度的变化、测量精度的要求等。结合室内位置信息或室外 GPS 信息的监测数据记录、处理、显示系统也是退役监测技术的发展趋势之一
采样分析	• 采样分析的主要目的是验证材料活化的理论计算结果、估算表面污染水平和分布、获取难测核素的关联因子 • 采样方法应确保样品的代表性，分析仪器主要有高纯锗谱仪、α 谱仪、液闪计数器等。一般来说，在现场对样品进行初步的 γ 谱分析，之后可通过复杂的放化分析来测量所有重要的放射性核素
表面污染估算	上述的活化产物估算程序，不适用于内表面污染的估算。为此需要采用基于不同模型的专用软件来估算表面污染，如 BKM-CRUD 软件可模拟活化腐蚀产物在反应堆主回路中的沉积过程；PACTOLE 软件也可预测活化腐蚀产物在压水堆主回路中的沉积；PROFIP 软件用于裂变产物污染估算

资料改编自：International Atomic Energy Agency. 1998. Technical Reports Series No. 389; International Atomic Energy Agency. 1999. Technical Reports Series No395。

表 8.39 退役源项就地测量技术

<table>
<tr><th>种类</th><th colspan="3">说明</th></tr>
<tr><td>剂量率测量</td><td colspan="3">如建立了核素浓度与剂量率的关系，剂量率测量可作为放射性物质活度估算的方法。但当核素比例发生变化时，核素浓度与剂量率关系也会发生变化。该方法的精度依赖于表面几何条件、同位素相对含量、表面放射性物质活度分布、本底辐射水平及实际测量步骤（与被测表面的距离、测量点、测量仪器、探测器取向等）。源项估算可采用软件通过剂量率测量、厂房设备布置等条件获得</td></tr>
<tr><td rowspan="5">污染测量</td><td>松散污染</td><td colspan="2">采用擦拭法</td></tr>
<tr><td>总污染或固定污染</td><td colspan="2">采用静态测量和扫描测量的方法。扫描速度与探测器灵敏度、辐射类型和强度、仪器分辨时间有关，通常不应超过 3～5cm/s。相对来说，音频输出较视频输出能更可靠地反映污染的变化</td></tr>
<tr><td rowspan="3">管道及管沟内表面污染</td><td>管道爬行器</td><td>管道爬行器可实现管道内部的视频和放射调查，仅适用于直径大于 10～15cm 的管道测量，对于弯头及湿滑表面的测量有一定困难</td></tr>
<tr><td>管道探测器</td><td>管道探测器集成了常规辐射探测器。采用独特的倒膜敷设技术，可避免探测器自身污染、消除沿管道的污染扩散、具备弯头测量能力</td></tr>
<tr><td>超射程 α 探测器（LRAD）</td><td>超射程 α 探测器（LRAD）通过测量 α 粒子在周围空气（或载带气体）中的电离来间接测量 α 粒子，为 α 粒子测量提供了一个较好的解决方案，但无法给出 α 污染的位置信息</td></tr>
<tr><td>能谱测量</td><td colspan="3">能谱测量可获得放射性核素的详细数据，适用于 α、β、γ 发射体。通过就地 γ 谱测量和适当的算法可获得管道或其他部件内表面核素污染的结果，该方法可有效验证用于模拟活化腐蚀产物在反应堆主回路沉积的计算机程序。在能谱测量中通常忽略半衰期小于 1 年的放射性核素</td></tr>
</table>

续表

种类	说明
其他	对于放射性混合物的测量，由于存在高能发射体，很难或不可能探测到其中的低能发射核素。在这种情况下可采用关联因子/换算因子法或指纹法，通过易测核素的测量结果推出难测核素。由于关联因子与设施和在设施中的部位密切相关，应特别关注其应用的有效性，通过取样和实验室分析确定混合物中放射性核素的相对含量是非常必要的，还应考虑衰变因素导致的关联因子随时间的变化。可采用关联因子法测量的核素主要有以下三类：活化腐蚀/侵蚀产物（^{55}Fe、$^{59,63}Ni$、^{94}Nb 与 ^{60}Co 关联），裂变产物（^{90}Sr、^{99}Tc、^{129}I 与 ^{137}Cs 关联），锕系元素（锕系元素与 ^{144}Ce、^{60}Co、^{137}Cs、^{241}Am 关联）

资料改编自：International Atomic Energy Agency. 1998. Technical Reports Series No. 389；International Atomic Energy Agency. 1999. Technical Reports Series No. 395。

表 8.40 一些现场用辐射探测器的特性

探测器类型	本底(cpm)	测量核素	辐射	效率(4π)(%)	MDA(Bq/cm²)
钟罩形有机 GM 管	25	^{14}C	β	20	0.24
圆柱形卤素 GM 管	50	$^{90}Sr+^{90}Y$	β	8	0.33
空气计数器	10	^{235}U	α	13	>0.003
	10	^{239}Pu	α	9	>0.005
流气计数器	1.8	^{241}Am	α	21	>0.0014
	180	^{204}Tl	β	31	0.012
	6	^{241}Am	α	21	>0.0007
	600	^{204}Tl	β	31	0.007
ZnS(Ag)闪烁体	1	^{241}Am	α	26	
塑料闪烁体(Φ70mm×3mm)	60	$^{90}Sr+^{90}Y$	β	14	0.12
塑料闪烁体(Φ40mm×40mm)	600	^{60}Co	γ	5	2.6
NaI(Tl) 闪烁体(Φ32mm×5mm)	600	$^{55}Fe,^{238}Pu,^{239}Pu$	X	25	0.9
NaI(Tl) 闪烁体(Φ32mm×25mm)	600～2280	^{60}Co	γ	5	2.6～8

注：MDA 为测量时间 30s、95%置信限。

资料来源：International Atomic Energy Agency. 1998. Technical Reports Series No. 389。

表 8.41 用于 α 测量的辐射探测器

系统	描述	应用	备注
α 谱仪	一个用硅二极管面垒型探测器分辨、定量 α 能量的系统	精确甄别并测量从土壤、水、空气过滤器提取的薄层样品中各种 α 核素的活度	在计数前样品要进行放射化学分离或其他准备
α 闪烁测量仪	窗厚度小于 1mg/cm²，探测面积 50～100cm²	现场测量非多孔表面、擦拭样和空气过滤器上或已知表面屏蔽程度的不规则表面上是否存在 α 污染	最小灵敏度为 10cpm，或带有耳机的为 1cpm
α 径迹探测器	聚碳酸脂塑料薄片与被污染表面接触并保持适当位置	测量总 α 表面污染，土壤活度水平，或污染深度分布	α 辐射产生了一个被化学扩大的辐射损伤孔，孔的密度给出了放射性水平的信息
驻极体电离室	一个带电聚四氟乙烯盘放在一个敞开的电离室内	测量 α 或 β 在表面和土壤上的污染，外加 γ 辐射剂量或氡浓度	辐射类型由驻极体的利用方式等决定。如装置被封在塑料中测 γ
超射程 α 探测器(LRAD)	1m×1m 探测器测量盒子中的电离程度。安置在牵引车上。有定位器，能绘出污染分布曲线	在网络点测量表面污染和土壤浓度，绘出恒定污染分布曲线。可用于大面积测量	α 探测限在 20～50dpm/cm² 或 0.4Bq/g

续表

系统	描述	应用	备注
液体闪烁计数器(LSC)	样品与 LSC 混合液混合，辐射引起与强度成比例的光脉冲	α 或 β 发射体实验室分析，具有能谱测定能力	根据脉冲形状甄别精确确定是 α 还是 β 辐射，需要 LSC 混合液(一种闪烁材料)
流气式正比计数器(现场)	P10 气体流经探测器来测量 α 和 β 辐射。窗厚小于 1～10mg/cm²，手持式探头探测面积为 50～100cm²，车载探测面积为 600cm²	表面扫描，表面活度测量或现场评估擦拭样。做一种筛查决定是否需要进行较多的核素化分析	样品中的天然放射性核素会影响其他污染物的探测。需要 P10 气体
流气式正比计数器(实验室)	无窗(内正比计数器)或带小于 0.1mg/cm² 窗，探测面积 10～20cm²，可以采用第二个或保护探测器减少本底和 MDA	实验室测量水、空气和擦拭样品	需要 P10 气体，无窗的探测器会被污染

资料来源：美国国防部等．2002. 核设施退役辐射检测与场址调查手册。

表 8.42　用于 β 测量的辐射探测器

系统	描述	应用	备注
带扁平 β 探头的 GM 测量仪	1.4 mg/cm² 薄窗探测器，探测面积 10～100cm²	扫描检查个人、工作区、设备和擦拭样是否有 β 污染。与定标器连接用于实验室测量	相对高的探测限使它在终态检测中受到限制
流气式正比计数器(现场)	测量 α 和 β 辐射，需 P10 气体流经探测器，带小于 1～10mg/cm² 的窗，探测面积 50～100cm²	表面扫描，表面活度测量或现场评估擦拭样。做一种筛查决定是否需要较多的核素化分析	样品中的天然放射性核素会干扰其他污染物的探测。需要 P10 气体，但测量可以中断气体几小时
流气式正比计数器(实验室)	无窗(内正比计数器)或带小于 0.1mg/cm² 窗，探测面积 10～20cm²，可以采用第二个或保护探测器减少本底和 MDA	实验室测量水、空气和擦拭样等样品	需要 P10 气体，无窗的探测器会被污染
液体闪烁计数器(LSC)	样品与 LSC 混合液混合，发射与射线强度成正比的光脉冲	α 和 β 发射体实验室分析，具有能谱测定能力	根据脉冲形状甄别对 α 和 β 辐射有较高的选择性，需要 LSC 混合液(一种闪烁材料)

资料来源：美国国防部等．2002. 核设施退役辐射检测与场址调查手册。

表 8.43　用于 γ 和 X 射线测量的辐射探测器

系统	描述	应用	备注
带γ探头的 GM 测量仪	30mg/cm² 厚壁探测器	测量 0.1mR/h 以上的辐射水平	其非线性能量响应可用能量补偿探测器加以修正
高气压电离室	电离室准确性好，且耐用、有稳定的性能	在场址补救中测量 γ 照射量率是极好的	与放射性核素鉴别探测设备联合使用
驻极体电离室	一个带静电的聚四氟乙烯盘放在电离室中	γ 照射量率	租用的
手持式电离室测量仪	测量的辐射水平比典型本底高	测量真实的 γ 照射量率	由于探测限比本底水平高，在现场测量中不是很有用
手持式高气压电离室测量仪	测量的辐射水平比典型本底高	测量真实的 γ 照射量率，灵敏度比手持非高气压电离室好	由于探测限比本底水平高，在现场测量中不是很有用
碘化钠测量仪	探测器尺寸可达 20.32mm×20.32 mm，较小的探测器用在微伦仪中	环境辐射的低水平测量	能量响应非线性，应在待测辐射能区作校准，或在特定位置与高气压电离室比较确定校准因子

续表

系统	描述	应用	备注
现场低能辐射探测仪(FIDLER)	NaI 或 CsI 的薄晶体	扫描来自钚和镅的 γ/X 辐射	
带多道分析器的 NaI 探测器	带各种尺寸、形状的碘化钠晶体,与光电倍增管和 MCA 相连	实验室 γ 谱分析确定样品中 γ 放射性核素的浓度和类型	对地表土壤或地表水污染很敏感,如果样品含有多种同位素,分析程序将很困难
带多道分析器的锗探测器	P 型或 N 型本征锗,不带铍窗	实验室 γ 谱分析确定样品中 γ 放射性核素的浓度和种类	对地表土壤或地下水污染非常敏感,当一个样品含有多种同位素时尤其有效
便携式锗多道分析系统	一个基于锗探测器和多道分析器的实验室系统的便携式版本	在特征化监测到终态检测期间确定和定量 γ 放射性核素浓度以及就地测量土壤和其他媒介中的浓度时相当优良	需要液氮供给或机械制冷系统,同时要有熟练的操作员
现场 X 射线荧光谱仪	用半导体硅和锗	确定低百分含量金属原子的相对丰度	
热释光剂量计(TLDs)	对γ辐射敏感的晶体	测量几天到几个月的累积辐射剂量	要特殊的校准以获得结果的高准确性和重复性

资料来源:美国国防部等.2002.核设施退役辐射检测与场址调查手册。

表 8.44 几种质谱仪的应用

系统	描述	应用	备注
LA-ICP-AES(激光烧蚀电感耦合等离子体原子发射质谱仪)	使物质的表面气化、电离并测量其原子的发射谱	现场放射性 U、Th 污染的即时分析	需要昂贵的设备和熟练的操作人员,^{232}Th 的 LLD 是 0.004Bq/g,^{238}U 的 LLD 是 0.01 Bq/g
LA-ICP-MS(激光烧蚀电感耦合等离子体质谱仪)	使物质的表面气化电离之后测量其原子的质量	现场放射性 U、Th 污染的即时分析	需要昂贵的设备和熟练的操作人员,比 LA-ICP-AES 更敏感,^{230}Th 的 LLD 是 0.6 Bq/g
化学物种形成激光烧蚀/质谱仪	用激光将样品变成气溶胶,并用质谱仪分析	高灵敏、特异性地分析有机和无机样品	挥发性样品可以带离现场几百英尺到分析区

资料来源:美国国防部等.2002.核设施退役辐射检测与场址调查手册。

表 8.45 监测仪器与监测技术不同组合的优缺点

监测仪器	监测技术	优点	缺点
手持式仪器	就地	可适应被测介质的多样性 探测器可携 可有效测量 α、β、γ、X 和中子辐射 常被用于难于测量的区域 价格相对低廉 特别适合于少量物体的测量	耗费较多的人工劳动 探测器窗易碎 大部分仪器无核素识别能力
手持式仪器	扫描	可适应被测介质的多样性 探测器可携 可有效测量 β、γ、X 和中子辐射 适用于难于测量的区域 价格相对低廉 特别适合于少量物体的测量	耗费较多的人工劳动 探测器窗易碎 大部分仪器无核素识别能力 增加了额外的测量不确定度 由重复测量带来的潜在伤害和伴随成本

续表

监测仪器	监测技术	优点	缺点
手持式仪器	擦拭	仅用于松散污染 松散污染可转移到低本底计数区域测量	仪器本底不足够低 当探测器灵敏区大于擦拭面积时，应考虑在探测器灵敏区域下其他介质的固有本底的影响
容积（桶、箱、4π）计数系统	就地	可测量小物件 可有效测量 α、γ、X 辐射 人工劳动相对较少 对大量物体的测量，可节约成本	不适用于难于测量区域的放射性测量 仪器尺寸决定了其不可携性
门式监测仪	就地	可测量大物件 可有效测量 γ、X 和中子辐射 人工劳动相对较少 对大量物体的测量，可节约成本	用于 α、β 放射性测量不理想 用于难于测量区域放射性测量也不太理想 探测设备的尺寸决定了其不可携性
门式监测仪	扫描	可测量大物件 可有效测量 γ、X 和中子辐射 驻留时间一般很短 不要求被测物体在测量期间处于静止状态 人工劳动相对较少 对大量物体的测量，可节约成本	用于 α、β 放射性测量不理想 应特别注意源的几何条件的影响 用于难以测量区域放射性测量也不太理想 探测设备的尺寸决定了其不可携性
就地 γ 谱仪	就地	利用灵活的刻度实现定量测量 一般需要一定量的人工劳动 对大量物体的测量，可节约成本	仪器昂贵、建立和维护成本高 需要液氮供应 探测设备的尺寸决定了其不可携性
就地 γ 谱仪	扫描	一般需要一定量的人工劳动 对大量物体的测量，可节约成本	仪器昂贵、建立和维护成本高 需要液氮供应 探测设备的尺寸决定了其不可携性
传送带式监测系统	就地	在初始安装调试后，仅需要相对较少的人工干预 对大量物体的测量，可节约成本	仪器昂贵、建立和维护成本高 用于难于测量区域的测量不太理想 探测设备的尺寸决定了其不可携性 一般无核素识别能力
传送带式监测系统	扫描	在初始安装调试后，仅需要相对较少的人工干预 对大量物体的测量，可节约成本	仪器昂贵、建立和维护成本高 用于难于测量区域的测量不太理想 探测设备的尺寸决定了其不可携性 一般无核素识别能力
实验室分析	取样	即使对于难测量核素，也可给出最低的最小可探测浓度（MDC）和最小可量化浓度（MQC） 实现非 γ 核素的可靠识别	成本高、时间长 因人员等待分析结果导致杂项开支增加 应对样品的代表性给予充分关注 探测器窗易碎
实验室分析	擦拭	仅用于松散污染 松散污染可转移到低本底计数区域测量	仪器本底不足够低 当探测器灵敏区大于擦拭面积时，应考虑在探测器灵敏区域下其他介质的固有本底的影响

资料来源：US Nuclear Regulatory Commission. 2009. NUREG-1575 Supp. 1。

表 8.46　不同核素的最小探测活度 MDA

核素	发射射线	探测方法	MDA(Bq/g)
^{3}H	β^-	液闪计数器	10
^{14}C	β^-	液闪计数器	1
^{36}Cl	β^-	液闪计数器	1
^{41}Ca	EC	液闪计数器	1～10
^{54}Mn	EC、γ	γ 谱	0.5
^{55}Fe	EC、X	X 射线谱或液闪计数器	10
^{60}Co	β^-、γ	γ 谱	0.5
^{59}Ni	EC、X	X 谱	10
^{63}Ni	β^-	液闪计数器	1
^{90}Sr	β^-	β 计数或液闪计数器	1
^{93}Zr	β^-	ICPMS	0.1
^{93m}Nb	IT、X	X 射线谱或液闪计数器	10
^{94}Nb	β^-、γ	γ 谱(ICPMS)	0.5(7)
^{93}Mo	EC、X	X 射线谱或液闪计数器	10
^{99}Tc	β^-	ICPMS	0.6
^{106}Ru	β^-、γ	γ 谱(子体：^{106}Rh)	0.5
^{108m}Ag	EC、γ	γ 谱	0.5
^{110m}Ag	β^-、γ	γ 谱	0.5
^{125}Sb	β^-、γ	γ 谱	0.5
^{129}I	β^-	ICPMS(或 X 射线谱)	0.007
^{134}Cs	β^-、γ	γ 谱	0.5
^{137}Cs	β^-、γ	γ 谱(子体：^{137m}Ba)	0.5
^{133}Ba	EC、X、γ	γ 谱	0.5
^{144}Ce	β^-、γ	γ 谱	0.5
^{152}Eu	EC、β^-、X、γ	γ 谱	0.5
^{154}Eu	β^-、X、γ	γ 谱	0.5
^{155}Eu	β^-、X、γ	γ 谱	0.5
^{166m}Ho	β^-、X、γ	γ 谱	0.5
^{234}U	α、X	α 谱	0.02
^{235}U	α、γ	ICPMS	0.0001
^{238}U	α	ICPMS	0.00001
^{238}Pu	α、X	α 谱	0.02
^{239}Pu	α	α 谱	0.02
^{241}Pu	β^-	液闪计数器	1
^{241}Am	α、X、γ	α 谱	0.02
^{242}Cm	α、X	α 谱	0.02
^{244}Cm	α、X	α 谱	0.02

注：ICPMS. inductively coupled plasma mass spectrometry，电感耦合等离子体质谱；EC. 电子俘获；IT. 内转换。

(1) 当发射辐射的相对强度大于总活度的 10%时，列出该发射类型。

(2) 在使用表中列出的探测方法之前，先进行化学分离选择特定的核素。对液闪计数器来说，化学分离是必不可少的。

(3) 对 γ 发射体，指定的限值在没有 10 倍 MDA 浓度的干扰核素存在的条件下有效，它是基于相对效率为 30%～40%的 HPGe 计数系统、10 小时测量时间的。

(4) 对 α 发射体，MDA 对应于采用半导体探测器测量大约 10h。

资料来源：International Atomic Energy Agency. 1998. Technical Reports Series No389。

8.7 清洁解控监测

测量低水平放射性物质的方法可分为直接测量(非破坏性方法)和间接测量(取样和擦拭试验),直接测量可分为整体测量(活化材料、大块污染、难以接近的表面污染)和表面测量(内、外表面污染),当就地测量不适用于一些核素的探测时或为了获取更多的信息,特别是对低能纯β或α发射体,必须采用实验室分析方法。实验室分析方法也可用于确定易测核素与难测核素之间的关联性,获得在土壤或混凝土中的污染迁移信息。实验室分析方法常需要结合化学和仪器技术。退役中遇到的主要核素、清洁解控测量仪器的特性、常见核素的实验室分析方法、用于清洁解控的测量方法等见表8.47~表8.52。

为确保监测质量,应定期检查仪器性能并制定良好的校准方法。

表8.47 核设施退役中遇到的主要核素

同位素	半衰期(a)	射线类型	同位素	半衰期(a)	射线类型
^{3}H	1.232E+01	β^-	^{135}Cs	2.3E+06	β^-
^{14}C	5.7E+03	β^-	^{137}Cs	3.01671E+01	β^-,γ
^{32}Si	1.32E+02	β^-	^{133}Ba	1.052E+01	EC,X,γ
^{36}Cl	3.01E+05	β^-	^{137}La	6.0E+04	EC,X
^{39}Ar	2.7E+02	β^-	^{144}Ce	7.806E-01	β^-,γ
^{41}Ca	1.02E+05	EC	^{147}Pm	2.6234	β^-
^{54}Mn	8.551E-01	EC,γ	^{151}Sm	9.0 E+01	β^-
^{55}Fe	2.737	EC,X	^{152}Eu	1.3537 E+01	EC,β^-,X,γ
^{60}Co	5.2713	β^-,γ	^{154}Eu	8.593	β^-,X,γ
^{59}Ni	1.01E+05	EC,X	^{155}Eu	4.7611	β^-,X,γ
^{63}Ni	1.001E+02	β^-	^{166m}Ho	1.2E+03	β^-,X,γ
^{90}Sr	2.879 E+01	β^-	^{171}Tm	1.92	β
^{93}Zr	1.53E+06	β^-	$^{232}Th(nat)$	1.405E+10	α
^{93m}Nb	1.613 E+01	IT,X	^{205}Pb	1.53E+07	EC
^{94}Nb	2.03E+04	β^-,γ	^{234}U	2.455E+05	α,X
^{93}Mo	4.0E+03	EC,X	$^{235}U(nat)$	7.04E+08	α,γ
^{99}Tc	2.111E+05	β^-	$^{238}U(nat)$	4.468E+09	α
^{106}Ru	1.0235	β^-,γ	^{237}Np	2.144E+06	α,X,γ
^{108m}Ag	4.18 E+02	EC,γ	^{238}Pu	8.77E+01	α,X
^{110m}Ag	6.843E-01	β^-,γ	^{239}Pu	2.411E+04	α
^{109}Cd	1.2641	EC,X	^{240}Pu	6.564E+03	α,X
^{113m}Cd	1.41E+01	β^-	^{241}Pu	1.435E+01	β^-
^{121m}Sn	4.39E+01	β^-,X	^{241}Am	4.322E+02	α,X,γ
^{125}Sb	2.75856	β^-,γ	^{242}Cm	4.46E-01	α,X
^{129}I	1.57E+07	β^-	^{244}Cm	1.81E+01	α,X
^{134}Cs	2.0648	β^-,γ			

资料来源:半衰期引自ICRP 107.2009;其余参考OECD Nuclear Energy Agency. 2006. Radioactivity Measurements at Regulatory Release Levels。

表 8.48　用于清洁解控的测量仪器

测量技术	气体探测器	闪烁探测器	半导体探测器
整体测量			
高分辨率 γ 谱(HRGS)			√
低分辨率 γ 谱(LRGS)		√	
总 γ 计数	√	√	
中子测量	√		
表面测量			
α 和(或)β 测量	√	√	
γ 测量	√	√	√
间接测量			
取样技术	√	√	
擦拭试验	√	√	
质谱	NA	NA	NA

注:√ 表示能采用,NA 表示不能采用。

资料来源:OECD Nuclear Energy Agency. 2006. Radioactivity Measurements at Regulatory Release Levels。

表 8.49　清洁解控测量仪器特性

仪器类型			辐射类型	能量分辨	效率
气体探测器	电离室		α	中	高
			β	中	高
			γ	差	差
	正比计数器		α	中	高
			β	中	高
			γ	差	中
	GM 管		γ	差	中
闪烁探测器	无机	ZnS	α	中	高
		CsI(Tl)	β	中	高
		NaI(Tl),CsI(Tl)	γ	中	高
	有机	蒽	α	差	中
		蒽、均二苯代乙烯、塑料	β	差	中
		塑料	γ	差	差
半导体探测器		硅半导体	α	高	高
		锗半导体	γ	高	中

资料来源:OECD Nuclear Energy Agency. 2006. Radioactivity Measurements at Regulatory Release Levels。

表 8.50　常见核素的实验室分析方法

实验室分析方法	核素
α 谱	^{237}Np,^{233}U,^{234}U,^{235}U,^{238}U,^{238}Pu,^{239}Pu,^{240}Pu,^{241}Pu,^{241}Am
β 计数	^{90}Sr,^{99}Tc

续表

实验室分析方法	核素
γ 或 X 谱	^{55}Fe, ^{59}Ni, ^{60}Co, ^{85}Kr, ^{94}Nb, ^{129}I, ^{137}Cs, ^{226}Ra, ^{235}U, ^{237}Np, ^{241}Am
液闪计数	^{3}H, ^{14}C, ^{63}Ni, ^{85}Kr, ^{90}Sr, ^{151}Sm, ^{226}Ra, ^{241}Pu
ICP/MS	^{99}Tc, ^{129}I, ^{107}Pd, U, Th, ^{237}Np
质谱	^{233}U, ^{234}U, ^{236}U, ^{238}U, ^{238}Pu, ^{239}Pu, ^{241}Pu, ^{242}Pu

资料来源:OECD Nuclear Energy Agency. 2006. Radioactivity Measurements at Regulatory Release Levels。

表 8.51 用于清洁解控的测量方法

测量方法	说明
整体测量	可分为 γ 测量和中子测量,为确保满足解控水平,应确定相关的 α 或纯 β 发射体的份额。直接 γ 测量可在现场就地进行,或为提高灵敏度在低本底测量设施内进行
高分辨率 γ 谱(HRGS)	常用探测器是高纯锗(HPGe),用于被测对象具有复杂的 γ 谱或需要较低的探测限时。在较大的废物容器中,由于废物构成及核素成分会随着位置变化,为避免系统误差,常采用多探测器、单探测器扫描废物容器或废物容器扫描探测器的方案。为提高灵敏度,可对探测器分别进行屏蔽或将装置全部置于一个屏蔽箱体中。效率刻度常采用两种方法:一种是将已知活度的点源置于一个比例模型中,另一种是数字刻度技术。HRGS 可直接用于就地测量,可在短时间内完成对较大面积区域的测量,且探测限可低于 1Bq/g
低分辨率 γ 谱(LRGS)	常用探测器是碘化钠 NaI(Tl)闪烁体,适用于相对简单的 γ 能谱测量,价格低廉并且易于维护。由于 NaI 探测器可制成较大的尺寸,与 HPGe 探测器相比,对高能 γ 有较好的探测效率。LRGS 也采用多探测器或单探测器扫描法测量旋转的废物物件,通过采用精心设计的屏蔽措施,可获得具有极高效率和低本底的 LRGS 测量系统
总 γ 计数和剂量率	常用的 γ 探测器有电离室、GM 计数管和闪烁体,测量结果通常表示为计数率和剂量率或活度浓度。通过效率刻度可将直接测量结果转化为比活度或表面活度。总 γ 计数的典型测量装置是由多块大面积塑料闪烁体构成的箱式探测系统,具有极高的探测效率,在短时间内就可获得较低的探测限。在较低的解控水平上,由于天然放射性本底的影响,总 γ 闪烁计数系统可能不适用于某些材料(如混凝土)的测量,应采用 γ 谱测量系统区分人工和天然放射性
中子测量	• 由于解控限值是以 α 发射率制定的,对于有关同位素(如 ^{235}U、^{239}Pu)而言,α 发射率远高于中子发射率,即使是一套相当复杂的被动式中子测量系统,其探测限仍不能满足解控测量的需要,因此被动式中子测量技术一般不用于解控测量 • 主动式中子测量装置包括中子源(通常是 DT 管)和测量室。目前的一些商用系统已用于废物桶中 ^{235}U 的快速测量,对于铀的探测限可以达到解控水平。但该方法不具有 Pu/U 分辨能力,一些废物材料(如中子吸收材料)会对测量结果产生较大影响。而且由于该方法需要中子源和大量的中子探测器,不易操作且价格昂贵,实际上还没有用于解控测量
表面测量	• 最常用的是气体探测器(电离室、正比计数器和 GM 计数管)和闪烁探测器,要求探测器非常接近于被测物件表面,尺寸通常在几十到几千平方厘米之间 • 要通过精心的刻度来确定测量值与可用物理量(如表面活度)的关系,而这个关系与辐射能量密切相关。使用可携式仪器测量低能 β 或无 β 发射的放射性核素(如 ^{3}H、^{14}C、^{55}Fe、^{59}Ni、^{63}Ni)是非常困难或不可能的
α 和(或)β 测量	• α 探测器具有薄窗、低阈值和低本底的特点,探测效率除与这些设计因素有关外,还与探测器和被测物件表面的距离有关。由于 α 粒子的能量范围不大(一般在 4～7MeV),因此对 α 发射体的探测效率几乎没有变化。所有的 β 探测器都受到对低能 β 的探测灵敏度下降的困扰。应注意 β 反散射效应对测量结果的影响,特别是对高原子序数材料,例如塑料、铝、铁和钼的反散射因子大致分别为:5%、25%、45%、70%。另外 β 测量还受本底辐射(如宇宙射线、探测器自身材料、特别是环境 γ 辐射水平)的影响。要达到 β 解控水平(0.4Bq/cm²),测量时间一般会长于对 α 的测量,在高环境本底条件下,确定 β 表面污染需要更长时间的精心测量

续表

测量方法	说明
α和(或)β测量	• 由于难于接近和难于保持恒定的扫描距离,箱体、管道和设备的内表面污染监测是非常困难的,在这种情况下,可采用关联γ辐射测量、直接测量和空气电离测量的方法。关联γ辐射测量法是通过γ辐射测量导出β活度;直接测量方法是采用圆柱形薄壁GM计数管、薄塑料闪烁体进行β测量,ZnS探测器用于α测量,针对U、Pu可用γ谱方法确定低水平的α污染。直接测量管道内的α污染的空气电离测量方法包括直接将阳极丝穿过被测管道形成电离室或将管道内的空气引入测量电离室,该方法具有极高的灵敏度,可在30s内测量2m长管道内几个贝可勒尔的α污染,等效于0.001Bq/cm^3 • 由于本底水平较高、探测器与被测表面的距离较大、存在其他发射体的干扰、率表的时间常数没有达到最佳、实验室条件与实际使用条件存在差别等,仪器通常不能达到供应商给出的探测限
γ测量	在用于大的混凝土表面或土壤的解控测量时,在了解γ和非γ发射体比例的情况下,可使用γ谱分析方法。γ总计数测量可用塑料闪烁体或NaI(Tl)闪烁体
间接测量	• 间接测量是直接测量的补充,有时也是直接测量的替代,间接测量也用于估算易于和难于直接测量的核素之间的比率。例如在难于接近的污染表面主要由低能β发射体和α发射体组成、污染由嵌入在物料中的核素组成、核素不发射高能光子等情况 • 统计取样方法常用于诸如地板和墙壁等大面积的、具有较小的超过解控限值风险的对象,以确认污染没有迁移到表面。而且只有当难于直接测量的核素起主导作用的情况下才是必要的
取样技术	• 取样测量一般仅用于当不可能采用任何其他方法或为了比较的情况。可对样品直接进行放化和物理分析,或需要对样品进行处理(如溶解、分离等),它是对诸如^3H、^{14}C、^{55}Fe、^{59}Ni、^{63}Ni等核素进行低水平测量的唯一方法 • 取样测量一般用于以下几个方面:评价整个部件的污染水平、测量经过处理处置后的材料的放射性、检查放射性污染是否迁移到特定材料(如混凝土)中、确定难以用其他方法测量的核素的活度或确定易于和难以直接测量的核素之间的比率。取样方法的代表性应引起特别关注
擦拭试验	擦拭法主要用于必须将松散污染从总污染分离或污染主要是由松散污染构成的场合。擦拭法的标准操作步骤应考虑基底和表面材料的性质,擦拭法可测量较低浓度的松散污染。擦拭法的最小可探测活度浓度依赖于转移因子、测量设备和方法、擦拭样品的辐射类型。应特别注意取样的重复性,擦拭力度以及影响转移因子的水、灰尘和油的存在,测量应在稳定的低本底条件下进行。转移因子的范围大致为0.01～0.99,而0.1是干法擦拭的合理值

资料来源:OECD Nuclear Energy Agency. 2006. Radioactivity Measurements at Regulatory Release Levels。

表 8.52 清洁解控测量方法的注意事项

测量方法	注意事项
α发射体直接测量	• 由于α粒子在空气中的射程短,即使是极薄的材料也容易将其完全吸收,因此对α发射体的直接测量存在一定困难,特别是以下情况:当测量对象是带有裂缝的粗糙或不平整表面;表面覆盖有诸如油漆、油脂或腐蚀产品;难以测量的几何条件,诸如弯曲表面、角落、边沿、管道内部;吸附和多孔材料 • 由于α发射体测量需要使探测器尽可能接近被测表面,应特别留意避免探测器窗的污染。另外α探测器的窗很薄、易碎,其保护栅网会降低探测效率 • 在磁场中使用闪烁探测器,应特别注意磁场会偏转光电倍增管中的电子,导致增益下降、脉冲幅度降低的问题 • 为减少测量误差,仪器校准过程应尽量使用与待测核素相同的标准源,并复现常见的现场条件,如距离、几何、具有相似吸收特性的表面材料等 • 用于解控水平的α发射体直接测量属于极低放射性水平测量,常常在仪器的探测限值附近,极其耗时,需花费大量的人工成本

续表

测量方法	注意事项
β发射体直接测量	• 由于β粒子的射程远大于α粒子，并且解控限值是α粒子解控限值的10倍以上，因此β发射体的测量相对容易 • 但是由于常见的β粒子具有很宽的能量范围，导致探测器的效率也有较大变化。另外与α探测器相比，β探测器更易受到本底辐射的影响，特别是在高γ本底情况下（在解控测量场合，这种情况很少）。采用正比计数器，可很容易区分并扣除这些本底信号 • β发射体测量会受到β反散射的影响，底衬材料的原子序数对反散射份额的影响很大，常常会导致错误偏高的测量结果。采用蒙特卡罗模拟，可精确计算反散射效应
γ测量	• 当采用γ总计数测量或γ谱方法对大面积区域进行测量时，它们都不可能分辨出均匀污染和污染热点之间的差别 • 对于某些含有天然放射性材料的物料（如混凝土）进行解控测量时，由于γ辐射本底高、变化范围大，会严重影响γ总计数测量的精度，在这种情况下应采用γ谱方法区分人工和天然放射性核素
α和（或）β发射体间接测量	• 间接测量法主要取决于样品的代表性和对这些样品的测量。要想使样品具有更好的代表性，就应取更多的样品来分析，也伴随着更大的费用 • 对于金属部件，由于许多难以接近的表面使直接测量非常困难，将其溶解也会使污染均匀分布在溶解锭块中，通过少量样品的分析，可得到对整个部件的测量结果 • 由于浅表层内的污染有可能迁移到表面（这一过程常被称为发汗），表面污染测量应在去污几天后进行
就地γ谱测量	• 就地γ谱测量系统由高纯锗探测器、可携式谱仪、一组屏蔽和准直光栏、测量小车、γ谱获取和分析软件、就地刻度软件组成 • 精确的效率刻度是获得高质量测量结果的重要保障，传统的刻度方法是通过一系列标准源和大量的实验完成的。数学虚拟刻度则克服了这些缺点，具有速度快、精度高和方便经济的特点 • 数学虚拟刻度软件则通过探测器特征化描述、几何模板定义、参数输入来完成系统的效率刻度。探测器特征化描述采用可溯源到国家标准的标准源及蒙特卡罗程序实现；由制造厂提供或用户定义的标准几何模板库会极大地方便用户使用

资料来源：OECD Nuclear Energy Agency. 2006. Radioactivity Measurements at Regulatory Release Levels 。

8.8 辐射安保监测

提高对放射性物质及核材料的侦测技术，是防止核与辐射恐怖事件发生的有效手段，围绕放射性物质及核材料的侦测、确认、定位、识别等问题，近年来涌现了大量的监测仪器，包括个人辐射报警仪、便携式辐射探测仪、手持式核素识别仪、门式辐射检测仪等。这些仪器应具有高灵敏度、高可靠性和简便易用的特点（表8.53～表8.56）。

表8.53 用于安保的个人辐射报警仪的基本要求

特性	技术要求
最大尺寸和重量	20cm×10cm×5cm，400g
冲击和振动	从1.5m处跌落至水泥地面，正常工作，无可见损伤
电池寿命	非充电电池，大于100h
报警（音响）	1000～4000Hz音频间断式报警的信号间隔≤2s，30cm处音量>85dB，加权声级≤100dB
EM-RF干扰	在20～1000MHz、10V/m的射频辐射场下或对6kV接触放电和8kV空气放电或10Gs(1mT)磁场下，报警仪应正常工作并对0.5μGy/h的剂量率变化报警，对数显仪器，显示读数应不超过约定真值的±30%，对非数显仪器，放电期间指示应无变化并且不触发报警
报警响应时间	在辐射水平分别为0.2、0.6、1.0μGy/h的条件下，对于0.5s时间内0.5μGy/h的辐射剂量率增量（^{241}Am、^{137}Cs、^{60}Co），报警响应时间<2s

续表

特性	技术要求
报警辐射水平	0.5μGy/h(^{241}Am、^{137}Cs、^{60}Co)
误报警率	在环境本底辐射水平分别为0.2、0.6、1.0μGy/h的条件下，误报警率<1次/h
数字指示精度	约定真值的±30%
中子探测能力	将报警仪置于30cm×30cm×15cm的PMMA体模表面，对于在参考点处产生中子注量率为2.5/(s·cm^2)的中子源，报警仪应在2s内，以95%置信水平给出响应
过载特性	当受到2倍最大可测量值的放射源照射时，指示值保持在满刻度外或给出过载指示
使用温度范围	−20～50℃，特殊情况下制造厂说明
使用湿度范围	40%～93%RH，特殊情况下制造厂说明
防水	在2m距离上4L/min的水雾下，2min时间内响应稳定

资料来源：American National Standards Institute. 2006. ANSI N42. 32。

表8.54 用于安保的便携式辐射探测仪的基本要求

特性	技术要求
仪器分类	类型1：探测拦截，10nSv/h～10μSv/h 类型2：危险评价，1μSv/h～10Sv/h
相对固有误差	±20%
响应时间	5s，<±20%
报警阈值精度	±20%
辐射能量	±30%，光子：50keV～1.5MeV ±50%，β：E_{max}=3.5MeV ±50%，中子：热中子～15MeV
入射角(0°～70°)	±30%，中子 ±30%，^{137}Cs ±50%，^{241}Am
读数保持	±5%，掉电24h
剂量率线性	±20%，上限1Sv/h
其他电离辐射影响	小于满刻度的2.5%
过载特性	用2倍于满刻度照射仪器时，指示值保持在满刻度外(10min)
电源	±15%，原电池连续使用100h ±15%，充电电池连续使用10h
环境温度	±30%，−20～50℃
相对湿度	±15%，35℃，95%
射频辐射	在20～1000MHz、10V/m的射频辐射场下，报警仪应正常工作并对0.5μGy/h的剂量率变化报警。对数显仪器，显示读数应不超过约定真值的±20%；对非数显仪器，放电期间指示应无变化并且不触发报警
静电放电	对6kV、2mJ、间隔不小于10s的放电，报警仪应正常工作并对0.5μGy/h的剂量率变化报警。对数显仪器，显示读数应不超过约定真值的±15%；对非数显仪器，放电期间指示应无变化并且不触发报警
磁场干扰	在10Gs(1mT)磁场下，报警仪应正常工作并对0.5μGy/h的剂量率变化报警。对数显仪器，显示读数应不超过约定真值的±30%；对非数显仪器，放电期间指示应无变化并且不触发报警
跌落	±15%，从1m处跌落至水泥基座上平坦木质表面。对于类型1的仪器，在运输包装中进行试验；对于类型2的仪器，在现场携带包装中进行试验

资料来源：American National Standards Institute. 2006. ANSI N42. 33。

表 8.55 用于安保的手持式核素识别仪的基本要求

特性	技术要求
测量方式	核素识别、宽量程 γ 剂量率/计数率、中子计数率
剂量率相对固有误差	±30%，在 1μGy/h 至制造厂指定的最大剂量率范围内(^{137}Cs)
核素识别	可指示放射性核素及核素所属的类别： 医用：^{67}Ga、^{51}Cr、^{75}Se、^{99m}Tc、^{103}Pd、^{111}In、^{123}I、^{125}I、^{131}I、^{201}Tl、^{133}Xe 天然：^{40}K、^{226}Ra、^{232}Th 及子体、^{238}U 及子体 工业：^{57}Co、^{60}Co、^{133}Ba、^{137}Cs、^{192}Ir、^{204}Tl、^{226}Ra、^{241}Am 特殊核材料：^{233}U、^{235}U、^{237}Np、Pu
单核素识别	仪器应在指定时间内识别下列核素及组合： 无屏蔽：^{40}K、^{57}Co、^{60}Co、^{67}Ga、^{99m}Tc、^{125}I、^{131}I、^{133}Ba、^{137}Cs、^{192}Ir、^{201}Tl、^{226}Ra、^{232}Th、^{233}U、^{235}U、^{238}U Pu[反应堆级(>6%的^{240}Pu)]、^{241}Am 5mm 钢屏蔽：^{40}K、^{57}Co、^{60}Co、^{67}Ga、^{99m}Tc、^{125}I、^{131}I、^{133}Ba、^{137}Cs、^{192}Ir、^{201}Tl、^{226}Ra、^{232}Th、^{233}U、^{235}U、^{238}U 、Pu[反应堆级(>6%的^{240}Pu)]、^{241}Am
多核素识别	应能同时识别至少两种以上的核素(如^{133}Ba、反应堆级 Pu)
γ 辐射干扰	在天然钍产生的 0.5μGy/h 的 γ 辐射场下，可在 1min 内正确完成识别
β 辐射干扰	在由屏蔽的 β 核素产生的 0.5μGy/h 的辐射场下，可正确识别感兴趣核素
错误识别	在本底辐射水平较低且稳定的条件下，不应识别出不存在的核素
周围材料的干扰	将产生 5μGy/h 的^{137}Cs 源放置于 1cm 厚钢板和探测器之间，10 次试验应有 8 次可正确识别^{137}Cs
入射角引起	0°～±45°可正确识别核素
核素识别的过载特性	制造厂应说明不影响核素识别能力的最大 γ 剂量率
光子对中子测量影响	在制造厂指定的仪器最大 γ 剂量率下，无中子指示
过载特性	用10 倍于制造厂指定的最大剂量率照射仪器时，仪器应在 5s 内指示过载并保持 5min 以上。撤销过载照射 30min 内，仪器恢复正常
电源	±15%，原电池连续使用 100h ±15%，充电电池连续使用 10h
环境温度	−20～50℃
相对湿度	35℃，93%
射频辐射	在20～1000MHz、10V/m 的射频辐射场下，仪器应正常识别核素，不出现报警及混乱指示，剂量率指示在初始值的±20%
静电放电	对 6kV 接触放电和 8kV 空气放电，仪器应正常识别核素，不出现报警及混乱指示
磁场干扰	在10Gs(1mT)磁场下，仪器应正常识别核素，不出现报警及混乱指示，剂量率指示在初始值的±20%

资料来源：American National Standards Institute. 2006. ANSI N42. 34。

表 8.56 用于安保的门式检测仪的基本要求

特性	技术要求
分类	根据用途可分为：人员、包裹(输送带)、车辆(包括集装箱)、火车等单侧、双侧或多侧配置探测器
被测对象的通过速度	通过速度不应超过以下限制，对于特殊应用场合，应进行检测仪对高速移动物体的响应试验： 8km/h：车辆 1.2m/s：人员 1m/s：包裹(输送带) 8km/h：火车

续表

特性	技术要求
检测区域最小高度	地面(基座)至5m:车辆 地面(基座)至2m:人员 地面(基座)至1m:包裹(输送带) 地面(基座)0.25~5m:火车
测量模式	静态:应说明最小测量时间 动态:应说明最大测试速度
能量范围	60keV~2.6MeV
γ辐射响应	在本底辐射小于0.2μGy/h条件下,在规定的距离上,检测仪应在95%置信水平下对下列特定核素和活度的放射源达到90%以上的探测概率:^{57}Co(3.5MBq)、^{133}Ba(0.85MBq)、^{137}Cs(0.6MBq)、^{60}Co(0.26MBq)、^{228}Th(17MBq)、^{241}Am(3.5MBq)
误报警率	小于1/1000
中子辐射响应	在规定距离、时间(静态)或速度(动态)的条件下,检测仪应在95%置信水平下对^{252}Cf,(2×10^4n/s±20%)达到90%以上的探测概率
光子对中子计数的影响	用1μGy/h的γ辐射场照射探测器表面,不应触发中子报警
过载特性	用大于制造厂指定的最大剂量率照射时,仪器持续报警。制造厂应指定当该照射条件撤消后,仪器恢复正常状态的时间,该时间应不大于1min
本底效应	仪器应发现本底的突然变化,当仪器处于本底测量模式,当出现不大于5s的持续时间,10倍于测量本底的辐射场阶跃变化,仪器应发出本底变化的声光信息
核素识别[ANSI42.38]	对基于谱分析的检测仪,制造厂应指明可识别核素的清单。该清单应包含:^{40}K、^{57}Co、^{60}Co、^{67}Ga、^{99m}Tc、^{131}I、^{133}Ba、^{137}Cs、^{192}Ir、^{201}Tl、^{226}Ra、^{232}Th、DU、RGPu、^{241}Am、HEU、WGPu、^{237}Np。测试条件为:单核素识别、多核素识别、屏蔽和无屏蔽。如制造厂声明具有HEU、RGPu、WGPu识别能力,应进行特殊测试项目
环境温度	−30~55℃,相对于20℃计数率变化小于15%
相对湿度	15%~93%,相对于(20℃,65%)的计数率变化小于15%
占位传感器	应具有99%以上的可靠性
射频辐射	在20~1000MHz、10V/m的射频辐射场下,探测器计数变化应不超过标准条件下的±15%
静电放电	对6kV接触放电(导电表面)或8kV空气放电(绝缘表面),探测器计数变化应不超过标准条件下的±15%,放电期间应不触发报警
磁场干扰	应说明磁场对仪器的影响,在30A/m、50Hz/60Hz的磁场下,探测器计数变化应不超过标准条件下的±15%
跌落	±15%,从1m处跌落至水泥基座上平坦木质表面。对于类型1的仪器,在运输包装中进行试验;对于类型2的仪器,在现场携带包装中进行试验

资料来源:American National Standards Institute. 2006. ANSI N42.35。

8.9 辐射防护仪器校准

在评价某种辐射监测仪器是否适合于它的预期用途过程中,以及在仪器首次使用之前,深入了解该仪器的型式检验数据非常重要。一般情况下,仪器生产厂商不具有进行完整型式检验的相应设备,有时甚至不能用参考辐射场完成对仪器在全剂量量程范围内的校准,辐射监测仪器的新用户具有高估生产制造厂的检测设施和能力的倾向。每台仪器在首次使用之前应该校准,之后应进行周期性校准(表 8.57～表 8.59)。

表 8.57 辐射防护仪器校准基础

项目	描述
校准和测试	• 校准:在一组可控的标准条件下,定量确定仪器的示值与被测量的值之间的关系 • 试验/测试:是一组测量,用来确认仪器功能正常和(或)定量确定仪器示值在一定的辐射、电气和环境范围内的变化 仪器测试/检验有四种类型: • 型式试验:一般由国家或次级标准实验室完成,为仪器用户提供信息。用来确定某一特定类型或型号的量产仪器的特性,它涉及范围很宽的"影响量",如能量、入射角、剂量或剂量率及辐射类型等,通常在不同环境条件下进行。型式试验通常是对原型机或从一个批次的产品中随机抽取的一台仪器进行。国家和国际标准制订了对各类辐射监测仪器的技术要求 • 特殊校准:在一些特殊情况下,必须进行类似于型式检验中的响应测试。例如,剂量或剂量率仪工作在异常环境中,或者常规校准或型式检验提供的信息不充分 • 常规校准:用于确定常规使用的剂量或剂量率仪的校准因子。当用于验证厂家所做的校准,或是检查在长期连续使用中校准因子的稳定性时,常规校准具有确认的特性 • 接收试验:针对特定型号的每个仪器,在第一次使用前都要进行的合同约定的测试;用来证明交付的每一个仪器都符合约定的技术特性
参考条件和标准试验条件	在参考条件下,所有的影响量和仪器参数都取参考值,在参考值上与该影响量有关的修正因子是 1.0,校准因子只在参考条件下不用进行修正。标准试验条件是一组影响量的值的范围,在这个范围内进行校准或确定响应。原则上应该对由影响量偏离参考条件所引起的校准因子的偏差进行修正
溯源性	作为型式试验、接收试验和常规试验一部分的仪器辐射特性测量要能可溯源到相应的国家标准。这意味着: • 用于校准的每一参考仪器本身应经较高一级参考仪器校准,直至追溯到国家标准 • 校准的频度与型号、质量、稳定性、使用情况和工作环境等有关,它应在合理的置信度内,保证两次校准之间的值不超出规定的限值 • 严格说来,任何经参考仪器校准的仪器只在校准时刻是有效的,随后的性能只能通过上一条款中提到的那些因素的知识来推算
校准的其他因素	• 探测器定位:在距离 R 上,探测器在主射束方向上 $\triangle R$ 的位移会引入 $2\triangle R/R$ 的相对误差,在垂直于射线轴方向上 $\triangle R$ 的位移会引入 $(\triangle R/R)^2$ 的相对误差 • 仪器和源的支架:支架应尽可能少地引入散射辐射,应考虑散射辐射的影响 • 放射源衰变修正:一般校准用参考源的半衰期足够长,用参考仪器确定的剂量当量率只有在较长时间后才需要修正。进行半衰期修正时,应注意放射性杂质可能会与参考核素具有不同的半衰期 • 本底辐射:应记录没有任何参考源时测量仪器的本底读数,必要时进行修正 • 读出次数:一组足够数目的测量可把随机不确定度降到一个合适的水平。相邻测量的时间间隔应足够长,确保测量结果的统计独立性
校准的其它因素	• 线性试验:仪器校准应最少在每个量程上取一个点,对于对数表盘或数字显示的仪表,至少每个十进位上取一点 • 过载检查:对于特定仪器进行过载试验,并应在试验后确认仪器功能正常。大多数 IEC 标准都提出了仪器过载特性要求和试验方法 • 对混合辐射场的响应:校准应对伴随辐射成份的影响进行修正
比对	• 鼓励实验室参加国家和国际范围的监测设备和个人剂量计的比对,以对其质量保证进行独立核查。剂量比对为参加比对的剂量服务机构提供了与同行的各种不同剂量计和测量技术进行性能比较的机会,尤其是国际比对。比对可为参加者提供机会使用他们自己没有的辐射场,同时也提供了接触其他剂量学专家的机会

续表

项目	描述
比对	• 国际环境剂量计比对：从 1974 年开始，美国能源部环境测量实验室(EML)周期性的组织比对 • 个人剂量比对(中子剂量)：橡树岭国家实验室组织个人剂量比对(包括中子辐射) • 欧洲环境 γ 剂量率计比对：从 1984 年开始，欧洲委员会(EC)组织。包括采用不同的技术校准仪器；在具有不同的宇宙/陆地辐射比的地点，利用比对仪器进行现场测量；调查能量响应、在低空气比释动能率下的线性、仪器固有响应等 • IAEA 个人监测比对：IAEA 进行了地区性和地区间的两种比对。地区性计划为有同样问题和相同语言的参加者提供机会交换信息，并发展合作关系
记录和证书	• 检定规程一般详细说明校准记录和证书的细节和格式，包括校准频率和校准记录的保存时间 • 记录和证书至少应包括：①校准的数据和地点；②仪器描述，类型和序列号；③仪器的所有者；④参考源和参考仪器的详细资料；⑤标准试验条件，参考条件；⑥校准结果；⑦校准人员的姓名；⑧其他特殊说明

资料改编自：国际原子能机构 . 2002. 辐射防护监测仪器校准。

表 8.58　仪器校准的参考条件和标准试验条件

影响因素	参考条件	标准试验条件
光子辐射	^{137}Cs[a]	^{137}Cs[a]
中子辐射	$^{241}Am/Be$[a]	$^{241}Am/Be$[a]
β 辐射	$^{90}Sr/^{90}Y$	$^{90}Sr/^{90}Y$
表面污染		
β 辐射	^{204}Tl	^{204}Tl
α 辐射	^{241}Am	^{241}Am
体模(个人剂量计)	30cm×30cm×15cm 的矩形 ICRU 组织(全身剂量计) Φ73cm×300 cm 的圆柱形 ICRU 组织(腕或踝剂量计) Φ19cm×300 cm 的圆柱形 ICRU 组织(指环剂量计)	ISO 水体模 ISO 柱状水体模 ISO 棒状 PMMA 体模
辐射入射角[b]	α=0°	A=0°±5°
放射性元素污染	可以忽略	可以忽略
辐射本底	周围剂量当量率 $H^*(10)$ 为 0.1μSv/h 或更小	周围剂量当量率 $H^*(10)$ 小于 0.25μSv/h
环境温度	20℃	18～22℃[c,d]
相对湿度	65%	50%～75%[c,d]
气压	101.3kPa	86～106kPa[c,d]
稳定时间	15min	大于 15min
电源电压	标称电源电压	标称电源电压±3%
频率[e]	标称频率	标称频率±1%
交流电源	正弦波	全波形谐波失真小于 5%的正弦波
外部电磁场	可忽略	小于可产生干扰的最小值
外部磁感应	可忽略	小于地球磁场产生的感应值的两倍
组件控制	装置正常工作	装置正常工作

a. 如果更恰当，可以引入其他的辐射量。

b. 角 I 是入射辐射场的主方向(辐射场的轴)和生产厂家规定的仪器的参考方向的反向夹角。

c. 在测试时，应指明这些量的实际值。

d. 表中的值适合在调节气候条件下校准时使用。在其他气候条件下，应该说明这些量的实际值。类似地，在高海拔地区使用仪器时，70kPa 的气压下限也是可以允许的。

e. 仅对由市电供电的装置。

资料来源：国际原子能机构 . 2002. 辐射防护监测仪器校准。

表 8.59　一些辐射防护仪器的校准方法

类型	校准方法
光子测量仪器	• 校准参考辐射场和参考仪器应该使用的量是空气比释动能，校准辐射防护监测仪器应该使用的量是剂量当量 • 场所剂量仪校准采用周围剂量当量或者定向剂量当量，在自由空气中进行；个人剂量计的校准采用个人剂量当量，需要使用 ISO 水体模、ISO 柱状水模或 ISO 棒状 PMMA 体模 • 应采用符合 ISO4037-1 标准的系列光子参考辐射，包括荧光系列、低空气比释动能率系列、窄谱系列、宽谱系列、高比释动能率系列、放射源参考辐射、核反应产生的参考辐射，覆盖的能量范围 8keV～6.6MeV • 参考仪器一般由一个电离室和测量组件构成，在一些情况下（如确定低空气比释动能率），只要能够满足 ISO4037-2 的要求，也可采用闪烁计数器。参考仪器必须在准备使用的能量和空气比释动能（率）范围内进行校准。如果可能，用于校准参考仪器的参考辐射应该与用来校准辐射防护检测仪器的参考辐射相同
β 测量仪器	• 目前两个最常用的校准 β 参考标准源的量是表面吸收剂量率和自由空气吸收剂量率 • ISO6980 规定了用于校准防护水平剂量仪和剂量率仪并确定其能量响应的两个系列 β 参考辐射，包括 ^{14}C、^{147}Pm、$^{204}Tl/^{85}Kr$、$^{90}Sr+^{90}Y$、$^{106}Ru+^{106}Rh$ • 系列 1 参考辐射使用展平过滤器，在指定距离上产生一个大面积均匀辐射场；系列 2 参考辐射不使用展平过滤器，相对于系列 1，具有更宽的能量和剂量率范围 • 原则上，外推电离室是最适合用于 β 射线源校准的
中子测量仪器	• 校准中子参考辐射场和参考仪器使用的量是"注量" • 场所剂量仪校准采用周围剂量当量或者定向剂量当量，在自由空气中进行；个人剂量计的校准采用个人剂量当量，需要使用 ISO 水体模、ISO 柱状水模或 ISO 棒状 PMMA 体模 • 所有中子剂量仪的剂量当量响应与中子能量有很强的依赖性。虽然在校准设施上复制工作场所的实际谱通常是不现实的，但了解剂量当量响应与能量和入射中子方向之间的关系非常重要。目前国外已建立了模拟实际工作场所谱特性的校准中子场 • ISO8529 推荐了用于校准辐射防护的中子测量装置及确定其中子能量响应的中子参考辐射，包括同位素中子源（$^{252}Cf+D_2O$、^{252}Cf、^{241}Am-B、^{241}Am-Be），反应堆中子源或加速器中子源。覆盖的能量范围为 0.025eV～19MeV • 参考仪器应具有长期稳定性、足够的灵敏度和对测量谱具有已知的能量响应。最常用的初级标准仪器是 De Pangher 长计数器和组织等效电离室
表面污染监测仪器	• 表面污染仪的校准因子是经校准的表面发射率除以源的面积与仪器的净读数 • ISO8769 规定了用于校准表面污染仪的参考源，包括： （1）α 发射体的核素是 ^{241}Am 或 ^{239}Pu （2）β 发射体核素是 ^{204}Tl 或 ^{36}Cl，如果用于最大能量小于 250keV 的 β 粒子测量，可用 ^{14}C。作为型式试验，至少应使用三种不同最大能量的放射性核素源，也就是在能量低于 400keV、100～1000keV 和高于 1000keV 中至少选择一个源 （3）光子发射体是 ^{55}Fe、^{238}Pu、^{129}I、^{241}Am、^{57}Co。除了 ^{55}Fe 之外，所有光子参考源都应用过滤覆盖源的整个活性物质的表面，以去掉来自源的无用辐射 • 精确重复的几何条件对进行表面污染仪的校准是非常重要的。设计与被校准仪器相适应的专用校准器具将有助于提高校准的质量和速度

资料改编自：国际原子能机构．2002．辐射防护监测仪器校准。

校准的主要目的是：

（1）保证仪器正常工作，可用于预定的监测目的。

（2）在一组可控的标准条件下，在仪器的全部量程范围内，确定仪器的示值与被测量的量值之间的关系。

（3）在可能的条件下，调整仪器以便使仪器的总测量精度达到更好。

各类辐射防护监测仪器均被列入《中华人民共和国强制检定工作计量器具》的目录范围，应按规定由法定计量技术机构进行周期检定，周期为12个月。目前我国的各级计量技术机构已经建立了符合国际标准要求的用于校准剂量仪和剂量率仪的X、γ、β、中子参考辐射场，用于校准表面污染监测仪的α、β和γ参考辐射源。

由于我国计量技术机构的校准能力还不能覆盖所有的辐射监测仪器的技术参数，还有许多仪器在投入使用后就不便再送到实验室校准，如各种固定安装式在线监测仪，在这种情况下，应采取型式试验、首次使用前检验、周期检验、功能检查、维修/调整后检验等多种措施，将仪器寿期内任何检验结果与型式试验的数据比较，确认仪器处于良好的工作状态，提高监测结果的可靠性。

（张庆利 编写，夏益华 审阅）

参考文献

国防科学技术工业委员会．2005. EJ/T1180-2005 压水堆核电厂房固定式辐射监测系统设计准则．北京：原子能出版社

国际原子能机构．2002. 辐射防护监测仪器校准．金慧茹，魏可新译．北京：原子能出版社

李德平，潘自强．1988. 辐射防护手册(第二分册)：辐射防护监测技术．北京：原子能出版社

李景云，毕全理，程金生．1990. 核工业系统的一次防护级和环境级X、γ剂量仪表比对．辐射防护，10(5)：391

美国国防部，能源部，环境保护署等．2002. 核设施退役辐射检测与场址调查手册．罗顺忠，顾建德，张太明等译．北京：原子能出版社

潘自强．2007. 电离辐射环境监测与评价．北京：原子能出版社

中华人民共和国国家质量监督检验检疫总局．2008. GB/T4835-2008. 辐射防护仪器：β、X和γ辐射周围和(或)定向剂量当量(率)仪和(或)监测仪．北京：中国标准出版社

中华人民共和国国家质量监督检验检疫总局．2008. GB/T14318-2008. 辐射防护仪器：β、X和γ辐射周围和(或)定向剂量当量(率)仪和(或)监测仪．北京：中国标准出版社

中华人民共和国国家质量监督检验检疫总局．2008. GB/T5202-2008. 辐射防护仪器：α、β和α/β(β能量大于60keV)污染测量仪与监测仪．北京：中国标准出版社

中华人民共和国国家质量监督检验检疫总局．2008. GB/T7165. 2-2008. 气态排出流(放射性)活度连续监测设备(第2部分)：放射性气溶胶(包括超铀气溶胶)监测仪的特殊要求．北京：中国标准出版社

中华人民共和国国家质量监督检验检疫总局．2008. GB/T7165. 3-2008. 气态排出流(放射性)活度连续监测设备(第3部分)：放射性惰性气体监测仪的特殊要求．北京：中国标准出版社

中华人民共和国国家质量监督检验检疫总局．2008. GB/T7165. 4-2008. 气态排出流(放射性)活度连续监测设备(第4部分)：放射性碘监测仪的特殊要求．北京：中国标准出版社

中华人民共和国国家质量监督检验检疫总局．2008. GB/T7165. 5-2008. 气态排出流(放射性)活度连续监测设备(第5部分)：氚监测仪的特殊要求．北京：中国标准出版社

IAEA. 1999. No. RS-G-1. 2. 摄入放射性核素引起的职业照射评估．维也纳：国际原子能机构

IAEA. 1999. No. RS-G-1. 3. 外部辐射源引起的职业照射评估．维也纳：国际原子能机构

IAEA. 2006. No. RS-G-1. 1. 职业辐射防护．维也纳：国际原子能机构

American National Standards Institute. 2006. American National Standard for Evaluation and Performance of Radiation Detection Portal Monitors for Use in Homeland Security, ANSI N42. 35. New York: IEEE

American National Standards Institute. 2006. American National Standard for Portable Radiation Detection Instrumentation for Homeland Security, ANSI N42. 33. New York: IEEE

American National Standards Institute. 2006. American National Standard Performance Criteria for Hand-held Instruments for the Detection and Identification of Radionuclides, ANSI N42. 34. New York: IEEE

American National Standards Institute. 2006. American National Standard Performance Criteria for Spectroscopy-Based Portal

Monitors used for Homeland Security,ANSI N42. 38. New York:IEEE

American National Standards Institute. 2006. American National Standard,Performance Criteria for Alarming Personal Radiation Detectors for Homeland Security,ANSI N42. 32. New York:IEEE

Bernard Shleien,Lester A Slaback,Jr Brian Kent Birky. 1998. Handbook of Health Physics and Radiological Health. 3rd ed. Maryland:Williams&Wilkins

Hajo Zeeb,Ferid Shannoun. 2009. WHO Handbook on Indoor Radon:A Public Health Perspective. Geneva:WHO Press

International Atomic Energy Agency. 1998. Radiological characterization of shut down nuclear reactors for decommissioning purposes. Technical Reports Series No. 389,Vienna:IAEA

International Atomic Energy Agency. 1999. State of the art technology for decontamination and dismantling of nuclear facilities. Technical Reports Series No. 395. Vienna:IAEA

International Atomic Energy Agency. 2004. Management of waste containing tritium and carbon-14. Technical Reports Series No. 421. Vienna:IAEA

International Atomic Energy Agency. 2005. Environmental and source monitoring for purposes of radiation protection :safety guide. Safety Standards Series No. RS-G-1. 8. Vienn:IAEA

International Atomic Energy Agency. 2005. Radiation protection aspects of design for nuclear power plants. Safety Standards Series No. NS-G-1. 13. Vienna:IAEA

International Electrotechnical Commission. 2003. Radiation protection instrumentation installed personnel surface contamination monitoring assemblies. IEC61098. Geneva:IEC

International Electrotechnical Commission. 2006. Equipment for monitoring of radionuclides in liquid effluents and surface waters. IEC60861. Geneva:IEC

International Organization for Standardization. 2001. Radiation protection-performance criteria for radiaobioassay-part1:general principles. ISO 12790-1. Geneva:ISO

Los Alamos National Laboratory. 2000. Los Alamos radiation monitoring notebook. LA-UR-00-2584. Los Alamos:LANL

National Physical Laboratory. 2002. Practical Radiation Monitoring, Measurement Good Practice Guide No. 30. Teddington: National Physical Laboratory

OECD Nuclear Energy Agency. 2006. Radioactivity Measurements at Regulatory Release Levels. Paris:OECD

Ortega X,Ginjaume M, Hernandez A et al. 2001. The outlook for the application of electronic dosemeters as legal dosimetry. Radiation Protection Dosimetry,V96,Nos1-3:87～91

Richard Marsh. 2007. Development of A Field Portable Tritium Instrument-Applicable Detector Technologies. 34th IRMF. Teddington: National Physical Laboratory

Rinsuke Ito,Pedro Andreo,Tatsuo Tabata. 1993. Bulletin of University of Osaka Prefecture V41,No2:69～76

STUK. 2004. Radiation Monitoring Systems and Equipment of A Nuclear Power Planr. Guide YVL7. 11/13

U. S. Nuclear Regulatory Commission. 1997. Minimum Detectable Concentrations with Typical Radiation Survey Instruments for Various Contaminations and Field Conditions. NUREG-1507. Washington DC:NRC

U. S. Nuclear Regulatory Commission. 2004. Multi-Agency Radiological Laboratory Analytical Protocols Manual. NUREG-1576,MARLAP 2004. Washington D C:NRC

U. S. Nuclear Regulatory Commission. 2009. Multi-Agency Radiation Survey and Assessment of Materials and Equipment Manual (MARSAME). NUREG-1575 Supp 1. Washington D C:NRC

9 医学应用中的辐射防护

9.1 安全与防护的责任

医用辐射(medical uses of ionizing radiation)是医学上应用的电离辐射的统称。医用辐射中存在职业照射、医疗照射和公众照射等不同照射类型。本章大部分内容是讨论医疗照射中的辐射防护问题，即受检者与患者等在接受诊断性检查和治疗中的安全与防护问题，在防护最优化等部分也提供了有益于改善工作人员与公众防护状况的资料。

许可证持有者作为主要责任方，应对保证受检者与患者的安全与防护负责。有关执业医师与医技人员、辐射防护负责人、合格专家、医疗照射设备供方等作为主要责任方以外的有关各方，也应对保证受检者与患者的防护与安全分别承担相应的责任。

9.1.1 各方共同责任(IAEA RS-G-1.5,2005)

主要责任方与主要责任方以外的有关各方对医疗照射负有的共同责任是：

(1) 确保所有对医疗照射负责的工作人员都在要求其完成的任务方面进行了适当而充分的培训。

(2) 促进安全文化观念，一切行动都要把辐射防护与安全作为一个根本的目标，明确辐射防护是实施医疗照射一个不可分割的部分。

(3) 职能的委派和相关的权限应该明确且易于理解地加以规定，同时对有关组织最高负责人有明确的责任界限。

(4) 如果设备性能或操作程序的任何方面可能导致或已经导致对患者不适当的照射水平，不管是照射不足还是照射过度，涉及实施医疗照射的组织和个人都应该通报有关的信息，并在他们的责任范围内采取行动。

(5) 在这种照射已经发生的场合，有关组织和个人应该立即调查这些事件的原因。

9.1.2 许可证持有者的责任(GB18871-2002;GBZ179-2006)

许可证持有者应保证：

(1) 只有具有相应资格的执业医师才能开具医疗照射的检查申请单或治疗处方。

(2) 只能按照医疗照射的检查申请单或治疗处方对受检者与患者实施诊断或治疗性医疗照射。

(3) 在开具医疗照射检查单或治疗处方时，以及在实施医疗照射期间，执业医师对保证受检者与患者的防护与安全承担主要职责与义务。

(4) 所配备的医技人员应满足需要，并接受过相应的培训，在实施医疗照射检查单或治疗处方所规定的诊断或治疗程序的过程中能够承担指定的任务。

(5) 按照相关标准的要求开展照射剂量、模体剂量测量与放射性药物活度测定及剂量仪表的校准。

(6) 制定并实施经审管部门认可的培训准则。

9.2 医疗照射的正当性判断

9.2.1 医疗照射正当性的三个层次(ICRP 103,2007)

第一个层次:医疗照射给患者带来的利益大于可能引起的辐射危害。

第二个层次:特定目标特定诊疗程序的正当性。其目的是判断放射学程序是否能提高诊断或治疗水平,或提供受照人员的必要信息。例如,对于已显现症状的肺部疾病,X 射线检查的利益大于风险,首选的检查程序是 X 射线摄影。但是在不具备摄影条件的区域,透视仍可选择。

第三个层次:个体患者医疗程序的正当性。应核实个体患者诊断所需的信息是否已经存在,拟定检查是否为最适宜的方法;拟定程序和备选程序的细节及有效性估计等。

9.2.2 正当性判断的要求

9.2.2.1 原则要求(GB18871-2002)

在考虑了可供采用的不涉及医疗照射替代方法的利益和危险之后,仅当通过权衡利弊,证明医疗照射给受照个人或社会所带来的利益大于可能引起的辐射危害时,该医疗照射才是正当的。

对于复杂的诊断与治疗,应注意逐例进行正当性判断。还应注意根据医疗技术与水平的发展,对过去认为是正当的医疗照射重新进行正当性判断。

所有新型医疗照射的技术和方法,使用前均应进行正当性判断。

9.2.2.2 具体要求(卫生部令第 46 号,2006)

(1) 放射诊断:应掌握好适应证,正确合理地使用诊断性医疗照射,严格执行检查资料的登记、保存、提取和借阅制度,不得因资料管理、受检者转诊等原因使受检者接受不必要的重复照射;不得将核素显像检查和 X 射线胸部检查列入对婴幼儿及少年儿童体检的常规检查项目;对育龄妇女腹部或骨盆进行核素显像检查或 X 射线检查前,应问明是否怀孕;非特殊需要,对受孕后 8~15 周的育龄妇女,不得进行下腹部放射影像检查;应当尽量以胸部 X 射线摄影代替胸部荧光透视检查。

(2) 群体检查:涉及医疗照射的群体检查的正当性判断,应考虑通过普查可能查出的疾病、对被查出的疾病进行有效治疗的可能性和由于某种疾病得到控制而使公众所获得的利益,只有这些受益足以补偿在经济和社会方面所付出的代价(包括辐射危害)时这种检查才是正当的。X 射线诊断的筛选性普查还应避免使用透视方法。(GB18871-2002)

(3) 放射治疗:应当仔细考虑每一个放射治疗程序的正当性,放射治疗中患者接受的剂量可能引起的并发症也是放射治疗正当性判断不可缺少的部分。(GBZ179-2006)

9.3 医用辐射防护的最优化

患者在诊断和治疗过程中防护最优化的基本目的,是在考虑社会和经济状况的条件下把超过损害的利益最大化。因为是故意让患者接受辐射源照射的,防护最优化可能比较复杂,不一定意味着减少对患者的剂量,而优先考虑的是获得可靠的诊断信息和达到预期的治疗效果。

医疗照射防护的最优化包括设备和方法的选择、人员操作要求、剂量测量及校准及质量保证等内容。

9.3.1 X射线诊断

9.3.1.1 设备性能及防护要求

新安装、维修或更换重要部件后的放射诊断设备,应当对其进行验收检测,合格后方可启用。对于使用中的放射诊断设备的防护性能,应当定期进行状态检测和稳定性检测,保证其技术指标和安全、防护性能符合有关标准与要求。表 9.1～表 9.12 分别列出了我国放射卫生防护标准对部分 X 射线诊断设备性能与防护的检测项目及要求。

表 9.1 医用诊断 X 射线机的半值层

应用类型	X 射线管电压(kV)		可允许的最小第一半值层(mmAl)
	正常使用范围	所选择值	
特殊应用	≤50	30	0.3
		40	0.4
		50	0.5
采用口内片的口腔科应用	50～70	50	1.5
		60	1.5
		70	1.5
	50～90	50	1.5
		60	1.8
		70	2.1
		80	2.3
		90	2.5
其他口腔科应用	50～70	50	1.2
		60	1.3
		70	1.5
	50～125	50	1.5
		60	1.8
		70	2.1
		80	2.3
		90	2.5
		100	2.7
		110	3.0
		120	3.2
		125	3.3

续表

应用类型	X 射线管电压(kV)		可允许的最小第一半值层(mmAl)
	正常使用范围	所选择值	
其他应用	≥30	50	1.5
		60	1.8
		70	2.1
		80	2.3
		90	2.5
		100	2.7
		110	3.0
		120	3.2
		130	3.5
		140	3.8
		150	4.1

注:①本表适用于普通医用 X 射线机,不适用于 C 形臂、DSA、CT 等特殊检查设备;②各选择值中间的半值层可利用线插值法获得;③小于及大于表列选择值者可线性外推求得相应半值层。

资料来源:GBZ130-2002。

表 9.2 有用线束入射受检者体表空气比释动能率控制值

X 射线机类型	体表空气比释动能率(mGy/min)
普通医用诊断 X 射线机	50
有影像增强器的 X 射线机	25
有影像增强器并有自动亮度控制系统的 X 射线机(介入放射学使用)	100

资料来源:GBZ130-2002。

表 9.3 口腔科 X 射线机管电压限定

应用类型	允许的最高标称 X 射线管电压(kV)	正常使用时允许的最低 X 射线管电压(kV)
各种应用	125	50
口内片摄影	90	50
头颅测量	125	60

资料来源:GBZ130-2002。

表 9.4 口腔科 X 射线摄影的最短焦皮距

应用类型	最短焦皮距(cm)
标称 X 射线管电压 50kV 以下的口腔科摄影	10
标称 X 射线管电压 60kV 以上的口腔科摄影	20
在减少焦皮距条件下,采用口外片的口腔科摄影	6
口腔科全景体层摄影	15

资料来源:GBZ130-2002。

表 9.5 X 射线摄影设备的检测项目与技术要求

检测项目	检测方法及条件	验收检测要求	状态检测		稳定性检测	
			要求	周期	要求	周期
管电压指示的偏离	数字式高压检测仪	±5%或±5kV 内，以较大者控制	±5% 或 ± 5kV 内，以较大者控制	1 年		
输出量	剂量仪	建立基线值	基线值±20%	1 年	基线值±20%	3 个月
输出量重复性	测量 5 次	±10%内	±10%内	1 年	±10%内	3 个月
输出量线性	相邻两档间	±10%内	±10%内	1 年		
有用线束半值层（HVL）	80kV	≥2.3mmAl	≥2.3mmAl	1 年		
曝光时间指示的偏离	t≥0.1s	±10%内	±10%内	1 年		
	t<0.1s	±2ms 内或±15%内	±2ms 内或±15%内	1 年		
自动照射量控制响应（两种方法选一种）	影像光密度	±0.3 内	±0.3 内	1 年	基线值±0.3*OD*	3 个月
	空气比释动能	±20%内	±20%内	1 年	基线值±25%	3 个月
自动照射量控制重复性（两种方法选一种）	曝光后管电流时间积读数	平均值±20%内	平均值±20%内	1 年		
	影像光密度	平均值±0.2*OD* 内	平均值±0.2*OD* 内	1 年		
SID 值的偏离		±1.5%内	±1.5%内	1 年		
有用线束垂直度偏离		≤3°	≤3°	1 年	≤3°	3 个月
光野与照射野四边的偏离	1m *SID*	任一边±1cm 内	任一边±1cm 内	1 年	任一边±1cm 内	3 个月
光野与照射野中心的偏离	1m *SID*	≤1cm	≤1cm		≤1cm	
照射野与影像接受器的偏离	1m *SID*	任一边±1cm 内	任一边±1cm 内	1 年		
滤线栅与有用线束中心对准	*SID* 与会聚式滤线栅会聚距离一致	中心点密度最高，两边密度对称	中心点密度最高，两边密度对称	1 年		
有效焦点尺寸	星卡或线对卡	见表 9.6				

资料来源：WS 76-2011。

表 9.6 X 射线摄影设备的标称焦点尺寸的允许值 （单位：mm）

标称焦点尺寸	焦点尺寸允许值	
F	宽	长
0.1	0.10～0.15	0.10～0.15
0.15	0.15～0.23	0.15～0.23
0.2	0.20～0.30	0.20～0.30
0.25	0.25～0.38	0.25～0.38
0.3	0.30～0.45	0.45～0.65

续表

标称焦点尺寸	焦点尺寸允许值	
F	宽	长
0.4	0.40～0.60	0.60～0.85
0.5	0.50～0.75	0.70～1.10
0.6	0.60～0.90	0.90～1.30
0.7	0.70～1.10	1.00～1.50
0.8	0.80～1.20	1.10～1.60
0.9	0.90～1.30	1.30～1.80
1.0	1.00～1.40	1.40～2.00
1.1	1.10～1.50	1.60～2.20
1.2	1.20～1.70	1.70～2.40
1.3	1.30～1.80	1.90～2.60
1.4	1.40～1.90	2.00～2.80
1.5	1.50～2.00	2.10～3.00
1.6	1.60～2.10	2.30～3.10
1.7	1.70～2.20	2.40～3.20
1.8	1.80～2.30	2.60～3.30
1.9	1.90～2.40	2.70～3.50
2.0	2.00～2.60	2.90～3.70
2.2	2.20～2.90	3.10～4.00
2.4	2.40～3.10	3.40～4.40
2.6	2.60～3.40	3.70～4.80
2.8	2.80～3.60	4.00～5.20
3.0	3.00～3.90	4.30～5.60

资料来源：WS 76-2011。

表 9.7 X射线透视设备的检测项目与技术要求

检测项目	检测方法及条件	验收检测要求	状态检测		稳定性检测	
			要求	周期	要求	周期
透视受检者入射体表空气比释动能率典型值(mGy/min)	透视荧光屏	≤50	≤50	一年		
	影像增强器	≤25	≤25	一年	≤25	半年
透视受检者入射体表空气比释动能率最大值(mGy/min)	介入放射学用设备	≤100				
透视荧光屏灵敏度[(cd/m²)/(mGy/min)]		≥0.011	≥0.008	一年		
高对比分辨力(lp/mm)	透视荧光屏	≥0.8	≥0.6	一年		
	影像增强器系统	见表 9.8	≥0.6	一年	基线值±20%	半年
低对比分辨力	对比灵敏度测试卡	≤4%	≤5%	一年	≤5%	半年
	低对比分辨力测试板	≤2%,7mm	≤4%,7mm	一年	≤4%,7mm	半年

续表

检测项目	检测方法及条件	验收检测要求	状态检测		稳定性检测	
			要求	周期	要求	周期
影像增强器入射屏前空气比释动能率(μGy/min)		见表 9.9	见表 9.9	一年		
影像增强器系统亮度自动控制	不同厚度衰减层时亮度变化	≤10%	≤15%	一年	基线值±30%	半年
照射野与影像接受器中心偏差		≤2%*SID*				
最大照射野与普通荧光屏尺寸相同时的台屏距(mm)		≤250				
透视影像小于影像增强器(mm)		≤10				
透视方形野的长和宽		不得超过影像接受区直径				

资料来源:WS 76-2011。

表 9.8 X 射线透视设备影像增强器系统的空间分辨力要求

影像增强器输入屏尺寸(mm)	350	310	230	150
水平中心分辨力不小于(lp/mm)	0.8	1.0	1.2	1.4

资料来源:WS 76-2011。

表 9.9 X 射线透视设备影像增强器最大入射屏前空气比释动能率

影像增强器入射屏直径(mm)	350	310	230	150
入射屏前空气比释动能率(μGy/min)	30	48	60	134

资料来源:WS 76-2011。

表 9.10 乳腺摄影 X 射线设备的检测项目与技术要求

检测项目	检测方法及条件	验收检测要求	状态检测		稳定性检测	
			要求	周期	要求	周期
标准照片密度	4cm 厚的模体		与基线值相比在±0.2*D* 内	一年	与基线相比在±0.2*D* 内	每周
胸壁侧射野准直	胶片	射野全部覆盖胶片	射野全部覆盖胶片	一年	射野全部覆盖胶片	每周
胸壁侧射野与台边的准直	胶片	超出台边<5mm	超出台边<5mm	一年	超出台边<5mm	半年
光野/照射野的一致性	胶片	三边分别在±8mm 内	三边分别在±8mm 内	一年	三边分别在±8mm 内	半年

续表

检测项目	检测方法及条件	验收检测要求	状态检测		稳定性检测	
			要求	周期	要求	周期
自动曝光控制	2、4、6cm 厚的模体		与4cm 的值相比在±0.2*D* 内	一年	与4cm 的值相比在±0.2*D* 内	每周
管电压指示的偏离	数字式高压检测仪	在±1kV 内	在±1kV 内	一年	在±1kV 内	半年
辐射输出量的重复性	剂量仪	在±5%内	在±5%内	一年	在±5%内	半年
乳腺平均剂量	4cm 厚模体，剂量仪	<2mGy(有滤线栅)	<2mGy(有滤线栅)	一年	<2mGy(有滤线栅)	半年
高对比分辨力	线对卡	>10lp/mm	>10lp/mm	一年	>10lp/mm	半年
辐射输出量率	剂量仪	>7.0mGy/s	>7.0mGy/s	一年		
特定辐射输出量	剂量仪 1m,28kVp	>45μGy/(mA·s)	>30μGy/(mA·s)	一年		
X 射线管的焦点尺寸	星卡、针孔、狭缝或多针孔	见表 9.11				
半值层(HVL)	28kV	0.3mmAl	0.3mmAl	一年		
曝光时间指示偏离	>200ms <200ms	在±10%内 在±15%内	在±10%内 在±15%内	一年		

资料来源：GBZ186-2007。

表 9.11 乳腺摄影 X 射线设备标称焦点尺寸的允许值

标称焦点尺寸(mm)	焦点尺寸允许值(mm)	
F	宽	长
0.1	0.10～0.15	0.10～0.15
0.15	0.15～0.23	0.15～0.23
0.2	0.20～0.30	0.20～0.30
0.25	0.25～0.38	0.25～0.38
0.3	0.30～0.45	0.45～0.65
0.4	0.40～0.60	0.60～0.85
0.5	0.50～0.75	0.70～1.1
0.6	0.60～0.9	0.90～1.3
0.7	0.7～1.1	1.0～1.5
0.8	0.8～1.2	1.1～1.6

资料来源：GBZ186-2007。

表 9.12 X 射线 CT 机的检测项目与要求

<table>
<tr><th rowspan="2">序号</th><th rowspan="2">检测项目</th><th rowspan="2" colspan="2">检测条件</th><th>验收检测</th><th colspan="2">状态检测</th><th colspan="2">稳定性检测</th></tr>
<tr><th>要求</th><th>要求</th><th>周期</th><th>要求</th><th>周期</th></tr>
<tr><td>1</td><td>定位光精度(mm)</td><td colspan="2">头部模体</td><td>±2</td><td>±3</td><td>二年</td><td>—</td><td>—</td></tr>
<tr><td rowspan="3">2</td><td rowspan="3">层厚偏差 s (mm)</td><td colspan="2">$s \geqslant 8$</td><td>±10%</td><td>±15%</td><td>二年</td><td rowspan="3">与基线值偏差
$s>2$mm 时,±1.0mm
$s<2$mm 时,±50%</td><td>每月</td></tr>
<tr><td colspan="2">$8>s>2$</td><td>±25%</td><td>±30%</td><td>二年</td><td>每月</td></tr>
<tr><td colspan="2">$s \leqslant 2$</td><td>±50%</td><td>±70%</td><td>二年</td><td>每月</td></tr>
<tr><td>3</td><td>CT 值(水)(HU)</td><td colspan="2">头部模体</td><td>±4</td><td>±6</td><td>二年</td><td>与基线值偏差±4</td><td>每月</td></tr>
<tr><td>4</td><td>噪声</td><td colspan="2">头部模体</td><td colspan="2">参照厂家数据</td><td>二年</td><td>基线值的±10%</td><td>每月</td></tr>
<tr><td>5</td><td>均匀性(HU)</td><td colspan="2">头部模体</td><td>+5</td><td>+6</td><td>二年</td><td>与基线值偏差±2</td><td>每月</td></tr>
<tr><td rowspan="2">6</td><td rowspan="2">高对比分辨力(mm)或(lp/cm)</td><td>头部模体</td><td rowspan="4">剂量≤50mGy</td><td>≤0.8mm</td><td>≤1.25mm</td><td rowspan="2">二年</td><td>基线值的+15%</td><td rowspan="2">每季</td></tr>
<tr><td>头部模体</td><td>≥6.25lp/cm</td><td>≥4.0lp/cm</td><td>基线值的−15%</td></tr>
<tr><td rowspan="2">7</td><td rowspan="2">低对比分辨力(对比度 0.6%)(mm)</td><td>头部模体</td><td>≤4.0</td><td>≤5.6</td><td rowspan="2">二年</td><td rowspan="2">—</td><td rowspan="2">—</td></tr>
<tr><td>体部模体</td><td>≤8.0</td><td>≤12.0</td></tr>
<tr><td rowspan="4">8</td><td rowspan="4">CT 剂量指数(mGy)</td><td rowspan="2">头部模体</td><td>中心</td><td colspan="2" rowspan="4">参照厂家数据</td><td rowspan="4">二年</td><td rowspan="4">基线值的±20%</td><td rowspan="4">半年</td></tr>
<tr><td>表面</td></tr>
<tr><td rowspan="2">体部模体</td><td>中心</td></tr>
<tr><td>表面</td></tr>
<tr><td rowspan="2">9</td><td rowspan="2">诊断床定位精度(mm)</td><td colspan="2">定位</td><td>±2</td><td>±2</td><td>二年</td><td>±2</td><td>每月</td></tr>
<tr><td colspan="2">归位</td><td>±2</td><td>±2</td><td>二年</td><td>±2</td><td>每月</td></tr>
<tr><td>10</td><td>扫描架倾角(°)</td><td colspan="2">±15</td><td>±2</td><td>—</td><td>—</td><td>—</td><td>—</td></tr>
</table>

注:(1) 头部模体直径可在 15～22cm 范围内,体部模体直径可在 30～32cm 范围内。

(2) 测低对比分辨力时,如所用模体对比度不是 0.6%,可根据在同一剂量条件下,低对比分辨力与对比度乘积为一常数(称为对比细节常数)的特点进行推算。

(3) 大修后的验收检测可根据具体情况按状态检测要求执行。

资料来源:GB/T17589-1998。

9.3.1.2 X 射线诊断检查的剂量控制

X 射线诊断常规检查包括 X 射线透视和摄影两大类,是 X 射线诊断所致剂量的重要检查类型。随着 X 射线 CT 检查频度的快速增加,CT 检查所致患者剂量日益受到重视。X 射线诊断所致受检者与患者剂量可以用不同的辐射量表达。

(1) 入射体表剂量与组织吸收剂量:普通 X 射线诊断中,从简便和实用的角度出发,通常直接监测的入射体表剂量 ESD 在数值上可以视为入射受检者体表的吸收剂量,以 ESD 为基础,利用皮肤入射剂量和器官剂量转换系数按照下式计算器官或组织的吸收剂量:

$$D_{T,R}=C_R \times D_S$$

式中:$D_{T,R}$ 为器官或组织的吸收剂量,mGy;C_R 为器官剂量转换系数,mGy/Gy;D_S 为皮肤入射剂量,Gy。

GB/T 16137-1995 列出了 X 射线摄影检查中不同受照人群、不同检查部位的剂量转换系数。

(2) CT 剂量的表达:与普通 X 射线诊断检查不同,X 射线 CT 扫描的辐射剂量有不同的特殊表达方式。这里仅介绍其中常用的 CT 剂量指数、加权 CT 剂量指数与容积 CT 剂量指数。它们一般均以 mGy 为单位。

1) CT 剂量指数($CTDI$):是迄今广泛应用的最基本的反映 X 射线 CT 机扫描剂量特性的表征量。定义为:沿着垂直于断层平面方向(Z 轴)上的吸收剂量分布 $D(z)$,除以 X 射线管在 360°的单次旋转时产生的断层切片数 N 与标称层厚 T 之积的积分。积分区间有取 $-7T$ 到 $+7T$,还有 −50mm 到 +50mm。凡取从 −50mm 到 +50mm 积分的 CT 剂量指数表示为$CTDI_{100}$,即

$$CTDI_{100}=\int_{-50\text{mm}}^{+50\text{mm}}\frac{D(z)}{NT}\mathrm{d}z$$

2) 加权 CT 剂量指数($CTDI_{\mathrm{W}}$):在实际检测中分别测量 $CTDI_{100(\text{中心})}$ 和 $CTDI_{100(\text{周边})}$ 值,其中 $CTDI_{100(\text{中心})}$ 值是测量体模中心的 $CTDI_{100}$ 值;$CTDI_{100(\text{周边})}$ 值应是至少以 90^{ow} 为间隔的体模表面下 10mm 处四个测量值的平均。加权 CT 剂量指数 $CTDI_{\mathrm{W}}$ 定义为

$$CTDI_{\mathrm{W}}=\frac{1}{3}CTDI_{100(\text{中心})}+\frac{2}{3}CTDI_{100(\text{周边})}$$

3) 容积 CT 剂量指数($CTDI_{\mathrm{vol}}$):针对螺旋 CT 反映其整个扫描容积中平均剂量的表征量,定义为

$$CTDI_{\mathrm{vol}}=CTDI_{\mathrm{W}}(N\cdot T/\Delta d)$$

式中:$CTDI_{\mathrm{vol}}$为容积 CT 剂量指数;N 为一次旋转扫描产生的断层数;T 为扫描层厚;Δd 为 X 射线管每旋转一周诊视床移动的距离。

(3) 有效剂量:利用器官或组织的吸收剂量和组织权重因数按下式计算有效剂量,即

$$E=\sum_{T}w_{T}\cdot\sum_{R}w_{R}\cdot D_{T,R}$$

式中:E 为有效剂量,mSv;$D_{T,R}$为器官或组织的吸收剂量,mGy;w_R 为辐射权重因数,对 X 射线为 1;w_T 为组织权重因数。

表 9.13 和表 9.14 分别列出了我国不同 X 射线诊断类型的患者皮肤剂量(ESD)和每次 X 射线摄影检查所致成年受检者器官剂量与有效剂量的典型值。表 9.15 列出了中国部分省区 CT 机 CT 剂量指数($CTDI_{100}$)的调查结果。表 9.16 列出了 1998 年中国不同类型普通 X 射线检查所致受检者的集体有效剂量。表 9.17 与表 9.18 分别列出了 1998 年中国 CT 检查所致患者的集体有效剂量和我国不同 X 射线诊断检查所致年集体有效剂量。

表 9.13 不同 X 射线诊断类型患者皮肤剂量的典型值 (单位:mGy)

照射类型	1985 年	1998 年	照射类型	1985 年	1998 年
门诊胸透	10.4	3.04	乳腺	—	3.57
群检胸透	5.2	2.49	髋关节	11.2	2.70
正位胸片	—	0.36	骨盆	11.0	1.70
侧位胸片	—	1.53	四肢	—	0.39
腰椎正位片	18.9	5.78	口腔内摄影	—	8.29
腰椎侧位片	46.2	12.5	心血管造影	—	14.2
腰骶关节片	29.1	5.40	脑血管造影	—	7.13
腹部摄影	22.1	3.23	尿路造影	—	11.9

资料来源:潘自强.2010. 中国辐射水平。

表 9.14 每次 X 射线摄影检查所致成年受检者器官剂量与有效剂量的典型值

序号	检查类型	各器官或组织的吸收剂量(mGy)								有效剂量当量(mSv)
		红骨髓	骨表面	甲状腺	乳腺	卵巢	睾丸	肺	其余平均	
1	门诊胸透	0.26	0.58	0.03	0.14	0.01	<0.01	0.72	0.58	0.33
2	体检胸透	0.12	0.28	0.01	0.07	0.01	<0.01	0.34	0.28	0.16
3	其他透视	0.24	0.53	0.01	<0.01	0.16	—	—	0.07	0.11
4	食管造影	19.0	4.30	0.99	10.00	0.03	0.02	6.20	1.90	3.21
5	上消化道造影	6.00	13.20	1.20	13.60	0.22	0.09	10.00	33.20	14.46
6	下消化道造影	9.30	20.80	0.30	0.58	9.10	0.58	0.57	27.10	11.24
7	全消化道造影	7.00	15.20	0.82	15.40	5.70	0.62	7.50	30.60	14.50
8	头颅摄影	0.47	1.04	4.84	0.07	0.01	<0.01	0.01	1.08	0.57
9	头断层扫描	1.49	3.29	2.72	0.30	<0.01	0.07	0.31	3.03	1.36
10	牙摄影	0.12	0.25	0.09	0.06	<0.01	<0.01	<0.01	0.15	0.08
11	颈椎摄影	0.29	0.64	2.33	0.06	<0.01	<0.01	0.10	0.45	0.28
12	胸椎摄影	1.19	2.62	0.63	8.95	0.05	0.05	3.91	4.64	3.46
13	腰椎摄影	1.03	2.25	0.11	2.49	0.48	0.05	1.41	8.88	3.47
14	腰骶摄影	1.52	3.26	0.02	0.11	3.13	3.07	0.02	5.06	2.60
15	肩、锁骨摄影	0.07	0.15	0.09	0.85	<0.01	<0.01	0.16	0.12	0.20
16	肋骨摄影	0.76	1.68	0.36	0.36	<0.01	<0.01	2.09	1.21	0.82
17	胸部摄影	0.06	0.13	0.02	0.24	<0.01	<0.01	0.13	0.20	0.12
18	胸断层扫描	1.18	2.62	0.42	1.28	0.04	0.03	3.29	2.91	1.70
19	乳腺摄影	<0.01	<0.01	<0.01	0.27	0.01	—	<0.01	<0.01	0.05
20	腹部平片	0.43	0.95	0.02	0.18	1.08	0.09	0.11	3.04	1.18
21	胎儿摄影	1.21	2.65	0.03	0.22	3.53	—	0.03	5.95	2.82
22	骨盆摄影	0.69	1.52	0.02	0.05	2.34	2.78	<0.01	2.81	1.62
23	胆囊造影	1.23	2.70	0.08	0.60	0.07	<0.01	2.28	4.32	1.90
24	肾盂造影	2.45	5.36	0.14	1.12	6.01	0.54	0.86	16.27	6.43
25	髋、上股骨摄影	0.86	1.89	0.01	0.02	2.96	13.68	<0.01	1.67	2.74
26	手臂摄影	<0.01	<0.01	0.01	0.29	<0.01	<0.01	<0.01	<0.01	0.05

资料来源:GB16348-1996。

表 9.15 中国部分省市 CT 机 CT 剂量指数($CTDI_{100}$)的调查结果

地区	台数(台)	范围(mGy)	*CTDI*(mGy)	文献
河北	313	4.0～72	27	冀维峰,2000
广东	227	14～57	38	吴增汉,2000
湖南	82	16～90	42	杨芬芳,2000
福建	104	—	33	黄海潮,2001
北京	98	18～78	40	王晓峰,2001
江苏	231	13～80	40	王　进,2003

续表

地区	台数(台)	范围(mGy)	CTDI(mGy)	文献
四川	177	13～91	43	刘德明,2006
7家产品[a]	7	26～67	46	赵兰才,1998
合计	1239	—	36[b]	—

a. GE、东芝、岛津、西门子、皮克、埃尔森、飞利浦等公司各一台螺旋CT。

b. 按台数的加权均值。

表 9.16 1998年中国不同类型普通X射线检查所致受检者的集体有效剂量

检查类型	频度加权平均分布(%)	年检人次数(万人次)	单次剂量(mSv/次)	集体剂量(人·Sv)	集体剂量分布[a](%)
胸部透视	24.2	5382	1.04	55970	21.3
其他透视	5.21	1161	1.04	12070	4.60
胸部摄影	28.8	6425	0.04	2570	0.98
头颅摄影	2.77	617	0.10	617	0.24
颈椎摄影	5.06	1127	0.97	10930	4.17
胸椎摄影	2.43	541	0.84	4540	1.73
腰椎摄影	4.80	1069	1.61	17210	6.56
腹部摄影	2.72	606	0.92	5580	2.13
骨盆及髋摄影	2.92	650	0.52	3380	1.29
四肢关节摄影	14.6	3244	0.06	1950	0.74
乳腺摄影	0.14	31	1.00	310	0.12
牙科摄影	1.02	227	0.035	79	0.03
胃肠检查	4.02	896	7.56	67740	25.8
胆囊造影	0.16	36	0.55	200	0.08
尿路造影	0.91	203	0.700	1400	0.53
血管造影	0.25	56	2.07	1160	0.44
其他检查	0.04	10	0.07	7	0.00
合计	100	22281	—	185713	70.8

a. 指占包括CT检查在内全部X射线检查集体有效剂量的比例。

资料来源:潘自强.2010.中国辐射水平。

表 9.17 1998年中国CT检查所致患者的集体有效剂量

年份	年检频度(人次/千人口)	年检人次数(万人次)	单次剂量(mSv/次)	集体剂量($\times10^4$人·Sv)	占全部X射线检查剂量比例(%)
1998	15.6	1917	3.99	7.65	29.2

资料来源:潘自强.2010.中国辐射水平。

表 9.18 1998 年中国 X 射线检查所致集体剂量和全人口人均年有效剂量

照射类型	集体有效剂量(10^5 人·Sv)	全人口人均年有效剂量(mSv)
普通 X 射线检查	1.86	0.15
CT 检查	0.76	0.06
合计	2.62	0.21

资料来源:潘自强.2010.中国辐射水平。

9.3.2 核医学

核医学通常分为基础核医学和临床核医学。基础核医学包括放射性示踪动力学、体外放射性配体结合分析、放射自显影、稳定性核素示踪技术、活化分析等,是其在基础医学中的应用性研究。临床核医学则包括放射性药物的诊断性应用和治疗性应用。用于人体疾病诊断和治疗的放射性核素与放射性标记物称为放射性药物。诊断性应用是利用放射性药物来显示器官、组织的功能和结构及其内部的物质代谢变化,显示神经递质传递功能的变化,通过体外测定法观察机体内微量物质的变化规律,结合免疫学原理进行放射免疫显像等过程或活动;治疗性应用主要是利用放射性药物在病变部位选择性集聚并发射出射程很短的 β 粒子,对病变组织产生足够的电离辐射生物学效应,使病变组织的生长过程受到抑制或者破坏,起到治疗的目的。

9.3.2.1 工作场所分类与防护要求

核医学诊疗除使患者受到较大剂量医疗照射外,还存在对工作人员的职业照射和对一般人员的公众照射。核医学诊疗中辐射防护的任务是控制照射剂量和辐射水平,防止放射性核素污染人体、工作场所和环境。我国放射卫生防护的有关标准对临床核医学工作场所的分类和要求分别列于表 9.19～表 9.22。

表 9.19 临床核医学工作场所的具体分类

分类	操作最大量放射性核素的加权活度[a](MBq)	分类	操作最大量放射性核素的加权活度[a](MBq)
Ⅰ	＞50 000	Ⅲ	＜50
Ⅱ	50～＜50 000		

a. 加权活度＝(计划的日操作最大活度×核素的毒性权重因子)/操作性质修正因子。

资料来源:国际放射防护委员会(ICRP)第 57 号出版物;GBZ120-2006。

表 9.20 核医学常用放射性核素的毒性权重因子

类别	放射性核素	核素的毒性权重因子
A	^{75}Se, ^{89}Sr, ^{125}I, ^{131}I	100
B	^{11}C, ^{13}N, ^{15}O, ^{18}F, ^{51}Cr, ^{67}Ge, ^{99m}Tc, ^{111}In, ^{113m}In, ^{123}I, ^{201}Tl	1
C	^{3}H, ^{14}C, ^{81m}Kr, ^{127}Xe, ^{133}Xe	0.01

资料来源:国际放射防护委员会(ICRP)第 57 号出版物;GBZ120-2006。

表 9.21 核医学不同操作性质的修正因子

操作方式和地区	操作性质修正因子	操作方式和地区	操作性质修正因子
贮存	100	配药、分装以及施给药 简单放射性药物制备 治疗病床区	1
废物处理 闪烁法计数和显像 候诊区及诊断病床区	10	复杂放射性药物制备	0.1

资料来源:国际放射防护委员会(ICRP)第 57 号出版物;GBZ120-2006。

表 9.22 不同类别核医学工作场所的室内表面及装备结构要求

场所分类	地面	表面	通风橱[a]	室内通风	管道	清洗及去污设备
Ⅰ	地板与墙壁接缝无缝隙	易清洗	需要	应设抽风机	特殊要求[b]	需要
Ⅱ	易清洗且不易渗透	易清洗	需要	有较好通风	一般要求	需要
Ⅲ	易清洗	易清洗	不必	一般自然通风	一般要求	只需清洗设备

a. 仅指实验室。

b. 下水道宜短,大水流管道应有标记以便维修检测。

资料来源:国际放射防护委员会(ICRP)第 57 号出版物;GBZ120-2006。

9.3.2.2 核医学诊疗的剂量控制

放射性药物引入人体内进行的核医学诊断性检查会对人体内各组织、器官产生内照射。影响内照射剂量水平的因素可分为物理和生物等方面,包括核素种类、半衰期、射线类型、能量、化合物类型、摄入途径、人体解剖学特征、生理代谢过程等。与诊断性检查相比,核医学治疗所致患者和周围公众的剂量要大得多。核医学应用防护的对象包括患者、职业人员和公众,应特别关注孕妇、哺乳期妇女用药对胎儿与婴儿的健康影响,重视对接受放射性药物诊断性检查或治疗的患者进行监测与控制。

施行体内核医学检查和治疗时,一般用放射性活度施用量(A)与单位施用量所致患者的剂量(d)的乘积来估算患者不同器官的吸收剂量(D),即

$$D = A \times d$$

式中:D 为患者的吸收剂量,mGy;A 为放射性活度施用量,MBq;d 为单位施用量所致患者的剂量,mGy/MBq。

1980 年代以来,ICRP 在其第 53 号、第 80 号与第 106 号等出版物中给出了核医学诊疗中施用放射性药物所致不同年龄人体各器官或组织的吸收剂量和有效剂量,并且随着研究的进展与新药物的出现不断更新和完善。这些出版物对保护易受辐射伤害的胎儿与婴幼儿提出了剂量控制建议。表 9.23 列出了施用单位活度放射性药物致成人患者的器官(或部位)吸收剂量或有效剂量。表 9.24 与表 9.25 分别列出了对哺乳期妇女在施用放射性药物后建议暂时中断哺乳的时间和对接受核素治疗的妇女提出的避孕时间建议。表 9.26 给出了接受一次核医学检查所致患者有效剂量范围的估计值。表 9.27～表 9.30 为控制核医学工作人员的受照剂量提供了有用数据。

表 9.23 单位活度放射性药物致成人患者的器官(或部位)吸收剂量

(单位:mGy/MBq)

器官(或部位)	^{18}F(1)	^{18}F(2)	^{99m}Tc(1)	^{99m}Tc(2)	^{99m}Tc(3)	^{99m}Tc(4)	^{99m}Tc(5)	^{99m}Tc(6)	^{99m}Tc(7)	^{99m}Tc(8)	^{99m}Tc(9)	^{131}I(1)	^{201}Tl(1)
肾上腺	1.2E−02	9.9E−03	5.3E−03	5.3E−04	2.6E−03	1.1E−02	2.5E−03	4.3E−03	1.0E−02	7.9E−04	4.4E−03	2.6E−01	5.7E−02
膀胱	1.3E−01	3.0E−01	5.3E−03	9.5E−02	4.4E−02	4.9E−02	5.0E−02	2.2E−02	3.7E−03	2.1E−05	1.4E−02	5.0E−01	3.9E−02
骨表面	1.1E−02	9.6E−03	8.0E−03	1.4E−03	3.6E−03	3.1E−03	3.5E−03	5.1E−03	1.2E−02	1.2E−03	6.3E−03	4.5E−01	3.8E−01
脑	3.8E−02	7.1E−03	3.8E−03	2.2E−04	1.5E−03	1.1E−04	4.9E−03	1.6E−03	1.4E−03	4.9E−05	2.7E−03	6.2E−02	2.2E−02
乳腺	8.8E−03	6.7E−03	3.2E−03	2.0E−04	1.3E−03	4.0E−04	8.9E−04	1.8E−03	2.1E−03	3.6E−03	2.3E−03	8.2E−02	2.4E−02
胆	1.3E−02	1.0E−02	5.6E−03	7.0E−04	2.7E−03	6.4E−03	2.8E−02	5.1E−02	1.5E−02	5.3E−04	2.7E−02	3.5E−01	6.5E−02
胃	1.1E−02	9.5E−03	5.0E−03	5.2E−04	2.2E−03	4.0E−03	2.7E−03	4.6E−03	8.4E−03	9.2E−04	4.6E−03	1.6E−01	1.1E−01
小肠	1.2E−02	1.3E−02	5.6E−03	2.2E−03	3.1E−03	4.3E−03	1.2E−02	1.9E−02	5.6E−03	1.1E−04	1.1E−02	1.3E−01	1.4E−01
结肠	1.3E−02	1.5E−02	5.4E−03	3.2E−03	3.4E−03	3.8E−03	2.1E−02	3.2E−02	8.9E−03	8.3E−05	1.8E−02	1.3E−01	2.5E−01
上部大肠	1.2E−02	1.2E−02	5.4E−03	1.7E−03	2.8E−03	4.0E−03	2.3E−02	3.6E−02	1.2E−02	1.2E−04	2.0E−02	1.5E−01	1.8E−01
下部大肠	1.4E−02	1.8E−02	5.4E−03	5.2E−03	4.3E−03	3.5E−03	1.8E−02	2.6E−02	4.9E−03	3.8E−05	1.5E−02	1.0E−01	3.4E−01
心脏	6.7E−02	8.9E−03	5.1E−03	3.3E−04	2.1E−03	1.4E−03	1.6E−03	7.8E−03	5.5E−03	4.1E−03	5.2E−03	1.5E−01	1.9E−01
肾	1.7E−02	3.1E−02	4.9E−03	3.4E−03	1.1E−02	2.0E−01	8.7E−03	1.4E−02	1.9E−02	3.1E−04	1.0E−02	1.0E+00	4.8E−01
肝	2.1E−02	9.1E−03	4.9E−03	4.5E−04	2.8E−03	4.6E−03	5.0E−03	6.9E−03	4.5E−02	1.1E−03	3.3E−03	2.4	1.5E−01
肺	2.0E−02	7.9E−03	4.5E−03	2.8E−04	1.8E−03	1.1E−03	2.1E−03	5.5E−03	4.9E−03	3.6E−03	3.2E−03	1.4E−01	1.1E−01
肌肉	1.0E−02	9.9E−03	4.1E−03	1.4E−03	2.1E−03	2.2E−03	2.2E−03	3.1E−03	2.9E−03	6.6E−04	3.5E−03	9.8E−02	5.2E−02
食管	1.2E−02	8.2E−03	4.5E−03	2.7E−04	1.8E−03	3.9E−04	1.2E−03	2.5E−03	2.5E−03	3.6E−03	3.3E−03	8.8E−02	3.6E−02
卵巢	1.4E−02	1.7E−02	5.7E−03	4.9E−03	4.3E−03	3.6E−03	7.9E−03	1.0E−02	4.0E−03	4.1E−05	7.7E−03	1.1E−01	1.2E−01
胰腺	1.3E−02	1.0E−02	5.6E−03	5.5E−04	2.6E−03	7.7E−03	2.9E−03	5.1E−03	1.1E−02	9.7E−04	5.0E−03	2.7E−01	5.7E−02
红骨髓	1.1E−02	9.8E−03	4.4E−03	9.6E−04	2.1E−03	3.0E−03	2.4E−03	3.7E−03	1.7E−02	8.6E−04	3.9E−03	7.4E−01	1.1E−01
皮肤	7.8E−03	7.0E−03	2.9E−03	5.0E−04	1.3E−03	8.2E−04	1.1E−03	1.7E−03	1.6E−03	1.2E−03	1.4E−02	6.8E−02	2.1E−02
脾	1.1E−02	9.5E−03	4.9E−03	5.0E−04	2.3E−03	1.0E−02	2.0E−03	3.6E−03	6.0E−02	6.8E−04	4.1E−03	4.0	1.2E−01
睾丸	1.1E−02	1.3E−02	4.1E−03	3.4E−03	2.9E−03	1.8E−03	2.7E−03	2.7E−03	1.3E−03	—	3.4E−03	6.4E−02	1.8E−01
胸腺	1.2E−02	8.2E−03	4.5E−03	2.7E−04	1.8E−03	3.9E−04	1.2E−03	2.5E−03	2.5E−03	3.6E−03	3.3E−03	8.8E−02	3.6E−02

续表

器官(或部位)	$^{18}F(1)$	$^{18}F(2)$	$^{99m}Tc(1)$	$^{99m}Tc(2)$	$^{99m}Tc(3)$	$^{99m}Tc(4)$	$^{99m}Tc(5)$	$^{99m}Tc(6)$	$^{99m}Tc(7)$	$^{99m}Tc(8)$	$^{99m}Tc(9)$	$^{131}I(1)$	$^{201}Tl(1)$
甲状腺	1.0E−02	8.1E−03	4.6E−03	2.7E−04	1.8E−03	1.8E−04	6.1E−03	2.0E−03	4.0E−03	4.7E−04	4.7E−03	7.0E−02	2.2E−01
子宫	1.8E−02	2.8E−02	5.8E−03	1.1E−02	6.9E−03	6.5E−03	9.2E−03	8.8E−03	3.3E−03	4.1E−05	7.0E−03	1.1E−01	5.0E−02
其余	1.2E−02	1.0E−02	4.2E−03	1.4E−03	2.2E−03	3.8E−03	2.8E−03	3.8E−03	3.1E−03	6.6E−04	3.8E−03	1.1E−01	5.4E−02
有效剂量(mSv/MBq)	1.9E−02	2.5E−02	4.7E−03	6.3E−03	4.6E−03	9.9E−03	7.7E−03	1.0E−02	9.8E−03	1.2E−03	6.9E−03	4.2E−01	1.4E−01

注：$^{18}F(1)$. ^{18}F-FDG(2-脱氧 2-氟代 D-葡萄糖)；$^{18}F(2)$. ^{18}F-*L*-DOPA(多巴)；$^{99m}Tc(1)$. ^{99m}Tc 阿西肽；$^{99m}Tc(2)$. ^{99m}Tc-EC(双半胱氨酸)，肾功能正常；$^{99m}Tc(3)$. ^{99m}Tc-EC(双半胱氨酸)，肾功能异常；$^{99m}Tc(4)$. ^{99m}Tc-EC(双半胱氨酸)，一侧肾阻塞；$^{99m}Tc(5)$. ^{99m}Tc-ECD(双半胱氨酸乙脂)；$^{99m}Tc(6)$. ^{99m}Tc 呋膦(Q12)；$^{99m}Tc(7)$. ^{99m}Tc 标记单克隆肿瘤相关抗体，完整抗体；$^{99m}Tc(8)$. ^{99m}Tc 标记小胶质物(瘤内注射)；$^{99m}Tc(9)$. ^{99m}Tc 替曲膦；$^{131}I(1)$. ^{131}I 标记单克隆肿瘤抗体，完整抗体；$^{201}Tl(1)$. ^{201}Tl 离子。

资料来源：ICRP 106,2008。

表 9.24 哺乳期妇女施用放射性药物后建议中断哺乳的时间

放射性药物名称	中断哺乳时间	放射性药物名称	中断哺乳时间
^{14}C 标记物		I 标记物	
甘油三油酸酯	不需要中断	^{123}I-BMIPP	>3 周[c,d]
甘氨胆酸	不需要中断	^{123}I-HSA	>3 周[c,d]
碳酰胺	不需要中断	^{123}I-马尿酸盐	12 h
^{99m}Tc 标记物		^{123}I-IPPA	>3 周[c,d]
DISDA	一般不需要中断[a,b]	^{123}I-MIBG	>3 周[c,d]
DMSA	一般不需要中断[a,b]	^{123}I-NaI	>3 周[c,d]
DTPA	一般不需要中断[a,b]	^{125}I-HSA	>3 周[c]
ECD	一般不需要中断[a,b]	^{125}I-马尿酸盐	12 h
MDP	一般不需要中断[a,b]	^{131}I-马尿酸盐	12 h
葡萄糖酸盐	一般不需要中断[a,b]	^{131}I-MIBG	>3 周[c]
葡庚糖酸盐	一般不需要中断[a,b]	^{131}I-NaI	>3 周[c]
HM-PAO	一般不需要中断[a,b]	其他	
硫化胶体	一般不需要中断[a,b]	^{11}C 标记物	一般不需要中断[e]
MAA	12 h	^{13}N 标记物	一般不需要中断[e]
MAG3	一般不需要中断[a,b]	^{15}O 标记物	一般不需要中断[e]
MIBI	一般不需要中断[a,b]	^{18}F-FDG	不需要中断
HAM	12 h	^{22}Na	>3 周[c]
高锝酸盐	12 h	^{51}Cr-EDTA	不需要中断
PYP	一般不需要中断[a,b]	^{67}Ga 柠檬酸盐	>3 周[c]
RBC(体内)	12 h	^{75}Se 标记物	>3 周[c]
RBC(体外)	一般不需要中断[a,b]	^{81m}Kr 气体	不需要中断
锝气体	一般不需要中断[a,b]	^{111}In-奥曲肽	不需要中断
替曲膦	一般不需要中断[a,b]	^{111}In-WBC	不需要中断
WBC	12 h	^{133}Xe	不需要中断
		^{201}Tl 氯化物	48 h

a. 中断(哺乳)并非至关重要。

b. 对绝大多数使用^{99m}Tc 作标记的复合物，当放射性药物中没有游离的高锝酸盐存在时，4h 的间隔，等于放弃一次哺乳。

c. 至少 3 周(或者 504h)，但是维持哺乳是困难的。

d. 用^{123}I 作标记的所有物质(除了碘尿酸酶)：为避免其他碘的同位素污染，必须超过 3 周。

e. 用^{11}C，^{13}N 和 ^{15}O 标记的物质，由于物理半衰期很短，因此中断哺乳并非至关重要。

资料来源：ICRP 106,2008。

表 9.25　放射性核素治疗之后确保胎儿受到的剂量不超过 1mGy 的避孕时间

核素及其形态	用于治疗的疾病	施予的总活度(MBq)	避免妊娠时间(月)
金[^{98}Au]胶体	恶性疾病	10 000	2
碘[^{131}I]化钠	甲状腺功能亢进症	800	4
碘[^{131}I]化钠	甲状腺癌	6000	4
^{131}I-MIBG(间碘苄基胍)	嗜铬细胞瘤	7500	3
磷[^{32}P]酸盐	真性红细胞增多症等	200	3
氯化锶[^{89}Sr]	骨转移癌	150	24
钇[^{90}Y]胶体	关节炎	400	0
钇[^{90}Y]胶体	恶性肿瘤	4000	1
铒[^{169}Er]胶体	关节炎	400	0

资料来源：ICRP 94，2007。

表 9.26　核医学检查中成年患者一次检查所致的有效剂量范围

检查部位	检查类型	常用的放射性药物	施用活度[a] (MBq)	1MBq 所致有效剂量[b] (mSv/MBq)	有效剂量 (mSv)
骨骼	骨骼显像	^{99m}Tc-磷(膦)酸盐化合物	740～1110	5.7×10^{-3}	4.22～6.33
心脏	心肌灌注显像(静态)	^{99m}Tc-MIBI	370～740	9×10^{-3}[c]	3.33～6.66
	心肌灌注显像(运动试验)	^{99m}Tc-MIBI	370～740	7.9×10^{-3}[c]	2.92～5.85
	心肌灌注显像	^{201}Tl	74～111	2.2×10^{-1}[c]	16.28～24.42
大脑	脑脊液显像	^{99m}Tc-DTPA	370(脑池注射)	6.6×10^{-3}	2.442
			185(腰部注射)	1.1×10^{-2}	2.035
	脑血流灌注显像	^{99m}Tc-HMPAO	555～740	9.3×10^{-3}[c]	5.162～6.882
甲状腺	甲状腺吸收	^{131}I(碘化物)	0.074～0.296	2.4×10^{1}(吸收 55%)	1.776～7.104
	甲状腺显像	$Na^{99m}TcO_4$	111～555	1.5×10^{-2}	1.665～8.325
肾脏	肾静态显像	^{99m}Tc-DMSA	185～370	1.6×10^{-2}	2.96～5.92
		^{99m}Tc-MAG_3	185～370	7×10^{-3}[c]	1.30～2.59
	肾动态显像	^{99m}Tc-DTPA	185～370	6.3×10^{-3}	1.17～2.33
		^{131}I-OIH	18.5	6.6×10^{-2}	1.22
肺	肺通气单次吸入显像	^{133}Xe	370～740	1.9×10^{-4}	0.0703～0.141
	肺通气平衡期显像	^{133}Xe	370～740	8.0×10^{-4}	0.296～0.592
	肺通气显像	^{99m}Tc-DTPA	1110～1480	7.0×10^{-3}	7.77～10.4
	肺灌注显像	^{99m}Tc-MAA	111～185	1.5×10^{-2}	1.67～2.78
肝脏	肝静态显像	^{99m}Tc-硫胶体	74～296	1.4×10^{-2}	1.04～4.14
	肝血流灌注显像	^{99m}Tc-白蛋白	555～740	1.4×10^{-2}	7.77～10.36
脾脏	脾静态显像	^{99m}Tc-DRBC	37～111	4.1×10^{-2}	1.52～4.55
全身	(PET)肿瘤显像	^{18}F-FDG	185～444 [d]	1.9×10^{-2}[c]	3.52～8.44

a. 何广仁 . 1995. 临床核医学(初版)。

b. ICRP 53，1988。

c. ICRP 80，1999。

d. 日本核医学会 . 2010. FDG PET 、PET/CT 診療ガイドライン。

表 9.27 ^{99m}Tc 随时间变化的残存率

经过时间[min(h)]	放射性残存率(%)	经过时间[min(h)]	放射性残存率(%)	经过时间[min(h)]	放射性残存率(%)	经过时间[min(h)]	放射性残存率(%)
0	100.0	110	81.0	220	65.6	330	53.2
10	98.0	120(2)	79.5	230	64.3	340	52.1
20	96.3	130	77.9	240(4)	63.2	350	51.3
30	94.4	140	76.4	250	61.9	360(6)	50.2
40	92.6	150	75.0	260	60.7	(7)	44.7
50	90.9	160	73.6	270	59.6	(8)	39.8
60(1)	89.1	170	72.2	280	58.4	(9)	35.5
70	87.4	180(3)	70.8	290	57.3	(10)	31.6
80	85.8	190	69.5	300(5)	56.3	(11)	28.2
90	84.2	200	68.1	310	55.3	(12)	25.1
100	82.6	210	66.9	320	54.2		

资料来源：日本アイソトープ協会.1985，医療用アイソトープの取扱いと管理。

表 9.28 成人患者施用放射性药物所致附近剂量当量率

检查对象	放射性药物	用药量 MBq(mCi)	用药后经过时间	距离(cm)	剂量当量率 [μSv/h(mrem/h)]
骨	^{99m}Tc MDP	740(20)	0	100	9(0.9)
			1h	100	6.3(0.63)
			2h	100	4.7(0.47)
			3h	100	3.5(0.35)
肝	^{99m}Tc S colloid	150(4)	0	100	2(0.2)
血池	^{99m}Tc RBC	740(20)	0	100	14(0.14)
肿瘤	^{67}Ga citrate	110(3)	0	100	3.5(0.35)
造血灶刺激因子	^{111}In DTPA	19(0.5)	0	100	0.8(0.08)
心脏	^{201}Tl	740(20)	0	*	20(2)
心脏	^{99m}Tc HSA	190(5)	0	*	15(1.5)
骨	^{99m}Tc MDP	740(20)	0	*	25(2.5)
心脏	^{99m}Tc RBC	1000(27)	20 min	100	18(1.8)

注：* 表示床侧。

资料来源：Bernard Shleien. 1998. Handbook of Health Physics and Radiological Health. 3rd ed。

表 9.29 甲状腺治疗施用 3.7GBq(100mCi)^{131}I 后不同时间所致不同距离的剂量率估计 (单位：μSv/h)

与患者距离(cm)	用药后经过时间(h)							
	0	6	12	18	24	36	48	72
10	16 000	7 311	5 087	4 950	4 612	3 450	2 855	750
30.5	1891	1 511	1 051	1 023	953	713	590	155
100	216	173	120	117	109	81.4	67.4	17.7

资料来源：Bernard Shleien. 1998. Handbook of Health Physics and Radiological Health. 3rd ed。

表 9.30　护理施用 3.7GBq(100mCi)^{131}I 的治疗患者不同接触时间的累积剂量(单位:μSv)

接触时间(min)	距离(cm)	部位	用药后经过时间(h)			
			0	24	48	72
1	10	手	267	77.1	47.7	12.5
	30.5	全身	31.5	15.9	9.8	2.6
	100	全身	3.6	1.8	1.1	0.3
5	10	手	333	385.5	238.5	62.5
	30.5	全身	158	79.6	49.3	12.9
	100	全身	18	9.1	5.6	1.5
15	10	手	4 000	1 157	716	188
	30.5	全身	473	238	148	38.6
	100	全身	54	27.2	16.8	4.4
30	10	手	8 000	2 313	1 432	375
	30.5	全身	945	545	295	77.2
	100	全身	108	54.4	33.6	8.8

资料来源:Bernard Shleien. 1998. Handbook of Health Physics and Radiological Health. 3rd ed。

9.3.3　放射治疗

按照对患者实施照射的方式和技术特点,放射治疗可分为远距离治疗、近距离治疗、放射性核素治疗及其他特殊技术治疗,例如立体定向放射治疗、调强适形治疗、中子和重粒子治疗等。远距离治疗是放射治疗的主要方式,它是利用射线装置或密封放射源产生的外部光子或电子束对患者靶区进行照射。放射治疗一般使用强辐射源对患者病灶部位进行照射,照射位置和剂量的准确性直接涉及患者的安全和治疗效果。辐射防护的主要措施是规范照射计划的制定和操作,依据标准的要求检测治疗设备的性能,对治疗全过程开展质量保证和质量控制工作。

表 9.31 与表 9.32 分别列出了 γ 射束远距治疗和医用加速器治疗放射防护与质量控制检测项目及要求。表 9.33 与表 9.34 分别列出了 γ 刀(γ 射线立体定向放射治疗)和 X 刀(X 射线立体定向放射治疗)的剂量学参数和防护安全要求。

表 9.31　γ 射束远距治疗防护与质量控制检测项目及要求

检测项目	状态或参考值
门机联锁	有效
治疗室内剂量报警仪	有效
声光报警装置	有效
急停开关	有效
放射源活度	≥37TBq

续表

检测项目	状态或参考值
源皮距	≥600mm
源皮距允许偏差	±3mm
机架旋转等中心偏差	±2mm
准直器旋转轴心偏差	≤2mm
准直器旋转射野边界偏差	≤2mm
有用射束在模体校准深度处吸收剂量偏差	±3%
辐射野内有用射束空气比释动能率的非对称性	≤5%
输出剂量稳定性	±2%
经修整的半影区宽度	≤10mm
灯光野边界线与照射野边界线的重合度	≤2mm
射野中心与机械中心一致性	±2mm
治疗床加载 135kg 后高度变化	≤5mm
杂散辐射(源在贮存位置,距设备表面 5cm 处)	≤0.2mGy/h
杂散辐射(源在贮存位置,距源 1m 处)	≤0.02mGy/h
有用射束外最大泄漏辐射(对射野中心最大空气比释动能率)	≤0.2%
载源器表面 β 辐射污染水平	≤4Bq/cm^2
距治疗室墙外表面 30cm 处辐射水平	≤2.5μGy/h

资料改编自：GBZ 161-2004,YY 0096～2009。

表 9.32　医用加速器放射治疗防护与质量控制检测项目及要求

检测项目	状态或参考值	检测周期
门机联锁	有效	每天
声光报警装置	有效	每天
急停开关	有效	每月
剂量监测系统重复性(监测计数值与测量值之比的变异系数)	≤0.7%	半年
剂量监测系统线性(监测计数值与测量值线性最大偏差)	±2%	半年
剂量监测系统日稳定性	≤2%	半年
X 射线深度剂量特性(实测值与标称值的最大偏差)	±3%或±3mm	半年
电子线深度剂量特性(实测值与标称值的最大偏差)	±3%或±2mm	每周
X 射线辐射野的均整度(≤30cm×30cm)	≤106%	每周
X 射线辐射野的均整度(≥30cm×30cm)	≤110%	每周

续表

检测项目	状态或参考值	检测周期
X 射线辐射野的对称性	≤103%	每周
电子线辐射野的均整度(80%等剂量线与几何野投影边的距离)	≤15 mm	每周
电子线辐射野的对称性	≤105%	每周
光野中心与辐射野中心之间的最大距离	≤2mm	每月
X 射线束轴在患者入射表面上的位置指示最大偏差	±2mm	每月
辐射束轴相对于等中心点的最大偏移	±2mm	半年
治疗床垂直运动时床面最大水平位移	±2mm	每月
治疗床等中心旋转轴相对于等中心的位移	±2mm	每月
感生放射性(≥10MeV,距设备表面 5cm 处)	≤0.2mGy/h	一年
感生放射性(≥10MeV,距设备表面 1m 处)	≤0.02mGy/h	一年
电子线治疗时有用线束内杂散辐射(电子束中心轴上实际射程外 10cm 处的吸收剂量与最大吸收剂量之比;6、10、15、18MeV)	3.8%、4.2%、5.0%、5.8%	一年
X 射线治疗时有用线束内杂散辐射(表面吸收剂量与最大吸收剂量之比;6MeV、8~30MeV)	58%、50%	一年

资料改编自:GB/T 19046-2003,GB 9706.5-2008,GBZ 126-2002。

表 9.33 γ 刀剂量学参数和防护安全要求

序号	性能	检测条件		要求
1	焦点剂量率	直径 18mm 准直器		≥1.5Gy/min[a]
2	焦点计划剂量与实测剂量的相对偏差	直径 18mm 准直器		±5%
3	机械中心与照射野中心的距离	胶片法,直径 4mm 准直器		≤0.5mm
4	照射野尺寸与标称值最大偏差	每个射野		±1.5mm
5	焦平面上照射野半影宽度	准直器	4 mm	≤4mm
			8 mm	≤6mm
			14 mm	≤10mm
			18 mm	≤12mm
			22 mm	≤14mm
6	透过准直体的泄漏辐射率(准直器关闭与开启时辐射水平之比)	处于治疗预定位置的模体中心		≤2%
7	非治疗状态下设备周围的杂散辐射水平	距设备外表面 60cm 处		≤20μGy/h
		距设备外表面 5cm 处		≤200μGy/h

a. 对新安装设备的验收检测≥2.5Gy/min。

资料来源:GBZ 168-2005。

表 9.34 X刀剂量学参数和防护安全要求

<table>
<tr><th>序号</th><th>性能</th><th colspan="2">检测条件</th><th>要求</th></tr>
<tr><td>1</td><td>等中心偏差</td><td colspan="2">胶片法</td><td>±1mm</td></tr>
<tr><td>2</td><td>治疗定位偏差</td><td colspan="2">金属球法,头部模体</td><td>≤3mm</td></tr>
<tr><td>3</td><td>照射野尺寸与标称值最大偏差</td><td colspan="2">胶片法</td><td>±1mm</td></tr>
<tr><td rowspan="2">4</td><td rowspan="2">焦平面上照射野半影宽度</td><td rowspan="2">照射野直径</td><td>≤20mm</td><td>≤4mm</td></tr>
<tr><td>>20mm</td><td>≤5mm</td></tr>
<tr><td>5</td><td>等中心处计划剂量与实测剂量相对偏差</td><td colspan="2">准直器直径 26～30mm</td><td>±5%</td></tr>
</table>

资料来源:GBZ 168-2005。

9.4 放射诊断指导水平

放射诊断医师应当使用医疗照射指导水平指导医疗照射实践,控制照射剂量。X射线影像诊断与核医学的诊断指导水平应通过广泛的质量调查数据推导,由相应的专业机构与审管部门根据规定的程序制定,并根据技术的进步不断对其进行修订。

当某种检查的剂量或活度超过相应指导水平时,采取行动改善优化程度,使在确保获得必需的诊断信息的同时尽量降低受检者的受照剂量;当剂量或活度显著低于相应的指导水平而照射又不能提供有用的诊断信息和给患者带来预期的医疗利益时,按需要采取纠正行动。同时,不应将所确定的医疗照射指导水平视为在任何情况下都能保证达到最佳性能的指南;实践中应用这些指导水平时应注意具体条件,如医疗技术水平、受检者的身体和年龄等。

9.4.1 X射线诊断指导水平

《电离辐射防护与辐射源安全基本标准》(GB18871-2002)附录G的表G1.1～表G1.4分别提供了典型成年受检者接受不同程序的放射诊断检查的剂量指导水平,现以表9.35～表9.38列出。

表 9.35 典型成年受检者X射线摄影的剂量指导水平

检查部位	投照方位[a]	每次摄影入射体表剂量[b](mGy)
腰椎	AP	10
	LAT	30
	LSJ	40
腹部、胆囊(造影)、(静脉)尿路(造影)	AP	10
骨盆	AP	10
髋关节	AP	10
胸	PA	0.4
	LAT	1.5
胸椎	AP	7
	LAT	20
牙齿	牙根尖周	7

续表

检查部位	投照方位[a]	每次摄影入射体表剂量[b](mGy)
牙齿	AP	5
头颅	PA	5
	LAT	3

a. AP. 前后位投照；LAT. 侧位投照；LSJ. 腰骶关节投照；PA. 后前位投照。

b. 入射受检者体表剂量系空气中吸收剂量(包括反散射)。这些值是针对通常片屏组合情况(相对速度 200)，如针对高速片屏组合(相对速度 400～600)，则表中数值应减少到 1/3～1/2。

资料来源：GB18871-2002。

表 9.36 典型成年受检者 X 射线 CT 检查的剂量指导水平

检查部位	多层扫描平均剂量[a](mGy)
头	50
腰椎	35
腹部	25

a. 表列值是由水当量体模中旋转轴上的测量值推导的；体模长 15cm，直径 16cm（对头）和 30cm（对腰椎和腹部）。

资料来源：GB18871-2002。

表 9.37 典型成年受检者乳腺 X 射线摄影的剂量指导水平

防散射滤线栅的应用	每次头尾投照的腺平均剂量[a](mGy)
无滤线栅	1
有滤线栅	3

a. 在一个 50%腺组织和 50%脂肪组织构成的 4.5cm 压缩乳腺上，针对胶片增感屏装置及用钼靶和钼过滤片的乳腺 X 射线摄影设备确定的。

资料来源：GB18871-2002。

表 9.38 典型成年受检者 X 射线透视的剂量率指导水平

X 射线机类型	入射体表剂量率[a](mGy/min)
普通医用诊断 X 射线机	50
有影像增强器的 X 射线机	25
有影像增强器并有自动亮度控制系统的 X 射线机(介入放射学中使用)	100

a. 表列值为空气中的吸收剂量率(包括反散射)。

资料来源：GB18871-2002。

9.4.2 核医学诊断指导水平

表 9.39 列出了典型成年受检者在各种核医学诊断中的活度指导水平。

表 9.39 典型成年受检者在各种核医学诊断中的活度指导水平

检查项目	放射性核素	化学形态	每次检查常用的最大活度(MBq)
骨			
骨显像	^{99m}Tc	MDP(亚甲基二膦酸盐)和磷酸盐化合物	600
骨断层显像	^{99m}Tc	MDP 和磷酸盐化合物	800
骨髓显像	^{99m}Tc	SC(标记的硫化胶体)	400
脑			
脑显像(静态的)	^{99m}Tc	TcO_4^-	500
	^{99m}Tc	DTPA(二乙三胺五乙酸)，葡萄糖酸盐和葡庚糖酸盐	500
脑断层显像	^{99m}Tc	ECD(双半胱氨酸乙脂)	800
	^{99m}Tc	DTPA，葡萄糖酸盐和葡庚糖酸盐	800

续表

检查项目	放射性核素	化学形态	每次检查常用的最大活度(MBq)
脑	^{99m}Tc	HM-PAO(六甲基丙二胺肟)	500
脑血流	^{99m}Tc	HM-PAO,ECD	500
脑池造影	^{111}In	DTPA	40
泪腺　泪引流	^{99m}Tc	TcO_4^-	4
甲状腺			
甲状腺显像	^{131}I	碘化钠	20
	^{99m}Tc	TcO_4^-	200
甲状腺癌转移灶(癌切除后)	^{131}I	碘化钠	400
甲状旁腺显像	^{201}Tl	氯化亚铊	80
	^{99m}Tc	MIBI(甲氧基异丁基异腈)	740
肺			
肺通气显像	^{99m}Tc	DTPA 气溶胶	80
肺灌注显像	^{99m}Tc	HAM(人血清白蛋白)	100
	^{99m}Tc	MAA(大颗粒聚集白蛋白)	185
肺断层显像	^{99m}Tc	MAA	200
肝和脾			
肝和脾显像	^{99m}Tc	SC	150
胆道系统功能显像	^{99m}Tc	EHIDA(二乙基乙酰苯胺亚氨二醋酸)	185
脾显像	^{99m}Tc	标记的变性红细胞	100
肝断层显像	^{99m}Tc	SC	200
心血管			
首次通过血流检查	^{99m}Tc	TcO_4^-	800
	^{99m}Tc	DTPA	560
心和血管显像	^{99m}Tc	HAM	800
心血池显像	^{99m}Tc	标记的正常红细胞	800
心肌显像	^{99m}Tc	PYP(焦磷酸盐)	600
心肌断层显像	^{99m}Tc	MIBI	600
	^{201}Tl	氯化亚铊	100
	^{99m}Tc	膦酸盐和磷酸盐化合物	800
胃,胃肠道			
胃/唾液腺显像	^{99m}Tc	TcO_4^-	40
梅克尔憩室显像	^{99m}Tc	TcO_4^-	400
胃肠道出血	^{99m}Tc	SC	400
	^{99m}Tc	标记的正常红细胞	400
食管通过和胃-食管反流	^{99m}Tc	SC	40

续表

检查项目	放射性核素	化学形态	每次检查常用的最大活度(MBq)
胃排空	^{99m}Tc	SC	12
肾,泌尿系统			
肾皮质显像	^{99m}Tc	DMSA(二巯基丁二酸)	160
	^{99m}Tc	葡庚糖酸盐	200
肾血流、功能显像	^{99m}Tc	DTPA	300
	^{99m}Tc	MAG_3(巯乙酰三甘肽)	300
	^{99m}Tc	EC(双半胱氨酸)	300
其他			
肿瘤或脓肿显像	^{67}Ga	柠檬酸盐	300
	^{201}Tl	氯化物	100
肿瘤显像	^{99m}Tc	DMSA,MIBI	400
神经外胚层肿瘤显像	^{123}I	MIBG(间碘苄基胍)	400
	^{131}I	MIBG	40
淋巴结显像	^{99m}Tc	标记的硫化锑胶体	370
脓肿显像	^{99m}Tc	HM-PAO 标记的白细胞	400
下肢深静脉显像	^{99m}Tc	标记的正常红细胞	每侧 185
	^{99m}Tc	大分子右旋醣酐	每侧 185

资料来源:GB18871-2002。

9.5 抚育者、照顾者与生物医学研究中志愿者的剂量约束

许可证持有者应对明知受照而自愿帮助护理、扶持与慰问或探视正在接受医疗照射患者的人员受照剂量进行控制，使他们在患者诊断或治疗期间所受的剂量不超过 5mSv。应将探视食入放射性物质患者的儿童所受的剂量限制在 1mSv 以下。

生物医学研究中的志愿者接受的照射属于医疗照射,ICRP 第 103 号出版物根据对社会的利益大小分别给出的剂量约束值为:较小的,<0.1mSv;居中的,0.1~1mSv;适中的,1~10mSv;相当大的,>10mSv。

9.6 接受放射性核素治疗的患者出院

接受放射性核素治疗的患者应在其体内的放射性物质的活度降至一定水平后才能出院,以控制其家庭与公众可能受到的照射。GB18871-2002 规定,接受了^{131}I治疗的患者,其体内的放射性活度降至 400MBq 之前不得出院。国际放射防护委员会第 94 号出版物列出了美国核管会有关患者出院的资料(表 9.40)。

表 9.40 患者出院的活度和剂量率

放射性核素	活度 (GBq)	距患者体表 1 m 处的剂量率 (mSv/h)
^{198}Au	3.5	0.21
^{67}Ga	8.7	0.18
^{123}I	6.0	0.26
^{131}I	1.2	0.07
^{111}In	2.4	0.2
^{32}P	—	—
^{186}Re	28	0.15
^{188}Re	29	0.20
^{153}Sm	5.2	0.06
^{89}Sr	—	
^{99m}Tc	28	0.58
^{201}Tl	16	0.19
^{90}Y	—	
^{169}Yb	0.37	0.02

注:"—"为由于对公众造成的照射极小,没有给出数值;低于表中给出的数值即可出院。

资料来源:ICRP 94,2007。

9.7 事故性照射的预防与处置

9.7.1 放射事件的范围

许可证持有者应采取一切合理的措施,包括不断提高所有有关人员的安全文化素养,防止发生潜在的事故性医疗照射。《放射诊疗管理规定》(中国卫生部令第 46 号发布)第三十二条规定,医疗机构发生下列放射事件之一的,应当及时进行调查处理,如实记录,并按照有关规定及时报告卫生行政部门和有关部门:

(1) 诊断用放射性药物实际用量偏离处方剂量 50%以上的。

(2) 放射治疗实际照射剂量偏离处方剂量 25%以上的。

(3) 人员误照或误用放射性药物的。

(4) 放射性核素丢失、被盗和污染的。

(5) 设备故障或人为失误引起的其他放射事件。

9.7.2 照射事件的剂量估算概要

当许可证持有者怀疑或被告知,由于辐射设备的故障或缺陷,可能发生患者接受电离辐射超计划照射的事件时,应该立即进行调查。除非调查确定无疑地显示没有或不可能发生这样的事件,否则许可证持有者应立即通知有关主管部门。许可证持有者应安排详细的照射情况调查,并估算受照剂量。

表 9.41 概括了可能适合于 7 类一般程序的剂量估算方法。除了放射治疗和仅在儿科患者

中涉及的事件，这些方法可提供使用代表成年患者平均尺寸和构成比例的标准体模估算的有效剂量。

表 9.41 不同类型医疗照射事件的剂量估算推荐方案概要

程序	剂量学量	方法
X 射线摄影	E	根据每张胶片的 ESD 或 DAP_{rad} 与剂量转换数据估算
	D_{max}	对每张胶片的 ESD 进行适当累积
乳腺 X 射线摄影	D_{gland}	根据每张胶片的入射空气比释动能与剂量转换数据估算
	E	根据其他器官的剂量估算
荧光透视和荧光摄影	E	根据 DAP_{flouro} 或入射体表剂量与剂量转换数据估算
	D_{max}	根据入射体表剂量率并结合有关所用程序的知识
CT 扫描	E	根据 CTDI 或 DLP 与剂量转换数据估算
	D_{max}	利用头部和躯体的体模测量
核医学	E	根据施药的放射性活度并与剂量转换数据估算
儿科学	E, D_{max}	有条件的话使用该年龄组数据
放射治疗	D_{crit}	利用有关放射性敏感器官的剂量学知识估算

注：E. 有效剂量；D_{max}. 最大体表剂量；D_{gland}. 乳腺组织剂量；D_{crit}. 关键器官吸收剂量；ESD. 入射体表剂量；DAP_{rad}. X 线摄影照射的剂量与面积之积；DAP_{flouro}. 荧光透视和(或)荧光摄影照射的剂量与面积之积；*CTDI*. 自由空气中的轴位 CT 剂量指数；DLP. CT 检查的剂量与长度之积。

资料来源：Publication of the Health and Safety Executive. 3rd ed. 2002. PM77。

(赵兰才　编写，潘自强　审阅)

参考文献

何广仁 . 1995. 临床核医学(初版). 北京：原子能出版社

黄海潮，魏木水，金益和，等 . 2001. 福建省 CT 机应用质量检测与评价 . 中国辐射卫生，10(2)：117～118

冀维峰，周开健，孙克新，等 . 2000. 河北省机 CT 机头部单层扫描剂量的调查与分析 . 中国辐射卫生，9(2)104～105

刘德明，刘怡刚，刘冉 . 2006. 四川省 CT 机头部单层扫描剂量评价 . 中华放射医学与防护杂志，26(1)：82～83

潘自强，刘森林 . 2010. 中国辐射水平 . 北京：原子能出版社

王进，岳锡明，许翠珍 . 2003. 江苏省 CT 机应用调查与分析 . 中国辐射卫生，12(1)：45～46

王晓峰，吴毅，杜国生 . 2001. 北京地区 CT 机应用质量检测与分析 . 中国辐射卫生，10(2)：112～114

吴增汉，范荣，时劲松 . 2000. 广东省医用 CT 受检者剂量调查 . 中国辐射卫生，9(3)：154～155

杨芬芳，喻晓彩，刘汉钦，等 . 2000. 湖南省 CT 机性能检测结果与评价 . 中华放射医学与防护杂志，20(3)：198～199

赵兰才，金辉，侯长松 . 1989. CT 剂量指数的测定与国际辐射防护安全标准适用性研究 . 中国辐射卫生，8(3)：145～146

GB/T 17589-1998. 1999. 中华人民共和国国家标准：X 射线计算机断层摄影装置影像质量保证检测规范 . 北京：中国标准出版社

GB 16348-1996. 1996. 中华人民共和国国家标准：X 线诊断中受检者放射卫生防护标准 . 北京：中国标准出版社

GB 16137-1995. 1996. 中华人民共和国国家标准：X 线诊断中受检者器官剂量的估算方法 . 北京：中国标准出版社

GB 18871-2002. 2003. 中华人民共和国国家标准：电离辐射防护与辐射源安全基本标准 . 北京：中国标准出版社

GB/T 19046-2003. 2003. 中华人民共和国国家标准：医用电子加速器验收试验和周期检验规程 . 北京：中国标准出版社

GB 9706. 5-2008. 2010. 中华人民共和国国家标准：医用电器设备 . 第 2 部分：能量为 1 MeV 至 50 MeV 电子加速器安全专用要求 . 北京：中国标准出版社

GBZ 120-2006. 2007. 中华人民共和国国家职业卫生标准：临床核医学放射卫生防护标准 . 北京：人民卫生出版社

GBZ 186-2007. 2008. 中华人民共和国国家职业卫生标准：乳腺 X 射线摄影质量控制检测规范．北京：人民卫生出版社

GBZ 179-2006. 2007. 中华人民共和国国家职业卫生标准：医疗照射放射防护基本要求．北京：人民卫生出版社

GBZ 130-2002. 2002. 中华人民共和国国家职业卫生标准：医用 X 射线诊断卫生防护标准．北京：法律出版社

GBZ 161-2004. 2006. 中华人民共和国国家职业卫生标准：医用 γ 射束远距治疗防护与安全标准．北京：人民卫生出版社

GBZ 126-2002. 2002. 中华人民共和国国家职业卫生标准：医用电子加速器卫生防护标准．北京：法律出版社

GBZ 168-2005. 2006. 中华人民共和国国家职业卫生标准：X、γ 射线头部立体定向外科治疗放射卫生防护标准．北京：人民卫生出版社

IAEA. 2005. 安全标准丛书 No. RS-G-1.5．电离辐射医疗照射的辐射防护安全导则

ICRP 第 103 号出版物．2008. 潘自强，周永增，周平坤等译校．国际放射防护委员会 2007 年建议书．北京：原子能出版社

ICRP 第 94 号出版物．2007. 刘长安，梁莉，郭鲜花等译．非密封放射性核素治疗后患者的出院考虑．北京：北京大学医学出版社

WS 76-2011. 2011. 中华人民共和国卫生行业标准：医用 X 射线诊断影像质量保证的一般要求．北京：中国标准出版社

YY 0096-2009. 2010. 中华人民共和国医药行业标准：钴-60 远距离治疗机．北京：中国标准出版社

日本アイソトープ協会．1985. 医療用アイソトープの取扱いと管理．東京：丸善株式会社

日本核医学会．2010. FDG PET 、PET/CT 診療ガイドライン

Bernard Shleien, Lester A Slaback, Jr Brian Kent Birky. 1998. Handbook of Health Physics and Radiological Health. 3rd ed. Maryland: Williams & Wilkins

IAEA. 2006. Applying Radiation Safety Standards in Radiotherapy: Safety Reports Series No. 38

ICRP. 1987. Radiation Dose to Patients from Radiopharmaceuticals. ICRP Publication 53

ICRP. 1998. Radiation Dose to Patients from Radiopharmaceuticals. ICRP Publication 80

ICRP. 2008. Radiation Dose to Patients from Radiopharmaceuticals. ICRP Publication 106

IEC 60336-1993. X-ray Tubes Assemblies for Medical Diagnosis; Characteristics of Focal Spots

IEC/TR 60977-1989. Medical Electrical Equipment - Medical Electron Accelerators in the Range 1 MeV to 50 MeV — Guidelines for Functional Performance Characteristics First Edition

10 运行辐射防护

10.1 个人剂量控制

10.1.1 公众照射的剂量限值(表10.1)

表10.1 公众照射个人剂量限值[a]

剂量 \ 人员类别		实践使公众中有关关键人群组的成员所受到的平均剂量	医疗照射使慰问者及探视人员在患者诊断和治疗期间所受剂量
有效剂量		1mSv/a;特殊情况下,连续5年的年平均值不超过1mSv时,某一单一年份可提高到5mSv	5mSv/a(成人);1mSv/a(儿童)
当量剂量	眼晶状体	15mSv/a	—
	四肢(手和足)或皮肤	50mSv/a	—

a. 表中所规定的剂量限值适用于在规定期间外照射引起的剂量和在同一期间摄入放射性核素所致的待积剂量之和。

资料改编自:GB18871-2002。

10.1.2 职业照射的剂量限值(表10.2)

表10.2 职业照射个人剂量限值[a]

剂量 \ 人员类别		成人[b]	16~18岁的学徒或学生[d]
有效剂量		20mSv(由审管部门决定的连续5年的年平均值[c]);50mSv(任何一年)	6mSv/a
当量剂量	眼晶状体	150mSv/a	50mSv/a
	四肢(手和足)或皮肤	500mSv/a	150mSv/a

a. 表中所规定的剂量限值适用于在规定期间外照射引起的剂量和在同一期间摄入放射性核素所致的待积剂量之和。

b. 用人单位有责任改善怀孕女性工作人员的工作条件,以保证为胚胎和胎儿提供与公众成员相同的防护水平。

c. 特殊情况下,依照审管部门的规定,剂量平均期可破例延长到10个连续年,此外,当任何一个工作人员自此延长平均期开始以来所接受的剂量累计达到100mSv时,应对这种情况进行调查。剂量限值的临时变更应遵循审管部门的规定,但任何一年内不得超过50mSv,临时变更的期限不得超过5年。

d. 年龄小于16周岁的人员不得接受职业照射。

资料改编自:GB18871-2002。

10.1.3 剂量约束

剂量约束是对源可能造成的个人剂量预先确定的一种限制,它是源相关的,被用作对所考虑的源进行防护和安全最优化时的约束条件。

对于职业照射，剂量约束是一种与源相关的个人剂量值，用于限制最优化过程所考虑的选择范围，该值必须低于剂量限值。

对于公众照射，剂量约束是公众成员从一个受控源的计划运行中接受的年剂量的上界。剂量约束值应保持在剂量限值以内。剂量约束所指的照射是任何关键人群组在受控源的预期运行过程中、经所有照射途径所接受的年剂量之和。对每个源的剂量约束应保证关键人群组所受的来自所有受控源的剂量之和保持在剂量限值以内。

对于医疗照射，除医学研究受照人员或照顾受照患者的人员(工作人员除外)的防护最优化以外，剂量约束值应被视为指导水平。

10.1.4 个人剂量的记录水平和调查水平

在实际的辐射防护实践过程中，需要制定个人剂量的参考水平，包括记录水平和调查水平。

当工作人员的受照剂量超过记录水平时，该剂量值就需要记入个人剂量记录。外照射个人剂量记录水平可表示为(IAEA NO. RS-G-1.3，1999)

$$R=L\times\frac{\text{监测周期(月)}}{12}$$

式中：R 为记录水平(mSv)；L 为相应剂量值(对于有效剂量，该值取 1mSv；对于当量剂量，取年限值的 10%)。

作为例子，对于常规内照射个人剂量监测，某核素的记录水平(对应待积有效剂量 1mSv (0.001Sv))可表示为(IAEA NO. RS-G-1.2，1999)

$$RL_j=\frac{0.001}{N\times e(g)_j}$$

式中：RL_j 为用活度(Bq)表示的核素 j 的记录水平；N 为一年中的监测次数；$e(g)_j$ 为食入或吸入单位放射性核素 j 的剂量转换系数(见 10.4.2)。

但在实际监测中，当个人剂量探测下限(判断限)低于上述计算结果时，可以将探测下限(判断限)作为记录水平。

当工作人员的受照剂量超过调查水平时，应进行原因调查并评估辐射防护方案和措施的有效性。调查水平是辐射防护管理的重要工具，应由管理者在业务活动的规划阶段进行确定，并根据运行经验进行修订(IAEA NO. RS-G-1.1，2006)。

外照射个人剂量调查水平通常根据具体的实践活动情况制定。

作为例子，对于常规内照射个人剂量监测，某核素的调查水平(对应待积有效剂量 5mSv (0.005Sv))可表示为(IAEA NO. RS-G-1.2，1999)

$$IL_j=\frac{0.005}{N\times e(g)_j}$$

式中：IL_j 为用活度(Bq)表示的核素 j 的调查水平；N 为一年中的监测次数；$e(g)_j$ 为食入或吸入单位放射性核素 j 的剂量转换系数(见 10.4.2)。

10.2 表面污染控制水平(表 10.3)

表 10.3 工作场所的放射性表面污染控制水平[a] (单位:Bq/cm^2)

<table>
<tr><th rowspan="2" colspan="2">表面类型</th><th colspan="2">α放射性物质</th><th rowspan="2">β放射性物质</th></tr>
<tr><th>极毒性</th><th>其他</th></tr>
<tr><td rowspan="2">工作台、设备、墙壁、地面</td><td>控制区[b]</td><td>4</td><td>4×10</td><td>4×10</td></tr>
<tr><td>监督区</td><td>4×10^{-1}</td><td>4</td><td>4</td></tr>
<tr><td rowspan="2">工作服、手套、工作鞋</td><td>控制区</td><td rowspan="2">4×10^{-1}</td><td rowspan="2">4×10^{-1}</td><td rowspan="2">4</td></tr>
<tr><td>监督区</td></tr>
<tr><td colspan="2">手、皮肤、内衣、工作袜</td><td>4×10^{-2}</td><td>4×10^{-2}</td><td>4×10^{-1}</td></tr>
</table>

a. 表中的控制水平说明如下:

(1) 表中所列数值系指表面上固定污染和松散污染的总数。

(2) 手、皮肤、内衣、工作袜污染时,应及时清洗,尽可能清洗到本底水平。其他表面污染水平超过表中所列数值时,应采取去污措施。

(3) 设备、墙壁、地面经采取适当的去污措施后,仍超过表中所列数值时,可视为固定污染,经审管部门或审管部门授权的部门检查同意,可适当放宽控制水平,但不得超过表中所列数值的 5 倍。

(4) β粒子最大能量小于 0.3MeV 的β放射性物质的表面污染控制水平,可为表中所列数值的 5 倍。

(5) ^{227}Ac、^{210}Pb、^{228}Ra 等β放射性物质,按α放射性物质的表面污染控制水平执行。

(6) 氚和氚化水的表面污染控制水平,可为表中所列数值的 10 倍。

(7) 表面污染水平可按一定面积上的平均值计算:皮肤和工作服取 $100cm^2$,地面取 $1000cm^2$。

(8) 工作场所中的某些设备与用品,经去污使其污染水平降低到表中所列设备类的控制水平的 1/50 以下时,经审管部门或审管部门授权的部门确认同意后,可当作普通物品使用。

b. 该区内的高污染子区除外。

资料来源:GB18871-2002。

10.3 氡、氙及其子体的控制限值

10.3.1 氡子体和氙子体的摄入量及照射量限值(表 10.4)

表 10.4 氡子体和氙子体的摄入量及照射量限值

量	单位	氡子体值[a]	氙子体值[b]
5 年以上的年平均值			
α潜能摄入量	J	0.017	0.051
α潜能照射量	$J\cdot h/m^3$ [d]	0.014	0.042
	WLM[c,d]	4.0	12
单一年份内的最大值			
α潜能摄入量	J	0.042	0.127
α潜能照射量	$J\cdot h/m^3$ [d]	0.035	0.105
	WLM	10.0	30

a. 氡子体:^{222}Rn 的短寿命衰变产物为 $^{218}Po(RaA)$,$^{214}Bi(RaC)$,$^{214}Pb(RaB)$ 和 $^{214}Po(RaC')$。

b. 氙子体:^{220}Rn 的短寿命衰变产物为 $^{216}Po(ThA)$,$^{212}Pb(ThB)$,$^{212}Bi(ThC)$,$^{212}Po(ThC')$ 和 $^{208}Tl(ThC'')$。

c. 工作水平月(WLM):氡子体或氙子体的照射量单位,一个工作水平月是 $3.54mJ\cdot h/m^3$ 或 $170WL\cdot h$,一个工作水平(WL)是 1L 空气中氡子体或氙子体的任意组合,最终发射出 1.3×10^5MeV 的α能量。1WL 等于 2.1×10^{-5} J/m^3.

d. 表 10.5 中给出转换系数。

资料来源:GB18871-2002。

对于氡子体的照射，如果利用的转换系数为 1.4mSv/(mJ · h/m³)，则 20mSv 相当于 14mJ · h/m³(4 个工作水平月)；50mSv 相当于 35mJ · h/m³(10 个工作水平月)。

10.3.2 氡和氡子体使用单位的转换系数(表 10.5)

表 10.5 氡和氡子体使用单位的转换系数

量	单位	值
氡子体转换	(mJ · h/m³)/WLM	3.54
氡子体/氡照射量转换(平衡因子 0.4)	(mJ · h/m³)/(Bq · h/m³)	2.22×10^{-6}
	WLM/(Bq · h/m³)	6.28×10^{-7}
单位氡浓度的氡子体年照射量[a]		
住宅	(mJ · h/m³)/(Bq/m³)	1.56×10^{-2}
工作场所	(mJ · h/m³)/(Bq/m³)	4.45×10^{-3}
住宅	WLM/(Bq/m³)	4.40×10^{-3}
工作场所	WLM/(Bq/m³)	1.26×10^{-3}
剂量转换惯例，单位氡子体照射量的有效剂量		
住宅	mSv/(mJ · h/m³)	1.1
工作场所	mSv/(mJ · h/m³)	1.4
剂量转换惯例，单位氡子体照射量的有效剂量		
住宅	mSv/WLM	4
工作场所	mSv/WLM	5
氡子体/氡浓度转换		
平衡因子 $F=0.4$	WL/(Bq/m³)	1.07×10^{-4}
一般情况下	WL/(Bq/m³)	2.67×10^{-4}

a. 假设每年在住宅中 7000h 或每年在工作场所 2000h 和平衡因子为 0.4。

资料来源：GB18871-2002。

10.3.3 平衡当量氡浓度

平衡当量氡浓度又称为平衡等效浓度，平衡当量浓度是氡与其短寿命子体处于平衡状态、并具有与实际非平衡混合物相同的 α 潜能浓度时氡的活度浓度。氡的浓度量与氡的照射量(又称暴露量)的换算关系见表 10.6。

10.3.4 住宅和工作场所氡的行动水平(表 10.7)

表 10.6 氡-222 不同浓度量及相应的照射量的转化系数

商	转化系数
C_p/C_{eq}	5.56×10^{-9}(J/m³)/(Bq/m³)
C_{eq}/C_p	1.80×10^{8}(Bq/m³)/(J/m³)
P_p/P_{eq}	5.56×10^{-9}(J · h/m³)/(Bq · h/m³)
	1.57×10^{-6}WLM/(Bq · h/m³)
P_{eq}/P_p	1.80×10^{8}(Bq · h/m³)/(J · h/m³)
	6.37×10^{5}(Bq · h/m³)/WLM

注：C_p 为 α 潜能浓度；C_{eq} 为平衡当量氡浓度；P_p 为 α 潜能浓度时间积分照射量；P_{eq} 为平衡当量氡浓度时间积分照射量。

资料来源：ICRP 65,1993。

表 10.7 住宅和工作场所氡的行动水平

(单位：Bq/m³)

	住宅	工作场所
行动水平(年平均氡浓度)[a]	200～400[b]	500～1000[c]

a. 假设平衡因子为 0.4。

b. 其上限值用于已建住宅氡持续照射的干预，其下限值用于对待建住宅氡持续照射的控制。

c. 达下限值时宜考虑采取补救行动；达上限值时应采取补救行动。

资料改编自：GB18871-2002。

ICRP 在 2009 年关于氡的声明(ICRP Ref 00/902/09,2009)中,将住宅中氡行动水平上限改为 300Bq/m^3,工作场所采取职业防护(现存照射)的氡浓度起点定为 1000 Bq/m^3。

10.4 内、外照剂量转换因子

10.4.1 成年人受惰性气体照射时的有效剂量率(表 10.8)

表 10.8 成年人[a]受惰性气体照射时的有效剂量率

核素	物理半衰期[b]	单位累积空气浓度的有效剂量率 [(Sv/d)/(Bq/m^3)]	核素	物理半衰期[b]	单位累积空气浓度的有效剂量率 [(Sv/d)/(Bq/m^3)]
氩(Ar)			氙(Xe)		
^{37}Ar	30.04d	4.1E−15	^{120}Xe	40.0min	1.5E−09
^{39}Ar	269a	1.1E−11	^{121}Xe	40.1min	7.5E−09
^{41}Ar	109.61min	5.3E−09	^{122}Xe	20.1h	1.9E−10
氪(Kr)			^{123}Xe	2.08h	2.4E−09
^{74}Kr	11.50min	4.5E−09	^{125}Xe	16.9h	9.3E−10
^{76}Kr	14.8h	1.6E−09	^{127}Xe	36.4d	9.7E−10
^{77}Kr	74.4min	3.9E−09	^{129m}Xe	8.88d	8.1E−11
^{79}Kr	35.04h	9.7E−10	^{131m}Xe	11.84d	3.2E−11
^{81}Kr	2.29E+05a	2.1E−11	^{133m}Xe	2.19d	1.1E−10
^{83m}Kr	1.83h	2.1E−13	^{133}Xe	5.243d	1.2E−10
^{85}Kr	10.756a	2.2E−11	^{135m}Xe	15.29min	1.6E−09
^{85m}Kr	4.480h	5.9E−10	^{135}Xe	9.14h	9.6E−10
^{87}Kr	76.3min	3.4E−09	^{138}Xe	14.08min	4.7E−09
^{88}Kr	2.84h	8.4E−09			

a. 适用于工作人员和成年公众成员。

b. 根据 ICRP107 号报告中核素半衰期的数据,对表中的半衰期进行了修正。

资料来源:GB18871-2002。

10.4.2 工作人员吸入和食入单位摄入量所致的待积有效剂量(表 10.9)

表 10.9 工作人员吸入和食入单位摄入量所致的待积有效剂量

核素	物理半衰期	吸入				食入	
		类别	f_1	$e(g)_{1\mu m}$	$e(g)_{5\mu m}$	f_1	$e(g)$
氚化水	12.32 a					1.000	1.8E−11
OBT(有机束缚氚)	12.32 a					1.000	4.2E−11
^{7}Be	53.22d	M	0.005	4.8E−11	4.3E−11	0.005	2.8E−11
		S	0.005	5.2E−11	4.6E−11		
^{14}C	5.70E+03a					1.000	5.8E−10

续表

核素	物理半衰期	吸入				食入	
		类别	f_1	$e(g)_{1\mu m}$	$e(g)_{5\mu m}$	f_1	$e(g)$
^{18}F	109.77min	F	1.000	3.0E−11	5.4E−11	1.000	4.9E−11
		M	1.000	5.7E−11	8.9E−11		
		S	1.000	6.0E−11	9.3E−11		
^{22}Na	2.6019a	F	1.000	1.3E−09	2.0E−09	1.000	3.2E−09
^{24}Na	14.9590h	F	1.000	2.9E−10	5.3E−10	1.000	4.3E−10
^{32}P	14.26d	F	0.800	8.0E−10	1.1E−09	0.800	2.4E−09
		M	0.800	3.2E−09	2.9E−09		
^{35}S(无机的)	87.51d	F	0.800	5.3E−11	8.0E−11	0.800	1.4E−10
		M	0.800	1.3E−09	1.1E−09	0.100	1.9E−10
^{35}S(有机的)	87.51d					1.000	7.7E−10
^{36}Cl	3.01E+05a	F	1.000	3.4E−10	4.9E−10	1.000	9.3E−10
		M	1.000	6.9E−09	5.1E−09		
^{40}K	1.251E+09a	F	1.000	2.1E−09	3.0E−09	1.000	6.2E−09
^{42}K	12.360h	F	1.000	1.3E−10	2.0E−10	1.000	4.3E−10
^{43}K	22.3h	F	1.000	1.5E−10	2.6E−10	1.000	2.5E−10
^{51}Cr	27.7025d	F	0.100	2.1E−11	3.0E−11	0.100	3.8E−11
		M	0.100	3.1E−11	3.4E−11	0.010	3.7E−11
		S	0.100	3.6E−11	3.6E−11		
^{52}Mn	5.591d	F	0.100	9.9E−10	1.6E−09	0.100	1.8E−09
		M	0.100	1.4E−09	1.8E−09		
^{54}Mn	312.12d	F	0.100	8.7E−10	1.1E−09	0.100	7.1E−10
		M	0.100	1.5E−09	1.2E−09		
^{55}Fe	2.737a	F	0.100	7.7E−10	9.2E−10	0.100	3.3E−10
		M	0.100	3.7E−10	3.3E−10		
^{59}Fe	44.495d	F	0.100	2.2E−09	3.0E−09	0.100	1.8E−09
		M	0.100	3.5E−09	3.2E−09		
^{57}Co	271.74d	M	0.100	5.2E−10	3.9E−10	0.100	2.1E−10
		S	0.050	9.4E−10	6.0E−10	0.050	1.9E−10
^{58}Co	70.86d	M	0.100	1.5E−09	1.4E−09	0.100	7.4E−10
		S	0.050	2.0E−09	1.7E−09	0.050	7.0E−10
^{60}Co	5.2713a	M	0.100	9.6E−09	7.1E−09	0.100	3.4E−09
		S	0.050	2.9E−08	1.7E−08	0.050	2.5E−09
^{63}Ni	100.1a	F	0.050	4.4E−10	5.2E−10	0.050	1.5E−10
		M	0.050	4.4E−10	3.1E−10		
^{64}Cu	12.7000h	F	0.500	3.8E−11	6.8E−11	0.500	1.2E−10
		M	0.500	1.1E−10	1.5E−10		
		S	0.500	1.2E−10	1.5E−10		
^{65}Zn	244.06d	S	0.500	2.9E−09	2.8E−09	0.500	3.9E−09
^{67}Ga	3.2612d	F	0.001	6.8E−11	1.1E−10	0.001	1.9E−10

续表

核素	物理半衰期	吸入				食入	
		类别	f_1	$e(g)_{1\mu m}$	$e(g)_{5\mu m}$	f_1	$e(g)$
		M	0.001	2.3E−10	2.8E−10		
^{72}Ga	14.10h	F	0.001	3.1E−10	5.6E−10	0.001	1.1E−09
		M	0.001	5.5E−10	8.4E−10		
^{68}Ge	270.95d	F	1.000	5.4E−10	8.3E−10	1.000	1.3E−09
		M	1.000	1.3E−08	7.9E−09		
^{75}Se	119.779d	F	0.800	1.0E−09	1.4E−09	0.800	2.6E−09
		M	0.800	1.4E−09	1.7E−09	0.050	4.1E−10
^{89}Sr	50.53d	F	0.300	1.0E−09	1.4E−09	0.300	2.6E−09
		S	0.010	7.5E−09	5.6E−09	0.010	2.3E−09
^{90}Sr	28.79a	F	0.300	2.4E−08	3.0E−08	0.300	2.8E−08
		S	0.010	1.5E−07	7.7E−08	0.010	2.7E−09
^{90}Y	64.10h	M	1.0E−04	1.4E−09	1.6E−09	1.0E−04	2.7E−09
		S	1.0E−04	1.5E−09	1.7E−09		
^{91}Y	58.51d	M	1.0E−04	6.7E−09	5.2E−09	1.0E−04	2.4E−09
		S	1.0E−04	8.4E−09	6.1E−09		
^{95}Zr	64.032d	F	0.002	2.5E−09	3.0E−09	0.002	8.8E−10
		M	0.002	4.5E−09	3.6E−09		
		S	0.002	5.5E−09	4.2E−09		
^{97}Zr	16.744h	F	0.002	4.2E−10	7.4E−10	0.002	2.1E−09
		M	0.002	9.4E−10	1.3E−09		
		S	0.002	1.0E−09	1.4E−09		
^{95}Nb	34.991d	M	0.010	1.4E−09	1.3E−09	0.010	5.8E−10
		S	0.010	1.6E−09	1.3E−09		
^{99}Mo	65.94h	F	0.800	2.3E−10	3.6E−10	0.800	7.4E−10
		S	0.050	9.7E−10	1.1E−09	0.050	1.2E−09
^{99m}Tc	6.015h	F	0.800	1.2E−11	2.0E−11	0.800	2.2E−11
		M	0.800	1.9E−11	2.9E−11		
^{103}Ru	39.26 d	F	0.050	4.9E−10	6.8E−10	0.050	7.3E−10
		M	0.050	2.3E−09	1.9E−09		
		S	0.050	2.8E−09	2.2E−09		
^{106}Ru	373.59d	F	0.050	8.0E−09	9.8E−09	0.050	7.0E−09
		M	0.050	2.6E−08	1.7E−08		
		S	0.050	6.2E−08	3.5E−08		
^{103m}Rh	56.114min	F	0.050	8.6E−13	1.2E−12	0.050	3.8E−12
		M	0.050	2.3E−12	2.4E−12		
		S	0.050	2.5E−12	2.5E−12		
^{110m}Ag	249.76d	F	0.050	5.5E−09	6.7E−09	0.050	2.8E−09
		M	0.050	7.2E−09	5.9E−09		
		S	0.050	1.2E−08	7.3E−09		

续表

核素	物理半衰期	吸入				食入	
		类别	f_1	$e(g)_{1\mu m}$	$e(g)_{5\mu m}$	f_1	$e(g)$
^{115}Cd	53.46h	F	0.050	3.7E−10	5.4E−10	0.050	1.4E−09
		M	0.050	9.7E−10	1.2E−09		
		S	0.050	1.1E−09	1.3E−09		
^{113m}In	1.6579h	F	0.020	1.0E−11	1.9E−11	0.020	2.8E−11
		M	0.020	2.0E−11	3.2E−11		
^{113}Sn	115.09d	F	0.020	5.4E−10	7.9E−10	0.020	7.3E−10
		M	0.020	2.5E−09	1.9E−09		
^{122}Sb	2.7328d	F	0.100	3.9E−10	6.3E−10	0.100	1.7E−09
		M	0.010	1.0E−09	1.2E−09		
^{124}Sb	60.20d	F	0.100	1.3E−09	1.9E−09	0.100	2.5E−09
		M	0.010	6.1E−09	4.7E−09		
^{125}Sb	2.75856a	F	0.100	1.4E−09	1.7E−09	0.100	1.1E−09
		M	0.010	4.5E−09	3.3E−09		
^{127}Sb	3.85d	F	0.100	4.6E−10	7.4E−10	0.100	1.7E−09
		M	0.010	1.6E−09	1.7E−09		
^{129m}Te	33.6 d	F	0.300	1.3E−09	1.8E−09	0.300	3.0E−09
		M	0.300	6.3E−09	5.4E−09		
^{131m}Te	30h	F	0.300	8.7E−10	1.2E−09	0.300	1.9E−09
		M	0.300	1.1E−09	1.6E−09		
^{132}Te	3.204d	F	0.300	1.8E−09	2.4E−09	0.300	3.7E−09
		M	0.300	2.2E−09	3.0E−09		
^{123}I	13.27h	F	1.000	7.6E−11	1.1E−10	1.000	2.1E−10
^{124}I	4.1760d	F	1.000	4.5E−09	6.3E−09	1.000	1.3E−08
^{125}I	59.400d	F	1.000	5.3E−09	7.3E−09	1.000	1.5E−08
^{126}I	12.93d	F	1.000	1.0E−08	1.4E−08	1.000	2.9E−08
^{128}I	24.99min	F	1.000	1.4E−11	2.2E−11	1.000	4.6E−11
^{129}I	1.57E+07 a	F	1.000	3.7E−08	5.1E−08	1.000	1.1E−07
^{130}I	12.36h	F	1.000	6.9E−10	9.6E−10	1.000	2.0E−09
^{131}I	8.02070d	F	1.000	7.6E−09	1.1E−08	1.000	2.2E−08
^{132}I	2.295h	F	1.000	9.6E−11	2.0E−10	1.000	2.9E−10
^{132m}I	1.387h	F	1.000	8.1E−11	1.1E−10	1.000	2.2E−10
^{133}I	20.8 h	F	1.000	1.5E−09	2.1E−09	1.000	4.3E−09
^{134}I	52.5min	F	1.000	4.8E−11	7.9E−11	1.000	1.1E−10
^{135}I	6.57h	F	1.000	3.3E−10	4.6E−10	1.000	9.3E−10
^{131}Cs	9.689d	F	1.000	2.8E−11	4.5E−11	1.000	5.8E−11
^{134}Cs	2.0648a	F	1.000	6.8E−09	9.6E−09	1.000	1.9E−08
^{136}Cs	13.16d	F	1.000	1.3E−09	1.9E−09	1.000	3.0E−09
^{137}Cs	30.1671a	F	1.000	4.8E−09	6.7E−09	1.000	1.3E−08
^{133}Ba	10.52a	F	0.100	1.5E−09	1.8E−09	0.100	1.0E−09

续表

核素	物理半衰期	吸入				食入	
		类别	f_1	$e(g)_{1\mu m}$	$e(g)_{5\mu m}$	f_1	$e(g)$
^{140}Ba	12.752d	F	0.100	1.0E−09	1.6E−09	0.100	2.5E−09
^{140}La	1.6781d	F	5.0E−04	6.0E−10	1.0E−09	5.0E−04	2.0E−09
		M	5.0E−04	1.1E−09	1.5E−09		
^{141}Ce	32.508d	M	5.0E−04	3.1E−09	2.7E−09	5.0E−04	7.1E−10
		S	5.0E−04	3.6E−09	3.1E−09		
^{143}Ce	33.039h	M	5.0E−04	7.4E−10	9.5E−10	5.0E−04	1.1E−09
		S	5.0E−04	8.1E−10	1.0E−09		
^{144}Ce	284.91d	M	5.0E−04	3.4E−08	2.3E−08	5.0E−04	5.2E−09
		S	5.0E−04	4.9E−08	2.9E−08		
^{147}Pm	2.6234a	M	5.0E−04	4.7E−09	3.5E−09	5.0E−04	2.6E−10
		S	5.0E−04	4.6E−09	3.2E−09		
^{153}Sm	46.50h	M	5.0E−04	6.1E−10	6.8E−10	5.0E−04	7.4E−10
^{152}Eu	13.537a	M	5.0E−04	3.9E−08	2.7E−08	5.0E−04	1.4E−09
^{154}Eu	8.593a	M	5.0E−04	5.0E−08	3.5E−08	5.0E−04	2.0E−09
^{153}Gd	240.4d	F	5.0E−04	2.1E−09	2.5E−09	5.0E−04	2.7E−10
		M	5.0E−04	1.9E−09	1.4E−09		
^{170}Tm	128.6d	M	5.0E−04	6.6E−09	5.2E−09	5.0E−04	1.3E−09
^{169}Yb	32.026d	M	5.0E−04	2.4E−09	2.1E−09	5.0E−04	7.1E−10
		S	5.0E−04	2.8E−09	2.4E−09		
^{177}Lu	6.647d	M	5.0E−04	1.0E−09	1.0E−09	5.0E−04	5.3E−10
		S	5.0E−04	1.1E−09	1.1E−09		
^{186}Re	3.7183d	F	0.800	5.3E−10	7.3E−10	0.800	1.5E−09
		M	0.800	1.1E−09	1.2E−09		
^{188}Re	17.0040h	F	0.800	4.7E−10	6.6E−10	0.800	1.4E−09
		M	0.800	5.5E−10	7.4E−10		
^{192}Ir	73.827d	F	0.010	1.8E−09	2.2E−09	0.010	1.4E−09
		M	0.010	4.9E−09	4.1E−09		
		S	0.010	6.2E−09	4.9E−09		
^{198}Au	2.69517d	F	0.100	2.3E−10	3.9E−10	0.100	1.0E−09
		M	0.100	7.6E−10	9.8E−10		
		S	0.100	8.4E−10	1.1E−09		
^{199}Au	3.139d	F	0.100	1.1E−10	1.9E−10	0.100	4.4E−10
		M	0.100	6.8E−10	6.8E−10		
		S	0.100	7.5E−10	7.6E−10		
^{197}Hg(有机的)	64.94h	F	0.400	5.0E−11	8.5E−11	1.000	9.9E−11
						0.400	1.7E−10
^{197}Hg(无机的)	64.94h	F	0.020	6.0E−11	1.0E−10	0.020	2.3E−10
		M	0.020	2.9E−10	2.8E−10		
^{203}Hg(有机的)	46.612d	F	0.400	5.7E−10	7.5E−10	1.000	1.9E−09

续表

核素	物理半衰期	吸入				食入	
		类别	f_1	$e(g)_{1\mu m}$	$e(g)_{5\mu m}$	f_1	$e(g)$
						0.400	1.1E−09
^{203}Hg(无机的)	46.612d	F	0.020	4.7E−10	5.9E−10	0.020	5.4E−10
		M	0.020	2.3E−09	1.9E−09		
^{201}Tl	72.912h	F	1.000	4.7E−11	7.6E−11	1.000	9.5E−11
^{204}Tl	3.78 a	F	1.000	4.4E−10	6.2E−10	1.000	1.3E−09
^{210}Pb	22.20a	F	0.200	8.9E−07	1.1E−06	0.200	6.8E−07
^{214}Pb	0.447 h	F	0.200	2.9E−09	4.8E−09	0.200	1.4E−10
^{214}Bi	19.9min	F	0.050	7.2E−09	1.2E−08	0.050	1.1E−10
		M	0.050	1.4E−08	2.1E−08		
^{210}Po	138.376d	F	0.100	6.0E−07	7.1E−07	0.100	2.4E−07
		M	0.100	3.0E−06	2.2E−06		
^{226}Ra	1.60E+03 a	M	0.200	3.2E−06	2.2E−06	0.200	2.8E−07
^{228}Ra	5.75 a	M	0.200	2.6E−06	1.7E−06	0.200	6.7E−07
^{227}Ac	21.772a	F	5.0E−04	5.4E−04	6.3E−04	5.0E−04	1.1E−06
		M	5.0E−04	2.1E−04	1.5E−04		
		S	5.0E−04	6.6E−05	4.7E−05		
^{228}Th	1.9116a	M	5.0E−04	3.1E−05	2.3E−05	5.0E−04	7.0E−08
		S	2.0E−04	3.9E−05	3.2E−05	2.0E−04	3.5E−08
^{230}Th	7.538E+04 a	M	5.0E−04	4.0E−05	2.8E−05	5.0E−04	2.1E−07
		S	2.0E−04	1.3E−05	7.2E−06	2.0E−04	8.7E−08
^{232}Th	1.405E+10 a	M	5.0E−04	4.2E−05	2.9E−05	5.0E−04	2.2E−07
		S	2.0E−04	2.3E−05	1.2E−05	2.0E−04	9.2E−08
^{231}Pa	3.276E+04 a	M	5.0E−04	1.3E−04	8.9E−05	5.0E−04	7.1E−07
		S	5.0E−04	3.2E−05	1.7E−05		
^{233}Pa	26.967d	M	5.0E−04	3.1E−09	2.8E−09	5.0E−04	8.7E−10
		S	5.0E−04	3.7E−09	3.2E−09		
^{234}U	2.455E+05 a	F	0.020	5.5E−07	6.4E−07	0.020	4.9E−08
		M	0.020	3.1E−06	2.1E−06	0.002	8.3E−09
		S	0.002	8.5E−06	6.8E−06		
^{235}U	7.04E+08 a	F	0.020	5.1E−07	6.0E−07	0.020	4.6E−08
		M	0.020	2.8E−06	1.8E−06	0.002	8.3E−09
		S	0.002	7.7E−06	6.1E−06		
^{238}U	4.468E+09 a	F	0.020	4.9E−07	5.8E−07	0.020	4.4E−08
		M	0.020	2.6E−06	1.6E−06	0.002	7.6E−09
		S	0.002	7.3E−06	5.7E−06		
^{237}Np	2.144E+06 a	M	5.0E−04	2.1E−05	1.5E−05	5.0E−04	1.1E−07
^{238}Pu	87.7 a	M	5.0E−04	4.3E−05	3.0E−05	5.0E−04	2.3E−07
		S	1.0E−05	1.5E−05	1.1E−05	1.0E−05	8.8E−09
						1.0E−04	4.9E−08

续表

核素	物理半衰期	吸入				食入	
		类别	f_1	$e(g)_{1\mu m}$	$e(g)_{5\mu m}$	f_1	$e(g)$
^{239}Pu	2.411E+04 a	M	5.0E−04	4.7E−05	3.2E−05	5.0E−04	2.5E−07
		S	1.0E−05	1.5E−05	8.3E−06	1.0E−05	9.0E−09
						1.0E−04	5.3E−08
^{240}Pu	6.564E+03 a	M	5.0E−04	4.7E−05	3.2E−05	5.0E−04	2.5E−07
		S	1.0E−05	1.5E−05	8.3E−06	1.0E−05	9.0E−09
						1.0E−04	5.3E−08
^{241}Pu	14.35a	M	5.0E−04	8.5E−07	5.8E−07	5.0E−04	4.7E−09
		S	1.0E−05	1.6E−07	8.4E−08	1.0E−05	1.1E−10
						1.0E−04	9.6E−10
^{242}Pu	3.75E+05 a	M	5.0E−04	4.4E−05	3.1E−05	5.0E−04	2.4E−07
		S	1.0E−05	1.4E−05	7.7E−06	1.0E−05	8.6E−09
						1.0E−04	5.0E−08
^{241}Am	432.2a	M	5.0E−04	3.9E−05	2.7E−05	5.0E−04	2.0E−07
^{242}Cm	162.8d	M	5.0E−04	4.8E−06	3.7E−06	5.0E−04	1.2E−08
^{244}Cm	18.10a	M	5.0E−04	2.5E−05	1.7E−05	5.0E−04	1.2E−07
^{252}Cf	2.645a	M	5.0E−04	1.8E−05	1.3E−05	5.0E−04	9.0E−08

注:类别 F, M 和 S 分别表示肺快速、中速和慢速吸收。

资料来源:物理半衰期引自 ICRP107 号报告;其余引自 GB18871-2002。

10.4.3 化合物和计算工作人员食入单位摄入量所致有效剂量所用的肠转移因子 f_1 的值(表 10.10)

表 10.10 化合物和计算工作人员食入单位摄入量所致有效剂量所用的肠转移因子 f_1 的值

元素	肠转移因子 f_1	化合物	元素	肠转移因子 f_1	化合物
氢	1.000	氚化水(食入)	钾	1.000	所有化合物
	1.000	有机束缚氚	钙	0.300	所有化合物
铍	0.005	所有化合物	钪	1.0E−04	所有化合物
碳	1.000	带标记的有机化合物	钛	0.010	所有化合物
氟	1.000	所有化合物	钒	0.010	所有化合物
钠	1.000	所有化合物	铬	0.100	六价化合物
镁	0.500	所有化合物		0.010	三价化合物
铝	0.010	所有化合物	锰	0.100	所有化合物
硅	0.010	所有化合物	铁	0.100	所有化合物
磷	0.800	所有化合物	钴	0.100	所有未特别指定的化合物
硫	0.800	无机化合物		0.050	氧化物、氢氧化物和无机化合物
	0.100	元素硫	镍	0.050	所有化合物
	1.000	有机硫	铜	0.500	所有化合物
氯	1.000	所有化合物	锌	0.500	所有化合物

续表

元素	肠转移因子 f_1	化合物
镓	0.001	所有化合物
锗	1.000	所有化合物
砷	0.500	所有化合物
硒	0.800	所有未特别指定的化合物
	0.050	元素硒和硒化物
溴	1.000	所有化合物
铷	1.000	所有化合物
锶	0.300	所有未特别指定的化合物
	0.010	钛酸锶($SrTiO_3$)
钇	1.0E−04	所有化合物
锆	0.002	所有化合物
铌	0.010	所有化合物
钼	0.800	所有未特别指定的化合物
	0.050	硫化钼
锝	0.800	所有化合物
钌	0.050	所有化合物
铑	0.050	所有化合物
钯	0.005	所有化合物
银	0.050	所有化合物
镉	0.050	所有无机化合物
铟	0.020	所有化合物
锡	0.020	所有化合物
锑	0.100	所有化合物
碲	0.300	所有化合物
碘	1.000	所有化合物
铯	1.000	所有化合物
钡	0.100	所有化合物
镧	5.0E−04	所有化合物
铈	5.0E−04	所有化合物
镨	5.0E−04	所有化合物
钕	5.0E−04	所有化合物
钷	5.0E−04	所有化合物
钐	5.0E−04	所有化合物
铕	5.0E−04	所有化合物
钆	5.0E−04	所有化合物
铽	5.0E−04	所有化合物
镝	5.0E−04	所有化合物
钬	5.0E−04	所有化合物
铒	5.0E−04	所有化合物
铥	5.0E−04	所有化合物
镱	5.0E−04	所有化合物
镥	5.0E−04	所有化合物
铪	0.002	所有化合物
钽	0.001	所有化合物
钨	0.300	所有未特别指定的化合物
	0.010	钨酸
铼	0.800	所有化合物
锇	0.010	所有化合物
铱	0.010	所有化合物
铂	0.010	所有化合物
金	0.100	所有化合物
汞	0.020	所有无机化合物
	1.000	甲基汞
	0.400	所有未特别指定的有机化合物
铊	1.000	所有化合物
铅	0.200	所有化合物
铋	0.050	所有化合物
钋	0.100	所有化合物
砹	1.000	所有化合物
钫	1.000	所有化合物
镭	0.200	所有化合物
锕	5.0E−04	所有化合物
钍	5.0E−04	所有未特别指定的化合物
	2.0E−04	氧化物和氢氧化物
镤	5.0E−04	所有化合物
铀	0.020	所有未特别指定的化合物
	0.002	大多数四价化合物,如 UO_2、U_3O_8、UF_4
镎	5.0E−04	所有化合物
钚	5.0E−04	所有未特别指定的化合物
	1.0E−04	硝酸盐
	1.0E−05	不溶性氧化物
镅	5.0E−04	所有化合物
锔	5.0E−04	所有化合物
锫	5.0E−04	所有化合物
锎	5.0E−04	所有化合物
锿	5.0E−04	所有化合物
镄	5.0E−04	所有化合物
钔	5.0E−04	所有化合物

资料来源:GB18871-2002。

10.4.4 化合物、肺吸收类别和计算工作人员吸入单位摄入量所致有效剂量所用的肠转移因子 f_1 的值(表 10.11)

表 10.11 化合物、肺吸收类别和计算工作人员吸入单位摄入量所致有效剂量所用的肠转移因子 f_1 的值

元素	吸收类别	肠转移因子 f_1	化合物
铍	M	0.005	所有未特别指定的化合物
	S	0.005	氧化物、氯化物和硝酸盐
氟	F	1.000	按化合的阳离子确定
	M	1.000	按化合的阳离子确定
	S	1.000	按化合的阳离子确定
钠	F	1.000	所用化合物
镁	F	0.500	所有未特别指定的化合物
	M	0.500	氧化物、氢氧化物、碳化物、卤化物和硝酸盐
铝	F	0.010	所有未特别指定的化合物
	M	0.010	氧化物、氢氧化物、碳化物、卤化物、硝酸盐和金属铝
硅	F	0.010	所有未特别指定的化合物
	M	0.010	氧化物、氢氧化物、碳化物和硝酸盐
	S	0.010	铝硅酸盐玻璃气溶胶
磷	F	0.800	所有未特别指定的化合物
	M	0.800	一些硅酸盐:按化合的阳离子确定
硫	F	0.800	硫化物和硫酸盐:按化合的阳离子确定
	M	0.800	元素硫、硫化物和硫酸盐:按化合的阳离子确定
氯	F	1.000	按化合的阳离子确定
	M	1.000	按化合的阳离子确定
钾	F	1.000	所有化合物
钙	M	0.300	所有化合物
钪	S	1.0E−04	所有化合物
钛	F	0.010	所有未特别指定的化合物
	M	0.010	氧化物、氢氧化物、碳化物、卤化物和硝酸盐
	S	0.010	钛酸锶($SrTiO_3$)
钒	F	0.010	所有未特别指定的化合物
	M	0.010	氧化物、氢氧化物、碳化物和卤化物
铬	F	0.100	所有未特别指定的化合物
	M	0.100	卤化物和硝酸盐
	S	0.100	氧化物和氢氧化物
锰	F	0.100	所有未特别指定的化合物
	M	0.100	氧化物、氢氧化物、卤化物和硝酸盐
铁	F	0.100	所有未特别指定的化合物
	M	0.100	氧化物、氢氧化物和卤化物
钴	M	0.100	所有未特别指定的化合物
	S	0.050	氧化物、氢氧化物、卤化物和硝酸盐
镍	F	0.050	所有未特别指定的化合物
	M	0.050	氧化物、氢氧化物和碳化物
铜	F	0.500	所有未特别指定的无机化合物
	M	0.500	硫化物、卤化物和硝酸盐

续表

元素	吸收类别	肠转移因子 f_1	化合物
	S	0.500	氧化物和氢氧化物
锌	S	0.500	所有化合物
镓	F	0.001	所有未特别指定的化合物
	M	0.001	氧化物、氢氧化物、碳化物、卤化物和硝酸盐
锗	F	1.000	所有未特别指定的化合物
	M	1.000	氧化物、碳化物和卤化物
砷	M	0.500	所有化合物
硒	F	0.800	所有未特别指定的无机化合物
	M	0.800	元素硒、氧化物、氢氧化物和碳化物
溴	F	1.000	按化合的阳离子确定
	M	1.000	按化合的阳离子确定
铷	F	1.000	所有化合物
锶	F	0.300	所有未特别指定的化合物
	S	0.010	钛酸锶($SrTiO_3$)
钇	M	1.0E−04	所有未特别指定的化合物
	S	1.0E−04	氧化物和氢氧化物
锆	F	0.002	所有未特别指定的化合物
	M	0.002	氧化物、氢氧化物、卤化物和硝酸盐
	S	0.002	锆碳化物
铌	M	0.010	所有未特别指定的化合物
	S	0.010	氧化物和氢氧化物
钼	F	0.800	所有未特别指定的化合物
	S	0.050	钼的硫化物、氧化物和氢氧化物
锝	F	0.800	所有未特别指定的化合物
	M	0.800	氧化物、氢氧化物、卤化物和硝酸盐
钌	F	0.050	所有未特别指定的化合物
	M	0.050	卤化物
	S	0.050	氧化物和氢氧化物
铑	F	0.050	所有未特别指定的化合物
	M	0.050	卤化物
	S	0.050	氧化物和氢氧化物
钯	F	0.005	所有未特别指定的化合物
	M	0.005	硝酸盐和卤化物
	S	0.005	氧化物和氢氧化物
银	F	0.050	所有未特别指定的化合物和金属银
	M	0.050	硝酸银和硫化银
	S	0.050	氧化物、氢氧化物和碳化物
镉	F	0.050	所有未特别指定的化合物
	M	0.050	硫化物、卤化物和硝酸盐
	S	0.050	氧化物和氢氧化
铟	F	0.020	所有未特别指定的化合物
	M	0.020	氧化物、氢氧化物、卤化物和硝酸盐
锡	F	0.020	所有未特别指定的化合物

续表

元素	吸收类别	肠转移因子 f_1	化合物
	M	0.020	磷酸锡、硫化物、氧化物、氢氧化物、卤化物和硝酸盐
锑	F	0.100	所有未特别指定的化合物
	M	0.010	氧化物、氢氧化物、卤化物、硫化物、硫酸盐和硝酸盐
碲	F	0.300	所有未特别指定的化合物
	M	0.300	氧化物、氢氧化物和硝酸盐
碘	F	1.000	所有化合物
铯	F	1.000	所有化合物
钡	F	0.100	所有化合物
镧	F	5.0E−04	所有未特别指定的化合物
	M	5.0E−04	氧化物和氢氧化物
铈	M	5.0E−04	所有未特别指定的化合物
	S	5.0E−04	氧化物、氢氧化物和氟化物
镨	M	5.0E−04	所有未特别指定的化合物
	S	5.0E−04	氧化物、氢氧化物、碳化物和氟化物
钕	M	5.0E−04	所有未特别指定的化合物
	S	5.0E−04	氧化物、氢氧化物、碳化物和氟化物
钷	M	5.0E−04	所有未特别指定的化合物
	S	5.0E−04	氧化物、氢氧化物、碳化物和氟化物
钐	M	5.0E−04	所有化合物
铕	M	5.0E−04	所有化合物
钆	F	5.0E−04	所有未特别指定的化合物
	M	5.0E−04	氧化物、氢氧化物和氟化物
铽	M	5.0E−04	所有化合物
镝	M	5.0E−04	所有化合物
钬	M	5.0E−04	所有未特别指定的化合物
铒	M	5.0E−04	所有化合物
铥	M	5.0E−04	所有化合物
镱	M	5.0E−04	所有未特别指定的化合物
	S	5.0E−04	氧化物、氢氧化物和氟化物
镥	M	5.0E−04	所有未特别指定的化合物
	S	5.0E−04	氧化物、氢氧化物和氟化物
铪	F	0.002	所有未特别指定的化合物
	M	0.002	氧化物、氢氧化物、卤化物、碳化物和硝酸盐
钽	M	0.001	所有未特别指定的化合物
	S	0.001	元素钽、氧化物、氢氧化物、卤化物、碳化物、硝酸盐和氮化物
钨	F	0.300	所有化合物
铼	F	0.800	所有未特别指定的化合物
	M	0.800	氧化物、氢氧化物、卤化物和硝酸盐
锇	F	0.010	所有未特别指定的化合物
	M	0.010	卤化物和硝酸盐
	S	0.010	氧化物和氢氧化物
铱	F	0.010	所有未特别指定的化合物
	M	0.010	金属铱、卤化物和硝酸盐

续表

元素	吸收类别	肠转移因子 f_1	化合物
	S	0.010	氧化物和氢氧化物
铂	F	0.010	所有化合物
金	F	0.100	所有未特别指定的化合物
	M	0.100	卤化物和硝酸盐
	S	0.100	氧化物和氢氧化物
汞	F	0.020	硫酸盐
	M	0.020	氧化物、氢氧化物、卤化物、硝酸盐和硫化物
汞	F	0.400	所有有机化合物
铊	F	1.000	所有化合物
铅	F	0.200	所有化合物
铋	F	0.050	硫酸铋
	M	0.050	所有未特别指定的化合物
钋	F	0.100	所有未特别指定的化合物
	M	0.100	氧化物、氢氧化物硝酸盐
砹	F	1.000	按化合的阳离子确定
	M	1.000	按化合的阳离子确定
钫	F	1.000	所有化合物
镭	M	0.200	所有化合物
锕	F	5.0E−04	所有未特别指定的化合物
	M	5.0E−04	卤化物和硝酸盐
	S	5.0E−04	氧化物和氢氧化物
钍	M	5.0E−04	所有未特别指定的化合物
	S	2.0E−04	氧化物和氢氧化物
镤	M	5.0E−04	所有未特别指定的化合物
	S	5.0E−04	氧化物和氢氧化物
铀	F	0.020	大多数六价化合物，如 UF_6、UO_2F_2 和 $UO_2(NO_3)_2$
	M	0.020	微溶化合物，如 UO_3、UF_4、UCl_4 和其他大多数六价化合物
	S	0.002	难溶化合物，如 UO_2 和 U_3O_8
镎	M	5.0E−04	所有化合物
钚	M	5.0E−04	所有未特别指定的化合物
	S	1.0E−05	不溶氧化物
镅	M	5.0E−04	所有化合物
锔	M	5.0E−04	所有化合物
锫	M	5.0E−04	所有化合物
锎	M	5.0E−04	所有化合物
锿	M	5.0E−04	所有化合物
镄	M	5.0E−04	所有化合物
钔	M	5.0E−04	所有化合物

注：类别 F、M 和 S 分别表示肺快速、中速和慢速吸收。

资料来源：GB18871-2002。

10.4.5 公众成员食入单位摄入量所致的待积有效剂量(表 10.12)

10.4.6 公众成员吸入单位摄入量所致的待积有效剂量(表 10.13)

表 10.12　食入:公众成员食入单位摄入量所致的待积有效剂量 $e(g)$

（单位:Sv/Bq）

核素	物理半衰期	年龄 $g\leqslant1$ 岁		$f_1(g>1$ 岁)	1～2 岁	2～7 岁	7～12 岁	12～17 岁	>17 岁
		f_1	$e(g)$		$e(g)$	$e(g)$	$e(g)$	$e(g)$	$e(g)$
氚化水	12.32a	1.000	6.4E−11	1.000	4.8E−11	3.1E−11	2.3E−11	1.8E−11	1.8E−11
OBT(有机束缚氚)	12.32a	1.000	1.2E−10	1.000	1.2E−10	7.3E−11	5.7E−11	4.2E−11	4.2E−11
^{7}Be	53.22d	0.020	1.8E−10	0.005	1.3E−10	7.7E−11	5.3E−11	3.5E−11	2.8E−11
^{14}C	5.70E+03a	1.000	1.4E−09	1.000	1.6E−09	9.9E−10	8.0E−10	5.7E−10	5.8E−10
^{18}F	109.77min	1.000	5.2E−10	1.000	3.0E−10	1.5E−10	9.1E−11	6.2E−11	4.9E−11
^{22}Na	2.6019a	1.000	2.1E−08	1.000	1.5E−08	8.4E−09	5.5E−09	3.7E−09	3.2E−09
^{24}Na	14.9590h	1.000	3.5E−09	1.000	2.3E−09	1.2E−09	7.7E−10	5.2E−10	4.3E−10
^{32}P	14.263d	1.000	3.1E−08	0.800	1.9E−08	9.4E−09	5.3E−09	3.1E−09	2.4E−09
^{35}S(无机的)	87.51d	1.000	1.3E−09	1.000	8.7E−10	4.4E−10	2.7E−10	1.6E−10	1.3E−10
^{35}S(有机的)	87.51d	1.000	7.7E−09	1.000	5.4E−09	2.7E−09	1.6E−09	9.5E−10	7.7E−10
^{40}K	1.251E+09a	1.000	6.2E−08	1.000	4.2E−08	2.1E−08	1.3E−08	7.6E−09	6.2E−09
^{51}Cr	27.7025d	0.200	3.5E−10	0.100	2.3E−10	1.2E−10	7.8E−11	4.8E−11	3.8E−11
		0.020	3.3E−10	0.010	2.2E−10	1.2E−10	7.5E−11	4.6E−11	3.7E−11
^{54}Mn	312.12d	0.200	5.4E−09	0.100	3.1E−09	1.9E−09	1.3E−09	8.7E−10	7.1E−10
^{55}Fe	2.737a	0.600	7.6E−09	0.100	2.4E−09	1.7E−09	1.1E−09	7.7E−10	3.3E−10
^{59}Fe	44.495d	0.600	3.9E−08	0.100	1.3E−08	7.5E−09	4.7E−09	3.1E−09	1.8E−09
^{57}Co	271.74d	0.600	2.9E−09	0.100	1.6E−09	8.9E−10	5.8E−10	3.7E−10	2.1E−10
^{58}Co	70.86d	0.600	7.3E−09	0.100	4.4E−09	2.6E−09	1.7E−09	1.1E−09	7.4E−10
^{60}Co	5.2713a	0.600	5.4E−08	0.100	2.7E−08	1.7E−08	1.1E−08	7.9E−09	3.4E−09
^{65}Zn	244.06d	1.000	3.6E−08	0.500	1.6E−08	9.7E−09	6.4E−09	4.5E−09	3.9E−09
^{65}Ga	0.253h	0.010	4.3E−10	0.001	2.4E−10	1.2E−10	6.9E−11	4.7E−11	3.7E−11
^{67}Ga	3.2612d	0.010	1.8E−09	0.001	1.2E−09	6.4E−10	4.0E−10	2.4E−10	1.9E−10
^{72}Ga	14.10h	0.010	1.0E−08	0.001	6.8E−09	3.6E−09	2.2E−09	1.4E−09	1.1E−09
^{68}Ge	270.95d	1.000	1.2E−08	1.000	8.0E−09	4.2E−09	2.6E−09	1.6E−09	1.3E−09
^{75}Se	119.779d	1.000	2.0E−08	0.800	1.3E−08	8.3E−09	6.0E−09	3.1E−09	2.6E−09
^{89}Sr	50.53d	0.600	3.6E−08	0.300	1.8E−08	8.9E−09	5.8E−09	4.0E−09	2.6E−09

续表

核素	物理半衰期	年龄 $g\leqslant1$ 岁		$f_1(g>1$ 岁)	1～2 岁	2～7 岁	7～12 岁	12～17 岁	>17 岁
		f_1	$e(g)$		$e(g)$	$e(g)$	$e(g)$	$e(g)$	$e(g)$
^{90}Sr	28.79a	0.600	2.3E−07	0.300	7.3E−08	4.7E−08	6.0E−08	8.0E−08	2.8E−08
^{90}Y	64.10h	0.001	3.1E−08	1.0E−04	2.0E−08	1.0E−08	5.9E−09	3.3E−09	2.7E−09
^{91}Y	58.51d	0.001	2.8E−08	1.0E−04	1.8E−08	8.8E−09	5.2E−09	2.9E−09	2.4E−09
^{95}Zr	64.032d	0.020	8.5E−09	0.010	5.6E−09	3.0E−09	1.9E−09	1.2E−09	9.5E−10
^{95}Nb	34.991d	0.020	4.6E−09	0.010	3.2E−09	1.8E−09	1.1E−09	7.4E−10	5.8E−10
^{99}Mo	65.94h	1.000	5.5E−09	1.000	3.5E−09	1.8E−09	1.1E−09	7.6E−10	6.0E−10
^{99m}Tc	6.015h	1.000	2.0E−10	0.500	1.3E−10	7.2E−11	4.3E−11	2.8E−11	2.2E−11
^{103}Ru	39.26d	0.100	7.1E−09	0.050	4.6E−09	2.4E−09	1.5E−09	9.2E−10	7.3E−10
^{106}Ru	373.59d	0.100	8.4E−08	0.050	4.9E−08	2.5E−08	1.5E−08	8.6E−09	7.0E−09
^{110m}Ag	249.76d	0.100	2.4E−08	0.050	1.4E−08	7.8E−09	5.2E−09	3.4E−09	2.8E−09
^{115}Cd	53.46h	0.100	1.4E−08	0.050	9.7E−09	4.9E−09	2.9E−09	1.7E−09	1.4E−09
^{113}Sn	115.09d	0.040	7.8E−09	0.020	5.0E−09	2.6E−09	1.6E−09	9.2E−10	7.3E−10
^{122}Sb	2.7328d	0.200	1.8E−08	0.100	1.2E−08	6.1E−09	3.7E−09	2.1E−09	1.7E−09
^{124}Sb	60.20d	0.200	2.5E−08	0.100	1.6E−08	8.4E−09	5.2E−09	3.2E−09	2.5E−09
^{125}Sb	2.75856a	0.200	1.1E−08	0.100	6.1E−09	3.4E−09	2.1E−09	1.4E−09	1.1E−09
^{127}Sb	3.85d	0.200	1.7E−08	0.100	1.2E−08	5.9E−09	3.6E−09	2.1E−09	1.7E−09
^{129m}Te	33.6d	0.600	4.4E−08	0.300	2.4E−08	1.2E−08	6.6E−09	3.9E−09	3.0E−09
^{131m}Te	30h	0.600	2.0E−08	0.300	1.4E−08	7.8E−09	4.3E−09	2.7E−09	1.9E−09
^{132}Te	3.204d	0.600	4.8E−08	0.300	3.0E−08	1.6E−08	8.3E−09	5.3E−09	3.8E−09
^{123}I	13.27h	1.000	2.2E−09	1.000	1.9E−09	1.1E−09	4.9E−10	3.3E−10	2.1E−10
^{125}I	59.400d	1.000	5.2E−08	1.000	5.7E−08	4.1E−08	3.1E−08	2.2E−08	1.5E−08
^{129}I	1.57E+07a	1.000	1.8E−07	1.000	2.2E−07	1.7E−07	1.9E−07	1.4E−07	1.1E−07
^{131}I	8.02070d	1.000	1.8E−07	1.000	1.8E−07	1.0E−07	5.2E−08	3.4E−08	2.2E−08
^{133}I	20.8h	1.000	4.9E−08	1.000	4.4E−08	2.3E−08	1.0E−08	6.8E−09	4.3E−09
^{135}I	6.57h	1.000	1.0E−08	1.000	8.9E−09	4.7E−09	2.2E−09	1.4E−09	9.3E−10
^{134}Cs	2.0648a	1.000	2.6E−08	1.000	1.6E−08	1.3E−08	1.4E−08	1.9E−08	1.9E−08

续表

核素	物理半衰期	年龄 $g\leqslant1$ 岁		$f_1(g>1$ 岁)	1～2 岁	2～7 岁	7～12 岁	12～17 岁	>17 岁
		f_1	$e(g)$		$e(g)$	$e(g)$	$e(g)$	$e(g)$	$e(g)$
^{136}Cs	13.16d	1.000	1.5E−08	1.000	9.5E−09	6.1E−09	4.4E−09	3.4E−09	3.0E−09
^{137}Cs	30.1671a	1.000	2.1E−08	1.000	1.2E−08	9.6E−09	1.0E−08	1.3E−08	1.3E−08
^{133}Ba	10.52a	0.600	2.2E−08	0.200	6.2E−09	3.9E−09	4.6E−09	7.3E−09	1.5E−09
^{140}Ba	12.752d	0.600	3.2E−08	0.200	1.8E−08	9.2E−09	5.8E−09	3.7E−09	2.6E−09
^{140}La	1.6781d	0.005	2.0E−08	5.0E−04	1.3E−08	6.8E−09	4.2E−09	2.5E−09	2.0E−09
^{141}Ce	32.508d	0.005	8.1E−09	5.0E−04	5.1E−09	2.6E−09	1.5E−09	8.8E−10	7.1E−10
^{143}Ce	33.039h	0.005	1.2E−08	5.0E−04	8.0E−09	4.1E−09	2.4E−09	1.4E−09	1.1E−09
^{144}Ce	284.91d	0.005	6.6E−08	5.0E−04	3.9E−08	1.9E−08	1.1E−08	6.5E−09	5.2E−09
^{147}Pm	2.6234a	0.005	3.6E−09	5.0E−04	1.9E−09	9.6E−10	5.7E−10	3.2E−10	2.6E−10
^{153}Sm	46.50h	0.005	8.4E−09	5.0E−04	5.4E−09	2.7E−09	1.6E−09	9.2E−10	7.4E−10
^{152}Eu	13.537a	0.005	1.6E−08	5.0E−04	7.4E−09	4.1E−09	2.6E−09	1.7E−09	1.4E−09
^{177}Lu	6.647d	0.005	6.1E−09	5.0E−04	3.9E−09	2.0E−09	1.2E−09	6.6E−10	5.3E−10
^{186}Re	3.7183d	1.000	1.9E−08	0.800	1.1E−08	5.5E−09	3.0E−09	1.9E−09	1.5E−09
^{188}Re	17.0040h	1.000	1.7E−08	0.800	1.1E−08	5.4E−09	2.9E−09	1.8E−09	1.4E−09
^{192}Ir	73.827d	0.020	1.3E−08	0.010	8.7E−09	4.6E−09	2.8E−09	1.7E−09	1.4E−09
^{198}Au	2.69517d	0.200	1.0E−08	0.100	7.2E−09	3.7E−09	2.2E−09	1.3E−09	1.0E−09
^{201}Tl	72.912h	1.000	8.4E−10	1.000	5.5E−10	2.9E−10	1.8E−10	1.2E−10	9.5E−11
^{204}Tl	3.78a	1.000	1.3E−08	1.000	8.5E−09	4.2E−09	2.5E−09	1.5E−09	1.2E−09
^{210}Pb	22.20a	0.600	8.4E−06	0.200	3.6E−06	2.2E−06	1.9E−06	1.9E−06	6.9E−07
^{214}Pb	0.447h	0.600	2.7E−09	0.200	1.0E−09	5.2E−10	3.1E−10	2.0E−10	1.4E−10
^{214}Bi	19.9min	0.100	1.4E−09	0.050	7.4E−10	3.6E−10	2.1E−10	1.4E−10	1.1E−10
^{210}Po	138.376d	1.000	2.6E−05	0.500	8.8E−06	4.4E−06	2.6E−06	1.6E−06	1.2E−06
^{226}Ra	1.60E+03a	0.600	4.7E−06	0.200	9.6E−07	6.2E−07	8.0E−07	1.5E−06	2.8E−07
^{228}Ra	5.75a	0.600	3.0E−05	0.200	5.7E−06	3.4E−06	3.9E−06	5.3E−06	6.9E−07
^{228}Ac	6.15h	0.005	7.4E−09	5.0E−04	2.8E−09	1.4E−09	8.7E−10	5.3E−10	4.3E−10
^{228}Th	1.9116a	0.005	3.7E−06	5.0E−04	3.7E−07	2.2E−07	1.5E−07	9.4E−08	7.2E−08

续表

核素	物理半衰期	年龄 $g\leqslant1$ 岁		f_1($g>1$ 岁)	1～2 岁	2～7 岁	7～12 岁	12～17 岁	>17 岁
		f_1	$e(g)$		$e(g)$	$e(g)$	$e(g)$	$e(g)$	$e(g)$
^{230}Th	7.538E+04a	0.005	4.1E−06	5.0E−04	4.1E−07	3.1E−07	2.4E−07	2.2E−07	2.1E−07
^{232}Th	1.405E+10a	0.005	4.6E−06	5.0E−04	4.5E−07	3.5E−07	2.9E−07	2.5E−07	2.3E−07
^{231}Pa	3.276E+04a	0.005	1.3E−05	5.0E−04	1.3E−06	1.1E−06	9.2E−07	8.0E−07	7.1E−07
^{234}U	2.455E+05a	0.040	3.7E−07	0.020	1.3E−07	8.8E−08	7.4E−08	7.4E−08	4.9E−08
^{235}U	7.04E+08a	0.040	3.5E−07	0.020	1.3E−07	8.5E−08	7.1E−08	7.0E−08	4.7E−08
^{238}U	4.438E+09a	0.040	3.4E−07	0.020	1.2E−07	8.0E−08	6.8E−08	6.7E−08	4.5E−08
^{238}Pu	87.7a	0.005	4.0E−06	5.0E−04	4.0E−07	3.1E−07	2.4E−07	2.2E−07	2.3E−07
^{239}Pu	2.411E+04a	0.005	4.2E−06	5.0E−04	4.2E−07	3.3E−07	2.7E−07	2.4E−07	2.5E−07
^{241}Am	432.2a	0.005	3.7E−06	5.0E−04	3.7E−07	2.7E−07	2.2E−07	2.0E−07	2.0E−07
^{244}Cm	18.10a	0.005	2.9E−06	5.0E−04	2.9E−07	1.9E−07	1.4E−07	1.2E−07	1.2E−07
^{252}Cf	2.645a	0.005	5.0E−06	5.0E−04	5.1E−07	3.2E−07	1.9E−07	1.0E−07	9.0E−08

注:对于钙,1～15 岁的 f_1 值为 0.4;对于铁,1～15 岁的 f_1 值为 0.2;对于钴,1～15 岁的 f_1 值为 0.3;对于锶,1～15 岁的 f_1 值为 0.4;对于钡,1～15 岁的 f_1 值为 0.3;对于铅,1～15 岁的 f_1 值为 0.4;对于镭,1～15 岁的 f_1 值为 0.3。

资料来源:国家标准 GB-18871-2002,根据 ICRP107 号报告中的最新数据,对半衰期进行了修正。

表 10.13　吸入：公众成员吸入单位摄入量所致的待积有效剂量 $e(g)$

（单位：Sv/Bq）

核素	物理半衰期	类别[a]	年龄 $g \leq 1$ 岁		$f_1(g>1$ 岁)	1～2 岁	2～7 岁	7～12 岁	12～17 岁	>17 岁
			f_1	$e(g)$		$e(g)$	$e(g)$	$e(g)$	$e(g)$	$e(g)$
氚化水	12.32a	F	1.000	2.6E−11	1.000	2.0E−11	1.1E−11	8.2E−12	5.9E−12	6.2E−12
		M	0.200	3.4E−10	0.100	2.7E−10	1.4E−10	8.2E−11	5.3E−11	4.5E−11
		S	0.020	1.2E−09	0.010	1.0E−09	6.3E−10	3.8E−10	2.8E−10	2.6E−10
^{7}Be	53.22d	M	0.020	2.5E−10	0.005	2.1E−10	1.2E−10	8.3E−11	6.2E−11	5.0E−11
		S	0.020	2.8E−10	0.005	2.4E−10	1.4E−10	9.6E−11	6.8E−11	5.5E−11
^{14}C	5.70E+03a	F	1.000	6.1E−10	1.000	6.7E−10	3.6E−10	2.9E−10	1.9E−10	2.0E−10
		M	0.200	8.3E−09	0.100	6.6E−09	4.0E−09	2.8E−09	2.5E−09	2.0E−09
		S	0.020	1.9E−08	0.010	1.7E−08	1.1E−08	7.4E−09	6.4E−09	5.8E−09
^{18}F	109.77min	F	1.000	2.6E−10	1.000	1.9E−10	9.1E−11	5.6E−11	3.4E−11	2.8E−11
		M	1.000	4.1E−10	1.000	2.9E−10	1.5E−10	9.7E−11	6.9E−11	5.6E−11
		S	1.000	4.2E−10	1.000	3.1E−10	1.5E−10	1.0E−10	7.3E−11	5.9E−11
^{22}Na	2.6019a	F	1.000	9.7E−09	1.000	7.3E−09	3.8E−09	2.4E−09	1.5E−09	1.3E−09
^{24}Na	14.9590h	F	1.000	2.3E−09	1.000	1.8E−09	9.3E−10	5.7E−10	3.4E−10	2.7E−10
^{32}P	14.263d	F	1.000	1.2E−08	0.800	7.5E−09	3.2E−09	1.8E−09	9.8E−10	7.7E−10
		M	1.000	2.2E−08	0.800	1.5E−08	8.0E−09	5.3E−09	4.0E−09	3.4E−09
^{35}S	87.51d	F	1.000	5.5E−10	0.800	3.9E−10	1.8E−10	1.1E−10	6.0E−11	5.1E−11
（无机的）		M	0.200	5.9E−09	0.100	4.5E−09	2.8E−09	2.0E−09	1.8E−09	1.4E−09
		S	0.020	7.7E−09	0.010	6.0E−09	3.6E−09	2.6E−09	2.3E−09	1.9E−09
^{40}K	1.251E+09a	F	1.000	2.4E−08	1.000	1.7E−08	7.5E−09	4.5E−09	2.5E−09	2.1E−09
^{51}Cr	27.7025d	F	0.200	1.7E−10	0.100	1.3E−10	6.3E−11	4.0E−11	2.4E−11	2.0E−11
		M	0.200	2.6E−10	0.100	1.9E−10	1.0E−10	6.4E−11	3.9E−11	3.2E−11
		S	0.200	2.6E−10	0.100	2.1E−10	1.0E−10	6.6E−11	4.5E−11	3.7E−11
^{54}Mn	312.12d	F	0.200	5.2E−09	0.100	4.1E−09	2.2E−09	1.5E−09	9.9E−10	8.5E−10
		M	0.200	7.5E−09	0.100	6.2E−09	3.8E−09	2.4E−09	1.9E−09	1.5E−09
^{55}Fe	2.737a	F	0.600	4.2E−09	0.100	3.2E−09	2.2E−09	1.4E−09	9.4E−10	7.7E−10
		M	0.200	1.9E−09	0.100	1.4E−09	9.9E−10	6.2E−10	4.4E−10	3.8E−10

续表

核素	物理半衰期	类别[a]	年龄 $g\leqslant 1$ 岁		$f_1(g>1$ 岁)	1～2 岁	2～7 岁	7～12 岁	12～17 岁	>17 岁
			f_1	$e(g)$		$e(g)$	$e(g)$	$e(g)$	$e(g)$	$e(g)$
		S	0.020	1.0E−09	0.010	8.5E−10	5.0E−10	2.9E−10	2.0E−10	1.8E−10
^{59}Fe	44.495d	F	0.600	2.1E−08	0.100	1.3E−08	7.1E−09	4.2E−09	2.6E−09	2.2E−09
		M	0.200	1.8E−08	0.100	1.3E−08	7.9E−09	5.5E−09	4.6E−09	3.7E−09
		S	0.020	1.7E−08	0.010	1.3E−08	8.1E−09	5.8E−09	5.1E−09	4.0E−09
^{57}Co	271.74d	F	0.600	1.5E−09	0.100	1.1E−09	5.6E−10	3.7E−10	2.3E−10	1.9E−10
		M	0.200	2.8E−09	0.100	2.2E−09	1.3E−09	8.5E−10	6.7E−10	5.5E−10
		S	0.020	4.4E−09	0.010	3.7E−09	2.3E−09	1.5E−09	1.2E−09	1.0E−09
^{58}Co	70.86d	F	0.600	4.0E−09	0.100	3.0E−09	1.6E−09	1.0E−09	6.4E−10	5.3E−10
		M	0.200	7.3E−09	0.100	6.5E−09	3.5E−09	2.4E−09	2.0E−09	1.6E−09
		S	0.020	9.0E−09	0.010	7.5E−09	4.5E−09	3.1E−09	2.6E−09	2.1E−09
^{60}Co	5.2713a	F	0.600	3.0E−08	0.100	2.3E−08	1.4E−08	8.9E−09	6.1E−09	5.2E−09
		M	0.200	4.2E−08	0.100	3.4E−08	2.1E−08	1.5E−08	1.2E−08	1.0E−08
		S	0.020	9.2E−08	0.010	8.6E−08	5.9E−08	4.0E−08	3.4E−08	3.1E−08
^{65}Zn	244.06d	F	1.000	1.5E−08	0.500	1.0E−08	5.7E−09	3.8E−09	2.5E−09	2.2E−09
		M	0.200	8.5E−09	0.100	6.5E−09	3.7E−09	2.4E−09	1.9E−09	1.6E−09
		S	0.020	7.6E−09	0.010	6.7E−09	4.4E−09	2.9E−09	2.4E−09	2.0E−09
^{65}Ga	0.253h	F	0.010	1.1E−10	0.001	7.3E−11	3.4E−11	2.1E−11	1.3E−11	1.1E−11
		M	0.010	1.6E−10	0.001	1.1E−10	4.8E−11	3.1E−11	2.0E−11	1.7E−11
^{67}Ga	3.2612d	F	0.010	6.4E−10	0.001	4.6E−10	2.2E−10	1.4E−10	7.7E−11	6.4E−11
		M	0.010	1.4E−09	0.001	1.0E−09	5.0E−10	3.6E−10	3.0E−10	2.4E−10
^{72}Ga	14.10h	F	0.010	2.9E−09	0.001	2.2E−09	1.0E−09	6.4E−10	3.6E−10	2.9E−10
		M	0.010	4.5E−09	0.001	3.3E−09	1.6E−09	1.0E−09	6.5E−10	5.3E−10
^{68}Ge	270.95d	F	1.000	5.4E−09	1.000	3.8E−09	1.8E−09	1.1E−09	6.3E−10	5.2E−10
		M	1.000	6.0E−08	1.000	5.0E−08	3.0E−08	2.0E−08	1.6E−08	1.4E−08
^{75}Se	119.779d	F	1.000	7.8E−09	0.800	6.0E−09	3.4E−09	2.5E−09	1.2E−09	1.0E−09
		M	0.200	5.4E−09	0.100	4.5E−09	2.5E−09	1.7E−09	1.3E−09	1.1E−09

续表

核素	物理半衰期	类别[a]	年龄 $g\leq1$ 岁		$f_1(g>1$ 岁)	1～2 岁	2～7 岁	7～12 岁	12～17 岁	>17 岁
			f_1	$e(g)$		$e(g)$	$e(g)$	$e(g)$	$e(g)$	$e(g)$
		S	0.020	5.6E−09	0.010	4.7E−09	2.9E−09	2.0E−09	1.6E−09	1.3E−09
^{89}Sr	50.53d	F	0.600	1.5E−08	0.300	7.3E−09	3.2E−09	2.3E−09	1.7E−09	1.0E−09
		M	0.200	3.3E−08	0.100	2.4E−08	1.3E−08	9.1E−09	7.3E−09	6.1E−09
		S	0.020	3.9E−08	0.010	3.0E−08	1.7E−08	1.2E−08	9.3E−09	7.9E−09
^{90}Sr	28.79a	F	0.600	1.3E−07	0.300	5.2E−08	3.1E−08	4.1E−08	5.3E−08	2.4E−08
		M	0.200	1.5E−07	0.100	1.1E−07	6.5E−08	5.1E−08	5.0E−08	3.6E−08
		S	0.020	4.2E−07	0.010	4.0E−07	2.7E−07	1.8E−07	1.6E−07	1.6E−07
^{90}Y	64.10h	M	0.001	1.3E−08	1.0E−04	8.4E−09	4.0E−09	2.6E−09	1.7E−09	1.4E−09
		S	0.001	1.3E−08	1.0E−04	8.8E−09	4.2E−09	2.7E−09	1.8E−09	1.5E−09
^{91}Y	58.51d	M	0.001	3.9E−08	1.0E−04	3.0E−08	1.6E−08	1.1E−08	8.4E−09	7.1E−09
		S	0.001	4.3E−08	1.0E−04	3.4E−08	1.9E−08	1.3E−08	1.0E−08	8.9E−09
^{95}Zr	64.032d	F	0.020	1.2E−08	0.002	1.1E−08	6.4E−09	4.2E−09	2.8E−09	2.5E−09
		M	0.020	2.0E−08	0.002	1.6E−08	9.7E−09	6.8E−09	5.9E−09	4.8E−09
		S	0.020	2.4E−08	0.002	1.9E−08	1.2E−08	8.3E−09	7.3E−09	5.9E−09
^{95}Nb	34.991d	F	0.020	4.1E−09	0.010	3.1E−09	1.6E−09	1.2E−09	7.5E−10	5.7E−10
		M	0.020	6.8E−09	0.010	5.2E−09	3.1E−09	2.2E−09	1.9E−09	1.5E−09
		S	0.020	7.7E−09	0.010	5.9E−09	3.6E−09	2.5E−09	2.2E−09	1.8E−09
^{99}Mo	65.94h	F	1.000	2.3E−09	0.800	1.7E−09	7.7E−10	4.7E−10	2.6E−10	2.2E−10
		M	0.200	6.0E−09	0.100	4.4E−09	2.2E−09	1.5E−09	1.1E−09	8.9E−10
		S	0.020	6.9E−09	0.010	4.8E−09	2.4E−09	1.7E−09	1.2E−09	9.9E−10
^{99m}Tc	6.015h	F	1.000	1.2E−10	0.800	8.7E−11	4.1E−11	2.4E−11	1.5E−11	1.2E−11
		M	0.200	1.3E−10	0.100	9.9E−11	5.1E−11	3.4E−11	2.4E−11	1.9E−11
		S	0.020	1.3E−10	0.010	1.0E−10	5.2E−11	3.5E−11	2.5E−11	2.0E−11
^{103}Ru	39.26d	F	0.100	4.2E−09	0.050	3.0E−09	1.5E−09	9.3E−10	5.6E−10	4.8E−10
		M	0.100	1.1E−08	0.050	8.4E−09	5.0E−09	3.5E−09	3.0E−09	2.4E−09
		S	0.020	1.3E−08	0.010	1.0E−08	6.0E−09	4.2E−09	3.7E−09	3.0E−09

续表

核素	物理半衰期	类别[a]	年龄 $g\leq1$ 岁		$f_1(g>1$ 岁)	1～2 岁	2～7 岁	7～12 岁	12～17 岁	>17 岁
			f_1	$e(g)$		$e(g)$	$e(g)$	$e(g)$	$e(g)$	$e(g)$
^{106}Ru	373.59d	F	0.100	7.2E−08	0.050	5.4E−08	2.6E−08	1.6E−08	9.2E−09	7.9E−09
		M	0.100	1.4E−07	0.050	1.1E−07	6.4E−08	4.1E−08	3.1E−08	2.8E−08
		S	0.020	2.6E−07	0.010	2.3E−07	1.4E−07	9.1E−08	7.1E−08	6.6E−08
^{110m}Ag	249.76d	F	0.100	3.5E−08	0.050	2.8E−08	1.5E−08	9.7E−09	6.3E−09	5.5E−09
		M	0.100	3.5E−08	0.050	2.8E−08	1.7E−08	1.2E−08	9.2E−09	7.6E−09
		S	0.020	4.6E−08	0.010	4.1E−08	2.6E−08	1.8E−08	1.5E−08	1.2E−08
^{115}Cd	53.46h	F	0.100	4.0E−09	0.050	2.6E−09	1.2E−09	7.5E−10	4.3E−10	3.5E−10
		M	0.100	6.7E−09	0.050	4.8E−09	2.4E−09	1.7E−09	1.2E−09	9.8E−10
		S	0.100	7.2E−09	0.050	5.1E−09	2.6E−09	1.8E−09	1.3E−09	1.1E−09
^{113}Sn	115.09d	F	0.040	5.1E−09	0.020	3.7E−09	1.8E−09	1.1E−09	6.4E−10	5.4E−10
		M	0.040	1.3E−08	0.020	1.0E−08	5.8E−09	4.0E−09	3.2E−09	2.7E−09
^{122}Sb	2.7328d	F	0.200	4.2E−09	0.100	2.8E−09	1.4E−09	8.4E−10	4.4E−10	3.6E−10
		M	0.020	8.3E−09	0.010	5.7E−09	2.8E−09	1.8E−09	1.3E−09	1.0E−09
		S	0.020	8.8E−09	0.010	6.1E−09	3.0E−09	2.0E−09	1.4E−09	1.1E−09
^{124}Sb	60.20d	F	0.200	1.2E−08	0.100	8.8E−09	4.3E−09	2.6E−09	1.6E−09	1.3E−09
		M	0.020	3.1E−08	0.010	2.4E−08	1.4E−08	9.6E−09	7.7E−09	6.4E−09
		S	0.020	3.9E−08	0.010	3.1E−08	1.8E−08	1.3E−08	1.0E−08	8.6E−09
^{125}Sb	2.75856a	F	0.200	8.7E−09	0.100	6.8E−09	3.7E−09	2.3E−09	1.5E−09	1.4E−09
		M	0.020	2.0E−08	0.010	1.6E−08	1.0E−08	6.8E−09	5.8E−09	4.8E−09
		S	0.020	4.2E−08	0.010	3.8E−08	2.4E−08	1.6E−08	1.4E−08	1.2E−08
^{127}Sb	3.85d	F	0.200	5.1E−09	0.100	3.5E−09	1.6E−09	9.7E−10	5.2E−10	4.3E−10
		M	0.020	1.0E−08	0.010	7.3E−09	3.9E−09	2.7E−09	2.1E−09	1.7E−09
		S	0.020	1.1E−08	0.010	7.9E−09	4.2E−09	3.0E−09	2.3E−09	1.9E−09
^{129m}Te	33.6d	F	0.600	2.0E−08	0.300	1.3E−08	5.8E−09	3.1E−09	1.7E−09	1.3E−09
		M	0.200	3.5E−08	0.100	2.6E−08	1.4E−08	9.8E−09	8.0E−09	6.6E−09
		S	0.020	3.8E−08	0.010	2.9E−08	1.7E−08	1.2E−08	9.6E−09	7.9E−09

续表

核素	物理半衰期	类别[a]	年龄 $g\leqslant1$ 岁		f_1($g>1$ 岁)	1～2 岁	2～7 岁	7～12 岁	12～17 岁	>17 岁
			f_1	$e(g)$		$e(g)$	$e(g)$	$e(g)$	$e(g)$	$e(g)$
^{131m}Te	30h	F	0.600	8.7E−09	0.300	7.6E−09	3.9E−09	2.0E−09	1.2E−09	8.6E−10
		M	0.200	7.9E−09	0.100	5.8E−09	3.0E−09	1.9E−09	1.2E−09	9.4E−10
		S	0.020	7.0E−09	0.010	5.1E−09	2.6E−09	1.8E−09	1.1E−09	9.1E−10
^{132}Te	3.204d	F	0.600	2.2E−08	0.300	1.8E−08	8.5E−09	4.2E−09	2.6E−09	1.8E−09
		M	0.200	1.6E−08	0.100	1.3E−08	6.4E−09	4.0E−09	2.6E−09	2.0E−09
		S	0.020	1.5E−08	0.010	1.1E−08	5.8E−09	3.8E−09	2.5E−09	2.0E−09
^{123}I	13.27h	F	1.000	8.7E−10	1.000	7.9E−10	3.8E−10	1.8E−10	1.1E−10	7.4E−11
		M	0.200	5.3E−10	0.100	3.9E−10	2.0E−10	1.2E−10	8.2E−11	6.4E−11
		S	0.020	4.3E−10	0.010	3.2E−10	1.7E−10	1.1E−10	7.6E−11	6.0E−11
^{125}I	59.400d	F	1.000	2.0E−08	1.000	2.3E−08	1.5E−08	1.1E−08	7.2E−09	5.1E−09
		M	0.200	6.9E−09	0.100	5.6E−09	3.6E−09	2.6E−09	1.8E−09	1.4E−09
		S	0.020	2.4E−09	0.010	1.8E−09	1.0E−09	6.7E−10	4.8E−10	3.8E−10
^{129}I	1.57E+07a	F	1.000	7.2E−08	1.000	8.6E−08	6.1E−08	6.7E−08	4.6E−08	3.6E−08
		M	0.200	3.6E−08	0.100	3.3E−08	2.4E−08	2.4E−08	1.9E−08	1.5E−08
		S	0.020	2.9E−08	0.010	2.6E−08	1.8E−08	1.3E−08	1.1E−08	9.8E−09
^{131}I	8.02070d	F	1.000	7.2E−08	1.000	7.2E−08	3.7E−08	1.9E−08	1.1E−08	7.4E−09
		M	0.200	2.2E−08	0.100	1.5E−08	8.2E−09	4.7E−09	3.4E−09	2.4E−09
		S	0.020	8.8E−09	0.010	6.2E−09	3.5E−09	2.4E−09	2.0E−09	1.6E−09
^{133}I	20.8h	F	1.000	1.9E−08	1.000	1.8E−08	8.3E−09	3.8E−09	2.2E−09	1.5E−09
		M	0.200	6.6E−09	0.100	4.4E−09	2.1E−09	1.2E−09	7.4E−10	5.5E−10
		S	0.020	3.8E−09	0.010	2.9E−09	1.4E−09	9.0E−10	5.3E−10	4.3E−10
^{135}I	6.57h	F	1.000	4.1E−09	1.000	3.7E−09	1.7E−09	7.9E−10	4.8E−10	3.2E−10
		M	0.200	2.2E−09	0.100	1.6E−09	7.8E−10	4.7E−10	3.0E−10	2.4E−10
		S	0.020	1.8E−09	0.010	1.3E−09	6.5E−10	4.2E−10	2.7E−10	2.2E−10
^{134}Cs	2.0648a	F	1.000	1.1E−08	1.000	7.3E−09	5.2E−09	5.3E−09	6.3E−09	6.6E−09
		M	0.200	3.2E−08	0.100	2.6E−08	1.6E−08	1.2E−08	1.1E−08	9.1E−09

续表

核素	物理半衰期	类别[a]	年龄 $g \leq 1$ 岁		f_1($g>1$ 岁)	1～2 岁	2～7 岁	7～12 岁	12～17 岁	>17 岁
			f_1	$e(g)$		$e(g)$	$e(g)$	$e(g)$	$e(g)$	$e(g)$
		S	0.020	7.0E−08	0.010	6.3E−08	4.1E−08	2.8E−08	2.3E−08	2.0E−08
^{136}Cs	13.16d	F	1.000	7.3E−09	1.000	5.2E−09	2.9E−09	2.0E−09	1.4E−09	1.2E−09
		M	0.200	1.3E−08	0.100	1.0E−08	6.0E−09	3.7E−09	3.1E−09	2.5E−09
		S	0.020	1.5E−08	0.010	1.1E−08	5.7E−09	4.1E−09	3.5E−09	2.8E−09
^{137}Cs	30.1671a	F	1.000	8.8E−09	1.000	5.4E−09	3.6E−09	3.7E−09	4.4E−09	4.6E−09
		M	0.200	3.6E−08	0.100	2.9E−08	1.8E−08	1.3E−08	1.1E−08	9.7E−09
		S	0.020	1.1E−07	0.010	1.0E−07	7.0E−08	4.8E−08	4.2E−08	3.9E−08
^{133}Ba	10.52a	F	0.600	1.1E−08	0.200	4.5E−09	2.6E−09	3.7E−09	6.0E−09	1.5E−09
		M	0.200	1.5E−08	0.100	1.0E−08	6.4E−09	5.1E−09	5.5E−09	3.1E−09
		S	0.020	3.2E−08	0.010	2.9E−08	2.0E−08	1.3E−08	1.1E−08	1.0E−08
^{140}Ba	12.752d	F	0.600	1.4E−08	0.200	7.8E−09	3.6E−09	2.4E−09	1.6E−09	1.0E−09
		M	0.200	2.7E−08	0.100	2.0E−08	1.1E−08	7.6E−09	6.2E−09	5.1E−09
		S	0.020	2.9E−08	0.010	2.2E−08	1.2E−08	8.6E−09	7.1E−09	5.8E−09
^{140}La	1.6781d	F	0.005	5.8E−09	5.0E−04	4.2E−09	2.0E−09	1.2E−09	6.9E−10	5.7E−10
		M	0.005	8.8E−09	5.0E−04	6.3E−09	3.1E−09	2.0E−09	1.3E−09	1.1E−09
^{141}Ce	32.508d	F	0.005	1.1E−08	5.0E−04	7.3E−09	3.5E−09	2.0E−09	1.2E−09	9.3E−10
		M	0.005	1.4E−08	5.0E−04	1.1E−08	6.3E−09	4.6E−09	4.1E−09	3.2E−09
		S	0.005	1.6E−08	5.0E−04	1.2E−08	7.1E−09	5.3E−09	4.8E−09	3.8E−09
^{143}Ce	33.039h	F	0.005	3.6E−09	5.0E−04	2.3E−09	1.0E−09	6.2E−10	3.3E−10	2.7E−10
		M	0.005	5.6E−09	5.0E−04	3.9E−09	1.9E−09	1.3E−09	9.3E−10	7.5E−10
		S	0.005	5.9E−09	5.0E−04	4.1E−09	2.1E−09	1.4E−09	1.0E−09	8.3E−10
^{144}Ce	284.91d	F	0.005	3.6E−07	5.0E−04	2.7E−07	1.4E−07	7.8E−08	4.8E−08	4.0E−08
		M	0.005	1.9E−07	5.0E−04	1.6E−07	8.8E−08	5.5E−08	4.1E−08	3.6E−08
		S	0.005	2.1E−07	5.0E−04	1.8E−07	1.1E−07	7.3E−08	5.8E−08	5.3E−08
^{147}Pm	2.6234a	M	0.005	2.1E−08	5.0E−04	1.8E−08	1.1E−08	7.0E−09	5.7E−09	5.0E−09
		S	0.005	1.9E−08	5.0E−04	1.6E−08	1.0E−08	6.8E−09	5.8E−09	4.9E−09

续表

核素	物理半衰期	类别[a]	年龄 $g \leqslant 1$ 岁		$f_1(g>1$ 岁)	1～2岁	2～7岁	7～12岁	12～17岁	>17岁
			f_1	$e(g)$		$e(g)$	$e(g)$	$e(g)$	$e(g)$	$e(g)$
^{153}Sm	46.50h	M	0.005	4.2E−09	5.0E−04	2.9E−09	1.5E−09	1.0E−09	7.9E−10	6.3E−10
^{152}Eu	13.537a	M	0.005	1.1E−07	5.0E−04	1.0E−07	7.0E−08	4.9E−08	4.3E−08	4.2E−08
^{177}Lu	6.647d	M	0.005	5.3E−09	5.0E−04	3.8E−09	2.2E−09	1.6E−09	1.4E−09	1.1E−09
		S	0.005	5.7E−09	5.0E−04	4.1E−09	2.4E−09	1.7E−09	1.5E−09	1.2E−09
^{186}Re	3.7183d	F	1.000	7.3E−09	0.800	4.7E−09	2.0E−09	1.1E−09	6.6E−10	5.2E−10
		M	1.000	8.7E−09	0.800	5.7E−09	2.8E−09	1.8E−09	1.4E−09	1.1E−09
^{188}Re	17.0040h	F	1.000	6.5E−09	0.800	4.4E−09	1.9E−09	1.0E−09	6.1E−10	4.6E−10
		M	1.000	6.0E−09	0.800	4.0E−09	1.8E−09	1.0E−09	6.8E−10	5.4E−10
^{192}Ir	73.827d	F	0.020	1.5E−08	0.010	1.1E−08	5.7E−09	3.3E−09	2.1E−09	1.8E−09
		M	0.020	2.3E−08	0.010	1.8E−08	1.1E−08	7.6E−09	6.4E−09	5.2E−09
		S	0.020	2.8E−08	0.010	2.2E−08	1.3E−08	9.5E−09	8.1E−09	6.6E−09
^{198}Au	2.69517d	F	0.200	2.4E−09	0.100	1.7E−09	7.6E−10	4.7E−10	2.5E−10	2.1E−10
		M	0.200	5.0E−09	0.100	4.1E−09	1.9E−09	1.3E−09	9.7E−10	7.8E−10
		S	0.200	5.4E−09	0.100	4.4E−09	2.0E−09	1.4E−09	1.1E−09	8.6E−10
^{201}Tl	73.912h	F	1.000	4.5E−10	1.000	3.3E−10	1.5E−10	9.4E−11	5.4E−11	4.4E−11
^{204}Tl	3.78a	F	1.000	5.0E−09	1.000	3.3E−09	1.5E−09	8.8E−10	4.7E−10	3.9E−10
^{210}Pb	22.20a	F	0.600	4.7E−06	0.200	2.9E−06	1.5E−06	1.4E−06	1.3E−06	9.0E−07
		M	0.200	5.0E−06	0.100	3.7E−06	2.2E−06	1.5E−06	1.3E−06	1.1E−06
		S	0.020	1.8E−05	0.010	1.8E−05	1.1E−05	7.2E−06	5.9E−06	5.6E−06
^{214}Pb	0.447h	F	0.600	2.2E−08	0.200	1.5E−08	6.9E−09	4.8E−09	3.3E−09	2.8E−09
		M	0.200	6.4E−08	0.100	4.6E−08	2.6E−08	1.9E−08	1.4E−08	1.4E−08
		S	0.020	6.9E−08	0.010	5.0E−08	2.8E−08	2.1E−08	1.5E−08	1.5E−08
^{214}Bi	19.9min	F	0.100	5.0E−08	0.050	3.5E−08	1.6E−08	1.1E−08	8.2E−09	7.1E−09
		M	0.100	8.7E−08	0.050	6.1E−08	3.1E−08	2.2E−08	1.7E−08	1.4E−08
^{210}Po	138.376d	F	0.200	7.4E−06	0.100	4.8E−06	2.2E−06	1.3E−06	7.7E−07	6.1E−07
		M	0.200	1.5E−05	0.100	1.1E−05	6.7E−06	4.6E−06	4.0E−06	3.3E−06

续表

核素	物理半衰期	类别[a]	年龄 $g \leq 1$ 岁		f_1($g>1$ 岁)	1～2 岁	2～7 岁	7～12 岁	12～17 岁	>17 岁
			f_1	$e(g)$		$e(g)$	$e(g)$	$e(g)$	$e(g)$	$e(g)$
		S	0.020	1.8E−05	0.010	1.4E−05	8.6E−06	5.9E−06	5.1E−06	4.3E−06
^{226}Ra	1.60E+03a	F	0.600	2.6E−06	0.200	9.4E−07	5.5E−07	7.2E−07	1.3E−06	3.6E−07
		M	0.200	1.5E−05	0.100	1.1E−05	7.0E−06	4.9E−06	4.5E−06	3.5E−06
		S	0.020	3.4E−05	0.010	2.9E−05	1.9E−05	1.2E−05	1.0E−05	9.5E−06
^{228}Ra	5.75a	F	0.600	1.7E−05	0.200	5.7E−06	3.1E−06	3.6E−06	4.6E−06	9.0E−07
		M	0.200	1.5E−05	0.100	1.0E−05	6.3E−06	4.6E−06	4.4E−06	2.6E−06
		S	0.020	4.9E−05	0.010	4.8E−05	3.2E−05	2.0E−05	1.6E−05	1.6E−05
^{228}Ac	6.15h	F	0.005	1.8E−07	5.0E−04	1.6E−07	9.7E−08	5.7E−08	2.9E−08	2.5E−08
		M	0.005	8.4E−08	5.0E−04	7.3E−08	4.7E−08	2.9E−08	2.0E−08	1.7E−08
		S	0.005	6.4E−08	5.0E−04	5.3E−08	3.3E−08	2.2E−08	1.9E−08	1.6E−08
^{228}Th	1.9116a	F	0.005	1.8E−04	5.0E−04	1.5E−04	8.3E−05	5.2E−05	3.6E−05	2.9E−05
		M	0.005	1.3E−04	5.0E−04	1.1E−04	6.8E−05	4.6E−05	3.9E−05	3.2E−05
		S	0.005	1.6E−04	5.0E−04	1.3E−04	8.2E−05	5.5E−05	4.7E−05	4.0E−05
^{230}Th	7.538E+04a	F	0.005	2.1E−04	5.0E−04	2.0E−04	1.4E−04	1.1E−04	9.9E−05	1.0E−04
		M	0.005	7.7E−05	5.0E−04	7.4E−05	5.5E−05	4.3E−05	4.2E−05	4.3E−05
		S	0.005	4.0E−05	5.0E−04	3.5E−05	2.4E−05	1.6E−05	1.5E−05	1.4E−05
^{232}Th	1.405E+10a	F	0.005	2.3E−04	5.0E−04	2.2E−04	1.6E−04	1.3E−04	1.2E−04	1.1E−04
		M	0.005	8.3E−05	5.0E−04	8.1E−05	6.3E−05	5.0E−05	4.7E−05	4.5E−05
		S	0.005	5.4E−05	5.0E−04	5.0E−05	3.7E−05	2.6E−05	2.5E−05	2.5E−05
^{231}Pa	3.276E+04a	M	0.005	2.2E−04	5.0E−04	2.3E−04	1.9E−04	1.5E−04	1.5E−04	1.4E−04
		S	0.005	7.4E−05	5.0E−04	6.9E−05	5.2E−05	3.9E−05	3.6E−05	3.4E−05
^{234}U	2.455E+05a	F	0.040	2.1E−06	0.020	1.4E−06	9.0E−07	8.0E−07	8.2E−07	5.6E−07
		M	0.040	1.5E−05	0.020	1.1E−05	7.0E−06	4.8E−06	4.2E−06	3.5E−06
		S	0.020	3.3E−05	0.002	2.9E−05	1.9E−05	1.2E−05	1.0E−05	9.4E−06
^{235}U	7.04E+08a	F	0.040	2.0E−06	0.020	1.3E−06	8.5E−07	7.5E−07	7.7E−07	5.2E−07
		M	0.040	1.3E−05	0.020	1.0E−05	6.3E−06	4.3E−06	3.7E−06	3.1E−06

续表

核素	物理半衰期	类别[a]	年龄 $g\leqslant 1$ 岁		$f_1(g>1$ 岁$)$	1～2 岁	2～7 岁	7～12 岁	12～17 岁	>17 岁
			f_1	$e(g)$		$e(g)$	$e(g)$	$e(g)$	$e(g)$	$e(g)$
		S	0.020	3.0E−05	0.002	2.6E−05	1.7E−05	1.1E−05	9.2E−06	8.5E−06
^{238}U	4.468E+09a	F	0.040	1.9E−06	0.020	1.3E−06	8.2E−07	7.3E−07	7.4E−07	5.0E−07
		M	0.040	1.2E−05	0.020	9.4E−06	5.9E−06	4.0E−06	3.4E−06	2.9E−06
		S	0.020	2.9E−05	0.002	2.5E−05	1.6E−05	1.0E−05	8.7E−06	8.0E−06
^{239}Pu	2.411E+04a	F	0.005	2.1E−04	5.0E−04	2.0E−04	1.5E−04	1.2E−04	1.1E−04	1.2E−04
		M	0.005	8.0E−05	5.0E−04	7.7E−05	6.0E−05	4.8E−05	4.7E−05	5.0E−05
		S	1.0E−04	4.3E−05	1.0E−05	3.9E−05	2.7E−05	1.9E−05	1.7E−05	1.6E−05
^{241}Am	432.2a	F	0.005	1.8E−04	5.0E−04	1.8E−04	1.2E−04	1.0E−04	9.2E−05	9.6E−05
		M	0.005	7.3E−05	5.0E−04	6.9E−05	5.1E−05	4.0E−05	4.0E−05	4.2E−05
		S	0.005	4.6E−05	5.0E−04	4.0E−05	2.7E−05	1.9E−05	1.7E−05	1.6E−05
^{244}Cm	18.10a	F	0.005	1.5E−04	5.0E−04	1.3E−04	8.3E−05	6.1E−05	5.3E−05	5.7E−05
		M	0.005	6.2E−05	5.0E−04	5.7E−05	3.7E−05	2.7E−05	2.6E−05	2.7E−05
		S	0.005	4.4E−05	5.0E−04	3.8E−05	2.5E−05	1.7E−05	1.5E−05	1.3E−05
^{252}Cf	2.645a	M	0.005	9.7E−05	5.0E−04	8.7E−05	5.6E−05	3.2E−05	2.2E−05	2.0E−05

a. 类别 F、M 和 S 分别表示肺快速、中速和慢速吸收。

注：对于钙，1～15 岁类别 F 的 f_1 值为 0.4；对于铁，1～15 岁类别 F 的 f_1 值为 0.2；对于钴，1～15 岁类别 F 的 f_1 值为 0.3；对于锶，1～15 岁类别 F 的 f_1 值为 0.4；对于钡，1～15 岁类别 F 的 f_1 值为 0.3；对于铅，1～15 岁类别 F 的 f_1 值为 0.4；对于镭，1～15 岁类别 F 的 f_1 值为 0.3。

资料来源：国家标准 GB-18871-2002，根据 ICRP107 号报告中的最新数据，对半衰期进行了修正。

10.4.7 用于计算公众成员受微粒气溶胶或气体与蒸气照射吸入单位摄入量所致待积有效剂量的肺吸收类别(表 10.14)

表 10.14 用于计算公众成员受微粒气溶胶或气体与蒸气照射时吸入单位摄入量所致待积有效剂量的肺吸收类别

元素	吸收类别[a]	载有生物动力学模型和吸收类别详细说明的 ICRP 出版物的编号
氢	F, M[b], S, G	第 56、67 和 71 号出版物
铍	M, S	第 30 号出版物，第 3 部分
碳	F, M[b], S, G	第 56、67 和 71 号出版物
氟	F, M, S	第 30 号出版物，第 2 部分
钠	F	第 30 号出版物，第 2 部分
镁	F, M	第 30 号出版物，第 3 部分
铝	F, M	第 30 号出版物，第 3 部分
硅	F, M, S	第 30 号出版物，第 3 部分
磷	F, M	第 30 号出版物，第 1 部分
硫	F, M[b], S, G	第 67 和 71 号出版物
氯	F, M	第 30 号出版物，第 2 部分
钾	F	第 30 号出版物，第 2 部分
钙	F, M, S	第 71 号出版物
钪	S	第 30 号出版物，第 3 部分
钛	F, M, S	第 30 号出版物，第 3 部分
钒	F, M	第 30 号出版物，第 3 部分
铬	F, M, S	第 30 号出版物，第 2 部分
锰	F, M	第 30 号出版物，第 1 部分
铁	F, M[b], S	第 69 和 71 号出版物
钴	F, M[b], S	第 67 和 71 号出版物
镍	F, M[b], S, G	第 67 和 71 号出版物
铜	F, M, S	第 30 号出版物，第 2 部分
锌	F, M[b], S	第 67 和 71 号出版物
镓	F, M	第 30 号出版物，第 3 部分
锗	F, M	第 30 号出版物，第 3 部分
砷	M	第 30 号出版物，第 3 部分
硒	F[b], M, S	第 69 和 71 号出版物
溴	F, M	第 30 号出版物，第 2 部分
铷	F	第 30 号出版物，第 2 部分
锶	F, M[b], S	第 67 和 71 号出版物
钇	M, S	第 30 号出版物，第 2 部分
锆	F, M[b], S	第 56、67 和 71 号出版物

续表

元素	吸收类别[a]	载有生物动力学模型和吸收类别详细说明的 ICRP 出版物的编号
铌	F, M[b], S	第 56、67 和 71 号出版物
钼	F, M[b], S	第 67 和 71 号出版物
锝	F, M[b], S	第 67 和 71 号出版物
钌	F, M[b], S, G	第 56、67 和 71 号出版物
铑	F, M, S	第 30 号出版物，第 2 部分
钯	F, M, S	第 30 号出版物，第 3 部分
银	F, M[b], S	第 67 和 71 号出版物
镉	F, M, S	第 30 号出版物，第 2 部分
铟	F, M	第 30 号出版物，第 2 部分
锡	F, M	第 30 号出版物，第 3 部分
锑	F, M[b], S	第 69 和 71 号出版物
碲	F, M[b], S, G	第 67 和 71 号出版物
碘	F[b], M, S, G	第 30 号出版物，第 2 部分
铯	F[b], M, S	第 56、67 和 71 号出版物
钡	F, M[b], S	第 67 和 71 号出版物
镧	F, M	第 30 号出版物，第 3 部分
铈	F, M[b], S	第 56、67 和 71 号出版物
镨	M, S	第 30 号出版物，第 3 部分
钕	M, S	第 30 号出版物，第 3 部分
钷	M, S	第 30 号出版物，第 3 部分
钐	M	第 30 号出版物，第 3 部分
铕	M	第 30 号出版物，第 3 部分
钆	F, M	第 30 号出版物，第 3 部分
铽	M	第 30 号出版物，第 3 部分
镝	M	第 30 号出版物，第 3 部分
钬	M	第 30 号出版物，第 3 部分
铒	M	第 30 号出版物，第 3 部分
铥	M	第 30 号出版物，第 3 部分
镱	M, S	第 30 号出版物，第 3 部分
镥	M, S	第 30 号出版物，第 3 部分
铪	F, M	第 30 号出版物，第 3 部分
钽	M, S	第 30 号出版物，第 3 部分
钨	F	第 30 号出版物，第 3 部分
铼	F, M	第 30 号出版物，第 2 部分
锇	F, M, S	第 30 号出版物，第 2 部分
铱	F, M, S	第 30 号出版物，第 2 部分

续表

元素	吸收类别[a]	载有生物动力学模型和吸收类别详细说明的 ICRP 出版物的编号
铂	F	第 30 号出版物，第 3 部分
金	F，M，S	第 30 号出版物，第 2 部分
汞	F，M，G	第 30 号出版物，第 2 部分
铊	F	第 30 号出版物，第 3 部分
铅	F，M[b]，S，G	第 67 和 71 号出版物
铋	F，M	第 30 号出版物，第 2 部分
钋	F，M[b]，S，G	第 67 和 71 号出版物
砹	F，M	第 30 号出版物，第 3 部分
钫	F	第 30 号出版物，第 3 部分
镭	F，M[b]，S	第 67 和 71 号出版物
锕	F，M，S	第 30 号出版物，第 3 部分
钍	F，M，S[b]	第 69 和 71 号出版物
镤	M，S	第 30 号出版物，第 3 部分
铀	F，M[b]，S	第 69 和 71 号出版物
镎	F，M[b]，S	第 67 和 71 号出版物
钚	F，M[b]，S	第 67 和 71 号出版物
镅	F，M[b]，S	第 67 和 71 号出版物
锔	F，M[b]，S	第 71 号出版物
锫	M	第 30 号出版物，第 4 部分
锎	M	第 30 号出版物，第 4 部分
锿	M	第 30 号出版物，第 4 部分
镄	M	第 30 号出版物，第 4 部分
钔	M	第 30 号出版物，第 4 部分

a. 对于微粒，F. 快速；M. 中速；S. 慢速；G. 气体与蒸气。

b. 对于微粒气溶胶，没有专门数据可用时，使用建议的缺省吸收类别[见 ICRP 第 71 号出版物（1996）]。

资料来源：GB18871-2002。

10.4.8 吸入可溶性或活性气体与蒸气之单位摄入量所致的待积有效剂量（表 10.15）

表 10.15　吸入可溶性或活性气体与蒸气之单位摄入量所致的待积有效剂量 $e(g)$　　(单位:Sv/Bq)

核素	物理半衰期	吸收[a]	沉积(%)	年龄 $g\leqslant1$ 岁 f_1	年龄 $g\leqslant1$ 岁 $e(g)$	$f_1(g>1$ 岁)	1~2 岁 $e(g)$	2~7 岁 $e(g)$	7~12 岁 $e(g)$	12~17 岁 $e(g)$	>17 岁 $e(g)$[b]
氚化水	12.32a	V	100	1.000	6.4E−11	1.000	4.8E−11	3.1E−11	2.3E−11	1.8E−11	1.8E−11
元素氢	12.32a	V	0.01	1.000	6.4E−15	1.000	4.8E−15	3.1E−15	2.3E−15	1.8E−15	1.8E−15
氚化甲烷	12.32a	V	1	1.000	6.4E−13	1.000	4.8E−13	3.1E−13	2.3E−13	1.8E−13	1.8E−13
有机束缚氚	12.32a	V	100	1.000	1.1E−10	1.000	1.1E−10	7.0E−11	5.5E−11	4.1E−11	4.1E−11
碳-11 蒸气	0.340h	V	100	1.000	2.8E−11	1.000	1.8E−11	9.7E−12	6.1E−12	3.8E−12	3.2E−12
二氧化碳-11	0.340h	V	100	1.000	1.8E−11	1.000	1.2E−11	6.5E−12	4.1E−12	2.5E−12	2.2E−12
一氧化碳-11	0.340h	V	40	1.000	1.0E−11	1.000	6.7E−12	3.5E−12	2.2E−12	1.4E−12	1.2E−12
碳-14 蒸气	5.70E+03a	V	100	1.000	1.3E−09	1.000	1.6E−09	9.7E−10	7.9E−10	5.7E−10	5.8E−10
二氧化碳-14	5.70E+03a	V	100	1.000	1.9E−11	1.000	1.9E−11	1.1E−11	8.9E−12	6.3E−12	6.2E−12
一氧化碳-14	5.70E+03a	V	40	1.000	9.1E−12	1.000	5.7E−12	2.8E−12	1.7E−12	9.9E−13	8.0E−13
二硫-35 化碳	87.51d	F	100	1.000	6.9E−09	0.800	4.8E−09	2.4E−09	1.4E−09	8.6E−10	7.0E−10
二氧化硫-35	87.51d	F	85	1.000	9.4E−10	0.800	6.6E−10	3.4E−10	2.1E−10	1.3E−10	1.1E−10
碳酰镍-56	6.075d	c	100	1.000	6.8E−09	1.000	5.2E−09	3.2E−09	2.1E−09	1.4E−09	1.2E−09
碳酰镍-57	35.6h	c	100	1.000	3.1E−09	1.000	2.3E−09	1.4E−09	9.2E−10	6.5E−10	5.6E−10
碳酰镍-59	1.01E+05a	c	100	1.000	4.0E−09	1.000	3.3E−09	2.0E−09	1.3E−09	9.1E−10	8.3E−10
碳酰镍-63	100.1a	c	100	1.000	9.5E−09	1.000	8.0E−09	4.8E−09	3.0E−09	2.2E−09	2.0E−09
碳酰镍-65	2.51719h	c	100	1.000	2.0E−09	1.000	1.4E−09	8.1E−10	5.6E−10	4.0E−10	3.6E−10
碳酰镍-66	54.6h	c	100	1.000	1.0E−08	1.000	7.1E−09	4.0E−09	2.7E−09	1.8E−09	1.6E−09
四氧化钌-94	0.863h	F	100	0.100	5.5E−10	0.050	3.5E−10	1.8E−10	1.1E−10	7.0E−11	5.6E−11
四氧化钌-97	2.90d	F	100	0.100	8.7E−10	0.050	6.2E−10	3.4E−10	2.2E−10	1.4E−10	1.2E−10
四氧化钌-103	39.26d	F	100	0.100	9.0E−09	0.050	6.2E−09	3.3E−09	2.1E−09	1.3E−09	1.1E−09
四氧化钌-105	4.44h	F	100	0.100	1.6E−09	0.050	1.0E−09	5.3E−10	3.2E−10	2.2E−10	1.8E−10
四氧化钌-106	373.59d	F	100	0.100	1.6E−07	0.050	1.1E−07	6.1E−08	3.7E−08	2.2E−08	1.8E−08
碲-116 蒸气	2.49h	F	100	0.600	5.9E−10	0.300	4.4E−10	2.5E−10	1.6E−10	1.1E−10	8.7E−11
碲-121 蒸气	19.16d	F	100	0.600	3.0E−09	0.300	2.4E−09	1.4E−09	9.6E−10	6.7E−10	5.1E−10
碲-121m 蒸气	154d	F	100	0.600	3.5E−08	0.300	2.7E−08	1.6E−08	9.8E−09	6.6E−09	5.5E−09
碲-123 蒸气	6.0E+14a	F	100	0.600	2.8E−08	0.300	2.5E−08	1.9E−08	1.5E−08	1.3E−08	1.2E−08
碲-123m 蒸气	119.25d	F	100	0.600	2.5E−08	0.300	1.8E−08	1.0E−08	5.7E−09	3.5E−09	2.9E−09

续表

核素	物理半衰期	吸收[a]	沉积(%)	年龄 $g\leqslant1$ 岁		$f_1(g>1$ 岁)	1～2 岁	2～7 岁	7～12 岁	12～17 岁	>17 岁
				f_1	$e(g)$		$e(g)$	$e(g)$	$e(g)$	$e(g)$	$e(g)$[b]
碲-125m 蒸气	57.40d	F	100	0.600	1.5E−08	0.300	1.1E−08	5.9E−09	3.2E−09	1.9E−09	1.5E−09
碲-127 蒸气	9.35h	F	100	0.600	6.1E−10	0.300	4.4E−10	2.3E−10	1.4E−10	9.2E−11	7.7E−11
碲-127m 蒸气	109d	F	100	0.600	5.3E−08	0.300	3.7E−08	1.9E−08	1.0E−08	6.1E−09	4.6E−09
碲-129 蒸气	69.6min	F	100	0.600	2.5E−10	0.300	1.7E−10	9.4E−11	6.2E−11	4.3E−11	3.7E−11
碲-129m 蒸气	33.6d	F	100	0.600	4.8E−08	0.300	3.2E−08	1.6E−08	8.5E−09	5.1E−09	3.7E−09
碲-131 蒸气	25min	F	100	0.600	5.1E−10	0.300	4.5E−10	2.6E−10	1.4E−10	9.5E−11	6.8E−11
碲-131m 蒸气	30h	F	100	0.600	2.1E−08	0.300	1.9E−08	1.1E−08	5.6E−09	3.7E−09	2.4E−09
碲-132 蒸气	3.204d	F	100	0.600	5.4E−08	0.300	4.5E−08	2.4E−08	1.2E−08	7.6E−09	5.1E−09
碲-133 蒸气	12.5min	F	100	0.600	5.5E−10	0.300	4.7E−10	2.5E−10	1.2E−10	8.1E−11	5.6E−11
碲-133m 蒸气	55.4min	F	100	0.600	2.3E−09	0.300	2.0E−09	1.1E−09	5.0E−10	3.3E−10	2.2E−10
碲-134 蒸气	41.8min	F	100	0.600	6.8E−10	0.300	5.5E−10	3.0E−10	1.6E−10	1.1E−10	8.4E−11
元素碘-120	81.6min	V	100	1.000	3.0E−09	1.000	2.4E−09	1.3E−09	6.4E−10	4.3E−10	3.0E−10
元素碘-120m	0.883h	V	100	1.000	1.5E−09	1.000	1.2E−09	6.4E−10	3.4E−10	2.3E−10	1.8E−10
元素碘-121	2.12h	V	100	1.000	5.7E−10	1.000	5.1E−10	3.0E−10	1.7E−10	1.2E−10	8.6E−11
元素碘-123	13.27h	V	100	1.000	2.1E−09	1.000	1.8E−09	1.0E−09	4.7E−10	3.2E−10	2.1E−10
元素碘-124	4.1760d	V	100	1.000	1.1E−07	1.000	1.0E−07	5.8E−08	2.8E−08	1.8E−08	1.2E−08
元素碘-125	59.400d	V	100	1.000	4.7E−08	1.000	5.2E−08	3.7E−08	2.8E−08	2.0E−08	1.4E−08
元素碘-126	12.93d	V	100	1.000	1.9E−07	1.000	1.9E−07	1.1E−07	6.2E−08	4.1E−08	2.6E−08
元素碘-128	24.99min	V	100	1.000	4.2E−10	1.000	2.8E−10	1.6E−10	1.0E−10	7.5E−11	6.5E−11
元素碘-129	1.57E+07a	V	100	1.000	1.7E−07	1.000	2.0E−07	1.6E−07	1.7E−07	1.3E−07	9.6E−08
元素碘-130	12.36h	V	100	1.000	1.9E−08	1.000	1.7E−08	9.2E−09	4.3E−09	2.8E−09	1.9E−09
元素碘-131	8.02070d	V	100	1.000	1.7E−07	1.000	1.6E−07	9.4E−08	4.8E−08	3.1E−08	2.0E−08
元素碘-132	2.295h	V	100	1.000	2.8E−09	1.000	2.3E−09	1.3E−09	6.4E−10	4.3E−10	3.1E−10
元素碘-132m	1.387h	V	100	1.000	2.4E−09	1.000	2.1E−09	1.1E−09	5.6E−10	3.8E−10	2.7E−10
元素碘-133	20.8h	V	100	1.000	4.5E−08	1.000	4.1E−08	2.1E−08	9.7E−09	6.3E−09	4.0E−09
元素碘-134	52.5min	V	100	1.000	8.7E−10	1.000	6.9E−10	3.9E−10	2.2E−10	1.6E−10	1.5E−10
元素碘-135	6.57h	V	100	1.000	9.7E−09	1.000	8.5E−09	4.5E−09	2.1E−09	1.4E−09	9.2E−10
碘-120 代甲烷	1.35h	V	70	1.000	2.3E−09	1.000	1.9E−09	1.0E−09	4.8E−10	3.1E−10	2.0E−10
碘-120m 代甲烷	0.883h	V	70	1.000	1.0E−09	1.000	8.7E−10	4.6E−10	2.2E−10	1.5E−10	1.0E−10

续表

核素	物理半衰期	吸收[a]	沉积(%)	年龄 $g\leqslant 1$ 岁		$f_1(g>1$ 岁)	1～2 岁	2～7 岁	7～12 岁	12～17 岁	>17 岁
				f_1	$e(g)$		$e(g)$	$e(g)$	$e(g)$	$e(g)$	$e(g)$[b]
碘-121 代甲烷	2.12h	V	70	1.000	4.2E−10	1.000	3.8E−10	2.2E−10	1.2E−10	8.3E−11	5.6E−11
碘-123 代甲烷	13.27h	V	70	1.000	1.6E−09	1.000	1.4E−09	7.7E−10	3.6E−10	2.4E−10	1.5E−10
碘-124 代甲烷	4.1760d	V	70	1.000	8.5E−08	1.000	8.0E−08	4.5E−08	2.2E−08	1.4E−08	9.2E−09
碘-125 代甲烷	59.400d	V	70	1.000	3.7E−08	1.000	4.0E−08	2.9E−08	2.2E−08	1.6E−08	1.1E−08
碘-126 代甲烷	12.93d	V	70	1.000	1.5E−07	1.000	1.5E−07	9.0E−08	4.8E−08	3.2E−08	2.0E−08
碘-128 代甲烷	24.99min	V	70	1.000	1.5E−10	1.000	1.2E−10	6.3E−11	3.0E−11	1.9E−11	1.3E−11
碘-129 代甲烷	1.57E+07a	V	70	1.000	1.3E−07	1.000	1.5E−07	1.2E−07	1.3E−07	9.9E−08	7.4E−08
碘-130 代甲烷	12.36h	V	70	1.000	1.5E−08	1.000	1.3E−08	7.2E−09	3.3E−09	2.2E−09	1.4E−09
碘-131 代甲烷	8.02070d	V	70	1.000	1.3E−07	1.000	1.3E−07	7.4E−08	3.7E−08	2.4E−08	1.5E−08
碘-132 代甲烷	2.295h	V	70	1.000	2.0E−09	1.000	1.8E−09	9.5E−10	4.4E−10	2.9E−10	1.9E−10
碘-132m 代甲烷	1.387h	V	70	1.000	1.8E−09	1.000	1.6E−09	8.3E−10	3.9E−10	2.5E−10	1.6E−10
碘-133 代甲烷	20.8h	V	70	1.000	3.5E−08	1.000	3.2E−08	1.7E−08	7.6E−09	4.9E−09	3.1E−09
碘-134 代甲烷	52.5min	V	70	1.000	5.1E−10	1.000	4.3E−10	2.3E−10	1.1E−10	7.4E−11	5.0E−11
碘-135 代甲烷	6.57h	V	70	1.000	7.5E−09	1.000	6.7E−09	3.5E−09	1.6E−09	1.1E−09	6.8E−10
汞-193 蒸气	3.50h	d	70	1.000	4.2E−09	1.000	3.4E−09	2.2E−09	1.6E−09	1.2E−09	1.1E−09
汞-193m 蒸气	11.1h	d	70	1.000	1.2E−08	1.000	9.4E−09	6.1E−09	4.5E−09	3.4E−09	3.1E−09
汞-194 蒸气	440a	d	70	1.000	9.4E−08	1.000	8.3E−08	6.2E−08	5.0E−08	4.3E−08	4.0E−08
汞-195 蒸气	10.53h	d	70	1.000	5.3E−09	1.000	4.3E−09	2.8E−09	2.1E−09	1.6E−09	1.4E−09
汞-195m 蒸气	41.6h	d	70	1.000	3.0E−08	1.000	2.5E−08	1.6E−08	1.2E−08	8.8E−09	8.2E−09
汞-197 蒸气	64.84h	d	70	1.000	1.6E−08	1.000	1.3E−08	8.4E−09	6.3E−09	4.7E−09	4.4E−09
汞-197m 蒸气	23.8h	d	70	1.000	2.1E−08	1.000	1.7E−08	1.1E−08	8.2E−09	6.2E−09	5.8E−09
汞-199m 蒸气	0.710h	d	70	1.000	6.5E−10	1.000	5.3E−10	3.4E−10	2.5E−10	1.9E−10	1.8E−10
汞-203 蒸气	46.612d	d	70	1.000	3.0E−08	1.000	2.3E−08	1.5E−08	1.0E−08	7.7E−09	7.0E−09

a. F. 快速；V. 全部吸收并立即转移到体液的物质。

b. 适用于工作人员和成年公众成员。

c. 沉积 30%：10%：20%：40%(胸外的：支气管的：毛细支气管的：肺泡的-间质的)，0.1d 滞留半排出期[见 ICRP 第 68 号出版物(1994)]。

d. 沉积 10%：20%：40%(支气管的：毛细支气管的：肺泡的-间质的)，1.7d 滞留半排出期[见 ICRP 第 68 号出版物(1994)]。

资料来源：国家标准 GB18871-2002，根据 ICRP107 号报告中的最新数据，对半衰期进行了修正。

10.5 放射性核素的毒性分组和非密封源工作场所的分级和控制

10.5.1 放射性核素的毒性分组(表 10.16)

表 10.16 放射性核素的毒性分组

D1 极毒组

^{148}Gd、^{210}Po、^{223}Ra、^{224}Ra、^{225}Ra、^{226}Ra、^{228}Ra、^{225}Ac、^{227}Ac、^{227}Th、^{228}Th、^{229}Th、^{230}Th、^{231}Pa、^{230}U、^{232}U、^{233}U、^{234}U、^{236}Np(T1=1.15×10^{5}a)、^{236}Pu、^{238}Pu、^{239}Pu、^{240}Pu、^{242}Pu、^{241}Am、^{242m}Am、^{243}Am、^{240}Cm、^{242}Cm、^{243}Cm、^{244}Cm、^{245}Cm、^{246}Cm、^{248}Cm、^{250}Cm、^{247}Bk、^{248}Cf、^{249}Cf、^{250}Cf、^{251}Cf、^{252}Cf、^{254}Cf、^{253}Es、^{254}Es、^{257}Fm、^{258}Md

D2 高毒组

^{10}Be、^{32}Si、^{44}Ti、^{60}Fe、^{60}Co、^{90}Sr、^{94}Nb、^{106}Ru、^{108m}Ag、^{113m}Cd、^{126}Sn、^{144}Ce、^{146}Sm、^{150}Eu(T1=34.2a)、^{152}Eu、^{154}Eu、^{158}Tb、^{166m}Ho、^{172}Hf、^{178m}Hf、^{194}Os、^{192m}Ir、^{210}Pb、^{210}Bi、^{210m}Bi、^{212}Bi、^{213}Bi、^{211}At、^{224}Ac、^{226}Ac、^{228}Ac、^{226}Th、^{227}Pa、^{228}Pa、^{230}Pa、^{236}U、^{237}Np、^{241}Pu、^{244}Pu、^{241}Cm、^{247}Cm、^{249}Bk、^{246}Cf、^{253}Cf、^{254m}Es、^{252}Fm、^{253}Fm、^{254}Fm、^{255}Fm、^{257}Md

属于这一毒性组的还有如下气态或蒸气态放射性核素：

^{126}I、^{193m}Hg、^{194}Hg

D3 中毒组

^{22}Na、^{24}Na、^{28}Mg、^{26}Al、^{32}P、^{33}P、^{35}S(无机)、^{36}Cl、^{45}Ca、^{47}Ca、^{44m}Sc、^{46}Sc、^{47}Sc、^{48}Sc、^{48}V、^{52}Mn、^{54}Mn、^{52}Fe、^{55}Fe、^{59}Fe、^{55}Co、^{56}Co、^{57}Co、^{58}Co、^{56}Ni、^{57}Ni、^{63}Ni、^{66}Ni、^{67}Cu、^{62}Zn、^{65}Zn、^{69m}Zn、^{72}Zn、^{66}Ga、^{67}Ga、^{72}Ga、^{68}Ge、^{69}Ge、^{77}Ge、^{71}As、^{72}As、^{73}As、^{74}As、^{76}As、^{77}As、^{75}Se、^{76}Br、^{82}Br、^{83}Rb、^{84}Rb、^{86}Rb、^{82}Sr、^{83}Sr、^{85}Sr、^{89}Sr、^{91}Sr、^{92}Sr、^{86}Y、^{87}Y、^{88}Y、^{90}Y、^{91}Y、^{93}Y、^{86}Zr、^{88}Zr、^{89}Zr、^{95}Zr、^{97}Zr、^{90}Nb、^{93m}Nb、^{95}Nb、^{95m}Nb、^{96}Nb、^{90}Mo、^{93}Mo、^{99}Mo、^{95m}Tc、^{96}Tc、^{97m}Tc、^{103}Ru、^{99}Rh、^{100}Rh、^{101}Rh、^{102}Rh、^{102m}Rh、^{105}Rh、^{100}Pd、^{103}Pd、^{109}Pd、^{105}Ag、^{106m}Ag、^{110m}Ag、^{111}Ag、^{109}Cd、^{115}Cd、^{115m}Cd、^{111}In、^{114m}In、^{113}Sn、^{117m}Sn、^{119m}Sn、^{121m}Sn、^{123}Sn、^{125}Sn、^{120}Sb(T1=5.76d)、^{122}Sb、^{124}Sb、^{125}Sb、^{126}Sb、^{127}Sb、^{128}Sb(T1=9.01h)、^{129}Sb、^{121}Te、^{121m}Te、^{123m}Te、^{125m}Te、^{127m}Te、^{129m}Te、^{131m}Te、^{132}Te、^{124}I、^{125}I、^{126}I、^{130}I、^{131}I、^{133}I、^{135}I、^{132}Cs、^{134}Cs、^{136}Cs、^{137}Cs、^{128}Ba、^{131}Ba、^{133}Ba、^{140}Ba、^{137}La、^{140}La、^{134}Ce、^{135}Ce、^{137m}Ce、^{139}Ce、^{141}Ce、^{143}Ce、^{142}Pr、^{143}Pr、^{138}Nd、^{147}Nd、^{143}Pm、^{144}Pm、^{145}Pm、^{146}Pm、^{147}Pm、^{148}Pm、^{148m}Pm、^{149}Pm、^{151}Pm、^{145}Sm、^{151}Sm、^{153}Sm、^{145}Eu、^{146}Eu、^{147}Eu、^{148}Eu、^{149}Eu、^{155}Eu、^{156}Eu、^{157}Eu、^{146}Gd、^{147}Gd、^{149}Gd、^{151}Gd、^{153}Gd、^{159}Gd、^{149}Tb、^{151}Tb、^{154}Tb、^{156}Tb、^{157}Tb、^{160}Tb、^{161}Tb、^{159}Dy、^{166}Dy、^{166}Ho、^{169}Er、^{172}Er、^{167}Tm、^{170}Tm、^{171}Tm、^{172}Tm、^{166}Yb、^{169}Yb、^{175}Yb、^{169}Lu、^{170}Lu、^{171}Lu、^{172}Lu、^{173}Lu、^{174}Lu、^{174m}Lu、^{177}Lu、^{177m}Lu、^{170}Hf、^{175}Hf、^{179m}Hf、^{181}Hf、^{184}Hf、^{179}Ta、^{182}Ta、^{183}Ta、^{184}Ta、^{188}W、^{181}Re、^{182}Re(T1=2.67d)、^{184}Re、^{184m}Re、^{186}Re、^{188}Re、^{189}Re、^{182}Os、^{185}Os、^{191}Os、^{193}Os、^{186}Ir(T1=15.8h)、^{188}Ir、^{189}Ir、^{190}Ir、^{192}Ir、^{193m}Ir、^{194}Ir、^{194m}Ir、^{188}Pt、^{200}Pt、^{194}Au、^{195}Au、^{198}Au、^{198m}Au、^{199}Au、^{200m}Au、^{193m}Hg(无机)、^{194}Hg、^{195m}Hg(无机)、^{197}Hg(无机)、^{197m}Hg(无机)、^{203}Hg、^{204}Tl、^{211}Pb、^{212}Pb、^{214}Pb、^{203}Bi、^{205}Bi、^{206}Bi、^{207}Bi、^{214}Bi、^{207}At、^{222}Fr、^{223}Fr、^{227}Ra、^{231}Th、^{234}Th、$Th_{天然}$、^{232}Pa、^{233}Pa、^{234}Pa、^{231}U、^{237}U、^{240}U、$U_{天然}$、^{234}Np、^{235}Np、^{236}Np(T2=22.5h)、^{238}Np、^{239}Np、^{234}Pu、^{237}Pu、^{245}Pu、^{246}Pu、^{240}Am、^{242}Am、^{244}Am、^{238}Cm、^{245}Bk、^{246}Bk、^{250}Bk、^{244}Cf、^{250}Es、^{251}Es

属于这一毒性组的还有如下气态或蒸气态放射性核素：

^{14}C、C^{35}S_2、^{56}Ni(羰基)、^{57}Ni(羰基)、^{63}Ni(羰基)、^{65}Ni(羰基)、^{66}Ni(羰基)、^{103}RuO_4、^{106}RuO_4、^{121}Te、^{121m}Te、^{123m}Te、^{125m}Te、^{127m}Te、^{129m}Te、^{131m}Te、^{132}Te、^{120}I、^{124}I、^{124}I(甲基)、^{125}I、^{125}I(甲基)、^{126}I(甲基)、^{130}I、^{130}I(甲基)、^{131}I、^{131}I(甲基)、^{132}I、^{132m}I、^{133}I、^{133}I(甲基)、^{135}I、^{135}I(甲基)、^{193}Hg、^{195}Hg、^{195m}Hg、^{197}Hg、^{197m}Hg、^{203}Hg

D4 低毒组

^{7}Be、^{18}F、^{31}Si、^{38}Cl、^{39}Cl、^{40}K、^{42}K、^{43}K、^{44}K、^{45}K、^{41}Ca、^{43}Sc、^{44}Sc、^{49}Sc、^{45}Ti、^{47}V、^{49}V、^{48}Cr、^{49}Cr、^{51}Cr、^{51}Mn、^{52m}Mn、^{53}Mn、^{56}Mn、^{58m}Co、^{60m}Co、^{61}Co、^{62m}Co、^{59}Ni、^{65}Ni、^{60}Cu、^{61}Cu、^{64}Cu、^{63}Zn、^{69}Zn、^{71m}Zn、^{65}Ga、^{68}Ga、^{70}Ga、^{73}Ga、^{66}Ge、^{67}Ge、^{71}Ge、^{75}Ge、^{78}Ge、^{69}As、^{70}As、^{78}As、^{70}Se、^{73}Se、^{73m}Se、^{79}Se、^{81}Se、^{81m}Se、^{83}Se、^{74}Br、^{74m}Br、^{75}Br、^{77}Br、^{80}Br、^{80m}Br、^{83}Br、^{84}Br、^{79}Rb、^{81}Rb、^{81m}Rb、^{82m}Rb、^{87}Rb、^{88}Rb、^{89}Rb、^{80}Sr、^{81}Sr、^{85m}Sr、^{87m}Sr、^{86m}Y、^{90m}Y、^{91m}Y、^{92}Y、^{94}Y、^{95}Y、^{93}Zr、^{88}Nb、^{89}Nb(T1=2.03h)、^{89}Nb(T2=1.10h)、^{97}Nb、^{98}Nb、^{93m}Mo、^{101}Mo、^{93}Tc、^{93m}Tc、^{94}Tc、^{94m}Tc、^{95}Tc、^{96m}Tc、^{97}Tc、^{98}Tc、^{99}Tc、^{99m}Tc、^{101}Tc、^{104}Tc、^{94}Ru、^{97}Ru、^{105}Ru、^{99m}Rh、^{101m}Rh、^{103m}Rh、^{106m}Rh、^{107}Rh、^{101}Pd、^{107}Pd、^{102}Ag、^{103}Ag、^{104}Ag、^{104m}Ag、^{106}Ag、^{112}Ag、^{115}Ag、^{104}Cd、^{107}Cd、

续表

D4 低毒组
^{113}Cd、^{117}Cd、^{117m}Cd、^{109}In、^{110}In(T1=4.90h)、^{110}In(T2=1.15h)、^{112}In、^{113m}In、^{115}In、^{115m}In、^{116m}In、^{117}In、^{117m}In、^{119m}In、^{110}Sn、^{111}Sn、^{121}Sn、^{123m}Sn、^{127}Sn、^{128}Sn、^{115}Sb、^{116}Sb、^{116m}Sb、^{117}Sb、^{118m}Sb、^{119}Sb、^{120}Sb(T2=0.265h)、^{124m}Sb、^{126m}Sb、^{128}Sb(T2=0.173h)、^{130}Sb、^{131}Sb、^{116}Te、^{123}Te、^{127}Te、^{129}Te、^{131}Te、^{133}Te、^{133m}Te、^{134}Te、^{120}I、^{120m}I、^{121}I、^{123}I、^{128}I、^{129}I、^{132}I、^{132m}I、^{134}I、^{125}Cs、^{127}Cs、^{129}Cs、^{130}Cs、^{131}Cs、^{134m}Cs、^{135}Cs、^{135m}Cs、^{138}Cs、^{126}Ba、^{131m}Ba、^{133m}Ba、^{135m}Ba、^{139}Ba、^{141}Ba、^{142}Ba、^{131}La、^{132}La、^{135}La、^{138}La、^{141}La、^{142}La、^{143}La、^{137}Ce、^{136}Pr、^{137}Pr、^{138m}Pr、^{139}Pr、^{142m}Pr、^{144}Pr、^{145}Pr、^{147}Pr、^{136}Nd、^{139}Nd、^{139m}Nd、^{141}Nd、^{149}Nd、^{151}Nd、^{141}Pm、^{150}Pm、^{141}Sm、^{141m}Sm、^{142}Sm、^{147}Sm、^{155}Sm、^{156}Sm、^{150}Eu(T2=12.6h)、^{152m}Eu、^{158}Eu、^{145}Gd、^{152}Gd、^{147}Tb、^{150}Tb、^{153}Tb、^{155}Tb、^{156m}Tb(T1=1.02d)、^{156m}Tb(T2=5.00h)、^{155}Dy、^{157}Dy、^{165}Dy、^{155}Ho、^{157}Ho、^{159}Ho、^{161}Ho、^{162}Ho、^{162m}Ho、^{164}Ho、^{164m}Ho、^{167}Ho、^{161}Er、^{165}Er、^{171}Er、^{162}Tm、^{166}Tm、^{173}Tm、^{175}Tm、^{162}Yb、^{167}Yb、^{177}Yb、^{178}Yb、^{176}Lu、^{176m}Lu、^{178}Lu、^{178m}Lu、^{179}Lu、^{173}Hf、^{177m}Hf、^{180m}Hf、^{182}Hf、^{182m}Hf、^{183}Hf、^{172}Ta、^{173}Ta、^{174}Ta、^{175}Ta、^{176}Ta、^{177}Ta、^{178}Ta、^{180}Ta、^{180m}Ta、^{182m}Ta、^{185}Ta、^{186}Ta、^{176}W、^{177}W、^{178}W、^{179}W、^{181}W、^{185}W、^{187}W、^{177}Re、^{178}Re、^{182}Re(T2=12.7h)、^{186m}Re、^{187}Re、^{188m}Re、^{180}Os、^{181}Os、^{189m}Os、^{191m}Os、^{182}Ir、^{184}Ir、^{185}Ir、^{186}Ir(T2=1.75h)、^{187}Ir、^{190m}Ir(T1=3.10h)、^{190m}Ir(T2=1.20h)、^{195}Ir、^{195m}Ir、^{186}Pt、^{189}Pt、^{191}Pt、^{193}Pt、^{193m}Pt、^{195m}Pt、^{197}Pt、^{197m}Pt、^{199}Pt、^{193}Au、^{200}Au、^{201}Au、^{193}Hg、^{193m}Hg(有机)、^{195}Hg、^{195m}Hg(有机)、^{197}Hg(有机)、^{197m}Hg(有机)、^{199m}Hg、^{194}Tl、^{194m}Tl、^{195}Tl、^{197}Tl、^{198}Tl、^{198m}Tl、^{199}Tl、^{200}Tl、^{201}Tl、^{202}Tl、^{195m}Pb、^{198}Pb、^{199}Pb、^{200}Pb、^{201}Pb、^{202}Pb、^{202m}Pb、^{203}Pb、^{205}Pb、^{209}Pb、^{200}Bi、^{201}Bi、^{202}Bi、^{203}Po、^{205}Po、^{207}Po、^{232}Th、^{235}U、^{238}U、^{239}U、^{232}Np、^{233}Np、^{240}Np、^{235}Pu、^{243}Pu、^{237}Am、^{238}Am、^{239}Am、^{244m}Am、^{245}Am、^{246}Am、^{246m}Am、^{249}Cm
属于这一毒性组的还有如下气态或蒸气态放射性核素： ^{3}H(元素)、^{3}H(氚水)、^{3}H(有机结合氚)、^{3}H(甲烷氚)、^{11}C、$^{11}CO_2$、$^{14}CO_2$、^{11}CO、^{14}CO、$^{35}SO_2$、^{37}Ar、^{39}Ar、^{41}Ar、^{59}Ni、^{74}Kr、^{76}Kr、^{77}Kr、^{79}Kr、^{81}Kr、^{83m}Kr、^{85}Kr、^{85m}Kr、^{87}Kr、^{88}Kr、$^{94}RuO_4$、$^{97}RuO_4$、$^{105}RuO_4$、^{116}Te、^{123}Te、^{127}Te、^{129}Te、^{131}Te、^{133}Te、^{133m}Te、^{134}Te、^{120}I(甲基)、^{120m}I、^{120m}I(甲基)、^{121}I、^{121}I(甲基)、^{123}I、^{123}I(甲基)、^{128}I、^{128}I(甲基)、^{129}I、^{129}I(甲基)、^{132}I(甲基)、^{132m}I(甲基)、^{134}I、^{134}I(甲基)、^{120}Xe、^{121}Xe、^{122}Xe、^{123}Xe、^{125}Xe、^{127}Xe、^{129m}Xe、^{131m}Xe、^{133m}Xe、^{133}Xe、^{135m}Xe、^{135}Xe、^{138}Xe、^{199m}Hg

注：(1) 本核素毒性分组清单中有10个核素具有2个半衰期。其中6个因其2个半衰期(T_1、T_2)相差悬殊而被分列入不同的毒性组别；另有4个具有2个半衰期的核素，因其半衰期相差不大而被列在同一毒性组别，它们是^{89}Nb、^{110}In、^{156m}Tb、^{190m}Ir。

(2) 汞分无机汞和有机汞，共有9个核素。其中5个(^{193}Hg、^{194}Hg、^{195}Hg、^{199m}Hg、^{203}Hg)，其无机和有机形态属同一毒性组别；另外4个(^{193m}Hg、^{195m}Hg、^{197}Hg、^{197m}Hg)则不同。

资料来源：GB18871-2002。

10.5.2 非密封源工作场所的分级(表10.17和表10.18)

表10.17 放射性核素毒性组别修正因子

毒性组别	毒性组别修正因子	毒性组别	毒性组别修正因子
极毒	10	中毒	0.1
高毒	1	低毒	0.01

资料来源：GB18871-2002。

表10.18 操作方式与放射源状态修正因子

操作方式	放射源状态			
	表面污染水平较低的固体	液体、溶液、悬浮液	表面有污染的固体	气体、蒸气、粉末、压力很高的液体、固体
源的贮存	1000	100	10	1
很简单的操作	100	10	1	0.1

续表

操作方式	放射源状态			
	表面污染水平较低的固体	液体、溶液、悬浮液	表面有污染的固体	气体、蒸气、粉末、压力很高的液体、固体
简单操作	10	1	0.1	0.01
特别危险的操作	1	0.1	0.01	0.001

资料来源:GB18871-2002。

表 10.19 非密封源工作场所的分级

级别	日等效最大操作量[a](Bq)	管理方式
甲	$>4\times10^9$	参照Ⅰ类放射源
乙	$2\times10^7\sim4\times10^9$	参照Ⅱ、Ⅲ类放射源
丙	豁免活度值以上$\sim2\times10^7$	参照Ⅱ、Ⅲ类放射源

a. 放射性核素的日等效操作量等于放射性核素的实际日操作量(Bq)与该核素毒性组别修正因子(见表 10.17)的积除以与操作方式有关的修正因子(见表 10.18)所得的商。

资料来源:GB18871-2002。

10.5.3 铀作业人员的剂量和摄入量管理控制(表 10.20)

表 10.20 铀作业人员的剂量和摄入量管理控制值

	职业照射	公众成员关键居民组
个人剂量管理控制值	有效剂量<10mSv/a 眼晶体当量剂量<60mSv/a 皮肤或四肢当量剂量<200mSv/a	有效剂量<0.2mSv/a。特殊情况下连续五年不超过0.2mSv/a,其中任何一年不超过 1mSv
摄入量管理控制值	铀工作人员在发生应急摄入时应尽可能控制 F、M 类吸入量小于 20mg	

资料改编自:EJ 1056-2005。

由于铀大量摄入时存在化学毒性,因此规定了铀作业人员尿中铀的调查水平和医学观察水平,见表 10.21。

表 10.21 铀作业人员尿中铀的调查水平和医学观察水平

类别	调查水平	医学观察水平
F、M 类	10μg/L	100μg/L
S类	3μg/L	30μg/L

资料改编自:EJ 1056-2005。

10.6 放射源

10.6.1 放射源的分类

放射源分类原则和分类见表 10.22 和表 10.23。当放射源的强度小于 V 类源的下限时,可以豁免。

表 10.22 放射源分类原则

类别	名称	原则
Ⅰ类源	极高危险源	没有防护情况下,接触这类源几分钟到 1h 就可致人死亡
Ⅱ类源	高危险源	没有防护情况下,接触这类源几小时至几天可致人死亡
Ⅲ类源	危险源	没有防护情况下,接触这类源几小时就可对人造成永久性损伤,接触几天至几周也可致人死亡
Ⅳ类源	低危险源	基本不会对人造成永久性损伤,但对长时间、近距离接触这些放射源的人可能造成可恢复的临时性损伤
Ⅴ类源	极低危险源	不会对人造成永久性损伤

资料改编自:国家环保总局公告 . 2005. 第 62 号附件:放射源分类办法。

表 10.23 放射源分类 (单位:Bq)

核素名称	Ⅰ类源	Ⅱ类源	Ⅲ类源	Ⅳ类源	Ⅴ类源
^{241}Am	$\geqslant 6\times 10^{13}$	$\geqslant 6\times 10^{11}$	$\geqslant 6\times 10^{10}$	$\geqslant 6\times 10^{8}$	$\geqslant 1\times 10^{4}$
^{241}Am/Be	$\geqslant 6\times 10^{13}$	$\geqslant 6\times 10^{11}$	$\geqslant 6\times 10^{10}$	$\geqslant 6\times 10^{8}$	$\geqslant 1\times 10^{4}$
^{198}Au	$\geqslant 2\times 10^{14}$	$\geqslant 2\times 10^{12}$	$\geqslant 2\times 10^{11}$	$\geqslant 2\times 10^{9}$	$\geqslant 1\times 10^{6}$
^{133}Ba	$\geqslant 2\times 10^{14}$	$\geqslant 2\times 10^{12}$	$\geqslant 2\times 10^{11}$	$\geqslant 2\times 10^{9}$	$\geqslant 1\times 10^{6}$
^{14}C	$\geqslant 5\times 10^{16}$	$\geqslant 5\times 10^{14}$	$\geqslant 5\times 10^{13}$	$\geqslant 5\times 10^{11}$	$\geqslant 1\times 10^{7}$
^{109}Cd	$\geqslant 2\times 10^{16}$	$\geqslant 2\times 10^{14}$	$\geqslant 2\times 10^{13}$	$\geqslant 2\times 10^{11}$	$\geqslant 1\times 10^{6}$
^{141}Ce	$\geqslant 1\times 10^{15}$	$\geqslant 1\times 10^{13}$	$\geqslant 1\times 10^{12}$	$\geqslant 1\times 10^{10}$	$\geqslant 1\times 10^{7}$
^{144}Ce	$\geqslant 9\times 10^{14}$	$\geqslant 9\times 10^{12}$	$\geqslant 9\times 10^{11}$	$\geqslant 9\times 10^{9}$	$\geqslant 1\times 10^{5}$
^{252}Cf	$\geqslant 2\times 10^{13}$	$\geqslant 2\times 10^{11}$	$\geqslant 2\times 10^{10}$	$\geqslant 2\times 10^{8}$	$\geqslant 1\times 10^{4}$
^{36}Cl	$\geqslant 2\times 10^{16}$	$\geqslant 2\times 10^{14}$	$\geqslant 2\times 10^{13}$	$\geqslant 2\times 10^{11}$	$\geqslant 1\times 10^{6}$
^{242}Cm	$\geqslant 4\times 10^{13}$	$\geqslant 4\times 10^{11}$	$\geqslant 4\times 10^{10}$	$\geqslant 4\times 10^{8}$	$\geqslant 1\times 10^{5}$
^{244}Cm	$\geqslant 5\times 10^{13}$	$\geqslant 5\times 10^{11}$	$\geqslant 5\times 10^{10}$	$\geqslant 5\times 10^{8}$	$\geqslant 1\times 10^{4}$
^{57}Co	$\geqslant 7\times 10^{14}$	$\geqslant 7\times 10^{12}$	$\geqslant 7\times 10^{11}$	$\geqslant 7\times 10^{9}$	$\geqslant 1\times 10^{6}$
^{60}Co	$\geqslant 3\times 10^{13}$	$\geqslant 3\times 10^{11}$	$\geqslant 3\times 10^{10}$	$\geqslant 3\times 10^{8}$	$\geqslant 1\times 10^{5}$
^{51}Cr	$\geqslant 2\times 10^{15}$	$\geqslant 2\times 10^{13}$	$\geqslant 2\times 10^{12}$	$\geqslant 2\times 10^{10}$	$\geqslant 1\times 10^{7}$
^{134}Cs	$\geqslant 4\times 10^{13}$	$\geqslant 4\times 10^{11}$	$\geqslant 4\times 10^{10}$	$\geqslant 4\times 10^{8}$	$\geqslant 1\times 10^{4}$
^{137}Cs	$\geqslant 1\times 10^{14}$	$\geqslant 1\times 10^{12}$	$\geqslant 1\times 10^{11}$	$\geqslant 1\times 10^{9}$	$\geqslant 1\times 10^{4}$
^{152}Eu	$\geqslant 6\times 10^{13}$	$\geqslant 6\times 10^{11}$	$\geqslant 6\times 10^{10}$	$\geqslant 6\times 10^{8}$	$\geqslant 1\times 10^{6}$
^{154}Eu	$\geqslant 6\times 10^{13}$	$\geqslant 6\times 10^{11}$	$\geqslant 6\times 10^{10}$	$\geqslant 6\times 10^{8}$	$\geqslant 1\times 10^{6}$
^{55}Fe	$\geqslant 8\times 10^{17}$	$\geqslant 8\times 10^{15}$	$\geqslant 8\times 10^{14}$	$\geqslant 8\times 10^{12}$	$\geqslant 1\times 10^{6}$
^{153}Gd	$\geqslant 1\times 10^{15}$	$\geqslant 1\times 10^{13}$	$\geqslant 1\times 10^{12}$	$\geqslant 1\times 10^{10}$	$\geqslant 1\times 10^{7}$
^{68}Ge	$\geqslant 7\times 10^{14}$	$\geqslant 7\times 10^{12}$	$\geqslant 7\times 10^{11}$	$\geqslant 7\times 10^{9}$	$\geqslant 1\times 10^{5}$
^{3}H	$\geqslant 2\times 10^{18}$	$\geqslant 2\times 10^{16}$	$\geqslant 2\times 10^{15}$	$\geqslant 2\times 10^{13}$	$\geqslant 1\times 10^{9}$
^{203}Hg	$\geqslant 3\times 10^{14}$	$\geqslant 3\times 10^{12}$	$\geqslant 3\times 10^{11}$	$\geqslant 3\times 10^{9}$	$\geqslant 1\times 10^{5}$
^{125}I	$\geqslant 2\times 10^{14}$	$\geqslant 2\times 10^{12}$	$\geqslant 2\times 10^{11}$	$\geqslant 2\times 10^{9}$	$\geqslant 1\times 10^{6}$
^{131}I	$\geqslant 2\times 10^{14}$	$\geqslant 2\times 10^{12}$	$\geqslant 2\times 10^{11}$	$\geqslant 2\times 10^{9}$	$\geqslant 1\times 10^{6}$

续表

核素名称	Ⅰ类源	Ⅱ类源	Ⅲ类源	Ⅳ类源	Ⅴ类源
^{192}Ir	$\geqslant 8\times10^{13}$	$\geqslant 8\times10^{11}$	$\geqslant 8\times10^{10}$	$\geqslant 8\times10^{8}$	$\geqslant 1\times10^{4}$
^{85}Kr	$\geqslant 3\times10^{16}$	$\geqslant 3\times10^{14}$	$\geqslant 3\times10^{13}$	$\geqslant 3\times10^{11}$	$\geqslant 1\times10^{4}$
^{99}Mo	$\geqslant 3\times10^{14}$	$\geqslant 3\times10^{12}$	$\geqslant 3\times10^{11}$	$\geqslant 3\times10^{9}$	$\geqslant 1\times10^{6}$
^{95}Nb	$\geqslant 9\times10^{13}$	$\geqslant 9\times10^{11}$	$\geqslant 9\times10^{10}$	$\geqslant 9\times10^{8}$	$\geqslant 1\times10^{6}$
^{63}Ni	$\geqslant 6\times10^{16}$	$\geqslant 6\times10^{14}$	$\geqslant 6\times10^{13}$	$\geqslant 6\times10^{11}$	$\geqslant 1\times10^{8}$
^{237}Np (^{233}Pa)	$\geqslant 7\times10^{13}$	$\geqslant 7\times10^{11}$	$\geqslant 7\times10^{10}$	$\geqslant 7\times10^{8}$	$\geqslant 1\times10^{3}$
^{32}P	$\geqslant 1\times10^{16}$	$\geqslant 1\times10^{14}$	$\geqslant 1\times10^{13}$	$\geqslant 1\times10^{11}$	$\geqslant 1\times10^{5}$
^{103}Pd	$\geqslant 9\times10^{16}$	$\geqslant 9\times10^{14}$	$\geqslant 9\times10^{13}$	$\geqslant 9\times10^{11}$	$\geqslant 1\times10^{8}$
^{147}Pm	$\geqslant 4\times10^{16}$	$\geqslant 4\times10^{14}$	$\geqslant 4\times10^{13}$	$\geqslant 4\times10^{11}$	$\geqslant 1\times10^{7}$
^{210}Po	$\geqslant 6\times10^{13}$	$\geqslant 6\times10^{11}$	$\geqslant 6\times10^{10}$	$\geqslant 6\times10^{8}$	$\geqslant 1\times10^{4}$
^{238}Pu	$\geqslant 6\times10^{13}$	$\geqslant 6\times10^{11}$	$\geqslant 6\times10^{10}$	$\geqslant 6\times10^{8}$	$\geqslant 1\times10^{4}$
$^{239}Pu/Be$	$\geqslant 6\times10^{13}$	$\geqslant 6\times10^{11}$	$\geqslant 6\times10^{10}$	$\geqslant 6\times10^{8}$	$\geqslant 1\times10^{4}$
^{239}Pu	$\geqslant 6\times10^{13}$	$\geqslant 6\times10^{11}$	$\geqslant 6\times10^{10}$	$\geqslant 6\times10^{8}$	$\geqslant 1\times10^{4}$
^{240}Pu	$\geqslant 6\times10^{13}$	$\geqslant 6\times10^{11}$	$\geqslant 6\times10^{10}$	$\geqslant 6\times10^{8}$	$\geqslant 1\times10^{3}$
^{242}Pu	$\geqslant 7\times10^{13}$	$\geqslant 7\times10^{11}$	$\geqslant 7\times10^{10}$	$\geqslant 7\times10^{8}$	$\geqslant 1\times10^{4}$
^{226}Ra	$\geqslant 4\times10^{13}$	$\geqslant 4\times10^{11}$	$\geqslant 4\times10^{10}$	$\geqslant 4\times10^{8}$	$\geqslant 1\times10^{4}$
^{188}Re	$\geqslant 1\times10^{15}$	$\geqslant 1\times10^{13}$	$\geqslant 1\times10^{12}$	$\geqslant 1\times10^{10}$	$\geqslant 1\times10^{5}$
^{103}Ru(^{103m}Rh)	$\geqslant 1\times10^{14}$	$\geqslant 1\times10^{12}$	$\geqslant 1\times10^{11}$	$\geqslant 1\times10^{9}$	$\geqslant 1\times10^{6}$
^{106}Ru(^{106}Rh)	$\geqslant 3\times10^{14}$	$\geqslant 3\times10^{12}$	$\geqslant 3\times10^{11}$	$\geqslant 3\times10^{9}$	$\geqslant 1\times10^{5}$
^{35}S	$\geqslant 6\times10^{16}$	$\geqslant 6\times10^{14}$	$\geqslant 6\times10^{13}$	$\geqslant 6\times10^{11}$	$\geqslant 1\times10^{8}$
^{75}Se	$\geqslant 2\times10^{14}$	$\geqslant 2\times10^{12}$	$\geqslant 2\times10^{11}$	$\geqslant 2\times10^{9}$	$\geqslant 1\times10^{6}$
^{89}Sr	$\geqslant 2\times10^{16}$	$\geqslant 2\times10^{14}$	$\geqslant 2\times10^{13}$	$\geqslant 2\times10^{11}$	$\geqslant 1\times10^{6}$
^{90}Sr(^{90}Y)	$\geqslant 1\times10^{15}$	$\geqslant 1\times10^{13}$	$\geqslant 1\times10^{12}$	$\geqslant 1\times10^{10}$	$\geqslant 1\times10^{4}$
^{99m}Tc	$\geqslant 7\times10^{14}$	$\geqslant 7\times10^{12}$	$\geqslant 7\times10^{11}$	$\geqslant 7\times10^{9}$	$\geqslant 1\times10^{7}$
^{132}Te(^{132}I)	$\geqslant 3\times10^{13}$	$\geqslant 3\times10^{11}$	$\geqslant 3\times10^{10}$	$\geqslant 3\times10^{8}$	$\geqslant 1\times10^{7}$
^{230}Th	$\geqslant 7\times10^{13}$	$\geqslant 7\times10^{11}$	$\geqslant 7\times10^{10}$	$\geqslant 7\times10^{8}$	$\geqslant 1\times10^{4}$
^{204}Tl	$\geqslant 2\times10^{16}$	$\geqslant 2\times10^{14}$	$\geqslant 2\times10^{13}$	$\geqslant 2\times10^{11}$	$\geqslant 1\times10^{4}$
^{170}Tm	$\geqslant 2\times10^{16}$	$\geqslant 2\times10^{14}$	$\geqslant 2\times10^{13}$	$\geqslant 2\times10^{11}$	$\geqslant 1\times10^{6}$
^{90}Y	$\geqslant 5\times10^{15}$	$\geqslant 5\times10^{13}$	$\geqslant 5\times10^{12}$	$\geqslant 5\times10^{10}$	$\geqslant 1\times10^{5}$
^{91}Y	$\geqslant 8\times10^{15}$	$\geqslant 8\times10^{13}$	$\geqslant 8\times10^{12}$	$\geqslant 8\times10^{10}$	$\geqslant 1\times10^{6}$
^{169}Yb	$\geqslant 3\times10^{14}$	$\geqslant 3\times10^{12}$	$\geqslant 3\times10^{11}$	$\geqslant 3\times10^{9}$	$\geqslant 1\times10^{7}$
^{65}Zn	$\geqslant 1\times10^{14}$	$\geqslant 1\times10^{12}$	$\geqslant 1\times10^{11}$	$\geqslant 1\times10^{9}$	$\geqslant 1\times10^{6}$
^{95}Zr	$\geqslant 4\times10^{13}$	$\geqslant 4\times10^{11}$	$\geqslant 4\times10^{10}$	$\geqslant 4\times10^{8}$	$\geqslant 1\times10^{6}$

注：(1)^{241}Am 用于固定式烟雾报警器时的豁免值为 1×10^{5} Bq。

(2)核素份额不明的混合源，按其危险度最大的核素分类，其总活度视为该核素的活度。

资料来源：国家环保总局公告．2005. 第 62 号附件：放射源分类办法。

10.6.2 常用放射源的应用领域、活度范围和分类(表 10.24)

表 10.24 常用放射源的应用领域、活度范围和分类

源	放射性核素	源强范围和典型源强(TBq)		源强范围和典型源强(Ci)		类别
放射性核素热电发生器(RGT)	^{90}Sr	3.3E+02～2.5E+04	典型:7.4E+02	9.0E+03～6.8E+05	典型:2.0E+04	Ⅰ
	^{238}Pu	1.0E+00～1.0E+01	典型:1.0E+01	2.8E+01～2.8E+02	典型:2.8E+02	Ⅰ[a]
用于灭菌和食物保鲜的辐照装置	^{60}Co	1.9E+02～5.6E+05	典型:1.5E+05	5.0E+03～1.5E+07	典型:4.0E+06	Ⅰ
	^{137}Cs	1.9E+02～1.9E+05	典型:1.1E+05	5.0E+03～5.0E+06	典型:3.0E+06	Ⅰ
自屏蔽辐照装置	^{137}Cs	9.3E+01～1.6E+03	典型:5.6E+02	2.5E+03～4.2E+04	典型:1.5E+04	Ⅰ
	^{60}Co	5.6E+01～1.9E+03	典型:9.3E+02	1.5E+03～5.0E+04	典型:2.5E+04	Ⅰ
血液/组织辐照器	^{137}Cs	3.7E+01～4.4E+02	典型:2.6E+02	1.0E+03～1.2E+04	典型:7.0E+03	Ⅰ
	^{60}Co	5.6E+01～1.1E+02	典型:8.9E+01	1.5E+03～3.0E+03	典型:2.4E+03	Ⅰ
多束远距离放射治疗(γ刀)源	^{60}Co	1.5E+02～3.7E+02	典型:2.6E+02	4.0E+03～1.0E+04	典型:7.0E+03	Ⅰ
远距离放射治疗源	^{60}Co	3.7E+01～5.6E+02	典型:1.5E+02	1.0E+03～1.5E+04	典型:4.0E+03	Ⅰ
	^{137}Cs	1.9E+01～5.6E+01	典型:1.9E+01	5.0E+02～1.5E+03	典型:5.0E+02	Ⅰ
工业射线探伤源	^{60}Co	4.1E−01～7.4E+00	典型:2.2E+00	1.1E+01～2.0E+02	典型:6.0E+01	Ⅱ
	^{192}Ir	1.9E−01～7.4E+00	典型:3.7E+00	5.0E+00～2.0E+02	典型:1.0E+02	Ⅱ
	^{75}Se	3.0E+00～3.0E+00	典型:3.0E+00	8.0E+01～8.0E+01	典型:8.0E+01	Ⅱ
	^{169}Yb	9.3E−02～3.7E−01	典型:1.9E−01	2.5E+00～1.0E+01	典型:5.0E+00	Ⅱ
	^{170}Tm	7.4E−01～7.4E+00	典型:5.6E+00	2.0E+01～2.0E+02	典型:1.5E+02	Ⅱ
近距离治疗源-中/高剂量率	^{60}Co	1.9E−01～7.4E−01	典型:3.7E−01	5.0E+00～2.0E+01	典型:1.0E+01	Ⅱ
	^{137}Cs	1.1E−01～3.0E−01	典型:1.1E−01	3.0E+00～8.0E+00	典型:3.0E+00	Ⅱ
	^{192}Ir	1.1E−01～4.4E−01	典型:2.2E−01	3.0E+00～1.2E+01	典型:6.0E+00	Ⅱ
检定装置(刻度源)	^{60}Co	2.0E−02～1.2E+00	典型:7.4E−01	5.5E−01～3.3E+01	典型:2.0E+01	[a]
	^{137}Cs	5.6E−02～1.1E+02	典型:2.2E+00	1.5E+00～3.0E+03	典型:6.0E+01	[a]
液位计	^{137}Cs	3.7E−02～1.9E−01	典型:1.9E−01	1.0E+00～5.0E+00	典型:5.0E+00	Ⅲ
	^{60}Co	3.7E−03～3.7E−01	典型:1.9E−01	1.0E−01～1.0E+01	典型:5.0E+00	Ⅲ
检定装置(刻度源)	^{241}Am	1.9E−01～7.4E−01	典型:3.7E−01	5.0E+00～2.0E+01	典型:1.0E+01	[a]
核子秤	^{137}Cs	1.1E−04～1.5E+00	典型:1.1E−01	3.0E−03～4.0E+01	典型:3.0E+00	Ⅲ
	^{252}Cf	1.4E−03～1.4E−03	典型:1.4E−03	3.7E−02～3.7E−02	典型:3.7E−02	Ⅲ
鼓风炉测量仪	^{60}Co	3.7E−02～7.4E−02	典型:3.7E−02	1.0E+00～2.0E+00	典型:1.0E+00	Ⅲ
挖泥船测量仪	^{60}Co	9.3E−03～9.6E−02	典型:2.8E−02	2.5E−01～2.6E+00	典型:7.5E−01	Ⅲ
	^{137}Cs	7.4E−03～3.7E−01	典型:7.4E−02	2.0E−01～1.0E+01	典型:2.0E+00	Ⅲ
螺旋管道测量计	^{137}Cs	7.4E−02～1.9E−01	典型:7.4E−02	2.0E+00～5.0E+00	典型:2.0E+00	Ⅲ
研究堆启动源	^{241}Am/Be	7.4E−02～1.9E−01	典型:7.4E−02	2.0E+00～5.0E+00	典型:2.0E+00	Ⅲ

续表

源	放射性核素	源强范围和典型源强(TBq)		源强范围和典型源强(Ci)		类别
测井源	^{241}Am/Be	1.9E－02～8.5E－01	典型:7.4E－01	5.0E－01～2.3E＋01	典型:2.0E＋01	Ⅲ
	^{137}Cs	3.7E－02～7.4E－02	典型:7.4E－02	1.0E＋00～2.0E＋00	典型:2.0E＋00	Ⅲ
	^{252}Cf	1.0E－03～4.1E－03	典型:1.1E－03	2.7E－02～1.1E－01	典型:3.0E－02	Ⅲ
起搏器	^{238}Pu	1.1E－01～3.0E－01	典型:1.1E－01	2.9E＋00～8.0E＋00	典型:3.0E＋00	b
检定源(刻度源)	^{239}Pu/Be	7.4E－02～3.7E－01	典型:1.1E－01	2.0E＋00～1.0E＋01	典型:3.0E＋00	a
近距离治疗源～低剂量率	^{137}Cs	3.7E－04～2.6E－02	典型:1.9E－02	1.0E－02～7.0E－01	典型:5.0E－01	Ⅳ
	^{226}Ra	1.9E－04～1.9E－03	典型:5.6E－04	5.0E－03～5.0E－02	典型:1.5E－02	Ⅳ
	^{125}I	1.5E－03～1.5E－03	典型:1.5E－03	4.0E－02～4.0E－02	典型:4.0E－02	Ⅳ
	^{192}Ir	7.4E－04～2.8E－02	典型:1.9E－02	2.0E－02～7.5E－01	典型:5.0E－01	Ⅳ
	^{198}Au	3.0E－03～3.0E－03	典型:3.0E－03	8.0E－02～8.0E－02	典型:8.0E－02	Ⅳ
	^{252}Cf	3.1E－03～3.1E－03	典型:3.1E－03	8.3E－02～8.3E－02	典型:8.3E－02	Ⅳ
测厚仪	^{85}Kr	1.9E－03～3.7E－02	典型:3.7E－02	5.0E－02～1.0E＋00	典型:1.0E＋00	Ⅳ
	^{90}Sr	3.7E－04～7.4E－03	典型:3.7E－03	1.0E－02～2.0E－01	典型:1.0E－01	Ⅳ
	^{241}Am	1.1E－02～2.2E－02	典型:2.2E－02	3.0E－01～6.0E－01	典型:6.0E－01	Ⅳ
	^{147}Pm	7.4E－05～1.9E－03	典型:1.9E－03	2.0E－03～5.0E－02	典型:5.0E－02	Ⅳ
	^{244}Cm	7.4E－03～3.7E－02	典型:1.5E－02	2.0E－01～1.0E＋00	典型:4.0E－01	Ⅳ
料位计	^{241}Am	4.4E－04～4.4E－03	典型:2.2E－03	1.2E－02～1.2E－01	典型:6.0E－02	Ⅳ
	^{137}Cs	1.9E－03～2.4E－03	典型:2.2E－03	5.0E－02～6.5E－02	典型:6.0E－02	Ⅳ
	^{60}Co	1.9E－04～1.9E－02	典型:8.7E－04	5.0E－03～5.0E－01	典型:2.4E－02	Ⅳ
检定装置(刻度源)	^{90}Sr	7.4E－02～7.4E－02	典型:7.4E－02	2.0E＋00～2.0E＋00	典型:2.0E＋00	a
湿度仪	^{241}Am/Be	1.9E－03～3.7E－03	典型:1.9E－03	5.0E－02～1.0E－01	典型:5.0E－02	Ⅳ
密度仪	^{137}Cs	3.0E－04～3.7E－04	典型:3.7E－04	8.0E－03～1.0E－02	典型:1.0E－02	Ⅳ
湿度/密度仪	^{241}Am/Be	3.0E－04～3.7E－03	典型:1.9E－03	8.0E－03～1.0E－01	典型:5.0E－02	Ⅳ
	^{137}Cs	3.7E－05～4.1E－04	典型:3.7E－04	1.0E－03～1.1E－02	典型:1.0E－02	Ⅳ
	^{226}Ra	7.4E－05～1.5E－04	典型:7.4E－05	2.0E－03～4.0E－03	典型:2.0E－03	Ⅳ
	^{252}Cf	1.1E－06～2.6E－06	典型:2.2E－06	3.0E－05～7.0E－05	典型:6.0E－05	Ⅳ
骨密度仪	^{109}Cd	7.4E－04～7.4E－04	典型:7.4E－04	2.0E－02～2.0E－02	典型:2.0E－02	Ⅳ
	^{153}Gd	7.4E－04～5.6E－02	典型:3.7E－02	2.0E－02～1.5E＋00	典型:1.0E＋00	Ⅳ
	^{125}I	1.5E－03～3.0E－02	典型:1.9E－02	4.0E－02～8.0E－01	典型:5.0E－01	Ⅳ
	^{241}Am	1.0E－03～1.0E－02	典型:5.0E－03	2.7E－02～2.7E－01	典型:1.4E－01	Ⅳ
静电消除器	^{241}Am	1.1E－03～4.1E－03	典型:1.1E－03	3.0E－02～1.1E－01	典型:3.0E－02	Ⅳ
	^{210}Po	1.1E－03～4.1E－03	典型:1.1E－03	3.0E－02～1.1E－01	典型:3.0E－02	Ⅳ
诊断同位素发生器	^{99}Mo	3.7E－02～3.7E－01	典型:3.7E－02	1.0E＋00～1.0E＋01	典型:1.0E＋00	Ⅳ
医用非密封源	^{131}I	3.7E－03～7.4E－03	典型:3.7E－03	1.0E－01～2.0E－01	典型:1.0E－01	c

续表

源	放射性核素	源强范围和典型源强(TBq)		源强范围和典型源强(Ci)		类别
X射线荧光分析仪	^{55}Fe	1.1E−04～5.0E−03	典型:7.4E−04	3.0E−03～1.4E−01	典型:2.0E−02	Ⅴ
	^{109}Cd	1.1E−03～5.6E−03	典型:1.1E−03	3.0E−02～1.5E−01	典型:3.0E−02	Ⅴ
	^{57}Co	5.6E−04～1.5E−03	典型:9.3E−04	1.5E−02～4.0E−02	典型:2.5E−02	Ⅴ
电子俘获探测器	^{63}Ni	1.9E−04～7.4E−04	典型:3.7E−04	5.0E−03～2.0E−02	典型:1.0E−02	Ⅴ
	^{3}H	1.9E−03～1.1E−02	典型:9.3E−03	5.0E−02～3.0E−01	典型:2.5E−01	Ⅴ
避雷器	^{241}Am	4.8E−05～4.8E−04	典型:4.8E−05	1.3E−03～1.3E−02	典型:1.3E−03	Ⅴ
	^{226}Ra	2.6E−07～3.0E−06	典型:1.1E−06	7.0E−06～8.0E−05	典型:3.0E−05	Ⅴ
	^{3}H	7.4E−03～7.4E−03	典型:7.4E−03	2.0E−01～2.0E−01	典型:2.0E−01	Ⅴ
近距离放射治疗源:低剂量率眼部敷贴及永久性植入放射源	^{90}Sr	7.4E−04～1.5E−03	典型:9.3E−04	2.0E−02～4.0E−02	典型:2.5E−02	Ⅴ
	^{106}Ru/^{106}Rh	8.1E−06～2.2E−05	典型:2.2E−05	2.2E−04～6.0E−04	典型:6.0E−04	Ⅴ
	^{103}Pd	1.1E−03～1.1E−03	典型:1.1E−03	3.0E−02～3.0E−02	典型:3.0E−02	Ⅴ
正电子发射断层成像(PET)检查源	^{68}Ge	3.7E−05～3.7E−04	典型:1.1E−04	1.0E−03～1.0E−02	典型:3.0E−03	Ⅴ
穆斯保尔谱仪	^{57}Co	1.9E−04～3.7E−03	典型:1.9E−03	5.0E−03～1.0E−01	典型:5.0E−02	Ⅴ
氚靶	^{3}H	1.1E−01～1.1E+00	典型:2.6E−01	3.0E+00～3.0E+01	典型:7.0E+00	Ⅴ
医用非密封源	^{32}P	2.2E−03～2.2E−02	典型:2.2E−02	6.0E−02～6.0E−01	典型:6.0E−01	c

a. 刻度源可在除Ⅰ类之外的所有类别中找到,应根据表 10.23 中对放射性核素和活度的分类将它们分别列入相应的类别。监管机构可以根据特定的因素和环境对源的类别进行修改。

b. 钚-238 源不再被用于制造起搏器。

c. 医用非密封源通常是Ⅳ类和Ⅴ类源,这种源的非密封性质及其短半衰期要求在分类时对其逐例进行处理。

资料改编自:IAEA 安全导则第 RS-G-1.9 号 .2006。

10.7 放射性物质运输

10.7.1 运输中常用放射性物质的类别和定义(表 10.25)

表 10.25 运输中常用放射性物质的类别和定义

名称	定义
特殊形式放射性物质	不弥散的固体放射性物质或装有放射性物质的密封件
低弥散放射性物质	一种固体放射性物质,或者一种装在密封件里的固体放射性物质,其弥散性已受到限制且不呈粉末状
低毒性 α 发射体	天然铀、贫化铀、天然钍、铀-235 或铀-238、钍-232、矿石中或物理和化学浓缩物中所含的钍-228 和钍-230 以及半衰期小于 10d 的 α 发射体
低比活度物质(LSA)	就其性质而言是比活度有限的放射性物质,或估计的平均比活度低于限值的放射性物质。在确定估计的比活度时,不应考虑低比活度物质周围的外屏蔽材料。低比活度物质分三类:Ⅰ类低比活度物质(LSA-Ⅰ),Ⅱ类低比活度物质(LSA-Ⅱ),Ⅲ类低比活度物质(LSA-Ⅲ)
Ⅰ类低比活度物质(LSA-Ⅰ)	(1)铀矿石、钍矿石以及此类矿石的浓缩物,含天然存在的放射性核素并经过加工后可利用这些放射性核素的其他矿石 (2)未受辐照的固体天然铀或贫化铀或天然钍,或它们的固体或液体的化合物或混合物

续表

名称	定义
	(3) A_2 值不受限制的放射性物质(不包括 GB11806-2004 中规定的易裂变物质) (4)放射性活度遍布于各处且估计的平均比活度不超过豁免活度浓度值(见表 10.26 和表 10.27)30 倍的其他放射性物质(不包括数量超过 GB11806-2004 中规定的易裂变物质)
Ⅱ类低比活度物质(LSA-Ⅱ)	(1)氚浓度不超过 0.8TBq/L 的水 (2)放射性活度遍布于其中且估计的平均比活度不超过下述值的其他物质:对固体和气体不超过 $10^{-4}A_2/g$,对液体不超过 $10^{-5}A_2/g$
Ⅲ类低比活度物质(LSA-Ⅲ)	下列状态的(但不包括粉末状的)固体(例如固化废物、活化材料): (1)其所含的放射性物质遍布于一个固体物件或一堆固体物件内,或基本上均匀地分布在密实的固体黏结剂(例如混凝土、沥青、陶瓷材料等)内 (2)其所含放射性物质是较难溶的,或实质上是被包容在较难溶的基质中,因此,即使货物在失去包装的情况下在水里浸泡 7 昼夜,每件货包中的放射性物质由于浸出而损失掉的也不会超过 $0.1A_2$ (3)该固体(不包括任何屏蔽材料)的平均比活度(估计值)不超过 $2\times10^{-3}A_2/g$
表面污染物体(SCO)	本身不是放射性的,但在其表面分布着放射性物质的固态物体。可分为两类:Ⅰ类表面污染物体(SCO-Ⅰ)和Ⅱ类表面污染物体(SCO-Ⅱ)
Ⅰ类表面污染物体(SCO-Ⅰ)	下述情况下的固体物体: (1)在可接近表面上以 300cm² 平均(若表面积小于 300cm²,则按该表面积计)的非固定污染,对 β 和 γ 发射体及低毒性 α 发射体,不超过 4Bq/cm²,或对其他 α 发射体,不超过 0.4 Bq/cm² (2)在可接近表面上以 300cm² 平均(若表面积小于 300cm²,则按该表面积计)的固定污染,对 β 和 γ 发射体及低毒性 α 发射体,不超过 4×10^4 Bq/cm²,或对其他 α 发射体,不超过 4×10^3 Bq/cm² (3)在不可接近表面上以 300cm² 平均(若表面积小于 300cm²,则按该表面积计)的非固定污染加上固定污染,对 β 和 γ 发射体及低毒性 α 发射体,不超过 4×10^4 Bq/cm²,或对其他 α 发射体,不超过 4×10^3 Bq/cm²
Ⅱ类表面污染物体(SCO-Ⅱ)	表面的固定污染或非固定污染超过对 SCO-Ⅰ所规定的限值的固态物体,并且: (1)在可接近表面上以 300cm² 平均(若表面积小于 300cm²,则按该表面积计)的非固定污染,对 β 和 γ 发射体及低毒性 α 发射体,不超过 400Bq/cm²,或对其他 α 发射体,不超过 40 Bq/cm² (2)在可接近表面上以 300cm² 平均(若表面积小于 300cm²,则按该表面积计)的固定污染,对 β 和 γ 发射体及低毒性 α 发射体,不超过 8×10^5 Bq/cm²,或对其他 α 发射体,不超过 8×10^4 Bq/cm² (3)在不可接近表面上以 300cm² 平均(若表面积小于 300cm²,则按该表面积计)的非固定污染加上固定污染,对 β 和 γ 发射体及低毒性 α 发射体,不超过 8×10^5 Bq/cm²,或对所有其他 α 发射体,不超过 8×10^4 Bq/cm²
易裂变材料	铀-233、铀-235、钚-239、钚-241 或这些放射性核素的任何组合。此定义不包括: (1)未受辐照的天然铀或贫化铀 (2)仅在热中子反应堆内受过辐照的天然铀或贫化铀

资料改编自:GB11806-2004。

10.7.2 放射性物质的豁免值和放射性物质运输中的 A_1 和 A_2 值

表 10.26 给出了单个放射性核素的基本限值,其中 A_1 是指特殊形式放射性物质的放射性活度限值,A_2 是指特殊形式放射性物质以外的放射性活度限值。对于放射性核素的混合物,相应限值按下式确定:

$$X_m = \frac{1}{\sum_i f(i)/X(i)}$$

式中，$f(i)$为放射性核素 i 的放射性活度或活度浓度在混合物中所占的份额；$X(i)$为放射性核素 i 的 A_1 或 A_2 或豁免物质的活度浓度或豁免托运货物的放射性活度限值；X_m 为混合情况下，A_1 或 A_2 的导出值或豁免物质的活度浓度或豁免托运货物的放射性活度限值。

未知放射性核素或混合物的相应限值见表 10.27。

表 10.26 放射性物质的豁免值和放射性物质运输中的 A_1 和 A_2 值

放射性核素	A_1(TBq)	A_2(TBq)	豁免放射性物质的活度浓度(Bq/g)	一件豁免托运货物的放射性活度(Bq)
^{3}H			1E+06	1E+09
^{7}Be	2E+01	2E+01	1E+03	1E+07
^{10}Be	4E+01	6E−01	1E+04	1E+06
^{14}C	4E+01	3E+00	1E+04	1E+07
^{18}F	1E+00	6E−01	1E+01	1E+06
^{22}Na	5E−01	5E−01	1E+01	1E+06
^{24}Na	2E−01	2E−01	1E+01	1E+05
^{32}P	5E−01	5E−01	1E+03	1E+05
^{35}S	4E+01	3E+00	1E+05	1E+08
^{36}Cl	1E+01	6E−01	1E+04	1E+06
^{40}K	9E−01	9E−01	1E+02	1E+06
^{42}K	2E−01	2E−01	1E+02	1E+06
^{43}K	7E−01	6E−01	1E+01	1E+06
^{45}Ca	4E+01	1E+00	1E+04	1E+07
^{51}Cr	3E+01	3E+01	1E+03	1E+07
^{52}Mn	3E−01	3E−01	1E+01	1E+05
^{54}Mn	1E+00	1E+00	1E+01	1E+06
^{52}Fe	3E−01	3E−01	1E+01	1E+06
^{55}Fe	4E+01	4E+01	1E+04	1E+06
^{59}Fe	9E−01	9E−01	1E+01	1E+06
^{57}Co	1E+01	1E+01	1E+02	1E+06
^{58}Co	1E+00	1E+00	1E+01	1E+06
^{60}Co	4E−01	4E−01	1E+01	1E+05
^{63}Ni	4E+01	3E+01	1E+05	1E+08
^{64}Cu	6E+00	1E+00	1E+02	1E+06
^{65}Zn	2E+00	2E+00	1E+01	1E+06
^{67}Ga	7E+00	3E+00	1E+02	1E+06
^{68}Ga	5E−01	5E−01	1E+01	1E+05

续表

放射性核素	A_1(TBq)	A_2(TBq)	豁免放射性物质的活度浓度(Bq/g)	一件豁免托运货物的放射性活度(Bq)
^{72}Ga	4E−01	4E−01	1E+01	1E+05
^{74}As	1E+00	9E−01	1E+01	1E+06
^{76}As	3E−01	3E−01	1E+02	1E+05
^{75}Se	3E+00	3E+00	1E+02	1E+06
^{82}Br	4E−01	4E−01	1E+01	1E+06
^{81}Kr	4E+01	4E+01	1E+04	1E+07
^{85}Kr	1E+01	1E+01	1E+05	1E+04
^{85m}Kr	8E+00	3E+00	1E+03	1E+10
^{87}Kr	2E−01	2E−01	1E+02	1E+09
^{81}Rb	2E+00	8E−01	1E+01	1E+06
^{86}Rb	5E−01	5E−01	1E+02	1E+05
^{85}Sr	2E+00	2E+00	1E+02	1E+06
^{87m}Sr	3E+00	3E+00	1E+02	1E+06
^{89}Sr	6E−01	6E−01	1E+03	1E+06
^{90}Sr[a]	3E−01	3E−01	1E+02[b]	1E+04[b]
^{87}Y[a]	1E+00	1E+00	1E+01	1E+06
^{90}Y	3E−01	3E−01	1E+03	1E+05
^{91}Y	6E−01	6E−01	1E+03	1E+06
^{95}Zr[a]	2E+00	8E−01	1E+01	1E+06
^{97}Zr[a]	4E−01	4E−01	1E+01[b]	1E+05[b]
^{95}Nb	1E+00	1E+00	1E+01	1E+06
^{93}Mo	4E+01	2E+01	1E+03	1E+08
^{99}Mo[a]	1E+00	6E−01	1E+02	1E+06
^{99m}Tc	1E+01	4E+00	1E+02	1E+07
^{103}Ru[a]	2E+00	2E+00	1E+02	1E+06
^{106}Ru[a]	2E−01	2E−01	1E+02[b]	1E+05[b]
^{103m}Rh	4E+01	4E+01	1E+04	1E+08
^{110m}Ag[a]	4E−01	4E−01	1E+01	1E+06
^{115}Cd[a]	3E+00	4E−01	1E+02	1E+06
^{111}In	3E+00	3E+00	1E+02	1E+06
^{113m}In	4E+00	2E+00	1E+02	1E+06
^{113}Sn[a]	4E+00	2E+00	1E+03	1E+07
^{122}Sb	4E−01	4E−01	1E+02	1E+04
^{124}Sb	6E−01	6E−01	1E+01	1E+06
^{125}Sb	2E+00	1E+00	1E+02	1E+06

续表

放射性核素	A_1(TBq)	A_2(TBq)	豁免放射性物质的活度浓度(Bq/g)	一件豁免托运货物的放射性活度(Bq)
$^{129m}Te^{a}$	8E−01	4E−01	1E+03	1E+06
$^{131m}Te^{a}$	7E−01	5E−01	1E+01	1E+06
$^{132}Te^{a}$	5E−01	4E−01	1E+02	1E+07
^{123}I	6E+00	3E+00	1E+02	1E+07
^{124}I	1E+00	1E+00	1E+01	1E+06
^{125}I	2E+01	3E+00	1E+03	1E+06
^{126}I	2E+00	1E+00	1E+02	1E+06
^{129}I	不限	不限	1E+02	1E+05
^{131}I	3E+00	7E−01	1E+02	1E+06
^{132}I	4E−01	4E−01	1E+01	1E+05
^{133}I	7E−01	6E−01	1E+01	1E+06
^{134}I	3E−01	3E−01	1E+01	1E+05
$^{135}I^{a}$	6E−01	6E−01	1E+01	1E+06
^{131}Cs	3E+01	3E+01	1E+03	1E+06
^{134}Cs	7E−01	7E−01	1E+01	1E+04
^{136}Cs	5E−01	5E−01	1E+01	1E+05
$^{137}Cs^{a}$	2E+00	6E−01	1E+01[b]	1E+04[b]
^{147}Pm	4E+01	2E+00	1E+04	1E+07
^{153}Sm	9E+00	6E−01	1E+02	1E+06
^{152}Eu	1E+00	1E+00	1E+01	1E+06
^{154}Eu	9E−01	6E−01	1E+01	1E+06
^{153}Gd	1E+01	9E+00	1E+02	1E+07
^{170}Tm	3E+00	6E−01	1E+03	1E+06
^{169}Yb	4E+00	1E+00	1E+02	1E+07
^{177}Lu	3E+01	7E−01	1E+03	1E+07
^{182}Ta	9E−01	5E−01	1E+01	1E+04
^{186}Re	2E+00	6E−01	1E+03	1E+06
^{188}Re	4E−01	4E−01	1E+02	1E+05
^{192}Ir	1E+00	6E−01	1E+01	1E+04
^{198}Au	1E+00	6E−01	1E+02	1E+06
^{199}Au	1E+01	6E−01	1E+02	1E+06
^{197}Hg	2E+01	1E+01	1E+02	1E+07
^{203}Hg	5E+00	1E+00	1E+02	1E+05
^{201}Tl	1E+01	4E+00	1E+02	1E+06
^{204}Tl	1E+01	7E−01	1E+04	1E+04

续表

放射性核素	A_1(TBq)	A_2(TBq)	豁免放射性物质的活度浓度(Bq/g)	一件豁免托运货物的放射性活度(Bq)
^{210}Pb[a]	1E+00	5E−02	1E+01[b]	1E+04[b]
^{210}Bi	1E+00	6E−01	1E+03	1E+06
^{210}Po	4E+01	2E−02	1E+01	1E+04
^{222}Rn[a]	3E−01	4E−03	1E+01[b]	1E+08[b]
^{226}Ra[a]	2E−01	3E−03	1E+01[b]	1E+04[b]
^{228}Ra[a]	6E−01	2E−02	1E+01[b]	1E+05[b]
^{228}Ac	6E−01	5E−01	1E+01	1E+06
^{228}Th[a]	5E−01	1E−03	1E+00[b]	1E+04[b]
^{230}Th	1E+01	1E−03	1E+00	1E+04
^{232}Th	不限	不限	1E+01	1E+04
^{231}Pa	4E+00	4E−04	1E+00	1E+03
^{233}Pa	5E+00	7E−01	1E+02	1E+07
U (天然)	不限	不限	1E+00[b]	1E+03[b]
U(富集度达到或少于 20%)[c]	不限	不限	1E+00	1E+03
U(贫化)	不限	不限	1E+00	1E+03
^{237}Np	2E+01	2E−03	1E+00[b]	1E+03[b]
^{238}Pu	1E+01	1E−03	1E+00	1E+04
^{239}Pu	1E+01	1E−03	1E+00	1E+04
^{240}Pu	1E+01	1E−03	1E+00	1E+03
^{241}Pu[a]	4E+01	6E−02	1E+02	1E+05
^{241}Am	1E+01	1E−03	1E+00	1E+04
^{242}Cm	4E+01	1E−02	1E+02	1E+05
^{244}Cm	2E+01	2E−03	1E+01	1E+04
^{252}Cf	1E−01	3E−03	1E+01	1E+04

a. A_1 和或 A_2 值包括半衰期 10d 的子核素的贡献。

b. 母核素和其子体处于长期平衡状态：^{90}Sr (^{90}Y)，^{97}Zr(^{97}Nb)，^{106}Ru(^{106}Rh)，^{137}Cs(^{137m}Ba)，^{210}Pb(^{210}Bi，^{210}Po)，^{226}Ra(^{222}Rn，^{218}Po，^{214}Pb，^{214}Bi，^{214}Po，^{210}Pb，^{210}Bi，^{210}Po)，^{228}Ra(^{228}Ac)，^{228}Th(^{224}Ra，^{220}Rn，^{216}Po，^{212}Pb，^{212}Bi，^{208}Tl(0.36)，^{212}Po(0.64))，U-天然 (^{234}Th，^{234m}Pa，^{234}U，^{230}Th，^{226}Ra，^{222}Rn，^{218}Po，^{214}Pb，^{214}Bi，^{214}Po，^{210}Pb，^{210}Bi，^{210}Po)，^{237}Np(^{233}Pa)。

c. 仅适用于未受辐照的铀。

资料改编自：GB11806-2004。

表 10.27 未知放射性核素或混合物的放射性核素的基本限值

放射性内容物	A_1(TBq)	A_2(TBq)	豁免放物质的活度浓度(Bq/g)	一件豁免托运货物的放射性活度(Bq)
已知含有仅发射 β 射线或 γ 射线的核素	0.1	0.02	1×10^{1}	1×10^{4}
已知含有仅发射 α 射线的核素	0.2	9×10^{-5}	1×10^{-1}	1×10^{3}
无有关数据可用	0.001	9×10^{-5}	1×10^{-1}	1×10^{3}

资料来源：GB11806-2004。

10.7.3 货包的分类和要求(表 10.28～表 10.31)

表 10.28 货包分类及要求

名称	货包内容物限值
例外货包	(1)对于天然铀、贫化铀或天然钍制品,只要其外表面具有坚固的非放射性包封,数量可以不限 (2)对于非天然铀、贫化铀或天然钍制品的放射性物质。当放射性物质封装在或作为它们的一个组成部分含在仪器或其他制品内时,每种单个物项和单个货包的限值见表 10.29 的第二和第三栏;当放射性物质未封装或不是仪器或其他制品的一个组成部分时,限值见表 10.29 的第四栏 (3)邮寄时,每个货包的限值不超过表 10.29 规定值的十分之一
1 型工业货包(IP-1) 2 型工业货包(IP-2) 3 型工业货包(IP-3)	(1)工业货包通常装运各类低比活度放射性物质和表面污染物体,对应关系详见表 10.30 (2) 距无屏蔽放射性物质或距一个物体或距一批物体 3m 处的外部辐射水平不超过 10mSv/h (3)工业货包内的或无包装的 LSA 物质或 SCO 的运输,运输工具放射性活度限值见表 10.31 (4) 装有不燃固态Ⅱ类低比活度放射性物质(LSA-Ⅱ)或Ⅲ类低比活度放射性物质(LSA-Ⅲ)的单个货包空运时,不得含有大于 $3000A_2$ 的放射性活度
A 型货包	(1)A 型货包内的放射性活度不能超过 A_1(特殊形式放射性物质)或 A_2(所有其他放射性物质) (2)存在多种核素时,各核素活度值分别除以相应的 A_1 或 A_2 值的和应小于 1
B(U)型货包 B(M)型货包	(1)放射性活度超过 A_1 或 A_2 值的货包。只须单方批准的货包为 B(U)型货包,须多方批准的为 B(M)型货包 (2)不得含有:①超过货包设计所允许的放射性活度的内容物;②不同于货包设计所允许的放射性核素的内容物;③在形状、物理和化学状态方面不同于货包设计的内容物 (3)空运时还要求放射性活度不得大于:①设计允许值(低弥散放射性物质);② $3000A_1$ 或 $100000A_2$ 中较小值(特殊形态放射性物质);③ $3000A_2$(所有其他放射性物质)
C 型货包	(1)主要用于航空运输,放射性活度超过 B 型货包空运要求值 (2)不得含有:①超过货包设计所允许的放射性活度的内容物;②不同于货包设计所允许的放射性核素的内容物;③在形状、物理和化学状态方面不同于货包设计所允许的内容物
易裂变材料的货包	不得装有:①不同于货包设计所允许量的易裂变材料;②不同于货包设计所允许的任何放射性核素或易裂变材料;③在形状、物理和化学状态或空间布置方面不同于货包设计所允许的内容物
六氟化铀的货包	(1)在工厂工艺系统接入货包时,当货包处于所规定的最高温度下货包中六氟化铀的装载量不得使货包容积的剩余空腔小于货包总容积的 5% (2)在交付运输时,六氟化铀应该呈固态形式,而货包的内压应低于大气压

资料改编自:GB11806-2004。

表 10.29 例外货包的放射性活度限值

内容物的物理状态	仪器或制品		放射性物质
	物项限值	货包限值	货包限值
固态:特殊形式	$10^{-2}A_1$	A_1	$10^{-3}A_1$
其他形式	$10^{-2}A_2$	A_2	$10^{-3}A_2$
液态	$10^{-3}A_2$	$10^{-1}A_2$	$10^{-4}A_2$
气态:氚	$2\times10^{-2}A_2$	$2\times10^{-1}A_2$	$2\times10^{-2}A_2$
特殊形式	$10^{-3}A_1$	$10^{-2}A_1$	$10^{-3}A_1$
其他形式	$10^{-3}A_2$	$10^{-2}A_2$	$10^{-3}A_2$

资料来源:GB11806-2004。

表 10.30 装有 LSA 物质和 SCO 的工业货包的要求

放射性内容物	工业货包类型	
	独家使用	非独家使用
LSA-Ⅰ		
固体	IP-1 型	IP-1 型
液体	IP-1 型	IP-2 型
LSA-Ⅱ		
固体	IP-2 型	IP-2 型
液体和气体	IP-2 型	IP-3 型
LSA-Ⅲ	IP-2 型	IP-3 型
SCO-Ⅰ	IP-1 型	IP-1 型
SCO-Ⅱ	IP-2 型	IP-2 型

资料来源:GB11806-2004。

表 10.31 工业货包内的或无包装的 LSA 物质和 SCO 用的运输工具放射性活度限值

放射性物质的类别	运输工具(内河航道用的运输工具除外)的放射性活度限值	内河船舶的船舱或隔舱的放射性活度限值
LSA-Ⅰ	无限值	无限值
LSA-Ⅱ和 LSA-Ⅲ不可燃固体	无限值	$100A_2$
LSA-Ⅱ和 LSA-Ⅲ可燃固体及各种液体和气体	$100A_2$	$10A_2$
SCO	$100A_2$	$10A_2$

资料来源:GB11806-2004。

10.7.4 货包和外包装的运输指数、临界安全指数、辐射水平和污染水平控制

运输指数(TI)=外表面 1m 处的最高剂量率(mSv/h)×100×放大系数(见表 10.32)

上式计算结果精确到小数点后一位(例如将 1.13 进到 1.2),当 TI 计算结果小于或等于 0.05 时,认为运输指数为零。

每个外包装、货物集装箱或运输工具的运输指数应以所装的全部货物的运输指数(TI)之和来确定。对于钢性外包装也可通过直接测量辐射水平来确定。

表 10.32 货包的放大系数

装载物尺寸[a]	放大系数
装载物尺寸≤$1m^2$	1
$1m^2$<装载物尺寸≤$5m^2$	2
$5m^2$<装载物尺寸≤$20m^2$	3
$20m^2$<装载物尺寸	10

a. 装载物所测得的最大截面积。

资料来源:GB11806-2004。

按照运输指数和辐射水平可以对货包和外包装进行分级(表 10.33)。当运输指数满足某一级别,而表面辐射水平又满足另一级别时,应把该货包或外包装划归级别较高的一级。运输时,辐射水平的控制要求见表 10.34。

表 10.33 货包和外包装的运输指数与分级

条件		分级
运输指数(TI)	外表面任一点的最高辐射水平(mSv/h)	
0[a]	$H \leqslant 0.005$	Ⅰ级(白色)
$0 < TI \leqslant 1$	$0.005 < H \leqslant 0.5$	Ⅱ级(黄色)
$1 < TI \leqslant 10$	$0.5 < H \leqslant 2$	Ⅲ级(黄色)
$TI \geqslant 10$	$2 < H \leqslant 10$	Ⅲ级(黄色)[b]

a. TI 不大于 0.05,此数值可取为 0。

b. 按独家使用方式运输。

资料来源:GB11806-2004。

表 10.34 运输过程中辐射水平控制

非独家使用方式运输		独家使用方式运输		
货包或外包装的外表面任一点的辐射水平	距运输工具外表面 2m 处的辐射水平	货包或外包装的外表面任一点的辐射水平	车辆外表面任一点的辐射水平	距运输工具外表面 2m 处的辐射水平
<2mSv/h	<0.1mSv/h	<2mSv/h(通常) <10mSv/h(特定条件下[a])	<2mSv/h	<0.1mSv/h

a. 条件:(1) 铁路或公路运输时,车辆应采取实体防护措施防止未经批准的人员在运输的常规条件下接近托运货物;对货包或外包装采取固定措施,在运输的常规条件下它们在车辆内的位置保持不变;运载期间无任何装载或卸载作业。

(2)特殊安排下用船舶或飞机运输的货包或外包装,

资料改编自:GB11806-2004。

应使货包外表面的非固定污染保持在实际可行、尽量低的水平上,货包的表面污染水平要求见表 10.35。在运输过程中,当污染程度超过表 10.35 的要求或污染导致的表面辐射水平超过 5μSv/h 的所有运输工具、设备或部件都应由有资格的人员尽快去污,如果非固定污染超过表 10.35 的要求,而且去污后表面的固定污染所引起的辐射水平高于 5μSv/h,就不得重新使用。独家运输放射性物质时,内表面的污染水平除外。运输过放射性物质的罐或散装集装箱,若对 β 和 γ 发射体以及低毒性 α 发射体未去污到 $0.4Bq/cm^2$ 水平以下,或对所有其他 α 发射体未去污到 $0.04Bq/cm^2$ 水平以下时,不得用于贮存和运输其他非放货物。

表 10.35 放射性物质运输表面污染控制水平 (单位:Bq/cm^2)

发射体	外表面非固定污染[a]
β 和 γ 发射体以及低毒性 α 发射体	4
所有其他 α 发射体	0.4

a. 可以在任何 $300cm^2$ 面积上平均。

资料改编自:GB11806-2004。

装有易裂变材料货包的临界安全指数(CSI)由 50 除以正常运输条件和事故工况下推导的两种货包件数 N 值中的较小者得到(即 CSI=50/N)。尚若无限多个货包是次临界的(即 N 在这两种情况下实际上是无限大),临界安全指数可以为零。

每件外包装或货物集装箱的临界安全指数应以所装的全部货物的临界安全指数之和来确定。确定一批货物或一件运输工具的临界安全指数时应遵守同样的程序。

任何货包或外包装的临界安全指数应不超过 50,但独家使用方式运输的货物除外。

10.7.5 标记、标识和标牌

对于每个货包(例外货包除外),应在包装外部标上前面带有"UN"字母的联合国编号和专用货运名称,对例外货包(国际邮运接收的例外货包除外)只要求标明带有"UN"字母的联合国编号。货包还应标明货包类型,比如"IP-1 型"、"B(U)型"等。

在符合"B(U)型"、"B(M)型"或"C 型"货包设计的每个货包的最外层容器的外表面上,应该用刻印、压印或其他能防火和防水的方式显示三叶形符号。

按照相关国家标准的要求,在每个货包、外包装和货物集装箱的外侧面上贴相应的分级辐射标志。对于大型货物集装箱和罐来说,应在其侧面挂国标要求尺寸的标牌,可以用放大型的标志替代标牌,不必同时使用标志和标牌。

放射性货物托运时,要申报专用货运名称、联合国分类号"7"、联合国编号、放射性核素名称或符号及其最大活度、物理化学形态、货包级别、运输指数、临界安全指数(易裂变货物)、主管部门批准证书的识别标记、托运货物的放射性总活度(对于 LSA-Ⅱ、LSA-Ⅲ、SCO-Ⅰ和 SCO-Ⅱ)等。在独家使用运输方式时应注明"独家使用装运",多个货包装在一个外包装或货物集装箱或运输工具内时,应分别说明每个货包的内容物情况。

10.7.6 放射性物品运输分类

根据放射性物品的特性及其对人体健康和环境的潜在危害程度,将放射性物品分为三类,表 10.36 和表 10.37 分别给出分类原则和分类名录。

表 10.36 放射性物品的管理分类

类别	分类原则
一类	指Ⅰ类放射源、高水平放射性物质、乏燃料等释放到环境后对人体健康和环境产生重大辐射影响的放射性物品
二类	指Ⅱ类和Ⅲ类放射源、中等水平放射性废物等释放到环境后对人体健康和环境产生一般辐射影响的放射性物品
三类	指Ⅳ类和Ⅴ类放射源、低水平放射性废物、放射性药品等释放到环境后对人体健康和环境产生较小辐射影响的放射性物品

资料改编自:中华人民共和国国务院令第 562 号,放射性物品运输安全管理条例。

表 10.37 放射性物品分类和名录

<table>
<tr><th>分类</th><th>放射性物品</th><th>放射性物品举例</th><th>容器类型</th><th>货包(包件)类型</th><th>名称和说明</th><th>联合国编号</th></tr>
<tr><td rowspan="20">一类</td><td rowspan="6">放射性活度大于 A_1 或 A_2 值的放射性物品</td><td rowspan="6">如反应堆乏燃料、高水平放射性废物</td><td>B(U)</td><td rowspan="2">B(U)货包</td><td>放射性物品 B(U)型货包,非易裂变的或例外易裂变的</td><td>2916</td></tr>
<tr><td>B(U)F</td><td>放射性物品 B(U)型货包,易裂变的</td><td>3328</td></tr>
<tr><td>B(M)</td><td rowspan="2">B(M)货包</td><td>放射性物品 B(M)型货包,非易裂变的或例外易裂变的</td><td>2917</td></tr>
<tr><td>B(M)F</td><td>放射性物品 B(M)型货包,易裂变的</td><td>3329</td></tr>
<tr><td>C</td><td rowspan="2">C 型货包</td><td>放射性物品 C 型货包,非易裂变的或例外易裂变的</td><td>3323</td></tr>
<tr><td>CF</td><td>放射性物品 C 型货包,易裂变的</td><td>3330</td></tr>
<tr><td rowspan="2">等于或大于 0.1kg 的六氟化铀</td><td rowspan="2"></td><td>H(U)
H(M)</td><td rowspan="2">六氟化铀货包</td><td>放射性物质六氟化铀,非易裂变的或例外易裂变的</td><td>2978</td></tr>
<tr><td>H(U)F
H(M)F</td><td>放射性物质六氟化铀,易裂变的</td><td>2977</td></tr>
<tr><td rowspan="2">需特殊安排运输的放射性物品</td><td rowspan="2"></td><td>T</td><td rowspan="2">特殊安排运输</td><td>特殊安排下运输的放射性物品,非易裂变的或例外易裂变的</td><td>2919</td></tr>
<tr><td>X</td><td>特殊安排下运输的放射性物品,易裂变的</td><td>3331</td></tr>
<tr><td rowspan="2">放射性活度不大于 A_1 或 A_2 值的易裂变放射性物品</td><td rowspan="2">反应堆新燃料</td><td rowspan="2">AF</td><td rowspan="2">A 型货包</td><td>放射性物品 A 型货包,易裂变的、非特殊形式的</td><td>3327</td></tr>
<tr><td>放射性物品 A 型货包,特殊形式的、易裂变的</td><td>3333</td></tr>
<tr><td rowspan="2">易裂变Ⅲ类低比活度放射性物品(LSA-Ⅲ)</td><td rowspan="2"></td><td>IF-2</td><td>工业Ⅱ型货包</td><td rowspan="2">Ⅲ类低比活度放射性物品(LSA-Ⅲ),易裂变的</td><td rowspan="2">3325</td></tr>
<tr><td>IF-3</td><td>工业Ⅲ型货包</td></tr>
<tr><td rowspan="2">易裂变Ⅱ类低比活度的放射性物品(LSA-Ⅱ)</td><td rowspan="2"></td><td>IF-2</td><td>工业Ⅱ型货包</td><td rowspan="2">Ⅱ类低比活度放射性物品(LSA-Ⅱ),易裂变的</td><td rowspan="2">3324</td></tr>
<tr><td>IF-3</td><td>工业Ⅲ型货包</td></tr>
<tr><td>易裂变的放射性表面污染物体(SCO-Ⅰ或 SCO-Ⅱ)</td><td></td><td>IF</td><td>工业型货包</td><td>放射性表面污染物体(SCO -Ⅰ或 SCO -Ⅱ),易裂变的</td><td>3326</td></tr>
<tr><td rowspan="2">Ⅰ类放射源</td><td rowspan="2">医用强钴源、工业辐照强钴源、锎-252 中子源原料等</td><td>B(U)</td><td>B(U)货包</td><td>放射性物品 B(U)型货包,非易裂变的或例外易裂变的</td><td>2916</td></tr>
<tr><td>B(M)</td><td>B(M)货包</td><td>放射性物品 B(M)型货包,非易裂变的或例外易裂变的</td><td>2917</td></tr>
</table>

续表

分类	放射性物品	放射性物品举例	容器类型	货包(包件)类型	名称和说明	联合国编号
二类	非特殊形式的非易裂变或例外易裂变，放射性活度不大于 A_2 值的放射性物品	钼-锝发生器	A	A 型货包	放射性物品 A 型货包，非特殊形式的、非易裂变的，或非特殊形式的、例外易裂变的	2915
	特殊形式的非易裂变或例外易裂变，放射性活度不大于 A_1 值的放射性物品		A	A 型货包	放射性物品 A 型货包，特殊形式的、非易裂变的，或特殊形式的、例外易裂变的	3332
	非易裂变或例外易裂变的Ⅲ类低比活度放射性物品(LSA-Ⅲ)(非独家使用)		IP-3	工业Ⅲ型货包	Ⅲ类低比活度放射性物品(LSA-Ⅲ)，非易裂变的或例外易裂变的	3322
	非易裂变或例外易裂变的Ⅱ类低比活度放射性物品(LSA-Ⅱ)(液体非独家使用)		IP-3	工业Ⅲ型货包	Ⅱ类低比活度放射性物品(LSA-Ⅱ)，非易裂变的或例外易裂变的	3321
	Ⅱ类和Ⅲ类放射源	铯-137 等密封放射源	B(U)	B(U)货包	放射性物品 B(U)型货包，非易裂变的或例外易裂变的	2916
			B(M)	B(M)货包	放射性物品 B(M)型货包，非易裂变的或例外易裂变的	2917
			A	A 型货包	放射性物品 A 型货包，非特殊形式的、非易裂变的，或非特殊形式的、例外易裂变的	2915
					放射性物品 A 型货包，特殊形式的、非易裂变的，或特殊形式的、例外易裂变的	3332
三类	有限量的放射性物品	放射性活度小于 7×10^7 Bq 的碘-131 溶液		例外货包	放射性物品例外货包——有限量的放射性物品	2910
	含有放射性物质的仪器或制品	骨密度测量仪		例外货包	放射性物品例外货包——含有放射性物质的仪器或制品	2911
	天然铀或贫化铀或天然钍的制品			例外货包	放射性物品例外货包——天然铀或贫化铀或天然钍的制品	2909
	运输放射性物品的空包装			例外货包	放射性物品例外货包——运输放射性物品的空包装	2908

续表

分类	放射性物品	放射性物品举例	容器类型	货包(包件)类型	名称和说明	联合国编号
三类	非易裂变或例外易裂变的Ⅲ类低比活度放射性物品(LSA-Ⅲ)		IP-2	工业Ⅱ型货包	Ⅲ类低比活度放射性物品(LSA-Ⅲ),非易裂变的或例外易裂变的	3322
	非易裂变或例外易裂变的Ⅱ类低比活度放射性物品(LSA-Ⅱ)	含氚浓度小于0.8TBq/L的水	IP-2	工业Ⅱ型货包	Ⅱ类低比活度放射性物品(LSA-Ⅱ),非易裂变的或例外易裂变的	3321
	非易裂变或例外易裂变的Ⅰ类低比活度放射性物品(LSA-Ⅰ)	黄饼	IP-2	工业Ⅰ型货包 工业Ⅱ型货包	Ⅰ类低比活度放射性物品(LSA-Ⅰ),非易裂变的或例外易裂变的	2912
	非易裂变或例外易裂变Ⅰ、Ⅱ类放射性表面污染体(SCO-Ⅰ、SCO-Ⅱ)	污染构件	IP-1 IP-2	工业Ⅰ型货包 工业Ⅱ型货包	放射性表面污染物体(SCO-Ⅰ或SCO-Ⅱ),非易裂变的或例外易裂变的	2913
	Ⅵ类和Ⅴ类放射源	铯-137(0.5mCi)子母源罐	A	A型货包	放射性物品A型货包,非特殊形式的非易裂变的或非特殊形式的例外易裂变的	2915
					放射性物品A型货包,特殊形式的非易裂变的或特殊形式的例外易裂变的	3332
				例外货包	放射性物品例外货包——有限量的放射性物品	2910

资料来源:环境保护部.2010.放射性物品分类和名录(试行)。

10.7.7 放射性物品运输的安全管理

放射性物品运输容器和运输过程的管理要求分别见表10.38和表10.39。

表10.38 放射性物品运输容器的管理

容器类别	设计要求	制造要求	使用要求
总体要求	(1)放射性物品运输容器设计单位应当建立健全和有效实施质量保证体系,按照国家放射性物品运输安全标准进行设计,并通过试验验证或者分析论证等方式,对设计的放射性物品运输容器的安全性能进行评价 (2)放射性物品运输容器设计单位应当建立健全档案制度,按照质量保证体系的要求,如实记录放射性物品运输容器的设计和安全性能评价过程	放射性物品运输容器制造单位,应当按照设计要求和国家放射性物品运输安全标准,对制造的放射性物品运输容器进行质量检验,编制质量检验报告。未经质量检验或者经检验不合格的放射性物品运输容器,不得交付使用	放射性物品运输容器使用单位应当对其使用的放射性物品运输容器定期进行保养和维护,并建立保养和维护档案;放射性物品运输容器达到设计使用年限,或者发现放射性物品运输容器存在安全隐患的,应当停止使用,进行处理

续表

容器类别	设计要求	制造要求	使用要求
一类	(1)进行一类放射性物品运输容器设计，应当编制设计安全评价报告书 (2)一类放射性物品运输容器的设计，应当在首次用于制造前报国务院核安全监管部门审查批准。获取一类放射性物质运输容器设计批准书。审批需提交以下材料：①设计总图及其设计说明书；②设计安全评价报告书；③质量保证大纲 (3)设计单位修改已批准的一类放射性物品运输容器设计中有关安全内容的，应当按照原申请程序向国务院核安全监管部门重新申请领取一类放射性物品运输容器设计批准书	(1)从事一类放射性物品运输容器制造活动的单位，应当具备《放射性物品安全运输条例》所规定的条件 (2)从事一类放射性物品运输容器制造活动的单位，应当申请领取一类放射性物品运输容器制造许可证。单位名称、住所或者法人变更时要及时办理制造许可证变更手续。一类放射性物品运输容器制造单位变更制造的运输容器型号的，应当按照原申请程序向国务院核安全监管部门重新申请领取制造许可证 (3)应当按照国务院核安全监管部门制定的编码规则，对其制造物品运输容器统一编码和备案	(1)一类放射性物品运输容器使用单位还应当对其使用的一类放射性物品运输容器每两年进行一次安全性能评价，并将评价结果报国务院核安全监管部门备案 (2)使用境外单位制造的一类放射性物品运输容器的，应当在首次使用前报国务院核安全监管部门审查批准
二类	(1)进行二类放射性物品运输容器设计，应当编制设计安全评价报告表 (2)二类放射性物品运输容器的设计，设计单位应当在首次用于制造前，将设计总图及其设计说明书、设计安全评价报告表报国务院核安全监管部门备案	(1)从事二类放射性物品运输容器制造活动的单位，应当在首次制造活动开始 30 日前，将其具备与所从事的制造活动相适应的专业技术人员、生产条件、检测手段，以及具有健全的管理制度和完善的质量保证体系的证明材料，报国务院核安全监管部门备案 (2)应当按照国务院核安全监管部门制定的编码规则，对其制造物品运输容器统一编码和备案	使用境外单位制造的二类放射性物品运输容器的，应当在首次使用前将运输容器质量合格证明和符合中华人民共和国法律、行政法规规定，以及国家放射性物品运输安全标准或者经国务院核安全监管部门认可的标准的说明材料，报国务院核安全监管部门备案
三类	三类放射性物品运输容器的设计，设计单位应当编制设计符合国家放射性物品运输安全标准的证明文件并存档备查	从事三类放射性物品运输容器制造活动的单位，应当于每年 1 月 31 日前将上一年度制造的运输容器的型号和数量报国务院核安全监管部门备案	—

资料改编自：中华人民共和国国务院令第 562 号 . 2009. 放射性物品运输安全管理条例

表 10.39　放射性物品运输过程的管理要求

	主要内容
总体要求	(1)托运放射性物品的，托运人应当持有生产、销售、使用或者处置放射性物品的有效证明，使用与所托运的放射性物品类别相适应的运输容器进行包装，配备必要的辐射监测设备、防护用品和防盗、防破坏设备，并编制运输说明书、核与辐射事故应急响应指南、装卸作业方法、安全防护指南 (2)承运放射性物品应当取得国家规定的运输资质

续表

	主要内容
	(3)托运人和承运人应当对直接从事放射性物品运输的工作人员进行运输安全和应急响应知识的培训，并进行考核；考核不合格的，不得从事相关工作 (4)托运人和承运人应当按照国家放射性物品运输安全标准和国家有关规定，在放射性物品运输容器和运输工具上设置警示标志 (5)托运人和承运人应当按照国家职业病防治的有关规定，对直接从事放射性物品运输的工作人员进行个人剂量监测，建立个人剂量档案和职业健康监护档案 (6)托运人应当向承运人提交运输说明书、辐射监测报告、核与辐射事故应急响应指南、装卸作业方法、安全防护指南，承运人应当查验、收存。托运人提交文件不齐全的，承运人不得承运 (7)通过道路运输放射性物品的，应当经公安机关批准，按照指定的时间、路线、速度行驶，并悬挂警示标志，配备押运人员，使放射性物品处于押运人员的监管之下。通过道路运输核反应堆乏燃料的，托运人应当报国务院公安部门批准。通过道路运输其他放射性物品的，托运人应当报启运地县级以上人民政府公安机关批准 (8)生产、销售、使用或者处置放射性物品的单位，可以依照《中华人民共和国道路运输条例》的规定，向设区的市级人民政府道路运输管理机构申请非营业性道路危险货物运输资质，运输本单位的放射性物品，并承担本条例规定的托运人和承运人的义务 (9)县级以上人民政府组织编制的突发环境事件应急预案，应当包括放射性物品运输中可能发生的核与辐射事故应急响应的内容。放射性物品运输中发生核与辐射事故的，承运人、托运人应当按照核与辐射事故应急响应指南的要求，做好事故应急工作，并立即报告事故发生地的县级以上人民政府环境保护主管部门。接到报告的环境保护主管部门应当立即派人赶赴现场，进行现场调查，采取有效措施控制事故影响，并及时向本级人民政府报告，通报同级公安、卫生、交通运输等有关主管部门。接到报告的县级以上人民政府及其有关主管部门应当按照应急预案做好应急工作，并按照国家突发事件分级报告的规定及时上报核与辐射事故信息。核反应堆乏燃料运输的核事故应急准备与响应，还应当遵守国家核应急的有关规定
一类放射性物质	(1)托运一类放射性物品的，托运人应当委托有资质的辐射监测机构对其表面污染和辐射水平实施监测，辐射监测机构应当出具辐射监测报告。监测结果不符合国家放射性物品运输安全标准的，不得托运 (2)托运一类放射性物品的，托运人应当编制放射性物品运输的核与辐射安全分析报告书，报国务院核安全监管部门审查批准 (3)一类放射性物品启运前，托运人应当将放射性物品运输的核与辐射安全分析报告批准书、辐射监测报告，报启运地的省、自治区、直辖市人民政府环境保护主管部门备案 (4)一类放射性物品从境外运抵中华人民共和国境内，或者途经中华人民共和国境内运输的，托运人应当编制放射性物品运输的核与辐射安全分析报告书，报国务院核安全监管部门审查批准 (5)国家利用卫星定位系统对一类放射性物品运输工具的运输过程实行在线监控 (6)禁止邮寄一类放射性物品
二、三类放射性物质	(1)托运二类、三类放射性物品的，托运人应当对其表面污染和辐射水平实施监测，并编制辐射监测报告。监测结果不符合国家放射性物品运输安全标准的，不得托运 (2)二类、三类放射性物品从境外运抵中华人民共和国境内，或者途经中华人民共和国境内运输的，托运人应当编制放射性物品运输的辐射监测报告，报国务院核安全监管部门备案 (3)国家利用卫星定位系统对二类放射性物品运输工具的运输过程实行在线监控 (4)禁止邮寄二类放射性物品，邮寄三类放射性物品的，按照国务院邮政管理部门的有关规定执行

资料改编自：中华人民共和国国务院令第 562 号．2009．放射性物品运输安全管理条例。

10.8 核设施辐射防护最优化

10.8.1 辐射防护最优化的流程

IAEA 推荐的核设施设计和运行阶段辐射防护最优化流程分别见图 10.1 和图 10.2，相关分析评价内容和降低剂量的措施分别见表 10.40 和表 10.41。

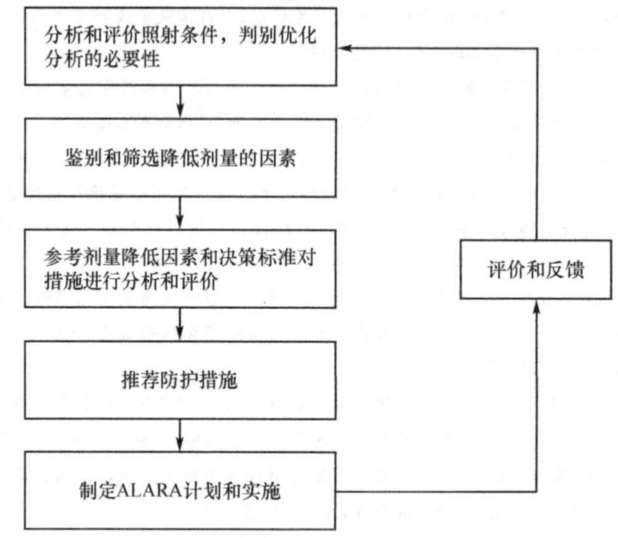

图 10.1 运行阶段辐射防护最优化分析实施流程

资料来源：IAEA Safety Reports Series NO. 21. 2002。

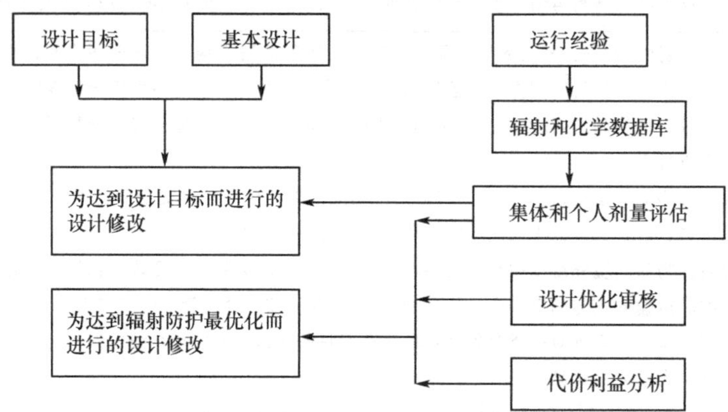

图 10.2 核设施设计阶段辐射防护最优化流程

资料来源：IAEA NO. Ns-G-1. 13. 2005

表 10.40 照射条件的分析和评价

评价项目		评价内容
照射条件的总体评价	设计阶段	在新建核设施的设计阶段，根据辐射工作数量、工作实施频率和时间长短、剂量率、参与工作的人数等估算个人剂量约束值，并根据目标来进行设计和设计改进
	运行阶段	对集体剂量趋势和个人剂量分布进行总体分析和分类分析评价，评价内容包括各级人员对最优化的承诺、人员的知识水平、人员在优化分析中的参与程度、数据信息系统及其应用、最优化持续培训情况等

续表

评价项目		评价内容
专项工作评价和分析	对所有辐射工作预评价	工作的主要参数(比如剂量率、工时等)评价，辐射工作的剂量目标设定、与历史数据或同行数据进行比较、对剂量变化趋势进行分析
	专项辐射工作分析评价	对照射时间、人员数量、场所剂量率、防护设备、程序和工具、工作场所配置(屏蔽、脚手架等)进行分析评价
最优化数据的积累和获取	核设施或国家数据	(1)为了提高评价效率，核设施应该建立最优化数据库，用来收集、分析和存储数据。这些数据不仅包括剂量相关数据，还应包括工作条件、工作执行情况等通用数据 (2)国家级数据库有助于核设施数据共享
	国际数据	可以从以下渠道获取数据： (1)IAEA 开发的 RAIS 系统 (2)UNSCEAR 定期出版的报告《Sources and Effects of Ionizing Radiation》 (3)OECD NEA 和 IAEA 共同开发，针对核电站的 Information System on Occupational Exposure (ISOE)

资料翻译整理自：IAEA Safety Reports Series NO. 21. 2002。

表 10.41 最优化分析中降低剂量的措施

措施		主要内容
通用措施	工作计划和安排	(1)选择最有利的工作时机或工作窗口(好的工作条件、剂量率等)，以降低剂量 (2)合理安排工作人数
	基本培训	(1)辐射防护基本知识 (2)辐射防护最优化(IAEA 开发了软件 RADIOR) (3)工作现场环境和剂量率
	工作人员的 ALARA 意识和参与	(1)提高 ALARA 意识和态度 (2)工作人员参与 ALARA 目标、ALARA 计划的制定和经验反馈过程 (3)现场辐射标识提醒工作人员
	沟通	鼓励各级管理人员、工作负责人、工作人员及时沟通
减少照射的具体措施	设施或设备的设计	(1)设计过程中的屏蔽、包容、远距离操作 (2)设备、工具更加友好，便于操作、维修，提高工作效率 (3)设计改造，改进工作环境和防护效果
	减少辐射工作时间	(1)工作前的准备。保证程序、工具和设备(如照明、脚手架等)在工作前可用，减少在工作现场的时间 (2)工作人员熟悉工作过程，工作前实操演练或模拟训练 (3)防护用品的准备和合理使用。比如过度的内污染防护可能增加现场的工作时间
	合理减少工作人数	(1)工作现场的合理人数就是可以圆满完成工作的最少人数 (2)工作辅助人员尽可能在低辐射区待工 (3)使用远距离摄像设备、远距离剂量监测设备，可以减少观察、监督人员在现场的人数

续表

措施		主要内容
减少照射的具体措施	降低剂量率	(1)通过系统的化学去污、过滤、离子交换、冲洗等措施降低剂量率 (2)改进放射性回路的化学、运行控制 (3)工作前设备或部件去污 (4)增加临时屏蔽 (5)使用远距离测量仪器或操作工具 (6)优化工作人员的工作位置和方向
	特殊培训	(1)比基本培训更细致、专业的培训,比如射线探伤培训、放射源管理培训等 (2)实际操作技能培训,比如模拟现场照明、通风、穿戴防护、设备使用等工作环境下的培训

资料翻译整理自:IAEA Safety Reports Series NO. 21. 2002。

10.8.2 辐射防护最优化组织机构

建立ALARA组织机构对于最优化行动的协调和实施是很有帮助的。组织机构通常包括:

ALARA委员会,其主要职责是审核和批准ALARA计划,定期评估核设施辐射防护状况,评价减少剂量的措施并提出建议,成员的挑选一般要使委员会具有较宽的专业背景,应包括来自运行、维修、工程、计划等各方面人员。

ALARA协调员(或协调小组),负责跟踪ALARA委员会的决策执行情况,是工作层和管理层在辐射防护方面的联络人,负责工作过程中ALARA的详细分析和执行推动。

10.8.3 辐射防护最优化检查单

最优化检查单是辐射防护最优化执行过程中一个很有用的工具,可作为工作计划和工前会讨论的内容之一。表10.42~表10-44为最优化检查单举例。

表10.42 ALARA工作计划检查单

工作前检查的问题	是	否	不适合	备注
(1)是否对该项工作以前情况进行审查?如果没有,是否制定计划来编写或改进文件?照相或录像对工作是否有帮助?如果有帮助,由谁来负责照相或录像				
(2)工作中可能出现哪些问题(任何可能影响工作进展的事)				
(3)该项工作是否为高风险工作或首次工作				
(4)是否需要特殊培训或模拟培训?如果是,确定培训的时间、地点和方式				
(5)是否使用远距离操作或测量设备?如果是,明确设备				
(6)工作是否必须在辐射区域或空气污染区域开展?设备是否可以转移到低剂量率区域?对于新安装的设备,是否可以制作成预制件				
(7)工作现场的剂量率是否可以通过屏蔽或系统冲洗(减少源项)来降低				
(8)有没有其他可减少剂量的替代方案?如果有,要确定方案是什么				
(9)工作是否一定要打开放射性系统				
(10)是否有工具清单?要准确确定清单				

续表

工作前检查的问题	是	否	不适合	备注
(11)是否需要特殊工具？如果需要，确定其型号及是否已经具备				
(12)工作是否产生放射性废物？如果产生，有哪些(如液体、干废物、金属)，大概产生量多少				
(13)工作现场的通讯要求是否明确？如果明确，需具体描述				

翻译自：IAEA Safety Reports Series NO. 21. 2002。

表 10.43 辐射防护检查单

工作前检查的问题	是	否	不适合	备注
(1)是否需要召开工作计划会议				
(2)是否需要召开工前会				
(3)该项工作的剂量目标是否确定				
(4)设备或现场是否需要去污				
(5)临时屏蔽对减少该工作的剂量是否有效？如果有效，屏蔽要降低剂量的比例是多少(在备注中注明)				
(6)是否计划采取措施降低现场的空气污染				
(7)低剂量待工区是否已经确定				
(8)如果采取呼吸保护措施，其对剂量的影响是否已评估				

翻译自：IAEA Safety Reports Series NO. 21. 2002。

表 10.44 工作前准备会 ALARA 检查单

工作前准备会检查的问题：

(1)介绍工作过程

(2)介绍工作条件，包括：

—工作开始时的辐射条件

—工作过程中的辐射条件或潜在危害

—工作区域的进出路线

—确定支持和服务人员低剂量待工区

—环境条件和限制

—屏蔽情况

—安全条件(如高温、空间限制等)

(3)介绍控制污染产生、扩散、减少空气污染的设备或方法

(4)介绍核清洁、防异物进入系统开口的措施

(5)介绍剂量测量的要求、位置和实施方案

(6)介绍防护服、防护设备和呼吸保护的要求

(7)介绍工作中穿、脱防护服的方法

(8)介绍减少废物量、特殊废物(如废油、包装、过滤器、混合废物)产生和处理的技术

(9)是否 ALARA 工作计划检查单要求的所有行动均已完成？如果没有完成，由谁来负责解决

(10)请工作组成员提出问题和建议

翻译自：IAEA Safety Reports Series NO. 21. 2002。

10.9 核临界安全

10.9.1 临界安全的管理要求

(1) 临界安全原则：临界安全管理是核安全与辐射安全管理的重要组成部分，核临界安全

行政管理应当纳入总的安全管理体系,遵循通用的安全管理法规、标准和制度,同时应当适应核临界安全专业性和技术性较强的特点。

建立与实行严格的核临界安全责任制度,明确规定有关部门、单位和人员的核临界安全责任。应根据实际需要,组织较强的临界安全技术力量,设立核临界安全领导协调机构和核临界安全技术评审咨询组织。

从事核临界安全的专业人员,应进行专业培训与考核,人员选择和任命程序要保证核临界安全人员具有能胜任工作的专业技能和文化程度。核设施营运单位配备专职或兼职从事核临界安全技术与管理人员,有权直接向单位领导提出意见和建议。

核设施营运单位按规定向主管部门或监管部门提交核临界安全分析报告及其主要技术文件,应用详实、明确和充分的资料编写报告,接受与配合上级审管部门及其委托的核临界安全评审咨询机构的审查。

(2) 临界安全责任:核设施营运单位对核设施临界安全负全面和主要责任。营运单位有权抵制来自上级审管部门的有害于核临界安全的要求;有权拒绝上级审管部门做出的强制性决策及指令以外的有害于核临界安全的任何要求。

营运单位应向上级审管部门提交新建、改建的加工、处理、操作、贮存易裂变材料的核设施(或工艺流程)临界安全分析报告、临界安全大纲、应急计划以及涉及临界安全限值的论证资料和技术文件。绝不能因为上级审管部门对报告或技术文件的审批,而改变营运单位对临界安全应负的全面和主要负责。

营运单位应建立和健全本单位的核临界安全责任制。营运单位的各级运行主管人员应当熟悉其主管的核设施临界安全的各个方面,并对其主管的核设施运行临界安全负直接和主要责任,对工程控制的检查、测试和维护负责。

营运单位的核临界安全专业人员应当承担有关的核临界安全技术工作(如核临界安全分析、核临界安全规程编制、运行操作规程评审、运行操作核临界安全检查、临界安全培训等),并负核临界安全技术责任。

营运单位运行操作人员应当遵守核临界安全规程和岗位运行操作规程,对违章操作负直接责任。

(3) 核临界安全分析和评价:新建、扩建、改建或在役运行改变某些条件的核设施存在核临界安全问题时,所编制的安全分析报告和设计文件,应包括核临界安全的内容。

核临界安全分析报告或技术文件,应采用可信的实验和计算数据,所采用的临界安全计算程序是安全当局认可的验证程序;并由专业机构进行核临界安全分析和评价。

凡开始新的物项涉及易裂变材料的操作或改变现有操作之前,特别是在设计新工艺流程或改变现有工艺流程的某些条件和设备之前,应进行核临界安全分析、评价或复核性安全评价,确认整个操作过程或整个工艺流程在正常条件和可信异常条件下均处于次临界安全状态。

(4) 临界安全规程:营运单位依据国家核临界安全法规标准,结合本单位核设施实际情况,对涉及核临界安全的任何运行操作,应按制订的书面运行操作规程的规定进行。这些规程应包括对核临界安全至关重要的受控参数及其限值。新编的和现行的运行操作规程,应有临界安全专业人员参加,由审管职能机构组织评审或复审。

(5) 临界安全检查:运行操作人员应当对所负责的运行操作的核临界安全经常检查,以查明运行操作规程是否得到遵守,工艺条件是否存在影响核临界安全的变化。

任何违反运行操作规程,影响到核临界安全的违章事件,以及意外地影响核临界安全的工艺条件变化，应当做详细记录，向核设施运行主管人员和安全管理职能部门报告，迅速采取措施防止其再次发生。

核设施运行主管人员或运行管理职能部门应组织对运行操作的核临界安全做定期或不定期的全面检查，这种检查应当有核临界安全专业人员参加。

(6) 人员培训：核设施营运单位应当建立和健全对易裂变材料的操作人员、核临界安全专业人员及有关管理人员的核临界安全培训和考核制度，定期与不定期地结合实际进行核临界安全培训和再培训。

(7) 易裂变材料管理：易裂变材料的转移应当按照书面程序的规定予以控制。应当有专人负责易裂变材料的清点和统计，掌握易裂变材料的分布、积存和转移情况。存放的易裂变材料应当有材料标签，存放地点应当加标牌。标签和标牌应当标明易裂变材料种类和所有受控参数的限值。应当确保所加标签、标牌正确无误。

应当对易裂变材料的加工、处理、操作和贮存区域实行管制。

(8) 临界事故应急：对可能发生核临界事故的设施和场所，遵循核事故应急管理法规，制订应急计划及其实施程序，做好应急准备工作。核设施现场若发生核临界事故，不得盲目进入事故现场。

(9) 临界事故管理：发生核临界事故的核设施营运单位，应当立即向其主管部门和(或)核安全监督部门报告，并采取措施处理事故；在对事故做出详细调查分析后，提交书面事故报告。

凡发生核临界事故的工艺流程或生产岗位，在恢复运行操作前，营运单位应当重新进行全面的核临界安全分析，并向国家主管部门和(或)核安全监督部门提交新的安全分析报告，经批准后方可恢复运行操作。凡出现未遂核临界事故，应当按照核临界事故对待处理。

10.9.2 核临界安全的基本技术准则

核临界安全应遵循以下技术准则：

(1) 应在全面分析整个操作过程或整个工艺流程的基础上，明确选择适当的临界控制方式，明确确定恰当的可控参数的操作(运行)限值。

(2) 应采取一种或数种有效可行的工程和技术措施(或手段)，确保所选择的临界控制方式和所确定可控参数的限值始终保持有效。

(3) 双偶然事件原则，即要求操作或工艺设计中应有足够大的安全系数，使得在有关的各个操作条件或工艺条件中至少需要一并发生两种不大可能的、独立的改变时，才有可能导致临界事故。

(4) 只要有可能，就应当采用几何控制而不是行政管理措施来进行临界控制。在所有的控制措施中应优先考虑采用几何控制。

(5) 对于无法采用几何控制的设备，如有可能，应优先采用中子毒物控制。应当采取适当的措施，使加入的中子毒物持续保持其预期的分布和浓度。

(6) 临界控制所依赖的次临界限值，应建立在实验数据或经检验证明可靠的计算方法所得出的计算数据的基础之上。

10.9.3 临界安全的其他技术要求

可能造成工艺条件变化的典型事件、燃耗信用制简介分别见表 10.45 和表 10.46。

表 10.45 可能造成工艺条件变化的典型事件

后果	典型事件
改变几何形状	由于容器凸涨、腐蚀或破裂，或制造时不符合技术条件，造成容器偏离设计的形状和尺寸
增加易裂变材料质量	由于误操作、标签不当、设备故障或样品分析操作出错，造成某一位置的易裂变材料质量增加
慢化剂与易裂变材料原子数之比偏离规定值	由于下列原因造成慢化剂与易裂变材料原子数之比偏离规定值： (1)仪器或化学分析方法不准确 (2)水、油、雪(即低密度水)、纸板、木料或其他慢化材料，以淹没、喷淋或其他方式影响单体或多体系统 (3)慢化剂蒸发或转移 (4)溶液中易裂变材料沉淀 (5)添加慢化剂造成浓溶液稀释 (6)空气泡进入贮存水池内的燃料组件排之间
改变中子损失份额	由于下列原因造成中子损失份额改变： (1)固态中子吸收剂因腐蚀或浸出而损失 (2)慢化剂数量改变 (3)溶液中的中子吸收剂或易裂变材料因沉淀而重新分布 (4)慢化剂阵列或溶液中的固体中子吸收剂因聚集而重新分布 (5)加到溶液中的中子吸收剂未达到规定的数量，或未达到规定的分布方式 (6)样品分析技术未能提供正确的浓度数据
改变反射效率	由于下列原因造成反射效率改变： (1)出现额外材料(例如水或人体)使反射体厚度增加 (2)反射体组分变化，使中子吸收剂减少(例如因吸收剂包壳被腐蚀)
改变单体之间、单体与反射层之间的相互作用	由于下列原因造成单体之间、单体与反射层之间的相互作用改变： (1)出现额外的单体或反射体(例如人体) (2)单体放置位置不当 (3)单体间的慢化剂和吸收剂损失 (4)保持单体间隔的架子倒塌
增加易裂变材料密度	易裂变材料密度增加

资料来源：GB 15146.2-2008。

表 10.46 燃耗信任制简介

定义	在分析乏燃料的贮存、运输和后处理(或处置)中的临界安全问题时，不以新燃料的富集度为依据，而考虑辐照后的反应性降低，这就是采用燃耗信任制
优势	以新燃料的富集度为依据分析乏燃料的临界安全问题存在过大的安全裕度，采用燃耗信任制可使这种过大的安全裕度适当降低，在保证安全的前提下提高经济效益
实施燃耗信任制的条件	(1)核电站提供可靠的燃耗数据。对每个燃料组件在堆内的辐照历史都要详细记录在计算机中并用精确的计算程序进行燃耗计算。在计算中要考虑燃耗的不均匀性 (2)实际测量每个组件的燃耗。尽管燃耗计算结果已经非常精确，但还是应在贮存、运输和后处理前测量每个组件的燃耗。燃耗测量装置的精度应经过实验验证。对燃耗的验证实质上是对乏燃料中有关核素组分的验证 (3)开发精度高、适应性强的临界安全计算程序，并且应对计算程序进行验证。临界计算精确性需用临界实验来验证
燃耗信任制的不同水准	(1)净可裂变水准。考虑可裂变同位素的净减少 (2)锕系水准。考虑可裂变同位素的净减少，并考虑锕系同位素的中子吸收效应 (3)锕系加裂变产物水准。考虑可裂变同位素的净减少，并考虑锕系同位素和裂变产物的中子吸收效应 (4)总的可燃吸收剂水准。考虑可裂变同位素的净减少，并考虑全部中子吸收剂的存在；对应于同一个燃耗信任制水准，还有允许的燃耗信用值高低的差别

资料改编自：阮可强．2005. 核临界安全。

10.9.4 核临界事故

表10.47给出了不同易裂变材料系统瞬发临界事故最大可能裂变次数，对无慢化固体系统的临界事故，可能出现初始裂变脉冲尖峰，而有慢化系统的事故，才可能出现裂变尖峰和尖峰后的功率平台，其事故总裂变次数，大约为脉冲尖峰裂变次数的十余倍。

实际发生的瞬发临界事故，其裂变次数比表10.47估计的最大可能裂变次数小很多，通常在10^{15}～10^{17}量级，只有1959年10月美国爱达荷国家工程研究所爱达荷化学处理厂的临界事故和1999年9月日本东海村JCO公司燃料加工厂的临界事故较大，裂变次数分别达到4×10^{19}和2.5×10^{18}，与表10.47对溶液单体系统所估计的最大可能裂变次数基本相当。表10.48给出了世界上无反射或有反射易裂变金属单体系统临界实验中发生的瞬发临界事故概况，表10.49给出了核燃料工厂主要核临界事故概况。

表10.47 不同易裂变材料系统瞬发临界事故最大可能裂变次数及可能造成的实体损坏估计

系统	初始脉冲裂变数	总裂变数	可能造成的实体损坏
溶液单体			
体积小于0.5m^3	1×10^{17}	3×10^{18}	不大可能造成实体损坏
体积大于0.5m^3	1×10^{18}	3×10^{19}	不大可能造成实体损坏
无慢化固体单体			
铀	3×10^{19}	3×10^{19}	可能造成实体部件损坏
钚	2×10^{18}	2×10^{18}	可能造成实体部件损坏
非均匀液体/颗粒物单体[a]	3×10^{20}	3×10^{20}	可能导致系统轻度或广泛损坏
非均匀水/固体块单体	3×10^{18}	1×10^{19}	可能导致系统轻度或广泛损坏
无慢化单元组成的大贮存阵列[b]	3×10^{22}	3×10^{22}	可能产生大的脉动

a. 颗粒物的搅动可导致增加较大反应性。

b. 货架倒塌易裂变材料单元聚集而临界。

资料来源：Woodcock E R. AHSP(RP)R-14。

表10.48 无反射或有反射易裂变金属单体系统临界实验中发生的瞬发临界事故概况

时间(年.月.日)	事故地点	系统材料	系统几何	事故原因	裂变次数
1945.8.21	美国，洛斯阿拉莫斯	6.3kgδ相Pu	带WC反射层球体	手工安装反射层	～1×10^{16}
1946.5.21	美国，洛斯阿拉莫斯	6.3kgδ相Pu	带Be反射层球体	手工安装反射层	～3×10^{15}
1951.3.1	美国，洛斯阿拉莫斯	62.9kgU(93)[a]金属	在水中的圆柱体和环套	紧急停堆装置设计不当	～1×10^{17}
1952.4.18	美国，洛斯阿拉莫斯	92.4kgU(93)[a]金属	无反射圆柱体	计算错误	1.5×10^{16}
1954.2.3	美国，洛斯阿拉莫斯	54kgU(93)[a]金属	无反射球体	错误操作	5.6×10^{16}
1957.2.12	美国，洛斯阿拉莫斯	54kgU(93)[a]金属	无反射球体	实验漂移	1.2×10^{17}
1960.6.17	美国，洛斯阿拉莫斯	～51kgU(93)[a]金属	带9in反射层的圆柱体	贴加过量材料	6×10^{16}
1961.11.10	美国，橡树岭	～75kgU(93)[a]金属	石蜡反射	贴加过量材料	～1×10^{16}
1963.3.26	美国，里弗莫尔	47kgU(93)[a]金属	带Be反射层的圆柱体	操作不当	3.7×10^{17}
1965.5.28	美国，白沙镇	96kgU(99)[a]-Mo合金	无反射圆柱体	错误操作	1.5×10^{17}
1997.6.17	俄罗斯，Arzamas-16	高浓缩铀金属	带铜反射层	徒手手工操作和错误操作，计算错误	未报道

a. 括号中的数字表示U的富集度。

资料来源：刘新华等．2001．临界事故的特征与后果．辐射防护，21(6)。

表 10.49 核燃料工厂核临界事故概况

时间（年．月．日）	事故地点	材料	几何	事故原因	事故持续时间	总裂变次数	第一个脉冲裂变次数
1958.6.16	美国，橡树岭，Y-12 厂，从废碎屑中回收高浓缩铀工区	2.5kg，^{235}U，硝酸盐	55 加仑桶	U-235 溶液中加入了冲洗水	约 28min	1.3×10^{18}	$\sim1.3\times10^{16}$
1958.12.30	美国，洛斯阿拉莫斯，从稀的萃取余液中回收残留钚和微量镅工区	3.27kg，Pu，两相系统	250 加仑圆柱槽	搅拌改变了槽内溶液中 Pu 的几何分布	单脉冲	1.5×10^{17}	1.5×10^{17}
1959.10.16	美国，爱达荷，ICPP，高浓缩铀溶液输送	34.5kg，^{235}U，约 800L 水	5000 加仑圆柱槽	无意地虹吸到有水槽中	约 20min	4×10^{19}	$\sim1.3\times10^{17}$
1961.1.25	美国，爱达荷，ICPP，高浓缩铀溶液蒸发器	8kg，^{235}U，40L 水	圆柱形分离头	溶液转移到非几何安全容器	单脉冲	6×10^{17}	$\sim6\times10^{17}$
1962.4.7	美国，汉福特，瑞克喀普勒克斯厂，用溶剂萃取法回收钚工区	1.55kg，Pu	圆柱	真空输送到大槽	约 37h	8.2×10^{17}	$\sim1\times10^{16}$
1964.7.24	美国，罗法岛，伍德河枢纽厂，从燃料制造过程中产生的固体碎屑和溶液中回收浓缩铀	2.64kg，^{235}U	圆柱	溶液倒入非几何安全槽中	约2h（一说 1.5h）后因应急处置不当发生第二次闪爆及后续振荡	1.3×10^{17}	$\sim1\times10^{17}$
1970.8.24	英国，温斯凯尔厂，溶剂萃取法回收钚的流程首端	2.15kg，Pu	圆柱	来历不明的溶剂从流过水相中萃取 Pu	小于 10s	$\sim10^{15}$	
1978.10.17	美国，爱达荷，ICPP，乏燃料第一萃取循环	8.49～10.55kg，U(89)[a*]；7.61～9.31kg，^{235}U	圆柱形洗涤柱	洗涤剂浓度违反技术规格书规定，变成反萃剂，萃取^{235}U	约 0.5h	3×10^{18}	
1953.3.15	苏联，乌拉尔马雅克企业，钚产品接收罐屏蔽设备室	650gPu，31L	40L 罐	溶液转送到非几何安全的罐中	单脉冲	2.5×10^{17}	2.5×10^{17}
1957.4.21	苏联，乌拉尔马雅克企业，铀溶液净化屏蔽设备室	3.4kg 草酸铀酰	直径为 500m 的圆柱形罐	沉淀物积累	不明	2×10^{17}	不明
1958.1.2	苏联，乌拉尔马雅克企业，高浓缩铀临界参数实验设施	溶液 Pu	试验槽	徒手倾斜试验槽，人体反射	单脉冲	2.3×10^{17}	2.3×10^{17}
1960.12.5	苏联，乌拉尔马雅克企业，钚溶液净化屏蔽设备室	830gPu 溶液和 170gPu 沉淀	直径 350mm，高 400mm，体积 40L	Pu 质量分析错误	不明时间后不适当的应急措施引发第二个脉冲	1×10^{17}	不明
1961.8.14	苏联，西北利亚化学联合体，凝结和蒸发六氟化铀设施	400g/L U(22.6)[a]	60L 圆柱形贮油箱	人为错误导致 U 沉积	3h 后重新生产引发第二个脉冲	1×10^{16}	不明

续表

时间（年．月．日）	事故地点	材料	几何	事故原因	事故持续时间	总裂变次数	第一个脉冲裂变次数
1962.9.7	苏联，乌拉尔马雅克企业，钚废料回收设施	1.32kgPu 溶液和元知量的 Pu 废渣	外径 450mm、体积 100L 的溶解槽	Pu 废渣重量和 Pu 含量假设不保守	40～50min 又发生两个脉冲	2×10^{17}	不明
1963.1.30	苏联，西伯利亚化学联合体，高浓缩铀废料回收设施	41L，71g/L，U 溶液	直径 342mm 的圆柱形槽	人为错误认定 U 浓度	约 10h	7.9×10^{17}	不明
1963.12.13	苏联，西伯利亚化学联合体，高浓缩铀萃取设施	100L，33g/L，U 溶液	底部为半球形的垂直圆柱体真空阱，直径 0.5m，体积 100L	由于设备的构形，U 溶液在真空阱中积累	第一次持续 6h；应急处置不当，引发持续时间不明的二次临界。总时间约 18h	2×10^{16}	1×10^{15}
1965.11.13	苏联，依列克特罗斯托勒燃料制造厂，六氟化铀转化设施	157kgU(6.5)[a] 淤浆，51kgU	直径 300mm，高 650mm 的圆柱形水箱	过滤器穿透，U 粉末在真空泵水箱中累积	单脉冲	1×10^{15}	1×10^{15}
1965.12.16	苏联，乌拉尔马雅克企业，高浓缩铀废料回收设施	2.2kgU，溶液	直径 450mm 圆柱形溶解槽，U 最大安全质量 2kg	缺乏数据记录，加入过量 U，且加热搅拌时间不足	7h，11 个尖峰	7×10^{17}	不明
1968.12.10	苏联，乌拉尔马雅克企业，钚萃取设施	0.5g/L，40L，Pu 溶液，并存在有机污物	60L	错误到入非几何安全容器	第一次单脉冲后，倾斜容器引发第二次脉冲	1.5×10^{16}	1.0×10^{16}
1978.12.13	苏联，西伯利亚化学联合体，钚金属锭临时贮存箱	4 块金属 Pu 锭	允许装 1 块 Pu 锭的贮存箱	管理混乱，责任不明，导致只允许装 1 块 Pu 锭的贮存箱装了 4 块	单脉冲	3×10^{15}	3×10^{15}
1997.5.15	俄罗斯，诺沃新宾尔斯克燃料芯块制造厂，贮存铀废料溶液的平板槽	155kg 沉淀物，含富集度 90＋% 的高浓铀	两个平板槽，长 3.5m，宽 2m，厚 0.14m	违反富集度控制，处理高浓缩铀；平板槽几何变形；沉积积累	在约 26h 内发生 6 个脉冲	1.0×10^{15}	不明
1999.9.30	日本，东海村，JCO 公司燃料加工厂，铀转化设施	16.8kgU（18.8）[a]，370g/L，	直径 450mm，高 610mm，体积 100L	倒入过量的铀溶液	19h40min	2.5×10^{18}	25min 的脉冲区的裂变数占总裂变数的 11%

a. 括号中的数字表示 U 中 ^{235}U 的浓度。

资料来源：刘新华等．2002. 国外核燃料工厂核临界事故的经验教训．辐射防护，22(1)。

无屏蔽情况下距临界事故发生点不同距离处的瞬发 γ 和中子剂量水平见表 10.50。

表 10.50 无屏蔽情况下距临界事故发生点不同距离处的瞬发 γ 和中子剂量水平

距离(m)	瞬发 γ 和中子剂量(Sv)			
	10^{16}裂变	10^{17}裂变	10^{18}裂变	10^{19}裂变
10	9E−02	8.6E−01	8.65E+0	8.65E+01
100	5E−04	5.7E−03	6E−02	6E−01
500	<1E−05	3.6E−05	4E−04	4E−03
1000	～本底	1E−05	1E−05	1E−04

资料来源:NUREG-1450.1991。

10.10 职业照射水平

10.10.1 核工业燃料循环职业照射水平(表 10.51～表 10.53)

表 10.51 中国核工业燃料循环职业照射水平(1996～2000)

核燃料循环系统	年均监测人数	年集体有效剂量(人·Sv)	年人均有效剂量(mSv)	占总集体有效剂量的份额(%)
铀矿开采	1803	27.67	15.35	63.95
铀水冶	1044	1.83	1.75	4.23
核燃料转化富集	3395	0.776	0.23	1.79
核燃料制造	1101	2.19	1.99	5.06
核电	2931	2.03	0.69	4.69
退役和放射性废物管理	1298	4.06	3.13	9.38
科学研究	2060	4.71	2.28	10.89
总计	13632	43.27	3.17	

资料来源:潘自强.2010. 中国辐射水平。

表 10.52 反应堆(PWRs)运行职业人员 1990～1994 年期间的受照情况比较

国家或地区	被监测人数	年集体剂量(人·Sv)	年均有效剂量(mSv)	人员分布比				集体剂量分布比			
				NR_{15}	NR_{10}	NR_5	NR_1	SR_{15}	SR_{10}	SR_5	SR_1
中国	819	0.43	0.52	0	0.01	0.02	0.10	0.09	0.15	0.33	0.65
荷兰	1770	2.59	1.47	0.00	0.02	0.09	0.34	0	0.15	0.51	0.92
芬兰	1244	2.45	1.97	0.01	0.05	0.14	0.38	0.12	0.32	0.64	0.95
美国	114117	154	1.35	0	0.03	0.09	0.27	0.01	0.13	0.42	0.91
全球	219000	385	2.22	0.034	0.020	0.08	0.27	0.07	0.21	0.51	0.90

资料来源:潘自强.2010. 中国辐射水平。

表 10.53 核工业研究领域职业人员 1990～1994 年期间的受照情况比较

国家或地区	被监测人数	年集体剂量(人·Sv)	年均有效剂量(mSv)	人员分布比				集体剂量分布比			
				NR_{15}	NR_{10}	NR_5	NR_1	SR_{15}	SR_{10}	SR_5	SR_1
中国	1265	1.0	0.79	0.01	0.01	0.03	0.14	0.26	0.35	0.50	0.77
印度	2380	4.65	1.28	0.01				0.18			
德国	1660	1.15	0.69								
全球	38173	37.7	0.99	0	0.01	0.02	0.13	0.22	0.36	0.52	0.78

资料来源:潘自强.2010. 中国辐射水平。

10.10.2 医学职业照射水平(表 10.54)

表 10.54 中国医用辐射职业照射 1986～2000 年监测的基本情况

职业类别	时期(年)	应监测人数(千人)	实监测人类(千人)	监测率(%)	集体有效剂量(人·Sv)	人均年有效剂量(mSv)
	1986～1990	107.4	19.8	18.4	231	2.15
总的医用辐射	1994～1995	89.1	34.7	38.9	131	1.47
	1996～2000	114.7	59.7	52.0	164	1.43
	1986～1990	94.6	18.3	19.3	207	2.18
X 射线诊断	1994～1995	80.5	30.3	37.6	122	1.52
	1996～2000	102.1	52.1	51.0	149	1.46
	1986～1990	5.82	0.98	16.8	9.26	1.59
核医学	1994～1995	4.57	2.19	47.9	5.35	1.17
	1996～2000	5.90	3.46	58.6	7.26	1.23
	1986～1990	6.84	0.48	7.0	10.3	1.51
放射治疗	1994～1995	4.01	2.15	53.6	4.05	1.01
	1996～2000	6.74	4.12	61.1	6.54	0.97

资料来源:潘自强.2010. 中国辐射水平。

10.10.3 工业辐射应用职业照射水平(表 10.55)

表 10.55 1999 年工业辐射应用中的外照射剂量

职业类别	应监测人数(千人)	实监测人数(千人)	集体有效剂量(人·Sv)	人均年有效剂量(mSv)
工业探伤	18.7	10.3	21.5	1.15
同位素生产	2.09	0.75	10.6	5.07
工业应用	22.9	12.2	16.5	1.35
工业辐照	1.11	0.65	0.64	0.98
加速器运行	0.98	0.55	0.22	0.41

续表

职业类别	应监测人数（千人）	实监测人数（千人）	集体有效剂量（人·Sv）	人均年有效剂量（mSv）
油田测井	2.85	2.28	1.03	0.36
地质测井[a]	9.51	0.02(0.11)	15.0	6.86(0.83)
科研教学	1.62	0.26	1.46	0.90
其他	4.50	0.09	9.59	2.13
合计	64.3	27.1	76.5	

a. 扩号内为通过场所剂量率结合工作时间的估算值，扩号外为各省监测值。

资料来源：潘自强 . 2010. 中国辐射水平。

（杨茂春　杨俊武 编写，康玉峰 审阅）

参考文献

国际原子能机构 . 2006. 放射源的分类 . 安全导则第 RS-G-1. 9 号

国家环境保护总局公告第 62 号 . 2005. 放射源分类办法

国务院第 252 号令 . 2009. 放射性物质安全运输条例 . 北京：中国法制出版社

刘新华，吴德强，刘华等 . 2001. 临界事故的特征与后果 . 辐射防护，21(6)

刘新华，吴德强，刘华等 . 2002. 国外核燃料工厂核临界事故的经验教训 . 辐射防护，22(1)

潘自强 . 2010. 中国辐射水平 . 北京：原子能出版社

阮可强 . 2005. 核临界安全 . 北京：原子能出版社

IAEA. 2006. 职业辐射防护 . NO. RS-G-1. 1

ICRP 第 65 号出版物 . 1997. 李素云译 . 住宅和工作场所氡-222 的防护 . 北京：原子能出版社

EJ 1056-2005. 2005. 铀加工与燃料制造设施辐射防护规定

GB 11806-2004. 2005. 放射性物质安全运输规程 . 北京：中国标准出版社

GB 18871-2002. 2003. 电离辐射防护与辐射源安全基本标准 . 北京：中国标准出版社

IAEA NO. NS-G-1. 13. 2005. Radiation Protection Aspects of Design for Nuclear Power Plants

IAEA Safety Guide，NO. RS-G-1. 3. 1999. Assessment of Occupational Exposure Due to External Sources of Radiation

IAEA Safety Guide. NO. RS-G-1. 2. 1999. Assessment of Occupational Exposure Due to Intakes of Radionuclides

IAEA Safety Report Series No. 21. 2002. Optimization of Radiation Protection in the Control of Occupational Exposure

11 辐射环境保护及放射性废物管理

11.1 剂量约束值

剂量约束值是对源可能造成的个人剂量预先确定的一种限制，它是源相关的，被用作对所考虑的源进行防护和安全最优化时的约束条件。对于公众照射，剂量约束是公众成员从一个受控源的计划运行中接受的年剂量的上界。剂量约束所指的照射是任何关键人群组在受控源的预期运行过程中经所有照射途径所接受的年剂量之和。对每个源的剂量约束应保证关键人群组所受的来自所有受控源的剂量之和保持在剂量限值以内。

国际原子能机构在《放射性流出物排入环境的审管控制》（IAEA-WS-G-2.3）中指出，在确定剂量约束时，应考虑下列因素：

(1) 来自其他源和实践的剂量贡献，包括区域性和全球范围内实际估计未来可能存在的源和实践。

(2) 影响公众照射的任何条件可能发生合理可预期的改变，例如，源的特性和运行情况的改变，照射途径的改变，人群生活习惯和人口分布的改变，关键组的变动，或者环境弥散条件的改变。

(3) 任何不确定性，包括与照射评价有关的保守度，特别是当源和关键组在空间和时间上是相互隔开的情况下对照射的可能保守度的影响。

另外还应当考虑：①对源、实践或考虑中的工作所进行的任何通用的防护最优化的结果；和(或)②受到良好管理的同类实践或源的运行经验。

应考虑今后在同一场址上建造类似设施的可能性。例如，一旦一个反应堆已经在某一场址上建成，那么其他的反应堆也可能被建造，以形成一个反应堆群。类似的考虑也可应用于其他设施。例如，研究实验室或医院可以在一个场址上扩建。

表 11.1 列出了部分国家通常使用的公众剂量约束上限值，表 11.2 列出了我国部分核设施公众剂量约束上限值。需要指出的是，这些剂量约束值都是对整个厂址而言的。如果一个厂址有多个核设施，为了便于对每个核设施或每类核设施进行辐射防护最优化，通常在剂量约束值上限值的范围内对一个厂址内的每个核设施或每类核设施进行剂量约束值分配。

表 11.1 部分国家公众剂量约束上限值 （单位：mSv/a）

国家	公众剂量约束	源
阿根廷	0.3	核燃料循环设施
比利时	0.25	核反应堆
中国	0.25	核电厂
意大利	0.1	压水堆
卢森堡	0.3	核燃料循环设施
荷兰	0.3	核燃料循环设施
西班牙	0.3	核燃料循环设施
瑞典	0.1	核动力堆
乌克兰	0.08	核动力堆

续表

国家	剂量约束	源
乌克兰	0.2	核燃料循环设施
英国	0.3	核燃料循环设施
美国	0.25	核燃料循环设施

资料来源：放射性流出物排入环境的审管控制（IAEA-WS-G-2.3）。

表 11.2　我国部分核设施公众剂量约束上限值　（单位：mSv/a）

辐射源（核设施）	公众剂量约束上限值	备注
铀矿冶设施	0.50	铀矿冶辐射防护和环境保护规定（GB23727-2009）
铀加工与燃料建造设施	0.20	铀加工与燃料建造设施辐射防护规定（EJ1056-2005）
核动力厂	0.25	核动力厂环境辐射防护规定（GB6249-2011）
综合性核设施厂址或具体核设施		参考有关国标，由国家环境保护主管部门在每个具体核设施环境影响报告书批复中明确

11.2　气态和液态流出物排放控制

11.2.1　流出物排放控制和剂量约束的关系

核设施对周围公众的辐射影响主要来自气态和液态放射性流出物排放。气态和液态流出物年排放总量的控制和剂量约束值的关系见图 11.1。

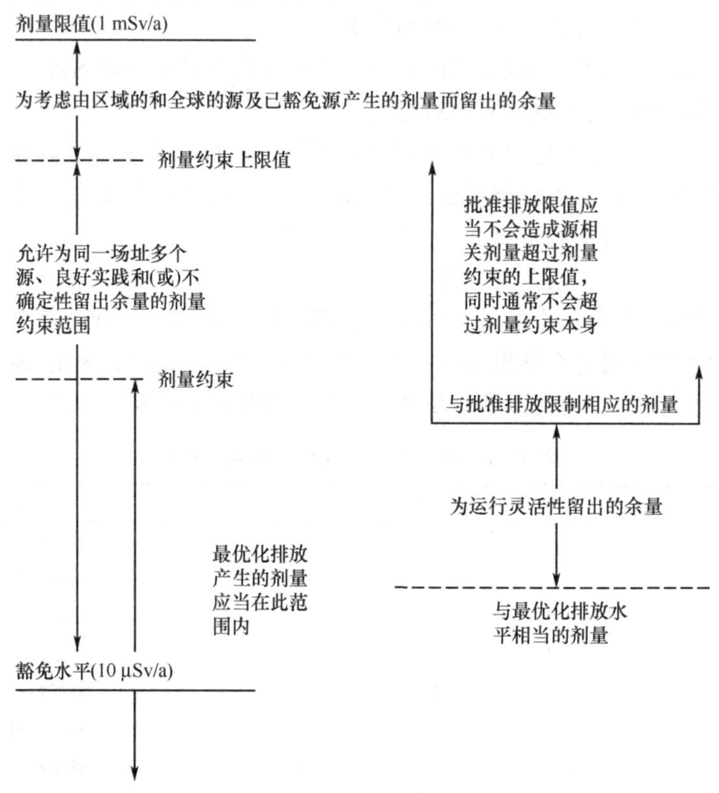

图 11.1　流出物排放控制和剂量约束的关系

资料来源：放射性流出物排入环境的审管控制（IAEA-WS-G-2.3）

11.2.2　放射性气态和液态流出物排放控制的主要要求(GB18871-2002)

注册者和许可证持有者应保证，由其获准的实践和源向环境排放放射性物质时符合下列所有条件，并已获得审管部门的批准：

(1) 排放不超过审管部门认可的排放限值，包括排放总量限值和浓度限值；目前已经制定的排放总量和排放浓度标准见表 11.3 和表 11.4。

(2) 有适当的流量和浓度监控设备，排放是受控的；受控的手段是和源或实践的具体条件适应的流量和浓度监控设备。这类设备的有效性应得到监督部门的认可。具体的监测要求见 11.4 节。

(3) 含放射性物质的废液是采用槽式排放的；所有排放放射性液态流出物的设施都要实行槽式排放。槽式排放的目的是一旦排放废液的浓度超过浓度限值，还有可能采取补救措施。

(4) 排放所致的公众照射符合 GB18871 附录 B(标准的附录)所规定的剂量限制要求；此外，还应满足剂量约束值的要求。剂量约束值的确定见 11.1 节。

(5) 已按 GB18871 的有关要求使排放的控制最优化，这方面有很多工作需要做。例如，①在工艺设计上尽量减少放射性废物的产生量，满足放射性废物最小化原则。②优化确定废液的排放浓度和排放量。放射性气载流出物和液态流出物向环境的排放是放射性废物的处置方式之一，因此应从防护最优化和废物最小化的角度优化确定流出物的排放总量和排放浓度。液态流出物排放优化中需要考虑的主要方面见表 11.5 和表 11.6、图 11.2。③优化确定排放口和排放方式。

注册者和许可证持有者在开始由其负责的源向环境排放任何液态或气载放射性物质之前应根据需要完成以下工作，并将结果书面报告审管部门：

(1) 确定拟排放物质的特性与活度及可能的排放位置和方法。

(2) 通过环境调查和适当的运行前试验或数学模拟，确定所排放的放射性核素可能引起公众照射的所有重要照射途径。

(3) 估计计划的排放可能引起的关键人群组的受照剂量。

这是注册者和许可证持有者向环境保护主管部门申报的环境影响评价文件(环境影响报告书、报告表)中的主要内容。相关环境影响评价典型环境转移参数详见 11.3 节。

注册者和许可证持有者在其所负责源的运行期间应：

(1) 使所有放射性物质的排放量保持在排放管理限值以下可合理达到的尽量低水平。最优化是一个持续不断的过程，注册者和许可证持有者在设施运行期间还应加强管理，改进工艺和技术，持续优化放射性物质排放量。

(2) 对放射性核素的排放进行足够详细和准确的监测，以证明遵循了排放管理限值，并可依据监测结果估计关键人群组的受照剂量。

(3) 记录监测结果和所估算的受照剂量。监测要求详见 11.4 节。特别注意注册者和许可证持有者应根据监测结果进行关键人群组的剂量评价，即进行环境质量现状评价。

(4) 按规定向审管部门报告监测结果。异常排放要及时报告。

(5) 按审管部门规定的报告制度，及时向审管部门报告超过规定限值的任何排放。

注册者和许可证持有者应根据运行经验的积累和照射途径与关键人群组构成的变化，对其所负责源的排放控制措施进行审查和调整，但任何调整均需在书面征得审管部门的同意后才能实施。应根据周围环境的变化、先进技术的采用和运行经验的积累，对流出物排放的控制措施进行最优化评价，提出合理的调整方案，经批准后方可实施。

11.2.3 核设施气态和液态流出物排放标准

表 11.3 列出了我国核动力厂气载流出物和液态流出物的年排放总量限值，表 11.4 列出了各核设施和其他有放射性排放的设施液态流出物排放浓度控制标准。对于某些没有受纳水体的核技术利用设施，由于排放总量很少，在监管部门审批后可排入普通下水道。GB18871-2002 在 8.6.2 节有如下规定：

不得将放射性废液排入普通下水道，除非经审管部门确认是满足下列条件的低放废液，方可直接排入流量大于 10 倍排放流量的普通下水道，并应对每次排放做好记录：

(1) 每月排放的总活度不超过 10 ALI_{min}（ALI_{min}是相应于职业照射的食入和吸入 ALI 值中的较小者，其具体数值可按 GB18871-2002 B1.3.4 和 B1.3.5 条的规定获得）；

(2) 每一次排放的活度不超过 1 ALI_{min}，并且每次排放后用不少于 3 倍排放量的水进行冲洗。

表 11.3 核动力厂气载和液态流出物年排放总量限值 （单位：Bq/a）

		轻水堆	重水堆
气载放射性流出物	惰性气体	6×10^{14}	
	碘	2×10^{10}	
	粒子(半衰期≥8d)	5×10^{10}	
	碳-14	7×10^{11}	1.6×10^{12}
	氚	1.5×10^{13}	4.5×10^{14}
液态放射性流出物	氚	7.5×10^{13}	3.5×10^{14}
	碳-14	1.5×10^{11}	2×10^{11}(除氚外)
	其余核素	5.0×10^{10}	

注：(1) 表中的总量限值适用于 3000MW 热功率的反应堆；对于热功率大于或小于 3000MW 的反应堆，应根据其功率适当调整。

(2) 对于同一堆型的多堆厂址，所有机组的年总排放量应控制在表列规定值的 4 倍以内。对于不同堆型的多堆厂址，所有机组的年排放总量控制值则由审管部门批准。

(3) 营运单位应针对核动力厂厂址的环境特征及放射性废物处理工艺技术水平，遵循可合理达到的尽量低的原则，向审管部门定期申请或复核（首次装料前提出申请，以后每隔 5 年复核一次）放射性流出物排放量。申请的放射性流出物排放量不得高于放射性排放量设计目标值，并经审管部门批准后实施。

(4) 核动力厂的年排放总量应按季度和月控制，每个季度的排放总量不应超过所批准的年排放总量的二分之一，每个月的排放总量不应超过所批准的年排放总量的五分之一。若超过，则必须迅速查明原因，采取有效措施。

(5) 滨河、滨湖或滨水库核电厂，可以结合受纳水域的特性，制订更合理的排放方式，报批后实施。

资料改编自：核动力厂环境辐射防护规定(GB6249-2011)及核电厂放射性液态流出物排放技术要求(GB14587-2011)。

表 11.4 液态流出物排放浓度控制标准

核动力厂[a]	滨海	槽式排放出口	除^{3}H、^{14}C外其他放射性核素	1000Bq/L
	滨河、滨湖或滨水库	槽式排放出口	除^{3}H、^{14}C外其他放射性核素	100Bq/L
		电厂总排放口下游1km	总β放射性	1Bq/L
			^{3}H	100Bq/L
铀矿冶设施[b]	有稀释能力的受纳水体（稀释倍数5倍以上）	废水排放口处	U	0.3 mg/L
			^{226}Ra	1.1 Bq/L
			^{230}Th	1.85 Bq/L
			^{210}Pb	0.5 Bq/L
			^{210}Po	0.5 Bq/L
		第一取水点处	U	0.05 mg/L
			^{226}Ra	1.1 Bq/L
			^{230}Th	1 Bq/L
			^{210}Pb	0.1 Bq/L
			^{210}Po	0.1 Bq/L
	没有受纳水体	废水排放口处	U	0.05 mg/L
			^{226}Ra	1.1 Bq/L
			^{230}Th	1 Bq/L
			^{210}Pb	0.1 Bq/L
			^{210}Po	0.1 Bq/L
铀加工与燃料制造设施[c]		废液处理设施排出口	总U	100μg/L
		工业下水总排出口	总U	50μg/L
有放射性流出物的设施[d]		车间排放口	总α放射性	1Bq/L
			总β放射性	10Bq/L

a. 根据核动力厂环境辐射防护规定(GB6249-2011)和核电厂放射性液态流出物排放技术要求(GB14587-2011)整理。

b. 取自铀矿冶辐射防护和环境保护规定(GB23727-2009)，应每槽监测。

c. 取自铀加工与燃料建造设施辐射防护规定(EJ1056-2005)。

d. 取自污水综合排放标准(GB8978-1996)。本标准是通用标准，有专门标准的应首先执行专门标准。

11.2.4 水质放射性标准

我国对城市供水、地下水和海水规定了放射性浓度标准，见表11.5。本节还列出了我国和世界卫生组织的饮用水水质标准，见表11.6。图11.2给出了世界卫生组织对饮用水中放射性核素的筛选水平和指导水平应用程序。表11.7给出了世界卫生组织饮用水水质标准中的指导水平。

需要说明的是，世界卫生组织早期的饮用水标准中总α放射性筛选水平为0.1Bq/L，我国有关水质标准中也是0.1Bq/L。2005年，世界卫生组织将总α放射性筛选水平放宽到0.5Bq/L，我国在2006年修订的生活饮用水标准采用了世界卫生组织的新标准。

表 11.5 有关水质标准中的放射性标准

城市供水水质标准(CJ/T206-2005)	总α放射性	0.1Bq/L
	总β放射性	1.0Bq/L
地下水质量标准(GB/T14848-1993)	总α放射性	≤0.1Bq/L(Ⅰ、Ⅱ、Ⅲ类水质)
	总β放射性	≤1.0Bq/L(Ⅰ、Ⅱ、Ⅲ类水质)
海水水质标准(GB3097-1997)	^{60}Co	0.03 Bq/L
	^{90}Sr	4 Bq/L
	^{106}Ru	0.2 Bq/L
	^{134}Cs	0.6 Bq/L
	^{137}Cs	0.7 Bq/L

表 11.6 有关饮用水标准中的放射性标准

生活饮用水卫生标准(GB5749-2006)	总α放射性		0.5Bq/L
	总β放射性		1Bq/L
世界卫生组织饮用水水质标准(第三版,2005)	筛选水平	总α放射性	0.5Bq/L
		总β放射性	1.0Bq/L
	指导水平		0.1mSv/a

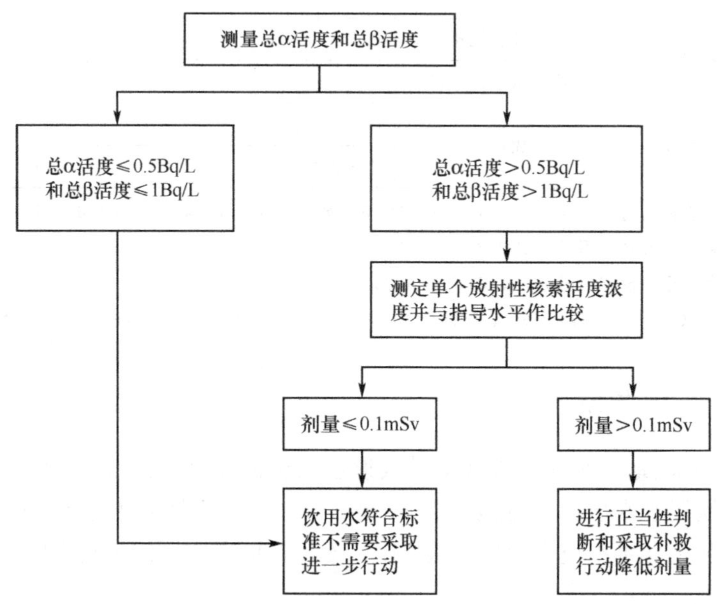

图 11.2 世界卫生组织饮用水水质标准中饮用水中放射性核素的筛选水平和指导水平应用程序

资料来源:世界卫生组织饮用水水质标准(第三版).2005

表 11.7 世界卫生组织饮用水水质标准中的指导水平

核素	指导水平(Bq/L)[a]	核素	指导水平(Bq/L)[a]	核素	指导水平(Bq/L)[a]
^{3}H	10 000	^{89}Sr	100	^{129}Te	1000
^{7}Be	10 000	^{90}Sr	10	^{129m}Te	100
^{14}C	100	^{90}Y	100	^{131}Te	1000
^{22}Na	100	^{91}Y	100	^{131m}Te	100
^{32}P	100	^{93}Zr	100	^{132}Te	100
^{33}P	1 000	^{95}Zr	100	^{125}I	10
^{35}S	100	^{93m}Nb	1 000	^{126}I	10
^{36}Cl	100	^{94}Nb	100	^{129}I	1000
^{45}Ca	100	^{95}Nb	100	^{131}I	10
^{47}Ca	100	^{93}Mo	100	^{129}Cs	1000
^{46}Sc	100	^{99}Mo	100	^{131}Cs	1000
^{47}Sc	100	^{96}Tc	100	^{132}Cs	100
^{48}Sc	100	^{97}Tc	1000	^{134}Cs	10
^{48}V	100	^{97m}Tc	100	^{135}Cs	100
^{51}Cr	10 000	^{99}Tc	100	^{136}Cs	100
^{52}Mn	100	^{97}Ru	1000	^{137}Cs	10
^{53}Mn	10 000	^{103}Ru	100	^{131}Ba	1000
^{54}Mn	100	^{106}Ru	10	^{140}Ba	100
^{55}Fe	1 000	^{105}Rh	1000	^{140}La	100
^{59}Fe	100	^{103}Pd	1000	^{139}Ce	1000
^{56}Co	100	^{105}Ag	100	^{141}Ce	100
^{57}Co	1 000	^{110m}Ag	100	^{143}Ce	100
^{58}Co	100	^{111}Ag	100	^{144}Ce	10
^{60}Co	100	^{109}Cd	100	^{143}Pr	100
^{59}Ni	1 000	^{115}Cd	100	^{147}Nd	100
^{63}Ni	1 000	^{115m}Cd	100	^{147}Pm	1000
^{65}Zn	100	^{111}In	1000	^{149}Pm	100
^{71}Ge	10 000	^{114m}In	100	^{151}Sm	1000
^{73}As	1 000	^{113}Sn	100	^{153}Sm	100
^{74}As	100	^{125}Sn	100	^{152}Eu	100
^{76}As	100	^{122}Sb	100	^{154}Eu	100
^{77}As	1 000	^{124}Sb	100	^{155}Eu	1000
^{75}Se	100	^{125}Sb	100	^{153}Gd	1000
^{82}Br	100	^{123m}Te	100	^{160}Tb	100
^{86}Rb	100	^{127}Te	1000	^{169}Er	1000
^{85}Sr	100	^{127m}Te	100	^{171}Tm	1000

续表

核素	指导水平(Bq/L)[a]	核素	指导水平(Bq/L)[a]	核素	指导水平(Bq/L)[a]
^{175}Yb	1000	^{225}Ra	1	^{239}Pu	1
^{182}Ta	100	^{225}Ra	1	^{240}Pu	1
^{181}W	1000	^{226}Ra[b]	1	^{241}Pu	10
^{185}W	1000	^{228}Ra[b]	0. 1	^{242}Pu	1
^{186}Re	100	^{227}Th[b]	10	^{244}Pu	1
^{185}Os	100	^{228}Th[b]	1	^{241}Am	1
^{191}Os	100	^{229}Th	0. 1	^{242}Am	1000
^{193}Os	100	^{230}Th[b]	1	^{242m}Am	1
^{190}Ir	100	^{231}Th[b]	1000	^{243}Am	1
^{192}Ir	100	^{232}Th[b]	1	^{242}Cm	10
^{191}Pt	1000	^{234}Th[b]	100	^{243}Cm	1
^{193m}Pt	1000	^{230}Pa	100	^{244}Cm	1
^{198}Au	100	^{231}Pa[b]	0. 1	^{245}Cm	1
^{199}Au	1000	^{233}Pa	100	^{246}Cm	1
^{197}Hg	1000	^{230}U	1	^{247}Cm	1
^{203}Hg	100	^{231}U	1000	^{248}Cm	0. 1
^{200}Tl	1000	^{232}U	1	^{249}Bk	100
^{201}Tl	1000	^{233}U	1	^{246}Cf	100
^{202}Tl	1000	^{234}U[b]	10	^{248}Cf	10
^{204}Tl	100	^{235}U[b]	1	^{249}Cf	1
^{203}Pb	1000	^{236}U[b]	1	^{250}Cf	1
^{206}Bi	100	^{237}U	100	^{251}Cf	1
^{207}Bi	100	^{238}U[b,c]	10	^{252}Cf	1
^{210}Bi[b]	100	^{237}Np	1	^{253}Cf	100
^{210}Pb[b]	0. 1	^{239}Np	100	^{254}Cf	1
^{210}Po[b]	0. 1	^{236}Pu	1	^{253}Es	10
^{223}Ra[b]	1	^{234}Pu	1000	^{254}Es	10
^{224}Ra[b]	1	^{238}Pu	1	^{254m}Es	100

a. 表中的指导水平，根据对数表示的平均值四舍五入到整数(如计算值位于 $3\times10^{n-1}$ 到 3×10^{n} 范围内，则数值取 10^{n})。

b. 指天然放射性核素。

c. 指饮用水中^{238}U 的暂定准则值，根据对肾脏的化学毒性规定为 15μg/L。

资料来源：世界卫生组织饮用水水质标准(第三版). 2005。

11.3 环境影响评价中典型环境转移参数

本节主要包括部分植物对元素和放射性核素的截获因子及易位因子，见表 11.8 和表 11.9，表 11.10 给出了元素在土壤的分配系数，表 11.11 给出了^{90}Sr、^{137}Cs、^{131}I 和^{60}Co 在土壤-农作物系统的转移系数，表 11.12 给出了不同元素从饲料到奶和肉的转移系数，表 11.13 介绍了部分元素在水底沉积物中的分配系数，表 11.14 给出了不同年龄男、女食物消费量参考值。

表 11.8 部分元素的易位因子 TLFy （单位：m^2/kg）

元素	植物	到收获的时间(d)					
		0	10	20	40	60	90
Be	大麦	—	—	6×10^{-2}	4×10^{-3}	4×10^{-4}	8×10^{-7}
Na	大麦	—	—	1×10^{-1}	5×10^{-2}	7×10^{-3}	3×10^{-4}
Cr	大麦	5×10^{-2}	—	—	3×10^{-2}	7×10^{-3}	2×10^{-4}
Mn	谷物	3×10^{-2}	4×10^{-2}	9×10^{-2}	8×10^{-2}	4×10^{-2}	2×10^{-3}
Fe	谷物	1×10^{-2}	2×10^{-2}	3×10^{-2}	5×10^{-2}	3×10^{-2}	1×10^{-2}
Co	谷物	3×10^{-2}	3×10^{-2}	5×10^{-2}	1×10^{-2}	5×10^{-2}	7×10^{-3}
Zn	大麦	5×10^{-2}	—	—	2×10^{-1}	2×10^{-1}	6×10^{-2}
Sr	谷物	2×10^{-2}	4×10^{-2}	6×10^{-2}	5×10^{-2}	7×10^{-3}	6×10^{-6}
Ru	谷物	—	5×10^{-2}	4×10^{-2}	2×10^{-2}	2×10^{-3}	2×10^{-6}
Cd	大麦	—	—	—	5×10^{-2}	2×10^{-2}	6×10^{-5}
Sb	谷物	—	8×10^{-2}	8×10^{-2}	7×10^{-2}	7×10^{-3}	5×10^{-5}
Cs	小麦	—	5×10^{-2}	2×10^{-1}	2×10^{-1}	1×10^{-1}	2×10^{-2}
Cs	大麦	—	7×10^{-2}	9×10^{-2}	1×10^{-1}	9×10^{-2}	1×10^{-2}
Cs	裸麦	7×10^{-2}	1×10^{-1}	2×10^{-1}	3×10^{-1}	3×10^{-1}	5×10^{-2}
Cs	马铃薯	1×10^{-2}	1×10^{-2}	1×10^{-2}	1×10^{-2}	1×10^{-2}	1×10^{-2}
Cs	绿豆	—	5×10^{-2}	6×10^{-2}	2×10^{-3}	—	—
Ba	大麦	—	—	5×10^{-2}	2×10^{-2}	3×10^{-3}	1×10^{-4}
Ce	谷物	3×10^{-2}	3×10^{-2}	3×10^{-2}	2×10^{-2}	3×10^{-3}	3×10^{-4}
Hg	大麦	6×10^{-2}	—	—	3×10^{-2}	7×10^{-3}	2×10^{-4}
Pb	大麦	5×10^{-2}	—	—	3×10^{-2}	9×10^{-4}	8×10^{-7}

资料来源：李建国等．2006. 放射生态学转移参数手册。

表 11.9 我国北方地区植物对 ^{90}Sr 和 ^{137}Cs 气溶胶粒子截获因子(R)、易位因子(TLFa)的实验值

参数	^{90}Sr						
	水稻	水稻	水稻	春小麦	萝卜	白菜	番茄
截获因子	0.24	0.32	0.34	0.19	0.31	0.69	0.41
易位因子	0.02	0.01	0.03	0.04	0.004	0.04	0.21
易位时间(d)	89	60	18	31	118	36	32
叶面积指数	4.00	7.85	5.88	3.62	2.71	3.42	5.12
植物生长时期	苗期	拔节期	成熟期	扬花期	开花期	成熟期	成熟期
参数	^{137}Cs						
	水稻	水稻	水稻	春小麦	萝卜	白菜	番茄
截获因子	0.49	0.56	0.24	0.31	0.78	0.62	0.44
易位因子	0.04	0.10	0.02	0.01	0.02	0.27	0.01
易位时间(d)	89	60	18	31	36	32	118
叶面积指数	4.00	7.85	5.88	3.62	3.42	5.12	2.71
植物生长时期	苗期	拔节期	成熟期	扬花期	成熟期	成熟期	苗期

资料来源：李建国等．2006. 放射生态学转移参数手册。

表 11.10　元素在土壤的分配系数 K_d

（单位：L/kg）

元素	土壤类型							
	砂		壤土		黏土		有机质	
	期望值	范围	期望值	范围	期望值	范围	期望值	范围
Ac	4.5×10^{2}		1.5×10^{3}		2.4×10^{3}		5.4×10^{3}	
Ag	9.0×10^{1}	$2.5\times10^{0}\sim3.3\times10^{3}$	1.2×10^{2}	$1.3\times10^{1}\sim1.1\times10^{3}$	1.8×10^{2}	$8.1\times10^{1}\sim4.0\times10^{2}$	1.5×10^{4}	$2.4\times10^{3}\sim8.9\times10^{4}$
Am	2.3×10^{3}	$1.1\times10^{1}\sim2.6\times10^{5}$	9.9×10^{2}	$6.0\times10^{2}\sim1.6\times10^{5}$	8.1×10^{3}	$4.5\times10^{1}\sim1.5\times10^{6}$	1.1×10^{5}	$3.6\times10^{3}\sim3.3\times10^{6}$
Be	2.4×10^{2}		8.1×10^{2}		1.3×10^{3}		3.0×10^{3}	
Bl	1.2×10^{2}		4.0×10^{2}		6.7×10^{2}		1.5×10^{3}	
Br	1.5×10^{1}		4.9×10^{1}		7.4×10^{1}		1.8×10^{2}	
Ca	9.0×10^{0}		3.0×10^{1}		4.9×10^{1}		1.1×10^{2}	
Cd	7.4×10^{1}	$3.7\times10^{0}\sim1.5\times10^{3}$	4.0×10^{1}	$1.6\times10^{0}\sim9.9\times10^{2}$	5.4×10^{2}	$9.0\times10^{1}\sim3.3\times10^{3}$	8.1×10^{2}	$8.2\times10^{0}\sim8.1\times10^{4}$
Cc	4.9×10^{2}	$2.0\times10^{1}\sim1.2\times10^{4}$	8.1×10^{3}	$4.0\times10^{2}\sim1.6\times10^{5}$	2.0×10^{4}	$7.3\times10^{3}\sim5.4\times10^{4}$	3.0×10^{3}	
Cm	4.0×10^{3}		1.8×10^{4}	$4.4\times10^{3}\sim7.3\times10^{4}$	5.4×10^{3}		1.2×10^{4}	
Co	6.0×10^{1}	$2.2\times10^{-1}\sim1.6\times10^{4}$	1.3×10^{3}	$9.9\times10^{1}\sim1.8\times10^{4}$	5.4×10^{2}	$1.5\times10^{1}\sim2.0\times10^{4}$	9.9×10^{2}	$4.9\times10^{1}\sim2.0\times10^{4}$
Cr	6.7×10^{1}	$1.0\times10^{0}\sim4.4\times10^{3}$	3.0×10^{1}	$9.1\times10^{-2}\sim9.9\times10^{3}$	1.5×10^{3}		2.7×10^{2}	$1.2\times10^{0}\sim6.0\times10^{4}$
Cs	2.7×10^{2}	$1.8\times10^{0}\sim4.0\times10^{4}$	4.4×10^{3}	$3.3\times10^{2}\sim6.0\times10^{4}$	1.8×10^{3}	$7.4\times10^{1}\sim4.4\times10^{4}$	2.7×10^{2}	$2.0\times10^{-1}\sim3.6\times10^{5}$
Fe	2.2×10^{2}	$1.2\times10^{0}\sim4.0\times10^{4}$	8.1×10^{2}	$2.0\times10^{2}\sim3.3\times10^{3}$	1.6×10^{2}	$6.7\times10^{0}\sim4.0\times10^{3}$	4.9×10^{3}	
Hf	4.5×10^{2}		1.5×10^{3}		2.4×10^{3}		5.4×10^{3}	
Ho	2.4×10^{2}		8.1×10^{2}		1.3×10^{3}		3.0×10^{3}	
I	1.0×10^{0}	$1.3\times10^{-2}\sim8.5\times10^{1}$	4.5×10^{0}	$8.2\times10^{-2}\sim2.4\times10^{2}$	1.8×10^{2}	$8.2\times10^{-2}\sim3.3\times10^{1}$	2.7×10^{1}	$5.0\times10^{-1}\sim1.5\times10^{3}$
Mn	4.9×10^{1}	$3.0\times10^{0}\sim8.1\times10^{2}$	7.2×10^{2}	$4.1\times10^{0}\sim1.3\times10^{5}$	1.8×10^{2}	$3.3\times10^{0}\sim9.9\times10^{3}$	4.9×10^{2}	
Mo	7.4×10^{0}	$8.2\times10^{-1}\sim6.7\times10^{1}$	1.3×10^{2}		9.0×10^{1}	$8.2\times10^{0}\sim9.9\times10^{2}$	2.7×10^{1}	$1.0\times10^{1}\sim7.4\times10^{1}$
Nb	1.6×10^{2}		5.4×10^{2}		9.0×10^{2}		2.0×10^{3}	
Ni	4.0×10^{2}	$2.0\times10^{1}\sim8.1\times10^{3}$	3.0×10^{2}		6.7×10^{2}	$1.6\times10^{2}\sim2.7\times10^{3}$	1.1×10^{3}	$1.8\times10^{2}\sim6.6\times10^{3}$
Np	4.1×10^{0}	$1.4\times10^{1}\sim1.2\times10^{2}$	2.5×10^{1}	$2.2\times10^{0}\sim2.7\times10^{2}$	5.5×10^{1}	$2.7\times10^{-2}\sim1.1\times10^{5}$	1.2×10^{3}	$5.4\times10^{2}\sim2.7\times10^{3}$

续表

元素	土壤类型							
	砂		壤土		黏土		有机质	
	期望值	范围	期望值	范围	期望值	范围	期望值	范围
P	9.0×10^{0}		3.0×10^{1}		4.9×10^{1}		1.1×10^{2}	
Pa	5.4×10^{2}		1.8×10^{3}		2.7×10^{3}		6.6×10^{3}	
Pb	2.7×10^{2}	$2.7\times10^{0}\sim2.7\times10^{4}$	1.6×10^{4}	$3.9\times10^{2}\sim2.7\times10^{5}$	5.4×10^{2}	$2.7\times10^{0}\sim2.7\times10^{4}$	2.2×10^{4}	$8.1\times10^{3}\sim6.0\times10^{4}$
Pd	5.5×10^{1}		1.8×10^{2}		2.7×10^{2}		6.7×10^{2}	
Po	1.5×10^{2}	$6.0\times10^{0}\sim3.6\times10^{3}$	4.0×10^{2}	$3.0\times10^{1}\sim5.4\times10^{3}$	2.7×10^{3}		6.6×10^{3}	
Pu	5.4×10^{2}	$1.8\times10^{1}\sim1.6\times10^{4}$	1.2×10^{3}	$1.1\times10^{2}\sim1.3\times10^{4}$	4.9×10^{3}	$7.4\times10^{1}\sim3.3\times10^{5}$	1.8×10^{3}	$1.0\times10^{1}\sim3.3\times10^{5}$
Ra	4.9×10^{2}	$8.2\times10^{-1}\sim3.0\times10^{5}$	3.6×10^{4}	$7.4\times10^{1}\sim1.8\times10^{7}$	9.0×10^{3}	$6.7\times10^{2}\sim1.2\times10^{5}$	2.4×10^{3}	
Rb	5.5×10^{1}		1.8×10^{2}		2.7×10^{2}		6.7×10^{2}	
Ru	5.5×10^{1}	$3.3\times10^{0}\sim9.0\times10^{2}$	9.9×10^{2}		4.0×10^{2}		6.6×10^{4}	$3.6\times10^{4}\sim1.2\times10^{5}$
Sb	4.5×10^{1}		1.5×10^{2}		2.4×10^{2}		5.4×10^{2}	
Se	1.5×10^{2}		4.9×10^{2}		7.4×10^{2}		1.8×10^{3}	
Si	3.3×10^{1}		1.1×10^{2}		1.8×10^{2}		4.0×10^{2}	
Sm	2.4×10^{2}		8.1×10^{2}		1.3×10^{3}		3.0×10^{3}	
Sn	1.3×10^{2}		4.5×10^{2}		6.7×10^{2}		1.6×10^{3}	
Sr	1.3×10^{1}	$5.5\times10^{-1}\sim3.3\times10^{2}$	2.0×10^{1}	$6.7\times10^{-1}\sim6.0\times10^{2}$	1.1×10^{2}	$2.0\times10^{0}\sim6.0\times10^{3}$	1.5×10^{2}	$4.1\times10^{0}\sim5.4\times10^{3}$
Ta	2.4×10^{2}		8.1×10^{2}		1.3×10^{3}		3.0×10^{3}	
Tc	1.4×10^{-1}	$3.7\times10^{-3}\sim5.0\times10^{0}$	1.0×10^{-1}	$1.1\times10^{-2}\sim9.0\times10^{1}$	5.4×10^{3}	$1.1\times10^{0}\sim1.4\times10^{0}$	1.5×10^{0}	$4.1\times10^{-2}\sim5.5\times10^{1}$
Th	3.0×10^{3}	$4.5\times10^{1}\sim2.0\times10^{5}$	3.3×10^{3}		1.5×10^{3}	$3.0\times10^{1}\sim9.8\times10^{5}$	8.9×10^{4}	$9.0\times10^{1}\sim8.8\times10^{8}$
U	3.3×10^{1}	$5.5\times10^{-2}\sim2.0\times10^{4}$	1.2×10^{1}	$1.7\times10^{-2}\sim9.0\times10^{3}$	1.5×10^{3}	$4.0\times10^{0}\sim4.9\times10^{5}$	4.0×10^{2}	$2.7\times10^{0}\sim6.0\times10^{4}$
Zn	2.0×10^{2}	$1.1\times10^{0}\sim3.6\times10^{4}$	1.3×10^{3}	$1.1\times10^{1}\sim1.6\times10^{5}$	2.4×10^{3}	$1.5\times10^{2}\sim4.0\times10^{4}$	1.6×10^{3}	$6.7\times10^{1}\sim4.0\times10^{4}$
Zr	6.0×10^{2}		2.2×10^{3}		3.3×10^{3}		7.3×10^{3}	

资料来源：李建国等 . 2006. 放射生态学转移参数手册。

表 11.11 我国的人工核素 ^{90}Sr、^{137}Cs、^{134}Cs、^{131}I 和 ^{60}Co 在土壤-农作物(含草类)系统的转移系数(TF)

核素/作物种类	转移系数(TF) 平均值和标准差	样品数	土壤种类及理化性质
^{90}Sr			
大米[a]	0.00545(0.564)[b]	15	紫色土,四川
大米[a]	0.150±0.030	3	水稻土,pH5.54,有机质 3.25%
大米[a]	0.0570±0.0080	3	新积土,pH 中性偏碱,有机质 2.95%
冬小麦[a]	0.0493(0.635)[b]	23	紫色土,四川广元
冬小麦[a]	0.106±0.024	3	水稻土,pH5.54,有机质 3.25%
冬小麦[a]	0.0135±0.0130	10	紫色土,pH7.4,有机质 4.3%
冬小麦[a]	0.0605±0.0134	3	新积土,pH 中性偏碱,有机质 2.95%,浙江秦山
春小麦[a]	0.106±0.024	3	新积土,pH 中性偏碱,有机质 2.95%,浙江秦山
春小麦[a]	0.0570±0.0080	3	新积土,pH 中性偏碱,有机质 2.95%,浙江秦山
春小麦[a]	0.0570±0.0080	3	新积土,pH 中性偏碱,有机质 2.95%,浙江秦山
春小麦[a]	1.2	3	褐土,pH7.69,有机质 1.41%,北京
麦秆[a]	0.593(1.01)[b]	80	灰漠土,甘肃兰州
玉米[a]	0.0155(1.38)[b]	28	紫色土,四川广元
玉米[a]	0.00558±0.00553	15	紫色土,pH7.4,有机质 4.3%
黄豆[a]	0.107±0.082	6	紫色土,四川广元
黄豆[a]	0.252±0.082	4	黄壤,四川乐山
黄豆[a]	0.150±0.010	3	水稻土,pH5.54,有机质 3.25%
黄豆[a]	0.102±0.011	3	新积土,pH 中性偏碱,有机质 2.95%
蚕豆[a]	0.0110~0.0050c	5	紫色土,pH7.4,有机质 4.3%
白菜	0.0358(1.20)[b]	32	紫色土,四川广元
白菜	0.133(1.27)[b]	13	灰漠土,甘肃兰州
白菜	1.07±0.42	15	紫色土,pH7.4,有机质 4.3%
白菜	0.245±0.151	45	粗质砂土,广州
菠菜	0.0638(0.915)[b]	43	紫色土,四川广元
菠菜	0.416±0.294	5	紫色土,pH7.4,有机质 4.3%
油菜	3.20±0.73	3	水稻土,pH5.54,有机质 3.25%
油菜	2.47±0.08	3	水稻土,pH 中性偏碱,有机质 2.95%
油菜	0.615±0.012	3	褐土,pH8.0,有机质 1.53%,北京
莴苣	0.0132(0.823)[b]	33	紫色土,四川广元
莴苣	0.0599±0.0352	10	紫色土,pH7.4,有机质 4.3%
莴苣叶	1.26±0.30	9	水稻土,pH5.54,有机质 3.25%
莴苣叶	0.718±0.230	10	新积土,pH 中性偏碱,有机质 2.95%,浙江秦山
萝卜	0.0478(0.956)[b]	28	灰漠土,甘肃兰州
萝卜	0.0304(0.580)[b]	32	紫色土,四川广元
萝卜	0.780±0.112	5	紫色土,pH7.4,有机质 4.3%,四川

续表

核素/作物种类	转移系数(TF) 平均值和标准差	样品数	土壤种类及理化性质
番茄	0.0371(0.977)[b]	14	灰漠土,甘肃兰州
番茄	0.0309±0.0155	15	紫色土,pH7.4,有机质 4.3%
番茄叶	5.45±1.92	9	水稻土,pH5.54,有机质 3.25%,深圳
番茄叶	2.96±1.16	9	新积土,pH 中性偏碱,有机质 2.95%,浙江秦山
黄瓜	3.96	3	褐土,pH7.69,有机质 1.41%,北京
西葫芦	5.97	3	褐土,pH7.69,有机质 1.41%,北京
茄子	6.9	3	褐土,pH7.69,有机质 1.41%,北京
红薯	0.0443(0.815)[b]	27	紫色土,四川广元
土豆	0.0118(1.33)[b]	27	灰漠土,甘肃兰州
土豆	0.0478(1.08)[b]	29	紫色土,四川广元
土豆	0.00764±0.00111	5	紫色土,pH7.4,有机质 4.3%,四川
牧草	0.561(1.07)[b]	47	栗钙土,青海海州
芦苇	0.635(1.46)[b]	71	灰漠土,甘肃兰州
^{137}Cs			
大米[a]	0.00343(1.33)[b]	16	紫色土,四川广元
大米[a]	0.00485±0.00242	7	黄壤,四川乐山
大米[a]	0.09～0.45c		水稻土,pH5.22,有机质 2.12%,浙江秦山
大米[a]	0.58～1.86c		新积土,pH6.73,有机质 1.62%,广东大亚湾
水稻茎秆、叶[a]	0.23±0.28	18	水稻土,pH5.22,有机质 2.12%,浙江秦山
水稻茎秆、叶[a]	1.85±1.45	12	新积土,pH6.73,有机质 1.62%,广东大亚湾
冬小麦[a]	0.00105±0.00037	10	紫色土,pH7.4,有机质 4.3%
冬小麦[a]	0.0150(1.39)[b]	25	紫色上,四川广元
冬小麦[a]	0.0164±0.0195	7	黄壤,四川乐山
春小麦[a]	0.368±0.115	27	水稻土,pH5.22,有机质 2.12%,浙江秦山
春小麦[a]	0.0393±0.0171	27	褐土,pH7.69,有机质 1.41%,北京
春小麦[a]	1.20±0.45	27	新积土,pH6.73,有机质 1.62%,广东大亚湾
玉米[a]	0.00650(1.37)[b]	28	紫色土,四川广元
玉米[a]	0.00280±0.00164	15	紫色土,pH7.4,有机质 4.3%
黄豆[a]	.0589(1.37)[b]	11	黄壤,四川乐山
黄豆[a]	0.0692±0.0685	6	紫色土,四川广元
蚕豆[a]	0.0146±0.0051	5	紫色土,pH7.4,有机质 4.3%
白菜	0.0499±0.0418	15	紫色土,pH7.4,有机质 4.3%
白菜	0.0204(0.938)[b]	21	灰漠土,甘肃兰州
白菜	0.0101(1.44)[b]	25	紫色土,四川广元
白菜	0.00557±0.00414	7	黄壤,四川乐山
菠菜	0.00796±0.00480	6	黄壤,四川乐山
菠菜	0.001(0.916)[b]	44	紫色土,四川广元

续表

核素/作物种类	转移系数(TF)平均值和标准差	样品数	土壤种类及理化性质
菠菜	0.124±0.055	5	紫色土,pH7.4,有机质 4.3%,四川广元
萝卜	0.00350(0.0109)[b]	25	紫色土,四川广元
萝卜	0.00210(0.788)[b]	7	黄壤,四川乐山
萝卜	0.00893±0.00058	5	紫色土,pH7.4,有机质 4.3%
莴苣	0.00310(0.766)[b]	35	紫色土,四川广元
莴苣	0.0211±0.0051	10	紫色土,pH7.4,有机质 4.3%
油菜	1.03±0.14	6	褐土,pH7.69,有机质 1.41%,北京
油菜	1.67±0.31	6	水稻土,pH5.22,有机质 2.12%,浙江秦山
油菜	2.13±0.55	6	新积土,pH6.73,有机质 1.62%,广东大亚湾
油菜	0.00280±0.00080	8	褐土,pH8.0,有机质 1.53%,北京
番茄	0.0220±0.0107	15	紫色土,pH7.4,有机质 4.3%,四川广元
番茄	0.00462(0.406)[b]	21	灰漠土,甘肃玉门
茄子	0.00163±0.00101	7	黄土,四川乐山
南瓜	0.293±0.013	6	褐土,pH7.69,有机质 1.41%,北京
南瓜	1.01±0.15	6	水稻土,pH5.22,有机质 2.12%,浙江秦山
南瓜	1.21±0.39	6	新积土,pH6.73,有机质 1.62%,广东大亚湾
红薯	0.00395(0.972)[b]	29	紫色土,四川广元
土豆	0.0274[b]	38	灰漠土,甘肃兰州
土豆	0.00703(0.817)[b]	32	紫色土,四川广元
土豆	0.00225±0.00025	5	紫色土,pH7.4,有机质 4.3%
虎尾草	1.75±0.60	6	褐土,pH7.69,有机质 1.41%,北京
虎尾草	2.14±0.50	6	水稻土,pH5.22,有机质 2.12%,浙江秦山
虎尾草	3.01±1.14	6	新积土,pH6.73,有机质 1.62%,广东大亚湾
东升叶甜菜	0.553±0.251	6	褐土,pH7.69,有机质 1.41%,北京
东升叶甜菜	0.613±0.121	6	水稻土,pH5.22,有机质 2.12%,浙江秦山
东升叶甜菜	0.910±0.320	6	新积土,pH6.73,有机质 1.62%,广东大亚湾
红甜菜	0.661±0.314	6	褐土,pH7.69,有机质 1.41%,北京
红甜菜	0.573±0.070	6	水稻土,pH5.22,有机质 2.12%,浙江秦山
红甜菜	1.01±0.04	6	新积土,pH6.73,有机质 1.62%,广东大亚湾
红梗叶甜菜	1.00±0.13	6	褐土,pH7.69,有机质 1.41%,北京
红梗叶甜菜	1.72±0.71	6	水稻土,pH5.22,有机质 2.12%,浙江秦山
红梗叶甜菜	1.88±0.70	6	新积土,pH6.73,有机质 1.62%,广东大亚湾
麦秆	0.122(1.08)[b]	90	灰漠土,甘肃兰州
芦苇	0.0678(1.26)[b]	68	灰漠土,甘肃兰州
牧草	0.129(0.906)[b]	30	栗钙土,青海海北州
茶叶	0.0124(1.19)[b]	4	黄壤,四川乐山

续表

核素/作物种类	转移系数(TF) 平均值和标准差	样品数	土壤种类及理化性质
^{134}Cs			
狗尾草 *Setaria viridis*	0.0507±0.0161	6	黄绵土,pH=7.6,有机质1.52%,太原
草 *Amaranthus gangeticus*	0.0886±0.0310	3	黄绵土,pH=7.6,有机质1.52%,太原
蚕豆(豆粒)[a]	0.00319±0.00123	8	黄绵土,pH=7.6,有机质1.52%,太原
番茄[a,d]	0.00428±0.00122	8	黄绵土,pH=7.6,有机质1.52%,太原
番茄[a,e]	0.000425±0.000253	7	黄绵土,pH=7.6,有机质1.52%,太原
番茄[d]	0.0475±0.0135	8	黄绵土,pH=7.6,有机质1.52%,太原
番茄[e]	0.00603±0.00371	7	黄绵土,pH=7.6,有机质1.52%,太原
白萝卜	0.0316±0.0611	3	黄绵土,pH=7.6,有机质1.52%,太原
白菜	0.107±0.025	3	黄绵土,pH=7.6,有机质1.52%,太原
^{131}I			
白菜	0.0631±0.0441		粗质砂土,广州
^{60}Co			
春小麦	0.03	3	水稻土,pH=8.3,有机质24.94%
玉米(饲料植物)	0.00236±0.00125	8	黄绵土,pH=7.6,有机质1.52%,太原
蚕豆(豆粒)	0.255±0.076	8	黄绵土,pH=7.6,有机质1.52%,太原
番茄[a,d]	0.00461±0.00172	8	黄绵土,pH=7.6,有机质1.52%,太原
番茄[a,e]	0.00197±0.00067	7	黄绵土,pH=7.6,有机质1.52%,太原
番茄[d]	0.0512±0.0191	8	黄绵土,pH=7.6,有机质1.52%,太原
番茄[e]	0.00603±0.00371	7	黄绵土,pH=7.6,有机质1.52%,太原
白萝卜	0.0696±0.0150	3	黄绵土,pH=7.6,有机质1.52%,太原
白菜	0.0450±0.0040	3	黄绵土,pH=7.6,有机质1.52%,太原
菠菜	0.0566±0.0404	3	黄绵土,pH=7.6,有机质1.52%,太原

a. TF单位为(Bq/kg干植物)/(Bq/kg干土)。

b. TF几何均值和几何标准差。

c. TF范围。

d. 无限生长型番茄。

e. 有限生长型番茄。

数据改编自:李建国等.2006.放射生态学转移参数手册。

表11.12 不同元素从饲料到奶和肉的转移系数

元素	从饲料到奶(d/L)	从饲料到肉(d/kg)	元素	从饲料到奶(d/L)	从饲料到肉(d/kg)
Ac	2×10^{-6}	2×10^{-5}	At	1×10^{-2}	1×10^{-2}
Ag	1×10^{-4}	6×10^{-3}	Au	1×10^{-5}	5×10^{-3}
Am	2×10^{-5}	1×10^{-4}	Ba	5×10^{-3}	2×10^{-3}
As	1×10^{-4}	2×10^{-2}	Bi	1×10^{-3}	2×10^{-3}

续表

元素	从饲料到奶(d/L)	从饲料到肉(d/kg)	元素	从饲料到奶(d/L)	从饲料到肉(d/kg)
Br	2×10^{-2}	5×10^{-2}	Pb	3×10^{-4}	7×10^{-4}
Cd	2×10^{-2}	1×10^{-3}	Pd	1×10^{-4}	2×10^{-4}
Ce	3×10^{-4}	2×10^{-4}	Pm	6×10^{-5}	2×10^{-3}
Cm	2×10^{-6}	2×10^{-5}	Po	3×10^{-3}	5×10^{-3}
Co	1×10^{-2}	7×10^{-2}	Pu	3×10^{-6}	2×10^{-4}
Cr	2×10^{-4}	9×10^{-2}	Ra	1×10^{-3}	5×10^{-3}
Cs	1×10^{-2}	5×10^{-2}	Rb	1×10^{-1}	3×10^{-2}
Cu	2×10^{-3}	1×10^{-2}	Rh	5×10^{-4}	2×10^{-3}
Eu	6×10^{-5}	2×10^{-3}	Ru	3×10^{-5}	5×10^{-2}
Fe	3×10^{-4}	5×10^{-2}	S	2×10^{-2}	2×10^{-1}
Ga	1×10^{-5}	3×10^{-4}	Sb	2.5×10^{-4}	5×10^{-3}
Hg	5×10^{-4}	1×10^{-2}	Se	1×10^{-3}	1×10^{-1}
I	1×10^{-2}	5×10^{-2}	Sn	1×10^{-3}	1×10^{-2}
In	2×10^{-4}	4×10^{-3}	Sr	3×10^{-3}	1×10^{-2}
Mn	3×10^{-4}	7×10^{-4}	Tc	1×10^{-3}	1×10^{-3}
Mo	5×10^{-3}	1×10^{-2}	Te	5×10^{-3}	7×10^{-2}
Na	2.5×10^{-2}	8×10^{-1}	Th	5×10^{-6}	1×10^{-4}
Nb	4×10^{-6}	3×10^{-6}	Tl	3×10^{-3}	2×10^{-2}
Ni	2×10^{-1}	5×10^{-2}	U	6×10^{-4}	3×10^{-3}
Np	5×10^{-5}	1×10^{-2}	Y	6×10^{-5}	1×10^{-2}
P	2×10^{-2}	5×10^{-2}	Zn	1×10^{-2}	2×10^{-1}
Pa	5×10^{-6}	5×10^{-6}	Zr	6×10^{-6}	1×10^{-5}

资料来源:李建国等.2006.放射生态学转移参数手册。

表 11.13 部分元素在水底沉积物中的分配系数 K_d (单位:L/kg)

元素	淡水	海水	元素	淡水	海水	元素	淡水	海水
H	0	1×10^{0}	Ru	5×10^{2}	4×10^{4}	Yb		1×10^{6}
C	5×10^{0}	1×10^{3}	Pd		6×10^{3}	Hf		1×10^{7}
Na		1×10^{-1}	Ag		1×10^{4}	Ta		2×10^{5}
P	5×10^{1}		Cd		3×10^{4}	W		3×10^{4}
S		5×10^{-1}	In		5×10^{4}	Ir		(1×10^{5})
Cl		3×10^{-2}	Sn		4×10^{6}	Hg		4×10^{3}
Ca		5×10^{2}	Sb	5×10^{1}	2×10^{3}	Tl		2×10^{4}
Sc		5×10^{6}	Te		(1×10^{3})	Pb		1×10^{5}
Cr	1×10^{4}	5×10^{4}	I	1×10^{1}	7×10^{1}	Po		(2×10^{7})

续表

元素	淡水	海水	元素	淡水	海水	元素	淡水	海水
Mn	1×10^{3}	2×10^{6}	Xe		1×10^{0}	Ra	5×10^{2}	2×10^{3}
Fe	5×10^{3}	3×10^{8}	Cs	1×10^{3}	4×10^{3}	Ac		2×10^{6}
Co	5×10^{3}	3×10^{5}	Ba		2×10^{3}	Th	1×10^{4}	3×10^{6}
Ni		2×10^{4}	Ce	1×10^{4}	3×10^{6}	Pa		(5×10^{6})
Zn	5×10^{2}	7×10^{4}	Pm	5×10^{3}	(2×10^{6})	U	5×10^{1}	1×10^{3}
Se		3×10^{3}	Pr		5×10^{6}	Np	1×10^{1}	1×10^{3}
Kr		1×10^{0}	Sm		3×10^{6}	Pu	1×10^{5}	1×10^{5}
Sr	1×10^{3}	8×10^{0}	Eu	5×10^{2}	2×10^{6}	Am	5×10^{3}	2×10^{6}
Y		9×10^{5}	Gd		2×10^{6}	Cm	5×10^{3}	2×10^{6}
Zr	1×10^{4}	2×10^{6}	Tb		2×10^{6}	Bk		2×10^{6}
Nb		8×10^{5}	Dy		1×10^{6}	Cf		2×10^{6}
Tc	5×10^{0}	1×10^{2}	Tm		1×10^{6}			

注：表中括号内的 K_d 值使用了元素周期表中该元素近邻元素的 K_d 值。

资料来源：李建国等．2006. 放射生态学转移参数手册。

表 11.14 不同年龄男、女食物消费量参考值 （单位：g/d）

食物	消费量参考值			
	学龄前期(男、女)	儿童期(男、女)	少年期、成人期(男)	少年期、成人期(女)
谷类[a]	170	270	450	310
豆类	15	20	25	20
蔬菜	180	260	360	320
水果	55	85	80	120
肉、禽	55	70	80	60
奶类	95	110	45	25
蛋类	20	30	35	25
鱼虾	40	30	40	35
油脂	—	—	30	—
饮水	500	700	1000	800

a. 包括薯类。

注：学龄前期指 4～6 岁，代表年龄 5 岁；儿童期指 7～13 岁，代表年龄 10 岁；少年期指 14～17 岁，代表年龄 15 岁；成人期指 18 岁以上。

资料来源：GBZ/T 200.4-2000 辐射防护用参考人第四部分：膳食组成和元素摄入量。

11.4 流出物监测和环境监测

11.4.1 核设施流出物监测的主要要求(GB11217-89)

(1)监测目的

1) 判明本设施流出物中的放射性物质的数量，以便与管理限值或运行限值进行比较。

2）为应用适当的环境模式评价环境质量、估算公众所受的剂量提供源项数据和资料。

3）为判明设施的运行及放射性废物的处理和控制装置的工作是否正常有效提供数据和资料。

4）使公众确信核设施的放射性释放确实受到严格的控制。

5）迅速发现和鉴定计划外释放的性质(种类)及其规模。

6）给出是否需要启动设施警报系统或应急警报系统的信息。

(2）监测计划

1）监测计划应满足监测目的，根据核设施的特点和发生计划外释放的可能性制定。在监测计划中，应把预计或可能有放射性污染的所有流出物都置于常观监测之下。

2）要合理选择监测点的位置，使该点的监测结果能够代表实际的排放。监测点应设在核设施内、废物处理系统或控制装置的下游，同时考虑易接近性和可行性。要合理确定取样和测量频率以及要监测的核素种类。要监测的核素种类不得少于有管理限值、本设施有可能排放的核素种类数。

3）为了合理地评价监测结果，除了放射性监测之外，还应根据需要测量其他有关的物理和化学参数。用于常规监测的仪表应有足够宽的量程，以适应计划外释放的监测。用于关键释放点的监测仪表，必须考虑冗余。

4）核设施的运行单位，应根据本设施的需要，或根据主管部门和监管部门的要求，进行特定核素的分析和测定。应分别绘制气载流出物和液态流出物的监测系统流程图。图中要标出取样点和测量点，并用不同的符号区分取样和测量方式。当系统比较复杂时，应用表格的形式说明各取样点和监测点所承担的测量任务和测量方法。对取样点应说明取样目的、方式、地点、取样频率以及要进行的测量。对于测量点要说明测量任务、测量技术要求，特别是测量方式、与测量有关的屏蔽、校正、检出限和测量可靠性等。当出现计划外释放的可能性较大时，监测计划中应有安装报警装置的要求。对于液态流出物监测，还应符合槽式排放的要求，要有自动终止释放功能。表 11.15 给出了核电厂放射性流出物一般监测方案。

(3）采样

1）当流出物中的放射性核素浓度或其排放速率变化范围很大时，或当出现计划外释放的可能性较大或预计计划外的释放会带来较严重的环境或社会危害时，应当采用连续和比例采样。

2）当流出物中所有的放射性核素浓度相对恒定，并且不会发生异常变化时，可采用定期采样。当核设施在运行中出现异常情况以致发生计划外释放时，应及时安排专门采样。

3）采样技术应满足及时性和代表性的要求。及时性：必须在所要求的时刻或时间间隔内取得足量的样品。代表性：应确保样品的成分中包含流出物中的全部放射性核素，除了为满足测量技术的要求而进行的浓集或稀释以外，不产生附加的稀释或浓集效应。

4）应尽量采用标准的采样技术。暂时没有标准的采样技术或因为其他原因而需要采用非标准的采样技术时，必须预先得到主管部门和监督部门的批准或同意。对于常规监测，为了减少因估价释放放射性废物的后果所需要的详细测量的工作量，可以将单个的代表性样品的一部分或全部混合成混合样品。在任何监测点范围内选择采样点时，在保证采样代表性的同时，要考虑可接近性和可行性。

(4）测量

1）测量技术应满足管理限值或运行限值提出的要求，应尽可能采用标准的测量技术。暂时没有标准的测量技术而需要采用非标准的测量技术时，必须用书面向主管部门和监督部门报告，在得到认可后方可采用。

2）凡用于连续测量的装置，其最低可探测限应达到或小于运行限值的百分之一，其量程的宽度应能满足计划外释放的测量要求，必要时应安装具有几个触发阈值的连锁报警装置。

3）在关键的排放点，为了在常规监测之外还能可靠地监测事故释放，要安装两套互相独立的监测装置。其中的一套用于常规监测，另一套用于事故监测。用于事故监测的装置，要求测量范围大并附有报警装置。

4）实验室测量是对流出物中的放射性核素进行分析的可靠方法，应尽可能减小或消除干扰因素，制备浓缩的适于测量的样品，以达到比直接测量或就地测量有更好的探测限。

（5）记录报告保存及质量保证

1）核设施流出物的监测部门应按有关规定的要求制订统一格式的记录表格并记录和报告。

2）监测结果及其监测报告至少要保存到该设施退役后的十年。

3）流出物的采样和测量应执行 GB11216《核设施流出物和环境中放射性监测质量保证计划的一般要求》中的有关规定。

11.4.2　核设施放射性流出物监测方案

不同核设施的流出物监测方案是不同的。表 11.15 给出了核电厂放射性流出物的一般监测方案。

表 11.15　核电厂放射性流出物的一般监测方案

监测对象		排放方式	监测方式
气载放射性流出物	惰性气体	连续排放 约定性排放（TEG 贮存衰变罐和 EBA 的排气）	在线连续监测（报警，联锁） 定期取样，核素分析（γ 谱）
	气溶胶		在线连续监测（报警） 连续取样，定期测量（总 β、γ 谱）
	I		在线连续监测（报警） 连续取样，定期测量（总 γ、γ 谱）
	^{3}H		连续取样，定期测量
	^{14}C		连续取样，定期测量
液态放射性流出物		槽式排放	取样分析测量（总 β 或总 γ、γ 谱，^{3}H、^{14}C、^{90}Sr）在线连续监测（报警，联锁）

11.4.3　核设施辐射环境监测的主要要求（GB12379-90，HJ/T61-2001）

（1）监测目的

1）评价核设施对放射性物质包容和排出流控制的有效性。

2）测定环境介质中放射性核素浓度或照射量率的变化。

3）评价公众受到的实际照射及潜在剂量，或估计可能的剂量上限值。

4）发现未知的照射途径和为确定放射性核素在环境中的传输模型提供依据。

5）出现事故排放时，保持能快速估计环境污染状态的能力。

6）鉴别由其他来源引起的污染。

7）对环境放射性本底水平实施调查。

8）证明是否满足限制向环境排放放射性物质的规定和要求。

（2）监测大纲：辐射环境监测大纲分为运行前环境本底调查大纲和运行期间辐射环境监测大纲。运行前本底调查应累积2年的调查资料。对于存在事故排放危险的核设施，运行期间辐射环境监测大纲必须包括应急监测内容。对于准备退役的核设施，必须制定退役期间以及退役后长期管理期间的辐射环境监测大纲。应根据监测目的制定辐射环境监测大纲，同时还要考虑下列客观因素：

1）核设施排出流中放射性物质的含量、排放量，排放核素的相对毒性和潜在危险。

2）核设施的运行规模，可能发生事故的类型、概率及环境后果。

3）排出流监测现状，对实施环境核辐射监测的要求程度。

4）受照射群体的人数及其分布。

5）核设施周围土地利用和物产情况。

6）实施环境核辐射监测的代价和效果。

7）实用环境核辐射监测仪器的可获得性。

8）环境核辐射监测中可能出现的各种干扰因素。

表11.16给出了不同核设施辐射环境一般监测范围。相关质量保证要求应执行GB11216《核设施流出物和环境中放射性监测质量保证计划的一般要求》中的有关规定。

表11.16　不同核设施辐射环境的一般监测范围

	核动力厂	后处理设施	其他核设施	核技术利用设施
监测范围	环境γ辐射水平，厂址半径50km；环境介质，厂址半径20～30km	环境γ辐射水平，厂址半径50km；环境介质，厂址半径30km	一般为厂址半径10km	工作场所半径50～500m

资料改编自：核动力厂环境辐射防护规定(GB6249-2011)；环境核辐射监测规定(GB12379-1990)；辐射环境监测技术规范(HJ/T61-2001)。

11.4.4　核设施辐射环境监测方案

核设施的辐射环境监测方案与核设施的放射性流出物排放情况和厂址环境特征密切相关。核电厂的环境监测设施一般包括：环境实验室、厂区辐射与气象监测系统以及应急监测车等。《辐射环境监测技术规范》(HJ/T61-2001)中列出了核设施、核技术利用设施和放射性物质运输的环境监测方案，但目前的实践一般都超出HJ/T61-2001规定的要求。

表11.17给出了辐射环境监测常用仪器、测量方法和典型探测限。

表 11.17 辐射环境监测常用仪器、测量方法和典型探测下限

测量项目/介质		分析测量方法	测量仪器	测量方法标准	典型探测下限
环境γ辐射剂量率	实时连续监测	高压电离室γ辐射剂量率测量	γ剂量率仪热释光剂量率仪	ET/J 379-1989 GB/T 14583-1993 GB 8998-1988 GB10264-1988	1×10^{-8} Gy/h
	瞬时测量	闪烁体剂量率仪测量			1×10^{-8} Gy/h
	累积剂量	热释光 LiF(Mg、Cu、P)测量			1×10^{-5} Gy
^{3}H	水中	蒸馏法制样+碱式电解浓缩+液闪计数法	液闪谱仪	GB 12375-1990 EJ/T 558-1991	5×10^{-1} Bq/L
	牛奶				2 Bq/L
总α总β	气溶胶	蒸发(灰化)制样,总α、总β计数法	低本底α/β测量仪	EJ/T 1075-1998 EJ/T 900-1994 GB/T 5750.13-06	α: 1×10^{-4} Bq/m^3 β: 5×10^{-5} Bq/m^3
	沉降灰				α: 2×10^{-1} Bq/(月·m^2) β: 2×10^{-2} Bq/(月·m^2)
	土壤				α: 2×10^{2} Bq/kg β: 2×10^{1} Bq/kg
	水				α: 2×10^{-2} Bq/L β: 5×10^{-2} Bq/L
	生物				5 Bq/kg(灰)
	海水	铁明矾-氯化钡沉淀法,总β计数测量			3 Bq/m^3
γ谱分析	气溶胶	滤纸采样,γ能谱分析	γ谱仪	GB/T 11713-1989 GB 16140-1995 GB/T 11743-1989 GB/T 16145-1995	8×10^{-6} Bq/m^3(^{137}Cs)
	生物	灰化法,γ能谱分析			2 Bq/kg (灰)(^{137}Cs)
	土壤	烘干,γ能谱分析			5×10^{-1} Bq/kg(干)(^{137}Cs)
	淡水	蒸发法,γ能谱分析			4 Bq/m^3(^{137}Cs)
	海水	亚铁氰化钴钾沉淀法,γ能谱分析*			2 Bq/m^3(^{137}Cs)
^{90}Sr 分析	气溶胶	二(乙基己基)磷酸萃取色层法 发烟硝酸法	低本底α/β测量仪	GB/T 6766-1986 GB 11222.1-1989 EJ/T 1035-1996	2×10^{-6} Bq/m^3
	水				1×10^{-3} Bq/L
	沉降灰				1×10^{-2} Bq/(月·m^2)
	生物灰				8×10^{-4} Bq/g 灰
	土壤				3×10^{-1} Bq/kg
	沉积物				8×10^{-5} Bq/g 干
	食品			GB14883.3-94	2×10^{-2} Bq/g 灰
^{137}Cs 分析	水	磷钼酸铵-碘铋酸铯法	低本底α/β测量仪	GB 6767-1986 GB 11221-1989 GB14883.10-94	2×10^{-3} Bq/L
	植物				2×10^{-2} Bq/g 灰
	肉类				2×10^{-2} Bq/g 灰
	牧草				3×10^{-1} Bq/kg
^{137}Cs 分析	牛奶	磷钼酸铵-碘铋酸铯法	低本底α/β测量仪	GB14883.10-94	3×10^{-2} Bq/L

续表

测量项目/介质		分析测量方法	测量仪器	测量方法标准	典型探测下限
^{131}I分析	空气	活性碳盒采样，γ能谱分析	γ谱仪低本底 α/β 测量仪	GB/T14584-1993	3×10^{-3} Bq/L
	水	碘化银沉淀法		GB/T 13273-1991	3×10^{-3} Bq/L
	牛奶			GB/T 14674-1993	7×10^{-3} Bq/kg
	植物			GB 14883.9-94	1×10^{-2} Bq/kg
U分析	空气	TBP萃取荧光法 分光光度法 激光液体荧光法 固体荧光法	分光光度计 微量铀分析仪	GB 12377-1990 GB 12378-1990 GB 11220.1-1989 GB 11220.2-1989 GB 11223.1-1989 GB 11223.2-1989 GB 6768-1986 GB14883.7-1994	7×10^{-10} g/m^3
	土壤				1×10^{-2} μg/g
	生物				3×10^{-8} g/g 灰
	水				1×10^{-10} g/ml
	食品				2×10^{-8} Bq/g 灰
Th分析	水	分光光度法	分光光度计	EJ349.1-1988～ EJ 349.4-1988 GB14883.7-94	1×10^{-2} μg/L
	土壤				1×10^{-1} μg/g
	食品				1×10^{-8} Bq/g 灰
Pu分析	水	萃取色层法离子交换法	α谱仪低本底 α/β 测量仪	GB/T 16141-1995 GB 11225-1989 GB 11219.1-1989 GB 11219.2-1989 GB14883.8-1994	1×10^{-5} Bq/L
	土壤				2×10^{-2} Bq/kg
	生物				1×10^{-5} Bq/g 灰
	食品				7×10^{-4} Bq/g 灰
Am分析	水	放化分离-α计数法 α能谱法	α谱仪 低本底 α/β 测量仪	WS/T 234-2002	2×10^{-5} Bq/L
	土壤				2×10^{-2} Bq/kg
	食品				3×10^{-5} Bq/g 灰
Ra分析	水	氢氧化铁-硫酸钙载带射气闪烁法 硫酸钡共沉淀闪烁法放化分离α计数法	氡钍分析仪 α/β测量仪	GB 11214-89 GB11218-89 GB14883.6-94 EJ/T 1117-2000	8×10^{-3} Bq/L
	土壤				1 Bq/kg
	食品				7×10^{-3} Bq/g 灰
Rn分析	空气	径迹蚀刻法	显微镜 γ谱仪 低本底 α/β 测量仪	GB/T 14582-1993 GBZ/T182-2006	2×10^{3} Bq·h/m^3
		活性炭法			6 Bq/m^3
		双滤膜法			3 Bq/m^3
		气球法			2 Bq/m^3
	水	硫酸钡共沉淀闪烁法	氡钍分析仪	EJ/T 1113-2001 GB 8538-1995	3×10^{-3} Bq/L
^{210}Po分析	水	电镀制样法	α谱仪	GB/T16141-1995	1×10^{-3} Bq/L
	土壤			GB12376-1990	3×10^{-4} Bq/g
	食品			GB14883.5-1994	0.8 Bq/g 灰
^{210}Pb分析	水	萃取电镀制样法	α谱仪	GB/T16141-1995 EJ/T 859-1994	1×10^{-2} Bq/L
^{14}C分析	空气	$CaCO_3$沉淀，液闪计数法	液闪谱仪	EJ/T 1008-1996	0.04 Bq/m^3 空气

注：表内所示典型探测下限是根据测量方法标准及国内核设施环境影响报告书中相关数据整理，代表国内现有环境放射性测量的基本水平。探测下限与测量仪器的效率、仪器的本底计数率、样品取样量和测量时间等参数相关，针对不同的测量目的和测量要求，实际测量中的探测下限会跟本表所示典型探测下限有所差异，通常本底调查中的探测下限应优于本表的给定值。本表仅供参考。

11.5 放射性废物处理处置

11.5.1 放射性废物管理的基本原则

放射性废物管理的目标是保护现代和未来的人体健康和环境而又不给后代带来不适当的负担。其基本原则有以下 9 条：

原则 1：保护人体健康 放射性废物管理必须确实保护人类健康达到可接受水平。

原则 2：保护环境 放射性废物管理必须确实保护环境达到可接受的水平。

原则 3：超越国境的考虑 放射性废物管理必须考虑超越国界对人类健康和环境可能的影响。

原则 4：保护后代 放射性废物管理必须保证对后代预期的健康影响不大于当今可接受的水平。

原则 5：不给后代增加不适当的负担 放射性废物管理必须确保不给后代造成不适当的负担。

原则 6：建立国家法律框架 放射性废物管理必须在适当的国家法律框架内进行，包括明确职责和规定独立的管理职能。

原则 7：控制放射性废物的产生 放射性废物的产生必须可合理达到的最少化。

原则 8：废物产生和管理间的相依性 放射性废物管理必须考虑产生和管理各步骤间的相互依赖关系。

原则 9：确保设施寿期内的安全 必须确保放射性废物管理设施在使用寿期内的安全。

11.5.2 放射性废物的分类

放射性废物的许多性质都可以作为分类依据，例如：①按废物的物理、化学形态分类；②按放射性水平分类；③按放射性废物来源分类；④按半衰期分类；⑤按辐射类型分类；⑥按处置方式分类；⑦按毒性分类；⑧按释热性分类等。表 11.18 给出了我国现行放射性废物分类。这种放射性废物分类与 IAEA 以前的分类方法是一致的。

目前世界各国的放射性废物分类不完全一致。IAEA 以前的废物分类没有涵盖所有的放射性废物，也没有和放射性废物处置直接关联。因此，IAEA 在 2009 年出版的《放射性废物分类》(IAEA GSG-1)中，提出了一套涵盖所有放射性废物来源的分类方法，并指导放射性废物处置。该分类方法主要针对放射性固体废物，考虑到液体或气体废物转化成固体废物形式以适合处置等方面，基本分类原则也可以用于液体和气体废物的管理中。

IAEA 给出的 6 种放射性废物分类简要描述如下：

(1) 豁免废物(EW)：这类废物低于清洁解控水平，并且免受辐射防护监管控制。

(2) 极短寿命废物(VSLW)：这类废物可在一个长达几年的时间里贮存衰变，并最终符合监管机构批准的无须控制的处置、使用或排放的要求，而无须监管控制。这类废物主要含有极短半衰期核素的废物。

(3) 极低放废物(VLLW)：这类废物高于清洁解控水平，但并不需要高级别的限制和隔离，而可以在近地表填埋场形式的设施中处置，对其进行有限的监管控制。这种填埋场形式的设施可能还含有其他有害的废物。代表性的废物包括低活度浓度的土壤和碎石。在极低放废物中，长寿命的放射性核素浓度一般非常有限。

(4) 低放废物(LLW):高于清洁水平,但含有一定量长寿命核素的废物。这类废物需要强行隔离和限制长达几百年的时间,适合于在近地表处置场中处置。这类废物涵盖了范围很广的放射性废物。低放废物可包括较高水平活度浓度的短寿命核素以及相对较低水平活度浓度的长寿命核素的废物。

(5) 中放废物(ILW):由于其含有长寿命核素,需要采取比近地表处置更高程度的限制与隔离。然而,对于在储存和处置期间的散热,中放废物无须或者仅需有限的控制。中放废物可能含有长寿命核素,尤其是 α 放射性核素,其在常规控制期间无法衰减到近地表处置可接受的活度浓度水平。因此,这类废物需要更深层的处置,大约从几十米到几百米,即中等深度地质处置。

(6) 高放废物(HLW):指活度浓度高到足以在衰变过程中产生大量的热或含有大量长寿命核素,以至于在对处置设施进行设计时需要对上述因素加以考虑的废物。一般认为,高放废物需要在地下数百米或更深的稳定地质构造带中进行处置,即深地质处置。

每种重要核素所允许的活度数值将在具体处置设施安全评价的基础上得以确定。

图 11.3 给出了 IAEA 放射性废物分类示意图。图 11.4 给出了放射性废物分类方法使用说明。目前,我国正参考 IAEA 的放射性废物分类修订 GB9133。

表 11.18 我国放射性废物的分类

类别	级别	名称	放射性活度浓度
气载废物	Ⅰ	低放废气	浓度≤4×10^7 Bq/m^3
	Ⅱ	中放废气	浓度>4×10^7 Bq/m^3
液体废物	Ⅰ	低放废液	浓度≤4×10^6 Bq/L
	Ⅱ	中放废液	4×10^6 Bq/L<浓度≤4×10^{10} Bq/L
	Ⅲ	高放废液	浓度>4×10^{10} Bq/L
固体废物	半衰期≤60d(包括^{125}I)		
	Ⅰ	低放废物	比活度≤4×10^6 Bq/kg
	Ⅱ	中放废物	比活度>4×10^6 Bq/kg
	60d<半衰期≤5a(包括^{60}Co)		
	Ⅰ	低放废物	比活度≤4×10^6 Bq/kg
	Ⅱ	中放废物	比活度>4×10^6 Bq/kg
	5a<半衰期≤30a(包括^{137}Cs)		
	Ⅰ	低放废物	比活度≤4×10^6 Bq/kg
	Ⅱ	中放废物	4×10^6 Bq/kg<比活度≤4×10^{11} Bq/kg,且释热率≤2kW/m^3
	Ⅲ	高放废物	比活度>4×10^{11} Bq/kg,或释热率>2kW/m^3
	半衰期>30a(不包括 α 废物)		
	Ⅰ	低放废物	比活度≤4×10^6 Bq/kg
	Ⅱ	中放废物	比活度>4×10^6 Bq/kg,且释热率≤2kW/m^3
	Ⅲ	高放废物	比活度>4×10^{10} Bq/kg,或释热率>2kW/m^3
	α 废物		
	含有半衰期大于 30a 的 α 放射性核素,单个货包中 α 比活度>4×10^6 Bq/kg,多个货包平均 α 比活度>4×10^5 Bq/kg		
豁免废物	对公众成员照射所造成的剂量值<0.01mSv/a,对公众的集体剂量≤1 人·Sv/a 的含极少量放射性核素的废物		

资料来源:放射性废物的分类(GB 9133-1995)。

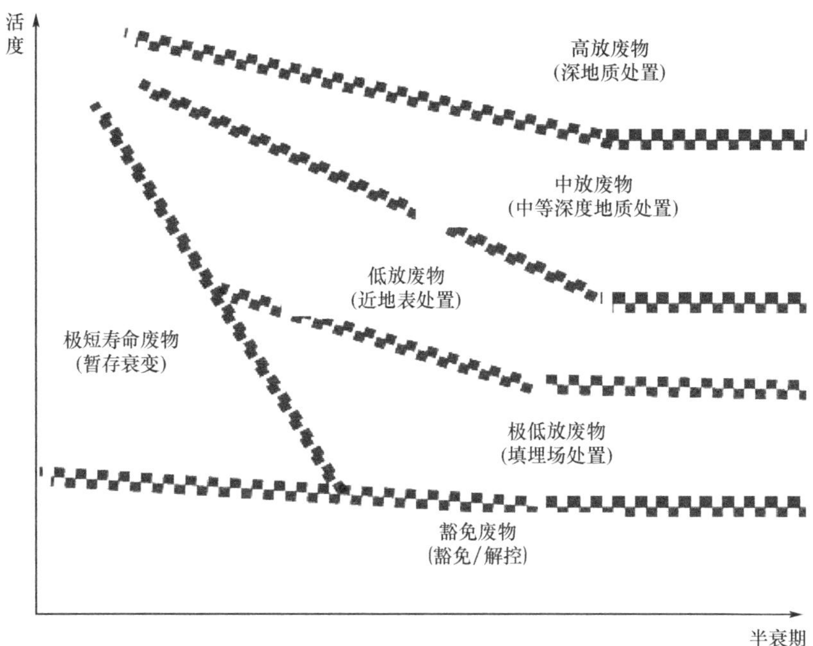

图 11.3 IAEA放射性废物分类示意

由于放射性废物具有多样性,"活度"是活度浓度、比活度和总活度的统称。

资料来源:Classification of Radioactive Waste,IAEAGSG-1

11.5.3 排除、豁免和解控

11.5.3.1 排除、豁免和解控的概念

GB18871-2002 中对排除、豁免和解控的定义如下:

排除:在本标准的适用范围之外的,特指那些本质上不能通过实施 GB18871-2002 的要求对照射的大小或可能性进行控制的照射情况,如人体内的^{40}K、到达地球表面的宇宙射线等所引起的照射。

豁免:指实践和实践中的源经确认符合规定的豁免要求或水平并经审管部门同意后被 GB18871-2002 的要求所豁免。IAEA-RS-G-1.7 给出的进一步解释为:豁免就是在实践和实践中的源符合某些标准时,推论哪些实践和实践中的源可以不受对实践要求的约束。就其本质而言,豁免可以被看作是监管机构准予的一种普通认可,这种认可一旦发出,就是允许该实践或源免除本来应该适用的那些要求的约束,特别是与通知和批准有关的那些要求。豁免概念既可以适用于天然放射性核素,也可以适用于人工放射性核素。

解控:审管部门按规定解除对已批准进行的实践中的放射性材料或物品的管理控制。

11.5.3.2 豁免准则

GB18871-2002 附录 A 规定:如果审管部门确认某项实践是正当的,并确认该实践中的源满足 GB18871-2002 标准附录所规定的豁免准则或豁免水平,或满足审管部门根据这些豁免准则所规定的其他豁免水平,则该实践和该实践中的源可以被 GB18871-2002 的要求所豁免。

豁免的一般准则是:

(1) 被豁免实践或源对个人造成的辐射危险足够低,以至于再对它们加以管理是不必要的。

(2) 被豁免实践或源所引起的群体辐射危险足够低,在通常情况下再对它们进行管理控制是不值得的。

(3) 被豁免实践和源具有固有安全性,能确保上述准则(1)和(2)始终得到满足。

如果经审管部门确认在任何实际可能的情况下下列准则均能满足,则可不做更进一步的考

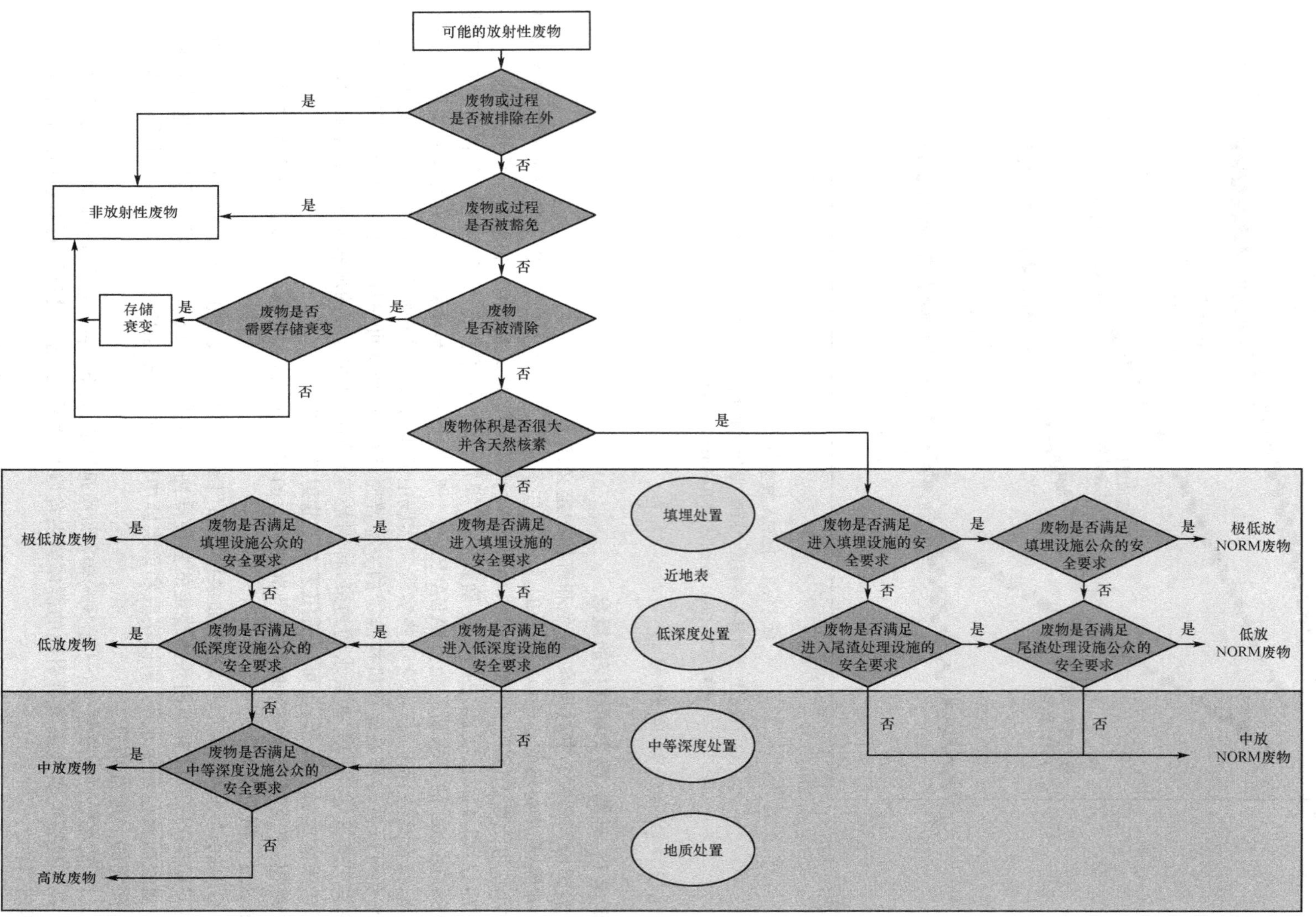

图 11.4　IAEA 放射性废物分类使用方法说明

虑而将实践或实践中的源予以豁免：

(1) 被豁免实践或源使任何公众成员一年内所受的有效剂量预计为 10μSv 量级或更小。

(2) 实施该实践一年内所引起的集体有效剂量不大于约 1 人 · Sv，或防护的最优化评价表明豁免是最优选择。

11.5.3.3 豁免水平

国际原子能机构在《豁免、排除和解控水平的应用》(IAEA-RS-G-1.7)中，在考虑联合国辐射效应科学委员会【UNSCAER，2000】提供的全世界土壤中活度浓度分布上端值的基础上，确定天然放射性核素的排除水平为 1Bq/g。这里的天然放射性核素是指以^{238}U、^{235}U 和^{232}Th 为母核的、处于永久平衡的衰变链中的任何一个核素，即包括物料中链首天然放射性核素^{238}U、^{235}U和^{232}Th，分段链的链首核素^{226}Ra，以及它们衰变链中的每一个衰变子体核素。在不考虑氡的贡献情况下，该浓度引起的个人剂量不大可能超过 1mSv/a。

对于天然放射性核素^{40}K，尽管 IAEA-RS-G-1.7 给出的排除水平为 10Bq/g，但考虑到^{40}K 的天然丰度比较高，钾肥的使用不应受到控制以及 K 在人体内的代谢情况，在即将颁布的相关国家标准《物料中放射性核素免管水平》中不对其进行控制。

少量物料中的人工放射性核素豁免水平参见 GB18871-2002，大量物料(1t 以上)的豁免水平列在表 11.19 中。

表 11.19 大批量物料的豁免水平(1t 以上)

放射性核素	豁免水平(Bq/g)	放射性核素	豁免水平(Bq/g)	放射性核素	豁免水平(Bq/g)
^{3}H	100	^{56}Mn	10[a]	^{75}Se	1
^{7}Be	10	^{52}Fe	10[a]	^{82}Br	1
^{14}C	1	^{55}Fe	1000	^{86}Rb	100
^{18}F	10[a]	^{59}Fe	1	^{85}Sr	1
^{22}Na	0.1	^{55}Co	10[a]	^{85m}Sr	100[a]
^{24}Na	1[a]	^{56}Co	0.1	^{87m}Sr	100[a]
^{31}Si	1000[a]	^{57}Co	1	^{89}Sr	1000
^{32}P	1000	^{58}Co	1	^{90}Sr	1
^{33}P	1000	^{58m}Co	10000[a]	^{91}Sr	10[a]
^{35}S	100	^{60}Co	0.1	^{92}Sr	10[a]
^{36}Cl	1	^{60m}Co	1000[a]	^{90}Y	1000
^{38}Cl	10[a]	^{61}Co	100[a]	^{91}Y	100
^{42}K	100	^{62m}Co	10[a]	^{91m}Y	100[a]
^{43}K	10[a]	^{59}Ni	100	^{92}Y	100[a]
^{45}Ca	100	^{63}Ni	100	^{93}Y	100[a]
^{47}Ca	10	^{65}Ni	10[a]	^{93}Zr	10[a]
^{46}Sc	0.1	^{64}Cu	100[a]	^{95}Zr	1
^{47}Sc	100	^{65}Zn	0.1	^{97}Zr	10[a]
^{48}Sc	1	^{69}Zn	1000[a]	^{93m}Nb	10
^{48}V	1	^{69m}Zn	10[a]	^{94}Nb	0.1
^{51}Cr	100	^{72}Ga	10[a]	^{95}Nb	1
^{51}Mn	10[a]	^{71}Ge	10000	^{97}Nb	10[a]
^{52}Mn	1	^{73}As	1000	^{98}Nb	10[a]
^{52m}Mn	10[a]	^{74}As	10[a]	^{90}Mo	10[a]
^{53}Mn	100	^{76}As	10[a]	^{93}Mo	10

续表

放射性核素	豁免水平(Bq/g)	放射性核素	豁免水平(Bq/g)	放射性核素	豁免水平(Bq/g)
^{54}Mn	0.1	^{77}As	1000	^{99}Mo	10
^{101}Mo	10[a]	^{125}Sn	10	^{129}Cs	10
^{96}Tc	1	^{122}Sb	10	^{131}Cs	1000
^{96m}Tc	1000[a]	^{124}Sb	1	^{132}Cs	10
^{97}Tc	10	^{125}Sb	0.1	^{134}Cs	0.1
^{97m}Tc	100	^{123m}Te	1	^{134m}Cs	1000[a]
^{99}Tc	1	^{125m}Te	1000	^{135}Cs	100
^{99m}Tc	100[a]	^{127}Te	1000	^{136}Cs	1
^{97}Ru	10	^{127m}Te	10	^{137}Cs	0.1
^{103}Ru	1	^{129}Te	100[a]	^{138}Cs	10[a]
^{105}Ru	10[a]	^{129m}Te	10	^{131}Ba	10
^{106}Ru	0.1	^{131}Te	100[a]	^{140}Ba	1
^{103m}Rh	10000[a]	^{131m}Te	10	^{140}La	1
^{105}Rh	100	^{132}Te	1	^{139}Ce	1
^{103}Pd	1000	^{133}Te	10[a]	^{141}Ce	100
^{109}Pd	100	^{133m}Te	10[a]	^{143}Ce	10
^{105}Ag	1	^{134}Te	10[a]	^{144}Ce	10
^{110m}Ag	0.1	^{123}I	100	^{142}Pr	100
^{111}Ag	100	^{125}I	100	^{143}Pr	1000
^{109}Cd	1	^{126}I	10	^{147}Nd	100
^{115}Cd	10	^{129}I	0.01	^{149}Nd	100[a]
^{115m}Cd	100	^{130}I	10[a]	^{147}Pm	1000
^{111}In	10	^{131}I	10	^{149}Pm	1000
^{113m}In	100[a]	^{132}I	10[a]	^{151}Sm	1000
^{114m}In	10	^{133}I	10[a]	^{153}Sm	100
^{115m}In	100[a]	^{134}I	10[a]	^{152}Eu	0.1
^{113}Sn	1	^{135}I	10[a]	^{152m}Eu	100[a]
^{154}Eu	0.1	^{192}Ir	1	^{230}Pa	10
^{155}Eu	1	^{194}Ir	100[a]	^{233}Pa	10
^{153}Gd	10	^{191}Pt	10	^{230}U	10
^{159}Gd	100[a]	^{193m}Pt	1000	^{231}U	100
^{160}Tb	1	^{197}Pt	1000[a]	^{232}U	0.1
^{165}Dy	1000[a]	^{197m}Pt	100[a]	^{233}U	1
^{166}Dy	100	^{198}Au	10	^{236}U	10
^{166}Ho	100	^{199}Au	100	^{237}U	100
^{169}Er	1000	^{197}Hg	100	^{239}U	100[a]
^{171}Er	100[a]	^{197m}Hg	100	^{240}U	100[a]
^{170}Tm	100	^{203}Hg	10	^{237}Np	1
^{171}Tm	1000	^{200}Tl	10	^{239}Np	100
^{175}Yb	100	^{201}Tl	100	^{240}Np	10[a]

续表

放射性核素	豁免水平(Bq/g)	放射性核素	豁免水平(Bq/g)	放射性核素	豁免水平(Bq/g)
^{177}Lu	100	^{202}Tl	10	^{234}Pu	100[a]
^{181}Hf	1	^{204}Tl	1	^{235}Pu	100[a]
^{182}Ta	0.1	^{203}Pb	10	^{236}Pu	1
^{181}W	10	^{206}Bi	1	^{237}Pu	100
^{185}W	1000	^{207}Bi	0.1	^{238}Pu	0.1
^{187}W	10	^{203}Po	10[a]	^{239}Pu	0.1
^{186}Re	1000	^{205}Po	10[a]	^{240}Pu	0.1
^{188}Re	100[a]	^{207}Po	10[a]	^{241}Pu	10
^{185}Os	1	^{211}At	1000	^{242}Pu	0.1
^{191}Os	100	^{225}Ra	10	^{243}Pu	1000[a]
^{191m}Os	1000[a]	^{227}Ra	100	^{244}Pu	0.1
^{193}Os	100	^{226}Th	1000	^{241}Am	0.1
^{190}Ir	1	^{229}Th	0.1	^{242}Am	1000[a]
^{242m}Am	0.1	^{248}Cm	0.1	^{253}Cf	100
^{243}Am	0.1	^{249}Bk	100	^{254}Cf	1
^{242}Cm	10	^{246}Cf	1000	^{253}Es	100
^{243}Cm	1	^{248}Cf	1	^{254}Es	0.1
^{244}Cm	1	^{249}Cf	0.1	^{254m}Es	10
^{245}Cm	0.1	^{250}Cf	1	^{254}Fm	10000[a]
^{246}Cm	0.1	^{251}Cf	0.1	^{255}Fm	10[a]
^{247}Cm	0.1	^{252}Cf	1		

a. 这些核素的半衰期小于1d。

资料来源:IAEA-RS-G-1.7,排除、豁免和解控概念的适用。

11.5.3.4 解控水平

GB18871-2002 规定:工作场所中的某些设备与用品,经去污使其污染水平降低到GB18871-2002 表 B11 中所列设备类的控制水平的 1/50 以下时,经审管部门或审管部门授权的部门确认同意后,可当作普通物品使用。

GB/T 17567-2009 规定的核设施中某些金属的解控水平见表 11.20。

表 11.20 核设施的钢铁、铝、镍和铜再循环、再利用的清洁解控水平

A. 污染钢铁再循环、再利用的清洁解控水平值 (单位:Bq/g)

核素	^{54}Mn	^{55}Fe	^{60}Co	^{63}Ni	^{65}Zn	^{90}Sr	^{94}Nb
解控水平	4×10^{-1}	1×10^{4}	1×10^{-1}	1×10^{4}	6×10^{-1}	9×10^{1}	2×10^{-1}
核素	^{99}Tc	^{137}Cs	^{152}Eu	^{239}Pu	^{241}Pu	^{241}Am	^{238}U[a]
解控水平	2×10^{3}	5×10^{-1}	4×10^{-1}	3×10^{-1}	1×10^{1}	3×10^{-1}	4.0×10^{0}

B. 污染铝再循环、再利用的清洁解控水平值

核素	^{54}Mn	^{55}Fe	^{60}Co	^{63}Ni	^{65}Zn	^{90}Sr	^{94}Nb
解控水平	1×10^{0}	2×10^{3}	3×10^{-1}	4×10^{4}	2×10^{0}	2×10^{2}	5×10^{-1}

续表

核素	^{99}Tc	^{137}Cs	^{152}Eu	^{239}Pu	^{241}Pu	^{241}Am	^{238}U[a]
解控水平	9×10^{3}	1×10^{0}	1×10^{0}	1×10^{0}	7×10^{1}	2×10^{0}	2×10^{1}

C. 污染镍再循环、再利用的清洁解控水平值

核素	^{54}Mn	^{55}Fe	^{60}Co	^{63}Ni	^{65}Zn	^{90}Sr	^{94}Nb
解控水平	2×10^{0}	8×10^{4}	6×10^{-1}	2×10^{5}	3×10^{0}	1×10^{3}	9×10^{-1}
核素	^{99}Tc	^{137}Cs	^{152}Eu	^{239}Pu	^{241}Pu	^{241}Am	^{238}U[a]
解控水平	4×10^{4}	2×10^{0}	2×10^{0}	7×10^{0}	4×10^{2}	9×10^{0}	1×10^{2}

D. 污染铜再循环、再利用的清洁解控水平值

核素	^{54}Mn	^{55}Fe	^{60}Co	^{63}Ni	^{65}Zn	^{90}Sr	^{94}Nb
解控水平	7×10^{0}	5×10^{4}	2×10^{0}	7×10^{4}	1×10^{1}	4×10^{2}	4×10^{0}
核素	^{99}Tc	^{137}Cs	^{152}Eu	^{239}Pu	^{241}Pu	^{241}Am	^{238}U[a]
解控水平	9×10^{3}	9×10^{0}	9×10^{0}	1×10^{0}	7×10^{1}	2×10^{0}	2×10^{1}

a. 只包括^{234}Th 和^{234}Pa 两个短寿命子体。

资料来源：核设施的钢铁、铝、镍和铜再循环、再利用的清洁解控水平(GB/T 17567-2009)。

11.5.4 废物最小化的概念及应用

放射性废物最小化是从核设施的设计到退役活动的各个阶段，通过减少废物的产生，再循环、再利用或者废物处理的方法，使得在考虑了一次废物和二次废物的情况下，将废物的数量和活度减小至可合理达到的最低水平。

废物最小化指标包括活度和体积两个指标。通常意味着减少废物的数量，可能包括或许不包括废物总活度的降低。在实施中，需要把二次废物与一次废物同样地对待。强调可合理达到的最低水平，而不单纯追求绝对低的水平，应把经济和其他因素包括在内。

世界各国近年来在废物最小化方面取得了良好的成果。表 11.21 给出了 1980～2000 年美国 PWR 核电厂单台机组固体废物产生量。

表 11.21 1980～2000 年美国 PWR 核电厂单台机组固体废物产生量 (单位：m^3/a)

年份	1980	1982	1984	1986	1988	1990	1992	1994	1996	1997	1998	1999	2000
废物量	500	360	358	198	128	95	87	46	36	18	21	22	20

近年来，我国在废物最小化方面开展了许多工作，主要实践如下：

(1) 研究制定废物最小化导则，确定核电厂固体废物目标值。

(2) 改进反应堆设计，减少^{110m}Ag 产生量。

(3) 综合优化液态流出物排放量和固体废物产生量，合理确定液态流出物排放浓度。

(4) 合理选择废物处理工艺，建设厂址废物处理设施。

(5) 改进废物处理系统设计，降低水泥固化体增容比。

(6) 改进废物包装体，降低废物包体积。

(7) 推广焚烧装置的应用，实现可燃废物的高减容。

(8) 强化管理，减少防护用品和洗澡水用量。

(9) 强化分拣,对可通过暂存衰变达到解控水平的废物及时解控。

(10) 改进处置场设计,提高处置场接收废物的表面剂量率标准。

正在制定的《核电厂放射性废物最小化导则》规定了核电厂设计、建造、运行和退役各个阶段的废物最小化要求,提出了核电厂单台机组预期待处置放射性固体废物年产生量目标值。

目前我国有多个核电厂正在建设厂址废物处理设施(SRTF),各种先进的固体废物处理、处置技术有可能得到应用。表 11.22 给出了常用废物处理、处置技术的特点和适用范围。

表 11.22 常用固体废物处理、处置技术

序号	技术名称	适用处理的废物	技术特点	推荐建造方式
1.	固体废物分类和分拣	主要适用于各类干废物	通过高效的检测设备快速确定废物特性	废物产生地和废物处理设施
2.	焚烧	可燃干废物(包括 PE、废纸、木头、棉织品、少量 PVC、低放废树脂)、废油、废有机溶剂等	减容、减重比高,产生二次废物少,废物无机化	多堆厂址及核电厂集中区域,推荐在废物处理中心设置焚烧设施
3.	超级压实	适用于干废物、低活度的废过滤器芯、焚烧灰、干燥的废树脂等	处理工艺简单,减容比随废物特性不同有差别	废物处理中心
4.	高效固化	废树脂、浓缩液	废物减容比高	废物处理中心
5.	废物固定	污染金属、废过滤器芯、废液处理产生的废膜、超级压实产生的废物饼块	工艺简单,使废物固定在混凝土胶结材料中,废物有不同程度的增容	废物处理中心
6.	干燥	废树脂、浓缩液、泥浆、废过滤器芯、湿抹布、吸水材料,被废水浸湿的其他干废物	使废物含水率满足处置要求,可直接装入包装容器或高整体容器中送处置场处置	废物处理中心
7.	高整体容器	废树脂、浓缩液干燥后形成的盐、废过滤器芯、焚烧灰等	废物增容小、处理工艺简单,废物包满足处置要求。可直接装入高整体容器中送处置场处置	废物处理中心
8.	湿法氧化	废树脂及有机物	废物无机化后的蒸发残渣经高效固化后形成稳定的废物体。废物减容比较高,尾气处理较简单	废物处理中心
9.	去污	污染设备、管道、工具、地面、墙面	防止污染扩散,可回收利用被放射性污染的工具和材料(包括零部件),实现废物污染水平的降级或清洁解控	污染设施现场或核电厂专设去污设施
10.	金属熔炼	低水平放射性污染金属	可实现无条件或有条件再利用	区域金属熔炼设施
11.	清洁解控	轻微污染的金属、保温材料、混凝土等	减少需处置的放射性废物量	废物收集点或废物贮存设施
12.	极低放废物填埋	极低放废物	降低近地表处置的放射性废物量	极低放废物填埋场或危险废物处置场
13.	防护服降解技术	用降解材料制成的连体服、内衣、鞋套、手套、袜子、薄膜、拖布、抹布、废物袋等	减少需作为放射性废物处理的干废物量	废物处理中心

11.6 退役和环境整治

11.6.1 核设施退役目标和退役策略(IAEA-WS-G-2.1,IAEA-WS-G-2.4)

(1) 退役目标:核设施退役是对使用期满或因其他原因退出服役的核设施所采取的行动,使工作人员和公众以及环境不受放射性与非放射性的危害。

退役的最终目标是无限制开放或使用场址,这个定义不适用于废物处置场或一些铀矿设施的关闭。有些核设施或者它的某些部分,经审管部门批准,进入到一个新的或者现存的核设施中,它所处的场址仍然在审管控制之下,也可以认为该核设施完成了退役。

(2) 剂量约束值的确定:根据退役目标,确定退役终态剂量约束值。对于无限制开放,应根据无限制开放后场址的使用情况和周围的环境特征制定恰当的公众剂量约束值,并且应小于该设施正常运行时的公众剂量约束值。对于有限制开放,应根据有限制开放使用的具体情况制定恰当的公众剂量约束值,并且应小于该设施正常运行时的职业照射剂量约束值。

根据退役的具体操作过程,确定适当的退役期间的职业照射和公众剂量约束值。

根据退役期间发生的事故的可能性和危险度,确定适当的职业照射和公众的事故剂量控制值。

根据退役终态剂量约束值和退役后可能的照射途径,确定土壤中剩余放射性水平。

(3) 退役策略:核设施退役可以考虑的退役策略有立即拆除、延缓拆除和就地埋葬。核设施退役采取什么策略,取决于三大因素。

1) 政治、地理、社会因素,这包括:①环保要求,国家退役方针和退役终点要求;②有关法规标准的建立,包括豁免废物、清洁解控和再循环再利用限值的确定等;③监督、检测、维护和监管要求;④核设施所处地理位置、土地使用、人口和经济发展前景等;⑤社会和公众的态度,可接受性和支持程度。

2) 技术因素,这包括:①退役设施的规模、污染程度与放射性水平;②去污、切割拆卸和场址清污技术是否具备或可以获得;③受照剂量限制;④废物处理、整备、贮存、运输和处置条件;⑤所需要的研究开发工作等。

3) 经济因素,这包括:①代价-利益分析;②经费估算和筹资方式;③贴现、通货膨胀等。

11.6.2 核设施退役计划(IAEA-WS-G-2.1,IAEA-WS-G-2.4)

《核动力厂辐射防护规定》(GB6249-2011)中规定:在核动力厂设计时,应考虑未来便利于实施退役的要求,制定初步退役计划,并在核动力厂的运行过程中对初步退役计划定期修订。核动力厂退役前,应制定详细的退役计划。经批准后,按退役计划有步骤地实施安全退役。应记录和保存核动力厂辐射本底、设计和建造资料、反应堆运行历史(特别是事件及事件的处理情况)、核动力厂设计修改和维护情况,便于退役计划的制定和实施。在退役过程中和退役后,应加强辐射防护、废物管理、环境监测工作。

IAEA 在《核动力厂和研究堆的退役》(IAEA-WS-G-2.1)和《核燃料循环设施的退役》(IAEA-WS-G-2.4)中对退役的具体规定如下:

11.6.2.1 设计和建造阶段的考虑

为方便退役,在设计和建造阶段应该考虑设计的特点。

对核动力厂和研究堆:

(1) 仔细选择材料,以达到以下目的:①减少活化;②把活化的腐蚀产物的散布减到最少;

③确保表面容易去污；④尽量少使用可能有害的物质(例如油、易燃材料、有害化学材料及含纤维的绝缘物)。

(2)优化动力厂的设计、布局和进入路径，以便于：①移走大的部件；②容易拆开并遥控移走严重活化的部件；③将来安装去污设备和废物操作设备；④对管道和下水道这类预埋部件的去污或移走；⑤对设施内的放射性物质进行控制。

对核燃料循环设施：

(1) 远距离维护和监测的能力。

(2) 工艺功能的区室化。

(3) 可能存在液体的工艺室和工艺区的保护层和衬里。

(4) 对高放射性废液贮存的有限依靠。

(5) 容易接近工艺设备、构筑物、系统和部件。

(6) 材料或设备容易移出和(或)去污。

(7) 内在的去污机制。

(8) 减少废物量的可能工艺过程。

(9) 工艺设备的配置、尺寸定位和平面布置。

(10) 运行产生的废物或临时贮存的废物的可回取性。

(11) 提升和搬运设备。

(12) 通风和排出流系统。

(13) 便于拆除不易去污的构筑物、系统、设备和部件的模块构造(例如容易分离的机械和电子部件)。

11.6.2.2　运行阶段的考虑

(1) 通过在设施的整个寿期内进行规划和准备工作可以使退役变得方便。这项工作的目标应该是使退役活动对最终利用和环境的影响最小化。

(2) 作为方便退役的一个重要因素，应该保存设施的竣工图和从运行阶段开始的相关知识。能够从运行阶段保留多少有经验人员和记录，将直接影响退役的进展。退役的延迟将增加重要人员和信息损失的可能。

11.6.2.3　退役计划的制定

在申请运行许可证时，应该编制和提交一份初始退役计划。虽然初始计划的详细程度必然低于最终退役计划，但应该以概念方式考虑最终退役计划中的很多方面。证明退役可行性的通用研究可能足以满足这个计划的要求，特别是在标准化设施的情况下更是如此。计划应该根据适用的规章说明退役工作的费用和筹措资金的方法。

在运行期间，应该根据退役技术的进展、可能发生的事件，包括异常事件、规章和政府政策的修订，在合适情况下还应根据费用概算和财政储备，来审查和更新退役计划，并使其更全面。应该根据安全考虑、运行经验和反映技术改进的信息来不断完善退役计划。在制订进行阶段的退役计划时，应该反映动力厂运行期间系统和结构所有的重大变化。

在确定核设施最终关闭的时间进程时，应该开始对退役做详细研究并最终确定方案，提交一份包含最终退役计划的申请书，供监管机构审查和批准。在退役过程中退役计划可能要求修订或进一步完善，从而可能要求进一步的监管批准。最终退役计划应该包括下列内容：

(1) 对该核反应堆、厂址以及能影响退役或受退役影响的周围区域的描述。

(2) 该核反应堆的寿期历史、退出服役的原因以及计划该核设施和厂址在退役期间和退役后的用途。

(3) 执行退役的法律和规章框架的描述。

(4) 对指导退役的适用放射学准则的明确要求。

(5) 提出的退役活动的描述,包括时间进度表。

(6) 如选出了最佳退役方案,说明其理由。

(7) 安全评定和环境影响评定,包括对工作人员、公众和环境的放射危害和非放射危害,还包括提出的退役期间使用的辐射防护规程的描述。

(8) 提出的退役期间要执行的环境监测计划的描述。

(9) 退役机构的经验、资源、职责和结构的描述,包括工作人员的技术资格和技能的描述。

(10) 评定所需要的特殊服务、工程和退役技术的可用性,包括对安全完成退役所需要的各种去污技术、拆卸技术和切割技术以及遥控操作设备。

(11) 质量保证大纲的描述。

(12) 对该核反应堆设施中残余放射性物质和有害非放射性物质的数量、类型和位置的评定,包括确定每一种物质总量的计算方法和测量。

(13) 废物管理实践的描述,包括如下项目:①废物来源、类型和总量的确认与特性描述;②分拣材料的准则;③提出的处理、整备、运输、贮存和处置的方法;④材料重新使用和回收的可能性及相关准则;⑤放射性物质和有害非放射性物质向环境的预期排放。

(14) 其他适用的重要的技术考虑和行政管理考虑,如保障、实体保卫布置和应急准备的细节。

(15) 对监测计划以及验证厂址是否符合解除监管准则所用设备和方法的描述。

(16) 估算退役费用的细节,包括废物管理和执行该工作所需资金来源。

(17) 在退役结束时进行最终的验证性放射学调查的措施。

退役可以是一个时间段或几个时间段分隔开的操作序列(即分阶段退役)。有些时间段(即各退役阶段)可以是非主动的安全封闭。在多阶段退役的情况下,应该适当考虑早先退役的经验。只要有早先的退役经验可资利用,最终退役计划就应该更新。作为实施单个退役阶段的结果,也许需要对随后各阶段的计划做一些修改。在这样的情况下,可能要求对退役计划的随后部分进行更新和审查。此外,营运单位应该向监管机构提交下述内容的说明:

(1) 对建筑物、构筑物和安全相关运行系统提出的监视和维护计划。

(2) 使该设施处于适当控制之下所需要的现有的或新的系统或计划,如专设屏障、通风、排水和环境/安全监测。

(3) 为实施暂缓拆卸而安装或更换的系统。

(4) 提出的审查以上各项的频度。

(5) 在任何暂缓时期内所需要的工作人员数量和他们的资格。

(6) 有关医学、工业和研究设施的退役,可参照《医学、工业和研究设施的退役》(IAEA-WS-G-2.2)中的具体要求。

11.6.3 源项调查

11.6.3.1 源项调查的目的和内容

源项调查的目的是为确定退役策略、制定退役计划、优选退役技术、预估退役费用和受照剂量以及确定废物处理、处置方案等提供依据。

源项调查要求提供：

(1) 放射性盘存量，对污染水平做出估计。

(2) 放射性污染分布，绘制出放射性污染分布图。

(3) 放射性核素的种类和数量。

初始源项调查不可能是十分完善的，随着退役的深入，应得到修正、充实和完善。源项调查除调查放射性核素之外，还包括非放射性危险物质（如石棉、铍、多氯联苯等），有的还要求对设备和建筑物的老化程度做出评价。

11.6.3.2 源项调查方法

源项调查方法主要分为以下几个方面：

(1) 文档调查：收集核设施的档案材料、历史记载，包括审批文件、设计建造图纸、检修改造记录、运行日志、监测数据及事故报告等，也包括对当事人的调查等。

(2) 计算：这包括物料衡算和通过适当计算机软件做计算。α放射性难以实际测准，通过物料衡算，可估计设备中易裂变物质的残存量。另外，进入强辐射场中调查困难很大，可以通过有限次数的外部测量之后，用计算机软件推算内部的放射性水平。

(3) 现场检测调查：这包括现场直接测量和取样回实验室做分析。在源项调查时需要注意：①场区的可接入性和设备的可接近性；②被监测物体的几何形状和结构的复杂性；③测量物体的表面状况和污染分布的不均匀性；④强辐射场的干扰影响；⑤污染核素的类别和污染程度；⑥α发射体和低能纯β发射体测定的困难性等。

11.6.3.3 源项调查监测仪器

为适合退役要求，需要有适合各种对象的监测仪表。一般来说，它们应该满足：①有较宽的量程；②满足要求的灵敏度；③适当的准确度和精密度；④符合检测大纲的要求，如标定、比对等；⑤监测仪表的可得性和拥有熟悉监测的人员。

此外源项调查还应包括质量保证、记录、报告和保存等方面。

11.6.4 土壤剩余放射性可接受水平

土壤剩余放射性可接受水平是退役终态验收的主要依据。

表11.23和表11.24分别给出了基于年剂量约束值0.1mSv所导出的土壤中几种剩余放射性核素可接受水平。对于具体的退役设施，如果是有限制开放，可参考HJ53-2000的方法，合理选择照射情景、照射途径及剂量评价的模式和参数，计算出适用的土壤剩余放射性可接受水平。

表11.23 基于年剂量约束值0.1mSv所导出的土壤中几种剩余放射性核素可接受水平

（单位：Bq/g）

核素	^{60}Co	^{90}Sr	^{137}Cs	^{238}Pu	^{239}Pu	^{241}Am	^{244}Cm	$^{232}Th+D$
可接受水平	3.0×10^{-2}	1.0×10^{-1}	1.2×10^{-1}	3.8×10^{-1}	3.4×10^{-1}	4.1×10^{-1}	7.3×10^{-1}	6.3×10^{-2}

注：$^{232}Th+D$包括了与其处于平衡状态的所有子体核素。

资料来源：《拟开放场址土壤中剩余放射性可接受水平规定（暂行）》（HJ53-2000）。

表 11.24 基于年剂量约束值 0.1mSv 所导出的土壤中^{235}U 和^{238}U 剩余放射性核素可接受水平(单位:Bq/g)

^{238}U	链 1	链 2	链 3	链 4	^{235}U	链 1	链 2	链 3
可接受水平	1.6	9.1×10^{-1}	3.8×10^{-2}	2.6×10^{-2}	可接受水平	5.0×10^{-1}	1.2×10^{-1}	3.1×10^{-2}

注:(1)^{238}U 链 1 为^{238}U→^{234}Pa,核素包括:^{238}U、^{234}Th、^{234m}Pa、^{234}Pa。

(2)^{238}U 链 2 为^{238}U→^{234}U,核素包括:^{238}U、^{234}Th、^{234m}Pa、^{234}Pa、^{234}U。

(3)^{238}U 链 3 为^{238}U→^{210}Tl,核素包括:^{238}U、^{234}Th、^{234m}Pa、^{234}U、^{226}Ra、^{222}Rn、^{218}Po、^{214}Pb、^{218}At、^{214}Po、^{210}Tl。

(4)^{238}U 链 4 为^{238}U→^{210}Po,核素包括:^{238}U、^{234}Th、^{234m}Pa、^{234}U、^{226}Ra、^{222}Rn、^{218}Po、^{214}Pb、^{218}At、^{214}Po、^{210}Tl、^{210}Pb、^{210}Bi、^{210}Po。

(5)^{235}U 链 1 为^{235}U→^{231}Th,核素包括:^{235}U、^{231}Th。

(6)^{235}U 链 2 为^{235}U→^{231}Pa,核素包括:^{235}U、^{231}Th、^{231}Pa。

(7)^{235}U 链 3 为^{235}U→^{211}Po,核素包括:^{235}U、^{231}Th、^{231}Pa、^{227}Ac、^{227}Th、^{223}Fr、^{223}Ra、^{219}Rn、^{215}Po、^{211}Pb、^{211}Bi、^{207}Tl、^{211}Po。

资料来源:拟开放场址土壤中剩余放射性可接受水平规定(暂行)(HJ53-2000)。

(刘新华 编写,康玉峰 审阅)

参考文献

国防科学技术工业委员会 . 2005. EJ1056-2005. 铀加工与燃料建造设施辐射防护规定 . 北京:中国标准出版社

国家环境保护局 . 1989. GB11217-89. 核设施流出物监测的一般规定 . 北京:中国标准出版社

国家环境保护局 . 1997. GB3097-1997. 海水水质准 . 北京:中国环境科学出版社

国家环境保护总局 . 1995. GB9133-1995. 放射性废物的分类 . 北京:中国标准出版社

国家环境保护总局 . 1996. GB8978-1996. 污水综合排放标准 . 北京:中国标准出版社

国家环境保护总局 . 2000. HJ53-2000. 拟开放场址土壤中剩余放射性可接受水平规定(暂行). 北京:中国环境科学出版社

国家环境保护总局 . 2001. HJ/T61-2001. 辐射环境监测技术规范 . 北京:中国环境科学出版社

国家技术监督局 . 1994. GB/T14848-1994. 地下水质量标准 . 北京:中国标准出版社

国家质量技术监督局 . 1990. GB12379-1990. 环境核辐射监测规定 . 北京:中国标准出版社

环境保护部 . 2011. GB14587-2011. 核电厂放射性液态流出物排放技术要求 . 北京:中国环境科学出版社出版

环境保护部 . 2011. GB6249-2011. 核动力厂环境辐射防护规定 . 北京:中国标准出版社

李建国,商照荣 . 2006. 放射生态学转移参数手册 . 北京:原子能出版社

中华人民共和国国家质量监督检验检疫总局 . 2002. GB18871-2002. 电离辐射防护与辐射源安全基本标准 . 北京:中国标准出版社

中华人民共和国国家质量监督检验检疫总局 . 2009. GB/T 17567-2009. 核设施的钢铁、铝、镍和铜再循环、再利用的清洁解控水平 . 北京:中国标准出版社

中华人民共和国国家质量监督检验检疫总局 . 2009. GB23727-2009. 铀矿冶辐射防护和环境保护规定 . 北京:中国标准出版社

中华人民共和国建设部 . 2005. CJ/T206-2005. 城市供水水质标准 . 北京:中国标准出版社

中华人民共和国卫生部 . 2006. GB5749-2006. 生活饮用水卫生标准 . 北京:中国标准出版社

International Atomic energy Agency. 1999. IAEA-WS-G-2. 1. 核动力厂和研究推的退役

International Atomic energy Agercy. 2000. IAEA-WS-G-2. 3. 放射性流出物排入环境的审管控制

International Atomic energy Agercy. 2001. IAEA-WS-G-2. 4. 核燃料循环设施的退役

International Atomic energy Agercy. 2009. IAEA No. GSG-1. Classification of Radioactive Waste

International Atomic energy Agercy. IAEA 安全丛书 No. 111-F. 1996. 放射性废物管理原则

12 人为活动引起的天然照射增加

12.1 人为活动引起天然照射增加所涉及的范围

人为活动引起天然照射增加涉及的范围很广，在我国，主要包括采煤和燃煤电厂、金属开采和熔炼、稀土提取工业、磷酸盐工业、锆和氧化锆工业、建筑材料生产及加工、石油和天然气工业、水处理(温泉)工业、航空飞行、钍萃取和应用工业、铌提取工业、二氧化钛工业等。

12.2 各行业辐射水平及剂量

12.2.1 采煤和燃煤电厂

表 12.1 中国煤矿井下氡浓度的算术平均值 (单位:Bq/m^3)

类型	煤矿数(个)	氡浓度(Bq/m^3)	
		范围	平均值[a]
大型煤矿	26	18～202	78.5
中型煤矿	30	22～1963	195
小型煤矿	20	14～3187	536
石煤矿	9	136～23976	5997

a. 表示按照测量样品进行加权平均的。

资料来源:陈凌等,2008。

表 12.2 中国煤矿地下氡浓度 (单位:Bq/m^3)

类型	按产量加权平均氡浓度	按井下工人数加权平均氡浓度
大型煤矿	49.0	52.9
中型煤矿	173	142
小型煤矿	592	526
石煤矿	1133	1148

资料来源:陈凌等,2008。

表 12.3 中国煤矿地下工作人员所受剂量的评价数据

类型	井下工作人数[a] (千人)	个人年平均剂量[b] (mSv/a)	集体剂量[c] (人·Sv)	归一化集体剂量[d] (人·Sv/万 t)
大型煤矿	1000	0.28	280	0.0032
中型煤矿	1000	0.55	550	0.019
小型煤矿	4000	3.3	1.32×10^4	0.21
石煤矿	50	10.9	545	0.84
合计	6000	总平均:～2.4	$\sim1.46\times10^4$	总平均:～0.081[c]

a. 小型煤矿中包括了石煤矿人数,合计中不再统计石煤矿人数。资料来源:Liu Fu-dong et al,2007。

b. 由总的集体剂量除以井下矿工总人数而得到总平均。资料来源:陈凌等,2008;UNSCEAR2008。

c. 资料来源:陈凌等,2008。

d. 由总的集体剂量除以煤炭总产量而得到。资料来源:陈凌等,2008。

表 12.4　我国煤矿煤的天然放射性核素含量

（单位：Bq/kg）

省份	^{238}U 含量			^{226}Ra 含量			^{232}Th 含量			^{40}K 含量		
	范围	加权平均值		范围	加权平均值		范围	加权平均值		范围	加权平均值	
		样品数	年产量		样品数	年产量		样品数	年产量		样品数	年产量
安徽	34～127	59.5±19	57.3±17	16～120	42.9±15	41.4±18	23～71	37.0±13	38.4±15	57～420	115.1±80	133.3±57
北京	13～104	60.6±35	59.3±18	11.2～145	39.07±31	32.3±20	12.7～68	35.7±14	37.1±18	147～553	419.1±153	416.8±101
福建	23～54	32.7±9.9	22.3±10	5.2～36	24.53±12	24.32±9.8	8～78	25.3±14	24.6±11	27～944	122.6±121	106.6±45
甘肃	21～77	48.8±27	43.8±22	13～60	32.1±19	35.9±21	8.6～51	24.4±18	27.6±12	30～225	99.3±89	113.2±78
广西	29～457	191.5±138	278.8±170	2.3～2300	274.3±89	261.6±71	9～143	58.8±34	73.79±35	64～706	226.8±140	202.1±111
贵州	16～120	42.9±12	31.4±10	15～65	32.0±12	30.9±9.8	17～67	37.5±14	36.4±12	18～290	100.8±69	83.03±57
河北	11～130	60.3±26	57.6±19	12～148	48.4±23	47.3±21	10～110	46.8±20	40.4±19	12～380	122.2±43	110.7±34
河南	20～140	61.1±27	62.6±21	6.9～89	33.1±16	35.0±21	12～69	33.9±20	32.6±19	23～376	100.0±58	80.57±26
黑龙江	6.3～110	48.9±22	49.0±11	3.7～97	24.0±12	24.3±10	11～77.4	26.9±13	25.9±14	7～612	143.8±102	144.7±58
湖北	18～567	94.2±19	94.3±13	12～595	67.4±12	67.5±20	15～61.5	26.9±6.2	27.0±4.9	23～647	131.0±57	108.2±37
湖南	4～970	74.3±48	53.32±37	1.5～1472	144.2±32	141.6±41	2.2～76	24.6±16	27.4±11	9.8～565	152.0±98	163.5±78
吉林	20～120	59.2±25	57.7±13	14～60	32.8±12	32.2±11	12～44.2	25.3±9.0	23.6±8.7	62～350	130.8±98	113.8±56
江苏	39～170	75.8±44	44.98±12	24～120	45.8±22	43.5±20	6～65	31.8±12	23.5±17	25～423	148.3±127	78.5±32
江西	36～311	112.6±65	100.0±52	35～228	70.8±44	59.9±36	26～85	50.3±13	47.1±20	72～590	268.7±146	268.9±101
辽宁	19～240	43.8±38	29.0±10	1.4～130	29.2±20	29.3±9.8	4.1～74	26.9±15	26.1±12	17～798	209.3±114	222.1±121
内蒙古	6.2～120	50.7±23	44.5±12	1.9～113	28.9±22	19.9±11	1.8～54	25.8±15	20.9±12	14～269	79.8±68	57.2±50
宁夏	38～110	66.1±18	51.0±17	5.3～86	56.8±25	64.0±21	13～77	42.1±26	49.0±22	69～268	147.5±77	150.0±75
青海	39～110	71.5±29	70.5±33	14～31	18.8±5	19.7±8	21～43	27.4±6.4	27.4±9.6	59～355	116.8±98	117.8±99
山东	16～170	61.9±29	59.8±22	11～200	43.2±27	40.3±20	4.7～79	29.7±14	26.26±14	5～606	118.3±98	77.0±30
山西	15～150	53.7±26	46.4±19	3.4～62	30.1±16	22.3±17	5～84	32.3±18	23.4±15	13.5～1200	88.0±20	69.1±56
陕西	3.4～110	49.1±21	35.1±12	3.4～64	33.3±14	26.6±15	3.1～72	42.8±19	34.1±16	11.7～530	130.5±32	98.13±41
上海	25～41	32.6±5.7	32.6±5.7	29～45	37.3±6.2	37.3±6.2	26～46	36.3±6.7	36.3±6.7	40～73	52.9±12	52.9±12

续表

省份	^{238}U含量			^{226}Ra含量			^{232}Th含量			^{40}K含量		
	范围	加权平均值		范围	加权平均值		范围	加权平均值		范围	加权平均值	
		样品数	年产量		样品数	年产量		样品数	年产量		样品数	年产量
四川	18～126	61.5±26	52.5±18	11.7～98	57.1±26	39.3±16	14～133	50.7±26	41.1±23	24～866	256.7±175	229.5±151
天津				30～69	40.1±13	40.1±13	40～97.2	51.9±16	51.9±16	281～646	366.4±112	366.0±112
新疆	26～9020	379.9±205	465.8±279	2.1～11200	406.3±222	450.7±250	5～4600	367.4±137	325.0±170	46～304	123.7±17	93.6±20
云南	8～530	45.8±39	36.6±31	9.4～722	54.5±21	39.2±4	3.7～126	32.4±24	16.5±15	5～676	94.6±87	36.1±35
浙江	49～870	259.5±214	321.5±219	45～833	220.4±210	231.8±132	11～61	43.0±16	49.7±19	74～773	258.7±256	276.7±206
重庆	6～378	69.3±44	79.5±54	16～434	68.9±34	82.1±56	21～106	51.6±21	53.1±26	16～990	160.6±25	89.8±75
全国	3.4～9020	79.8±45	64.9±32	1.9～11200	73.9±53	49.4±21	1.8～4600	40.3±34	37.5±18	5～1200	152.4±21	106.0±27

注：本表中未包括香港、澳门、台湾、海南、广东和西藏的数据。产量加权平均值是以煤样所在煤矿产量除以该省所采煤样煤矿总产量作为权重，如果在一个煤矿中采多个煤样，则把该煤矿放射性核素算术平均值作为一个样品处理。按样品数加权平均值是以某省样品数除以总样本数作为权重。全国按年产量加权平均值是按2001年产量加权的。各省份或全国按样品数的加权平均值的单次测量标准差为：$\sigma_{省}=\left[\frac{\sum_{i=1}^{n}(x_i-\overline{x_n})^2}{(n-1)}\right]^{1/2}$，各按年产量加权平均值的均值标准差为$\sigma_{\overline{x_P}}=\left[\frac{\sum_{k=1}^{m}P_k(x_k-\overline{x_P})^2}{(m-1)\sum_k P_k}\right]^{1/2}$，其中$x_i$为第$i$个样品的天然放射性核素含量测量值，$\overline{x_n}$某省或全国$n$个样品算数平均值，$n$为某省或全国的样品总数。其中$P_k$为某省中某一煤矿产量占该省样品涉及煤矿数的总产量的权重因子或某省产量占全国产量的权重因子（以2001年产量）；x_k为某省第k个煤矿样品放射性核素的算术平均值或某省按产量加权平均值；$\overline{x_P}$是某省按年产量加权平均值或全国按产量加权平均值；m为某省的煤矿数或全国统计省份个数。表12.5统计方法与此表同。

资料来源：刘福东等，2007。

表 12.5 我国煤矿矸石的天然放射性核素含量 （单位：Bq/kg）

省份	^{238}U 含量			^{226}Ra 含量			^{232}Th 含量			^{40}K 含量		
	范围	加权平均值		范围	加权平均值		范围	加权平均值		范围	加权平均值	
		样品数	年产量		样品数	年产量		样品数	年产量		样品数	年产量
安徽	52～190	88.4±36	83.4±33	38～62	50.9±7.8	48.1±22	23～72	64.0±6.8	57.4±17	190～470	381.4±78	325.1±72
北京	33.4～54	43.6±13	38.1±11	43～53.9	45.8±3.7	55.7±7.6	55～57	55.6±5.7	55.5±6.7	237～340	387.0±102	467.7±76
福建	15～57.1	44.3±34	43.7±24	43～54	49.5±17	49.6±15	62～78	71.1±14	71.5±17	674～944	799.0±102	805.0±74
甘肃	23～120	71.4±34	74.7±21	37～83	62.2±16	60.4±19	42～87	59.9±14	57.3±20	200～1040	393.4±272	410.8±126
广西	18～481	143.8±97	169.1±70	27～445	129.2±11	160.5±21	5.6～176	75.8±46	93.8±36	50～1870	418.0±397	406.4±276
贵州	23～66	49.3±16	62.9±26	33～51	40.0±6.8	44.3±12	44～61	53.8±6.1	55.5±11	210～370	260.0±64	263.9±57
河北	21～200	73.0±36	76.6±30	22～141	57.8±21	61.4±22	25～180	70.4±20	69.8±30	37～1330	428.8±245	392.2±200
河南	33～220	97.0±48	91.5±27	32～132	60.6±22	63.3±19	43～97	69.1±14	66.3±20	280～2600	713.2±386	639.5±365
黑龙江	14～170	64.3±37	64.7±31	15～98	48.6±26	46.7±24	33～117	61.4±20	59.6±20	139～1119	839.2±207	805.1±217
湖北	53～1200	247.8±212	313.3±274	32～254	133.3±123	175.6±156	6～729	99.4±38	168.3±68	37～4850	767.2±233	940.3±311
湖南	30～230	92.8±34	79.4±28	32～189	69.7±25	69.9±37	11.3～101	66.6±19	76.6±21	48～870	516.7±198	539.2±201
吉林	28～170	80.3±50	80.8±36	13～73	41.8±23	43.8±21	17～89	51.2±26	51.2±21	140～880	422.7±160	427.8±168
江苏	20～300	71.4±50	71.7±36	4.8～140	41.3±24	44.5±20	13～170	51.4±26	53.6±16	18～870	495.1±188	419.9±121
江西	31～230	83.1±42	95.8±32	15～110	65.5±22	66.7±22	20～92	66.7±18	64.4±19	47～840	557.5±160	564.7±150
辽宁	2～110	46.0±25	49.8±21	2.4～75	34.7±20	42.3±22	3.6～176	50.3±32	48.9±30	32～1157	700.7±257	733.6±261
内蒙古	7～230	83.6±48	68.2±26	0.7～150	70.3±33	53.4±20	1.2～137	63.6±29	51.2±20	16～1540	539.4±375	400.9±178
宁夏	35～190	96.2±50	118.9±39	23～120	68.1±24	76.9±21	29～180	87.7±39	105.3±40	82～820	329.7±220	280.8±160
青海	13～130	65.8±29	66.0±21	9.4～55	37.5±14	34.5±20	23～78	51.1±17	50.2±9.8	350～810	494.0±132	497.4±111
山东	20～230	64.0±35	58.6±17	16～229	55.3±29	52.0±22	3.2～78	51.0±12	51.3±17	17～900	481.0±162	453.4±120
山西	8.6～310	95.4±50	89.3±22	11～310	68.9±38	61.3±20	7.4～240	79.2±33	72.3±26	4～1600	485.1±283	569.1±212
陕西	10～200	67.6±54	60.2±21	15～120	50.2±28	48.5±20	16.2～350	88.7±77	76.3±46	34～765	426.6±222	492.7±179
四川	18～73	44.3±10	46.7±17	15～141	46.3±21	42.7±19	24～104	56.3±17	56.1±21	110～1238	612.3±320	585.5±276
新疆	47～88	72.7±18	67.0±15	11～43	28.3±13	31.2±9.6	6.1～44	28.0±16	31.3±11	42～380	464.0±298	454.6±212
云南	9～169	47.7±32	57.1±23	3.8～131	41.2±21	48.7±26	0.65～86	50.9±20	34.8±19	21～977	272.4±216	187.6±121
浙江	47～230	117.1±53	127.6±50	43～75	62.5±9.9	55.6±12	53～100	80.1±36	76.4±13	380～660	547.1±94	540.3±120
重庆	18～289	68.6±35	71.1±31	18～348	68.6±60	76.2±22	3.4～190	56.6±36	61.3±24	44～1006	298.9±283	251.9±206
全国	2～1200	79.8±34	77.0±27	0.7～348	59.7±44	57.0±32	0.65～350	64.5±38	62.6±36	4～2600	506.3±477	507.1±347

注：本表中未包括香港、澳门、台湾、海南、广东、西藏、天津和上海的数据。

资料来源：刘福东等，2007。

表 12.6　我国部分石煤矿天然放射性含量

省份	样品数	来源煤矿数/开采石煤矿	^{238}U 含量(Bq/kg)		^{226}Ra 含量(Bq/kg)		^{232}Th 含量(Bq/kg)		^{40}K 含量(Bq/kg)	
			范围	样品加权	范围	样品加权	范围	样品加权	范围	样品加权
湖北	42	3/5	142～6147	2315±1732	679～6444	2043±1457	30.3～55.1	51.8±16.7	927～1176	1273±331
湖南	8	4/407	402～1098	601±353	11～6396	701±316	19.2～19.9	15.8±6.6	173～358	292.8±57
江西	18	3/12	502～4440	1178±4[illegible]3	502～4440	1562±1110	10.3～39.3	28.0±7.9	65.1～701	323.9±230
安徽	10	2/14	322～1076	651.3±270	700～1086	839.1±168	7.2～12.6	10.4±1.9	34.2～400	338.1±105
浙江	35	4/200	38～4089	1408±972	41～3593	1293.6±1007	16.5～58	35.0±14.8	186～833	537.5±173
全国	80	16/(>626)	38～5400	1537±1002	11～6396	1473±1176	7.2～55.06	30.3±15.0	34.2～1176	623.4±351

资料来源:刘福东等,2007。

表 12.7 部分国家煤中天然放射性核素活度浓度范围或平均值 （单位：Bq/kg）

国家	^{238}U	^{230}Th	^{226}Ra	^{210}Pb	^{210}Po	^{232}Th	^{228}Ra	^{40}K
澳大利亚	8.5～47	21～68	19～24	20～33	16～28	11～69	11～64	23～140
巴西	72		72	72		62	62	
埃及	59		26			8	8	
德国			10～145			10～63		10～700
联邦德国			10[a]			8[a]		22[a]
希腊[b]	117～390		44～206	59～205			9～41	
匈牙利	20～480					12-97		30～384
意大利[c]	23±3					18±4		218±15
波兰	<159					<123		<785
	18[d]					11[d]		
罗马尼亚	<415		<557	<510	<580	<170		
	80[a]		126[a]	210[a]	262[a]	62[a]		
英国	7～19	8.5～25.5	7.8～21.8			7～19		55～314
美国	6.3～73		8.9～59.2	12.2～77.7	3.3～51.8	3.7～21.1		

a. 平均值。

b. 褐煤。

c. 褐煤平均值。

d. 所有煤层平均值。

资料来源：IAEA-TECDOC-1472，2004。

表 12.8 燃煤电厂煤灰中放射性核素活度浓度算术平均值 （单位：Bq/kg）

来源	^{238}U	^{232}Th	^{238}Th	^{228}Ra	^{226}Ra	^{210}Pb	^{210}Po	^{40}K
飞出的粉煤灰	200	70	110	130	240	930	1700	265
炉底灰/粉煤灰	240/200	240/200			240/200	151/220	138/220	653/670
泥煤灰	268～1048				<215			<1480

资料来源：European Commission，2003；UNSCEAR1992。

表 12.9 典型链条炉烟尘污染物排放系数

核素		实测比活度 (Bq/kg 尘)	烟尘排放量 (kg/h)	燃煤量 (t/h)	排放系数 (Bq/t 煤)	排放系数比值 K
^{226}Ra	>10μm	158.0	1.75	0.90	3.07×10^{2}	5.83
	<10μm	175.0	9.18	0.90	1.79×10^{3}	
^{232}Th	>10μm	48.1	1.75	0.90	9.35×10	9.57
	<10μm	87.7	9.18	0.90	8.95×10^{2}	
^{40}K	>10μm	178.0	1.75	0.90	3.46×10^{2}	—
	<10μm	—	9.18	0.90	—	
^{210}Pb	>10μm	852.0	1.75	0.90	1.66×10^{3}	41.20
	<10μm	6710.0	9.18	0.90	6.84×10^{4}	
^{210}Po	>10μm	577.5	1.75	0.90	1.12×10^{3}	34.64
	<10μm	3803.5	9.18	0.90	3.88×10^{4}	

注：排放系数比值指粒径小于 10μm 和大于 10μm 污染物排放系数的比值。

资料来源：潘自强，1993。

12.2.2 金属开采与熔炼

表 12.10 地下有色金属矿山^{222}Rn/^{220}Rn浓度

矿产	省份	矿山数	^{222}Rn(Bq/m^3)		^{220}Rn(Bq/m^3)	
			范围	平均值	范围	平均值
锡	云南、广西、贵州、湖南、湖北等	23	160～19600	6926	LLD～574	180
铜	云南、湖北、湖南、江苏、湖南	28	145～15600	3371	LLD～2331	533
铅锌	云南、广西、贵州、青海、湖南、浙江、湖北	20	72～3236	104	LLD～1049	207
金	山东、黑龙江、湖南	17	321～2771	996	LLD～472	149
钨	湖南	3	383～524	473	LLD～524	61
汞	湖南、贵州	6	52～566	189	LLD～73	42
铝	贵州、山东	9	209～3385	1457	48～3511	1138
镍铜	新疆	10	17～315	90	LLD～121	47
锰	贵州	3	33～99	59	182～567	358
锑	贵州	6	318～357	328	<LLD	
钛铌	浙江	1		125		

注:本表是依据文献数据进行样品加权平均得出的浓度值。

资料来源:潘自强,2002;尚兵等,2007。

表 12.11 有色金属矿工作人员年有效剂量

矿山性质	平均平衡当量氡浓度(Bq/m^3)	内照射剂量(mSv/a)	外照射(mSv/a)	有效剂量(mSv/a)
铅锌矿[a]	1099	19.7		
有色金属矿	1000	18.08	0.22	18.3

a. 对所有铅锌矿按照样品数加权平均。

资源来源:潘自强,刘森林,2010。

表 12.12 有色金属采矿中天然放射性核素含量 (单位:Bq/kg)

采矿种类	来源	放射性核素		
		^{238}U	^{226}Ra	^{232}Th
铝	矿石及矾土矿石	250	100～400	30～130
铜	矿石	30～1×10^5	20～110	
锡矿	矿石和废渣		1000～2000	
钛矿	矿石	30～750	35～750	

资料来源:IAEA Technical Report Series No. 419, 2003。

表 12.13 英国 CORUS 钢铁厂 1990 年^{210}Pb、^{210}Po向大气中归一化排放量 (单位:GBq/Mt)

工厂类型	放射性核素	
	^{210}Pb	^{210}Po
烧结厂	10.4	16.1
球团厂	0.16	1.42
总共	10.5	17.5

资料来源:European Commission,2003。

12.2.3 稀土提取工业

表 12.14 稀土提取工业工作场所辐射水平

矿山	^{222}Rn(Bq/m^3)		^{220}Rn(Bq/m^3)		γ剂量率(nGy/h)	
	范围	均值	范围	均值	范围	均值
内蒙古稀土	20～181	86±69	69～6554	962±2117	159～423	298
四川稀土矿车间					1098～3800	2399
广东厂稀土[a]					88～5823	1518

a. 对5个稀土厂进行统计的。

内蒙古和四川数据来源:尚兵等,2007;其他数据来源:陈志东等,2002。

表 12.15 稀土提取工业工作人员所受年有效剂量 (单位:mSv/a)

稀土矿名称	内照射有效剂量		有效剂量
	^{222}Rn	^{220}Rn	
内蒙古稀土矿	0.62	0.31	1.41
四川稀土矿			3.0
广东稀土			3.9

内蒙古数据来源:尚兵等,2007;其他数据来源:帅震清等,2001。

表 12.16 不同操作工人剂量控制

操作方式	涉及原材料			工人剂量
	描述	最高放射性核素	典型活度浓度(Bq/g)	
从独居石提炼稀土	独居石	^{232}Th系列	40～600	平均1～8mSv/a,可能超过剂量限值
	钍浓缩	^{232}Th	达到800	
	污垢	^{228}Ra	1000	
	废渣	^{228}Ra	20～3000	
钍化合生产	钍浓度	^{232}Th	达到800	典型值为6～15mSv/a
	钍化合物	^{232}Th	达到2000	
钍产品的制造加工业	钍化合物	^{232}Th	达到2000	1mSv/a～剂量限值有明显影响份额
	钍产品	^{232}Th	达到1000	
铌/钽矿石加工工艺	矿石	^{232}Th系列	1～8	能达到剂量限值有明显影响份额
	烧绿石加工业	^{232}Th	80	
	废渣	^{228}Ra	200～500	
	炉渣	^{232}Th	20～120	
一些地下采矿和相似工作场所	从含镭富集水中得到污垢	^{226}Ra	达到10	1mSv/a～剂量限值有明显影响份额
		^{228}Ra	达到200	
石油和天然气生产	从管道剥离的污垢	^{226}Ra	0.1～15000	1mSv/a～剂量限值有明显影响份额

资料来源:IAEA-TECDOC-1472,2004。

12.2.4 磷酸盐工业

表 12.17 部分国家和地区磷矿产量和矿石的放射性核素活度浓度

国家	年产量 (10^3 t P_2O_5)	地质储量 (10^6 t P_2O_5)	放射性活度浓度(Bq/kg)			
			^{238}U	^{232}Th	^{226}Ra	^{228}Ra
芬兰	277	42				
欧洲	277	69				
加拿大	125	64				
美国	11419	8026	259～3700	3.7～22.2	1540	—
北美洲	11544	8090				
巴西	1687	235	114～880	204～753	330～700	350～1550
智利			40	30	40	—
哥伦比亚	12	156				
墨西哥	301	195				
秘鲁	2	450				
委内瑞拉	105	—				
南美洲	2107	1036				
阿尔及利亚	262	120	1295	56	1150	—
摩洛哥	6902	15750	1500～1700	10～200	1500～1700	—
塞内加尔	462	57	1332	67	1370	—
南非	1051	1080	163～180	483～564	—	—
多哥	493	36	1368	110	1200	—
突尼斯	2491	480	590	92	520	—
津巴布韦	42	—				
坦桑尼亚			5000	—	5000	—
非洲	11703	17649				
埃及	317	660	1520	26	1370	—
伊拉克	90	891	1500～1700	—	—	—
以色列	1305	260				
约旦	1811	441	1300～1850	—	—	—
沙特阿拉伯	0	1576				
叙利亚	656	—				
土耳其	0	42				
中东	4179	4090				
中国	5479	2850			30～200	
印度	336	3378				
韩国,朝鲜	46	—				
斯里兰卡	10	—				

续表

国家	年产量	地质储量	放射性活度浓度(Bq/kg)			
	(10^3t P_2O_5)	(10^6t P_2O_5)	^{238}U	^{232}Th	^{226}Ra	^{228}Ra
越南	243	—				
亚洲	6447	—				
澳大利亚	225	615	15～900	5～47	28～900	—
伊斯兰	197	—				
瑙鲁	194	—				
新西兰	0	22				
大洋洲	616	715				
世界	41278	26095				

资料来源：IAEA Technical Report Series No. 419，2003；李秀兰等，1994；韩受岭，1996。

表 12.18　部分欧洲国家磷酸盐工业中矿石和废产品中的平均活度浓度

材料	放射性核素	活度浓度
矿石	^{238}U	1400Bq/kg
	^{232}Th	160Bq/kg
	^{226}Ra	1400Bq/kg
	^{210}Pb	1400Bq/kg
磷石膏(用于硫酸工艺中)	^{238}U	200Bq/kg
	^{232}Th	17Bq/kg
	^{226}Ra	850Bq/kg
	^{210}Pb	200Bq/kg
氯化钙(流出物)	^{226}Ra	2Bq/L
废弃物硅酸钙	^{238}U	2700Bq/kg
	^{232}Th	310Bq/kg
	^{226}Ra	2300Bq/kg
	^{210}Pb	270Bq/kg
煅烧(沉降)烟尘	^{210}Pb	1.6×10^6Bq/kg

资料来源：European Commission，2003。

12.2.5　锆及氧化锆工业

表 12.19　锆矿石放射性核素活度浓度　(单位：Bq/kg)

原矿	平均放射性核素活度浓度				
	^{238}U	^{226}Ra	^{232}Th	^{232}Th	^{226}Ra
锆石	6800	8300	11000	—	—
斜锆石	7000	—	300	200	6000

资料来源：IAEA-TECDOC-1472，2004。

表 12.20 操作锆石工作人员所受年有效剂量 (单位:mSv)

工艺分类	人员	年有效剂量		
		γ照射	吸入灰尘	总剂量
锆石	车间操作及维修人员	0.238	0.046	0.284
开采	一般工人	0.210	0.040	0.250
铸造车间	沙模工人	0.08	0.045	0.125
	模具清洗工	0.17	0.25	0.42
采用 NaOH	暴露于大量锆石堆的工人	0.52	0.19	0.71
对锆进行化学处理工艺	打开锆石袋和进行输运的工人	0.45	0.19	0.64

资料来源:IAEA Safety Report Series No. 51。

12.2.6 建材加工业

表 12.21 我国各种建筑材料中天然放射性物质的含量

类别	名称	产地	样品数(个)	核素含量(Bq/ kg)		
				^{226}Ra	^{232}Th	^{40}K
砖	黏土砖	各省市	79	58.5	736	551
	黏土砖	各省市	26	40	52	698
	烧结砖	各省市	173	61.4	63.5	667
	红砖,黏土砖	北京	6	38.0	45.4	748
	黏土砖	河北	1	36	48	750
	红砖	深圳	15	81.8	109	393
	红砖	浙江	32	62.9	85.1	554
	红砖	湖北	22	55.5	62.2	497
	红砖	广西钦州	56	78.7	52.7	558
	红砖	湖南		42.4	60.9	427
	红砖	四川	2	57	50	448
		八省市平均		56.5	64.2	545
		四组数据平均		54.1	63.3	615
		推荐的典型值		55	65	600
碎石	碎石,卵石	各省市	6	32.9	69.6	1047.5
	岩石	浙江	5	69	96.2	729
		推荐的典型值		50	80	900
水泥	普通水泥	各省市	47	44.0	29.6	110.3
	水泥	浙江	26	51.8	25.9	104
		湖北	22	59.2	42.6	218
		北京	4	34	28	320
		广西钦州	11	55.2	31.6	104
		深圳	16	46.9	36.2	176
		四川	3	63.8	21	116
		山西	6		35.7	120
		七省地区的平均		50.8	31.6	165.4
		两组数据平均		47.4	30.6	137.9
		推荐的典型值		50	30	140

续表

类别	名称	产地	样品数(个)	核素含量(Bq/ kg)		
				^{226}Ra	^{232}Th	^{40}K
石灰	石灰	各地	8	31.8	9.6	92.9
		湖北	5	54.8	5.60	15.8
		浙江	6	33.3	3.70	111
		深圳	10	25.0	7.12	35.5
		北京	2	3.2	0.4	35
		四川		0.74	2.6	4.1
		五省市平均		23.4	3.9	20.3
		两组数据平均	27.6	6.8	56.6	
		推荐的典型值		25	7	55
砂	砂	各地	7	28	36.6	90.5
		湖北	4	30.7	18.5	85
		浙江	7	29.6	37.0	806
		深圳	5	39.4	47.2	573
		北京	4	10	18	790
		山西	3	33	39.6	1073
		五省市平均		22.6	32.1	811
		两组数据平均		25.4	34.4	850
		推荐的典型值		25	35	85

资料来源:潘自强,1997。

表 12.22 主要石材放射性核素的活度浓度 (单位:Bq/kg)

石材类型	测量样品数目	^{226}Ra		^{232}Th		^{40}K	
		平均	范围	平均	范围	平均	范围
大理石	5	18	0.34～97	15.6	0.65～193	59	9～1003
花岗石	182	89	0.6～374	95	0.5～255	1102	10～3357
板石[a]	14	12	0.5～48	8.7	1～42	103	6～970

a. 包括进口板石进行统计的。以上数据均是按照样品加权平均的。

资料来源:王南萍,2001;林振基等,2007;谭汉云,张林,2006。

表 12.23 部分进口花岗石放射性活度浓度 (单位:Bq/kg)

产地	^{226}Ra	^{232}Th	^{40}K	备注
意大利(薄)	404	130	1390	
意大利(厚)	140	390	1876	
巴西	95	249	1546	14个样品平均值
芬兰	214	231	1445	8个样品平均值
南非	129	93	1199	3个样品平均值
印度(红)	180	294	1270	2个样品平均值

资料来源:赵亚民等,2001;黄丽华等,2004。

表 12.24 建筑材料中天然放射性核素活度浓度范围 (单位:Bq/kg)

种类	^{226}Ra	^{232}Th	^{40}K
混凝土	1～250	1～190	5～1570
发泡和轻质混凝土	9～2200	<1～220	180～1600
黏土(红)砖	1～200	1～200	60～2000
砂灰砖和碎石	6～50	1～30	5～700
天然石材	1～500	1～310	1～4000
水泥	7～180	7～240	24～850
陶瓷(上釉和未上釉)	30～200	20～200	160～1410
磷石膏(石膏板)	4～700	1～53	25～120

资料来源:IAEA Technical Report Series No. 419, 2003。

12.2.7 石油、天然气工业

表 12.25 原油、天然气和副产品中天然产生放射性物质含量范围

放射性核素	原油(Bq/kg)	天然气(Bq/m³)	工艺水(Bq/L)	硬污垢(Bq/kg)	沉积物(Bq/kg)
^{238}U	0.0001～10		0.0003～0.1	1.0～500	5～10
^{226}Ra	0.1～40		0.002～1200	100～1.5×10^7	50～8×10^5
^{210}Po	0～10	0.002～0.08		20～1500	4～1.6×10^5
^{210}Pb		0.005～0.02	0.05～190	20～7.5×10^4	100～1.3×10^6
^{222}Rn		5～200000			
^{232}Th	0.03～2.0		0.0003～0.001	1.0～2.0	2～10
^{228}Ra			0.3～180	50～2.8×10^5	500～5.0×10^4
^{224}Ra			0.5～40		

资料来源:IAEA Safety Report Series No. 34,2003;IAEA-TECDOC-1472,2004。

表 12.26 石油加工和生产过程中的 γ 剂量率 (单位:μSv/h)

地点	剂量率
主管道、安全阀(内部)	达到 300
井楼、分支管附近	0.1～22.5
生产线	0.3～4
分离器(垢,内部测量)	达到 200
分离器(垢,外部测量)	达到 15
水出口处	0.4～0.5

资料来源:IAEA Safety Report Series No. 34,2003。

12.2.8 地热利用

表 12.27 我国部分温泉场所氡浓度

场所	水中^{222}Rn(Bq/L)	场所^{222}Rn浓度(Bq/m³)	
		浓度	平衡当量浓度
威海疗养院	110		48
青岛工人疗养院	4.6		63

续表

场所	水中^{222}Rn(Bq/L)	场所^{222}Rn浓度(Bq/m^3)	
		浓度	平衡当量浓度
招远疗养院	3.52		266
鸭王庄疗养院	27.2		249
辽宁某疗养院	3270		330
四川降扎室内温泉疗养院		7098	
样品平均		989	149

资料来源:李旭彤等,2005;潘自强,2002。

12.2.9 其他工作场所

表 12.28 地下建筑空气中氡及其子体的浓度

地区	氡浓度(Bq /m^3)			平衡因子	氡子体平衡当量浓度(Bq/ m^3)		
	测量点	平均值	范围		测量点	平均值	范围
北京	198	40.7	5.9～313	0.4			
长沙	38	710		0.33		234	
株州	16	710		0.28		199	
衡阳	29	1080		0.41		443	
辽宁	187	168	5.6～4935	0.53		92.5	
湖北	71	161.6	10～969.7	0.58	132	93.4	5.4～928
西安	19	3104	1404～4705	0.62	19	1947	688～3319
河南	104	797.2				537.6	
宁夏	12	59.4				32.6	
南京	63	40.5	4.2～212	0.63	63	25.5	2.2～101
平均	737	687				400	
平均[a]	312	1200				494	
总平均[b]		839				427	

a. 对 1997 年前统计样品的平均。

b. 按照样品加权得出。

注:本表所列均为各种地下建筑,取样方法为抓取样品,取样时间除北京明确为 1985 年 3～4 月外,其他均未明确说明时间,但从其内容判断,大体上是 20 世纪 80 年代。

资料来源:潘自强,1997;潘自强,2002。

表 12.29 除矿山外地下工作场所氡浓度

工作场所	测量点/样品数	氡浓度范围(Bq /m^3)	平均浓度(Bq/ m^3)	当量浓度(Bq/ m^3)
人防工程	23(城市)/500(测点)	14.9～2482	247	123.5
地铁	96/160	33.1～190.9	59.8	30.0
地下宾馆	1/20		173.8	86.9
地下商场、餐饮店娱乐场	41/41	46.8～538	227	113.5
地下车间	18(城市)/1024	3.1～4705	479	234.4

续表

工作场所	测量点/样品数	氡浓度范围(Bq /m³)	平均浓度(Bq/ m³)	当量浓度(Bq/ m³)
地下仓库	18(城市)/539	27～5250	312	156
地下溶洞	39(溶洞)/312	20～8660	1200	494
地下养殖厂	32/32		2069	1034
地下文体中心	20/20	136～256	172	86
半地下花房	6/6	67.5～127.6	92.7	46.3
地下咖啡屋	7/7	415.8～863.7	611.5	305.7
地下舞厅	6/6	136.0～256.0	189.8	94.9
平均			486.1	233.8

注:地下工作场所平衡因子取0.5。

资料来源:潘自强,2010;张林等,2003。

表 12.30 各国机组人员天然辐射职业照射水平

地区	年份	机组人员			平均有效剂量(mSv/a)	集体剂量(人·Sv)
		总人数	飞行员	乘务		
美国	1985	114 000	46 000	68 000	3.51	400
英国	1991	24 000			2.09	50.0
芬兰	1990～1994	1930			1.96	3.78
保加利亚	1990～1994	1400			2	2.80
世界	2000	250 000			3	～800
中国	2006	32 100	12 840	19 260	2.42	77.7

资料来源:潘自强,刘森林,2010。

12.2.10 废矿石、废渣中放射性水平及各类矿山放射性排放量

表 12.31 各类矿产开发中放射性污染源基本情况表

矿产资源名称	采矿企业(家)	冶炼加工企业(家)	矿产品开采量(t)	原料实际使用量(t)	含放射性固废产生量(t)
稀土	10	59	5.44×10^{4}	5.75×10^{6}	1.44×10^{6}
铌/钽	3	8	6.72×10^{4}	5.68×10^{3}	8.24×10^{4}
锆石	42	25	2.61×10^{5}	1.17×10^{5}	5.98×10^{4}
锡	15	5	3.75×10^{6}	9.27×10^{4}	3.40×10^{6}
铅/锌	55	42	1.91×10^{6}	1.79×10^{6}	2.05×10^{6}
铜	43	14	9.39×10^{6}	2.19×10^{6}	1.09×10^{7}
铁	81	61	5.97×10^{7}	2.95×10^{7}	7.46×10^{7}
磷酸岩	22	56	1.35×10^{7}	7.16×10^{6}	7.75×10^{6}
煤	550	168	1.58×10^{8}	1.14×10^{8}	4.94×10^{7}
煤矸石	68	33	7.84×10^{6}	6.47×10^{6}	3.65×10^{7}

续表

矿产资源名称	采矿企业(家)	冶炼加工企业(家)	矿产品开采量(t)	原料实际使用量(t)	含放射性固废产生量(t)
铝	10	31	1.92×10^6	9.69×10^6	4.95×10^6
矾	25	12	2.00×10^6	2.05×10^5	2.05×10^6
其他矿	64	102	4.24×10^6	1.34×10^7	7.53×10^6
合计	876(988)	587(616)	2.67×10^8	1.91×10^8	1.71×10^8

注:矿石或主要原材料(如精矿)、主要废物(如尾矿、尾渣)表面1m处的γ剂量率超出“当地本底水平+50nGy/h”,但不超出“当地本底水平+150nGy/h”的;由于存在一个企业开采多种矿产资源的情况,所以按照矿产资源统计企业数有重复,括号中表示按矿产资源统计企业数,环境保护部统计固体废物与此表含义同。

资料来源:环境保护部. 第一次全国污染源普查技术报告。

表 12.32　在陶瓷工业中原材料、废渣和产品中天然核素的活度浓度　(单位:Bq/kg)

样品	^{238}U	^{232}Th	^{40}K
原材料	26～58	38～73	422～1286
硅酸锆(<5μm)	2334	880	未测出
硅酸锆(<45μm)	2084	858	未测出
沉积物	68～354	30～119	266～427
白陶瓷	118～247	40～89	528～1000
红陶瓷	42	42	625
黑色陶瓷	39	41	768
其他瓷砖	27～88	42～69	544～977

资料来源:European Commission,2003。

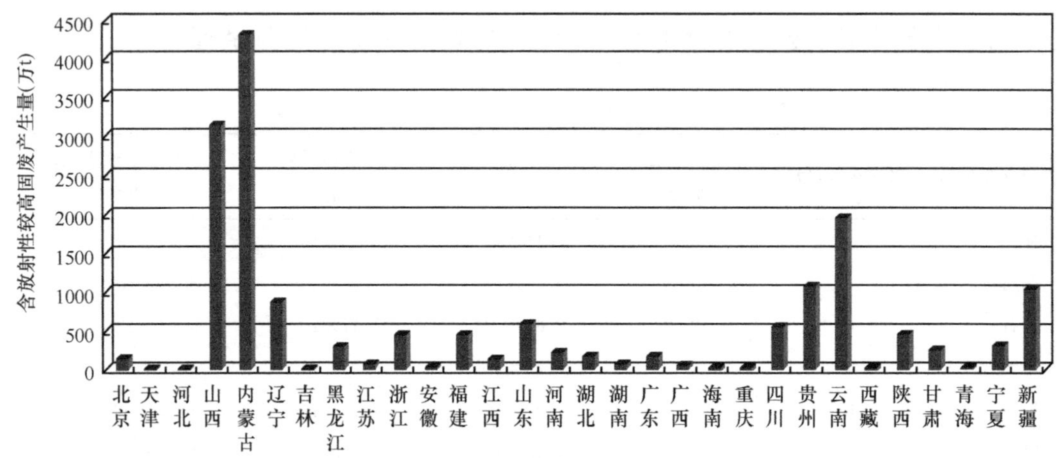

图 12.1　我国放射性固体废物产生量

注:图中未包括香港、澳门、台湾和上海的数据。含放射性较高废物指(如尾矿、尾渣)表面1m处的γ辐射空气吸收剂量率超出“当地本底水平+50nGy/h”

资料来源:环境保护部. 第一次全国污染源普查技术报告

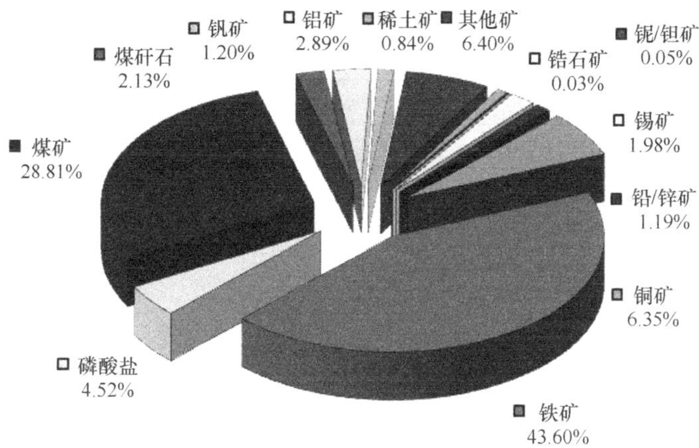

图 12.2 全国含放射性工业固体废物产生量比例

资料来源：环境保护部．第一次全国污染源普查技术报告

表 12.33 各类含天然放射性较高的固体废物中总铀不同活度浓度范围企业情况表

矿产资源	总铀不同活度浓度(C)范围					
	100Bq/kg≤C≤500Bq/kg		500Bq/kg<C<1000Bq/kg		C≥1000Bq/kg	
名称	企业数(家)	固废产生量(t)	企业数(家)	固废产生量(t)	企业数(家)	固废产生量(t)
稀土	6	1.73×10^{4}	0	0.00	7	2.50×10^{3}
铌/钽	0	5.0×10^{1}	0	0.00	5	4.66×10^{3}
锆石	4	5.73×10^{3}	2	25	5	2.96×10^{4}
锡	5	8.72×10^{5}	0	0.00	4	9.1×10^{3}
铅/锌	11	2.98×10^{5}	2	2.45×10^{4}	0	0.0
铜	13	2.15×10^{6}	1	4.90×10^{3}	1	7.86×10^{2}
铁	33	4.93×10^{6}	7	1.26×10^{6}	3	6.45×10^{4}
磷酸岩	7	4.02×10^{5}	1	3.17×10^{4}	0	0.0
煤	176	3.54×10^{7}	21	2.01×10^{6}	18	7.96×10^{5}
煤矸石	30	2.40×10^{6}	1	2.99×10^{4}	0	0.0
铝	3	1.04×10^{6}	5	1.52×10^{6}	4	1.30×10^{6}
矾	5	3.95×10^{5}	6	7.79×10^{5}	7	1.65×10^{5}
其他矿	54	4.87×10^{6}	8	2.14×10^{5}	8	8.34×10^{5}
合计	347	5.28×10^{7}	54	5.88×10^{6}	62	1.90×10^{6}

资料来源：环境保护部．第一次全国污染源普查技术报告。

表 12.34 各类含天然放射性较高的固体废物中钍-232 不同活度浓度范围企业情况表

矿产资源	钍-232 不同活度浓度(C)范围					
	100Bq/kg≤C≤500Bq/kg		500Bq/kg<C<1000Bq/kg		C≥1000Bq/kg	
名称	企业数(家)	固废产生量(t)	企业数(家)	固废产生量(t)	企业数(家)	固废产生量(t)
稀土	4	1.10×10^{5}	0	0	20	2.37×10^{5}
铌/钽	1	5.0×10^{1}	0	0	4	3.12×10^{3}
锆石	6	2.96×10^{4}	2	1.67×10^{3}	3	5.76×10^{3}

续表

矿产资源名称	钍-232不同活度浓度(*C*)范围					
	100Bq/kg≤*C*≤500Bq/kg		500Bq/kg<*C*<1000Bq/kg		*C*≥1000Bq/kg	
	企业数(家)	固废产生量(t)	企业数(家)	固废产生量(t)	企业数(家)	固废产生量(t)
锡	2	1.08×10^{5}	1	4.57×10^{3}	3	4.53×10^{3}
铅/锌	5	6.12×10^{4}			0	0
铜	2	1.11×10^{5}				
铁	15	2.67×10^{7}	1	3.22×10^{4}	2	1.67×10^{7}
磷酸岩	1	1.29×10^{5}			0	0.00
煤	102	2.75×10^{7}	4	1.30×10^{5}		
煤矸石	18	1.60×10^{6}				
铝	8	3.08×10^{6}	3	9.20×10^{5}		
矾	1	1.26×10^{5}	1	6.60×10^{4}	0	0.00
其他矿	45	3.42×10^{6}	4	4.93×10^{5}	1	4
合计	210	6.30×10^{7}	16	1.65×10^{6}	33	1.69×10^{7}

资料来源:环境保护部. 第一次全国污染源普查技术报告。

表 12.35 各类含天然放射性较高的固体废物中镭-226不同活度浓度范围企业情况表

矿产资源名称	镭-226不同活度浓度(*C*)范围					
	100Bq/kg≤*C*≤500Bq/kg		500Bq/kg<*C*<1000Bq/kg		*C*≥1000Bq/kg	
	企业数(家)	固废产生量(t)	企业数(家)	固废产生量(t)	企业数(家)	固废产生量(t)
稀土	6	1.41×10^{5}	3	1.69×10^{3}	3	1.32×10^{3}
铌/钽	0	2.65×10^{4}	1	1.33×10^{3}	3	3.34×10^{3}
锆石	4	3.20×10^{5}	1	9.24×10^{3}	6	2.48×10^{4}
锡	4	8.06×10^{6}	0	0.0	4	9.10×10^{3}
铅/锌	12	3.03×10^{6}	1	1.70×10^{4}	1	1.49×10^{4}
铜	15	1.86×10^{6}	0	0.0	1	7.86×10^{2}
铁	31	3.72×10^{6}	2	2.90×10^{5}	2	5.46×10^{4}
磷酸岩	30	6.76×10^{6}	0	0.0	1	3.17×10^{4}
煤	132	2.90×10^{7}	17	4.20×10^{5}	7	2.08×10^{5}
煤矸石	11	1.41×10^{6}	0	0.0		
铝	7	3.08×10^{6}	3	9.20×10^{5}		
矾	6	5.02×10^{5}	6	4.15×10^{5}	6	4.22×10^{5}
其他矿	48	3.92×10^{6}	7	2.23×10^{5}	9	8.36×10^{5}
合计	306	5.15×10^{7}	41	2.30×10^{6}	43	1.61×10^{6}

资料来源:环境保护部. 第一次全国污染源普查技术报告。

表 12.36 欧共体部分国家冶炼加工过程及废渣中活度浓度 (单位:Bq/kg)

材料	活度浓度	放射性核素
	锡熔化	
渣棉(是由锡渣中产生的)	4000	^{238}U
	11000	^{232}Th
黑色炉渣	5000～6200	^{238}U
	12100～14700	^{232}Th
	钢/铁制造业	
烧结厂烧结堆释放气体	1	^{210}Pb
	2.8	^{210}Po
烧结的烟尘	11300	^{210}Pb
高炉渣	99800	^{210}Po
	150～160	^{238}U 和 ^{232}Th 衰变子体
	1	^{210}Po
	10	^{210}Pb
高炉渣灰尘	8000	^{210}Pb(干重)
	2800	^{210}Po(干重)
	铝	
赤泥	260～537	^{238}U
	250～496	^{232}Th
	122～335	^{226}Ra
	铅	
熔炉渣	36	^{232}Th
	265	^{226}Ra
	锌	
电解废物	<6	^{238}U
	8	^{232}Th
	8	^{226}Ra
	96	^{210}Pb
	—	^{210}Po
废渣	33	^{238}U
	30	^{226}Ra
	44	^{210}Pb
	—	^{210}Po

资料来源:European Commission,2003。

表 12.37 矿石、矿产品和选矿废物中的放射性核素典型浓度 (单位:Bq/kg)

材料	矿石/原料中典型浓度		产品或尾矿中典型浓度	
	^{238}U 系	^{232}Th 系	^{238}U 系	^{232}Th 系
磷酸盐工业				
磷酸盐	0.2～1.5	0.02(Florida 矿)	0.9～1.3[a]	0.02 磷发光体渣
	1.5(Florida 矿)		100(^{210}Po)	
	0.03(Kovdor 矿)		600(^{210}Po)(在燃烧产物中)	
	0.11(Palfos 矿)		I(磷发光体渣)	
人造化肥	0.3～3	0.008～0.04		
	0.2～1(^{226}Ra 及 ^{210}Pb)			
	2.2(TSP)	0.005(TSP)		
稀土,钍化合物				
独居石	6～40	4%(按重量)8～300	450[b]	3000[b]
石油与天然气提取				
天然气石油	0.34kBq/m^3(^{222}Rn)		1～1000(管垢) 8～42 kBq/m^3(生产水)	
金属矿石				
铁矿			0.1～0.3(煤焦油) 0.15(鼓风炉渣/富采锌的滤泥)	0.15(鼓风炉渣)
锡石	1	0.3	21(渣)	4(渣)
烧绿石	6～10	7～80		
煤焦油处理				
煤焦油	0.1～0.3(^{210}Po 及 ^{210}Pb)		0.2～0.6(电极栅)	
炼焦和电力生产				
煤	0.01～0.025	0.01～0.025	0.02～0.04(泥饼) 0.1～0.3(煤焦油) 0.2(飞尘与底灰) 0.4(飞尘)	0.2(飞尘)
水泥生产				
泥灰岩	0.022	0.003	0.05～0.11(水泥) 0.02(石英)	0.03～0.1(水泥) 0.003(石英)
片麻岩	0.04	0.056		
波特兰熔渣	0.08	0.05		
矿砂处理				
锆矿	0.2～74	0.4～40		
铝土矿	0.4～0.6	0.3～0.4		
钛铁矿	2.3(1.5:^{238}U)	1.2		
金石矿	3.8	0.56		
钛色素生产				
钛铁矿	2.3(1.5:^{238}U)	1.2	400[c]	至多 1500(管垢)
钛矿石	0.07～9	0.07～9	0.15(VBM)	0.13(VBM)
			2.3(滤泥)	2.6(滤泥)
			0.03(水)	0.01(水)

a. 磷石膏、中英佛罗里达矿石。

b. ^{226}Ra 的硫酸盐沉淀。

c. ^{226}Ra 沉淀。

资料来源:UNSCEAR2000。

表 12.33　典型选矿厂放射性核素释放量

工业	矿石处理量	向大气释放量(GBq/a)							向水体释放量(GBq/a)						
	(kt/a)	^{238}U	^{228}Th	^{226}Ra	^{222}Rn	^{210}Pb	^{210}Po	^{40}K	^{238}U	^{228}Th	^{226}Ra	^{222}Rn	^{210}Pb	^{210}Po	^{40}K
初级磷光体	570				563	66	490		—	—	—	—	24	166	—
运输		0.06	0.001	0.06	0.03	0.06	0.06	0.004	0.18	0.002	0.18	0.18	0.18	0.18	0.013
磷酸	700	0.07	0.002	0.09	820	0.08	0.14	0.008	336	8	737	—	654	997	79
化肥厂	375				221	0.044	0.034		—	—	—	—	0.054	0.057	—
运输		0.02	0.0001	0.02	0.02	0.02	0.02	0.001	0.07	0.0004	0.07	0.07	0.07	0.06	0.002
钢铁生产	7500				180	55	90		—	—	—	—	0.51	8	—
运输		0.01	0.01	0.01	0.01	0.01	0.01	0.01	0.03	0.03	0.03	0.03	0.04	0.04	0.04
煤焦油处理	120					~0	~0		—	—	—	—	—	—	—
燃煤电厂(600MW)	1350	0.16	0.08	0.11	34	0.4	0.8	0.72	—	—	—	—	—	—	—
运输		0.004	0.004	0.004	0.004	0.004	0.004	0.012	0.011	0.011	0.011	0.011	0.011	0.011	0.036
焦炭生产	885	0.013	0.009	0.013	13	0.012	0.07	0.032	—	—	—	—	0.024	0.032	—
运输		0.001	0.001	0.001	0.001	0.002	0.001	0.004	0.004	0.003	0.004	0.004	0.005	0.004	0.011
水泥工业	2000	0.2	0.05	0.2	157	0.2	78	0.4	—	—	—	—	—	—	—
陶瓷	3200	0.03		0.03	0.03	0.09	0.3	0.14	—	—	—	—	—	—	—
砂矿处理	183	0.97	0.12	0.73	0.73	0.73	0.73		0.088	0.011	0.066	0.066	0.066	0.066	—
钛色素	50			0.001	6.2				0.002	0.003	0.002	0.002	0.003	0.002	
燃气电厂(400MW)	600				230				—	—	—	—	—	—	—
石油提取	3500				540					217	174	174	174	174	
天然气提取	72000				500					2.7	32	32	32	32	

资料来源：UNSCEAR2000。

表 12.39　典型选矿厂释放的放射性核素导致的最大个人有效剂量　（单位：μSv/a）

工业	最大有效剂量率		
	外照射	空气弥散途径	水弥散途径
初级磷光体生产	130	2	<0.4
磷酸生产	8	～2000	
化肥生产	20	<0.4	2
初级钢铁生产	8	<0.4	15
煤焦油生产	4	<0.4	3
焦炭生产	4	<0.4	
燃煤电厂	12	<0.4	4
燃气电厂	<0.4	<0.4	
石油和天然气提取	2[a]	<0.4[b]	
水泥生产	5	<0.4	
陶瓷生产厂	<0.4	<0.4	
矿砂处理	60	<0.4	320
钛色素生产	<0.4	<0.4	1

a. 由居住区下面回填渣释放出的氡导致的吸入剂量。

b. 相当于不确定的值。

资料来源：UNSCEAR2000。

12.3　人为活动引起天然放射性明显增加(NORM)的管理

12.3.1　对 NORM 废物管理基本原则

（1）废物管理以达到环境保护可以接受的水平为基础。

（2）废物管理不应对后代产生额外的剂量负担。

（3）废物管理涉及废物产生及管理的每个相对独立环节。

（4）对废物处理的设施应包括对废物管理的整个周期。

12.3.2　IAEA 对 NORM 管理方法

12.3.2.1　剂量控制分级管理

对 NORM 根据工作场所工人所受剂量进行分级管理，分级管理首先基于剂量限制，把 NORM 分为四级管理，见表 12.40 及表 12.41。

表 12.40　欧共体剂量分级管理

级别序号	管理方式	剂量控制(D)	说明
Ⅰ	豁免标准	工作场所职业人员 D<1mSv/a，公众 D<0.3mSv/a	综合考虑社会、政治和经济以及生存所需资源限制等因素，同时考虑辐射防护的代价
Ⅱ	通知	工作场所通常 0.3mSv/a<D<1mSv/a	接近豁免应让对方知晓
Ⅲ	通知＋登记	工作场所 1mSv/a≤D≤6mSv/a	进行备案并通知产生 NORM 的单位。1mSv/a 为进行调查下限
Ⅳ	告知＋许可证	工作场所 D>6mSv/a	要求许可证，并由专门机构测量以便控制

资料来源：IAEA Technical Report Series No. 419，2003；IAEA safety standards guides No. RS-G-1.7。

表 12.41　加拿大对 NORM 剂量分级管理

级别序号	管理方式	工作场所剂量控制(D)	说明
Ⅰ	不用调查	D<0.3	认为 NORM 主要是关注金属萃取、浓缩、石油和天然气、金属回收、电解、水处理和地下场所

续表

级别序号	管理方式	工作场所剂量控制(*D*)	说明
Ⅱ	NORM 调查	$0.3 \leqslant D < 1$	0.3mSv/a 是进行调查下限。高于 0.3 mSv/a 属于 NORM 管理，对公众剂量应加以限制
Ⅲ	剂量管理	$1 \leqslant D < 5$	1mSv/a 是剂量管理下限，进行剂量评价、通知和人员培训
Ⅳ	辐射防护管理	$5 \leqslant D <$ DWL	5mSv/a 是辐射防护管理下限。制定 NORM 管理程序，定期进行评价

注：DWL 为 derived working limit 缩写。
资料来源：European Commission，2003。

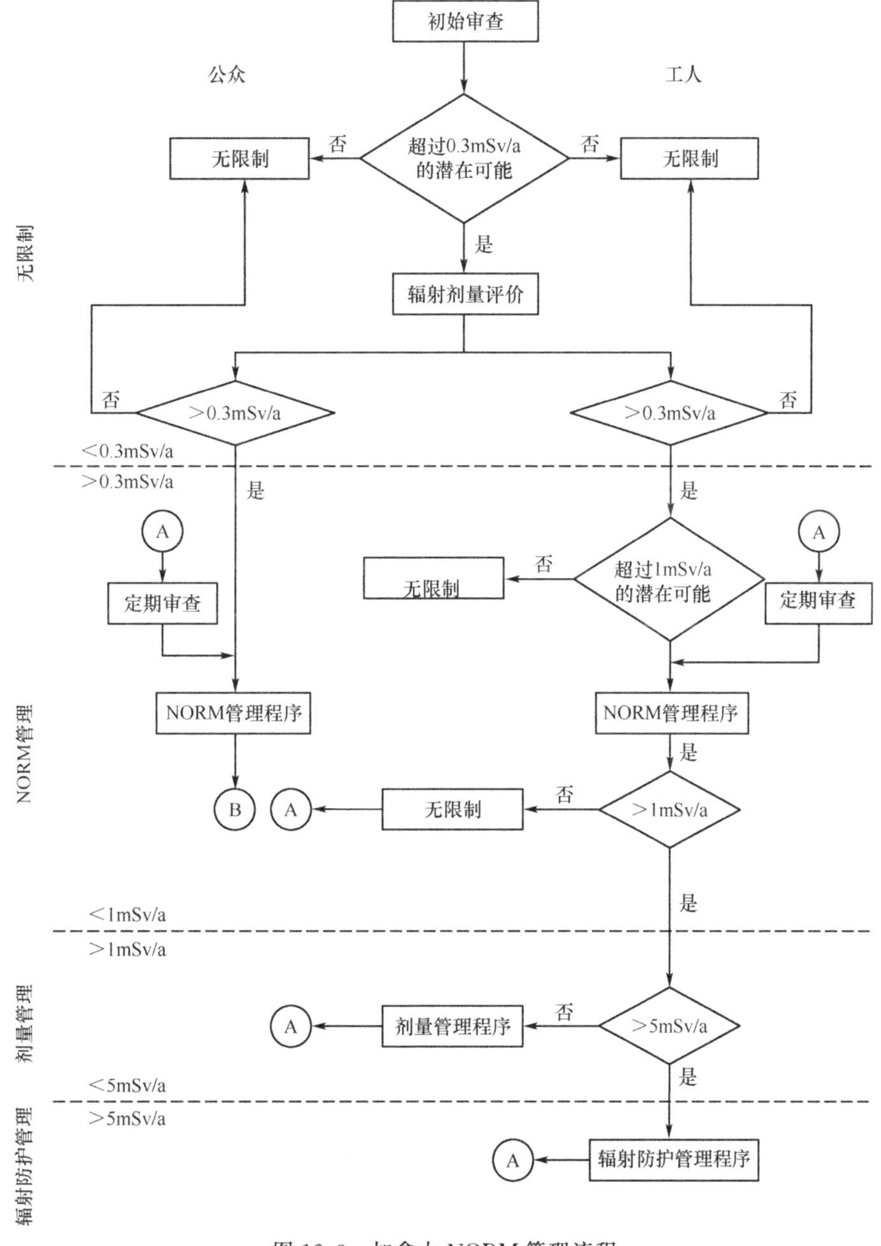

图 12.3 加拿大 NORM 管理流程
资料来源：Minister of Public Works and Government Services Canada，2000

12.3.2.2 加拿大对 NORM 管理分级流程

调查阈:把附加剂量 0.3 mSv/a 的剂量约束值作为 NORM 调查阈,在工人或公众成员受到的剂量可能会超过该值的地方应当对其进行特定场址的评价。

NORM 管理阈:对公众或工人附加剂量估值超过 0.3 mSv/a 但小于 1 mSv/a 时,纳入 NORM 管理阈,剂量约束值(0.3 mSv/a)作为 NORM 管理下限。

剂量管理阈:NORM 产生的附加剂量大于 1 mSv/a 但小于 5mSv/a 时,为剂量管理阈。

辐射防护管理阈:将大于 5 mSv/a 的附加剂量估值或测定值作为辐射防护管理阈。

加拿大工作场所 NORM 管理程序类型的步骤如图 12.3。

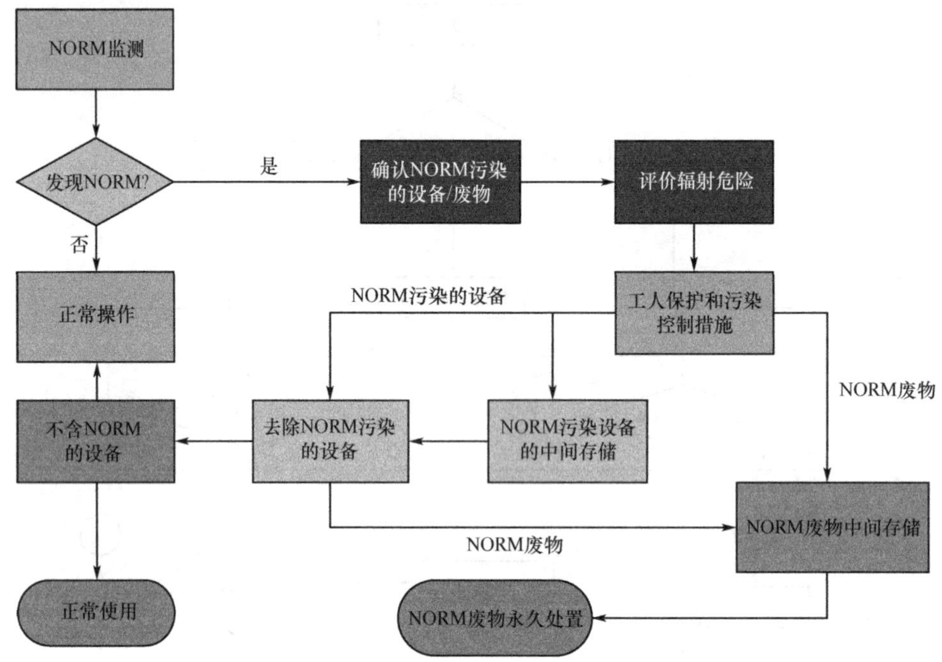

图 12.4 IAEA 推荐 NORM 管理程序

资料来源:IAEA-TECDOC-1484,2006;Saudi Aramco,2007

12.3.2.3 活度浓度控制

对于人为活动产生物质(废渣)放射性控制是以工作人员 1mSv/a 和对公众 0.3mSv/a 为基础,并根据人为活动产生废渣的放射性活度浓度与土壤放射性活度浓度比较,委员们认为如果低于土壤放射性活度浓度,则可以豁免,否则应该进行管理。对于除^{40}K 以外的其他核素采用 1Bq/g 为豁免值。IAEA 对 NORM 物质采用 RS-G-1.7 的豁免值:对于^{238}U 和^{232}Th 系列采用 1Bq/g,对^{40}K 为 10 Bq/g。由于^{40}K 的外照射不易控制,而且对人所受剂量中占份额很小,因此在对 NORM 中的活度浓度控制时可以不予考虑。

表 12.42 天然产生放射性物质的活度浓度豁免值控制标准 (单位:Bq/g)

放射性核素核素	活度浓度
^{210}Pb	5
^{210}Po	5
其他天然放射核素	1

资料来源:IAEA Technical Report Series No. 419,2003;IAEA-TECDOC-1484,2006。

通常情况下不会超过控制标准，但对于建筑材料中放射性核素或者被废物污染的饮用水不按此标准。对于个别核素，比如衰变链中^{210}Pb或^{210}Po，如果有重要使用价值，可以批准高1～2个数量级使用。

表 12.43 对于有重要使用价值物质推荐豁免标准

物质分类	剂量超过1～2mSv/a的活度浓度值
大量物质，例如矿体、大量堆积物	5Bq/g或更高
少量物质，例如矿石浓缩物、矿泥、污垢	50Bq/g或更高
熔炉和烟尘中的物质(^{210}Pb，^{210}Po)	500Bq/g或更高

资料来源：IAEA-TECDOC-1484，2006；IAEA Technical Report Series No. 419，2003。

12.3.2.4 来源于待处理的废物和废渣以及流出物管理

对于工业设施排放的液态和气态流出物中含有NORM，要求对于公众的剂量低于0.3mSv/a。

在特殊情况下，如果对于公众的剂量高于0.3mSv/a，应得到审管部门认可，比如NORM工业的排放物影响到饮用水，由审管部门进行最优化方法审评；也可以限制排放量或要求对流出物进行监测。

对于实践中产生的再利用和再回收的废渣应得到审管部门认可。

对再回收的废渣允许稀释，可以与其他惰性物质混合进行优化使用。

再利用工业废渣如果用于建筑材料，其活动浓度应低于1 Bq/g。

表 12.44 荷兰人为活动产生天然放射性气态和液态排放的免管水平

(单位：GBq/a)

放射性核素	气态排放	液态排放
^{238}U	10	1,000
^{232}Th	1	100
^{228}Ra	1	100
^{226}Ra	10	10
^{210}Pb	10	10
^{210}Po	10	10

资料来源：I van der Steen et al，2003。

12.3.2.5 建筑材料管理

我国GB6566-2001将建筑材料分为建筑主体材料和装饰材料两类。对于建筑材料主体材料中放射性核素^{226}Ra、^{232}Th、^{40}K的内外照射指数控制式为

$$I_\gamma = \frac{C_{Ra}}{370} + \frac{C_{Th}}{260} + \frac{C_K}{4200}$$

$$I_{Ra} = \frac{C_{Ra}}{200}$$

式中：C_{Ra}、C_{Th}、C_K分别为^{226}Ra、^{232}Th和^{40}K活度浓度(Bq/kg)；I_{Ra}，I_γ分别为内外照射指数。

该标准中将建筑物分为民用建筑和工业建筑，其中民用建筑又分为Ⅰ和Ⅱ类建筑。Ⅰ类民用建筑主要指住宅、老年公寓、托儿所、医院和学校等；Ⅱ类民用建筑主要指商场、体育馆、书店、宾馆、文化娱乐场所、展览馆和公共交通的等候室。

对于建筑主体材料，如果同时满足$I_{Ra} \leqslant 1.0$和$I_\gamma \leqslant 1.0$，其使用和产销不受限制；对于空心率大于25%的建筑主体材料，同时满足$I_{Ra} \leqslant 1.0$和$I_\gamma \leqslant 1.3$时，其产销和使用不受限制。

对于装饰材料划分三类：

A类装饰材料同时满足$I_{Ra} \leqslant 1.0$和$I_\gamma \leqslant 1.3$时，其使用和销售不受任何限制；

B 类装饰材料指不满足 A 类装饰材料但同时满足 $I_{Ra}\leqslant 1.3$ 和 $I\gamma\leqslant 1.9$,B 类装饰材不可以用于Ⅰ类民用建筑的内装饰面,但可以应用于Ⅰ类民用建筑的外装饰面和其他一切建筑的内、外装饰面。

对于不满足 A、B 类装饰材料但满足 $I\gamma\leqslant 2.8$ 为 C 类装饰材料,C 类装饰材料只可用于建筑物的外装饰及室外其他用途;对于 $I\gamma>2.8$ 的花岗岩只可用于碑石、海堤、桥墩等人类很少涉及的地方。

12.3.2.6 废渣用于建材控制

定义当量浓度 $C_e = C_{Ra} + 1.3C_{Th}$,其中 C_{Ra},C_{Th} 分别指工业废渣中天然放射性核素镭-226、钍-232 的活度浓度,Bq/kg。

(1) 当工业废渣中 C_e <350 Bq/kg,且 C_{Ra}<200Bq/kg 时,该类工业废渣用于制备建筑材料时使用不受限制。

(2) 当工业废渣中放射性核素活度浓度满足下列关系:

$$350\ \text{Bq/kg}\leqslant C_e<1350\ \text{Bq/kg}$$

或者

$$200\text{Bq/kg}\leqslant C_{Ra}<1000\ \text{Bq/kg}$$

该类工业废渣限制使用。此外,应注意以下情况:

1) 用作建造很少有人停留的建(构)筑物时,如修建路基、桥梁、堤坝等,可以直接使用。

2) 用作建造居留因子小的建(构)筑物时,如体育场、仓库等,不能单独用作建筑材料,应与其他材料混合,使之满足 GB6566 规定的相关要求。

(3) 当工业废渣中 $C_e\geqslant 1350$ Bq/kg,或者 $C_{Ra}\geqslant 1000$Bq/kg 时,该类工业废渣禁止在建筑材料中使用。应按 GB18599 中第Ⅱ类一般工业固体废物标准存放。

对于有特殊应用价值的工业废渣的再利用,应经审管部门认可。

(刘福东 编写,潘自强 审阅)

参考文献

陈凌,潘自强,刘森林等. 2008. 中国煤矿井下工作人员所受天然辐射照射职业性照射初步评价. 辐射防护,28(3):129~137

陈志东,林清,邓飞等. 2002. 广东省伴生放射性矿资源利用过程射水平调查. 辐射防护通讯,22(5):29~32

韩寿岭. 1996. 磷肥及磷矿石中放射性镭-226 含量分析与评价. 磷肥和氮肥,6:78~79

环境保护部. 2011. 第一次全国污染源普查技术报告. 北京:中国环境科学出版社

黄丽华,陈纪溪,徐利亚等. 2004. 进口花岗岩石材中天然放射性水平检测分析. 海峡预防医学杂志,10(2):4~7

李秀兰,王润溪,何慧敏. 1994. 山西省磷肥及磷矿石中^{226}Ra 含量及卫生评价. 中国辐射卫生,3(2):102~103

李旭彤,朱立,陈凌等. 2005. 四川降札温泉区天然放射性水平的初步调查. 辐射防护,25(5):269~274

林振基,洪节省,孙德华等. 2007. 进口石材放射性水平调查及检验检疫对策研究. 中国国境卫生检疫杂志,30(1):41~45

刘福东,潘自强,刘森林等. 2007. 全国煤矿中煤、矸石放射性核素含量调查分析. 辐射防护,27(2):88~97

潘自强. 2002. 人为活动引起的天然辐射职业性照射的控制——我国国民所受的最大和最高职业性照射. 中国辐射卫生,11(3):129~133

潘自强. 1993. 燃煤排放物中有害物质的测定与分析. 北京:原子能出版社

潘自强. 1997. 辐射防护的现状与未来. 北京:原子能出版社

潘自强,刘森林. 2010. 中国辐射水平. 北京:原子能出版社

尚兵,张林,陈斌. 2007. 中国典型地区室内氡水平的研究. 工程兵勘探设计,55(5):4~11

帅震清,温维辉,赵亚民等. 2001. 伴生放射性矿资源开发利用中放射性污染现状与控制对策研究. 辐射防护通讯,21(2):3～7

谭汉云,张林. 2006. 广州市建材及石材放射性活度浓度分析与评价. 中国辐射卫生,15(2):217～218

王南萍. 2001. 中国天然石材放射性水平及影响因素. 辐射防护通讯,21(3):22～24

叶际达,孔玲莉,李莹等. 2004. 五省放射性伴生石煤矿开发和利用对环境影响研究. 辐射防护,1(24):1～27

张林,胡灿云,何展等. 2003. 广州地铁一号线车站氡浓度. 中国放射医学与防护杂志,23(5):383～384

赵亚民,刘华,吴昊. 2001. 人为活动与环境中的天然放射性. 辐射防护通讯,21(1):3～6

European Commission. 2003. Effluent and dose control from European Union NORM industries: Assessment of current situation and proposal for a harmonized community approach. Radiation Protection,1(135)

IAEA Safety Report Series No. 34. 2003. Radiation Protection and the Management of Radioactive Waste in the Oil and Gas Industry

IAEA Safety Report Series No. 51. 2007. Radiation Protection and NORM Reside Management of in the Zircon and Zirconia Industry

IAEA Safety Standards Series, 2002. Management of Radioactive Waste from the Mining and Milling of Ores

IAEA safety standards series, No. GS-G-1. 7. 2004. Application of Concept of Exclusion,Exemption and Clearance

IAEA Technical Report Series No. 419. 2003. Extent of Environmental Contamination by Naturally Occurring Radioactive Material(NORM) and Technological Optional for Mitigation

IAEA-TECDOC-1472. 2004. IAEA Naturally Occurring Radioactive Materials(NORM IV)

IAEA-TECDOC-1484. 2006. Regulatory and Management Approaches for the Control of Environmental Residus Containing Naturally Occurring Radioactive Material

J van der Steen,AW van Weers. 2003. Radiation protection in NORM industries. NRG, Radiation & Environment

Liu Fu-dong, Pan Zi-qiang, Liu Sen-lin, et al. 2007. The estimation on the number of underground coal miners and the annual dose to coal miners in China. Health Physics,93(2):127～133

Minister of Public Works and Government Services Canada. 2000. Canadian Guidelines for the Management of Naturally Occurring Radioactive Materials(NORM), Canadian NORM Working Group of the Federal Provincial Territorial Radiation Protection Committee

Saudi Aramco. 2007. Guidelines for the management of natural occurring radioactive material(NORM) in the oil and gas industry

UNSCEAR. 1992. Sources and Effects of Ionizing Radiation, United Nation Scientific Committee on the Effects of Atomic Radiation, Volumel

UNSCEAR. 2008. Sources and Effects of Ionizing Radiation, United Nation Scientific Committee on the Effects of Atomic Radiation, Report to General Assembly with Scientific Annexes. Volumel

UNSCEAR. 1993. United Nations Scientific Committee on the Effects of Atomic Radiation. Sources and Effects of Ionizing Radiation. 1993 Report to the General Assembly with Scientific Annexes. United Nations, New York(电离辐射源与效应. 联合国原子辐射效应科学委员会 1993 年向联合国大会提交的报告及科学附件. 潘自强,吴德昌总审校. 1995. 北京:原子能出版社)

UNSCEAR. 2000. United Nations Scientific Committee on the Effects of Atomic Radiation. Sources and Effects of Ionizing Radiation. 2000 Report to the General Assembly with Scientific Annexes. United Nations, New York(电离辐射源与效应,联合国原子辐射效应科学委员会 2000 年向联合国大会提交的报告及科学附件. 卷 1:辐射源. 潘自强,孙世荃总审校. 2002. 太原:山西科学出版社)

13 核与辐射事故应急

13.1 核与辐射事件分级

国际核与辐射事件共分7级，相邻两级之间的严重程度大约相差10倍。其中1～3级为“事件”，4～7级为“事故”。表13.1给出了国际核与辐射事件分级的一般原则。

表13.1 国际核与辐射事件分级表

描述和INES级别	人和环境	设施的放射屏障和控制	纵深防御
特大事故 7级	• 放射性物质大量释放，具有大范围健康和环境影响，要求实施所计划的和长期的应对措施	/	/
重大事故 6级	• 放射性物质明显释放，可能要求实施计划的应对措施	/	/
影响范围较大的事故 5级	• 放射性物质有限释放，可能要求实施部分所计划的应对措施 • 辐射造成多人死亡	• 反应堆堆芯受到严重损坏 • 放射性物质在设施范围内大量释放，公众受到明显照射的概率高，其发生原因可能是重大临界事故或火灾	/
影响范围有限的事故 4级	• 放射性物质少量释放，除需要局部采取食物控制外，不太可能要求实施所计划的应对措施 • 至少有1人死于辐射	• 燃料熔化或损坏造成堆芯放射性总量释放超过0.1% • 放射性物质在设施范围内明显释放，公众受到明显照射的概率高	/
重大事件 3级	• 受照剂量超过工作人员法定年限值的10倍 • 辐射造成非致命确定性健康效应(如烧伤)	• 工作区中的照射剂量率超过1Sv/h • 设计中预期之外的区域内严重污染，公众受到明显照射的概率低	• 核电厂接近发生事故，安全措施全部失效 • 高活度密封源丢失或被盗 • 高活度密封源错误交付，并且没有准备好适当的辐射程序来进行处理
一般事件 2级	• 一名公众成员的受照剂量超过10mSv • 一名工作人员的受照剂量超过法定年限值	• 工作区中的辐射水平超过50mSv/h • 设计中预期之外的区域内设施受到明显污染	• 安全措施明显失效，但无实际后果 • 发现高活度密封无监管源、器件或运输货包，但安全措施保持完好 • 高活度密封源包装不适当
异常 1级	/	/	• 一名公众成员受到过量照射，超过法定限值 • 安全部件发生少量问题，但纵深防御仍然有效 • 低放放射源、装置或运输货包丢失或被盗
(分级表以下/0级)			

资料来源：IAEA，2008，The International Nuclear and Radiological Event Scale，User's Manual(中国核科技信息与经济研究院情报二室译)。

13.2 应急照射情况下的干预

13.2.1 应急干预的基本要求

应急干预应遵守以下原则：

(1) 干预的正当性。在干预情况下，为减少或避免照射，只要采取的防护行动或补救行动是正当的，即获取的利益大于代价，则应采取这类行动。

(2) 干预的最优化。任何防护行动或补救行动的形式、规模和持续时间均应是最优化的，使在通常的社会和经济情况下，从总体上考虑，能获得最大的净利益。

(3) 干预应尽可能防止公众成员因辐射照射而产生严重的确定性健康效应。如果任何个人所受的预期剂量(而不是可防止的剂量)或剂量率接近或预计会接近可能导致严重损伤的阈值(表 13.2)，则采取防护行动几乎总是正当的。在这种情况下，对任何不采取紧急防护行动的决策，必须对其正当性进行判断。

13.2.2 干预水平和行动水平

应根据干预水平和行动水平来实施应急照射情况下的干预。应急计划中所确定的干预水平值只应作为实施防护行动的初始准则。应在对事故进行响应的过程中，在考虑当时的主导情况及其可能的演变基础上对有关干预水平值进行相应的修改。

(1) 急性照射的剂量行动水平：器官或组织受到急性照射时，任何情况下预期都应进行干预的剂量行动水平见表 13.2。

表 13.2 急性照射的剂量行动水平

器官或组织	2 天内器官或组织的预期吸收剂量(Gy)[a]
全身(骨髓)	1
肺	6
皮肤	3
甲状腺	5
眼晶状体	2
性腺	3

a. 在考虑紧急防护的实际行动水平的正当性和最优化时，应考虑当胎儿在 2 天时间内受到大于约 0.1Gy 的剂量时产生确定性效应的可能性。

资料来源：GB18871-2002。

(2) 通用优化干预水平：应急照射的通用优化干预水平的规定见表 13.3。决策部门制定实际的干预水平时可以根据实际情况在此基础上进行适当修改和调整。

表 13.3 应急照射情况下的通用优化干预水平[a]

措施	通用优化干预水平
紧急防护行动	
隐蔽	10mSv(在 2 天内可防止的剂量)
撤离	50mSv(在 1 周内可防止的剂量)
服碘	100mGy(甲状腺的可防止的待积吸收剂量)
较长期防护行动	
开始避迁	30mSv (第 1 个月内可防止的剂量大于或等于该值时，开始避迁)
终止避迁	10mSv (后续某个月内可防止的剂量低于该值时，终止避迁)
永久再定居	10mSv (预计在 1 年或 2 年内，月累积剂量不会降低到该水平以下，则应考虑实施不再返回原来家园的永久再定居)，或 1Sv (预计终身剂量可能会超过该值时，也应考虑实施永久再定居)

a. 表中的剂量值是指对适当选定的人群样本的平均值，而不是指最大受照(关键居民组中)个人所受到的剂量。

资料整理自：GB18871-2002。

(3) 食品通用行动水平：食品通用行动水平见表 13.4。实际应用时，应将对不同核素组分别给出的水平值单独应用于相应核素组中各种核素的活度进行总和。某些情况下，如果食品短缺或有其他重要的社会或经济因素考虑，可以采用数值稍高一些的优化的食品与饮水行动水平，但必须经过干预的正当性判断和行动水平的最优化分析。

表 13.4　食品通用行动水平　　（单位：kBq/kg）

放射性核素	一般消费食品	牛奶、婴儿食品和饮水
^{134}Cs，^{137}Cs，^{103}Ru，^{106}Ru，^{89}Sr	1	1
^{131}I	1	0.1
^{90}Sr	0.1	0.1
^{241}Am，^{238}Pu，^{239}Pu	0.01	0.001

资料来源：GB18871-2002。

(4) 操作干预水平(OIL)：为了便于实际操作，在通用优化干预水平的基础上，采用可直接测量的值(如环境剂量率)作为操作干预水平(表 13.5)。在事故情景不明了时或事故情况与表 13.5 中假设的事故释放情景类似时，可使用表 13.5 中的缺省值。在实际事故过程中，可根据放射性释放的实际情景来计算操作干预水平。

表 13.5　典型反应堆事故情况下操作干预水平(OIL)缺省值

序号	定义	操作干预水平		推荐防护行动	假设条件
OIL1	烟羽环境剂量率	1mSv/h		撤离或隐蔽	堆芯熔化事故后泄漏的放射性物质导致的吸入剂量是外照射剂量的 10 倍，烟羽照射 4h，该防护行动的可防止剂量为 50mSv
OIL2	烟羽环境剂量率	0.1mSv/h		服用碘片、临时隐蔽	堆芯熔化事故后泄漏的放射性物质导致的吸入甲状腺剂量是外照射剂量的 200 倍，烟羽照射 4h，该防护行动的可防止剂量为 100mSv
OIL3	地面沉积产生的环境剂量率	1mSv/h		撤离或在专设的隐蔽场所隐蔽	辐照时间 1 周，由核素衰减和隐蔽等因素造成剂量减少 75%，防护行动的可防止剂量为 50mSv
OIL4	地面沉积产生的环境剂量率	0.2mSv/h		临时避迁	地面污染核素组成为堆芯熔化混合核素在事故后 4d 的典型值，由衰变和环境因素造成的衰减因子为 50%，30d 防护行动可防止的剂量为 30mSv。该 OIL 适用于停堆后 2～7d
OIL5	地面沉积产生的环境剂量率	1μSv/h		食品和牛奶的预防性限制	假设由这些高于本地的污染地区生产的食品或牛奶其污染可能会超过通用行动水平
OIL6	地面沉积中的 ^{131}I活性	普通食品	牛奶	限制食用食品和牛奶	(1)^{131}I 为主要核素(适用于停堆后 1～2 个月)； (2)食品受到直接污染或奶牛直接食用受到污染的牧草； (3)污染食品未经加工处理
		10kBq/m^2	2kBq/m^2		
OIL7	地面沉积中的 ^{137}Cs 活性	2kBq/m^2	10kBq/m^2	限制食用食品和牛奶	(1)^{137}Cs 为主要核素(适用于停堆 2 个月后)； (2)食品受到直接污染或奶牛直接食用受到污染的牧草； (3)污染食品未经加工处理

续表

序号	定义	操作干预水平		推荐防护行动	假设条件
OIL8	食品、水或牛奶样品中的 ^{131}I 的活性	普通食品	牛奶和水	限制食用食品、牛奶和水	(1) ^{131}I 为主要核素(适用于停堆后 1～2 个月); (2) 污染食品未经加工处理
		1kBq/kg	0.1kBq/kg		
OIL9	食品、水或牛奶样品中的 ^{137}Cs 的活性	0.2kBq/kg	0.3kBq/kg	限制食用食品、牛奶和水	(1) ^{137}Cs 为主要核素(适用于停堆 2 个月后); (2) 污染食品未经加工处理

资料来源:IAEA-TECDOC-955,1997。

13.3 核与辐射应急计划和准备

13.3.1 核与辐射应急的区分

根据适用的设施和对象将应急分为核应急和辐射应急,见表 13.6。

表 13.6 核与辐射应急的适用范围

核应急	辐射应急
(1) 大型辐照设施(如工业辐照器); (2) 核反应堆(研究堆、船舰用反应堆和动力堆); (3) 大量乏燃料或液体或气体放射性物质的贮存设施; (4) 核燃料循环设施(如燃料后处理厂); (5) 工业设施(如制造放射性药物的设施); (6) 拥有大型固定式放射源的研究或医疗设施(如远距离治疗设施)	(1) 危险源失控(遗弃、丢失或被盗); (2) 危险源(如在射线探伤中所用源)在工业和医疗方面的错误使用; (3) 不明原因的公众照射和污染; (4) 含有放射性物质的卫星意外返回地面; (5) 严重过度照射(可能造成严重确定性健康效应的); (6) 恶意威胁/行动; (7) 运输应急

资料整理自:IAEA Safety Guide No. GS-G-2.1, 2007。

13.3.2 核电厂的安全目标

IAEA(IAEA 75-INSAG-3,INSAG12,1999)提出的核电厂安全目标包括:

(1) 总体安全目标。通过在核电厂建立和保持对辐射危害的有效防御来达到保护人员、社会和环境。

(2) 辐射防护目标。确保在正常运行时电厂辐射照射和放射性物质的排放在规定的限值以下,并在考虑到经济和社会因素的情况下保持合理可行、尽量低;还要确保缓解由于事故导致的辐射照射程度。

(3) 技术安全目标。高度可靠地防止核电厂事故;确保在电厂设计时考虑的所有事故,即使是发生概率很低的事故,其辐射后果(如果有)较轻微;确保具有严重后果的严重事故的可能性极低。

NRC(NRC,Safety Goals for the Operation of Nuclear Power Plants, 1986)关于核电厂的安全目标分为定性安全目标和定量安全目标。

定性安全目标包括:

(1) 对核电厂运行可能产生的影响,公众应当得到一定水平的保护,使核电厂的运行不会对公众的生命和健康产生明显的附加风险。

(2) 核电厂运行对生命和健康的社会风险应该能与其他利用现有技术生产电力的风险相当或更小,并且不会对社会产生明显的附加风险。

定量安全目标包括:

(1) 反应堆事故对核电厂附近个人产生的急性死亡的平均风险,不应超过美国居民由于其他事故而普遍受到的急性死亡风险的 0.1%。核电厂附近平均个人风险定义为居住在核电厂边界 1.6km 之内的所有居民的个人风险之和除以该区域内的总人数。

(2) 核电厂运行对核电厂周围居民产生的癌症死亡风险,不应超过由于所有其他原因产生的癌症风险的 0.1%。核电厂周围居民指电厂厂址周围 16km 范围内的居民。

13.3.3 应急计划

应根据源的类型、规模和场址特征制定应急计划,将场内、场外应承担的应急干预的准备、实施和管理责任规定清楚并做出相应安排。场内应急计划和场外应急计划应相互衔接和协调。通常情况下应急计划应包括的主要内容有:

(1) 在报告有关负责部门和启动干预行动方面的责任的划分与安排。

(2) 对可能导致应急干预情况的源的各种运行操作条件和其他条件的鉴别。

(3) 根据 GB18871-2002 附录 E 中给出的准则并考虑可能发生的事故或紧急事件的严重程度所确定的有关防护行动的干预水平及其适用范围。

(4) 与有关干预组织进行联系的程序(包括通信安排)和由消防、医疗、公安和其他有关组织获得支援的程序。

(5) 用于评价事故及其场内、外后果的方法与仪器的描述。

(6) 事故情况下发布公众信息的安排。

(7) 终止每种防护行动的准则。

放射源、放射性物质运输和核技术应用中的应急计划可根据实际情况参考上述要求制定。核燃料循环设施、核动力厂和研究堆的应急计划主要内容见表 13.7。

表 13.7 核燃料循环设施、核动力厂和研究堆的应急计划主要内容

核动力厂	研究堆	核燃料循环设施
(1)总则	(1)总则	(1)总则
(2)核动力厂及其环境概况	(2)设施及其环境概况	(2)设施及环境概况
(3)应急计划区	(3)应急状态分级及应急行动水平	(3)应急组织
(4)应急状态分级及应急行动水平	(4)应急组织	(4)应急状态及应急行动水平
(5)应急组织与职责	(5)应急计划区	(5)应急计划区
(6)应急设施与设备	(6)应急设施与设备	(6)应急设施和应急设备
(7)应急通信、报告与通知	(7)应急响应和防护措施	(7)应急响应和防护措施
(8)应急运行控制与系统设备抢修	(8)应急终止和恢复行动	(8)应急终止和恢复行动
(9)事故后果评价	(9)应急响应能力的保持	(9)应急响应能力的保持
(10)应急响应与防护措施	(10)记录和报告	(10)记录和报告
(11)应急照射控制	(11)附录	(11)附录
(12)医学救护		
(13)应急补救行动		
(14)应急终止和恢复活动		
(15)公众信息与沟通		
(16)记录		
(17)应急响应能力的保持		
(18)术语		
(19)附录		

资料整理自:HAD002/01-2010,HAD002/07-2010。

13.3.4 应急组织

全国核应急工作实行三级管理。国家一级核应急组织包括：国家核应急协调委、国家核应急办公室、专家咨询组；省一级核应急组织包括：省核应急协调委（委员会）、省核应急办公室、专家咨询组、应急专业组；核设施一级核应急组织包括：应急指挥部、应急办公室、应急专业组。

国家核事故应急协调委员会的主要职责：

（1）组织、协调国务院有关部门、核行业主管部门、地方政府、核电厂和其他核设施及军队的核应急工作。

（2）组织制定和实施国家核应急计划，审查批准场外应急计划。

（3）应急响应时，适时批准进入和终止场外应急状态。

（4）组织、指挥应急支援响应行动，随时向国务院请示报告。

（5）适时向国务院提出需实施特殊紧急行动的建议。

（6）负责履行核应急相关国际公约、双边或多边合作协议、审批核事故公报、国际通报，提出请求国际援助的方案等。

省级核应急协调委的主要职责：

（1）执行国家核应急工作的方针和政策。

（2）制定场外核应急计划，做好应急准备。

（3）统一指挥本省行政区域内的场外应急响应行动。

（4）组织支援场内应急响应行动。

（5）及时向相邻省和（或）特别行政区政府通报核事故情况等。

核设施营运单位核应急组织的主要职责：

（1）执行国家核应急工作的方针和政策。

（2）制定场内核应急计划，做好核应急准备。

（3）统一确定核应急状态等级，指挥本单位的核应急响应行动。

（4）及时向国家和省核应急组织报告事故情况，提出进入场外应急状态和采取场外应急防护措施的建议。

（5）配合和协助省核应急委做好核应急响应工作。

对于核动力厂和研究堆，在应急总指挥尚未赶到指挥岗位之前，运行值班负责人应代行应急总指挥的职责，直至应急总指挥或其替代人赶来接替为止。

核动力厂的应急专业组通常应包括运行控制组、技术支持组、运行支持组（或维修服务组）、安全防护组、后勤支持组、公众信息组等。

13.3.5 应急状态分级

核动力厂的应急状态按照其辐射后果的严重程度，依次划分为应急待命、厂房应急、场区应急和场外应急四个等级，核燃料循环设施、研究堆等其他核设施可根据威胁评估对其应急状态进行分级（表 13.8）。

表 13.8 核应急状态分级

级别	说明
应急待命	出现可能危及核设施安全的某些特定工况或事件，表明设施安全水平处于不确定或可能有明显降低，宣布应急待命后，设施有关工作人员处于戒备状态
厂房应急	设施的安全水平有实际的或潜在的大的降低，但事件的后果仅限于厂房或场区的局部区域，不会对场外产生威胁。宣布厂房应急后，营运单位按应急计划要求实施应急响应行动，场外应急响应组织得到通知
场区应急	工程安全设施可能严重失效，安全水平发生重大降低，事故后果扩大到整个场区，但除了场区边界附近，场外放射性照射水平不会超过干预水平或紧急防护行动干预水平。宣布场区应急后，营运单位应迅速采取行动缓解事故后果，保护场区人员；场外应急组织可能采取某些应急响应行动（如开展辐射监测），并视情况做好实施防护行动的准备
场外应急	事故后果超越场区边界，场外某个区域的放射性照射水平大于干预水平或紧急防护行动干预水平。宣布场外应急后，应立即采取行动缓解事故后果，实施场内、场外应急防护行动，保护工作人员和公众

资料整理自：HAD002/01-2010。

13.3.6 应急计划区

应急计划区划分为烟羽应急计划区和食入应急计划区。前者针对放射性烟羽产生的直接外照射、吸入放射性烟羽中放射性核素产生的内照射和沉积在地面的放射性核素产生的外照射；后者则针对摄入被事故释放的放射性核素污染的食物和水而产生的内照射。

核电厂的烟羽应急计划区系以核电力厂为中心、半径为 7～10km 的划定的需做好撤离、隐蔽和碘防护的区域。这种应急计划区又可分为内、外两区，内区的半径为为 3～5km 的。食入应急计划区系以核电厂为中心、半径为 30～50km 的划定的区域。其他核动力厂可参考核电厂制定相应的应急计划区。

核燃料循环设施应根据可能发生的事故及其辐射后果的分析，在其应急计划中明确需要建立的应急计划区类型以及应急计划区的范围大小。应急计划区类型和大小将因核燃料循环设施类型、规模、设计特征等情况的不同而有不同的要求。一般来说，大多数核燃料循环设施可能只需要在其周围环境建立一个应急计划区，且应急计划区的范围可以从仅限于场区内至覆盖场区外某个区域，因不同的核设施而异。少数核燃料循环设施有可能需要在其周围环境建立烟羽应急计划区和食入应急计划区。

研究堆应当根据事故可能的辐射后果，结合厂址特征确定应急计划区的大小。推荐的研究堆应急计划区见表 13.9。

表 13.9 研究堆应急计划区的推荐值

额定功率水平(P)	应急计划区范围（以反应堆为中心）
$P \leqslant 2$MW	运行边界
2MW$<P\leqslant$10MW	100m
10MW$<P\leqslant$20MW	400m
20MW$<P\leqslant$50MW	800m
$P>$50MW	>800m，视具体情况而定，在某些方面应遵循动力堆的有关规定

资料来源：HAF 1006-1991。

对危险源污染事故、放射性物质运输事故、核恐怖袭击事件，要在事故或事件发生地点建立外区和内区 2 个警戒区(或称控制区),外区主要限制公众和媒体进入,内区是污染区,该区域实施人员出入控制(监测、去污、登记等),以保护公众与应急响应人员(IAEA NO. TS-G-1.2)。

IAEA 建议(IAEA-Updating TECDOC-953,2003)的威胁类别和应急计划区见本章 13.7 节。

13.3.7 应急准备和应急响应能力的保持

核设施应按应急计划和应急执行程序的要求和规定,做好相应的应急准备工作,并保持应急响应能力。应急响应能力的保持主要包括以下内容:

(1) 应急准备和响应培训,应急响应人员的资格要求和任命。可能承担应急任务的各类人员(指挥、协调、运行控制、通讯、防护监测与评价、医疗救护、后勤、场外支援等)必须进行定期培训和考核,并按相关法规的要求对其他人员进行培训和复训。

(2) 应急设施、设备、器材、文件的管理和定期检查,以确保其随时处于可用状态。

(3) 应急计划中要求的程序和其他技术和资源准备及改进。由于核设施和营运单位的实际情况会随时间而变化(运行条件、环境条件、工作岗位、人员安排、经验反馈等),原先制定的应急计划和执行程序的许多内容可能与实际情况不符。为了保持应急计划和执行程序的有效性,要求营运单位必须对应急计划和执行程序进行定期评审和及时修改。在制定核应急计划的同时,需要明确规定对应急计划进行评审和修改的制度。

(4) 按国家要求的演习频率制定演习计划并进行演习/演练,并对其进行评估。演习的目的在于检验和提高应急组织的总体响应能力,使应急工作人员将已获得的知识和技能与应急实际相结合。演习分为单项演习(练习)、综合演习和联合演习。单项演习主要涉及应急的部分或单项功能(例如通信或监测),综合演习是营运单位核应急组织整体应急能力的检查,而联合演习往往涉及场内和场外等多个核应急组织。在营运单位和专业组的应急计划中应按相关标准的要求规定好各种演习和练习的频度。例如场内组织涉及各个方面的综合演习至少每两年一次,与场外组织共同进行的联合演习每五年一次。按照法规规定,新建核电厂或核设施在装料前,必须进行一次综合性场内演习,演习合格后,才能发给运行许可证。

13.4 应急响应

在事故情况下,核设施营运单位和政府的应急组织立即进入应急响应状态,并迅速做出应急响应。应急响应的目标是:①采取一切有效措施缓解事故的后果;②防止工作人员和公众中出现放射性照射引起的确定性效应,并尽可能减少对公众造成的随机性效应;③尽可能限制对工作人员和公众的非放射性(如 UF_6 或其他有害物质)危害;④提供及时救护,处理辐射损伤;⑤尽可能保护环境和财产;⑥为恢复正常社会秩序和经济活动做准备。

13.4.1 应急组织的启动

核电厂应急响应行动见表 13.10,研究堆和核燃料循环设施的应急响应行动可以参考核电厂来制定。放射源、放射性物质运输和核技术应用中的应急响应可根据其专项应急预案来实施。

表 13.10　核电厂各应急状态下的应急响应行动

应急状态	事件说明	应急响应行动				
		核电厂营运单位	省核应急组织	国家核应急办	国家核应急协调委	有关部门
应急待命	出现可能导致危及核电厂安全的异常事件或工况	• 应急组织和有关人员进入应急待命状态 • 采取缓解措施，保持核设施处于安全状态 • 及时向(或通过基地核应急组织向)国家核应急办、国家核安全局、省核应急组织做应急通告	接到核电厂进入应急待命状态的报告后： • 向有关领导报告 • 加强值班	接到核电厂进入应急待命状态的报告后： • 视情况向有关领导报告 • 要求核电厂营运单位随时报告情况的变化 • 加强值班		
厂房应急	异常事件或工况恶化，已经或可能即将发生放射性物质释放事故，但辐射影响只局限于核电厂的有限区域，主要在厂房内	• 实施厂房应急，采取紧急运行规程，缓解事故，使核电厂恢复安全状态，并实施有关应急措施 • 15min 内向(或通过基地核应急组织向)国家核应急办、核安全局和省核应急组织做应急通告；45min 内做初始报告，以后每小时做一次后续报告 • 如有必要，对核电厂附近的场外区域实施监测	• 启动省级核应急中心，向有关领导报告情况 • 通知有关省的核应急组织和专业组待命，加强准备	• 启动国家核应急响应中心 • 30min 内向国家核应急协调委有关领导、有关部门和专家咨询组有关专家报告、通报情况 • 加强与营运单位联系 • 通知专家咨询组进入应急中心活动 • 做好为场内提供应急支援的准备		接到通知的部门设专人值班，保持准备状态，做好紧急支援准备
场区应急	放射性物质释放扩大，辐射影响已经或可能扩至整个场区，但场区边界处的辐射水平没有或预期不会达到干预水平	• 采用紧急运行规程，及时处理事故，使其恢复安全状态，撤离非重要人员，采取辐射应急措施 • 立即向(或通过基地核应急组织向)国家核应急办、国家核安全局和省核应急组织报告事故情况，以后每小时做一次后续报告 • 在核电厂附近的场外区域实施监测 • 做好事故可能进一步扩大、进入场外应急的准备	• 省应急委有关领导到省应急中心，指导应急响应准备工作 • 通知各专业组待命，个别组开展有关工作，如辐射监测组除加强固定监测外，进行必要的巡测等 • 召集专家组进行有关咨询 • 向国家核应急办报告有关情况	• 接到场区应急报告后，30min 内向国家核应急协调委报告，通知有关部门(国家环保部、卫生部、中国气象局、国家海洋局、信息产业部、公安部、外交部、国务院新闻办公室、总参作战部等，然后通知其他成员单位和相关部门) • 掌握事故和应急响应情况，做好进入场外应急状态和紧急支援的准备 • 请国家核应急协调委领导进入应急指挥中心 • 加强专家咨询组的咨询活动 • 做好事故公报及国际通报文件准备	• 协调委领导进入国家核应急响应中心，听取情况汇报，指导有关工作，并及时向国务院报告事故情况	做好紧急支援准备或实施支援

续表

应急状态	事件说明	应急响应行动				
		核电厂营运单位	省核应急组织	国家核应急办	国家核应急协调委	有关部门
厂外应急	辐射影响已经或预期可能超越场区边界，辐射水平已经或可能达到应急干预水平	• 采用紧急运行规程，缓解事故，控制放射性物质释放，恢复安全状态	• 省应急委研究核电厂建议，报告国家核应急协调委，申请批准进入场外应急	• 收集和分析事故信息，组织专家咨询，及时向国家核应急协调委提供情况和建议	• 研究国家核应急办和省的建议，接受专家咨询，向国务院领导请示报告，适时批准进入场外应急	• 根据国家核应急协调委的指令向事故现场提供人员和物资支援 • 随时掌握支援力量使用情况，并及时报告
厂外应急		• 立即(或通过基地核应急组织)向国家核应急办、国家核安全局、省核应急组织报告事故情况，提出进入场外应急状态和防护行动的建议，以后每小时做一次后续报告 • 按场内应急计划全面采取应急对策和措施，撤离非必要人员 • 按规定发布核事故新闻 • 做好公众质询工作 • 配合场外应急响应，包括在核电厂附近的场外区域进行监测	• 根据情况实施场外应急响应 • 在烟羽应急计划区内实施监测 • 每小时向国家核应急协调委报告一次情况 • 按规定发布核应急新闻 • 如辐射影响可能或已经超越省界，迅速向有关省(自治区、直辖市)通报情况，并提出适当建议	• 传达各项指令 • 研究申请支援的要求，提出动用支援力量的建议 • 根据领导的决定，调度应急支援力量 • 掌握事故缓解和应急响应与支援情况，随时向领导报告和提出建议 • 掌握公众反映和舆论动态，搞好舆论工作，承办核事故新闻信息事宜，接受、解释有关质询 • 按照领导的决定，承办国际通报 • 专家组研究情况，提出建议，必要时赴现场工作	状态；必要时请国务院领导协调应急响应 • 有关领导和人员进入国家核应急响应中心，指挥应急响应行动 • 有关领导赴事故现场，指导地方和核电厂应急响应，检查国家支援力量应急响应情况 • 视情况进一步调用国家应急支援力量，实施支援 • 审批事故公报和国际通报	• 随时做好扩大支援的准备

资料来源：国家核应急计划，2001。

13.4.2 应急防护措施

应急响应时，应全面考虑每种可能的照射途径，针对各种不同的照射途径采取有效的防护措施。表 13.11 列出的是一些常用的防护措施。

表 13.11 针对各种不同的照射途径可采取的防护措施

防护措施	所针对的主要照射途径	事故阶段
隐蔽(要求人员留在室内，关闭门窗和通风，一般 1～2d)	来自设施、烟羽和地面沉积的外照射； 吸入烟羽中放射性物质引起的内照射； 衣服和皮肤上的沉积物可能引起的内、外照射	早期
服用稳定碘、碘化合物(释放前或释放后立即服用)	吸入放射性碘引起的内照射； 食入放射性碘引起的内照射	早期
紧急撤离(人群紧急撤离到较远的地点，一般为一周)	来自设施、烟羽和地面沉积的外照射； 吸入烟羽中放射性物质引起的内照射； 衣服和皮肤上的沉积物引起的内、外照射	早期
暂时避迁和永久性再定居(避迁时间稍长，但小于一年)	地面沉积的外照射； 食入污染的食物和水引起的内照射； 吸入再悬浮的放射性核素引起的内照射	中、后期
食物和饮水控制、限制和禁用	食入污染的食物和水引起的内照射	中、后期
人体和衣物去污	外照射和(或)内照射	早、中期
临时提供呼吸道防护	吸入放射性核素引起的内照射	早、中期
进出通道控制	地面沉积的外照射； 吸入再悬浮放射性核素引起的内照射	早、中、后期
控制污染家畜	食入放射性核素引起的内照射	中、后期
限制或禁用受污染的产品(针对土壤、燃烧、改良土壤等)	摄入放射性核素引起的内照射	中、后期
土地、建筑物和道路去污	地面放射性核素沉积的引起的外照射； 吸入再悬浮的放射性核素引起的内照射	中、后期
物件去污(所属物、车辆等)	沉积放射性核素引起的外照射； 食入或吸入放射性核素引起的内照射	中、后期
车辆和公共交通工具的去污	沉积放射性引起的外照射； 食入或吸入放射性核素引起的内照射； 放射性物质从污染区向非污染区转移	早、中期
动物饲料的限制(例如从牧场转移到室内喂养)	动物食入放射性核素后进入人类食物链引起内照射	中、后期

13.4.3 应急照射剂量控制

国家标准(GB18871-2002)对应急照射剂量控制要求如下：

除因下列情况而采取行动以外，从事干预的工作人员所受到的照射不得超过职业照射的最大单一年份剂量限值：

(1) 为抢救生命或避免严重损伤。

(2) 为避免大的集体剂量。

(3) 为防止演变成灾难性情况。

在这些情况下从事干预时，除了抢救生命的行动外，必须尽一切合理的努力，将工作人员所受到的剂量保持在最大单一年份剂量限值的两倍以下。

对于抢救生命的行动，应做出各种努力，将工作人员的受照剂量保持在最大单一年份剂量限值的10倍以下，以防止确定性健康效应的发生。

当采取行动的工作人员的受照剂量可能达到或超过最大单一年份剂量限值的10倍时，只有在行动给他人带来的利益明显大于工作人员本人所承受的危险时，才应采取该行动。

采取行动使工作人员所受的剂量可能超过最大单一年份剂量限值时，采取这些行动的工作人员应是自愿的；应事先将采取行动所要面临的健康危险清楚而全面地通知工作人员，并应在实际可行的范围内，就需要采取的行动对他们进行培训。

IAEA(IAEA-Updating TECDOC-953，2003)推荐的应急照射工作人员剂量控制水平见表13.12。

表13.12　IAEA推荐的应急照射工作人员剂量控制水平

类别	应急任务	有效剂量(mSv)[a]
1	拯救生命行动，如： • 在生命受到紧急威胁情况下的营救 • 防止或缓解可能导致在Ⅰ类设施中出现场外应急(总体应急)	＞500[b、c]
	潜在拯救生命的行动，如： • 在Ⅰ、Ⅱ、Ⅲ类设施场内执行紧急防护行动[d] • 防止或缓解潜在威胁生命的情况(如火灾) • 在应急区内对居民区域进行环境监测，以确定哪些区域需要紧急防护行动 • 在Ⅰ、Ⅱ类设施场外执行紧急防护行动 防止灾难性条件发生的行动，如防止或缓解在Ⅱ、Ⅲ类设施中可能导致警报或更高级别应急状态的行动，或在Ⅰ类设施可能导致的警报或厂内应急状态的行动	＜500[b]
2	防止严重伤害的行动，如： • 对潜在严重伤害的营救 • 严重伤害的紧急处理 • 人员去污 避免大的集体剂量的行动，如： • 对居民区进行环境监测，以确定可能需要采取防护措施或食物限制的区域 • 场外实施防护措施或食物限制的行动	＜100
3	其他应急阶段的干预，如： • 对受照或被污染人员的长期处理 • 样品的采集和分析 • 短期恢复行动 • 局部去污 • 随时向公众通报信息	50
4	恢复操作，如： • 非安全相关设备的维修 • 大范围的去污 • 废物处理 • 长期医疗处理	按职业照射控制(单年最高不超过50mSv)

a. 包括内、外照射。

b. 工作人员应当是自愿的。应告知受照后的潜在后果，由工作人员决定。

c. 只有在效益大于风险时才允许超过该值，但应采取各种努力使剂量低于该值。工作人员应接受过辐射防护培训，并知道他们所面对的风险。

d. Ⅰ类核设施是指事故时可能导致场外发生严重确定性效应的设施；Ⅱ类核设施是指事故时场外需要采取紧急防护行动，但场外不会发生严重确定性效应的设施；Ⅲ类核设施是指事故时可能导致场内采取紧急防护行动，但场外不需要采取紧急防护行动的设施(威胁和设施分类见本章13.7节)。

资料来源：IAEA-Updating TECDOC-953，2003。

13.4.4 医学应急

医学应急分为场内医学应急和场外医学应急。

13.4.4.1 场内医学应急准备和响应

核设施营运单位应根据医学应急计划进行场内医学应急准备，以满足核事故现场场内医学应急任务的需要。主要应急准备内容见表13.13。

表13.13 场内医学应急准备的主要内容

准备项目	准备内容
医学应急设施和设备	• 常规急救设施和设备 • 去污室 • 救护车 • 常规急救药箱 • 核事故应急药箱
药品	• 常规急救药品 • 放射性核素阻吸收和促排药品 • 去污药品 • 抗放药品 • 治疗烧伤药品 • 化学中毒特效解毒药品
材料和物品	• 去污材料和物品 • 生物样品采集器具 • 急救物品和材料 • 污物收集器具等
人员	• 员工培训和复训 • 医务人员的培训和复训
文件准备(如预案、程序等)	• 核事故医学响应预案 • 放射性核素皮肤污染处置 • 放射性核素内污染处置 • 过量照射人员处置 • 化学灼伤的处置 • 化学中毒的处置 • 各类复合伤的处置
其他	外部支持协议、医学档案、记录表格等

资料整理自：GBZ/T 171-2006。

场内医学应急响应要根据应急计划中的响应要求开展，场内医学救护的基本任务如下：

(1) 搜寻伤员，将伤员迅速撤离事故现场。

(2) 初步估算事故人员受照剂量，并根据伤情进行紧急分类。

(3) 对疑似内污染或大剂量受照者尽早使用放射性核素阻吸收药品或预防性使用抗放药品，并及时安排将伤员转移到场外医学应急支持医疗机构。

(4) 对伤情严重不宜转送的伤员，就地抢救，待伤情好转适时转送到场外医学应急支持医疗机构。

(5) 对事故现场人员进行放射性污染检查和体表去污处理。

(6) 收集、留取可供估算受照剂量的生物样品和物品。

(7) 及时评估核事故现场内医学应急救护能力，适时提出场外医学应急支援的建议。

(8) 对事故抢险人员进行健康评价，并提出医学建议，进行应急照射控制。

(9) 组织和指导碘片的发放和服用。

(10) 填写伤员登记表等。

13.4.4.2 场外医学应急准备和响应

场外医学应急准备和响应包括国家级、省市级和现场三级(表 13.14)。

表 13.14 场外医学应急响应

现场医学应急响应	省市级医学应急响应	国家级医学应急响应
根据地方核应急组织的指令，具体实施现场医学救援和应急防护措施，包括： • 发现和救出伤员，抢救需紧急处理的危重伤员 • 初步估算人员受照剂量，对伤员进行初步分类处理 • 发放和指导服用稳定性碘，指导公众做好个人防护 • 协助解决核事故造成的社会心理问题，做好疾病控制工作 • 协助做好食品和饮用水的放射性监测和控制 • 收集可供估算人员受照剂量的生物样品和物品	根据地方核应急组织的指令，具体实施医学救援和应急防护措施，提出医学应急和保护公众健康的措施和建议，包括： • 收治中度和中度以下急性放射病、放射复合伤、放射性核素内污染人员和各种非放射损伤人员，将中度以上急性放射病、放射复合伤、污染严重或难以处理的伤员送到国家级医疗机构治疗 • 发放和指导服用稳定性碘，指导公众做好个人防护 • 协助解决核事故造成的社会心理问题，做好疾病控制工作 • 做好健康效应评价，组织对受过量照射人员的医学随防 • 协助做好食品和饮用水的放射性监测和控制 • 根据请求和需要，对场内医学应急给予支援和指导	根据国家应急组织的指令，指导和实施医学救援和应急防护措施，提出医学应急和保护公众健康的措施和建议，包括： • 收治中度以上急性放射病、放射复合伤、放射性核素内污染人员 • 指导、解决核事故造成的社会心理问题以及疾病控制工作 • 指导、实施健康效应评价和对受过量照射人员的医学随防 • 指导和实施食品和饮用水的放射性监测和控制 • 根据请求和需要，对地方和场内医学应急给予支援和指导

资料整理自：GBZ/T 170-2006。

13.4.4.3 医学应急中常用抗放药、阻吸收药和促排药(表 13.15)

表 13.15 医学应急中常用的抗放药、阻吸收药和促排药

类别	药品名称	用途
抗放药(急性放射损伤防治药)	雌三醇	放射性损伤预防和照后早期治疗，肌内注射
	尼尔雌醇	放射性损伤预防和照后早期治疗，口服
阻吸收药(防止放射性核素吸收药)	碘化钾	阻止放射性碘在甲状腺蓄积
	普鲁士蓝	阻止放射性铯吸收
	褐藻酸钠	阻止放射性锶吸收
	磷酸铝	阻止放射性锶吸收
促排药(加速放射性核素排出药)	DTPA-$CaNa_3$	稀土、超铀核素促排，早期用药
	DTPA-$ZnNa_3$	稀土、超铀核素促排，可持续用药
	酰胺丙二磷	放射性锶促排
	双氢克尿噻	加速^{3}H、^{24}Na等核素的排出
	碳酸氢钠	利于体内铀的排出
	二巯基丁二酸	可用于^{210}Po、^{147}Pm、^{144}Ce等核素促排

资料整理自：GBZ/T170-2006。

13.4.5 应急状态的终止

应急状态终止的条件包括:①事故释放已终止,或事故释放已经被控制在可以接受的限值以内;②事故或事件(包括保安事件)已得到控制;③污染区域已得到确认,并且被隔离和保卫;④现有设施的工艺状态恢复正常,而且不需要采取与防护行动相关的监督控制;⑤受污染或受伤害的人员已得到治疗或已送往医院。若以上条件满足,即可按规定程序报上级批准(已经宣布进入场外应急的需要报国家核应急协调委的批准)。经过批准后可以宣布终止应急状态,进入恢复阶段。

13.5 核与辐射恐怖袭击事件应急

核与辐射恐怖事件可分为:偷盗和直接散布放射性物质,或用含有放射性物质的装置以爆炸的方式散布放射性物质(即所谓的赃弹);偷盗核材料并制造粗糙的核武器,使用和威胁使用该类核武器;袭击核电厂、研究堆、乏燃料或高放废液储存设施等重要核设施(表 13.16~表 13.18)。

表 13.16 核与辐射恐怖事件应急计划

核与辐射恐怖事件应急计划特点	• 突发性,时间地点很难预料 • 应急响应需要快速反应,快速正确完成状态评估、事件后果评估、防护、控制等 • 通常发生在人口相对集中的地区和城市,对公众影响较大 • 需收集保存证据、追捕和控制罪犯
核与辐射恐怖应急计划与核事故应急计划的关系	• 二者有许多相同之处: (1)对环境和公众的危害均来自放射性物质 (2)应急计划分类、事件/事故等级的划分原则和方法基本相同 (3)应急组织、应急响应类似 (4)事件/事故后果评价、公众/环境的防护措施基本相同 (5)剂量控制原则、干预原则基本相同,恢复行动基本相同 • 核事故应急计划和响应可以借鉴应用于核与辐射恐怖应急 • 核事故应急的准备和资源也可以用于核与辐射恐怖应急

资料改编自:潘自强等.2005.核与辐射恐怖事件管理。

表 13.17 核与辐射恐怖事件的主要防范措施

措施分类	防范措施
强化核设施的安全保障	• 核设施的安全保障应由国家主管部门统一考虑 • 周界控制。分区、实物隔离保护、监视装置、巡视等 • 出入口控制。包括人员甄别与控制,车辆控制 • 防止恐怖分子从内部破坏 • 其他措施,如保密信息的保护、关键部位的重点保护、人员培训等
强化核材料的安全管理	• 核材料的衡算和控制 • 核材料的实物保护 • 核材料的国内运输和过境运输监控 • 核材料的过境口岸的监控和防止核走私
强化放射源的安全管理	• 加强放射源管理的法规建设 • 对放射源实行全过程的监督管理: (1) 建立国家放射源信息库

续表

措施分类	防范措施
强化放射源的安全管理	(2) 对放射源按其潜在放射危险进行分类并实施分级监管 (3) 为废放射源提供出路。再利用或返厂、满足清洁解控要求的送非放废物场、近地表处置或深层地址处置 • 失控源的管理和应急处理
加强辐射监测策略的研究	• 特殊核材料、粗糙核装置及核武器的探查与鉴别 • 放射性分散装置(RDD"脏弹")和非法放射源的探查与鉴别 • 失控源的探查、定位和鉴别 • 现场执法探查与应急响应的辐射监测特殊要求与相应技术 • 建立全国性辐射监测网

资料改编自:潘自强等. 2005. 核与辐射恐怖事件管理。

表 13.18 核与辐射恐怖事件的危机管理和后果管理

危机管理	• 及时获取有关恐怖威胁或活动的信息,并迅速通报参与危机管理的各响应组织 • 运用包括辐射侦测在内的各种手段,调查可能或已经发生恐怖事件的情况 • 开展威胁可信度评估 • 调动资源,启动危机管理行动 • 配合后果管理,采取积极措施(如现场保护与控制),保护公众健康与安全 • 在法律框架内,逮捕起诉、惩治恐怖分子 • 协调与媒体及公众的信息沟通,控制谣言,维持社会稳定
后果管理	• 放射后果管理: (1)事件后阶段划分 (2)早期的考虑。包括核与辐射事件发生的判断、初始响应人员的行动、早期预测模式的使用、防护行动 (3)中晚期的考虑。包括防护行动、后果评价、防护措施 (4)放射性监测和评价。包括建立监测评价中心、现场快速监测、评价模式的优选和评价、现场采样、实验室测量和数据分析整理 (5)污染现场整治 • 医学管理: (1)伤员的分级医疗和救治 (2)放射损伤的应急医学处理 (3)辐射损伤的药物治疗 • 社会心理影响 • 剂量限值(同核与辐射应急的要求)

资料改编自:潘自强等. 2005. 核与辐射恐怖事件管理。

13.6 核设施的实物保护

13.6.1 设计基准威胁

对核设施可能遭受到的各种威胁要素进行分析和归类,整理出设计基准威胁,报呈国家主管部门审批后,可作为设计实物保护系统的依据。

13.6.2 分级、分区保护

根据保护目标的重要程度和潜在风险等级，实施核设施的实物保护分级(表 13.19)和分区(表 13.20)。

表 13.19 核设施实物保护分级

一级	二级	三级
(1)核材料数量达到一级实物保护的设施 (2)堆芯热功率在 100MW(th)以上的反应堆装置 (3)包含一部分新近卸堆的燃料，且总量大于 10^{17} Bq ^{137}Cs[相当于 3000MW(th)反应堆的堆芯装量]的乏燃料池 (4)独立存放和处理高放废液的设施 (5)独立的乏燃料元件处理设施 (6)上述未包括的其他核设施	(1)核材料数量达到二级实物保护的设施 (2)堆芯热功率在 2～100MW(th)的反应堆装置 (3)独立存放和处理高放固体废物及中放废液的设施 (4)含有需主动冷却处理核燃料的乏燃料池 (5)若发生不受控临界事故，其影响可能波及到周界外超过 0.5km 范围的设施 (6)上述未包括的其他核设施	(1)核材料数量达到三级实物保护的设施 (2)堆芯热功率小于 2MW(th)的反应堆装置 (3)独立存放和处理中放固体废物及低放废液的设施 (4)若失去屏蔽，直接外照射剂量率在 1m 处超过 100mGy 的设施 (5)若发生不受控临界事故，其影响可能波及到周界外 0.5km 范围内的设施 (6)上述未包括的其他核设施

资料整理自：HAD501/02.2008. 核设施实物保护。

表 13.20 核设施实物保护分区

	控制区	保护区	要害区
一级	√	√	√
二级	√	√	
三级	√		

资料整理自：HAD501/02.2008. 核设施实物保护。

13.6.3 实物保护系统的主要内容

实物保护系统是一个综合诸多因素的系统工程，应保证实现探测、延迟和反应三要素的协调；完善实物保护各类设备的功能，做到人防和技防措施的有机结合，由此建立完整、可靠与有效的实物保护系统。实物保护系统应按设施级别设置多重实体屏障；应配备多层次和不同技术类型的探测报警系统；同一保护区各部分的安全防护水平应基本一致，无明显薄弱环节和隐患。实物保护系统的主要内容如下：

(1) 警卫和守护。根据核设施实物保护等级配备相应警卫力量。

(2) 实体屏障。核设施实物保护区域的实体屏障必须完整可靠。

(3) 出入口控制，包括人员出入口控制和车辆出入口控制。

(4) 技术防范措施，包括入侵警报系统、视频监控系统、照明系统、通讯系统、供电系统、巡更系统。

(5) 保卫控制中心和或保卫值班室。

(6) 突发事件处置，包括处置机构、方案、设备/器材、对外联络、演习等。

13.7 IAEA 核与辐射应急的要求

本节介绍 IAEA-Updating TECDOC-953(2003)对威胁分类、应急计划区的要求。

13.7.1 核与辐射威胁分类

核与辐射威胁分类见表 13.21,对应不同的设施和实践的威胁类别见表 13.22。

表 13.21 IAEA 建议的 5 类核与辐射相关的威胁

威胁类别	描述
Ⅰ	• 一些设施(比如核电厂),假定在其场内发生一些可以在场外引起严重确定性健康效应的事件(包括概率非常低的事件),或者在类似设施中,此类事件已经发生过
Ⅱ	• 一些设施(如某些类型的研究堆),假定在其场内发生一些导致场外人员剂量上升到按照国际标准需要在场外采取紧急防护行动的事件,或者在类似设施中,此类事件已经发生过 • 第Ⅱ类威胁(与第Ⅰ类威胁相比)不包括此类设施,即假定在其场内发生一些可以在场外引起严重确定性健康效应的事件(包括概率非常低的事件),或者在类似设施中,此类事件已经发生过
Ⅲ	• 一些设施(比如工业辐照设施),假定在其场内发生一些可以导致剂量或污染上升到需要在场内采取紧急防护行动的事件,或者在类似设施中,此类事件已经发生过 • 第Ⅲ类威胁(与第Ⅱ类威胁相比)不包括此类设施,即假定在其场内发生一些需要在场外采取紧急防护行动的事件,或者在类似设施中,此类事件已经发生过
Ⅳ	• 一些活动,可能引发需要在不可预见的地点采取紧急防护行动的核或辐射应急,包括未经批准的活动,如与非法获取的危险源有关的活动,也包括与危险移动源(如工业射线探伤源、辐射热发生器或核供电卫星)相关的运输活动和经过批准的活动,第Ⅳ类威胁代表最低级别的威胁,被假定适用于所有国家或管辖区
Ⅴ	• 一些活动,通常不涉及电离辐射源,但其产生的产品有很大可能性由于发生在威胁类别Ⅰ或Ⅱ的设施(包括处在国外的设施)内的事件而被污染到按国际标准必须对产品即时采取限制措施的水平

资料来源:夏益华.2004.辐射防护通讯。

表 13.22 IAEA 建议的对应不同设施和实践的威胁类别

威胁类别	判别准则
Ⅰ	已经假定可以在场外引起严重确定性健康效应的应急,包括: • 热功率大于 100WM 的反应堆(动力堆、核动力船和研究堆) • 可能装有最近卸出燃料、^{137}Cs 总量超过 0.1×10^{18} Bq(相当于 3000MW 热功率的堆芯装量)的乏燃料池 • 可扩散放射性物质的存量足以导致场外发生严重确定性效应的设施
Ⅱ	已经假定可以产生的剂量水平达到需要采取场外紧急防护行动的应急,包括: • 热功率大于 2MW 小于 100MW 的反应堆(动力堆、核动力船和研究堆) • 装有需要主动冷却的燃料的乏燃料池 • 在距场址边界小于 0.5km 区域内可能发生不受控临界的设施 • 可扩散放射性物质的存量所致剂量水平达到需要采取场外紧急防护行动的设施
Ⅲ	已经假定可以产生的剂量水平达到需要采取场内紧急防护行动的应急,包括: • 一旦失去屏蔽,1m 远处外照射剂量率可能超过 100mGy/h 的设施 • 在距场址边界大于 0.5km 区域内可能发生不受控临界的设施 • 热功率小于或等于 2MW 的反应堆 • 放射性物质存量足以导致需要在场内采取紧急防护行动的设施

续表

威胁类别	判别准则
Ⅳ	移动危险放射源的操作者，包括： • 一个可移动源，在失去屏蔽的情况下，其直接外照射剂量率大于 10mGy/h，或其放射性总量超过本章附录中的要求 • 带有危险源的卫星，其放射性总量超过本章附录中的要求 • 如果不加控制，运输该数量放射性物质将会是危险的 发生危险放射源失控可能性很大的设施或场所，如： • 大量废金属处理设施 • 国家边境口岸 • 所安装的计量器具中带有危险放射源（见本章附录）的设施

资料来源：IAEA-Updating TECDOC-953，2003。

13.7.2 应急相关的区域

对大多数应急类型，在两个不同的区域进行响应。

(1) 现场区域。这是在保安周界、栅栏或其他规定的财产标志内的设施所围绕的区域，也可以是围绕射线探伤源或污染区域的受控区域。这是设施或营运单位直接控制之下的区域。对于运输应急或涉及失控源或局部污染的应急，在应急开始的时候可能不存在一个明确的现场区域，然而，在对这些事件的初始响应期间，第一响应者或营运单位要建立一个如图 13.1 所示的包含内警戒区和外警戒区的保安周界，借以确定一个现场区域，并使该区域在其控制之下。表 13.23 为 IAEA 建议的辐射应急情况下内部警戒区半径。

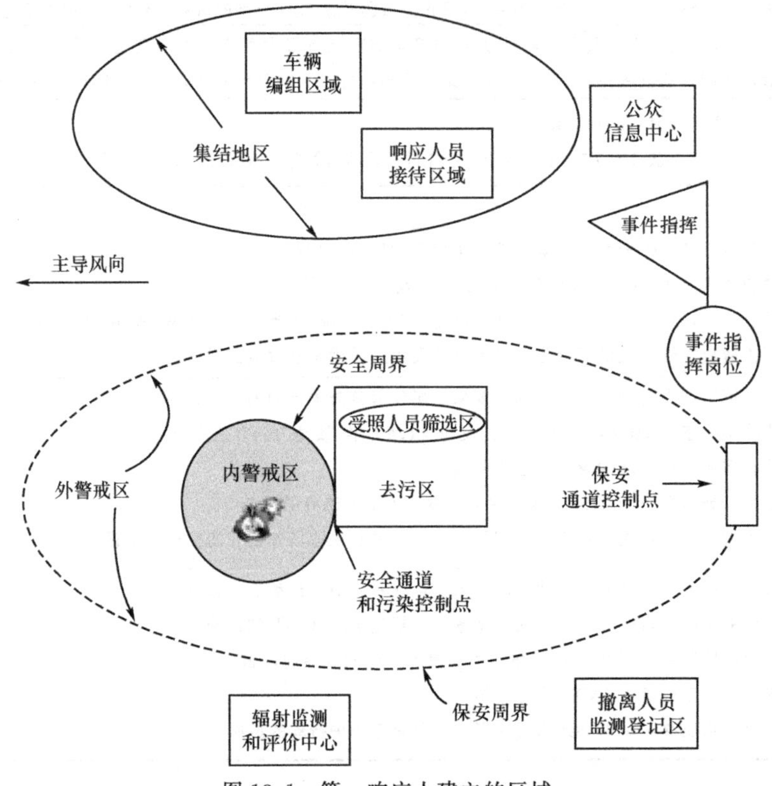

图 13.1 第一响应人建立的区域

表 13.23 IAEA 建议的辐射应急情况下内警戒区[a]半径

情景	初始内部警戒区半径(安全距离)[b,c]
带有Ⅰ级(白色)、Ⅱ级(黄色)、Ⅲ级(黄色)标识的完整货包	货包周围
带有Ⅰ级(白色)、Ⅱ级(黄色)、Ⅲ级(黄色)标识的受损货包	半径 30m 或在以下位置: • 环境剂量率 100μSv/h • γ/β 沉积量(表面污染)1000Bq/cm² • α 沉积量(表面污染)100Bq/cm²
未受损的普通源(消费品)如烟雾探测器	无要求
其他未屏蔽或未知源(受损或未受损)	半径 30m 或在以下位置: • 环境剂量率 100μSv/h • γ/β 沉积量(表面污染)1000Bq/cm² • α 沉积量(表面污染)100Bq/cm²
洒落	洒落区域外周围 30m
大量洒落	洒落区域外周围 300m
火灾、可疑的爆炸污染散布装置(RDD)、爆炸或烟雾、乏燃料、钚洒落	半径 300m(或者为防止爆炸效应可以更远)或在以下位置: • 环境剂量率 100μSv/h • γ/β 沉积量(表面污染)1000Bq/cm² • α 沉积量(表面污染)100Bq/cm²
核武器的爆炸/火灾(无核产额)	半径 1000m 或者在以下位置: • 周围剂量率 100μSv/h • γ/β 沉积量(表面污染)1000Bq/cm² • α 沉积量(表面污染)100Bq/cm²

a. 内警戒区见图 13.1。

b. 该初始安全距离适用于开放场所,设施内部的安全距离可以根据进出控制、屏蔽/过滤等情况进行评价后减小。

c. 辐射操作干预水平(剂量率和沉积 OILs)设为撤离的 GIL(50mSv/周)。沉积水平 OILs 考虑了再悬浮物的吸入和无意的食入情况。β 污染的操作干预水平(OILs)是针对未知核素或高毒性核素,对于低毒性 β 核素如^{3}H、^{14}C、^{35}S、^{51}Cr、^{55}Fe、^{63}Ni、^{99m}Tc、^{125}I,其 OILs 可以放宽 10～100 倍。环境剂量率指距离地面 1m 处的剂量率。

资料来源:IAEA-Updating TECDOC-953, 2003。

(2) 场外区域。这是在设施营运单位或第一响应者控制区域之外的区域。它包括预防行动区 (PAZ)和紧急防护行动计划区(UPZ)两个区域(见图 13.2)。预防行动区 (PAZ) 是一个围绕威胁类别Ⅰ设施的预先划定的区域。在这个区域中事先制定了紧急防护行动计划,一旦宣布总体应急,将立即在这个区域内实施紧急防护行动,其目标是在释放之前或稍后通过采取防护行动,降低严重确定性健康效应的风险。紧急防护行动计划区(UPZ)是指定的围绕威胁类别Ⅰ或Ⅱ设施的一个区域。在这个区域内要做好根据环境监测数据和设施状态评价结果快速实施紧急防护行动的安排,其目标是防止超剂量照射。

这些区划应当是大致围绕设施的圆形区域,为便于响应,区划的边界应当用当地的地理标志(例如道路或河流)加以标明,区划可以跨越国家边界。表 13.24 给出了 IAEA 推荐的威胁Ⅰ类和Ⅱ类设施应急区域和半径。

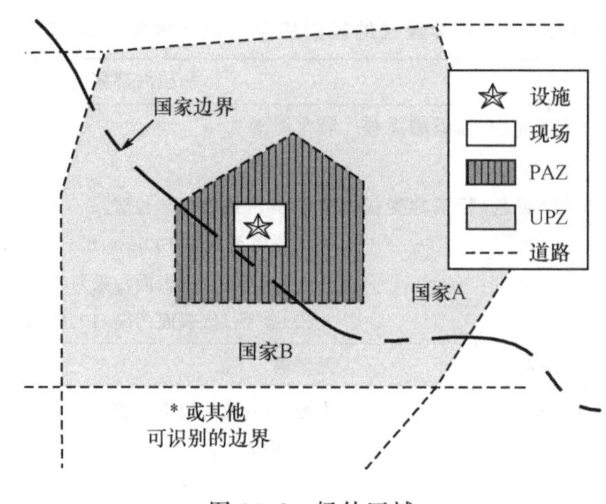

图 13.2 场外区域

13.7.3 IAEA 推荐的威胁Ⅰ类和Ⅱ类设施应急区域和半径(表 13.24)

表 13.24 IAEA 推荐的威胁Ⅰ类和Ⅱ类设施应急区域和半径[a]

设施	预防性行动区(PAZ)半径(km)	紧急防护行动区(UPZ)半径(km)	食物限制计划区半径(km)
威胁Ⅰ类设施(可能在场外导致严重确定性健康效应)			
反应堆:>1000MW(th)	3~5	25	300
反应堆:100~1000MW(th)	0.5~3	5~25	50~300
$A/D2 \geqslant 10^5$	3~5	25	300
$A/D2$:10^4~10^5	0.5~3	5~25	50~300
威胁Ⅱ类设施(可能导致场外采取紧急防护行动,但不会产生严重确定性健康效应)			
反应堆:10~100MW(th)	无	0.5~5	5~50
反应堆:2~10MW(th)	无	0.5	2~5
A/D_2:10^3~10^4	无	0.5~5	5~50
A/D_2:10^2~10^3	无	0.5	2~5
距场址边界 500m 内的易裂变物质	无	0.5~1	无

a. 表中的 A/D_2 的意义和数据见本章后附录。

资料来源:IAEA-Updating TECDOC-953,2003。

13.8 典型核与辐射事故回顾

13.8.1 重大核与辐射事故简介

(1) 南乌拉尔马雅克后处理厂事故:苏联,1957 年 9 月 29 日发生,高放废物罐冷却系统失效引起化学爆炸,7.4×10^{16}Bq 放射性释放,污染面积达 1000km^2,3~10d 里 600 人撤离,18 个月 1 万人搬迁,发病率、死亡率未发现明显变化。定为核事件 6 级。

(2) 温茨凯尔事故:英国,1957 年 10 月 10 日发生,军用石墨气冷堆因错误操作,石墨着火 3d,释放出 7.4×10^{14}Bq 的^{131}I、4.4×10^{13}Bq 的^{137}Cs、1.2×10^{13}Bq 的^{106}Ru 和 1.2×10^{15}Bq 的^{133}Xe 等,当地成人甲状腺最大剂量估计为 10mGy,儿童甲状腺最大剂量估计为 100mGy。定

为核事件 5 级。

(3) 三里岛事故:美国,1979 年 3 月 28 日发生,设计缺陷、设备故障、误操作等原因导致堆芯严重损坏,但安全壳包容作用存在,大部分的裂变产物在水中,3.7×10^{17} Bq 惰性气体(主要为^{133}Xe)和 5.5×10^{11} Bq 的^{131}I 释放到环境中,最大个人剂量<1mSv,8 万居民自发撤离,产生严重的社会、心理影响。定为核事件 5 级。

(4) 切尔诺贝利事故:苏联,1986 年 4 月 26 日发生,设计缺陷、人员误操作导致 4 号石墨沸水堆爆炸,大量放射性释放到大气,造成急性死亡 30 人(辐射致死 28 人),134 人急性放射病。1986 年有大约 11.6 万人移居,1986 年以后又有大约 22 万人移居。约 53 万事故恢复工作人员平均剂量 120mSv,11.6 万撤离人员平均剂量 30mSv,儿童和青少年甲状腺癌发生率增加,无公众死亡或急性放射病,造成极严重的经济损失和极坏的公众社会心理影响。定为核事件 7 级。

(5) 巴西放射源事故:巴西,1987 年 9 月 13 日发生,57TBq(1540Ci)的^{137}Cs 放射治疗机废弃在原来的旧建筑物中被盗,后被破坏扩散。85 间房屋被污染,41 间房屋辐射水平超过 2.5μSv/h 的当地标准,200 多人搬迁;在对第一批可能接触过放射源的人员检查后,确定 20 人需要住院治疗,剂量范围为 4.5~6.0Gy;在随后对 11 万多人检查后,确认 249 人受到照射,121 人^{137}Cs 内污染,50 人需要住院治疗,剂量较大 12 人,剂量范围为 2.0~7.0Gy,4 人死亡。定为核事件 5 级。

13.8.2 主要核与辐射事故统计

UNSCEAR 给出了世界核与辐射事故引起的死亡和急性效应统计数据,见表 13.25。

表 13.25 世界核与辐射事故引起的死亡和急性效应的统计结果

(不包括恐怖事件和核试验)

事故类型	1945~1965 年		1966~1986 年		1987~2007 年		总计	
	死亡	急性损伤	死亡	急性损伤	死亡	急性损伤	死亡	急性损伤
核设施	13	42	34	123	3	2	50	167
工业应用	0	8	3	61	6	51	9	120
放射源失控	7	5	19	98	16	205	42	308
研究应用	0	2	0	22	0	5	0	29
医学应用	无资料	无资料	4	470	42	153	46	623
	20	57	60	774	67	416	147	1247

资料来源:UNSCEAR,2008Report,vol. Ⅱ,Annex C,2011。

附录 放射性物质的危险量

放射性物质危险量的确定步骤:

第一步,对于所有材料有

$$A/D_1=\sum\frac{A_i}{D_{1,i}}$$

式中:A_i 是在事故/事件情况下失去控制的某核素活度(TBq);$D_{1,i}$是附表 1 中各放射性核素的 D_1 值。

第二步,对于可扩散型材料

$$A/D_2=\sum\frac{A_i}{D_{2,i}}$$

式中：A_i 是在事故/事件情况下失去控制，成为可扩散状态的某核素活度(TBq)；$D_{2,i}$ 是附表 1 中各放射性核素的 D_2 值。

第三步，如果 A/D 的值大于 1，则将移动源或失控制材料看作"危险源"。

附表 13.1 IAEA 推荐的描述放射性核素危险程度的 *D* 值(TBq)[a,b]

核素	D_1	D_2	核素	D_1	D_2
^{3}H	无限值	2E+03	^{147}Pm	8E+03	4E+01
^{14}C	2E+05	5E+01	^{152}Eu	6E−02	3E+01
^{32}P	1E+01	2E+01	^{154}Eu	6E−02	2E+01
^{35}S	4E+04	6E+01	^{153}Gd	1E+00	8E+01
^{36}Cl	3E+02	2E+01	^{170}Tm	2E+01	2E+01
^{51}Cr	2E+00	5E+03	^{169}Yb	3E−01	3E+01
^{55}Fe	无限值	8E+02	^{188}Re	1E+00	3E+01
^{57}Co	7E−01	4E+02	^{192}Ir	8E−02	2E+01
^{60}Co	3E−02	3E+01	^{198}Au	2E−01	3E+01
^{63}Ni	无限值	6E+01	^{203}Hg	3E−01	2E+00
^{65}Zn	1E−01	3E+02	^{204}Tl	7E+01	2E+01
^{68}Ge	7E−02	2E+01	^{210}Po	8E+03	6E−02
^{75}Se	2E−01	2E+02	^{226}Ra(子体)	4E−02	7E−02
^{85}Kr	3E+01	2E+03	^{230}Th	9E+02	7E−02
^{89}Sr	2E+01	2E+01	^{232}Th	无限值	无限值
^{90}Sr (^{90}Y)	4E+00	1E+00	^{232}U	7E−02	6E−02
^{90}Y	5E+00	1E+01	^{235}U (^{231}Th)	8E−05	8E−05
^{91}Y	8E+00	2E+01	^{238}U	无限值	无限值
^{95}Zr(^{95m}Nb/^{95}Nb)	4E−02	1E+01	天然 U	无限值	无限值
^{95}Nb	9E-02	6E+01	贫化 U	无限值	无限值
^{99}Mo (^{99m}Tc)	3E−01	2E+01	富集 U > 20 %	8E−05	8E−05
^{99}Tcm	7E−01	7E+02	富集 U > 10 %	8E−04	8E−04
^{103}Ru (^{103m}Rh)	1E−01	3E+01	^{237}Np (^{233}Pa)	3E−01	7E−02
^{106}Ru(^{106}Rh)	3E−01	1E+01	^{238}Pu	3E+02	6E−02
^{103}Pd (^{103m}Rh)	9E+01	1E+02	^{239}Pu	1E+00	6E−02
^{109}Cd	2E+01	3E+01	$^{239/Be}$Pu	1E+00	6E−02
^{132}Te (^{132}I)	3E−02	8E−01	^{240}Pu	4E+00	6E−02
^{125}I	1E+01	2E−01	^{241}Pu(^{241}Am)	2E+03	3E+00
^{129}I	无限值	无限值	^{242}Pu	7E−02	7E−02
^{131}I	2E−01	2E−01	^{241}Am	8E+00	6E−02
^{134}Cs	4E−02	3E+01	$^{241/Be}$Am	1E+00	6E−02
^{137}Cs(^{137m}Ba)	1E−01	2E+01	^{242}Cm	2E+03	4E−02
^{133}Ba	2E−01	7E+01	^{244}Cm	1E+04	5E−02
^{141}Ce	1E+00	2E+01	^{252}Cf	2E−02	1E−01
^{144}Ce(^{144m}Pr, ^{144}Pr)	9E−01	9E+00			

a. 表中的 D_1 适用于所有材料；D_2 适用于迷散型材料，通常包括粉末、气体、液体、特殊易挥发体(在事故时的温度条件下)、可燃物、水溶性物质、自燃物质等。

b. 无限值是指在应急计划中不考虑其放射性后果。

资料来源：IAEA-Updating TECDOC-953，2003。

(杨茂春　杨俊武 编写，夏益华 审阅)

参 考 文 献

潘自强．2005. 核与辐射恐怖事件管理．北京：科学出版社

夏益华．2004. 从“IAEA-TECDOC-953”的修订看国际应急信息和理念的进展．辐射防护通讯，24(1)

GB 18871-2002. 2003. 电离辐射防护与辐射源安全基本标准．北京：中国标准出版社

GBZ/T 170-2006. 2006. 核事故场外医学应急计划与准备．北京：人民卫生出版社

GBZ/T 171-2006. 2006. 核事故场内医学应急计划与准备．北京：人民卫生出版社

HAD 002/01. 2010. 核动力厂营运单位的应急准备和应急响应

HAD 002/07. 2010. 核燃料循环设施运营单位的应急准备和响应

HAD501/02. 2008. 核设施实物保护

HAF 1006. 1991. 研究堆应急计划和准备

IAEA Safety Guide No. GS-G-2. 1. 2007. Arrangements for Preparedness for a Nuclear or Radiological Emergency

IAEA-TECDOC-955. 1997. Generic Assessment Procedures for Determining Protective Actions during a Reactor Accident

IAEA-Updating TECDOC-953. 2003. Method for Developing Arrangements for Response to a Nuclear or Radiological Emergency

UNSCEAR. 2011. 2008 Report. Vol Ⅱ. Annex C

附录1 核与辐射安全和环境保护法律、条例①

中华人民共和国环境保护法(1989年12月26日公布,自公布之日起施行,主席令第22号)

中华人民共和国环境影响评价法(2002年10月28日公布,自2003年9月1日起施行,主席令第77号)

中华人民共和国放射性污染防治法(2003年6月28日公布,自2003年10月1日起施行,主席令第6号)

中华人民共和国职业病防治法(2001年10月27日公布,自2002年5月1日起施行,主席令第60号)

中华人民共和国大气污染防治法(2000年4月29日修订,自2000年9月1日起施行,主席令第32号)

中华人民共和国水污染防治法(2008年2月28日修订,自2008年6月1日起施行,主席令第87号)

中华人民共和国固体废物污染环境防治法(2004年12月29日修订,自2005年4月1日起施行,主席令第31号)

中华人民共和国环境噪声污染防治法(1996年10月29日公布,自1997年3日1日起施行,主席令第77号)

中华人民共和国水土保持法(2010年12月25日修订,2011年3月11日起施行,主席令第39号)

中华人民共和国土地管理法(2004年8月28日修订,自公布之日起施行,主席令第28号)

中华人民共和国海洋环境保护法(1999年12月25日修订,自2000年4月1日起施行,主席令第26号)

中华人民共和国突发事件应对法 (2007年8月30日公布,自2007年11月1日起施行,主席令第69号)

中华人民共和国循环经济促进法 (2008年8月29日公布,自2009年1月1日起施行,主席令第4号)

中华人民共和国海域使用管理法(2001年10月27日公布,自2002年1月1日起施行,主席令第61号)

中华人民共和国民用核设施安全监督管理条例(1986年10月29日国务院发布)

中华人民共和国核材料管制条例(1987年6月15日国务院发布)

中华人民共和国核电厂核事故应急管理条例(1993年8月4日国务院令第124号发布)

中华人民共和国自然保护区条例(1994年10月9日公布,自1994年12月1日起施行,国务院令第167号)

中华人民共和国建设项目环境保护管理条例(1998年12月,国务院令第253号)

---

①本附录只包括国务院令,省(市、自治区)条例未列入。

中华人民共和国放射性同位素与射线装置安全和防护条例(2005 年 8 月 31 日公布,自 2005 年 12 月 1 日起施行,国务院令第 449 号)

中华人民共和国风景名胜区条例(2006 年 9 月 6 日公布,自 2006 年 12 月 1 日起施行,国务院令第 474 号)

中华人民共和国民用核安全设备监督管理条例(2007 年 7 月 4 日公布,自 2008 年 1 月 1 日起施行,国务院令第 500 号)

中华人民共和国规划环境影响评价条例(2009 年 8 月 12 日公布,自 2009 年 10 月 1 日起施行,国务院令第 559 号)

中华人民共和国放射性物品运输安全管理条例(2009 年 9 月 7 日公布,自 2010 年 1 月 1 日起施行,国务院令第 562 号)

附录 2 辐射安全和环境保护常用标准

《电离辐射防护与辐射源安全基本标准》 GB 18871-2002

《核动力厂环境辐射防护规定》 GB6249-2011

《核电厂放射性液态流出物排放技术要求》 GB14587-2011

《环境核辐射监测规定》 GB 12379-1990

《核辐射环境质量评价一般规定》 GB 11215-1989

《核设施流出物和环境放射性监测质量保证计划的一般要求》 GB11216-1989

《核设施流出物监测的一般规定》 GB 11217-1989

《放射性物质安全运输规程》 GB 11806-2004

《放射性废物管理规定》 GB 14500-2002

《放射性废物的分类》 GB 9133-1995

《低、中水平放射性固体废物暂时贮存规定》 GB 11928-1989

《核电厂低、中水平放射性固体废物暂时贮存技术规定》 GB14589-1993

《低、中水平放射性固体废物的近地表处置规定》 GB 9132-1988

《核设施退役安全要求》 GB/T 19597-2004

《反应堆退役环境管理技术规定》 GB/T 14588-2009

《核设施的钢铁、铝、镍和铜再循环、再利用的清洁解控水平》 GB/T 17567-2009

《铀矿地质勘查辐射防护和环境保护规定》 GB 15848-2009

《铀矿冶辐射防护和环境保护规定》 GB23727-2009

《铀矿冶辐射环境监测规定》 GB23726-2009

《操作开放性放射性物质的辐射防护规定》 GB 11930-1989

《建筑材料放射性核素限量》 GB6566-2001

《有色金属矿产品的天然放射性限值》 GB 20664-2006

《食品中放射性物质限制浓度标准》 GB14882-1994

《食品中放射性物质检验》 GB/T 14883-1994

《含放射性物质消费品的放射卫生防护标准》 GB 16353-1996

《反应堆外易裂变材料的核临界安全 第 1 部分:核临界安全行政管理规定》 GB 15146.1-2008

《反应堆外易裂变材料的核临界安全 第 2 部分:易裂变材料操作、加工、处理的基本技术规则与次临界限值》 GB15146.2-2008

《反应堆外易裂变材料的核临界安全 第 3 部分:易裂变材料贮存的核临界安全要求》 GB15146.3-2008

《反应堆外易裂变材料的核临界安全 含易裂变物质水溶液的钢质管道交接的核临界安全准则》 GB15146.4-1994

《反应堆外易裂变材料的核临界安全 钚-天然铀混合物的核临界控制准则和次临界限值》 GB15146.5-1994

《反应堆外易裂变材料的核临界安全　硼硅酸盐玻璃拉希环及其应用准则》 GB/T15146.6-2009

《反应堆外易裂变材料的核临界安全　次临界中子增殖就地测量安全规定》 GB15146.7-1994

《反应堆外易裂变材料的核临界安全　第8部分：堆外操作、贮存、运输轻水堆燃料单元的核临界安全准则》 GB15146.8-2008

《反应堆外易裂变材料的核临界安全　核临界事故探测与报警系统的性能及检验要求》 GB15146.9-1994

《反应堆外易裂变材料的核临界安全　固定中子吸收体的应用安全要求》 GB15146.10-2001

《反应堆外易裂变材料的核临界安全　基于限制和控制慢化剂的核临界安全》 GB/T15146.11-2004

《核电厂应急计划与准备准则　应急计划区的划分》 GB/T 17680.1-1999

《核电厂应急计划与准备准则　场外应急职能与组织》 GB/T 17680.2-1999

《核电厂应急计划与准备准则　场外应急设施功能与特性》 GB/T 17680.3-1999

《核电厂应急计划与准备准则　场外应急计划与执行程序》 GB/T 17680.4-1999

《核电厂应急计划与准备准则　场外应急响应能力的保持》 GB/T 17680.5-1999

《核电厂应急计划与准备准则　场内应急响应职能与组织机构》 GB/T 17680.6-2003

《核电厂应急计划与准备准则　场内应急设施功能与特性》 GB/T 17680.7-2003

《核电厂应急计划与准备准则　场内应急计划与执行程序》 GB/T 17680.8-2003

《核电厂应急计划与准备准则　场内应急响应能力的保持》 GB/T 17680.9-2003

《核电厂应急计划与准备准则　核电厂营运单位应急野外辐射监测、取样与分析准则》 GB/T 17680.10-2003

《电磁辐射防护规定》 GB8702-1988

《X射线诊断中受检者放射卫生防护标准》 GB 16348-1996

《X线诊断中受检者器官剂量的估算方法》 GB 16137-1995

《X射线计算机断层摄影装置影像质量保证检测规范》 GB/T 17589-1998

《医用电气设备　第1部分：安全通用要求　三、并列标准　诊断X射线设备辐射防护通用要求》 GB 9706.12-1997

《医用电气设备　第2部分：诊断X射线发生装置的高压发生器安全专用要求》 GB 9706.3-2000

《医用X射线图像增强器电视系统：性能参数及测量方法》 GB 12186-1990

《医用电子加速器验收试验和周期检验规程》 GB/T 19046-2003

《高压交流架空线路无线电干扰限值》 GB15707-1995

《环境空气质量标准》 GB 3095-1996

《生活饮用水卫生标准》 GB5749-2006

《地表水环境质量标准》 GB 3838-2002

《地下水质量标准》 GB/T 14848-1993

《海水水质标准》 GB3097-1997

《土壤环境质量标准》 GB15618-1995

《声环境质量标准》 GB 3096-2008

《大气污染物综合排放标准》 GB 16297-1996

《污水综合排放标准》 GB 8978-1996

《工业企业厂界环境噪声排放标准》 GB 12348-2008

《建筑施工场界噪声限值》 GB12523-1990

《海洋监测规范》 GB17378-2007

《海洋调查规范》 GB12763-2007

《环境影响评价技术导则——总则》 HJ/T 2.1-93

《环境影响评价技术导则——大气环境》 HJ 2.2-2008

《环境影响评价技术导则——地面水环境》 HJ/T 2.3-93

《环境影响评价技术导则——声环境》 HJ2.4-2009

《环境影响评价技术导则——非污染生态影响》 HJ/T 19-1997

《建设项目环境风险评价技术导则》 HJ/T 169-2004

《环境影响评价技术导则——地下水环境》 HJ 610-2011

《辐射环境保护管理导则 核技术应用项目环境影响报告书(表)的内容和格式》 HJ/T10.1-1995

《辐射环境保护管理导则 电磁辐射监测仪器和方法》 HJ/T 10.2-1996

《辐射环境保护管理导则 电磁辐射环境影响评价方法与标准》 HJ/T 10.3-1996

《500kV超高压送变电工程电磁辐射环境影响评价技术规范》HJ/T 24-1998

《核设施环境保护管理导则 研究堆环境影响报告书的格式与内容》 HJ/J 5.1-1993

《核设施环境保护管理导则 放射性固体废物浅地层处置环境影响报告书的格式与内容》 HJ/J 5.2-1993

《拟开放场址土壤中剩余放射性可接受水平规定(暂行)》 HJ/T 53-2000

《辐射环境监测技术规范》 HJ/T 61-2001

《核设施水质监测采样规定》 HJ/T 21-1998

《气载放射性物质取样一般规定》 HJ/T 22-1998

《低、中水平放射性废物近地表处置设施的选址》 HJ/T 23-1998

《铀加工与燃料制造设施辐射防护规定》 EJ1056-2005

《富集铀工厂环境影响报告书的标准格式与内容》 EJ/T735-1992

《铀燃料核燃料生产线设计准则》 EJ/T 808-2007

《用于评估铀燃料制造厂核临界事故潜在辐射后果的假定》 EJ/T988-96

《铀矿地质辐射环境影响评价要求》 EJ/T 977-1995

《放射性工作人员职业健康监护技术规范》 GBZ 235-2011

《职业性外照射个人监测规范》 GBZ 128-2002

《核与放射事故干预及医学处理原则》 GBZ 113-2006

《含密封源仪表的放射卫生防护要求》 GBZ 125-2009

《医用X射线诊断卫生防护标准》 GBZ 130-2002

《医用X射线治疗卫生防护标准》 GBZ 131-2002

《工业γ射线探伤放射防护标准》 GBZ 132-2008

《医用放射性废物的卫生防护管理》 GBZ133-2009

《核电厂职业照射监测规范》 GBZ232-2010

《锡矿山工作场所放射卫生防护标准》 GBZ/T 233-2010

《外照射急性放射病诊断标准》 GBZ 104-2002

《核电厂操纵员的健康标准和医学监督规定》 GBZ/T 164-2004

《核事故场外医学应急计划与准备》 GBZ/T 170-2006

《核事故场内医学应急计划与准备》 GBZ/T 171-2006

《核事故场内医学应急响应程序》 GBZ/T 234-2010

《过量照射人员医学检查与处理原则》 GBZ 215-2009

《人体体表放射性核素污染处理规范》 GBZ/T 216-2009

《辐射防护用参考人 第 1 部份:体格参数》 GBZ/T 200.1-2007

《辐射防护用参考人 第 2 部份:主要组织器官质量》 GBZ/T 200.2-2007

《辐射防护用参考人 第 4 部份:膳食组成和元素摄入量》 GBZ/T 200.4-2009

《临床核医学放射卫生防护标准》 GBZ 120-2006

《医疗照射放射防护基本要求》 GBZ 179-2006

《X、γ 射线头部立体定向外科治疗放射卫生防护标准》 GBZ 168-2005

附录 3 联合国原子辐射影响科学委员会(UNSCAER)报告

UNSCAER 1958. United Nations Scientific Committee on the Effects of Atomic Radiation. Report of the United Nations Scientific Committee on the Effects of Atomic Radiation. United Nations, New York

UNSCAER 1962. United Nations Scientific Committee on the Effects of Atomic Radiation. Report of the United Nations Scientific Committee on the Effects of Atomic Radiation. United Nations, New York

UNSCAER 1964. United Nations Scientific Committee on the Effects of Atomic Radiation. Report of the United Nations Scientific Committee on the Effects of Atomic Radiation. United Nations, New York

UNSCAER 1966. United Nations Scientific Committee on the Effects of Atomic Radiation. Report of the United Nations Scientific Committee on the Effects of Atomic Radiation. United Nations, New York

UNSCAER 1969. United Nations Scientific Committee on the Effects of Atomic Radiation. Report of the United Nations Scientific Committee on the Effects of Atomic Radiation. United Nations, New York

UNSCAER 1972. United Nations Scientific Committee on the Effects of Atomic Radiation. Ionizing Radiation: Levels and Effects. 1972 Report to the General Assembly with Annexes. United Nations, New York

UNSCAER 1977. United Nations Scientific Committee on the Effects of Atomic Radiation. Sources and Effects of Ionizing Radiation. 1977 Report to the General Assembly with Annexes. United Nations, New York

UNSCAER 1982. United Nations Scientific Committee on the Effects of Atomic Radiation. Ionizing Radiation: Sources and Biological effects. 1982 Report to the General Assembly with Annexes. United Nations, New York

UNSCAER 1986. United Nations Scientific Committee on the Effects of Atomic Radiation. Genetic and Somatic Effects of Ionizing Radiation. 1986 Report to the General Assembly with Annexes. United Nations, New York

UNSCAER 1988. United Nations Scientific Committee on the Effects of Atomic Radiation. Sources. Effects and Risks of Ionizing Radiation. 1988 Report to the General Assembly with Annexes. United Nations, New York

UNSCAER 1993. United Nations Scientific Committee on the Effects of Atomic Radiation. Sources and Effects of Ionizing Radiation. 1993 Report to the General Assembly with Scientific Annexes. United Nations, New York (电离辐射源与效应，联合国原子辐射效应科学委员会 1993 年报告．潘自强、吴德昌总审校，王恒德、李素云、郭亮天、郭裕中、从慧玲、陈竹舟、

刘洪祥、周永增、邓志诚、杨志远、胡牧译，胡遵素、潘自强、冷瑞平、王恒德、汪佳明、夏益华、董柳灿、谢滋、吴德昌、陈如松、夏寿宣、李元敏、张卿西校．北京：原子能出版社，1995）

UNSCAER 1994. United Nations Scientific Committee on the Effects of Atomic Radiation. Sources and Effects of Ionizing Radiation. 1994 Report to the General Assembly with Scientific Annexes. United Nations, New York（电离辐射源与生物效应，联合国原子辐射效应科学委员会1994年向联合国大会提交的报告和科学附件．中国核工业总公司安防环保卫生局、中国辐射防护学会译，潘自强、吴德昌总审校，冷瑞平、李素云、周永增、郭裕中、李修义译，潘自强、吴德昌、孙世荃、刘树铮校．北京：原子能出版社，1996）

UNSCAER 1996. United Nations Scientific Committee on the Effects of Atomic Radiation. Sources and Effects of Ionizing Radiation. 1996 Report to the General Assembly with Scientific Annexes. United Nations, New York

UNSCAER 2000. United Nations Scientific Committee on the Effects of Atomic Radiation. Sources and Effects of Ionizing Radiation. 2000 Report to the General Assembly with Scientific Annexes. United Nations, New York[电离辐射源与生物效应，联合国原子辐射效应科学委员会2000年报告(Ⅰ，Ⅱ卷)．潘自强、孙世荃总审校，冷瑞平、修炳林、郭裕中、杨华庭、赵亚民、杨茂春、岳保荣、贺青华、马吉增、魏康、穆传杰、孙全夫、温晋爱、李元敏等译，潘自强、胡遵素、刘洪祥、魏可道、张延生、唐仲雄、陈家佩、韩佩珍、周继文、周永增、陶祖范、吴德昌等校．太原：山西科学技术出版社，2002]

UNSCAER 2001. United Nations Scientific Committee on the Effects of Atomic Radiation. Hereditary Effects of Ionizing Radiation. 2001 Report to the General Assembly with Scientific Annexes. United Nations, New York

UNSCAER 2006. United Nations Scientific Committee on the Effects of Atomic Radiation. Effects of Ionizing Radiation. 2006 Report to the General Assembly with Scientific Annexes. United Nations, New York

UNSCAER 2008. United Nations Scientific Committee on the Effects of Atomic Radiation. Effects of Ionizing Radiation. 2008 Report to the General Assembly with Scientific Annexes. United Nations, New York

附录 4 国际放射防护委员会(ICRP)出版物及其中译本

ICRP1 Recommendations of the International Commission on Radiation Protection(国际放射防护委员会建议书)

ICRP2 Permissible Dose for Internal Radiation,1959
内照射容许剂量(曾新然译,果行校．北京:原子能出版社,1975)

ICRP3 Protection against X Rays up to Energies of 3 MeV and Beta-and Gamma-Rays for Sealed Source(能量在 3 MeV 以下的 X 射线和封闭源射线的防护)

ICRP4 Protection against Electromagnetic Radiation above 3 MeV and Electrons, Neutron and Protons(能量在 3 MeV 以上的电磁辐射、电子、中子和质子的防护)

ICRP5 The Handling and Disposal of Radioactive Materials in Hospitals and Medical Research Establishment(在医院和医学研究机构中放射性物质的操作和处理)

ICRP6 Recommendations of the International Commission on Radiological Protection,1962
国际放射防护委员会建议书(果行译．北京:原子能出版社,1975)

ICRP7 Principles of Environmental Monitoring Related to the Handling of Radioactive Materials,1965
操作放射性物质的环境监测原则(张永兴、任培薛译,陈丽姝校．北京:原子能出版社,1981)

ICRP8 The Evaluation of Risks from Radiation(辐射危险的评价)

ICRP9 Recommendations of the International Commission on Radiological Protection ,1965
国际放射防护委员会建议书(刘增鼎译,果行校．北京:原子能出版社,1975)

ICRP10 Evaluation of Radiation Dose to Body Tissues from Internal Contamination due to Occupational Exposure,1968
职业照射体内污染辐射剂量的估算(肇恒元、董柳灿译,果行校．北京:原子能出版社,1975)

ICRP10A The Assessment of Internal Contamination Resulting from Recurrent or Prolonged Uptake,1971
反复或持续吸收放射性核素后体内污染量的估算(叶常青、徐海超译,果行校．北京:原子能出版社,1975)

ICRP11 A Review of the Radiosensitivity of the Tissues in Bone(骨中各组织的辐射敏感性)

ICRP12 General Principles of Monitoring for Radiation Protection of Workers,1969
工作人员辐射防护监测的一般原则(汪佳明、于耀明、胡二邦译,谢滋校．北京:原子能出版社,1976)

ICRP13 Radiation Protection in Schools for Pupils up to the Age of 18 Years
(年龄在 18 岁以下学生在校内的辐射防护)

ICRP14 Radiosensitivity and Spatial Distribution of Dose,1969
放射敏感性和剂量的空间分布(刘增鼎、董柳灿、乔付、白光、刘昭荇译,刘增鼎、潘自强校．北京:原子能出版社,1982)

ICRP15 Protection against Ionizing Radiation from External Sources
外部源致电离辐射的防护(陈常茂译,潘自强、王义民校．北京:原子能出版社,1981)

ICRP16 Protection of the Patient in X-ray Diagnosis (X 射线诊断时患者的防护)

ICRP17 Protection of the Patient Radionuclide Investigations,1971
放射性核素临床研究中患者的防护(陈常茂译,程冠生校．北京:原子能出版社,1981)

ICRP18 The RBE for High LET Radiation with Respect to Mutagenesis[引发突变的高传能线密度(LET)辐射的相对生物效能(REB)]

ICRP19 The Metabolism of Compounds of Plutonium and Other Actinides,1972
钚和其它锕系元素化合物的代谢(卫群译,朱任葆、吴德昌校．北京:原子能出版社,1979)

ICRP20 Alkaline Earth Metabolism in Adult Man(成年人碱土金属的代谢)

ICRP21 Data for Protection against Ionizing Radiation from External Sources :Supplement ICRP Publication 15,1975
外部源致电离辐射的防护数据:ICRP 第 15 号出版物的补充报告(陈常茂译,潘自强、王义民校．北京:原子能出版社,1981)

ICRP22 Implications of Commission Recommendations That Doses be Kept as Low as Readily Achievable,1973
国际放射防护委员会关于把剂量保持在不难达到的尽可能低水平建议的含义(毛焕章译,宋绍仪校．北京:原子能出版社,1981)

ICRP23 Reference Man:Anatomical Physiological and Metabolic Characteristics,1973
参考人——解剖、生理及代谢特征(毛焕章译,宋绍仪校．北京:原子能出版社,1981)

ICRP24 Radiation Protection in Uranium and Other Mines. 1977
铀矿山及其它矿山的辐射防护(陈兴安译,魏履新、周正校．北京:原子能出版社,1981)

ICRP25 The Handling,Storage,Use and Disposal of Unsealed Radionuclide in Hospitals and Medical Research Establishments,1977
医院和医学研究机构中开放型放射性核素的操作、贮存、使用和处置(方军译．陈常茂、程冠生、潘自强校．北京:原子能出版社,1981)

ICRP26 Recommendations of the International Commission on Radiological Protection,1977
国际放射防护委员会建议书(李树德译．北京:原子能出版社,1978)

ICRP27 Problems Involved in Developing an Index of Harm,1977
制定危害指数所涉及的问题(丁文荣译,李树德校．北京:原子能出版社,1982)

ICRP28 Principles and General Procedure for Handling Emergency and Accidental Exposure of Workers,1978
对应急和事故受照工作人员处理的原则和一般性程序(刘增鼎、白光译．北京:原子

能出版社,1982)

ICRP29 Radionuclide Release into the Environment: Assessment of Doses to Man, 1979
放射性元素排入环境后公众所受剂量的评价(张永兴、任培薛译,陈丽姝校. 北京:原子能出版社,1981)

ICRP30 Limits for Intakes of Radionuclide by Workers, Part 1, 1979
工作人员的放射性核素摄入量限值(第一部分)(方军、董柳灿译,陈丽姝、张永兴校. 北京:原子能出版社,1984)

ICRP30 Limits for Intakes of Radionuclide by Workers, Part 2, 1980
工作人员的放射性核素摄入量限值(第二部分)(董柳灿译,陈丽姝、张永兴校. 北京:原子能出版社,1983)

ICRP30 Limits for Intakes of Radionuclide by Workers, Part 3, 1981
工作人员的放射性核素摄入量限值(第三部分)(董柳灿译,陈丽姝、张永兴校. 北京:原子能出版社,1985)

ICRP30 Limits for Intakes of Radionuclide by Workers, an Addendum Part 4, 1987
工作人员的放射性核素摄入量限值:补编(第四部分)(董柳灿译. 北京:原子能出版社,1991)

ICRP31 Biological Effects of Inhaled Radionuclide
吸人放射性核素的生物效应(龚治芬译,吴德昌、阎效珊校. 北京:原子能出版社,1986)

ICRP32 Limits for Inhalation of Radon Daughters by Workers, 1981
工作人员吸入氡子体的限值(孙世荃译. 北京:原子能出版社,1984)

ICRP33 Protection against Ionizing Radiation from External Sources Used in Medicine, 1982
医用外部源电离辐射的防护(董柳灿、陈霓译,陈丽姝校. 北京:原子能出版社,1984)

ICRP34 Protection of the Patient in Diagnostic Radiology, 1982
放射诊断中患者的防护(郑钧正、卢正福译,张景源、董柳灿校. 北京:原子能出版社,1987)

ICRP35 General Principles of the Monitoring for Radiation Protection of Workers, 1982
工作人员辐射防护监测的一般原则(龚德荫译,顾俊仁校. 北京:原子能出版社,1986)

ICRP36 Protection against Ionizing Radiation in the Teaching of Science, 1983
自然科学教学中的电离辐射防护(林兴成译,金名校. 北京:原子能出版社,1985)

ICRP37 Cost-Benefit Analysis in the Optimization of Radiation Protection, 1983
辐射防护最优化中的代价与利益分析(李树德译. 北京:原子能出版社,1985)

ICRP38 Radionuclide Transformations: Energy and Intensity of Emission
(放射性核素的转换:发射的能量和强度)

ICRP39 Principles for Limiting Exposure of the Public to Natural Sources of Radiation, 1984
限制公众遭受天然辐射源照射的原则(潘自强译. 北京:原子能出版社,1986)

ICRP40 Protection of the Public in the Event of Major Radiation Accidents: Principles and Planning, 1984

在重大辐射事故中对公众的保护:拟定计划的原则(李树德译 . 北京:原子能出版社,1985)

ICRP41 Nonstochastic Effects of Ionizing Radiation,1984
电离辐射的非随机性效应(程违、李元敏译,李树德校 . 北京:原子能出版社,1985)

ICRP42 A Compilation of the Major Concepts and Quantities in Use by ICRP,1984
国际放射防护委员会使用的重要概念和量汇编(李树德译 . 北京:原子能出版社,1986)

ICRP43 Principles of Monitoring for the Radiation Protection of the Population,1985
群体辐射防护监测原则(李树德译 . 北京:原子能出版社,1986)

ICRP44 Protection of the Patient in Radiation Therapy,1985
放射治疗中患者的防护(沈恒嘉、许伯寿译,李树德校 . 北京:原子能出版社,1988)

ICRP45 Quantitative Bases for Developing an Unified Index of Harm,1985
制定统一危害指数的定量基础(周永增译,李素云校 . 北京:原子能出版社,1990)

ICRP46 Radiation Protection Principles for the Disposal of Solid Radioactive Waste,1985
固体放射性废物处置的辐射防护原则(袁良本译 . 北京:原子能出版社,1988)

ICRP47 Radiation Protection of Workers in Mines,1985
矿山工作人员的辐射防护(袁良本译 . 北京:原子能出版社,1986)

ICRP48 The Metabolism of Plutonium and Related Elements,1986
钚及有关元素的代谢(董柳灿、于耀仙、林春译 . 李元敏校 . 北京:原子能出版社。1990)

ICRP49 Developmental Effects of Irradiation on the Brain of the Embryo and Fetus,1986
辐射对胚胎和胎儿脑发育的影响(李元敏译,刘干中校 . 北京:原子能出版社,1990)

ICRP50 Lung Cancer Risk from Indoor Exposure to Radon Daughters,1987
室内氡子体照射产生的肺癌危险(李素云译,周永增校 . 北京:原子能出版社,1992)

ICRP51 Data for Use in Protection against External Radiation,1987
外照射辐射防护中实用的数据(陈丽姝、李镁、王翼飞译 . 张永兴校 . 北京:原子能出版社,1991)

ICRP52 Protection of the Patient in Nuclear Medicine,1987
核医学中患者的防护(李树德译 . 北京:原子能出版社,1989)

ICRP53 Radiation Dose to Patient from Radiopharmaceuticals,1987
放射性药物对患者产生的辐射剂量(鲍世宽、何作详译,李树德、叶常青校 . 北京:原子能出版社,1991)

ICRP54 Individual Monitoring for Intakes of Radionuclide by Workers:Design and Interpretation,1988
工作人员摄入放射性核素的个人监测:计划和解释(李树德译 . 北京:原子能出版社,1990)

ICRP55 Optimization and Decision Making in Radiological Protection,1989
放射防护中的最优化和决策(龚德荫译,潘自强校 . 北京:原子能出版社,1992)

ICRP56 Age-dependent Doses to Members of the Public from Intake of Radionuclide:Part 1,

1989
公众成员摄人放射性的年龄依赖剂量(第一部分)(王作元、陈兴安、任天山译．北京:原子能出版社,1992)

ICRP57 Radiological Protection of the Workers in Medicine and Dentistry,1990
医学和牙科工作人员的放射防护(龚德荫译．北京:原子出版社,1995)

ICRP58 RBE for Deterministic Effects,1989
确定性效应的相对生物效能(田志恒译,龚德荫校．北京:原子能出版社,1992)

ICRP59 The Biological Basis for Dose Limitation in the Skin,1992(皮肤剂量限制的生物学依据)

ICRP60 1990 Recommendations of International Commission on Radiological Protection, 1990
国际放射防护委员会1990年建议书(李德平、孙世荃、陈明竣、周永增、郭裕中译．李树德、魏履新、吴德昌、陈丽姝校．北京:原子能出版社,1993)

ICRP61 Annual Limits on Intake of Radionuclide by Workers Based on the 1990 Recommendations, 1991
工作人员放射性核素年摄入量限值(以1990建议为根据)(李树德译．北京:原子能出版社,1991)

ICRP62 Radiological Protection in Biomedical Research(生物医学研究中的放射防护)

ICRP63 Principles for Intervention for Protection of the Public in a Radiological Emergency, 1992
放射应急中保护公众的干预原则(陈慧莉、张延生译,吴德强校．北京:原子能出版社,1997)

ICRP64 Protection from Potential Exposure: A Conceptual Framework, 1992
潜在照射的防护:概念框架(陈竹舟译,潘自强校．北京:原子能出版社,1997)

ICRP65 Protection against Radon-222 at Home and Work, 1994
宅和工作场所氡-222的防护(李素云译,周永增校．北京:原子能出版社,1997)

ICRP66 Human Respiratory Tract Model for Radiological Protection(放射防护用的人体呼吸道模型)

ICRP67 Age-dependent Doses to Members of the Public from Intake of Radionuclide: Part 2, Ingestion Doses Coefficients [公众成员摄入放射性核素的年龄依赖剂量(第二部分):食入剂量系数]

ICRP68 Dose Coefficients for Intakes of Radionuclide by Workers(工作人员摄入放射性核素的剂量系数)

ICRP69 Age-Dependent Doses to Members of the Public from Intake of Radionuclide: Part 3, Ingestion Doses Coefficients [公众成员摄入放射性核素的年龄依赖剂量(第三部分):食入剂量系数]

ICRP70 Basic Anatomical and Physiological Data for Use in Radiological Protection: Skeleton(放射防护用的解剖学和生理学基本数据:骨)

ICRP71 Age-Dependent Doses to Members of the Public from Intake of Radionuclide: Part

4, Inhalation Doses Coefficients [公众成员摄入放射性核素的年龄依赖剂量(第四部分):吸入剂量系数]

ICRP72 Age-Dependent Doses to Members of the Public from Intake of Radionuclide: Part 5, Compilation of Ingestion and Inhalation Doses Coefficients [公众成员摄入放射性核素的年龄依赖剂量(第五部分):食入和吸入剂量系数汇总]

ICRP73 Radiological Protection and Safety in Medicine (医学放射防护与安全)

ICRP74 Conversion Coefficients for Use in Radiological Protection against External Radiation, 1997
外照射放射防护中使用的剂量转换系数(陈丽姝、柴政文译,张永兴校.北京:原子能出版社)

ICRP75 General Principles for the Radiation Protection of Workers, 1997
工作人员辐射防护的一般原则(张延生、张静译,潘自强校.北京:原子能出版社,2000.9)

ICRP76 Protection from Potential Exposures: Application to Selected Radiation Sources, 1997
潜在照射的防护:对所选择辐射源的应用(吴德强译,潘自强校.北京:原子能出版社,1999)

ICRP77 Radiological Protection Policy for the Disposal of Radioactive Waste(放射性废物处置的放射防护方针)

ICRP78 Individual Monitoring for Intakes of Radionuclide by Workers: Replacement of ICRP Publication 54
(工作人员摄入放射性核素的个人监测:代替 ICRP 54 号出版物)

ICRP79 Genetic Susceptibility to Cancer, 1999
癌症的遗传学易感性(康叶、常青译,吴德昌校.北京:原子能出版社,2000)

ICRP80 Radiation Dose to Patients from Radiopharmaceuticals(Addendum to ICRP Publication 53)[放射性药物所致患者的辐射剂量(ICRP 第 53 号出版物的补编)]

ICRP81 Radiation Protection Recommendations as Applied to the Disposal of Long Lived Solid Radioactive Waste, 2000
用于长寿命固体放射性废物处置的辐射防护建议(赵亚民译,潘自强校.辐射防护,2001)

ICRP82 Protection of the Public in Situations of Prolonged Radiation Exposure, 2000
在持续辐射照射情况下公众的防护:ICRP 辐射防护体系应用于由天然源和长寿命放射性残存物引起的可控制辐射照射(叶常青译,夏益华校.辐射防护,2001)

ICRP83 Risk Estimation for Multifactorial Diseases(多因素疾病的危险评估)

ICRP84 Pregnancy and Medical Radiation, 2001
妊娠与医疗照射(姚家祥译,叶根耀校.辐射防护,2001)

ICRP85 Avoidance of Radiation Injuries from Medical Interventional Procedures(避免介入放射学操作中的放射损伤)

ICRP86 Prevention of Accidents to Patients Undergoing Radiation Therapy(预防对放射治疗

患者的事故照射)

ICRP87 Managing Patient Dose in Computed Tomography[控制计算机断层扫描(CT)中患者的剂量]

ICRP88 Doses to the Embryo and Fetus from Intakes of Radionuclide by the Mother(胚胎和胎儿因母体摄入放射性核素所致的剂量)

ICRP88 Supporting Guidance 2: Radiation and Your Patient: A Guide for Medical Practitioners(支持导则 2: 辐射与你的患者: 职业医师指南)

ICRP88 Supporting Guidance 3: Guide for the Practical Application of the ICRP Human Respiratory Tract Model(支持导则 3: ICRP 关于人呼吸道模型的实际应用指南)

ICRP89 Basic Anatomical and Physiological Data for Use in Radiological Protection: Reference Values(用于放射防护的解剖学与生理学基本数据:参考值)

ICRP90 Biological Effects after Prenatal Irradiation (Embryo and Fetus)[出生前受照射的生物效应(胚胎和胎儿)]

ICRP91 A Framework for Assessing the Impact of Ionising Radiation on Non Human Species (非人类物种电离辐射影响评价框架)

ICRP92 Relative Biological Effectiveness (RBE), Quality Factor (Q), and Radiation Weighting Factor (wR)[相对生物效能(RBE),质量因子(Q)及辐射权重因子 (wR)]

ICRP93 Managing Patient Dose in Digital Radiology(控制数字化放射学中患者的剂量)

ICRP94 Release of Patients after Therapy with Unsealed Radionuclide, 2004
非密封源治疗后患者的出院考虑(刘长安、梁莉、郭鲜花、邓君译,王佐元、周舜元校.北京:北京大学出版社)

ICRP95 Doses to Infants from Ingestion of Radionuclide in Mothers Milk(婴儿从母乳中放射性核素摄取的剂量)

ICRP96 Protecting People against Radiation Exposure in the Event of a Radiological Attack
放射攻击事件中人员的辐射照射防护,(潘自强、陈竹舟、叶常青、龚贻芬译校,北京:原子能出版社,2005)

ICRP97 Prevention of High-Dose-Rate Brachytherapy Accidents(预防高剂量率近距离放射治疗事故)

ICRP98 Radiation Safety Aspects of Brachytherapy for Prostate Cancer Using Permanently Implanted Sources(用于前列腺癌近距离放射治疗永久植入源的辐射安全问题)

ICRP99 Low Dose extrapolation of Radiation-Related Cancer Risk(低剂量外推与辐射相关的癌症危险)

ICRP100 Human Alimentary Tract Model for Radiological Protection(用于放射防护的人体消化道模型)

ICRP101 Assessing Dose of the Representative Person for the Purpose of Radiation Protection of the Public and the Optimisation of Radiological Protection: Broadening the Process(用于公众辐射防护目的的代表个人的剂量评价和辐射防护最优化:扩展其过程)

ICRP102 Managing Patient Dose in Multi-Detector Computed Tomography (MDCT)[控制多

排计算机断层扫描(MDCT)中患者的剂量]

ICRP103 The 2007 Recommendations of the International Commission on Radiological Protection
国际放射防护委员会 2007 年建议书 (潘自强、周永增、周萍坤、夏益华、刘华、马吉增、刘森林、郝建中译校 . 原子能出版社,2008)

ICRP104 Scope of Radiological Protection Control Measures(放射防护控制措施涵盖的范围)

ICRP105 Radiological Protection in Medicine(医学中的放射防护)

ICRP106 Radiation Dose to Patients from Radiopharmaceuticals — Addendum 3 to ICRP Publication 53(放射性药物所致患者的辐射剂量:ICRP 第 53 号出版物的补编 3)

ICRP107 Nuclear Decay Data for Dosimetric Calculations(用于剂量计算的核衰变数据)

ICRP108 Environmental Radiation Protection: the Concept and Use of Reference Animals and Plants (环境辐射防护:参考动物和植物的概念与使用)

ICRP109 Application of the Commission's Recommendations for the Protection of People in Emergency Exposure Situations(ICRP 关于应急照射情况下人员防护建议的应用)

ICRP110 Adult Reference Computational Phantoms(成年参考人计算模型)

ICRP111 Application of the Commission's Recommendations to the Protection of People Living in Long-Term Contaminated Areas after a Nuclear Accident or a Radiation Emergency(ICRP 关于生活在核事故或辐射应急后长期污染区域人员防护建议的应用)

ICRP112 Preventing Accidental Exposures from New External Beam Radiation Therapy Technologies(防止新的外照射束放射治疗技术引发事故照射)

ICRP113 Education and Training in Radiological Protection for Diagnostic and Interventional Procedures(诊断和介入程序中放射防护教育和培训)

附录 5 辐射安全术语

α/β 比(α/β ratio)

细胞存活曲线弯度的度量和组织或肿瘤对剂量分次照射灵敏度的度量。在这一剂量下,细胞致死的线性项和 2 次项是相等的。

吸收剂量 (absorbed dose), ***D***

基本的剂量学量,定义为

$$D = \frac{d\varepsilon}{dm}$$

式中, $d\varepsilon$ 表示电离辐射授于物质质量 dm 的平均能量。吸收剂量的 SI 单位是每千克焦耳(J/kg),其特定名称是戈瑞(Gy)。

活性(红)**骨髓**[active (red) bone marrow]

骨髓有机系统包括血液细胞形成的细胞系统,从多能造血干细胞到成熟造血细胞。

活度 (activity),***A***

单位时间内在给定物质量中发生的核转化数的期望值。活度的 SI 单位是每秒(1/s),其特定名称是贝可勒尔(Bq)。

活度中值的空气动力学直径 (activity median aerodynamic diameter, AMAD)

在特定气溶胶中 50%的气载活度附着在大于 AMAD 粒子的空气动力学直径数值。当沉积主要依赖于惯性冲击和沉降时应用,典型的是当 AMAD 大于约 0.5 μm 时。

适应性反应 (adaptive response)

受过辐射照射的细胞反应,通常能增加细胞对随后的辐射照射的抗性。

周围剂量当量 (ambient dose epuivalent), $\boldsymbol{H}^*(10)$

辐射场中某点处的周围剂量当量是相应的扩展齐向场在 ICRU 球内逆齐向场的半径上深度 10 mm 所产生的剂量当量。周围剂量当量的单位是每千克焦耳 (J/kg),它的特定名称是希沃特(Sv)。

年摄入量(annual intake,AI)

在 1 年内食入或吸入人体内的某一放射性核素量。

可防止的剂量 (averted dose)

采取防护措施或制定防护措施防止或避免的剂量,即如果不采取防护措施的预期剂量和预计剩余剂量之差。

贝可[勒尔] (becquerel) [Bq]

活度 SI 单位的特定名称,1 Bq=1/s(≈2.7×10^{-11} Ci)。

生物检验 (bioassay)

用活体测量或用排泄物或人体内获得的其他物质的实验室分析决定人体内放射性核素性质、活度、部位和滞留量所用的任何方法。

生物半排期 (biological half-life)

当不再有摄入时，由于生物过程，已经进入生物体或区室中的物质(即放射性物质)量减少一半所需时间。

近程放射治疗 (brachy therapy)

用密封的或非密封的放射源置于患者体内的放射治疗。

旁效应 (bystander effect)

从受照射邻近细胞接受的信号引发的未受照射细胞的响应。

照射种类 (categories of exposure)

国际放射防护委员会把辐射照射分为三类，即职业的、公众的和患者的医疗照射。

集体剂量 (collective dose)

参见“集体有效剂量”。

集体有效剂量 (collective effective dose)，**S**

从给定源在给定时间间隔 ΔT 内在个人有效剂量 E_1 和 E_2 之间的集体有效剂量定义为

$$S(E_1, E_2, \Delta T) = \int_{E_2}^{E_2} E\left[\frac{\mathrm{d}N}{\mathrm{d}E}\right]_{\Delta \mathrm{T}} \mathrm{d}E$$

它可以近似为，$S = \sum_i E_i N_i$。式中 E_i 是某一亚组的平均有效剂量，N_i 是该亚组的人数。

通常均应指明有效剂量求和的时间间隔和人数。集体有效剂量的单位是每千克焦耳(J/kg)，其特定名称是人希沃特(人·Sv)，受到有效剂量 E_1 到 E_2 的人数 $N(E_1, E_2, \triangle T)$ 是：

$$N(E_1, E_2, \Delta T) = \int_{E_1}^{E_2} \left[\frac{\mathrm{d}N}{\mathrm{d}E}\right]_{\Delta T} \mathrm{d}E$$

在时间间隔 ΔT 个人剂量在 E_1 和 E_2 区间内有效剂量平均值 $\overline{E}(E_1, E_2, \Delta T)$ 是

$$\overline{E}(E_1, E_2, \Delta T) = \frac{1}{N(E_1, E_2, \Delta T)} \int_{E_1}^{E_2} \left[\frac{\mathrm{d}N}{\mathrm{d}E}\right]_{\Delta T} \mathrm{d}E$$

待积有效剂量 (committed effective dose)，$\boldsymbol{E}(\tau)$

待积器官或组织当量剂量和相应组织权重因数(w_{T})乘积之和，τ 是摄入后的积分时间(年)。对成人待积时间取 50 年，对儿童到 70 岁。

待积当量剂量 (committed equivalent dose)，$\boldsymbol{H}_{\mathbf{T}}(\tau)$

参考人体内摄入放射性物质后，人体某一组织或器官所受当量剂量率的时间积分，τ 是积分时间(年)。

置信限 (confidence limits)

与数据在统计上相符参变量的最低和最高估计值区间。95％的置信区间是指参变量有95％的概率落在这一区间内。

控制区 (controlled area)

在正常工作情况下控制正常照射或防止污染扩散，以及在一定程度上预防或限制潜在照射，要求或可能要求专门防护手段和安全措施的限定区域。控制区常常是在监督区内，但不是必需的。

关键人群组(critical group)

对某一给定辐射源所涉及的受照人群当中，公众所受剂量的因素应当均匀并能代表公众个人接受最高有效剂量或当量剂量的公民典型人群组。

导出空气浓度 (derived air concentration, DAC)

导出空气浓度等于在1个工作年内参考人吸入的空气体积(即 2.2×10^3 m^3)除放射性核素的年摄入限值,其单位是 Bq/m^3。

确定效应 (deterministic effect)

参阅"组织反应"(tissue reaction)。

危害 (detriment)

由于辐射源引起的对人群组照射的结果,对受照射人群组和他们的后代产生的总健康损害。危害是一个多维的概念。其主要成分是一些随机量:归因于致死性癌症的概率,归因于非致死癌的加权概率,严重遗传效应的加权概率以及如果存在伤害时寿命损失的时间长短。

危害调整的危险 (detriment-adjusted risk)

为了表述后果的严重程度,对不同成分的危害进行修正后的随机效应事件的概率。

诊断参考水平 (diagnostic reference level)

在电离辐射医学影像中,在正常情况下用于指明某个特定程序对患者产生的剂量或注射的活度(放射性物质量)对这一程序而言是否不正当地高或低。

定向剂量当量(directional dose equivalent), $\boldsymbol{H}'(d,\Omega)$

在辐射场中某点处的定向剂量当量是相应的扩展场在ICRU球内在特定方向Ω半径上深度 d 处的剂量当量。定向剂量当量的单位是每千克焦耳(J/kg),其特定名称是希沃特(Sv)。

剂量适应因数 DMF

剂量适应因数是引起相同生物效应水平时,用和不用适应剂时剂量的比值。

DNA 损伤信号 (DNA damage signalling)

对细胞内DNA损伤识别和反应的相互作用的生物化学过程,如引起增殖细胞循环的停滞。

剂量和剂量率效能因数 (dose and dose-rate effectiveness factor, DDREF)

表述与高剂量和高剂量率照射相比较在低剂量和低剂量率时辐射照射的生物效应通常较低的评价因数。

剂量系数 (dose coefficient)

单位放射性物质摄入量的剂量的同义词,但是有时也用于描述联系活度量或浓度和剂量或剂量率的其他系数,如在表面上一定距离处的外照射剂量率与单位面积上特定放射性核素沉积的活度。

剂量负担 (dose commitment), $\boldsymbol{E}_c$

计算工具,定义为由于特定事件如一年计划排放的活度所致人均剂量率 $\dot{E}$ 的无限时间积分。当排放率在无限时间内为常数的情况下,对特定人群将来人均所受最大年剂量率等于一年实践的剂量负但,不考虑居民人数的变化。如果排放的活度仅仅在一定时间 τ 内是连续的,将来所受最大年人均剂量等于相应的截尾剂量负担,其剂量定义是

$$E_c(\tau) = \int_0^{\tau} \dot{E}(t)(t)$$

剂量约束 (dose constraint)

来自某一个源的预期的和源相关的个人剂量限制,对来自某个源的最高被照射个人提供一个基本防护水平,用作源防护最优化的剂量上限。对于职业照射,剂量约束是在研究最优化的

过程中用于限制选择范围的个人剂量数值。对于公众照射,剂量约束是公众成员预期从任何可控源的有计划操作所接受的年剂量上限。

剂量当量 (dose equivalent),***H***

在组织中某一点 D 和 Q 的乘积,这里 D 是吸收剂量,Q 是在这一点特定辐射的质因数,即

$$H=DQ$$

剂量当量的单位是每千克焦耳(J/kg),它的特定名称是希沃特(Sv)。

剂量限值 (dose limit)

在有计划照射情况下对个人产生的有效剂量或当量剂量不得超过的数值。

记录剂量 (dose of record), $\boldsymbol{H_p}(10)$

采用工作人员个人剂量监测结果和 ICRP 参考生物动力学和剂量学的计算模式,用测量的个人剂量当量 $H_p(10)$和对参考人回顾性地确定的待积有效剂量之和评价的工作人员的有效剂量。记录剂量可以用照射场址特定的参数,如材料的种类和空气动力学直径活度中值,但参考人参数必须采用国际放射防护委员会确定的数据。记录剂量是用于对工作人员为了记录、报告和回顾性的地验证遵守监管剂量限值符合程度目的而定义的量。

剂量阈假设 (dose-threshold hypotheses)

在本底之上的某个给定剂量,低于这一数值假设超额癌和(或)遗传疾病危险等于零(也可参见组织反应阈剂量)。

加倍剂量 (doubling dose, DD)

导致遗传突变增加等于下一代自发突变的辐射剂量(Gy)。

有效剂量 (effective dose),***E***

人体所有组织和器官当量剂量组织加权之和,其表述式如下:

$$E=\sum_{T} w_{T} \sum_{R} w_{R} D_{T,R} \qquad 或 \qquad E=\sum_{T} w_{T} H_{T}$$

式中:H_T或 $w_R D_{T,R}$是某个组织或器官 T 的当量剂量,w_T是组织权重因数。有效剂量单位与吸收剂量相同,每千克焦耳(J/kg),其特定单位是希沃特(Sv)。

应急 (emergency)

主要是为了减小对人体健康和安全、生活质量、财产或环境的危害或有害后果,需要迅速行动的异常情况或事件。包括为减小可察觉危害批准采取迅速行动的情况。

应急照射情况(emergency exposure situation)

在实践的操作中,存在需要紧急行动的非预期情况。实践可以引起应急照射情况。

雇主 (employer)

根据国家法律指定的、按照互相同意的协议对她或他雇用的工作人员负有明确责任、约定和义务的组织、公司、合伙公司、商号、联合会、托拉斯、房产商、公共的和民管的机构、集团、政治或管理实体,或其他人员。雇用自己的人既是雇主也是工作人员。

当量剂量 (equivalent dose),$\boldsymbol{H_T}$

当量剂量是指在组织或器官 T 中的剂量,即

$$H_{T}=\sum_{R} w_{R} D_{T,R}$$

式中:$D_{T,R}$是在某个组织或器官 T 中辐射 R 产生的平均吸收剂量,w_R是辐射权重因数。因为 W_R是无量纲的,当量剂量的单位是与吸收剂量相同的,每千克焦耳(J/kg),其特定名称是希沃

特(Sv)。

超额绝对危险 (excess absolute risk)

受照射群体疾病发生率或死亡率减去未受照射群体相应疾病发生率或死亡率。超额绝对危险常用每 Gy 或每 Sv 附加超额率表述。

超额相对危险 (excess relative risk)

未受照射群体疾病率除受照射群体疾病率,减 1.0。常用每 Gy 或每 Sv 超额相对危险表述

排除 (exclusion)

从监管控制法律文件范围慎重排除的特定照射种类。

豁免 (exemption)

由监管机构决定的包含辐射的源或实践活动部分或完全不需要受监管控制的。

现存照射情况 (existing exposure situation)

当需要作出控制决定时已经存在的情况,包括天然本底辐射和在国际放射防护委员会建议实施外的过去的实践的残留物。

受照射个人 (exposured individuals)

国际放射防护委员会把受照射个人划分为 3 类:工作人员(专业人员)、公众(一般人员)、患者(包括他们的抚育者和照顾者)。

注量(粒子注量)(fluence, particle fluence),$\boldsymbol{\Phi}$

dN 除以 da 的商,dN 是入射到截面积为 da 的小球粒子数,即

$$\Phi=\frac{dN}{da}$$

戈瑞 (Gray,Gy)

吸收剂量 SI 单位的特定名称,1 戈瑞(Gy)=1 每千克焦耳(J/kg)

摄入量(intake),$\boldsymbol{I}$

通过呼吸道或胃肠道或皮肤进入体内的活度。

急性摄入:通过呼吸或食入,或二者同时存在的一次性摄入。

慢性摄入:在某一时间内的摄入。

调查水平(investigation level)

诸如有效剂量、摄入量或单位面积或体积的污染水平等量的规定值,达到或超过此种值时应进行调查。

正当性 (justification)

决定是否有利的过程,①包含辐射的有计划的活动,从总体上说是有益的,即引入或继续这一活动对个人和对社会的利益在价值上超过由这一活动产生的伤害(包括辐射危害);或②在应急或现存情况下提出的补救行动从总体上说可能是有益的,从引入或继续补救行动对个人和对社会的利益(包括减小辐射伤害)在价值上超过其引起的费用和伤害或损害。

比释动能 (kerma),$\boldsymbol{K}$

不带电粒子在质量为 dm 的物质中释放出的全部带电粒子动能的总和与这一物质的质量 dm 之商:

$$K=\frac{dE_{tr}}{dm}$$

比释动能定义为非随机量，dE_{tr}是动能总和的期望值。比释动能的单位是每千克焦耳（J/kg），其特定单位是戈瑞(Gy)。

LD_{50}

受照人员一半死亡的剂量。

LET (linear energy transfer)

参阅“传能线密度”。

许可证持有者 (licensee)

监管机构颁发的现行法律文件的持有者，该文件批准持有者从事与装置或活度相关的专门活动。

终身危险估计 (lifetime risk estimates)

为了计算照射引起的特定疾病(个人发生或死亡)的终身危害，可以采用几种危险估计方法：①超额终身危险(the exces lifetime risk，ELR)，在被照射人群中疾病发生或死亡人员的比例和在没有受照射的类似人群中相应比例之差。② 照射引发死亡的危险（the risk of exposure-induced death，REID)，定义为给定性别和给定受照年龄受照射的和没有受照射的人群的特定病因引起的死亡率之差，这一病因是对人群引入的附加的死因。③寿命期望值的损失(loss of life expectancy，LLE)，描述由于照射原因引起寿命期望值的减少。④终身归因危险(lifetime attributable risk，LAR)，是 REID 的近似，描述在跟踪期内超过未受照人员实验确定的人群本底率的超额死亡数(或病例数)。

线性剂量响应 (linear dose response)

表示效应危险(即疾病或异常)与剂量成正比的统计模式。

传能线密度 (linear energy transfer，L 或 LET)

带电粒子辐射在介质中的平均线能量损失率，即通过物质每单位路径长度的辐射能量损失。即等于 dE 除以 dl 之商，dE 是带电粒子在通过物质中距离 dl 时由于与电子碰撞损失的平均能量。

$$L=\frac{dE}{dl}$$

L 的单位是 J/m，常常用 keV/μm 表示。

线性无阈模型[linear-non-threshold (LNT) model]

基于在低剂量范围内，超额癌和(或)遗传疾病按简单正比方式随辐射剂量(大于零)而增加的这一假设的剂量响应模式。

线性平方剂量响应 (linear-quadratic dose response)

用两项之和(一项是与剂量成正比，线性项；另一项与剂量平方成正比，二次项)描述效应危险(即疾病、死亡或异常)的统计模式。

组织或器官平均吸收剂量 [mean absorbed dose in a tissue or organ (T)]，$\boldsymbol{D_T}$

在组织或器官 T 中的平均吸收剂量 D_T，表述为

$$D_T=\frac{\varepsilon_T}{m_T}$$

式中：ε_T 是在某个组织或器官 T 中平均总授与能量，m_T是该组织或器官的质量。

医疗照射 (medical exposure)

患者因作为他们自己医疗或牙科诊断或治疗的组成部分而受的照射；除了职业性受照人员

之外的其他人，这些人对辐射照射有清楚的了解，但在支持和安抚患者方面自愿进行帮助而受的照射；以及在包括照射的生物医学研究计划中自愿者所受的照射。

天然存在的放射性物质(naturally occurring radioactive material, NORM)

除天然放射性核素外，不含有明显量的其他放射性核素的放射性物质。NORM包括因某一过程改变了天然存在的放射性核素活度浓度的物质。

核设施(nuclear facility)

(1) 生产、加工、使用、处理、贮存或处置核材料的设施，包括相关建筑物和设备。

(2) 生产、加工、使用、处理、贮存或处置核材料的设施，包括相关建筑物和设备，这种设施若遭受破坏或干扰可能导致显著量辐射或放射性物质的释放。(为经修订的《核材料和核设施实物保护公约》之目的，该用法专用于该公约，在其他地方应避免使用。)

(3) 在需要考虑安全水平的基础上生产、加工、使用、处理、贮存或处置放射性物质的民用设施及其相关的土地、建筑物和设备(为《乏燃料管理安全和放射性废物管理安全联合公约》之目的，这一用法专用于该公约，在其他地方应避免使用)。

(4) 核设施，是指核动力厂(核电厂、核热电厂、核供汽供热厂等)和其他反应堆(研究堆、实验堆、临界装置等)；核燃料生产、加工、贮存和后处理设施；放射性废物的处理和处置设施等(引自《中华人民共和国放射性污染防治法》)。

(5) 以需要考虑安全问题的规模生产、加工或操作放射性物质或易裂变材料的设施[包括其场地、建(构)筑物和设备]，如铀富集设施，铀、钚加工与燃料制造设施，核反应堆(包括临界和次临界装置)，核动力厂，核燃料后处理厂等核燃料循环设施(引自GB18871-2002)。

核安全 (nuclear safety)

实现正常的运行工况，防止事故或减轻事故后果，从而保护工作人员、公众和环境免受不当的辐射危害。

核安保(nuclear security)

防止、侦查和应对涉及核材料和其他放射性物质或相关设施的偷窃、蓄意破坏、未经授权的接触、非法转让或其他恶意行为。

核装置(nuclear installation)

核燃料制造厂、研究堆(包括次临界装置和临界装置)、核电厂、乏燃料贮存设施、浓缩厂或后处理设施。

职业照射 (occupational exposure)

指工作人员因从事他的工作所受的所有照射，下述情况除外：①排除的照射和包含辐射的豁免活动或豁免源产生的照射；②任何医疗照射；以及③正常地区天然本底辐射。

运营管理者 (operating management)

在最高层次指导、控制和评价一个组织的个人或人群组。有许多不同名称可用，例如首席执行官(CEO)、总经理(DG)、常务董事(MD)和执行团组。

运行实用量 (operational quantities)

在实际应用中为监测和调查外照射情况中所用的量。用于测量和评价人体所受的剂量。在内照射剂量测量中，没有定义直接用于评价当量剂量或有效剂量的运行剂量量。为了评价由于人体内放射性核素导致的当量剂量或有效剂量可以用不同的方法，最常用的是基于各种活度测量和应用生物动力学模式(计算模式)的方法。

防护(和安全)**最优化** [optimisation of protection (and safety)]

决定什么防护和安全水平使得照射和潜在照射的概率和大小达到可合理达到的最低水平的过程,经济和社会因素考虑在内。

粒子注量 (particle fluence), **ϕ**

参见"注量"。

个人剂量当量 (personal dose equivalent), $\boldsymbol{H}_{\mathbf{p}}(d)$

运行适用量,在位于人体组织特定点的相应深度 d 软组织中(通常用 ICRU 球说明)的剂量当量。个人剂量当量的单位是每千克焦耳 (J/kg),特定名称是希沃特(Sv)。特定点通常由配带个人剂量计的位置确定。

计划照射情况 (planned exposure situations)

包含计划运营源的常见情况,包括退役、放射性废物处置和以前占有土地的恢复。运营的实践是计划照射情况。

潜在照射 (potential exposure)

预期不一定发生的照射,这些照射可能是源的事故造成的,或包括设备缺陷和操作失误的概率性质的事件或事件序列。

防护原则 (principles of protection)

同样适用于所有可控制照射情况的一套原则:正当性原则、防护最优化原则、在计划情况下采取最大剂量限值的原则。

祖代细胞 (progenitor cell)

具有有限繁殖能力的未分化细胞。

预期剂量 (projected dose)

如果不采取防护措施预期所受剂量。

防护量(protection quantities)

国际放射防护委员会为放射防护提出的剂量量,这些量能够定量描述全身和局部外辐照和摄入放射性核素的电离辐射对人体照射的大小。

公众照射(public exposure)

辐射源对公众成员产生的照射,不包括任何职业或医疗照射,以及正常地区本底辐射。

质因数 (quality factor), $\boldsymbol{Q}$ (L)

基于在组织中沿带电粒子轨迹的电离密度,是描述辐射生物效能的因数。Q 定义为在水中带电粒子非定限线能量转换 L_∞(常用 L 或 LET 表示)的函数。

$$Q(\mathrm{L})=\begin{cases}1 & L<10\mathrm{keV}/\mu\mathrm{m}\\ 0.32L-2.2 & 10\leqslant L\leqslant 100\mathrm{keV}/\mu\mathrm{m}\\ 300/\sqrt{L} & L>100\mathrm{keV}/\mu\mathrm{m}\end{cases}$$

在当量剂量的定义中 Q 被辐射权重因数所取代,但是在监测中计算运行剂量当量时仍然使用。

辐射危害 (radiation detriment)

用于定量描述辐射照射对人体不同部位的有害健康效应。国际放射防护委员会明确其取决于下述几个因素,包括辐射相关癌症或遗传效应的发生率及其致死率、生活质量,以及由此引起损失寿命的年数。

辐射权重因数(radiation weighting factor),w_R

这是一个无量纲因数,器官或组织吸收剂量乘这一因数反映高 LET 辐射与低 LET 辐射比较其生物效应更大。该因数用于由一个组织或器官的平均吸收剂量推算当量剂量。

放射性物质(radioactive material)

国家法律或监管机构明确需要控制的物质,因为其有放射性,通常是考虑活度和活度浓度二者。

放射攻击(radiological attack)

为恶意目的使用放射性物质或核物质,如黑邮件、谋害、蓄意破坏或恐怖活动。

RBE

参见"相对生物效能"。

记录水平(recording level)

审管部门所规定的剂量或摄入量的一个水平,工作人员所接受的剂量或摄入量达到或超过这一水平时,则应记入他们的个人受照记录。

参考动物和植物(reference animals and plants)

参考动物和植物是一种假设的实体,具有假定的特定动物或植物种类的基本特性,如科分类水平描述的确定的解剖学的、生理学和生活史特性的总的特征,这些动物和植物作为这类生物有机体的代表能够用于研究照射剂量和剂量效应关系的目的。

参考男人和参考女人(参考个人)[reference male and reference female, (reference individual)]

具有委员会为放射防护目的定义特性的典型男人或女人,在 ICRP 参考人任务组的报告(第 89 号出版物,ICRP 2002)中明确了其解剖学和生理学特性。

参考人(reference person)

用平均参考男人和参考女人的相应剂量计算器官或组织当量剂量的典型人。参考人的当量剂量用于计算有效剂量,参考人当量剂量乘以相应的组织权重因数等于有效剂量。

参考体模(reference phantom)

具有在 ICRP 参考人任务组报告(第 89 号出版物,ICRP 2002)中明确的解剖学和生理学特性的体素人体模型(基于医学影像数据的男人和女人体素体模)。

参考值(reference value)

在缺乏比较特定的信息时,委员会推荐的在生物动力学模式中采用的参数值,即为了计算报告中剂量系数所用的精确值。为了在计算中避免约数误差的累积,参考值可能比选择已知有不确定度的实验值更精确。

参考水平(reference level)

在应急或现存的可控制照射情况下,参考水平表示这样的剂量或危险水平,对于计划准许存在的照射高于这一水平时认为是不恰当的,在这一水平之下应进行防护最优化。参考水平值的选择取决于所考虑照射的主要情况。

相对生物效能(relative biological effectiveness, RBE)

产生相同生物效应的低 LET 参考辐射剂量相对于所考虑的辐射的剂量之比。RBE 值随所考虑的剂量、剂量率和生物学终点而变化。在放射防护中,在低剂量下的随机效应 RBE (RBE_M)有特别意义。

相对寿命损失 (relative life lost)

在受照射人群中疾病死亡人员观察的寿命损失年数的比例和没有受照射的类似人群中的相应比例之比。

代表人 (representative person)

代表人群中所受高端照射人员所接受剂量的个人(参见第 101 号出版物,ICRP 2006a)。这个术语等效于并取代以前 ICRP 建议书中描述的"关键居民组的平均人员"。

剩余剂量 (residual dose)

预计在防护措施已全部完成后(或决定不再采取任何防护措施时)存在的剂量。

危险约束(risk constraint)

从一个源产生的个人危险的(因潜在照射产生的危害概率)前瞻的和源相关的限制,对受到来自一个源的最危险的个人提供一个基本防护水平,在对源的防护最优化中作为个人危险的上限。这一危险是引起剂量的意外事件的概率以及这一剂量产生危害的概率的函数。危险约束对应于剂量约束,但它是针对潜在照射。

安全 (safety)

达到适当的运行状态,事故预防或事故后果减小的要求。

安保 (security)

对包含核材料、其他放射性物质或与其相关的装置的偷窃、蓄意破坏、未经许可进入、违法转移或其他恶意行动的预防和探测以及反应。

灵敏度分析 (sensitivity analysis)

其目的是可定量描述模式结果对其所包含不同变数的相关性。

希沃特 (sievert,Sv)

当量剂量、有效剂量和运行剂量值的 SI 单位专用名称。单位是每千克焦耳(J/kg)。

源 (source)

作为一个整体放射防护能够被优化的实体,如医院中的 X 射线设备,或从一个设施中释放的放射性物质。辐射源,如辐射发生器和密封放射性物质,更一般地说,引起照射的辐射或放射性核素源。

源区 (source region), $\mathbf{S}_i$

在摄入放射性核素后在参考体模中含有放射性核素的解剖学的区域。区可以是一个器官、一个组织、胃肠道或膀胱的组成部分或组织的表面如骨骼、消化道和呼吸道。

比吸收份额 (specific absorbed fraction)

在源区 S 中发射的特定辐射的能量份额,这些能量被 1 kg 靶组织所吸收。

干细胞 (stem cell)

未分化的、多潜能的细胞,具有无限的细胞分裂能力。

辐射随机效应 (stochastic effects of radiation)

诱发恶性肿瘤性疾病和遗传效应的概率,而不是其严重性,是剂量的函数,没有阈值。

监督区 (supervised area)

未被确定为控制区,正常情况下不需要采取专门防护手段或安全措施,但要不断检查其职业照射状况的指定区域。

系统误差（systematic error）

可重复的且倾向于沿一个方向上结果的偏离。其原因是可归因的，至少在原则上是这样，可以包含常数和可变成分。通常其误差不能用统计方法处理。

靶区（target region），$\boldsymbol{T}_i$

体内（参考体模）吸收辐射的解剖学的区域。这个区域可以是胃肠道、膀胱、骨骼和呼吸道等一个器官或一个特定的组织。

组织反应阈剂量（threshold dose for tissue reactions）

估计组织反应发生率仅为1%的剂量。

组织反应（tissue reaction）

具有阈剂量特征的细胞群的损伤，反应的严重程度随剂量的进一步增加而增加，过去叫确定效应，现在称为组织反应。在某些情况下，用包括生物响应调节剂在内的受照后程序，确定效应是可以改变的。

组织权重因数（tissue weighting factor），$\boldsymbol{w}_{\mathrm{T}}$

组织或器官T的当量剂量的权重因数表示在人体受到均匀照射时组织或器官对总健康危害的相对分布（ICRP，1991b）。可表示如下：

$$\sum_{\mathrm{T}} w_{\mathrm{T}} = 1$$

径迹结构（track structure）

在物质中沿电离辐射轨迹的径迹的能量沉积的空间模型。

危险转移（transport of risk）

取对某一人群估算的危害系数，用于具有不同特征的另一人群。

体素体模（voxel phantom）

基于医学X射线断层扫描影像的计算拟人体模，用人体各器官和组织特有的密度和原子组成的三维小体元描述解剖单元。

工作人员（worker）

雇主雇用的专职的、部分时间的或临时的任何人员，他已了解与职业放射防护有关的权利和职责。

附录 6 辐射防护常用物理量换算关系

附表 6.1 辐射防护常用物理量换算关系

物理量	单位		换算关系
	名称	符号	
放射性活度	贝可[勒尔]	Bq	1 Bq= 2.7×10^{-11}Ci
	居里	Ci	1 Ci= 3.7×10^{10} Bq
	每分钟衰变数	dpm	1dpm=1/60Bq
照射量	伦琴	R	1 R=2.58×10^{-4} C/kg
吸收剂量	戈瑞	Gy	1 Gy= 1 J/kg= 100rad
	拉德	rad	1 rad= 0.01 Gy
剂量当量和有效剂量	希沃特	Sv	1 Sv=1 J/kg=100rem
	雷姆	rem	1 rem= 0.01 Sv

附表 6.2 居里(Ci)和贝可勒尔(Bq)转换的速算

Ci(mCi,μCi)	GBq(MBq,kBq)	TBq(GBq,MBq)	Ci(mCi,μCi)
0.1	3.7	0.1	2.70
0.25	9.25	0.25	6.76
0.5	18.5	0.5	13.51
0.75	27.75	0.75	20.27
1	37	1	27.03
2	74	2	54.05
3	111	3	81.08
5	185	5	135.14
7	259	7	189.19
10	370	10	270.27
20	740	20	540.54
25	925	25	675.68

附录 7 基本物理常数

附表 7.1 基本物理常数

物理量	符号	数值与单位
真空中的光速	c	$(2.997924580 \pm 0.000000012) \times 10^{8}$ m/s
真空导磁率	μ_0	$12.55637306144 \times 10^{7}$ H/m
真空中的介电系数	ε_0	$(8.854187818 \pm 0.000000071) \times 10^{12}$ F/m
基本电荷	e	$(1.6021892 \pm 0.0000046) \times 10^{-19}$ C
电子静止质量	m_e	9.1095×10^{-31} kg
电子电荷与质量之比	e/m_e	$(1.7588047 \pm 0.0000049) \times 10^{11}$ C/kg
质子静止质量	m_p	$(1.6726485 \pm 0.0000086) \times 10^{-27}$ kg
原子质量单位	u	$(1.6605655 \pm 0.0000086) \times 10^{-27}$ kg
普朗克常数	h	$(6.626176 \pm 0.000036) \times 10^{-34}$ J · S
阿伏伽德罗常数	$N_A(N_0)$	$(6.022045 \pm 0.000031) \times 10^{23}$ /mol
法拉第常数	F	$(9.648456 \pm 0.000027) \times 10^{4}$ C/mol
里德伯常数	R_∞	$(1.097373177 \pm 0.000000083) \times 10^{7}$ /m
玻尔半径	a_0	$(502917706 \pm 0.0000044) \times 10^{-11}$ m
经典电子半径	$r_e = at$	$(2.8179380 \pm 0.0000070) \times 10^{-15}$ m
理想气体在标准状态下的摩尔体积	V_m	$(22.41383 \pm 0.00070) \times 10^{-3}$ m³/mol
摩尔气体常数	R	(8.31441 ± 0.00026))(J/(mol · k)
玻尔兹曼常数	k	$(1.380662 \pm 0.000040) \times 10^{-23}$ J/K
万有引力常数	G	$(6.6720 \pm 0.0041) \times 10^{-11}$ $m^3/(s^2 \cdot kg)$

附录 8 用于构成十进倍数和分数单位的词头

附表 8.1 用于构成十进倍数和分数单位的词头

所表示的因数	词头名称	词头符号
10^{18}	艾(可萨)	E
10^{15}	拍(它)	P
10^{12}	太(拉)	T
10^{9}	吉(咖)	G
10^{6}	兆	M
10^{3}	千	k
10^{2}	百	h
10^{1}	十	da
10^{-1}	分	d
10^{-2}	厘	c
10^{-3}	毫	m
10^{-6}	微	μ
10^{-9}	纳(诺)	n
10^{-12}	皮(可)	p
10^{-15}	飞(母托)	f
10^{-18}	阿(托)	a

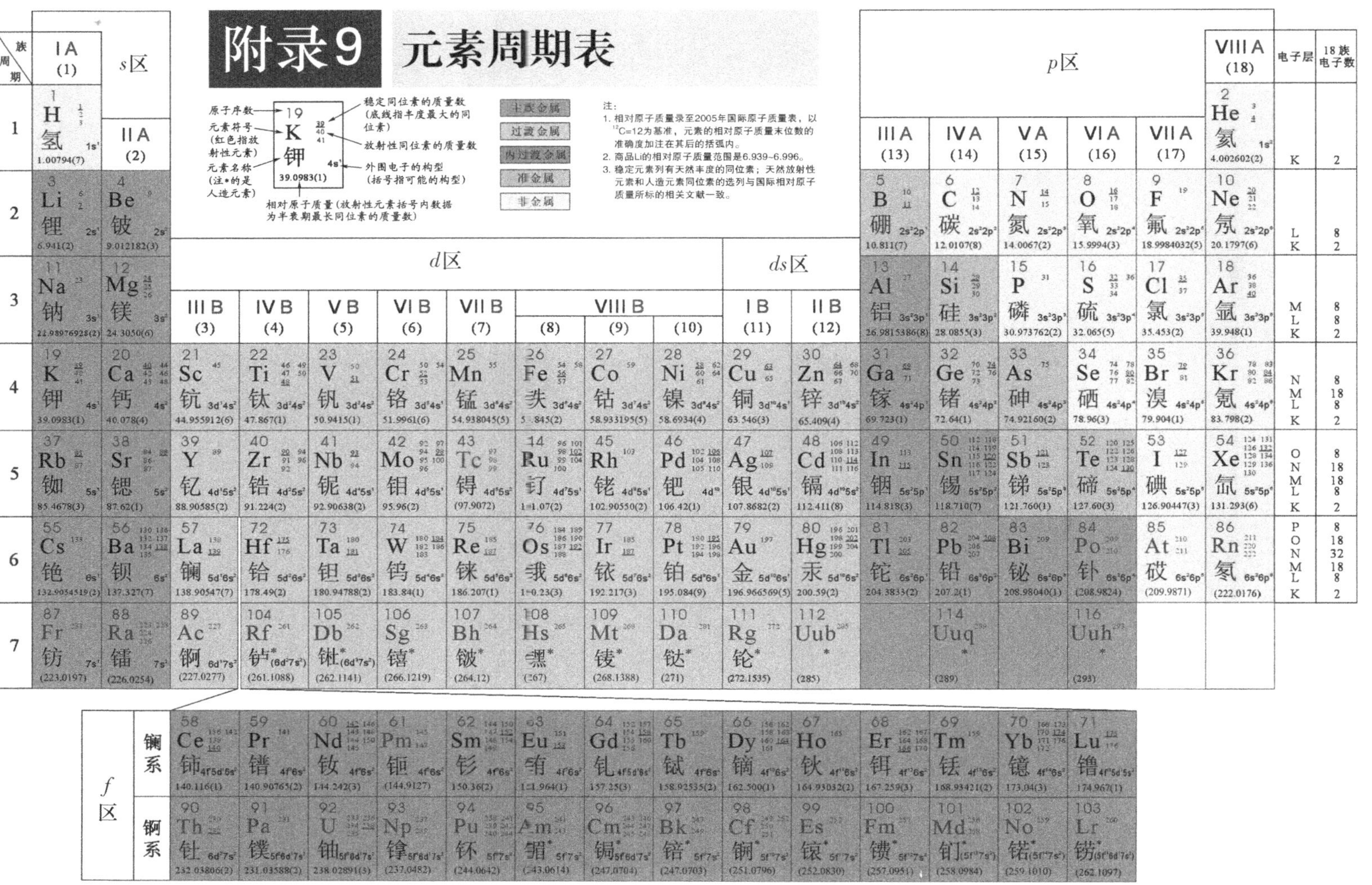

附录9 元素周期表

原子序数 — 19
元素符号（红色指放射性元素）— K
元素名称（注*的是人造元素）— 钾
稳定同位素的质量数（底线指丰度最大的同位素）— 39 40 41
放射性同位素的质量数
外围电子的构型（括号指可能的构型）— $4s^1$
相对原子质量（放射性元素括号内数据为半衰期最长同位素的质量数）— 39.0983(1)

主族金属　过渡金属　内过渡金属　准金属　非金属

注：
1. 相对原子质量录至2005年国际原子质量表，以^{12}C=12为基准，元素的相对原子质量末位数的准确度加注在其后的括弧内。
2. 商品Li的相对原子质量范围是6.939~6.996。
3. 稳定元素列有天然丰度的同位素；天然放射性元素和人造元素同位素的选列与国际相对原子质量所标的相关文献一致。

族/周期	IA (1)	IIA (2)	IIIB (3)	IVB (4)	VB (5)	VIB (6)	VIIB (7)	VIIIB (8)	VIIIB (9)	VIIIB (10)	IB (11)	IIB (12)	IIIA (13)	IVA (14)	VA (15)	VIA (16)	VIIA (17)	VIIIA (18)	电子层	18族电子数
区	s区	s区	d区	d区	d区	d区	d区	d区	d区	d区	ds区	ds区	p区	p区	p区	p区	p区	p区		
1	1 H 氢 $1s^1$ 1.00794(7)																	2 He 氦 $1s^2$ 4.002602(2)	K	2
2	3 Li 锂 $2s^1$ 6.941(2)	4 Be 铍 $2s^2$ 9.012182(3)											5 B 硼 $2s^22p^1$ 10.811(7)	6 C 碳 $2s^22p^2$ 12.0107(8)	7 N 氮 $2s^22p^3$ 14.0067(2)	8 O 氧 $2s^22p^4$ 15.9994(3)	9 F 氟 $2s^22p^5$ 18.9984032(5)	10 Ne 氖 $2s^22p^6$ 20.1797(6)	L K	8 2
3	11 Na 钠 $3s^1$ 22.98976928(2)	12 Mg 镁 $3s^2$ 24.3050(6)											13 Al 铝 $3s^23p^1$ 26.9815386(8)	14 Si 硅 $3s^23p^2$ 28.0855(3)	15 P 磷 $3s^23p^3$ 30.973762(2)	16 S 硫 $3s^23p^4$ 32.065(5)	17 Cl 氯 $3s^23p^5$ 35.453(2)	18 Ar 氩 $3s^23p^6$ 39.948(1)	M L K	8 8 2
4	19 K 钾 $4s^1$ 39.0983(1)	20 Ca 钙 $4s^2$ 40.078(4)	21 Sc 钪 $3d^14s^2$ 44.955912(6)	22 Ti 钛 $3d^24s^2$ 47.867(1)	23 V 钒 $3d^34s^2$ 50.9415(1)	24 Cr 铬 $3d^54s^1$ 51.9961(6)	25 Mn 锰 $3d^54s^2$ 54.938045(5)	26 Fe 铁 $3d^64s^2$ 55.845(2)	27 Co 钴 $3d^74s^2$ 58.933195(5)	28 Ni 镍 $3d^84s^2$ 58.6934(4)	29 Cu 铜 $3d^{10}4s^1$ 63.546(3)	30 Zn 锌 $3d^{10}4s^2$ 65.409(4)	31 Ga 镓 $4s^24p^1$ 69.723(1)	32 Ge 锗 $4s^24p^2$ 72.64(1)	33 As 砷 $4s^24p^3$ 74.92160(2)	34 Se 硒 $4s^24p^4$ 78.96(3)	35 Br 溴 $4s^24p^5$ 79.904(1)	36 Kr 氪 $4s^24p^6$ 83.798(2)	N M L K	8 18 8 2
5	37 Rb 铷 $5s^1$ 85.4678(3)	38 Sr 锶 $5s^2$ 87.62(1)	39 Y 钇 $4d^15s^2$ 88.90585(2)	40 Zr 锆 $4d^25s^2$ 91.224(2)	41 Nb 铌 $4d^45s^1$ 92.90638(2)	42 Mo 钼 $4d^55s^1$ 95.96(2)	43 Tc 锝 $4d^55s^2$ (97.9072)	44 Ru 钌 $4d^75s^1$ 101.07(2)	45 Rh 铑 $4d^85s^1$ 102.90550(2)	46 Pd 钯 $4d^{10}$ 106.42(1)	47 Ag 银 $4d^{10}5s^1$ 107.8682(2)	48 Cd 镉 $4d^{10}5s^2$ 112.411(8)	49 In 铟 $5s^25p^1$ 114.818(3)	50 Sn 锡 $5s^25p^2$ 118.710(7)	51 Sb 锑 $5s^25p^3$ 121.760(1)	52 Te 碲 $5s^25p^4$ 127.60(3)	53 I 碘 $5s^25p^5$ 126.90447(3)	54 Xe 氙 $5s^25p^6$ 131.293(6)	O N M L K	8 18 18 8 2
6	55 Cs 铯 $6s^1$ 132.9054519(2)	56 Ba 钡 $6s^2$ 137.327(7)	57 La 镧 $5d^16s^2$ 138.90547(7)	72 Hf 铪 $5d^26s^2$ 178.49(2)	73 Ta 钽 $5d^36s^2$ 180.94788(2)	74 W 钨 $5d^46s^2$ 183.84(1)	75 Re 铼 $5d^56s^2$ 186.207(1)	76 Os 锇 $5d^66s^2$ 190.23(3)	77 Ir 铱 $5d^76s^2$ 192.217(3)	78 Pt 铂 $5d^96s^1$ 195.084(9)	79 Au 金 $5d^{10}6s^1$ 196.966569(5)	80 Hg 汞 $5d^{10}6s^2$ 200.59(2)	81 Tl 铊 $6s^26p^1$ 204.3833(2)	82 Pb 铅 $6s^26p^2$ 207.2(1)	83 Bi 铋 $6s^26p^3$ 208.98040(1)	84 Po 钋 $6s^26p^4$ (208.9824)	85 At 砹 $6s^26p^5$ (209.9871)	86 Rn 氡 $6s^26p^6$ (222.0176)	P O N M L K	8 18 32 18 8 2
7	87 Fr 钫 $7s^1$ (223.0197)	88 Ra 镭 $7s^2$ (226.0254)	89 Ac 锕 $6d^17s^2$ (227.0277)	104 Rf 𬬻* $(6d^27s^2)$ (261.1088)	105 Db 𬭊* $(6d^37s^2)$ (262.1141)	106 Sg 𬭳* (266.1219)	107 Bh 𬭛* (264.12)	108 Hs 𬭶* (267)	109 Mt 鿏* (268.1388)	110 Da 𫟼* (271)	111 Rg 𬬭* (272.1535)	112 Uub * (285)		114 Uuq * (289)		116 Uuh * (293)				

f区

系														
镧系	58 Ce 铈 $4f^15d^16s^2$ 140.116(1)	59 Pr 镨 $4f^36s^2$ 140.90765(2)	60 Nd 钕 $4f^46s^2$ 144.242(3)	61 Pm 钷 $4f^56s^2$ (144.9127)	62 Sm 钐 $4f^66s^2$ 150.36(2)	63 Eu 铕 $4f^76s^2$ 151.964(1)	64 Gd 钆 $4f^75d^16s^2$ 157.25(3)	65 Tb 铽 $4f^96s^2$ 158.92535(2)	66 Dy 镝 $4f^{10}6s^2$ 162.500(1)	67 Ho 钬 $4f^{11}6s^2$ 164.93032(2)	68 Er 铒 $4f^{12}6s^2$ 167.259(3)	69 Tm 铥 $4f^{13}6s^2$ 168.93421(2)	70 Yb 镱 $4f^{14}6s^2$ 173.04(3)	71 Lu 镥 $4f^{14}5d^16s^2$ 174.967(1)
锕系	90 Th 钍 $6d^27s^2$ 232.03806(2)	91 Pa 镤 $5f^26d^17s^2$ 231.03588(2)	92 U 铀 $5f^36d^17s^2$ 238.02891(3)	93 Np 镎 $5f^46d^17s^2$ (237.0482)	94 Pu 钚 $5f^67s^2$ (244.0642)	95 Am 镅* $5f^77s^2$ (243.0614)	96 Cm 锔* $5f^76d^17s^2$ (247.0704)	97 Bk 锫* $5f^97s^2$ (247.0703)	98 Cf 锎* $5f^{10}7s^2$ (251.0796)	99 Es 锿* $5f^{11}7s^2$ (252.0830)	100 Fm 镄* $5f^{12}7s^2$ (257.0951)	101 Md 钔* $(5f^{13}7s^2)$ (258.0984)	102 No 锘* $(5f^{14}7s^2)$ (259.1010)	103 Lr 铹* $(5f^{14}6d^17s^2)$ (262.1097)

（刘新华　廖运璇 编写，白　光 审阅）